UG NX 8 中文版

从入门到精通

麓山文化 编著

机 械 工 业 出 版 社

Unigraphics（简称 UG）是一套功能强大的 CAD/CAE/CAM 应用软件，UG NX 8 是其最新版本。本书以 UG NX 8 为平台，从工程应用的角度出发，通过基础介绍与案例实战相结合的形式，详细介绍了该软件的常用功能模块。使读者在经过本书的学习后能迅速掌握该软件的使用方法。

全书分为 10 章，内容包括：UG NX 8 基础操作、常用工具、草图绘制、曲线创建和编辑、特征建模、特征编辑、曲面造型，工程图绘制和装配设计等。本书在讲解过程中，注意由浅入深，从易到难，对于每一个功能，都尽量用步骤分解图的形式给出操作流程，以方便读者理解和掌握所学内容。每章最后还提供了针对本章所学知识的精选范例和思考练习，学与练的完美结合，可最大程度地提高实际应用技能。

为降低学习难度，本书配套光盘提供了书中所有综合实例的高清视频教学内容，通过手把手地全程语音讲解，可以大大提高学习的兴趣和效率，特别适合读者自学使用。

图书在版编目（CIP）数据

UG NX 8 中文版从入门到精通/陈志民编著. —2 版. —北京：机械工业出版社，2012.1

ISBN 978-7-111-37222-6

Ⅰ. ①U… Ⅱ. ①陈… Ⅲ. ①计算机辅助设计—应用软件，UG NX 8 Ⅳ. ①TP391.72

中国版本图书馆 CIP 数据核字（2012）第 012032 号

机械工业出版社（北京市百万庄大街 22 号 邮政编码 100037）
策划编辑：曲彩云 责任印制：乔 宇

北京铭成印刷有限公司印刷

2012 年 4 月第 2 版第 1 次印刷
184mm×260mm · 25.25 印张 · 624 千字
0001—4000 册
标准书号：ISBN 978-7-111-37222-6
ISBN 978-7-89433-359-9（光盘）
定价：59.00 元（含 1DVD）

凡购本书，如有缺页、倒页、脱页，由本社发行部调换
电话服务 策划编辑：（010）88379782
社服务中心：（010）88361066 网络服务
销售一部：（010）68326294 门户网：http://www.cmpbook.com
销售二部：（010）88379649 教材网：http://www.cmpedu.com
读者购书热线：（010）88379203 封面无防伪标均为盗版

前　言

UG是当今应用最广泛、最具竞争力的CAE/CAD/CAM大型集成软件之一。其囊括了产品设计、零件装配、模具设计、NC加工、工程图设计、模流分析、自动测量和机构仿真等多种功能。该软件完全能够改善整体流程以及该流程中每个步骤的效率，广泛应用于航空、航天、汽车、通用机械和造船等工业领域。

全书分为10章，内容包括：UG NX 8基础操作、常用工具、草图绘制、曲线创建和编辑、特征建模、特征编辑、曲面造型，工程图绘制和装配设计等。本书在讲解过程中，注意由浅入深，从易到难，对于每一个功能，都尽量用步骤分解图的形式给出操作流程，以方便读者理解和掌握所学内容。每章最后还提供了针对本章所学知识的精选范例，学与练的完美结合，可最大程度地提高实际应用技能。

本书具有如下特点：

1、**图解式的操作讲解　轻松实现入门到精通**。本书针对UG的每个知识点和功能应用，均用流程图表达其具体的操作方法和过程，直观明了，浅显易懂。对各个步骤每个小步操作（比如下拉列表框选项选择，按钮的单击，文本的输入等）均标注了顺序号。这样使得本书中的每个实例，读者甚至不用看步骤的文字说明，依次按图索骥即可完成实例的制作，从而可以大大提高学习效率，节省了宝贵的学习时间，轻松实现从入门到精通。

2、**经典的实战案例　强调实战和实用**。本书共有50多个复杂程度不同、由浅入深的实例，展示了UG各方面的具体应用。读者在操作实例巩固所学知识的同时，可以积累宝贵的产品设计经验，拓展设计思路。

3、**多媒体视频教学　提高学习兴趣和效率**。本书提供配套视频教学光盘，光盘中提供了所有实例配套的模型文件，以及全部实例操作的高清视频文件。结合书本阅读和光盘浏览，可以让读者轻松掌握UG NX 8的使用方法。

本书由麓山文化编著，参加编写的有：陈志民、陈运炳、申玉秀、李红萍、李红艺、李红术、陈云香、陈文香、陈军云、彭斌全、林小群、刘清平、钟睦、刘里锋、朱海涛、廖博、喻文明、易盛、陈晶、张绍华、黄柯、何凯、黄华、陈文轶、杨少波、杨芳、刘珊、赵祖欣、齐慧明等。

由于作者水平有限，书中错误、疏漏之处在所难免。在感谢您选择本书的同时，也希望您能够把对本书的意见和建议告诉我们。

售后服务邮箱:lushanbook@gmail.com

麓山文化

目 录

前言

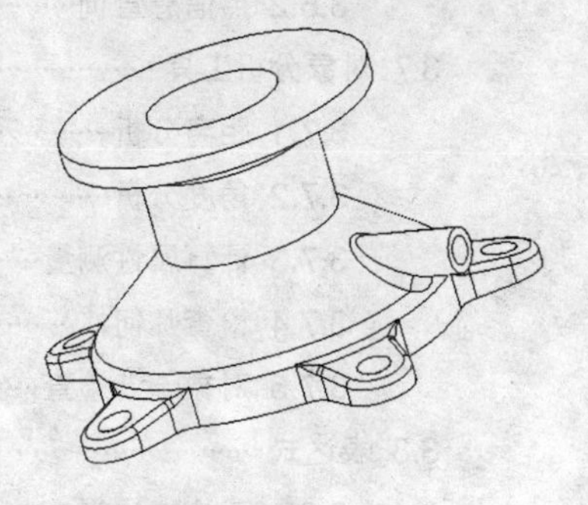

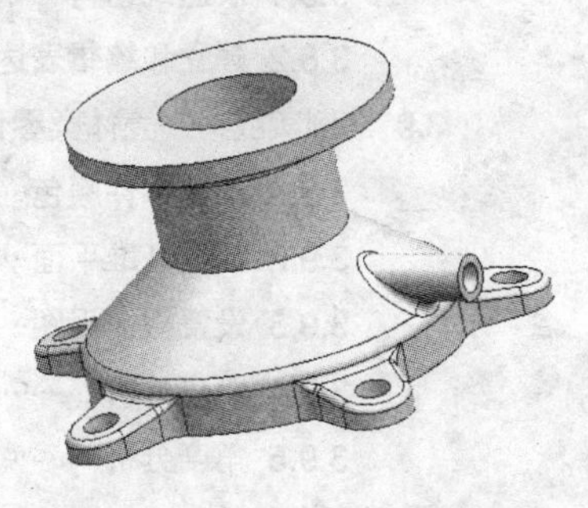

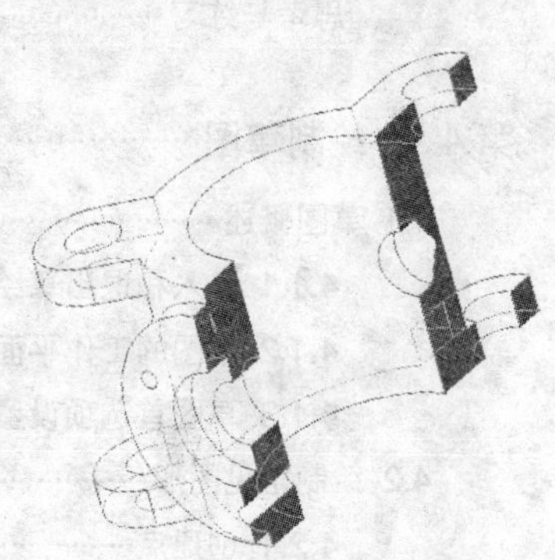

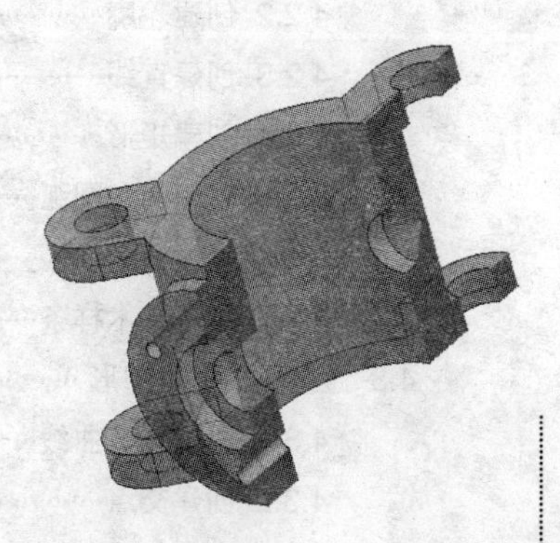

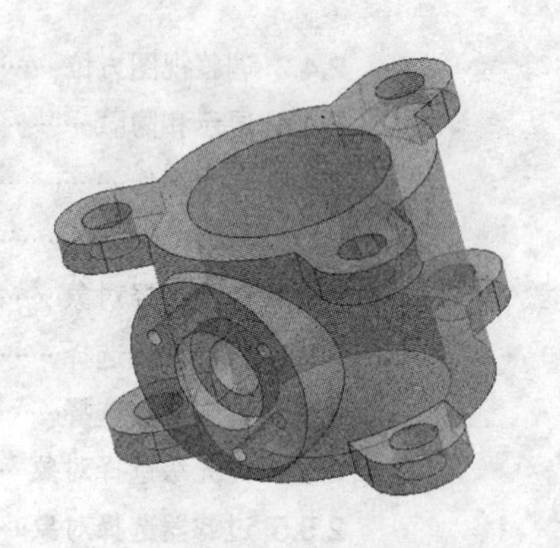

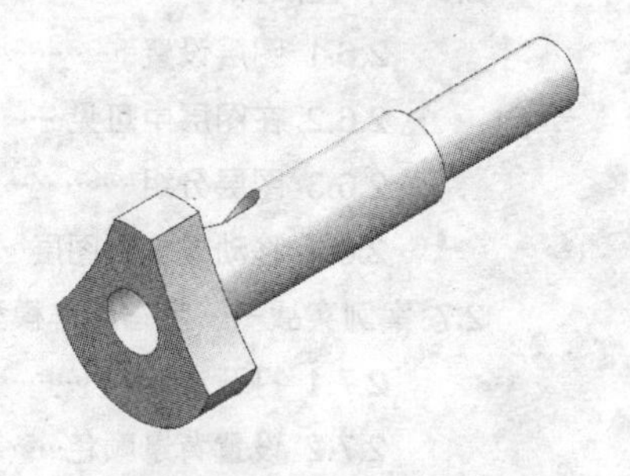

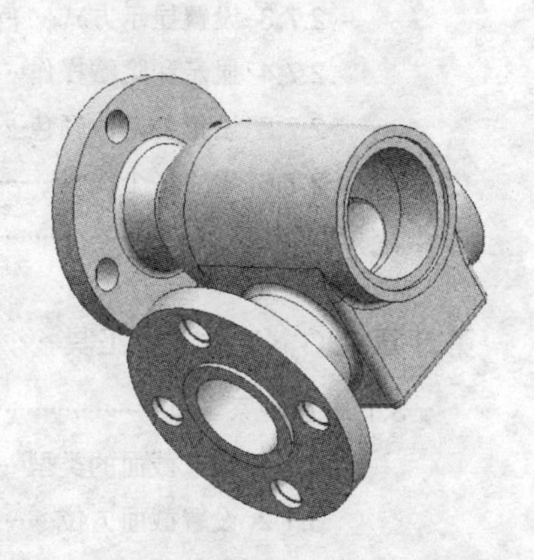

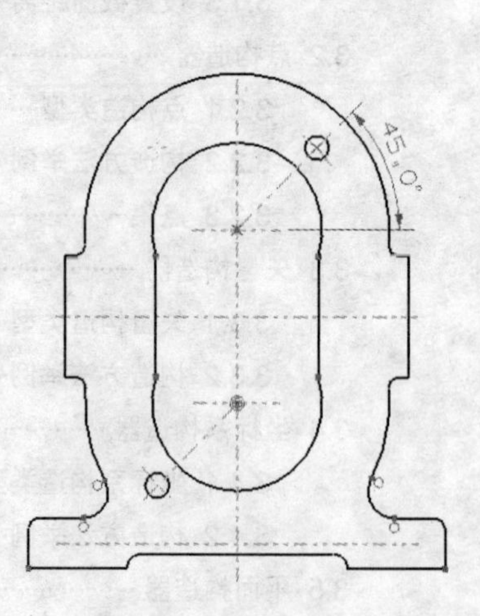
45.0°

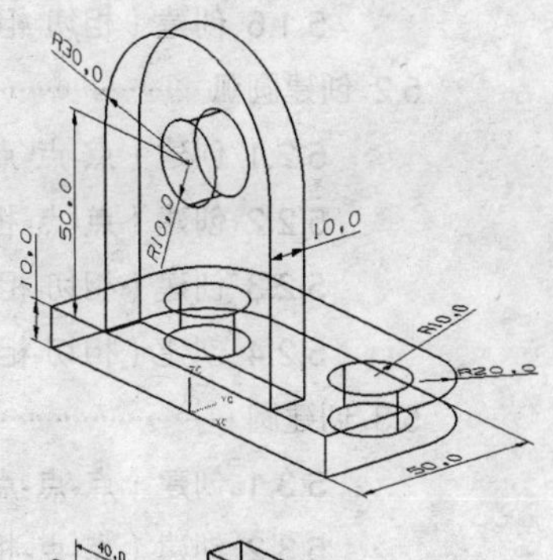
R30.0
50.0
R10.0
10.0
10.0
R10.0
R20.0
50.0

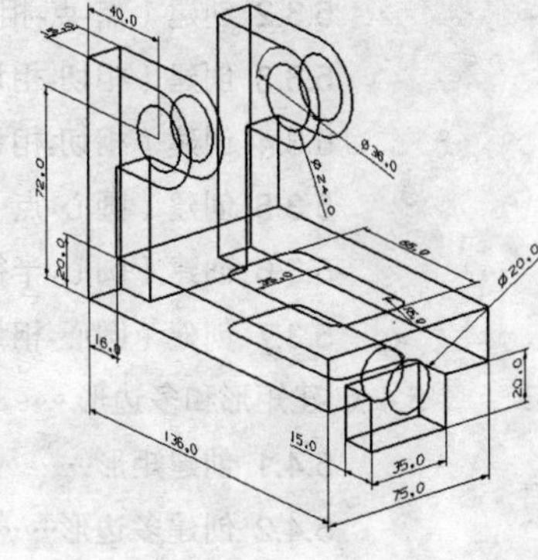
40.0
72.0
20.0
16.0
136.0
15.0
35.0
75.0
20.0

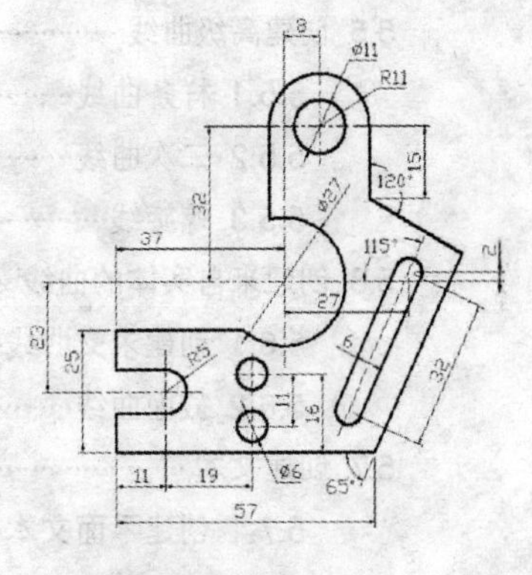
8
Ø11
R11
15
120°
32
37
115°
27
23
25
R5
11
16
32
11
19
Ø6
57
65°

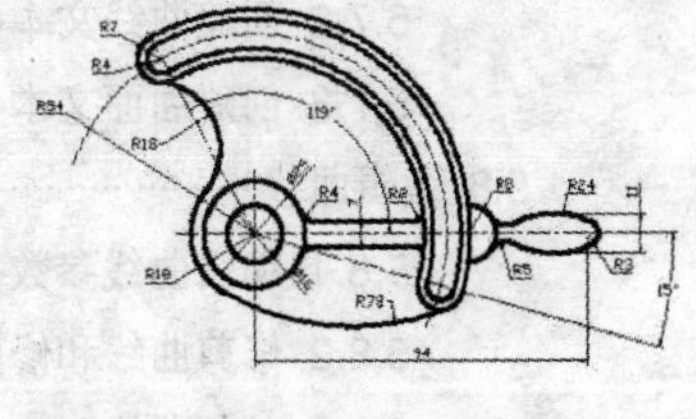

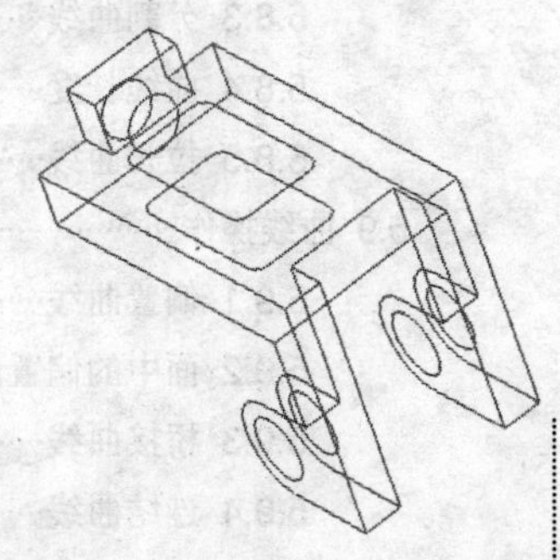

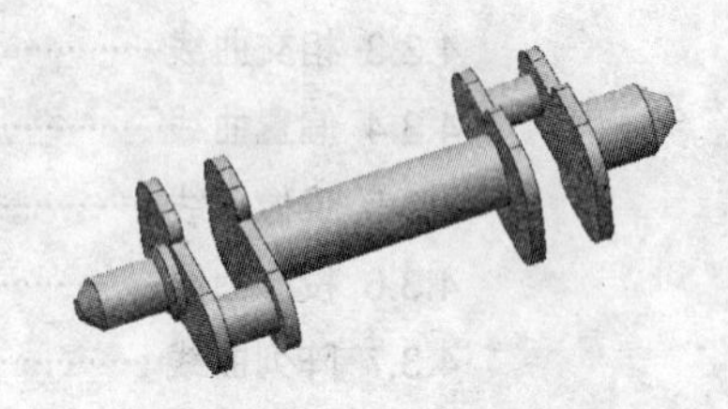

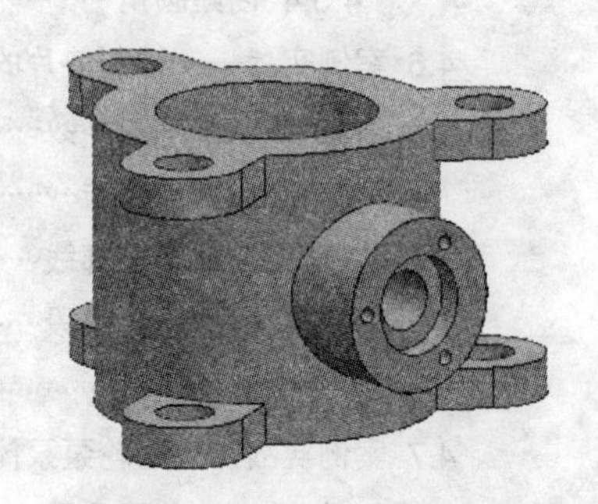

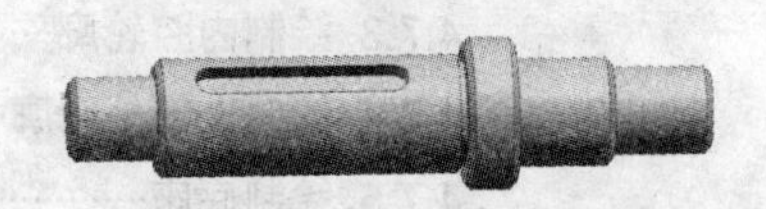

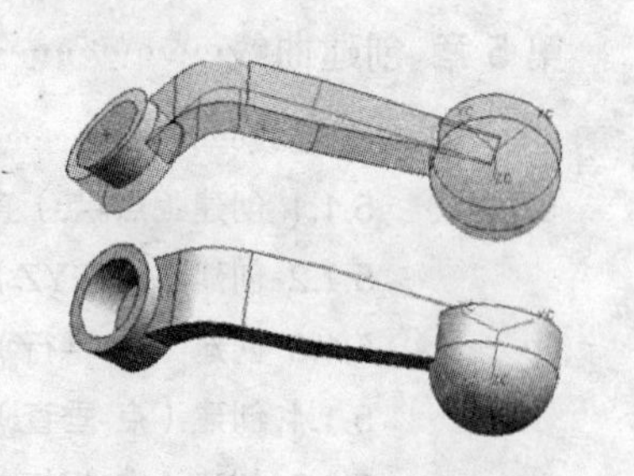

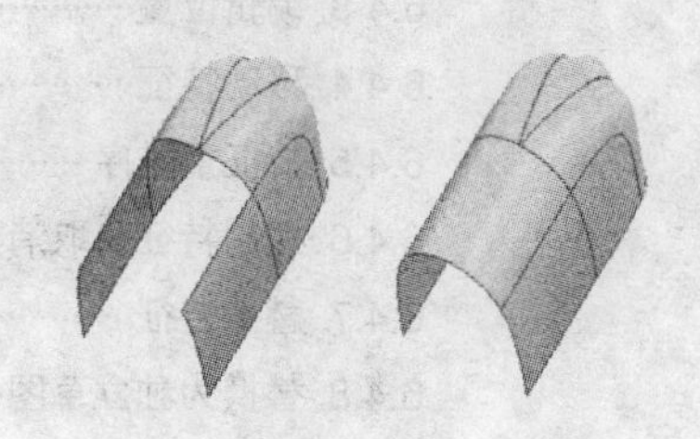

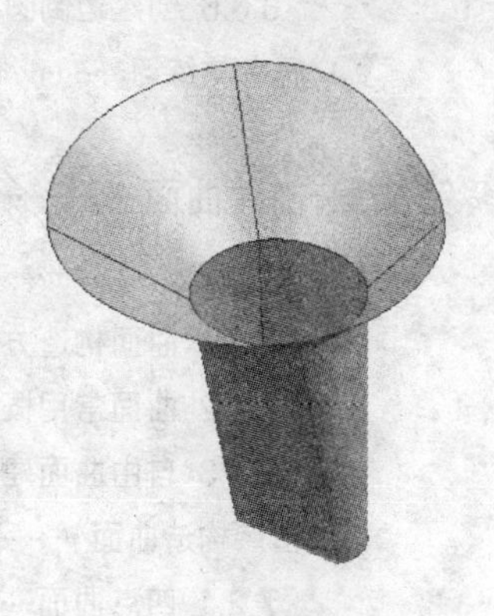
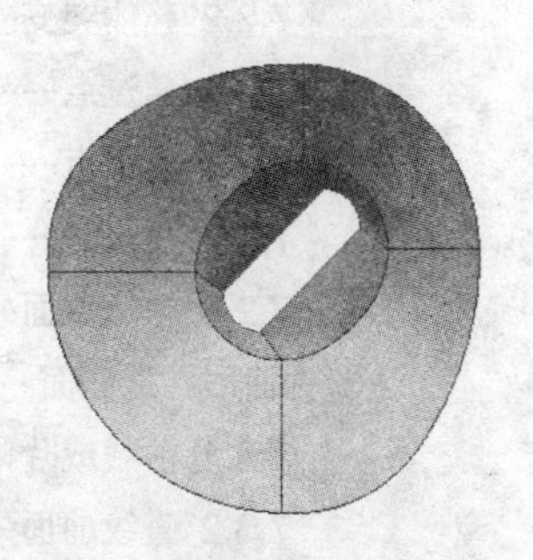

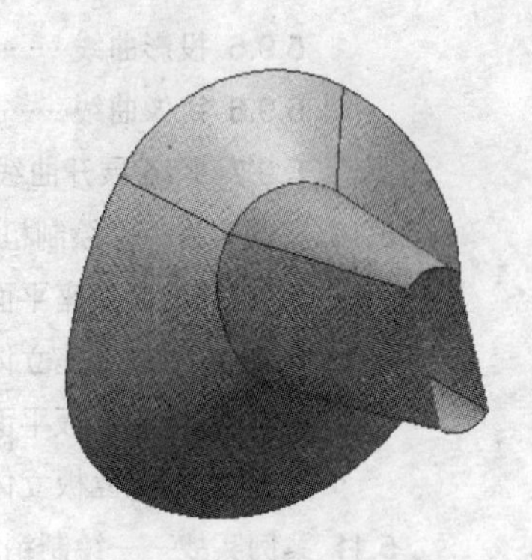

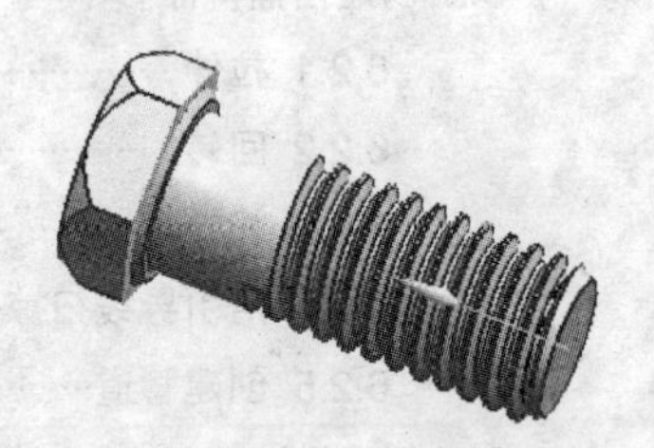

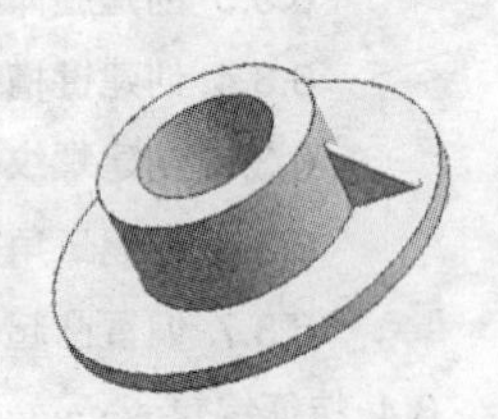

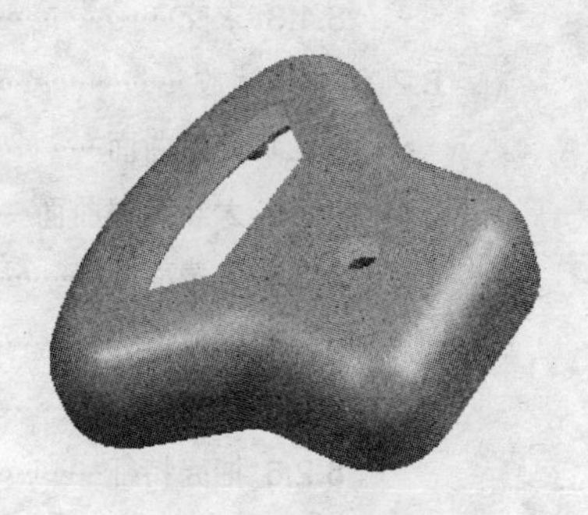

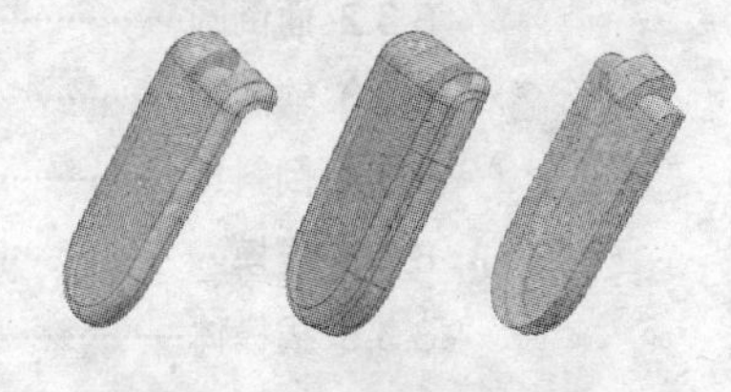

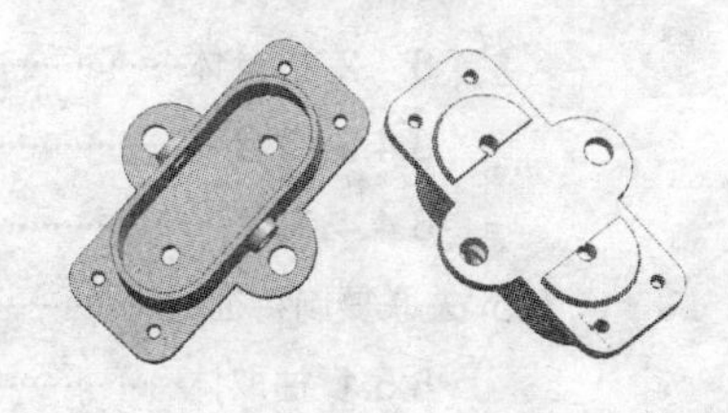

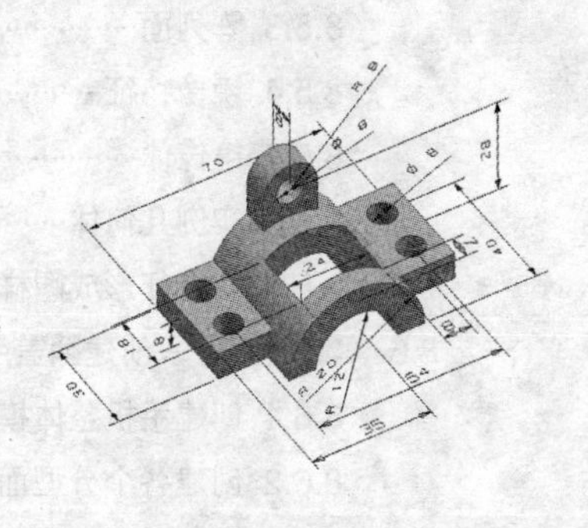

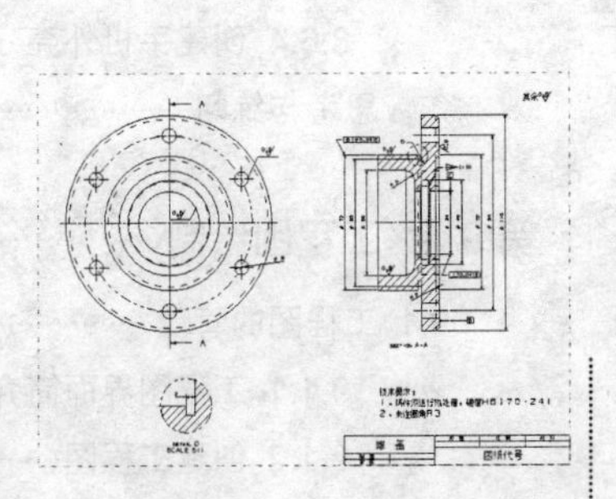

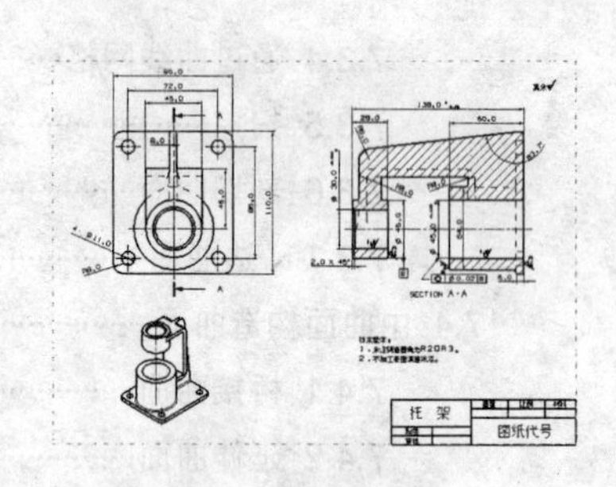
托 架
图纸代号
SECTION A-A

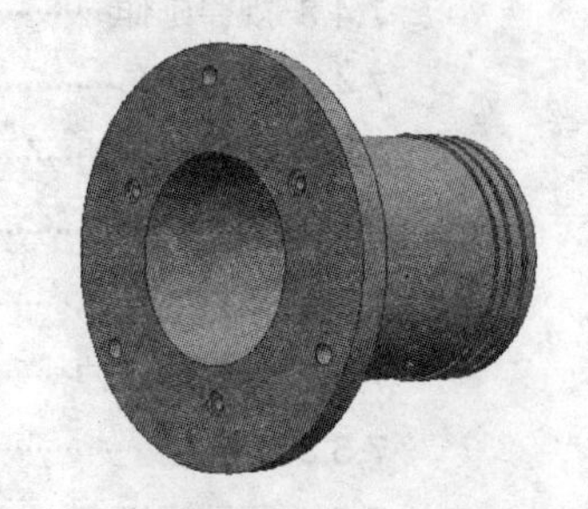

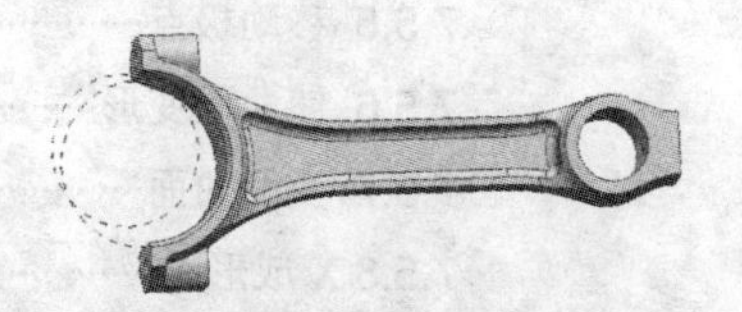

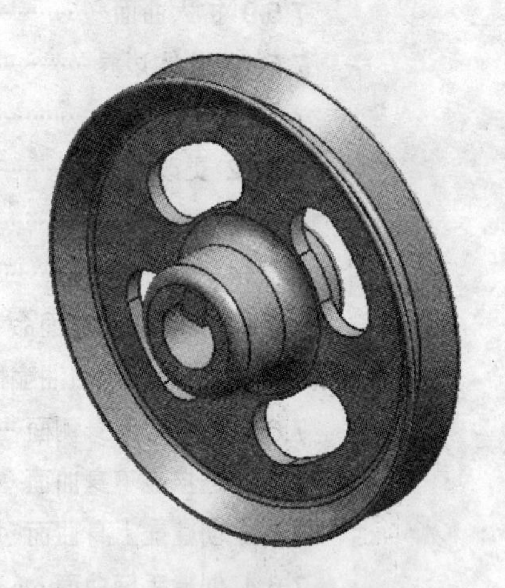

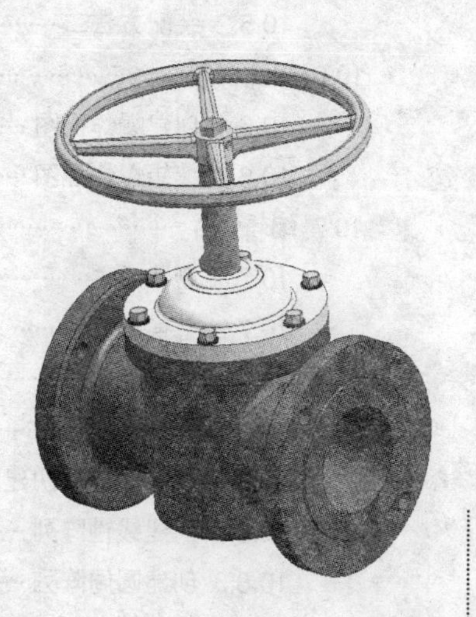

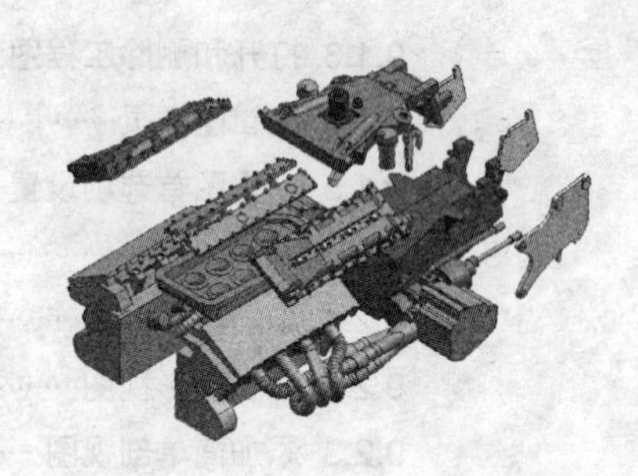

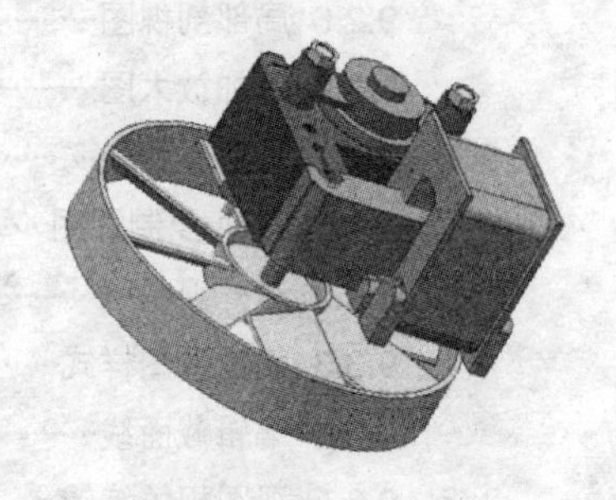

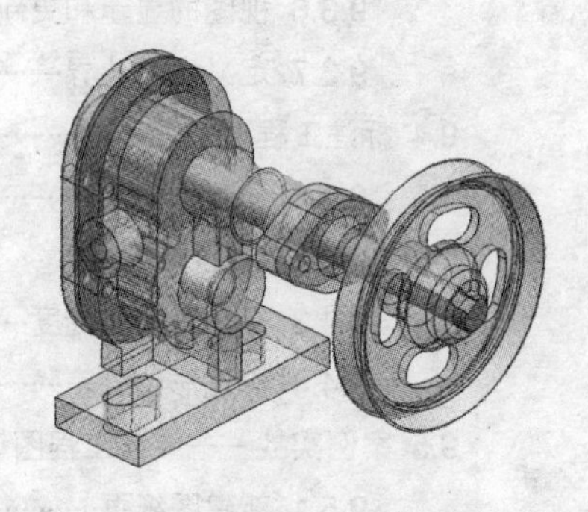

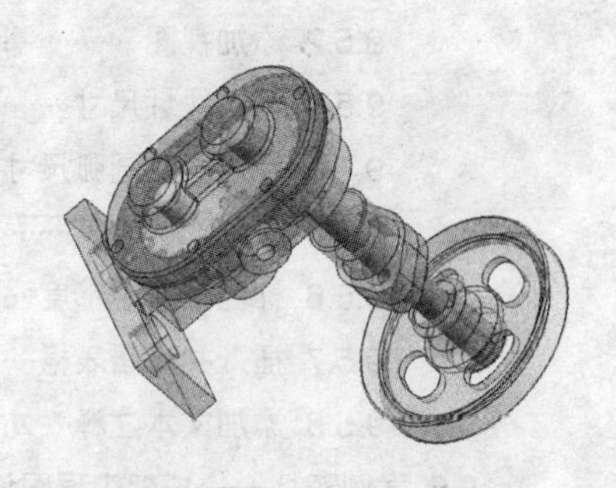

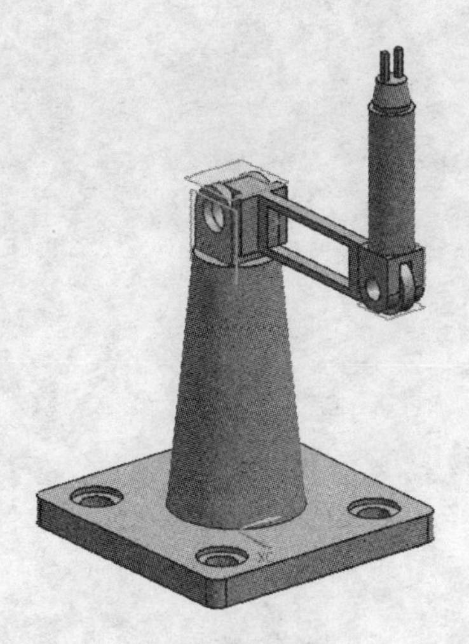

第1章 UG NX 8 简介

本章导读：

本章主要介绍UG的发展史及软件的概况，使读者能够从整体上对它有一定的认识。对于初学者来说，了解UG的发展史、软件的概况、UG功能模块和设计流程，可以使读者从更多的角度去认识UG，从而为后续的学习打下坚实的基础。

学习目标：

- 了解UG的发展史
- 熟悉UG的应用领域
- 了解UG软件的特点
- 熟悉UG NX功能模块

1.1 UG NX 发展简史

Unigraphics（简称 UGS）软件由美国麦道飞机公司开发，于 1991 年 11 月并入世界上最大的软件公司——EDS(电子资讯系统有限公司)，该公司通过实施虚拟产品开发(VPD)的理念提供多极化的、集成的、企业级的软件产品与服务的完整解决方案。

2007 年 5 月 4 日，西门子公司旗下全球领先的产品生命周期管理（PLM）软件和服务提供商收购了 UGS 公司。UGS 公司从此将更名为“UGS PLM 软件公司”（UGS PLM Software），并作为西门子自动化与驱动集团（Siemens A&D）的一个全球分支机构展开运作。

UG 从第 19 版开始改名为 NX1.0，此后又相继发布了 NX2、NX3、NX4、NX5、NX6 和 NX7，当前最新版本为 NX8，该版本于 2011 年在北京正式发布。这些版本均为多语言版本，在安装时可以选择所使用的语言。并且 UG NX 的每个新版本均是前一版本的更新，在功能有所增强。而各个版本在操作上没有大的改变，因而本书可以适用于 UG NX 各个版本的学习。

从 1983 年 UG Ⅱ 进入市场至今 20 多年的时间，UG 得到了迅速的发展。

1986 年：UG 开始引用实体建模核心 Parasolid 部分功能。

1989 年：UG 宣布支持 UNIX 平台及开放系统结构。

1990 年：UG 成为 McDonnell Douglas（现在的波音公司）的机械 CAD/CAM/CAE 的标准。

1993 年：引入复核建模技术。

1995 年：首次发布 Windows NT 版本，从而使 UG 真正走向普及。

1996 年：发布可以自动进行干涉检查的高级装配模块，最先进的 CAM 模块。

1997 年：新增了 WAVE 等多项领先的新功能。

1999 年：发布了 UG16 版本，并在我国的 CAD 行业中迅速普及起来。

2001 年：发布了 UG17 和 UG18 版。

2002 年：发布了可支持 PLM 的 UG NX 2。

2004 年：发布了 UG NX 3。

2005 年：发布了 UG NX 4。

2007 年：发布了 UG NX 5。

2008 年：新增了同步建模等多项新功能，并发布了 UG NX 6。

2009 年：引入了“HD3D”（三维精确描述）功能和同步建模技术的增强功能，并发布了 UG NX 7。

2011 年：发布了 UG NX 8 版本。

UG 在 1990 年进入中国市场后，发展迅速，特别是随着 UG 微机版本的发布和计算机的更新换代，为 UG 的推广创造了良好的环境。近几年来，UG 以其迅猛的速度发展，用户遍布各行各业，已成为中国航空航天、汽车、机械、家用电器等部门的首选软件。

1.2 UG NX 8 概述

同以往使用较多的 AutoCAD 等通用绘图软件比较，UG 直接采用统一的数据库、矢量化和关联性处理、三维建模同二维工程图相关联等技术，大大节省了用户的设计时间，从而提高了工作效率。UG 的应用范围特别广泛，涉及汽车与交通、航空航天、日用消费品、通用机械以及电子工业等领域。

1.2.1 UG 软件特点

UG NX 融合了线框模型、曲面造型和实体造型技术，该系统建立在统一的关联的数据库基础上，提供工程意义的完全结合，从而使软件内部各个模块的数据都能够实现自由切换。特别是该版本软件基本特征操作作为交互操作的基础单位，能够使用户在更高层次上进行更为专业的设计和分析，实现了并行工程的集成联动。

伴随的 UG 版本的不断更新和功能的不断完善，促使该软件朝着专业化和智能化方向发展，其主要特点如下所述。

1. 智能化的操作环境

伴随 UG NX 版本的不断更新，其操作界面更加人性化，绝大多数功能都可以通过按钮操作来实现，并且在进行对象操作时，具有自动推理功能。同时，每个操作步骤中，在绘图区上方的信息栏和提示栏中提示操作信息，便于用户做出正确的选择。从 UG NX 7 版本开始新增全屏显示功能，具有更大的屏幕空间，可以更方便、快捷、有效地进行设计，加快工作流程，如图 1-1 所示。

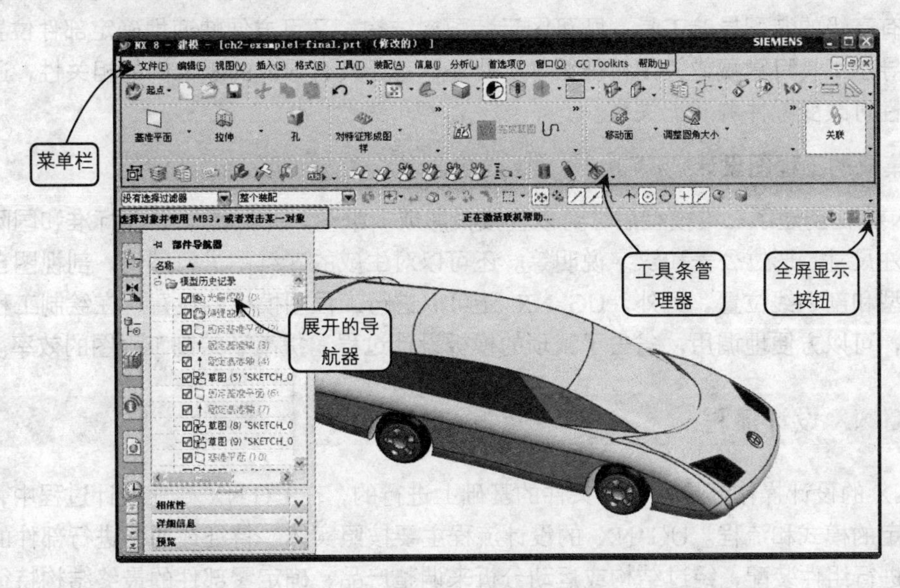

图 1-1　全屏显示界面

2. 建模的灵活性

UG NX 可以进行复合建模，需要时可以进行全参数设计，而且在设计过程中不需要定义和参数化新曲线，可以直接利用实体边缘。此外，可以方便地在模型上添加凸垫、键槽、凸台、斜角及挖壳等特征，这些特征直接引用固有模式，只需进行少量参数设置，使用灵活方便。

3. 参数化建模特性

传统的实体造型系统都是用固定尺寸值来定义几何元素，为了避免产品反复修改，新一代的 UG NX 增加了参数化设计功能，使产品设计伴随结构尺寸的修改和使用环境的变化而自动修改，节约了大量的设计时间。如图 1-2 所示为参数化设计的一种表现方式，即使用关系式建立模型尺寸间约束。

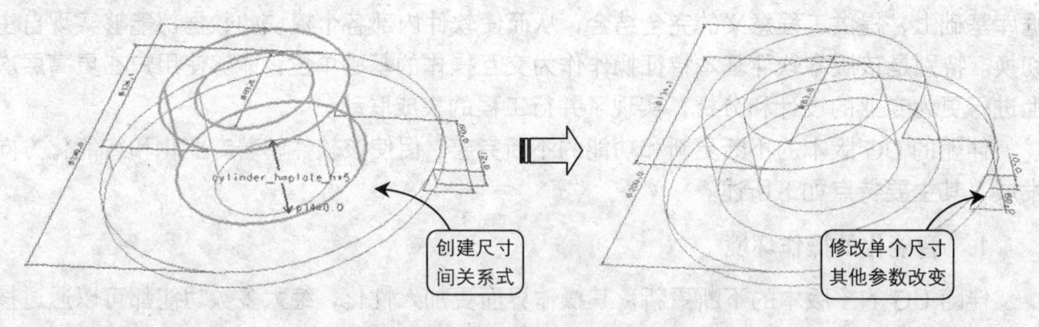

图 1-2 参数化设计

4. 协同化的装配设计

UG NX 可提供自上而下、自下向上两种产品结构定义方式，并可在上下文中设计/编辑，它具有高级的装配导航工具，既可图示装配树结构，又可方便快速地确定部件位置。通过装配导航工具可隐藏或关闭特征组件。此外，它还具有强大的零件间的相关性，通过更改关联性可改变零件的装配关系。

5. 集成的工程图设计

UG NX 在创建了三维模型后，可以直接投影成二维图，并且能按 ISO 标准和国际标准自动标注尺寸、形位公差和汉字说明等。还可以对生成的二维图进行剖视，剖视图自动关联到模型和剖切线位置。另外，UG NX 还可以进行工程图模板的设置，在绘制工程图的过程中，可以方便地调用，省去了繁琐的模板设计过程，提高了绘制工程图的效率。

1.2.2 UG NX 设计流程

UG NX 的设计操作都是在部件文件的基础上进行的，在 UG NX 专业设计过程中，通常具有固定的模式和流程。UG NX 的设计流程主要按照实体、特征或曲面进行部件的建模，然后进行组件装配，经过结构或运动分析来调整产品，确定零部件的最终结构特征和技术要求，最后进行专业的制图并加工成真实的产品，如图 1-3 所示。

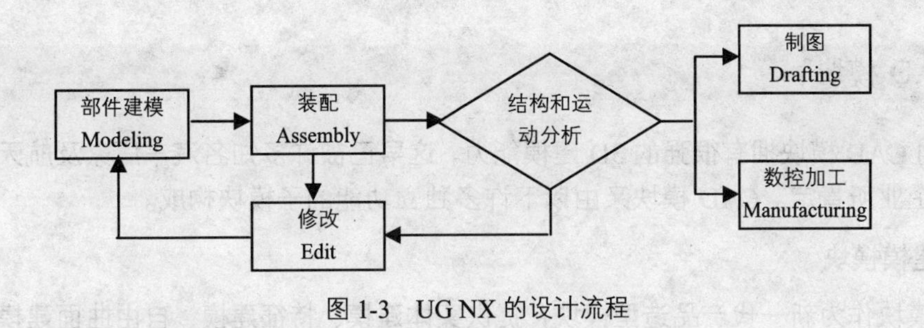

图1-3 UG NX 的设计流程

1.2.3 UG 软件应用领域

UG 是知识驱动自动化技术领域的领先者，在汽车与交通、航空航天、日用消费品、通用机械、医疗器械、电子工业以及其他高科技应用领域的机械设计和模具加工自动化的市场上得到了广泛的利用。

目前，在美国航空航天工业已经安装了 15000 多套 UG 软件，并且该软件占有几乎全部的俄罗斯航空市场和北美汽车发动机市场。UGS 一直在支持美国通用汽车、波音、GE 喷气发动机等公司实施的目前全球最大的虚拟产品开发项目，同时 UG NX 也是日本著名汽车零部件制造商 DENSO 公司的计算机应用标准。UG 已成为世界上最优秀公司广泛使用的系统。自从 1990 年 UG 软件进入中国以来，得到了越来越广泛的应用，在汽车、航天、军工、模具等诸多领域大展身手，现已成为我国工业界主要使用的大型 CAD/CAE/CAM 软件。

1.3 UG NX 8 功能模块

UG NX 软件将 CAD/CAM/CAE 三大系统紧密集成，用户在使用 UG 强大的实体造型、曲面造型、虚拟装配及创建工程图等功能时，可以使用 CAE 模块进行有限元分析、运动分析和仿真模拟，以提高设计的可靠性。根据建立的三维模型，还可由 CAM 模块直接生成数控代码，用于产品加工。

UG NX 功能非常强大，涉及到工业设计与制造的各个层面，是业界最好的工业设计软件之一。各功能是靠各功能模块来实现的，利用不同的功能模块来实现不同的用途，从而支持强大的 UG NX 三维软件，UG NX 的整个系统由大量的模块构成，可以分为以下 4 大模块。

1.3.1 基本环境模块

基本环境模块即基础模块，它仅提供一些最基本的操作，如新建文件、打开文件、输入/输出不同格式的文件、层的控制、视图定义和对象操作等，是其他模块的基础。

1.3.2 CAD 模块

UG 的 CAD 模块拥有很强的 3D 建模能力，这早已被许多知名汽车厂家及航天工业界各高科技企业所肯定。CAD 模块又由以下许多独立功能的子模块构成。

1. 建模模块

建模模块作为新一代产品造型模块，提供实体建模、特征建模、自由曲面建模等先进的造型和辅助功能。草图工具适合于全参数化设计；曲线工具虽然参数化功能不如草图工具，但用来构建线框图更为方便；实体工具完全整合基于约束的特征建模和显示几何建模的特性，因此可以自由使用各种特征实体、线框架构等功能；自由曲面工具是架构在融合了实体建模及曲面建模技术基础之上的超级设计工具，能设计出如工业造型设计产品的复杂曲面外形。如图 1-4 所示的实体模型就是使用建模工具获得的。

2. 工程制图模块

UG 工程制图模块由实体模块自动生成平面工程图，也可以利用曲线功能绘制平面工程图。该模块提供自动视图布局（包括基本视图、剖视图、向视图和细节视图等），并且可以自动、手动尺寸标注，自动绘制剖面线、形位公差和表面粗糙度标注等。3D 模型的改变会同步更新工程图，从而使二维工程图与 3D 模型完全一致，同时也减少了因 3D 模型改变而更新二维工程图的时间。如图 1-5 所示是使用该模块创建的壳体类零件工程图。

此外，视图包括消隐线和相关的界面视图，当模型修改时也是自动地更新，并且可以利用自动的视图布局功能提供快速的图纸布局，从而减少工程图更新所需的时间。

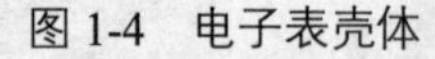

图 1-4　电子表壳体

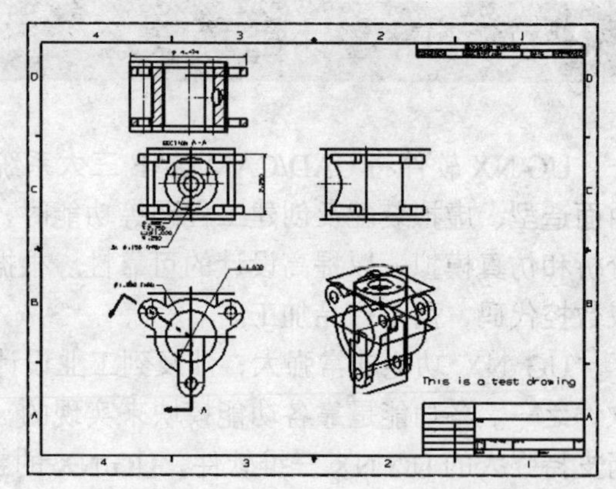

图 1-5　壳体零件工程图

3. 装配建模模块

UG 装配建模模块适用于产品的模拟装配，支持“自下向上”和“自上向下”的装配方法。装配建模的主模型可以在总装配中设计和编辑，组件以逻辑对齐、贴合和偏移等方式被灵活地配对或定位，改进了性能，实现了减少存储的需求，图 1-6 所示是在模块中创建的高压泵装配体。

4．模具设计模块

模具设计模块是 UGS 公司提供的运行在 UG 软件基础上一个智能化、参数化的注塑模具设计模块。该模块为产品的分型、型腔、型芯、滑块、嵌件、推杆、镶块、复杂型芯或型腔轮廓，以及创建电火花加工的电极、模具的模架、浇注系统和冷却系统等提供了方便的设计途径，最终的目的是生成与产品参数相关的、可数控加工的三维模具模型。此外，3D 模型的每一改变均会自动地关联到型腔和型芯。图 1-7 所示就是使用该模块功能进行模具整体设计的效果。

图 1-6　高压泵装配体

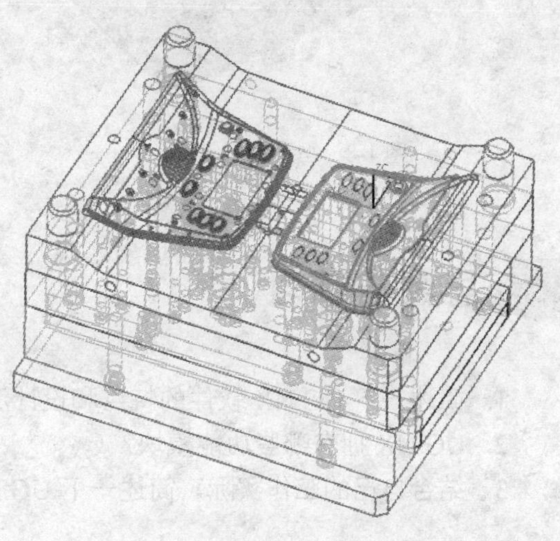

图 1-7　电子设备外壳模具机构

1.3.3 CAM 模块

UG NX CAM 系统拥有的过程支持功能，对于机械制造公司与机械产品相关系列产品的公司都具有非常重要的价值。在这个工业领域中，对加工多样性的需求较高，包括对零件的大批量加工以及对铸造和焊接件的高效精加工。如此广泛的应用要求 CAM 软件必须灵活，并且具备对重复过程进行捕捉和自动重用的功能。

UG NX CAM 子系统拥有非常广泛的加工能力，从自动粗加工到用户定义的精加工，十分适合这些应用。图 1-8 所示是使用型腔铣削功能创建的刀具轨迹。该模块可以自动生成加工程序，控制机床或加工中心加工零件。

1.3.4 CAE 模块

UG NX CAE 功能主要包括结构分析、运动和智能建模等应用模块，提供简便易学的性能仿真工具，任何设计人员都可以进行高级的性能分析，从而获得更高质量的模型。图 1-9 所示即是使用结构分析模块对带轮部件进行有限元分析。

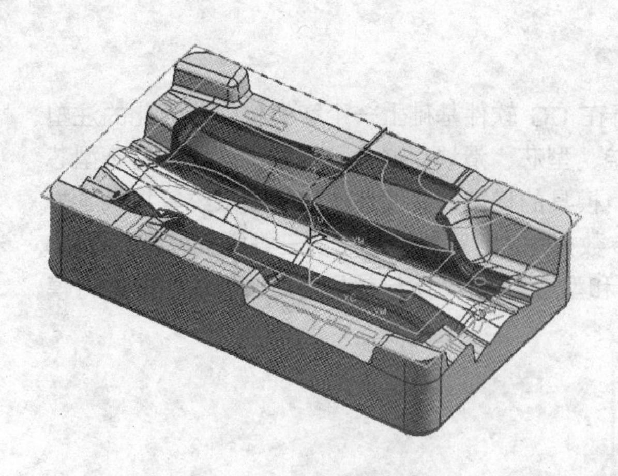

图 1-8　型腔铣削刀路

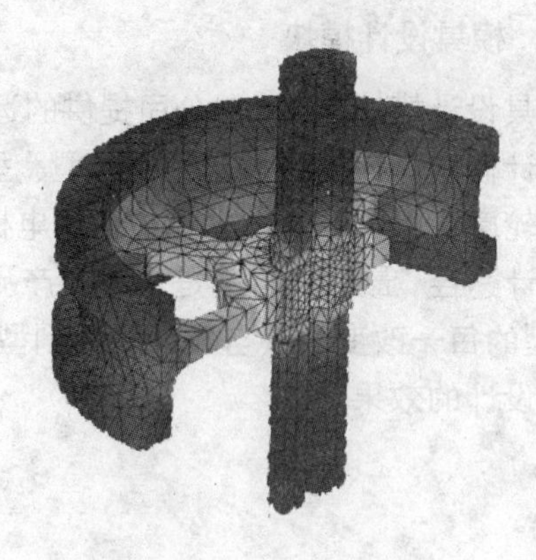

图 1-9　带轮有限元分析

思考与练习

1. 简述一下 UG NX 软件的特点和设计流程。
2. UG NX 拥有哪些功能模块?
3. 结合自己的工作实际，简述一下 UG NX 的应用领域。

第 2 章
UG NX 8 基本操作

本章导读：

本章介绍 UG NX 8 的一些基本操作方法，主要包括工作界面、菜单、工具栏的认识和使用，如何进入和退出 UG NX 8；文件的各种操作方法，如文件的创建、打开、保存等，以及 UG 与其他 CAD 软件的数据交换参数设置及转换方法；零件的选择、显示方法以及图层的设置方法等。

本章最后通过一个操作实例，练习本章所学的基本操作和了解 UG NX 8 的操作流程。

学习目标：

- 熟悉 UG NX 8 工作界面、菜单和工具栏
- 掌握工作环境、基本环境和用户界面的设置
- 掌握文件及数据转换等基本操作
- 掌握零件的选择方式、显示模式等操作
- 掌握零件图层的基本操作

2.1 界面认识

2.1.1 启动 UG NX 8

选择“开始”菜单中的“程序”→UG NX 8→NX 8，便可以启动 UG NX 8，打开如图 2-1 所示的界面，然后可以根据任务需要选择新建或者打开一个部件文件。

2.1.2 工作界面

在如图 2-1 所示界面中，单击“新建”按钮，弹出如图 2-2 所示的“新建”对话框，在“名称”文本框中输入文件名称，在“文件夹”文本框中选定存储路径，然后单击“确定”按钮便可打开 UG NX 8 工作界面。

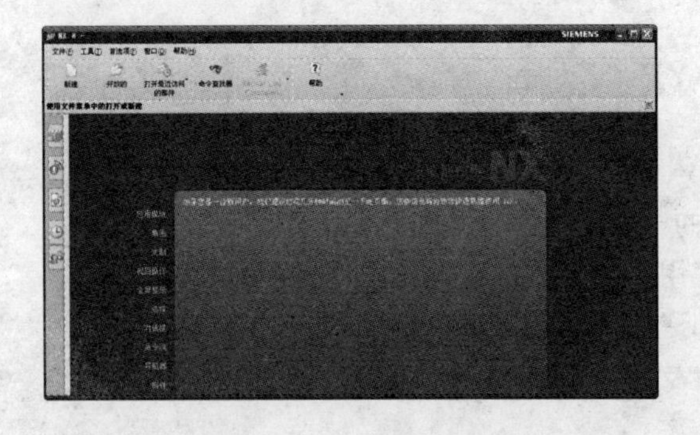

图 2-1 UG NX 8 基本界面

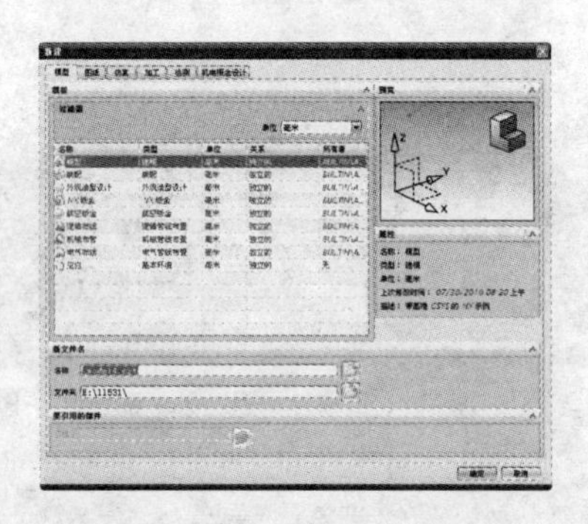

图 2-2 “新建”对话框

UG NX 8 的主窗口由菜单栏、工具栏、导航区、工作区和状态栏组成，如图 2-3 所示，下面分别进行介绍。

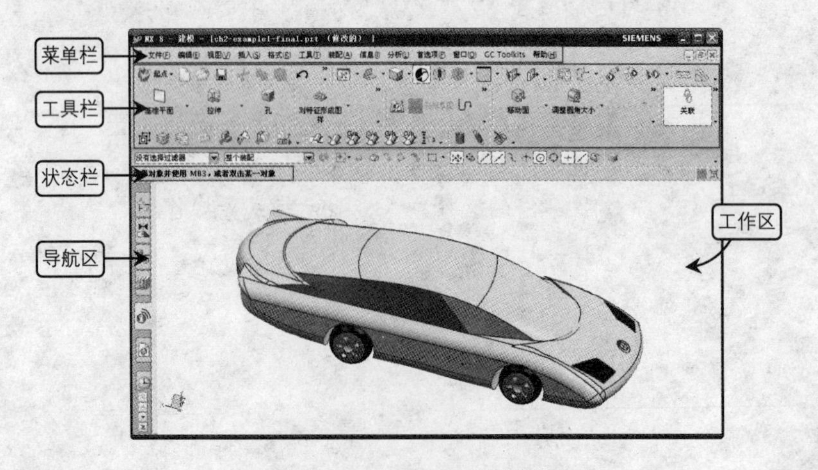

图 2-3 UG NX 8 图形界面

1. 菜单栏

菜单栏几乎包含了整个软件所需要的各种命令，也就是说，在建模时用到的各种命令、设置、信息等都可以从中找到。它主要包含以下几个菜单：文件、编辑、视图、插入、格式、工具、装配、信息、分析、首选项、窗口和帮助。

- 文件：主要用于创建文件、保存文件、导出模型、导入模型、打印和退出软件等操作；
- 编辑：主要用于对当前视图、布局等进行操作；
- 插入：主要用于插入各种特征；
- 格式：主要用于对现有格式的编辑管理；
- 工具：提供了一些建模过程中比较实用的工具；
- 装配：主要提供了各种装配所需要的操作命令；
- 信息：提供了当前模型的各种信息；
- 分析：提供了如长度、角度、质量测量等实用的信息；
- 首选项：主要用于对软件的预设置；
- 窗口：主要用来切换被激活的窗口和其他窗口；
- 帮助：主要提供了用户使用软件过程中所遇到的各种问题的解决办法。

注　意： 在不同的应用模块下，部分菜单项的命令将发生相应的变化。

2. 工具栏

工具栏汇集了建模时比较常用的工具，用户可以不必通过菜单层层选择，只需通过单击各种工具按钮，即可很方便地创建各种特征。每个用户经常使用的工具是不一样的，因此 UG NX 8 提供了定制功能，用户可以根据自己的使用情况来定制工具栏。

提　示： 当工具图标右侧有“▼”符号时，表示这是一个工具组，其中包含数量不等功能相近的工具按钮，单击该符号便会展开相应的列表框，如图 2-4 所示。

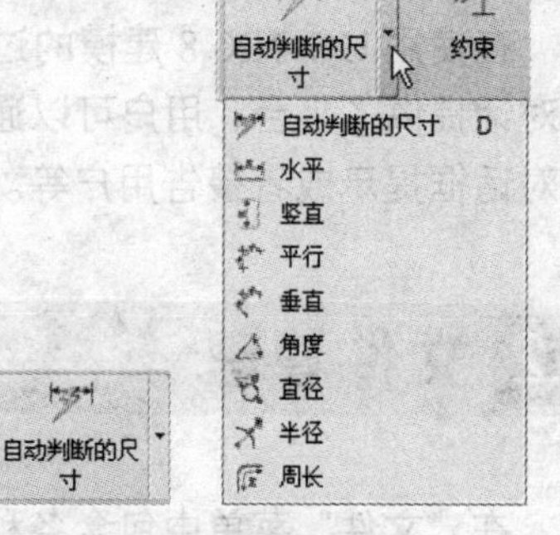

图 2-4　工具栏工具组

3. 状态栏

状态栏主要是为了提示用户当前操作处于什么状态，以便用户能做出进一步的操作。如提示用户选择基准平面、选择放置面、选择水平参考等。这一功能设置使得某些对命令不太熟悉的用户也能顺利完成相关的操作。

4. 导航区

导航区主要是为用户提供一种快捷的操作导航工具，它主要包含装配导航器、部件导航器、Internet Explorer、历史记录、系统材料、Precoss Studio、加工向导、角色、系统可视化场景等。导航区最常用的是部件导航器。

在 UG NX 8 主界面中，单击“部件导航器”图标，便可弹出如图 2-5 所示“部件导航器”对话框，里面列出了已经建立的各个特征，用户可以在每个特征前面勾选或者取消勾选来显示或者隐藏各个特征，还可以选择需要编辑的特征，右击对特征参数进行编辑。单击“装配导航器”图标，便可弹出图 2-6 所示的“装配导航器”对话框，同样，用户可以选取各组件设置相关参数。

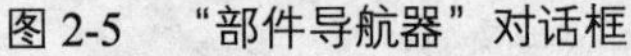

图 2-5 “部件导航器”对话框

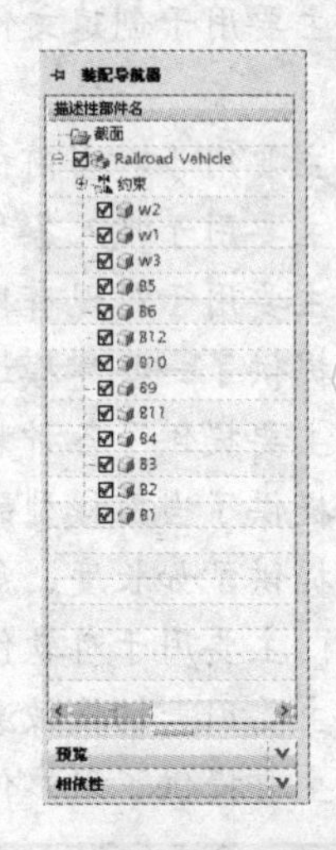

图 2-6 “装配导航器”对话框

5. 工作区

工作区主要用于绘制草图、实体建模、产品装配及运动仿真等。

2.1.3 对话框

在使用 UG NX 8 建模的过程中，几乎每个特征的建立都要用到对话框，对话框为人机对话提供了平台，用户可以通过对话框告诉机器自己想要进行什么操作，而机器也会通过对话框提示或者警告用户等。

2.2 文件管理

在“文件”菜单中包含各种常用的文件管理命令，用于建立新的文件、开启旧有的文件、保存或者重命名保存现有文件。

2.2.1 新建和打开文件

1. 新建文件

要创建文件，可选择“文件”→“新建”选项（工具栏：“标准”→“新建”），即可打开“新建”对话框，如图 2-7 所示。

该对话框包含 6 个选项卡，分别用于创建相应的文件，这里介绍常用的 4 种文件类型。

模型：该选项卡中包含执行工程设计的各种模板，指定模板并设置名称和保存路径，单击“确定”按钮，即可进入指定的工作环境中。

图纸：该选项卡中包含执行工程设计的各种图纸类型，指定图纸类型并设置名称和保存路径，然后选择要创建的部件，即可进入指定图幅的工作环境。

仿真：该选项卡中包含仿真操作和分析的各个模块，从而进行指定零件的热力学分析和运动分析等，指定模块即可进入指定模块的工作环境。

加工：该选项卡中包含加工操作的各个模块，从而进行指定零件的机械加工，指定模块即可进入相应的工作环境。

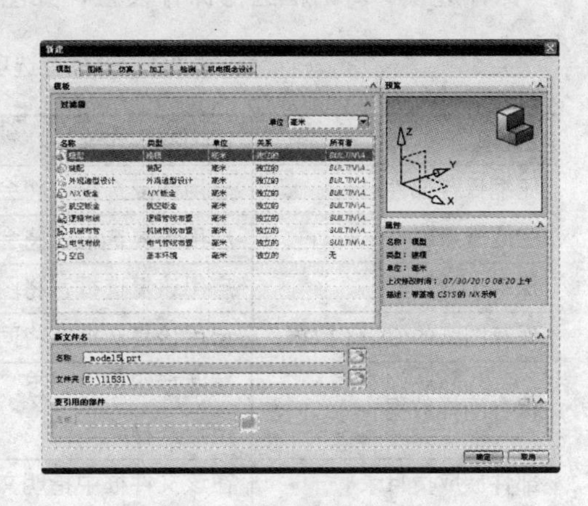

图 2-7　“新建”对话框

2. 打开文件

利用打开文件命令可直接进入与文件相对应的操作环境中。要打开指定的文件，可以选择“文件”→“打开”选项（工具栏：“标准”→“打开”），即可打开“打开”对话框，如图 2-8 所示。

在该对话框中选择需要打开的文件，或者直接在“文件名”列表框中输入文件名，在“预览”窗口中将显示所选图形。如果没有图形显示，则需要启用右侧的“预览”复选框，最后单击 OK 按钮即可。

2.2.2 保存或另存文件

要保存文件，可选择“文件”→“保存”选项（工具栏：“标准”→“保存”），即可将文件保存到原来的目录。

如果需要将当前图形保存为另一个文件或其他目录，可选择“文件”→“另存为”选项，打开“另存为”对话框，如图 2-9 所示。

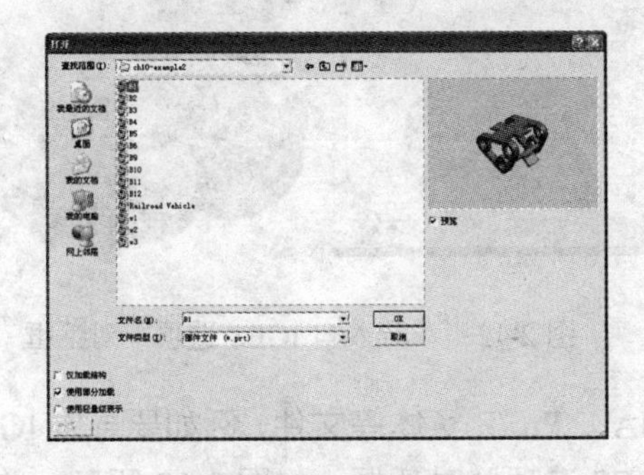

图 2-8　打开文件

图 2-9　“另存为”对话框

在“文件名”下拉列表框中输入保存的名称，然后单击 OK 按钮即可。如果需要保存为其他类型，可以在“保存类型”下拉列表中选择保存类型。

如果需要更改保存方式，可选择“文件”→“选项”→“保存选项”选项，在打开的“保存选项”对话框进行保存设置，如图 2-10 所示。对话框中各选项含义参考表 2-1。

表 2-1 “保存选项”对话框各选项参数含义

选 项	选项参数含义
压缩保存部件	启用该复选框，将会对图形文件进行数据压缩
生成重量数据	启用该复选框，将会对重量和其他特征进行更新
保存 JT 数据	启用该复选框，将图形数据或 Teamcenter 可见数据集成
保存图纸的 CGM 数据	启用该复选框，将同时保存图纸的 CGM 格式数据
保存图样数据	该选项组中有“否”、“仅图样数据”、“图样和着色数据”三种保存方式可供用户选择
部件族成员目录	在该文件框中指明文件的存放路径，单击“浏览”按钮可改变路径

2.2.3 导入和导出文件

UG NX 8 具有强大的数据交换能力，支持丰富的交换格式。如 STEP203、STEP214、IGES 等通用格式。还可创建与 Pro/E、CATIA 交换数据的专用格式。

1. 导入文件

导入文件功能用于与非 UG 用户进行数据交换。当数据文件由其他工业设计软件建立时，它与 UG 系统的数据格式不一致，直接利用 UG 系统无法打开此类数据文件，文件导入功能使 UG 具备了与其他工业设计软件进行交换的途径。要执行导入文件操作，可选择“文件”→“导入”选项，弹出“导入”子菜单，如图 2-11 所示，在该子菜单中显示了可以导入的文件类型。

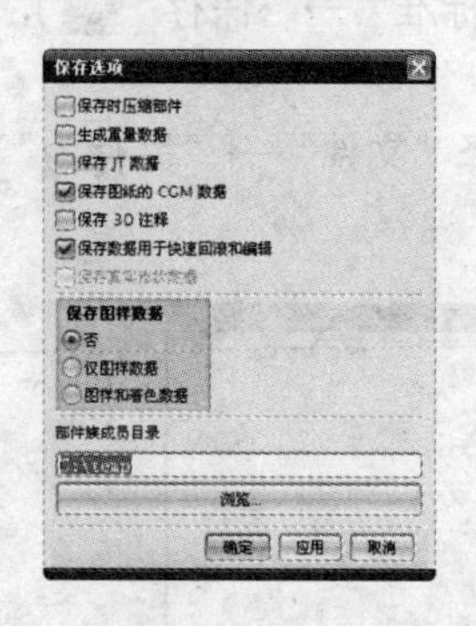

图 2-10 保存选项

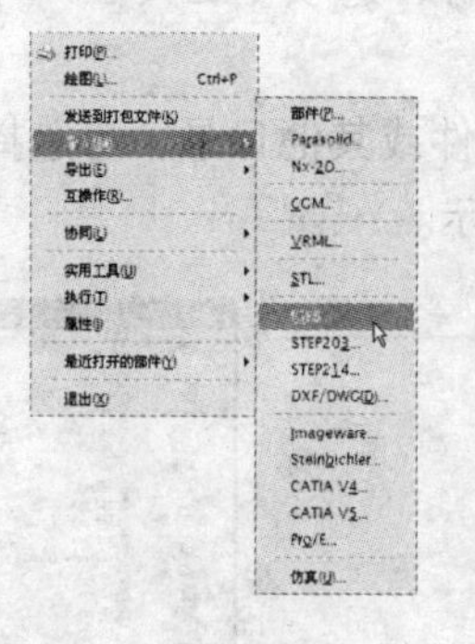

图 2-11 “导入”子菜单

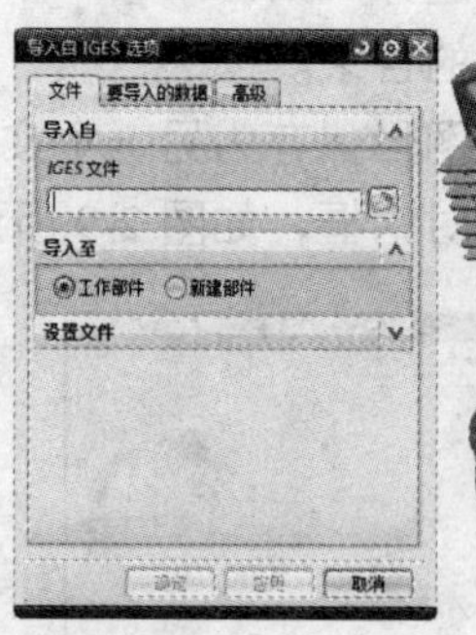

图 2-12 “导入自 IGES 选项”对话框

UG NX 8 可以导入 IGES、DXF/DWG、CATIA 、Pro/E 实体等文件，例如要导入 IGES 文件，可选择对应的选项，即可打开“导入自 IGES 选项”对话框，如图 2-12 所示。单击该对话框中的“浏览”按钮，在打开的“IGES 文件”对话框中指定路径并选择 IGES 文件，即可将该文件导入 UG NX 8。

2. 导出文件

导出文件与导入文件功能相似，UG NX 8 可将现有模型导出为 UG NX 8 支持的其他类型的文件。如 CGM、STL、IGES、DXF/DWG、CATIA 等，还可以直接导出为图片格式。

要执行导出操作，可选择“文件”→“导出”选项，打开“导出”子菜单。在该子菜单中显示了支持导出的文件类型。例如，选择该菜单的 DXF/DWG 选项，打开如图 2-13 所示对话框，指定文件保存路径和文件名，单击“确定”按钮即完成导出。启用 AutoCAD 软件，选择“文件”→“打开”选项，即可指定该文件路径打开导出的文件，如图 2-14 所示。

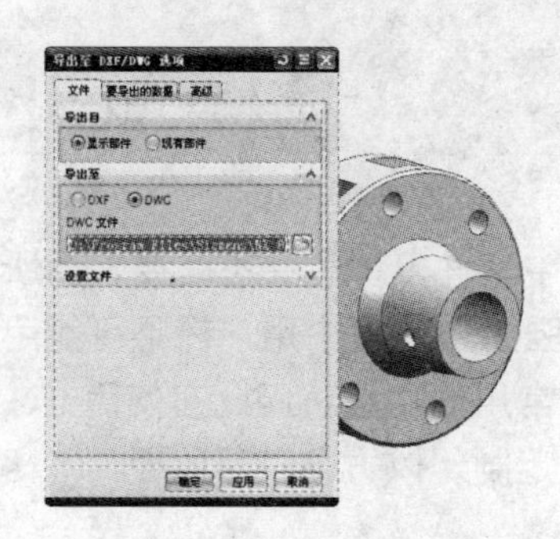

图 2-13　导出 UG NX 8 文件

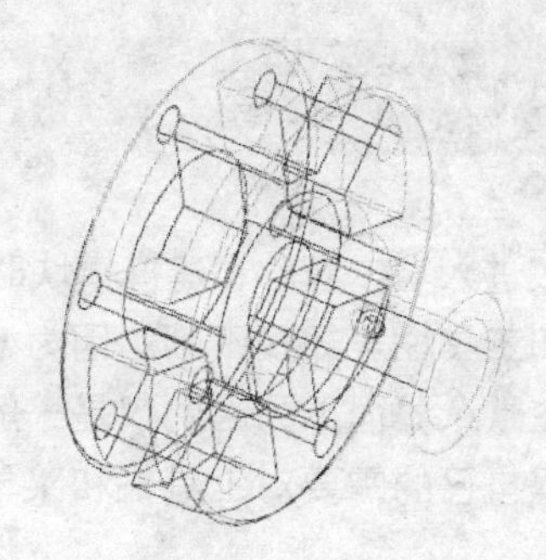

图 2-14　打开导出的 AutoCAD 文件

2.2.4 关闭文件

在创建完成一份设计工作之后，需要将该文件关闭。如果需要关闭文件，可选择“文件”→“关闭”选项，在弹出的子菜单中选择适合的选项执行关闭操作，如图 2-15 所示。

当选择“选定的部件”选项时，UG NX 8 将打开“关闭部件”对话框，如图 2-16 所示。该对话框中的主要选项含义参考表 2-2。

表 2-2　“关闭部件”对话框各选项参数含义

选项	选项参数含义
顶层装配部件	在文件列表框中只列出顶层装配文件，而不列出装配文件中的组件名称
会话中的所有部件	在文件列表框中列出当前进程中的所有文件
仅部件	关闭所有选择的部件
部件和组件	如果所选择的文件为装配文件，则关闭属于该装配文件的所有部件和组件
关闭所有打开的部件	将关闭所有已经打开的文件
如果修改则强制关闭	如果文件在关闭以前没有保存，则强行关闭该文件

单击图形工作窗口右上角的按钮☒，将关闭当前工作窗口；如果选择“文件”→“退出”选项，或者单击 UG NX 8 标题栏中的按钮☒，将退出 UG NX 8 软件；如果当前文件没有保存，UG NX 8 将会弹出提示对话框，提示用户是否需要保存后关闭。

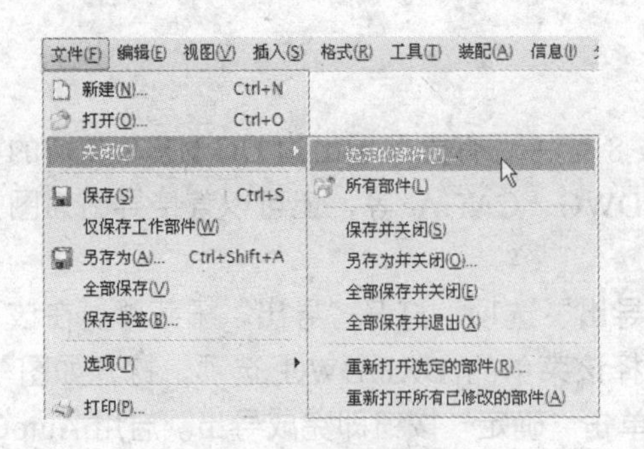

图 2-15 “关闭”子菜单

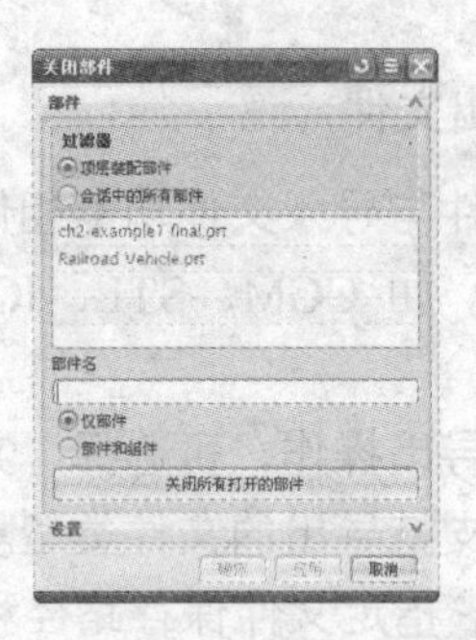

图 2-16 “关闭部件”对话框

2.3 用户环境设置

第一次进入 UG NX 8 建模模块时，会发现界面中有许多功能并不需要，而所需的功能在菜单和工具栏里却找不到。因为 UG NX 8 功能强大，而每个用户都不可能用到所有的功能，在默认界面下列出的仅是一般实体建模用户常用的功能。因此在使用 UG 之前，有必要根据自己的需要对工具栏和菜单栏进行用户化定制，以方便日后的使用。

2.3.1 工作界面定制

工作界面是设计者与 UG NX 8 系统的交流平台，如何能够简易、快速地定义出可操作性强的工作界面以及如何能够熟练使用这些操作来解决应急问题，是很多初级用户所面临的问题。在 UG NX 8 里，有两种方法能把工作界面用户化，一种是“定制”的方法，另一种是“角色”方法。下面分别对这两种方法进行介绍。

1. 定制方法

在图形界面中选择“工具”→“定制”命令，弹出如图 2-17 所示的“定制”对话框，勾选“直线和圆弧”复选框，会出现如图 2-18 所示的“直线和圆弧”工具栏，把它拖到图形界面上的工具栏上即可。

图 2-17 “定制”对话框

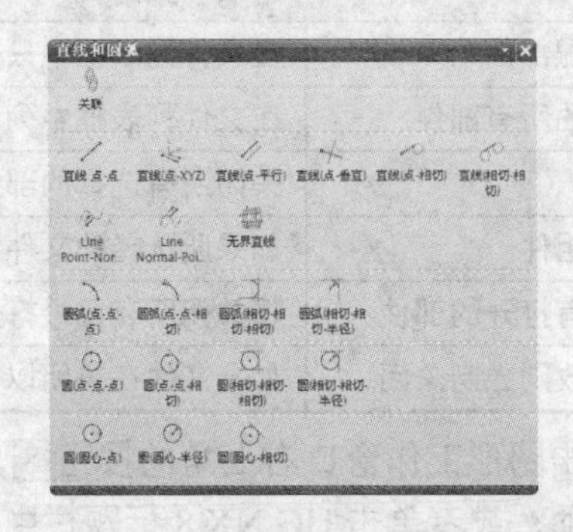

图 2-18 “直线和圆弧”工具栏

2. 角色方法

在 UG NX 2 以后的版本中都增加了“角色”这一功能，“角色”可通过隐藏不常用的工具来调整用户界面，以方便不同需求的用户使用。默认的“基本功能”角色显示易于查看大图标，其下显示图标名称，这一角色适合于第一次使用 UG 或者不经常使用 UG 的用户。本书所有范例都是在“具有完整菜单的基本功能”角色下进行的，下面介绍怎么设置这样的角色。

在启动 UG NX 8 后会出现 UG 基本界面，在导航区单击按钮，会出现如图 2-19 所示的“角色”列表，在“系统默认”栏中选择“具有完整菜单的基本功能”选项即可，如图 2-20 所示。

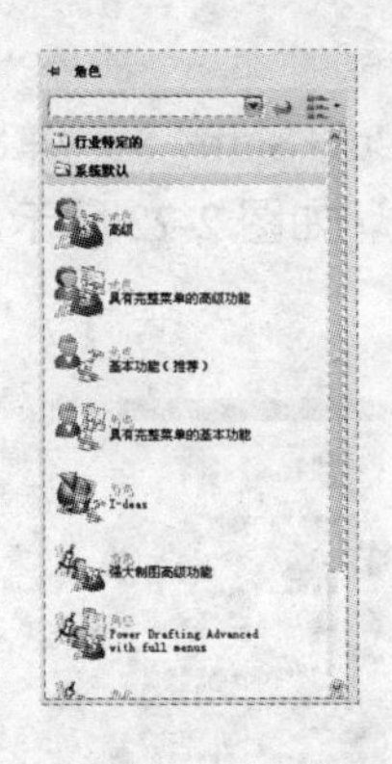

图 2-19　“角色”列表

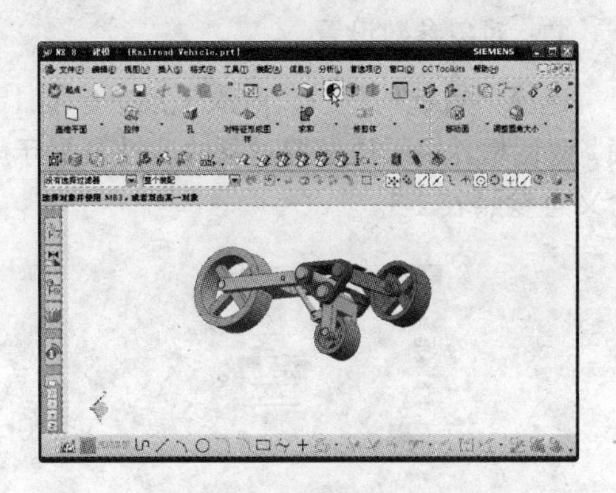

图 2-20　“具有完整菜单的基本功能”的图形界面

2.3.2 基本环境参数设置

基本环境参数设置包括常规选项、用户界面、对象、对象显示、工作平面、导航器、基本光源等的设定。UG 提供了两处用于定义环境控制参数的命令，分别是“用户默认设置”对话框和“首选项”菜单中的命令，不同的命令具有不同的优先权及控制范围，用户默认设置的设定对各部件文件均有效，但偏重于一些基本环境的设置。

而“首选项”菜单中的命令，绝大多数只对当前进程有效，当退出后重新进入 NX 后将恢复到默认设置。

选择“文件”→“实用工具”→“用户默认设置”选项，弹出“用户默认设置”对话框，如图 2-21 所示，该对话框包含了基本环境和各应用模块的各类参数设置。对于一般用户来说，直接使用其默认设置就可以了。

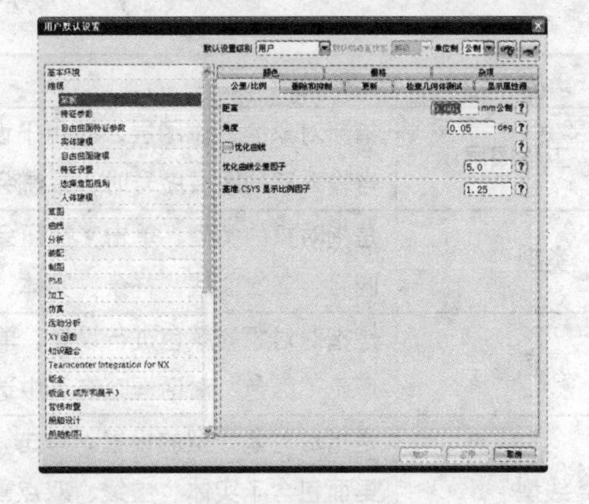

图 2-21　“用户默认设置”对话框

2.3.3 首选项设置

首选项设置用来对一些模块的默认控制参数进行设置，如定义新对象、用户界面、资源板、选择、可视化，调色板等。在不同的应用模块下，首选项菜单会相应地发生改变。

“首选项”菜单中的大部分选项参数与“用户默认设置”相同，但在首选项下所做的设置只对当前文件有效，保存当前文件即会保存当前的环境设置到文件中。在退出 NX 后再打开其他文件时，将恢复到系统或用户默认设置的状态。简单地说，在“首选项”中设置的参数是临时的，而在“用户默认设置”中设置的参数是永久的。下面仅对区别于“用户默认设置”内容的一些常用设置作介绍。

1. 对象参数设置

选择“首选项”→“对象”菜单选项（或者用快捷键 Ctrl+Shift+J），弹出“对象首选项”对话框，用于预设置对象的属性及显示颜色等相关参数，如图 2-22 所示，各选项参数含义可参照表 2-3。

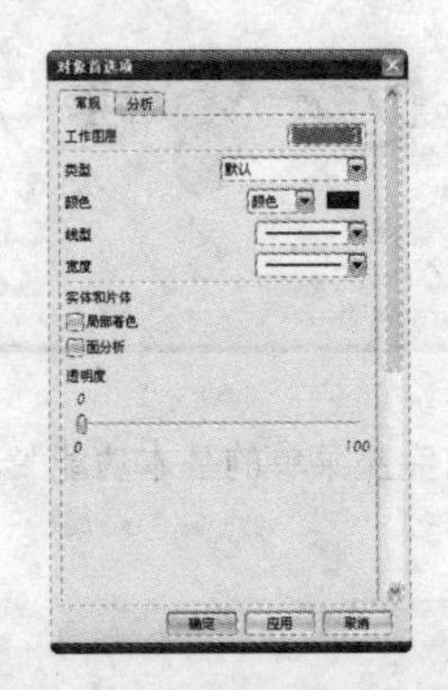

图 2-22 “对象首选项”对话框

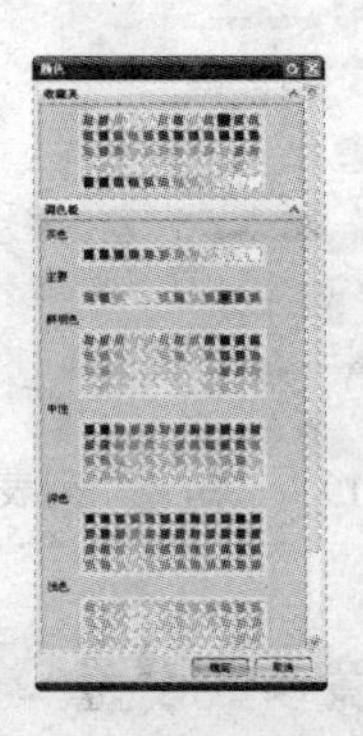

图 2-23 “颜色”对话框

表 2-3 “常规”选项卡各参数含义

选项	选项参数含义
工作图层	指新对象的工作图层，即用于设置新对象的存储图层，系统默认的工作图层是 1，当输入新的图层序号时，系统会自动将新创建的对象存储在新图层中
类型	是指对象的类型，单击▼按钮会打开“类型”下拉列表框，里面包含了默认、直线、圆弧、二次曲线、样条、实体、片体等，用户可以根据需要选取不同的类型
颜色	是指对对象的颜色进行设置，单击“颜色”右边的图标，系统会弹出如图 2-23 所示“颜色”对话框，在其中选择需要的颜色再单击“确定”按钮即可
线型	是指对对象线型的设置，单击“线型”右边的▼按钮会弹出“线型”下拉列表框，里面包含了实体、虚线、双点画线、中心线、点线、长画线和点画线，用户可根据需要选取不同的线型
宽度	针对对象线宽进行设置，单击“宽度”右边的▼按钮，会弹出“宽度”下拉列表框，里面包含了细线宽度、正常宽度、粗线宽度等，用户可根据需要选取不同的线宽

2. 用户界面设置

选择“首选项”→“用户界面”菜单选项，弹出“用户界面首选项”对话框如图 2-24 所示，“用户界面首选项”对话框中共有 5 种选项卡：通用、布局、宏、操作记录、用户工具等，具体选项卡含义参考表 2-4。

表 2-4　“用户界面首选项”各选项卡含义

选项卡	选项卡含义
通用	在“通用”选项卡设置界面中可以对现实小数位数进行设置，包括对话框、跟踪条、信息窗口、确认或取消重置切换开关等
布局	选择 NX 工作界面风格，对资源条的显示位置进行调整，对在工作窗口中进行设置后的布局进行保存
宏	对录制和回放操作进行设置
操作记录	对操作记录语言、操作记录文件格式等进行设置
用户工具	设置加载用户工具的相关参数

3. 选择设置

选择“首选项”→“选择”选项，弹出“选择首选项”对话框，如图 2-25 所示，各选项参数含义可参照表 2-5 所示。

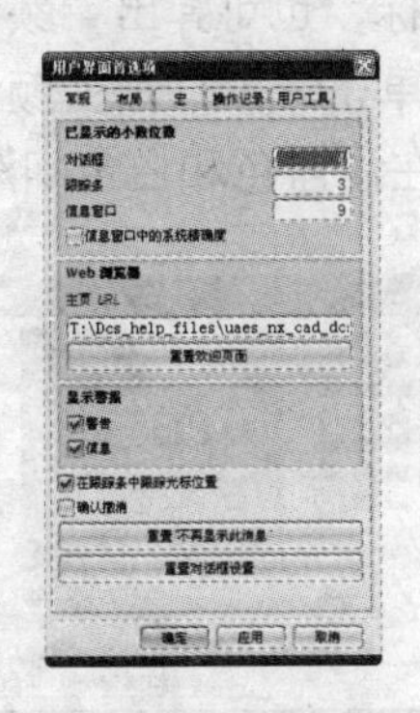

图 2-24　“用户界面首选项”对话框

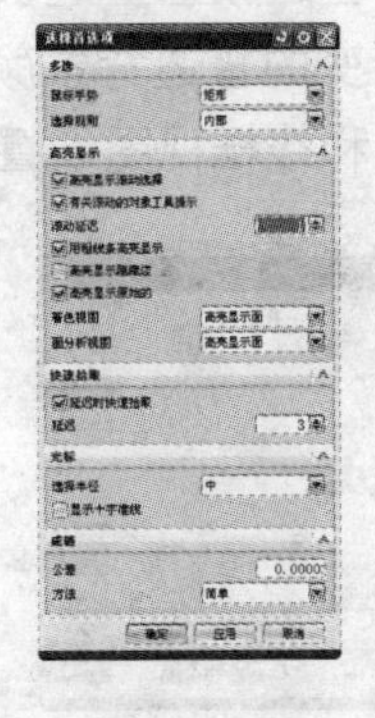

图 2-25　“选择首选项”对话框

4. 背景设置

背景设置经常要用到，UG NX 8 将其从“可视化”选项中独立到“首选项”菜单中，方便了用户的使用。选择“首选项”→“背景”选项，弹出“编辑背景”对话框，如图 2-26 所示。

该对话框分为两个视图色设置，分别是“着色视图”和“线框视图”的设置。着色视图是指对着色视图工作区背景的设置，背景有两种模式，分别为“纯色”和“渐变”。“纯色”模式用单颜色显示背景，“渐变”模式用两种颜色渐变显示，当选择了“渐变”单选按钮后，“顶部”和“底部”选项会被激活，在其中单击“顶部”或“底部”后的图标，打开如图 2-27 所示的“颜色”对话框，在其中选择颜色来设置顶部和底部的颜色。背景的颜色就在顶部和底部颜色之间逐渐变化。

表 2-5 “用户界面首选项”各选项卡含义

选项卡	选项卡含义
多选	“鼠标手势”选项表示指定框选时用矩形还是多边形；“选择规则”选项表示指定框选时哪部分的对象将被选中
高亮显示	“高亮显示滚动选择”选项设置是否高亮显示滚动选择；“滚动延迟”选项用于设定延迟时间；“用粗线条高亮”设置是否用粗线条高亮显示对象；“高亮显示隐藏边”设置是否高亮显示隐藏边；“着色视图”指定着色视图时是否高亮显示面还是高亮显示边；“面分析视图”指定分析显示时是高亮显示面还是高亮显示边
快速拾取	“延时时快速拾取”决定鼠标选择延迟时，是否进行快速选择；“延迟”设定延迟多长时间时进行快速选择
光标	“选择半径”设置选择球的半径大小，分为大、中、小共 3 个等级；勾选“显示十字准线”选项，将显示十字光标
成链	用于成链选择的设置。“公差”设置链接曲线时，彼此相邻的曲线端点都允许的最大间隙；“方法”设定链的链接方式，共有简单、WCS、WCS 左侧、WCS 右侧 4 种方式

线框视图是指对线框视图工作区背景的设置，也有两种模式，分别为“纯色”和“渐变”。它的设置和“着色视图”相同，在此不再介绍。

此外，在“普通颜色”选项中，单击最右端的▭图标，也可弹出“颜色”对话框，可以设置不是渐变的普通背景颜色。在对话框的最下端，单击“默认渐变颜色”，可以将背景的着色视图和线框视图设置为默认的渐变颜色，即是在浅蓝色和白色间渐变的颜色。

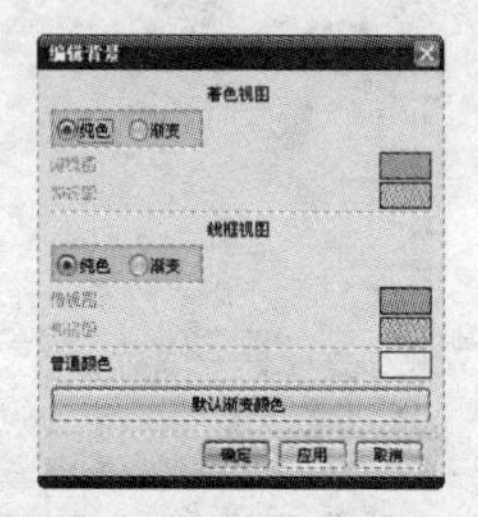

图 2-26 “编辑背景”对话框

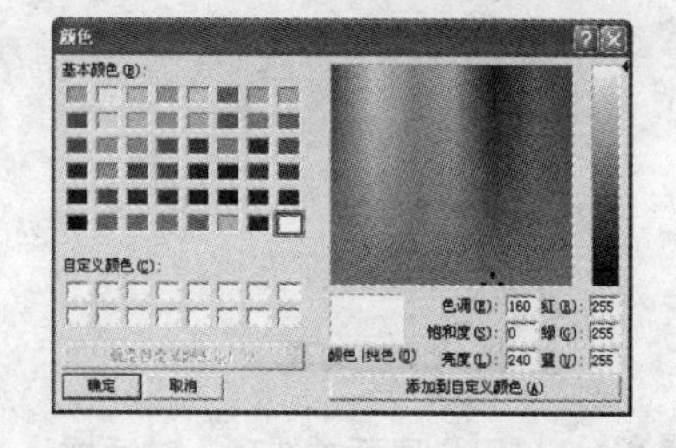

图 2-27 “颜色”对话框

2.4 零件显示操作

在模型的创建过程中，经常需要改变零件对象的显示，零件的不同着色形式可以让特征操作更加方便。

使用“视图”工具栏设置视图，是最直观的最常用的方法，该工具栏包含了视图观察操作的所有工具，如图 2-28 所示。在实际的绘图过程中，最常用的视图工具含义及操作方法如表 2-6 所示。

图 2-28　“视图”工具栏

表 2-6　“视图”工具栏各按钮含义及设置方法

按 钮	含义及操作方法
刷新	重画图形窗口中的所有视图，擦除临时显示的对象，例如作图过程中遗留下的点或线的轨迹
适合窗口	调整工作视图的中心和比例以显示所有对象，即在工作区全屏显示全部视图
根据选择调整视图	把选中的实体最大程度地显示在工作区，该按钮只有在选中对象的情况下才被激活
缩放	对视图进行局部放大。单击该按钮后，在图形中的放大位置按下鼠标左键并拖动，到合适的位置后松开鼠标左键，则矩形线框内的图形将被放大
放大/缩小	单击该按钮后，在工作区中单击鼠标左键并进行上下拖动，即可完成视图的放大缩小操作
旋转	单击该按钮后，在工作区中按下鼠标左键并移动，即可完成视图的旋转操作
平移	单击该按钮后，在工作区中按下鼠标左键并移动，视图将随鼠标移动的方向进行平移
设置为 WCS	单击该按钮后，系统将原来的坐标系转化为工作坐标系，使 XC-YC 平面为当前视角
透视	将工作视图从非透视状态转换为透视状态，从而使模型具有逼真的远近层次效果
恢复	单击该按钮可将工作视图恢复到上次操作之前的方位和比例
将视图另存为	该工具可以用不同的名称保存工作视图。使用方法同上节所介绍的“另存为”选项使用方法相同

2.4.1 使用鼠标和键盘

对于 UG NX 8 初学者来说，鼠标和键盘操作的熟练程度直接关系到作图的准确性和速度，熟悉鼠标和键盘操作，有利于提高作图的质量和效率。

1. 鼠标操作

在工作区单击右键，打开右键快捷菜单，从中选择相应的选项，或者选择“视图”→“操作”选项，在打开的“操作”子菜单中选择相应的选项，对视图进行观察即可完成观察视图操作，其操作方法和作用同上述各种按钮相同，这里就不再阐述。

缩放视图：利用鼠标进行视图的缩放操作有 3 种方法：将鼠标置于工作区中，滚动鼠标滚轮；同时按下鼠标的左键和鼠标滚轮并任意拖动；或者按下 Ctrl 键的同时按下鼠标滚轮并上下拖动鼠标。

平移视图：利用鼠标进行视图平移的操作有两种方法：在工作区中同时按下鼠标滚轮

和右键；或者按下 Shift 键的同时按下鼠标滚轮，并在任意方向拖动鼠标，此时视图将随鼠标移动的方向进行平移。

旋转视图：在绘图区中按下鼠标滚轮，并在各个方向拖动鼠标，即可旋转对象到任意角度和位置。

全部显示：在工作窗口中的空白处单击鼠标右键，在“视图”快捷菜单中选择“适合窗口”选项，如图 2-29 所示，或在“视图”工具栏上单击按钮，也可以在菜单栏选择“视图”→“操作”→“适合窗口”选项，如图 2-30 所示。系统会把所有的几何体完全显示在工作窗口中。

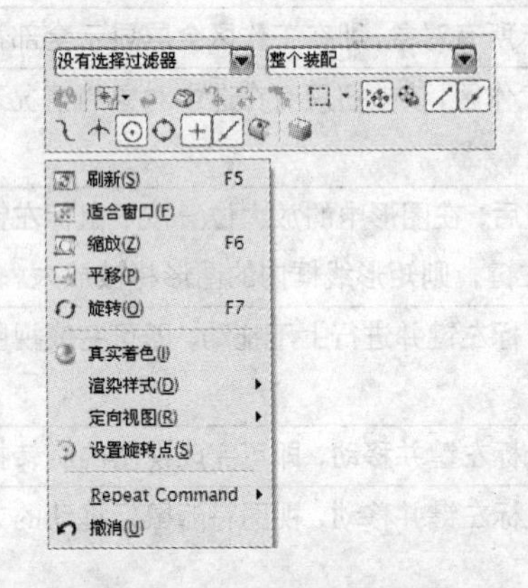

图 2-29 “视图”快捷菜单

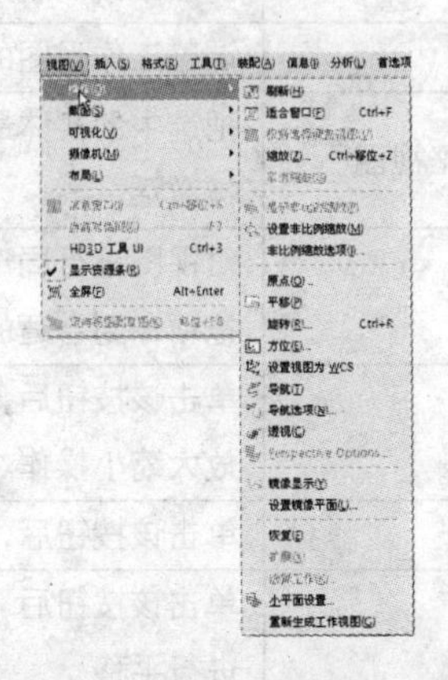

图 2-30 选择“适合窗口”命令

技 巧：当光标放在绘图区左侧或右侧，按住滚轮不放并轻微移动鼠标，光标变成，对象将沿 X 轴旋转；当光标放在绘图区下侧，按住滚轮不放并轻微移动鼠标，光标变成，对象将沿 Y 轴旋转；当光标放在绘图区上侧，按住滚轮不放并轻微移动鼠标，光标变成，对象将沿 Z 轴旋转。

2. 使用键盘快捷键

在 UG NX 8 中，可利用键盘操作控制窗口或切换对象，如表 2-7 所示。

表 2-7 键盘操作及功能

键盘控制	键盘功能
Tab	在对话框中的不同控件上切换，被选中的对象将高亮显示
Shift + Tab	同 Tab 操作的顺序正好相反，用来反向选择对象，被选中的对象将高亮显示
方向键	在同一控件内的不同元素间切换
回车键	确认操作，一般相当于单击“确定”按钮确认操作
空格键	在对应的对话框中激活“接受”按钮
Shift+Ctrl+L	中断交互

3. 定制键盘

用户可对常用工具设置自定义快捷键，这样能够快速提高设计的效率和速度。在工程设计过程中，可通过设置快捷键的方式，快速执行选项操作。

要定制键盘，可选择“工具”→“定制”选项，打开“定制”对话框，单击该对话框中的“键盘”按钮，打开“定制键盘”对话框，如图 2-31 所示。

在该对话框中选择适合的类别，右方的“命令”列表框中将显示对应的命令选项，指定选项，即可在下方的“按新的快捷键”文本框中输入新的快捷键，单击“指派”按钮即可将快捷键赋予该选项，这样在操作过程中可直接使用快捷键执行相应操作。

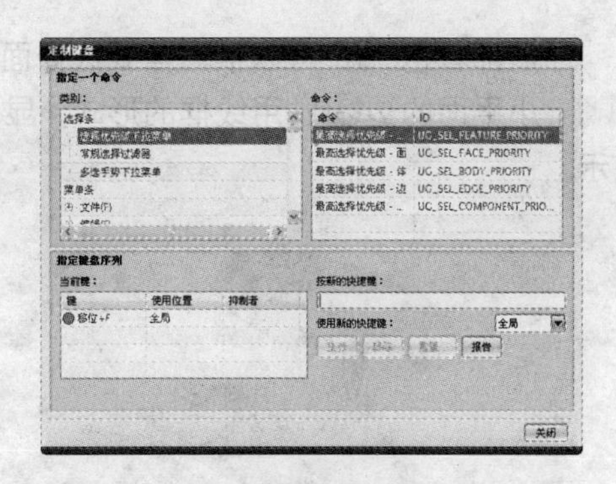

图 2-31　“定制键盘”对话框

2.4.2 视图显示方式

在对视图进行观察时，为了达到不同的观察效果，往往需要改变视图的显示方式，如实体显示、线框显示等。在 UG NX 8 中，视图的显示方式包括以下几种类型。

带边着色：用以渲染工作实体中实体的面，并显示面的边，如图 2-32a 所示。

着色：用以渲染工作实体中实体的面，不显示面的边，如图 2-32b 所示。

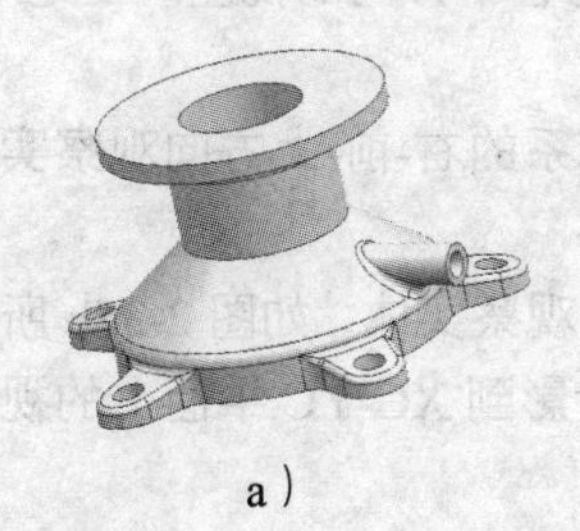
a）

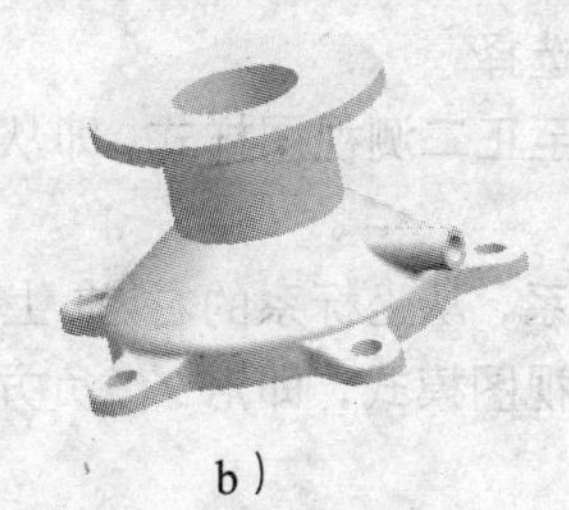
b）

c）

图 2-32　显示样式 1

艺术外观：根据制定的基本材料、纹理和光源实际渲染工作视图中的面，如图 2-32c 所示。

带有淡化边的线框：图形中隐藏的线将显示为灰色，如图 2-33a 所示。

带有隐藏边的线框：不显示图形中隐藏的线，如图 2-33b 所示。

静态线框：图形中的隐藏线将显示为虚线，如图 2-33c 所示。

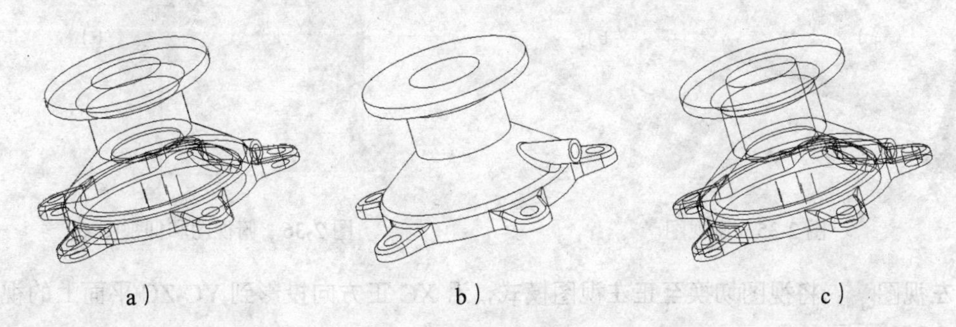
a）　b）　c）

图 2-33　显示样式 2

局部着色：可以根据需要选择面着色，以突出显示，如图 2-34a 所示。

小平面的边：用线框的形式，显示工作实体中各平面的边或面，效果如图 2-34b 所示。

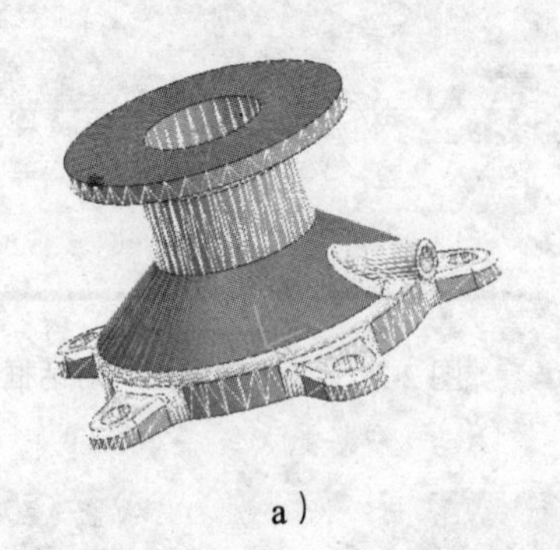

a）

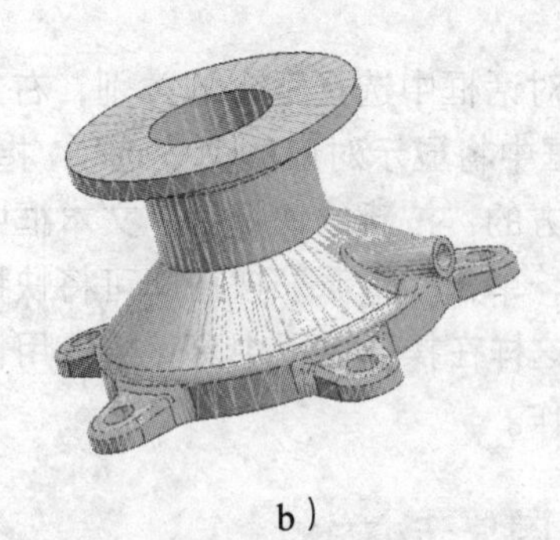

b）

图 2-34　显示样式 3

2.4.3 调整视图方位

通过视图方位的调整，可以方便地切换和观察模型对象的各个方向的视图。在绝对坐标系中，包括 8 种视图方位以供选择：

正二测视图：将视图切换至正二测视图样式，即从坐标系的右-前-上方向观察实体，如图 2-35a 所示。

正等侧视图：以等角度关系，从坐标系的右-前-上方向观察实体，如图 2-35b 所示。

俯视图：将视图切换至俯视图模式，即沿 ZC 负方向投影到 XC-YC 平面上的视图，如图 2-36a 所示。

仰视图：将视图切换至仰视图模式，即沿 ZC 负方向投影到 XC-YC 平面上的视图，如图 2-36b 所示。

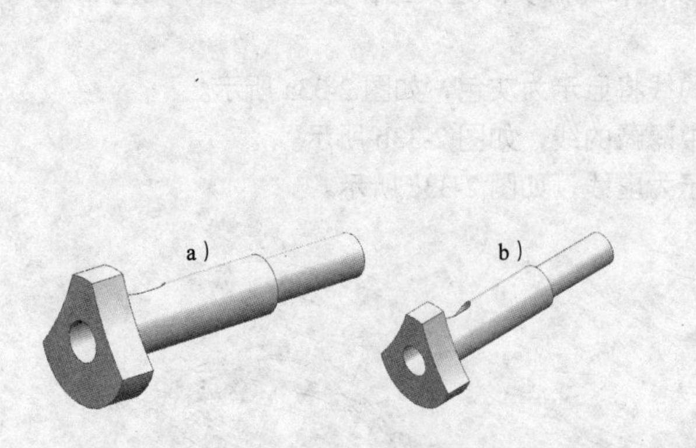

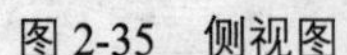

图 2-35　侧视图

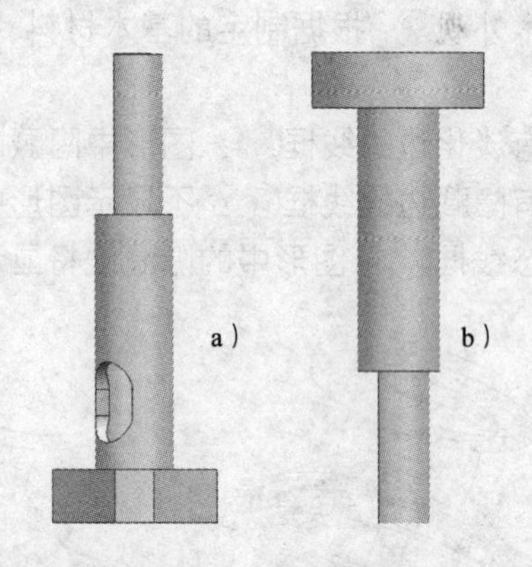

图 2-36　俯视图和仰视图

左视图：将视图切换至正左视图模式，沿 XC 正方向投影到 YC-ZC 平面上的视图，如图 2-37a 所示。

右视图：将视图切换至正右视图模式，沿 XC 负方向投影到 YC-ZC 平面上的视图，如图 2-37b 所示。

前视图：将视图切换至正前视图模式，沿 YC 正方向投影到 XC-ZC 平面上的视图，如图 2-38a 所示。

后视图：将视图切换至正后视图模式，沿 YC 负方向投影到 XC-ZC 平面上的视图，如图 2-38b 所示。

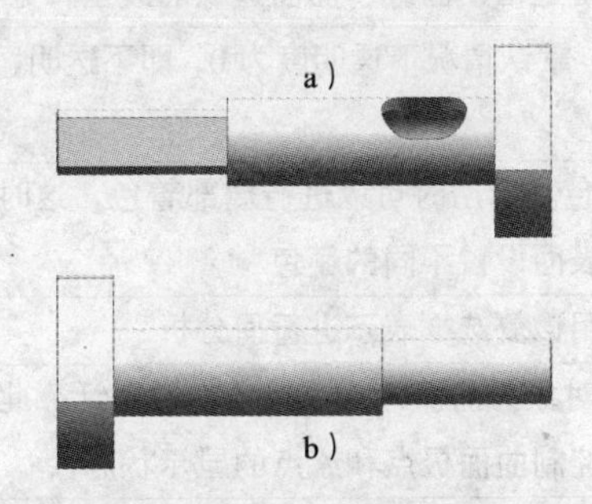

图 2-37　左视图和右视图

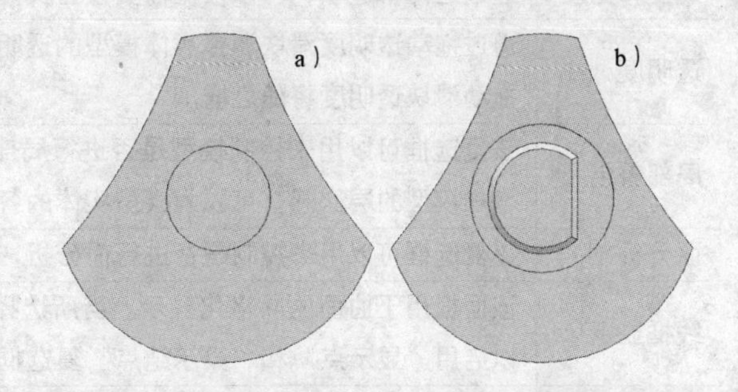

图 2-38　前视图和后视图

2.4.4 显示和隐藏

在创建复杂的模型时，一个文件中往往存在多个实体造型，造成各实体之间的位置关系互相错叠，这样在大多数观察角度上将无法看到被遮挡的实体，或是各个部件不容易分辨。这时，将当前不操作的对象隐藏起来，或是将每个部分用不同的颜色、线型等表示，即可对其覆盖的对象进行方便的操作。“显示和隐藏”操作均在菜单栏的“编辑”→“显示和隐藏”下面，下面分别介绍。

1. 编辑对象显示

通过对象显示方式的编辑，可以修改对象的颜色、线型、透明度等属性，特别适用于创建复杂的实体模型时对各部分的观察、选取以及分析修改等操作。

选择“编辑”→“对象显示”选项，打开“类选择”对话框，从工作区中选取所需对象并单击“确定”按钮，打开如图 2-39 所示的“编辑对象显示”对话框。

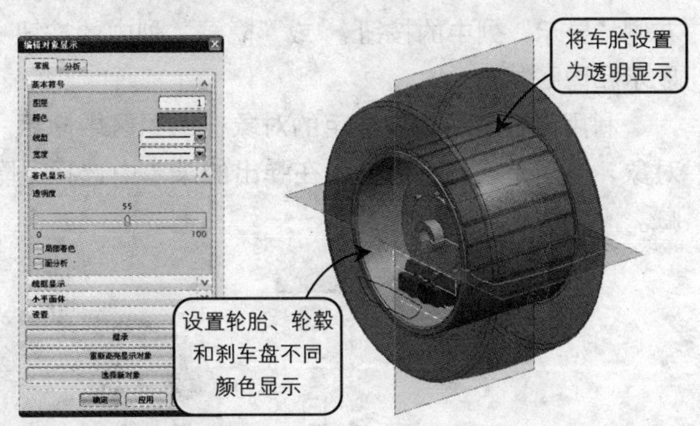

图 2-39　“编辑对象显示”对话框

该对话框包括 2 个选项卡，在“分析”选项卡中可以设置所选对象各类特征的颜色和线型，通常情况下不必修改，“常规”选项卡中的各主要选项如表 2-8 所示。

表 2-8 “常规”选项卡各参数项含义

选 项	选项含义
图层	该文本框用于指定对象所属的图层，一般情况下为了便于管理，常将同一类对象放置在同一个图层中
颜色	该选项用于设置对象的颜色。对不同的对象设置不同的颜色将有助于图形的观察及对各部分的选取及操作
线型和宽度	通过这两个选项，可以根据需要设置实体模型边框、曲线、曲面边缘的线型和宽度
透明度	通过拖动透明度滑块调整实体模型的透明度，默认情况下透明度为 0，即不透明，向右拖动滑块透明度将随之增加
局部着色	该复选框可以用来控制模型是否进行局部着色。启用时可以进行局部着色，这时为了增加模型的层次感，可以为模型实体的各个表面设置不同的颜色
面分析	该复选框可以用来控制是否进行面分析，启用该复选框表示进行面分析
线框显示	该面板用于曲面的网格化显示。当所选择的对象为曲面时，该选项将被激活，此时可以启用“显示点”和“显示结点”复选框，控制曲面极点和终点的显示状态
继承	将所选对象的属性赋予正在编辑的对象。选择该选项，将打开“继承”对话框，然后在工作区中选取一个对象，并单击“确定”按钮，系统将把所选对象的属性赋予正在编辑的对象

2. 显示和隐藏

在菜单栏中选择“编辑”→“显示和隐藏”→“显示和隐藏”选项，打开“显示和隐藏”对话框。该对话框用于控制工作区中所有图形元素的显示或隐藏状态。选取该选项后，将打开如图 2-40 所示的“显示和隐藏”对话框。

在该对话框的“类型”中列出了当前图形中所包含的各类型名称，通过单击类型名称右侧“显示”列中的按钮✚ 或“隐藏”列中的按钮━，即可控制该名称类型所对应图形的显示和隐藏状态。

利用鼠标也可以使选定的对象在绘图区中隐藏。方法是：首先要鼠标选取需要隐藏的对象，然后单击鼠标右键，在弹出的菜单中选择“隐藏”选项，此时被选取的对象将被隐藏。

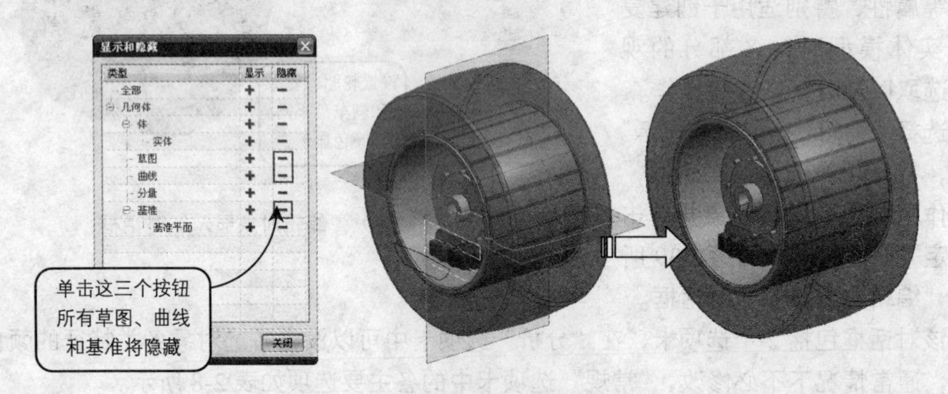

图 2-40 “显示和隐藏”对话框

3. 颠倒显示和隐藏

该选项可以互换显示和隐藏对象，即将当前显示的对象隐藏，将隐藏的对象显示，效果如图 2-41 所示。

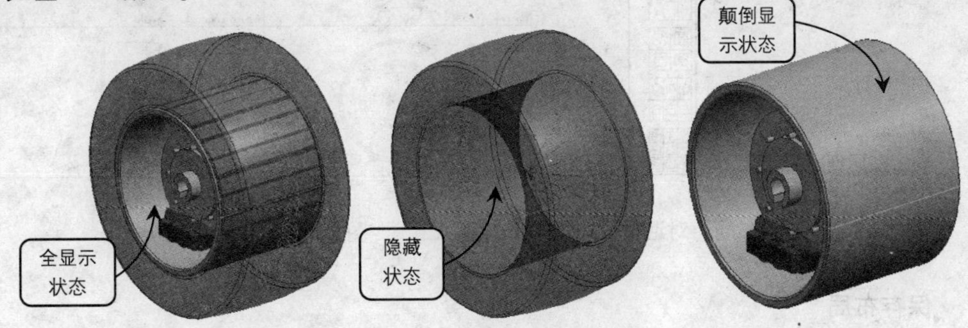

图 2-41 颠倒显示和隐藏效果

4. 显示所有此类型

“显示”选项与“隐藏”选项的作用是互逆的，即可以使选定的对象在绘图区中显示。而“显示所有此类型”选项可以按类型显示绘图区中满足过滤要求的对象。

提 示：当不需要某个对象时，可将对象删除掉。方法是：选择“编辑”→“删除”选项，弹出“类选择”对话框，选取该对象单击“确定”按钮确认操作。

2.4.5 布局操作

视图布局是指将绘图窗口分解成多个视图来观察对象的管理方式，使用布局对当前多个视图的显示和排版进行控制，可对这些视图进行显示切换、定义和重新命名等，从而提高视图和作图的质量及效率。

要进行视图的布局操作，可选择“视图”→“布局”选项，弹出“布局”子菜单，如图 2-42 所示。选择该菜单中的选项，即可执行相应的视图布局操作。

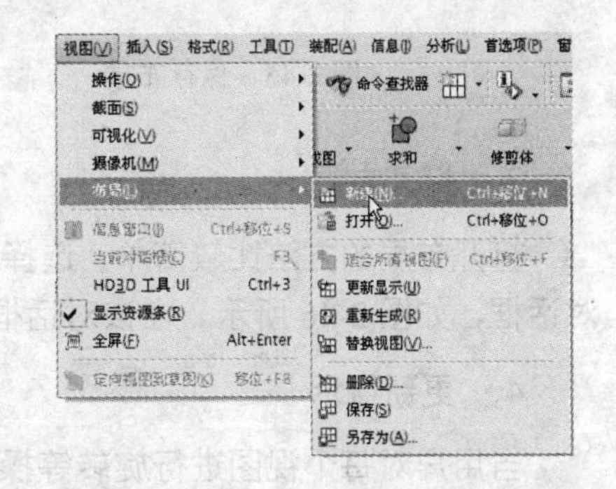

图 2-42 “布局”子菜单

1. 新建布局

在视图布局操作之前，首先要新建一个视图布局，方便在新创建布局中执行更新、保存和删除等操作。

要新建视图布局，可选择“视图”→“布局”→“新建”选项，打开“新建布局”对话框，如图 2-43 所示。在“名称”文本框中输入布局名称，然后在“布置”下拉列表中选择布局形式。此时，位于对话框下侧的视图布置按钮将被激活。选择布局类型并单击“应用”按钮，即可完成布局的创建。如图 2-44 所示即为新建的 4 个视图。

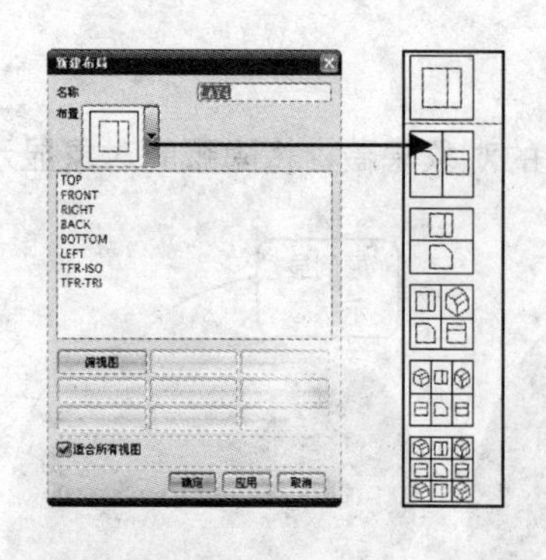

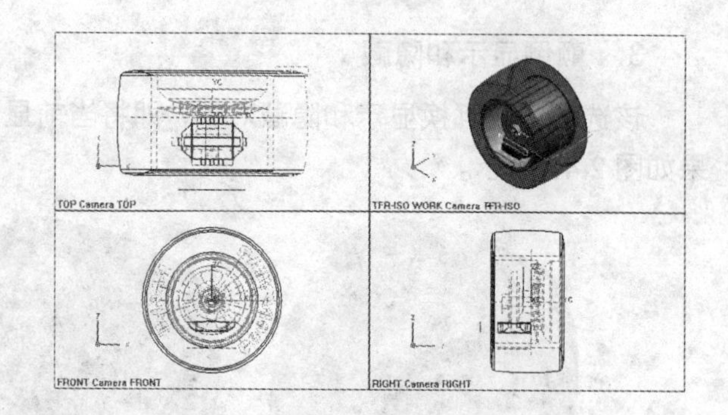

图 2-43 “新建布局”对话框　　　　图 2-44 设置视图布局

2. 保存布局

当建立了一个新的布局之后，可以将其保存起来，以便以后调用。保存的布局有两种方式：一种是按照布局的原名保存，另一种是以其他名称保存，即另存为其他布局名称。

对于第一种操作，直接选择“布局”子菜单中的“保存”选项即可；对于后一种操作，可选择“视图”→“布局”→“另存为”选项，如图 2-45 所示。在“名称”文本框中输入布局名称，即可保存该布局。

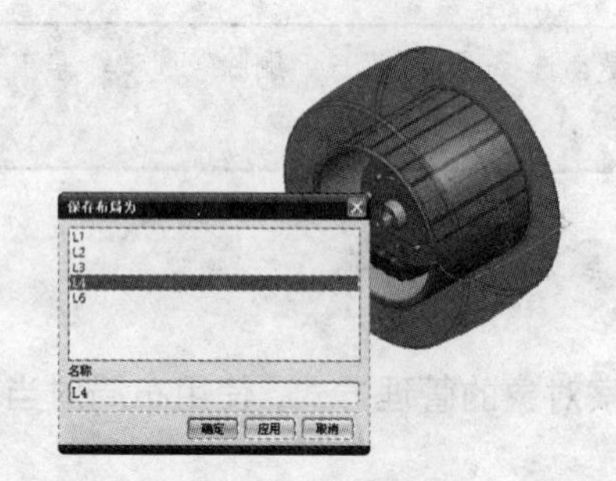

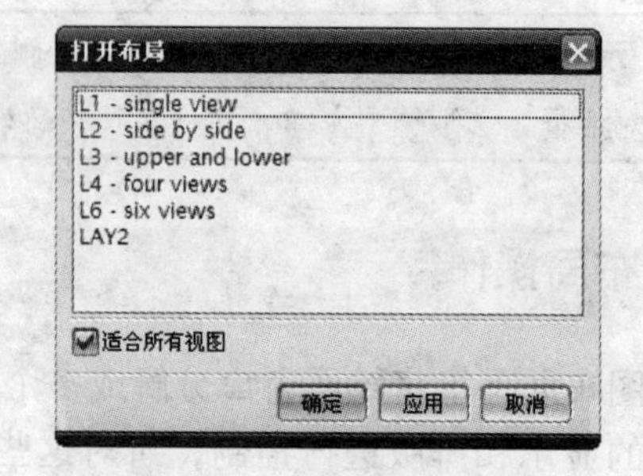

图 2-45 保存布局　　　　图 2-46 “打开布局”对话框

3. 打开布局

打开布局的方法比较简单，选择“布局”子菜单中的“打开”选项，弹出“打开布局”对话框，如图 2-46 所示。在该对话框中选择要打开的布局，单击“确定”按钮即可。

4. 更新显示

当用户对每个视图进行旋转等操作后，视图内容的显示会有一定的变化，由于计算机内部算法等原因，将会造成显示效果的不精确，甚至还会以原始的模式显示。

利用“更新显示”工具，系统将自动对视图进行更新操作。当对实体进行修改后，可以使用该工具使每一幅视图完全实时显示。利用“重新生成”工具，系统就会重新生成视图布局中的每个视图，移除临时显示的对象并更新已修改的几何体显示。

5. 替换视图

利用替换工具，可以根据需要替换布局中的任意视图。要执行该操作，选择“替换视图”选项，打开“要替换的视图”对话框，其列表框中列出了布局中各视图的名称，单击需替换视图的名称后单击“确定”按钮，将打开“替换视图用...”对话框，如图 2-47 所示，选取需要的视图后单击“确定”按钮，即可完成视图的替换操作，如图 2-48 所示。

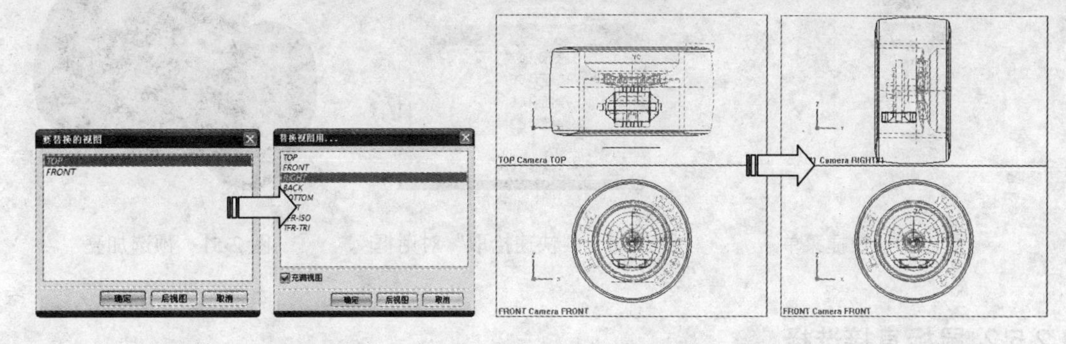

图 2-47　替换视图　　　　图 2-48　替换视图效果图

6．删除布局

在 UG NX 8 中，可根据设计的需要删除多余的布局。方法是：选择“视图”→“布局”→“删除”选项，打开“删除布局”对话框，从该对话框的当前文件布局列表框中选择要删除的视图布局，单击“确定”或“应用”按钮，系统即可删除该视图布局。

2.5 零件选择操作

要对一个对象元素进行操作，就必须选中该对象。UG NX 8 提供了多种选择的方式和工具，如在导航器中选择、使用鼠标选择、使用过滤器选择等，本节将详细介绍各种选择方法。

2.5.1 快速选择对象

1．快速拾取

在建模过程中，有时必须要选取某些边缘、面、特征或实体等，但往往由于在选择区域有好几种特征，如同时有面、边缘、实体，这就使得用户很难准确地选择。

UG 在设计时就考虑到了这一点，当选择区域的特征很多时，用户可以在选择区域右击，弹出快捷菜单，如图 2-49 所示，在菜单中选择“从列表中选择”命令，弹出如图 2-50 所示的“快速拾取”对话框，里面列出了选择区域里面的所有特征，然后再根据需要选取就可以了。

2．预选加亮

当光标移到任何一个可供选择的特征时，这个特征会被加亮成紫红色，如图 2-51 所示，这时用户可判断被加亮的特征是不是自己需要选取的特征，如果单击加亮特征，就可实现选取。

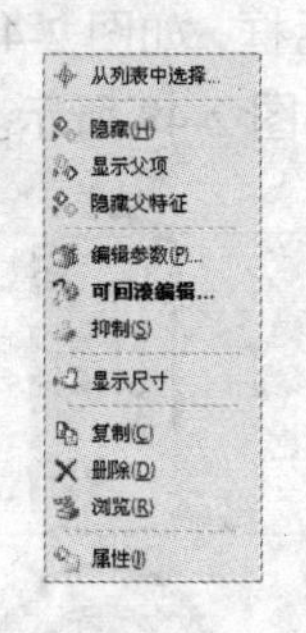

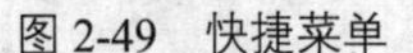

图 2-49　快捷菜单　　图 2-50　“快速拾取”对话框　　图 2-51　预选加亮

2.5.2 鼠标直接选择

当系统提示选择对象时，鼠标在绘图区中的形状将变成球体。当选择单个对象时，该对象将改变颜色（系统默认选取对象为红色），如图 2-52 左图所示。当选择多个对象时，将鼠标在屏幕上选择一点拖动鼠标将对象包括在内，释放鼠标即可选择这些对象，如图 2-52 右图所示。

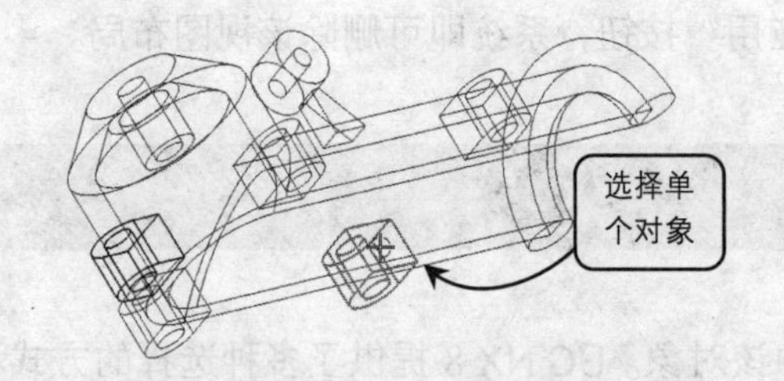

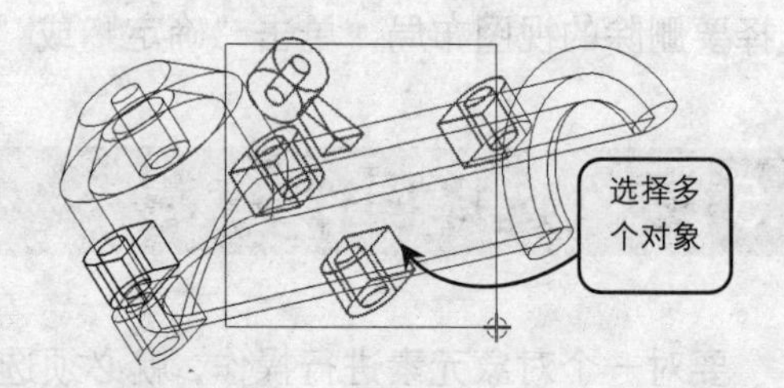

图 2-52　利用鼠标选择对象

2.5.3 类选择器选择

类选择器实际上是一个对象选择器，使用该选择器可通过某些限定条件选择不同种类的对象，从而提高工作效率。特别是创建大型装配实体时，该工具的应用最为广泛。

要执行类选择的设置，可选择“信息”→“对象”选项，打开如图 2-53 所示“类选择”对话框。

在该对话框中，可以根据需要选择对象类型设置区中的 5 种过滤器来限制选择对象的范围，然后通过合适的选择方式来选择对象，所选对象会在绘图工作区中以高亮的方式显

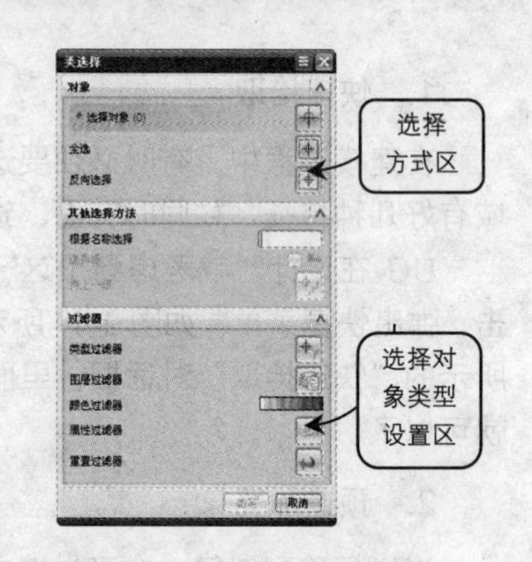

图 2-53　“类选择”对话框

示。该对话框中各选项的含义及设置方法可参照表 2-9 所示。

表 2-9　“类选择”对话框各选项含义及设置方法

选项	含义及设置方法
选择对象	选择该对象时，可以选择图中任意对象，然后单击“确定”按钮完成选取
全选	选择该选项时，可以选取所有符合过滤条件的对象。如果不指定过滤器，系统将选取所有处于显示状态的对象
反向选择	该选择用于选取在绘图区中，未被选中的并且符合过滤条件的所有对象
根据名称选择	通过在该文本框中输入预选对象的名称进行对象的选择
选择链	该选项用于选择首尾相接的多个对象。方法是：先单击对象链中的第一对象，然后单击最后一个对象，此时系统将高亮显示对象链中的所有对象，如果选择正确，单击“确定”按钮即可
向上一级	该选项用于选取上一级的对象。当选取了位于某个组的对象时，此项才会激活，然后单击该按钮，系统将会选取组中包括的所有对象
类型过滤器	该选项可以通过制定对象的类型来限制对象的选择范围。单击按钮，将打开“根据类型选择”对话框，在该对话框中设置在对象选择时需要的各种对象类型
图层过滤器	该选项可以指定所选对象所在的一个或多个图层，指定后只能选择这些层中的对象。单击按钮，在打开的“根据图层选择”对话框中进行图层设置
颜色过滤器	通过制定对象的颜色来限制选择对象的范围。单击该选项右侧的颜色块，将打开“颜色”对话框，在该对话框中设置对象的颜色
属性过滤器	通过指定对象的共同属性来限制对象的范围，单击按钮，打开“按属性选择”对话框，在弹出的对话框中指定属性选择对象
重置过滤器	取消之前的类选择，单击按钮，可重新进行类选择设置

2.5.4 优先级选择对象

除了以上两种选择对象的方法之外，还可以通过指定优先级选择对象。可单展开“编辑”→“选择”，在弹出的子菜单中选择指定的选项，即可执行选择设置，如图 2-54 所示。

1．最高选择优先级—特征

选择该选项后，利用鼠标选取对象时将以特征为优先进行选取，即具有同一特征的对象将被一次选取，如图 2-55 所示。

2．最高选择优先级—面

选择该选项后，利用鼠标选取对象时将以面为优先选取依据进行选取，如图 2-56 所示。

3．最高选择优先级—体

该选项主要用于装配体中，选择该选项后，利用鼠标选取对象时将以体优先选取依据进行选取。

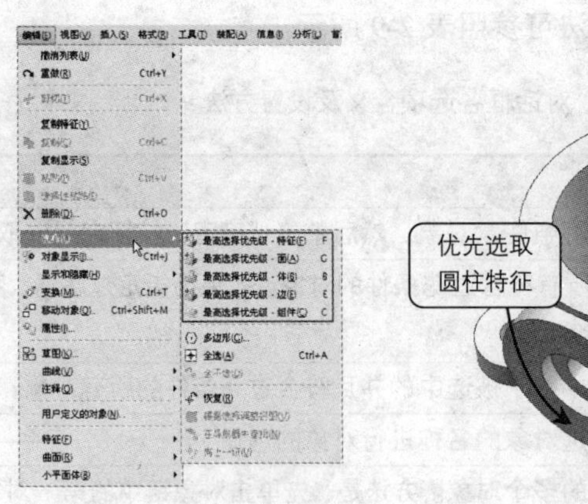

图 2-54 “选择”子菜单

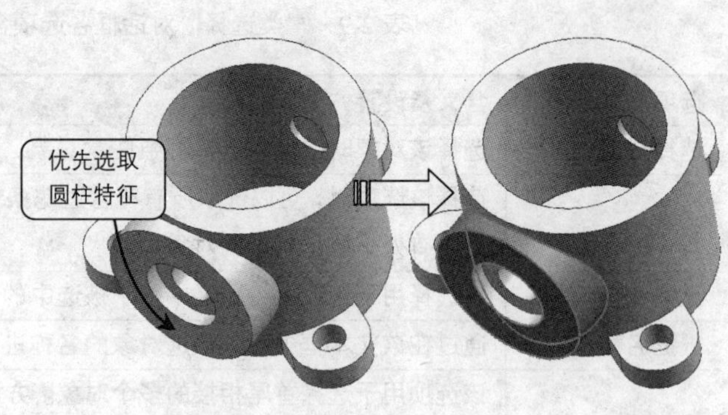

图 2-55 “最高选择优先级—特征”效果

4. 最高选择优先级—边

当选择该选项后，利用鼠标选取对象时将以边为优先选取依据进行选取，如图 2-57 所示。

5. 最高选择优先级—组件

当选择该选项后，利用鼠标选取对象时将以组件为优先选取依据进行选取。

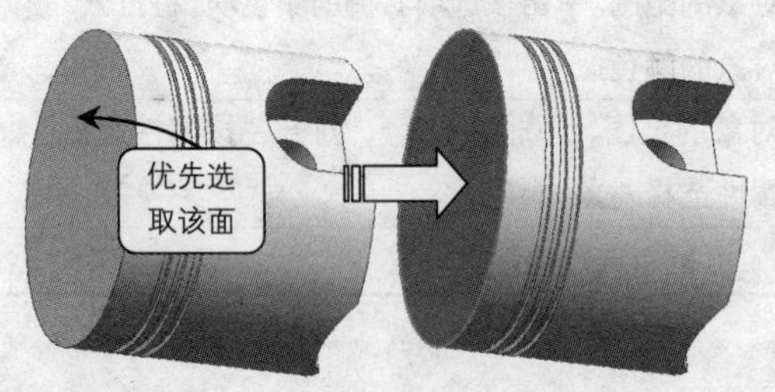

图 2-56 “最高选择优先级—面”效果

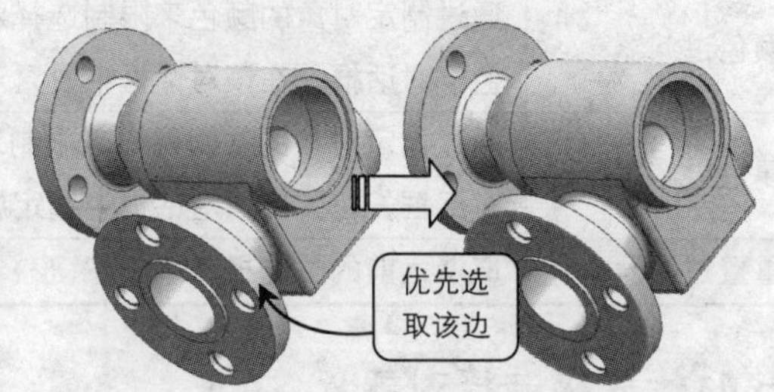

图 2-57 “最高选择优先级—边”效果

2.5.5 过滤器选择对象

在对一个实体进行编辑时，这个实体往往包含了很多特征，如实体、边缘、曲线、点、草图等，如果需要对其中某一特征批量选取，按照前面介绍的“快速拾取”方法就显得比较低效率了，这时可以使用“选择过滤器”来解决这一问题。“选择过滤器”图标位于主界面中的状态栏上方，如图 2-58 所示。

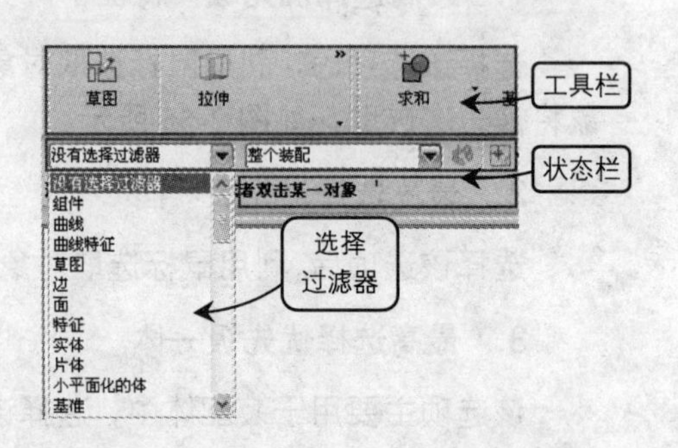

图 2-58 “选择过滤器”下拉菜单

例如仅需要对边进行选取，这时可以单击“选择过滤器”文本框右边的▼图标，打开如

图 2-58 所示的“选择过滤器”下拉列表，选择其中的“边”选项，这时，当光标在选择区进行选择时，只有边特征被加亮，用户就可以排除其他干扰，很方便地选取边特征。

在绘制和修改图形的过程中，通过对象选择的设置，可以方便准确地按需要选择对象。但在 UG NX 8 中，必须根据系统提示在选择对象时方可选择，否则图形窗口中的对象将无法修改。针对不同模块对应多种选择方式，通常采用类选择器的过滤方法，或使用鼠标直接选择即可。

2.6 零件图层操作

层类似于透明的图纸，每个层可放置各种类型的对象，通过层可以将对象进行显示或隐藏，而不会影响模型的空间位置和相互关系。

在 UG NX 8 建模过程中，图层可以很好地将不同的几何元素和成型特征分类，不同的内容放置在不同的图层，便于对设计的产品进行分类查找和编辑。熟练运用层工具不仅能提高设计速度，而且还能提高模型零件的质量，减小出错几率。图层设置的命令均在“格式”菜单中，可以选择主菜单中“格式”选项，打开如图 2-59 所示的菜单。

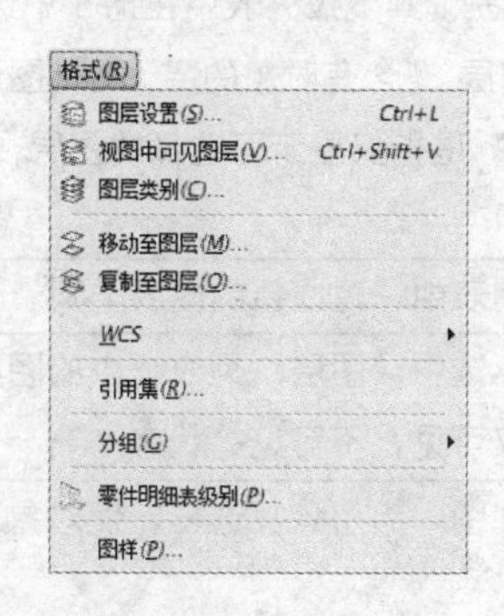

图 2-59 “格式”菜单

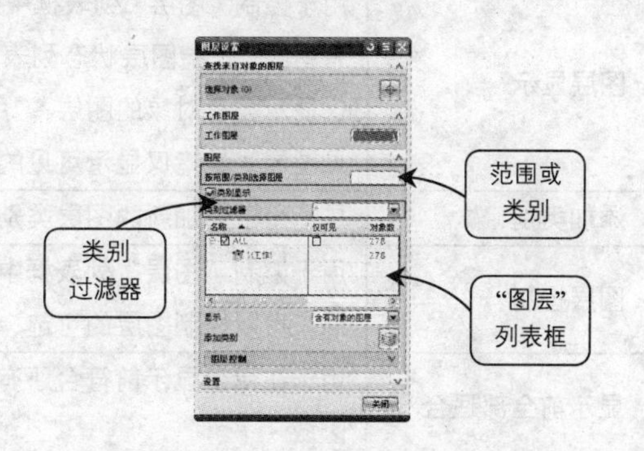

图 2-60 “图层设置”对话框

2.6.1 图层设置

在 UG NX 8 中，图层可分为工作图层、可见图层和不可见图层。工作层即为当前正在操纵的层，当前建立的几何体都位于工作层上，只有工作层中的对象可以被编辑和修改，其他的层只能进行可见性、可选择性的操作。在一个部件的所有图层中，只有一个图层是当前工作层。要对指定层进行设置和编辑操作，首先要将其设置为共组图层，因而图层设置即对工作图层的设置。

“图层设置”命令用来设置工作图层、可见图层、不可见图层，并定义图层的类别名称。在图 2-59 所示的菜单中选择“图层设置”命令或者在工具栏中单击按钮，便可弹出如图 2-60 所示的“图层设置”对话框。该对话框中包含多个选项，各选项的含义及设置方法如表 2-10。

表 2-10 “图层设置”对话框中各选项的含义及设置方法

选项	含义及设置方法
查找来自对象的图层	用于从模型中选择需要设置成图层的对象，单击“选择对象”右边的按钮，并从模型中选择要设置成图层的对象即可
工作图层	用于输入需要设置为当前工作层的层号，在该文本框中输入所需的工作层层号后，系统将会把该图层设置为当前工作层
范围或类别	是指“图层”栏中 Select Layer By Range/Category 文本框，用来输入范围或图层种类名称以便进行筛选操作。当输入种类的名称并按回车键后，系统会自动将所有属于该类的图层选中，并自动改变其状态
类别过滤器	是指“图层”栏中 Category Filer 下拉列表，该选项右侧的文本框中默认的“*”符号表示接受所有的图层种类；下部的列表框用于显示各种类的名称及相关描述
“图层”列表框	用来显示当前图层的状态、所属的图层种类和对象的数目等。双击需要更改的图层，系统会自动切换其显示状态。在列表框中选取一个或多个图层，通过选择下方的选项可以设置当前图层的状态
图层显示	用于控制“图层”列表框中图层的显示类别。其下拉列表中包括 3 个选项：“所有图层”是指图层状态列表中显示所有图层；“含有对象的层”是指图层列表中仅显示含有对象的图层；“所有可选图层”是指仅显示可选择的图层；“所有可见图层”是指仅显示可见的图层
添加类别	是指用于添加新的图层类别到“图层”列表中，建立新的图层类别
图层控制	用于控制“图层”列表框中图层的状态，选中“图层”列表框中的图层即可激活，可以控制图层的可选、工作图层，仅可见，不可见等状态
显示前全部适合	用于在更新显示前符合所有过滤类型的视图，启用该复选框，使对象充满显示区域

2.6.2 在图层中可见

若在视图中有很多图层显示，则有助于图层的元素定位等操作。但是，若图层过多，尤其是不需要的非工作图层对象也显示的话，则会使整个界面显得非常零乱，直接影响绘图的速度和效率。因此，有必要在视图中设置可见层，用于设置绘图区中图层的显示和隐藏参数。

在创建比较复杂的实体模型时，可隐藏一部分在同一图层中与该模型创建暂时无关的几何元素，或者在打开的视图布局中隐藏某个方位的视图，以达到便于观察的效果。

要进行图层显示设置，选择“格式”→“在视图中可见”选项，或直接单击“实用工具”工具栏中的“在视图中可见”按钮，将打开如图 2-61 所示的“视图中的可见图层”对话框。在该对话框的“图层”列表框中选择设置可见性的图层，然后单击“可见”或“不可见”按钮，从而实现可见或不可见的图层设置，可见性效果如图 2-62 所示。

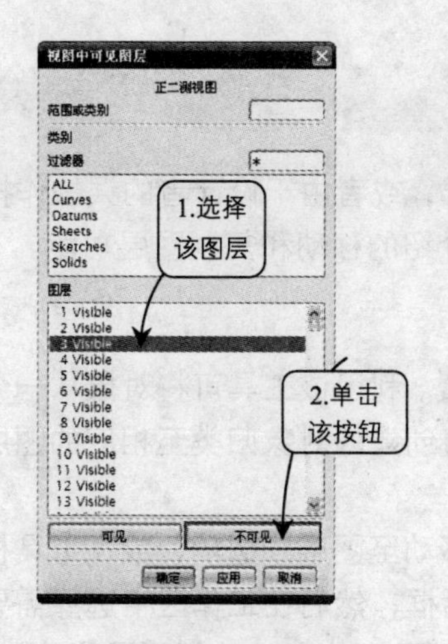

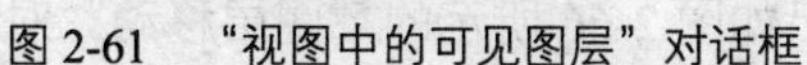

图 2-61　“视图中的可见图层”对话框

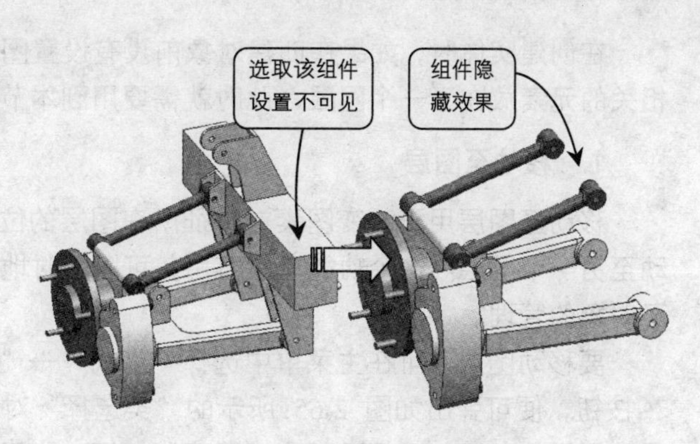

图 2-62　视图中的可见图层效果

2.6.3 图层分组

划分图层的范围、对其进行层组操作，有利于分类管理，提高操作效率，快速地进行图层管理、查找等。在主菜单中选择“格式”→“图层类别”选项，将打开“图层类别”对话框，如图 2-63 所示。

在“类别”文本框内输入新类别的名称，单击“创建/编辑”按钮，在弹出的“图层”列表框中的“范围/类别”文本框内输入所包括的图层范围，或者在图层列表框内选择。例如创建 Sketch 层组，如在“层”列表框内选中 80~90（可以按住 Shift 键进行连续选择），单击“添加”按钮，则图层 80~90 就被划分到了 Sketch 层组下。此时若选择 Sketch 层组，图层 80~90 被一起选中，利用过滤器下方的层组列表可快速按类选择所需的层组，如图 2-64 所示。

图 2-63　“图层类别”对话框

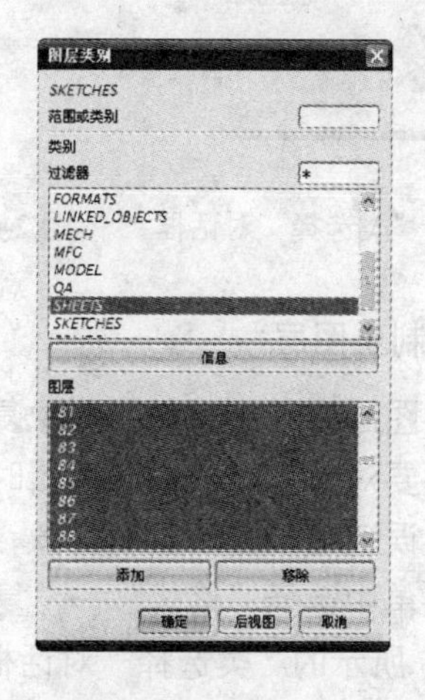

图 2-64　创建“Sketch”层组

2.6.4 移动或复制图层

在创建实体时，如果在创建对象前没有设置图层，或者由于设计者的误操作把一些不相关的元素放在了一个图层，此时就需要用到本节介绍的移动和复制图层功能。

1. 移动至图层

移动至图层用于改变图素或特征所在图层的位置。利用该工具可将对象从一个图层移动至另一个图层。这个功能非常有用，可以即时地将创建的对象归类至相应的图层，方便了对象的管理。

要移动图层，可在主菜单中选择“格式”→“移动至图层”选项，或在工具栏中单击按钮，便可弹出如图 2-65 所示的“类选择”对话框，然后在工作区中选择需要移动至另一图层的对象，选择完单击“确定”按钮，弹出如图 2-66 所示的“图层移动”对话框，然后可以在“目标图层或类别”下的文本框里输入想要移动至的图层序号，也可以在“类别过滤器”下的列表框里选择一种图层类型，在选择了一种图层类别的同时，在“目标图层或类别”下的文本框里会出现相应的图层序号，如图 2-67 所示，选择完后单击“确定”按钮或者“应用”按钮便可完成图层的移动，如果还想接着选择新的对象进行移动，可在如图 2-66 所示的对话框中单击“选择新对象”按钮，然后再进行一次移动。

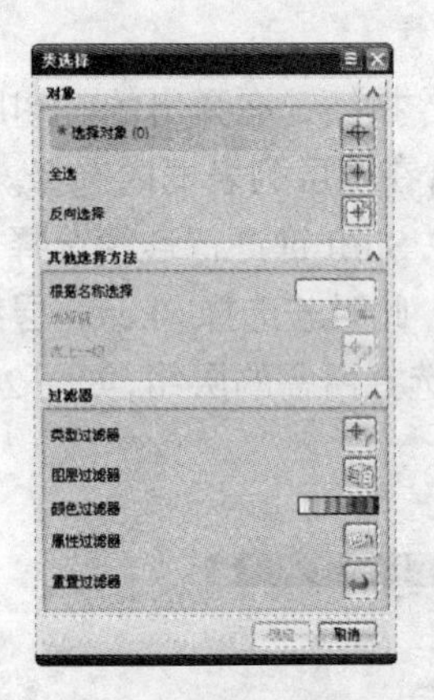

图 2-65 “类选择”对话框

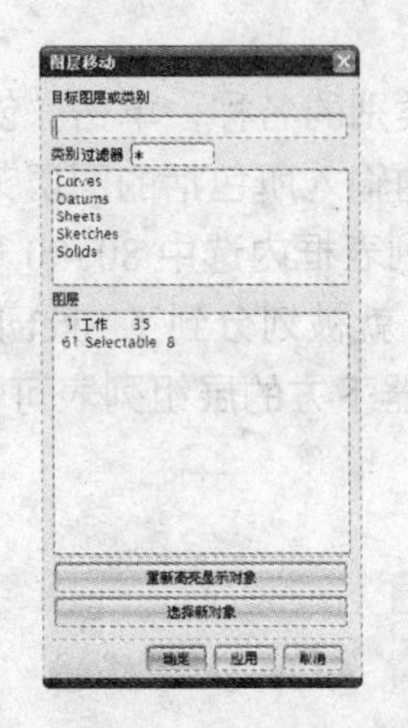

图 2-66 “图层移动”对话框

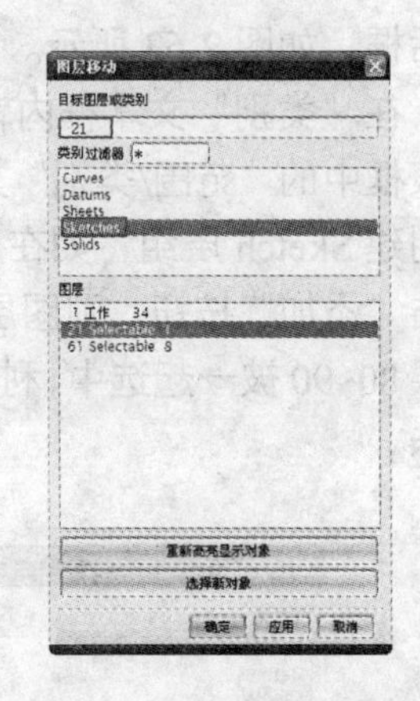

图 2-67 选择图层类别示意图

2. 复制至图层

复制至图层用于将绘制的对象复制到指定的图层中。这个功能在建模中非常有用，在不知是否需要对当前对象进行编辑时，可以先将其复制到另一个图层，然后再进行编辑，如果编辑失误还可以调用复制对象，不会对模型造成影响。

在主菜单中选择“格式”→“复制至图层”选项，或在工具栏中单击按钮，便可弹出如图 2-65 所示的“类选择”对话框，接下来的操作和“移动至图层”类似，在此就不加以详细说明了。两者的不同点在于：利用该工具复制对象将同时存在于原图层和目标图层中。

2.7 案例实战——宝马跑车模型零件显示操作

原始文件：	source\chapter2\ch2-example1.prt
最终文件：	source\chapter2\ch2-example1- final.prt
视频文件：	AVI\实例操作 2-1.avi

本实例通过一个宝马跑车模型来回顾本章的学习内容，包括打开文件、保存文件、关闭文件、背景颜色设置、各零件颜色设置、显示和隐藏、多个视图的建立等。同时，读者也可以熟悉 UG 8 的工作环境和操作方法。

2.7.1 打开文件

01 选择“开始”菜单中的“所有程序”→“UGS NX 8”→“NX 8”命令，进入如图 2-68 所示的 UG NX 8 启动界面。

02 启动界面中选择“文件” →“打开”命令，或者在工具栏中单击图标，弹出如图 2-69 所示的“打开”对话框。

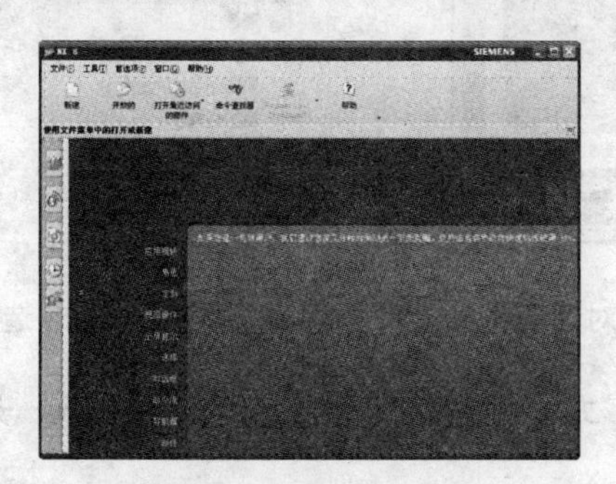

图 2-68 启动 UG NX 8

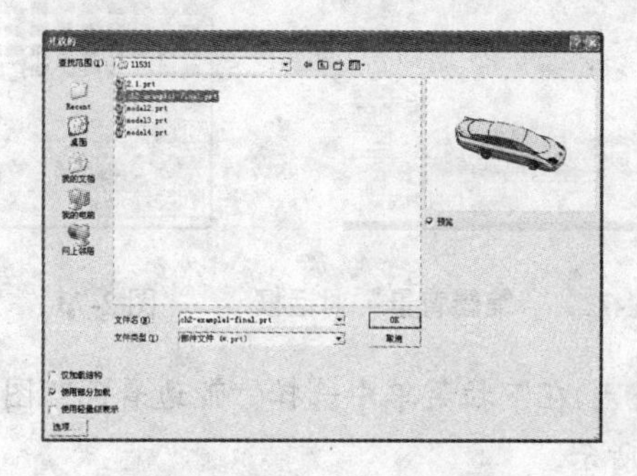

图 2-69 “打开”对话框

03 在“打开”对话框中浏览本书配套光盘，选择配套光盘中的 source \chapter1\ch2-example1.prt 文件，单击“确定”按钮，即可打开宝马跑车模型，如图 2-70 所示。

图 2-70 打开宝马跑车模型

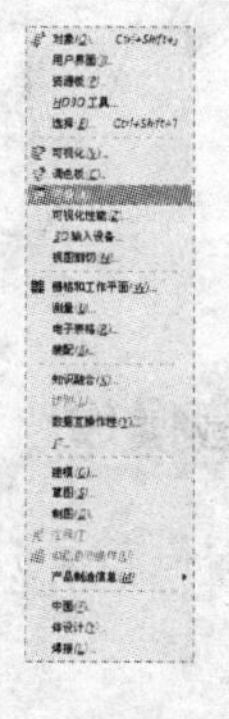

图 2-71 选择“背景”选项

2.7.2 设置背景颜色

01 在菜单中选择“首选项”→“背景”选项，如图 2-71 所示，弹出如图 2-72 所示的“编辑背景”对话框，在“着色视图”选项组和“线框视图”选项组里均选择“普通”单选按钮，如图 2-72 所示，

02 在“普通颜色”右边的颜色框里单击，弹出图 2-73 所示的“颜色”对话框，在其中选择白色，单击“确定”按钮返回图 2-72 所示的对话框，再单击“确定”按钮完成背景颜色的设置。

2.7.3 设置显示方式

01 在视图工具栏中单击“带有隐藏边线的线框”图标右边的下拉菜单按钮，弹出“显示方式”下拉菜单，如图 2-74 所示。

图 2-72 “编辑背景”对话框

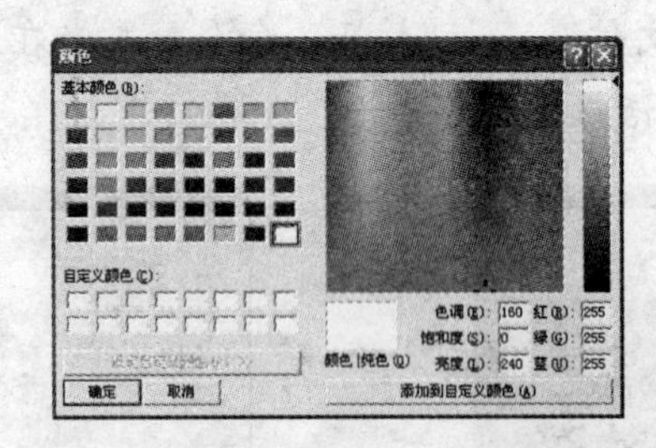

图 2-73 “颜色”对话框

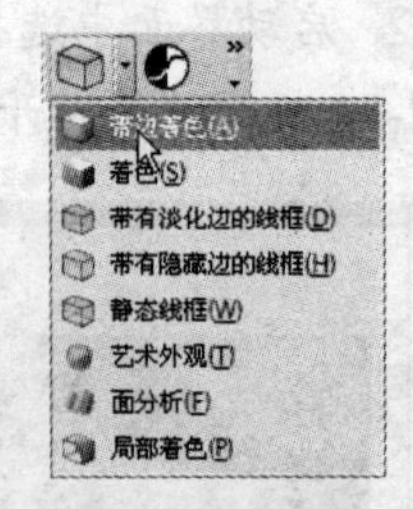

图 2-74 选择“带边着色”选项

02 在下拉菜单中选择“带边着色”图标，工作区中的模型将带边着色显示，如图 2-75 所示。

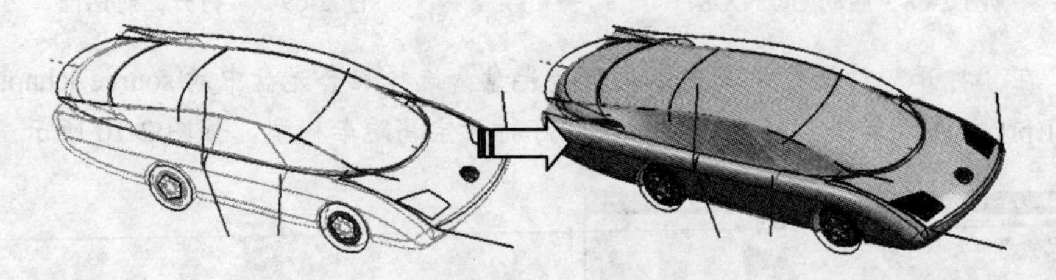

图 2-75 “带边着色”显示效果

2.7.4 显示和隐藏操作

01 选择“编辑”→“显示和隐藏”→“显示和隐藏”选项，打开如图 2-76 所示的“显示和隐藏”对话框。

02 在“显示和隐藏”对话框单击“草图”和“曲线”对应的“隐藏”图标，在工作区中将会隐藏模型中所有的“草图”和“曲线”，显示效果如图 2-77 所示。

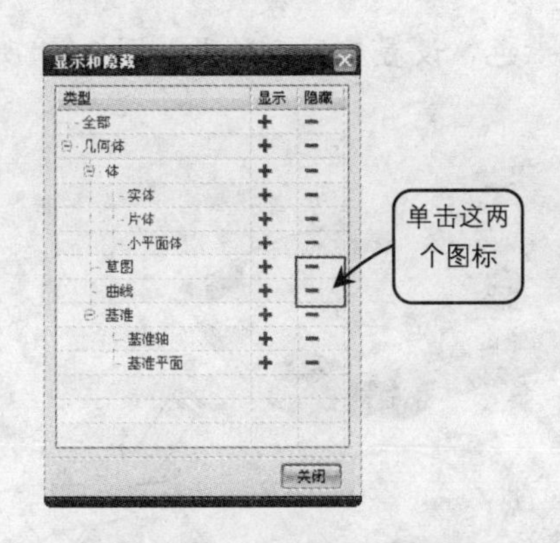

图 2-76　“显示和隐藏”对话框

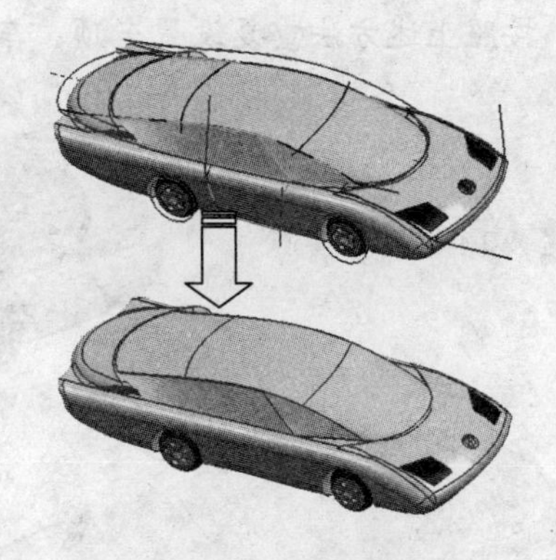

图 2-77　隐藏和显示效果

提　示：要隐藏多余的曲线和草图，也可以直接在工作区中选择要隐藏的曲线，或是通过“类型过滤器”选择工作区中的“曲线”和“草图”，然后选择“编辑”→“显示和隐藏”→“隐藏”选项。对于已经隐藏的部件，可以选择“编辑”→“显示和隐藏”→“隐藏”选项来显示全部，也可以通过“显示和隐藏”选择需要显示的类型显示。

2.7.5 设置各零件颜色

01 选择“编辑”→“对象显示”选项，打开如图 2-78 所示的“类选择”对话框。

02 在工作区中选择跑车车身，单击“类选择”对话框“确定”按钮，打开“编辑对象显示”对话框，如图 2-79 所示。

03 单击“基本”选项组中“颜色”图标，弹出图 2-80 所示的“颜色”对话框，在其中选择橙黄色，单击“确定”按钮返回图 2-79 所示的对话框，再单击“确定”按钮完成车身颜色的设置。

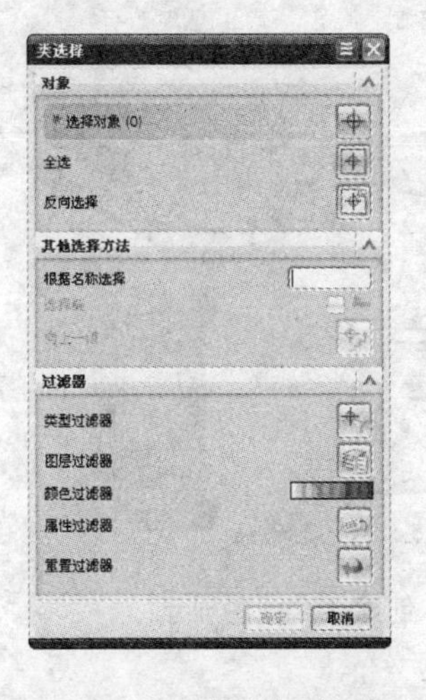

图 2-78　类选择对话框

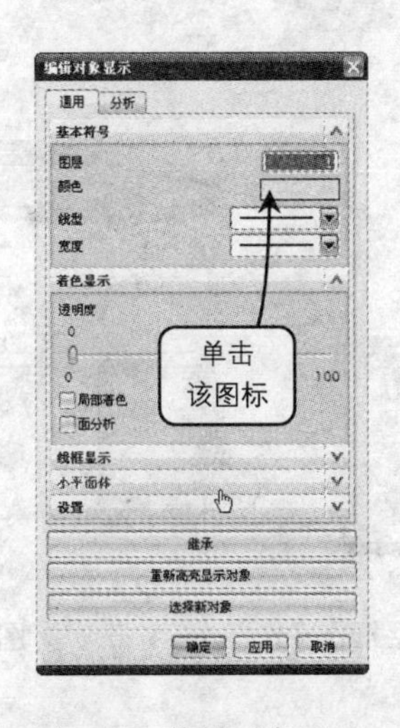

图 2-79　编辑对象显示

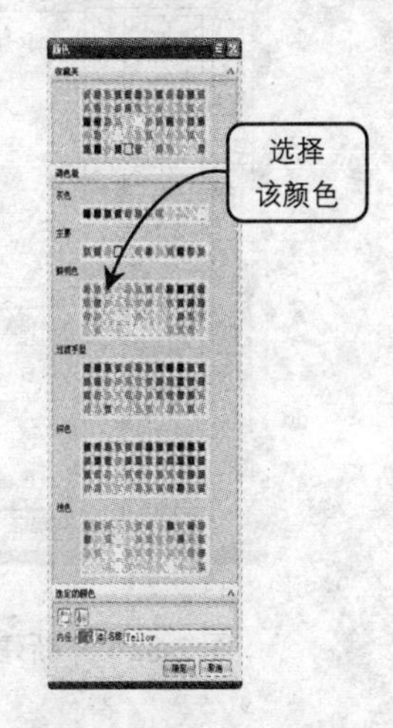

图 2-80　“颜色”对话框

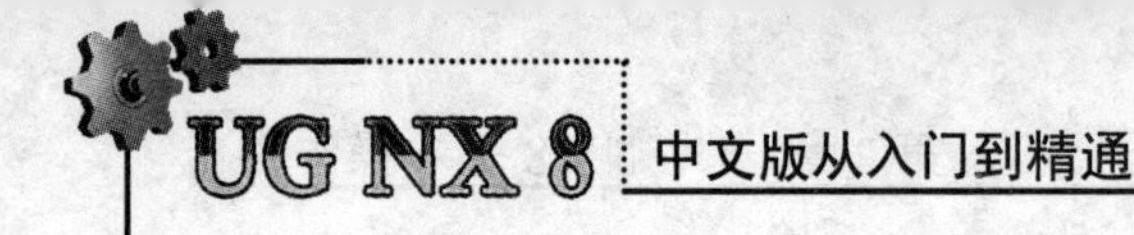

04 按照上述方法重复设置车顶、车窗的颜色，设置后显示效果如图 2-81 所示。

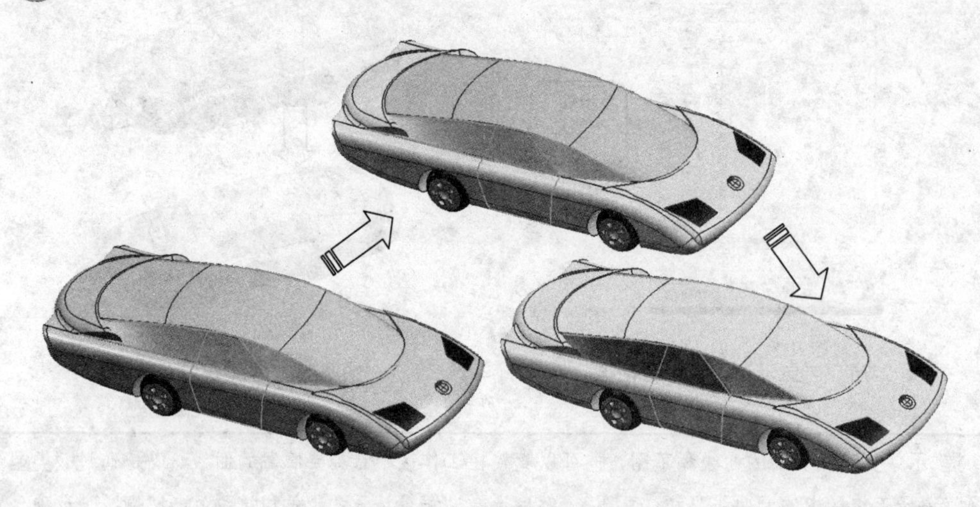

图 2-81　车身部件颜色设置

2.7.6 建立多个视图

01 选择“视图”→“布局”→“新建”选项，打开“新建布局”对话框，如图 2-82 所示。

02 在“名称”文本框中输入布局名称，然后在“布局”下拉列表中选择布局形式“L4”图标。单击“应用”按钮，即可完成布局的创建，如图 2-83 所示。

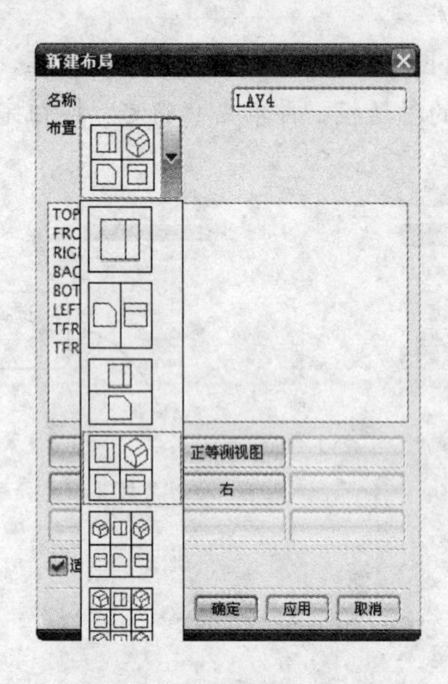

图 2-82　“新建布局”对话框

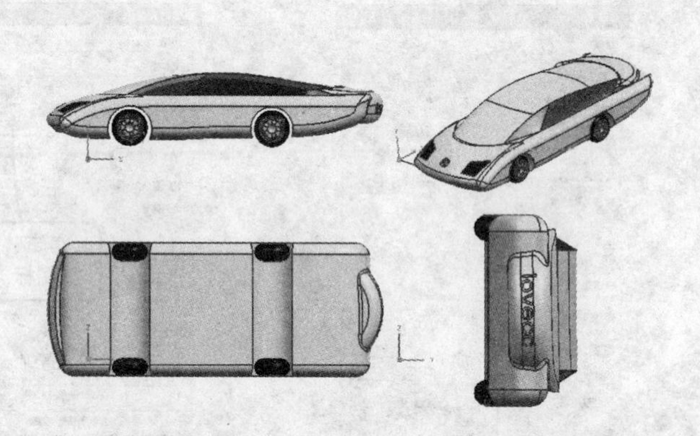

图 2-83　创建 4 个视图显示

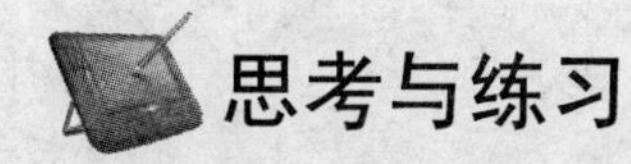

思考与练习

1. UG NX8 的主操作界面由哪些要素构成？资源板中的部件导航器和装配导航器有哪些用处？

2. 如何定制工具栏、菜单栏和键盘快捷键？

3. 使用“文件” →“实用工具”级联菜单中的“用户默认设置”命令，在打开的对话框中可以进行哪些方面的设置？

4. 怎样才能把背景颜色设置成白色？

5. 一个图层的状态有哪4种？

6. 打开本书配套光盘中的定位块零件，利用视图布局操作新建一个名为L4的布局，并将其设置为带有隐藏边的线框显示。定位块实体布局设置效果如图2-84所示。

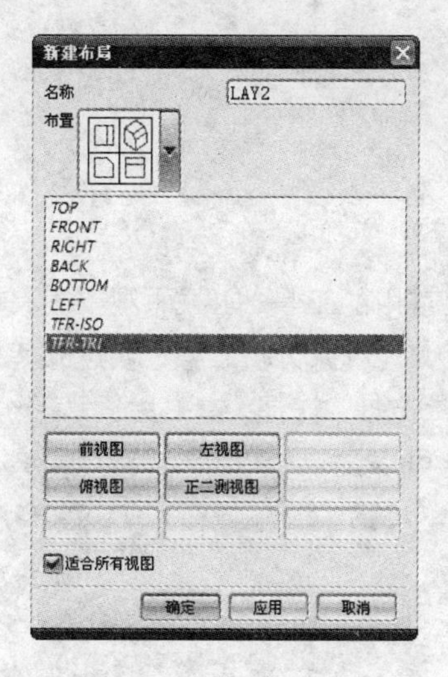

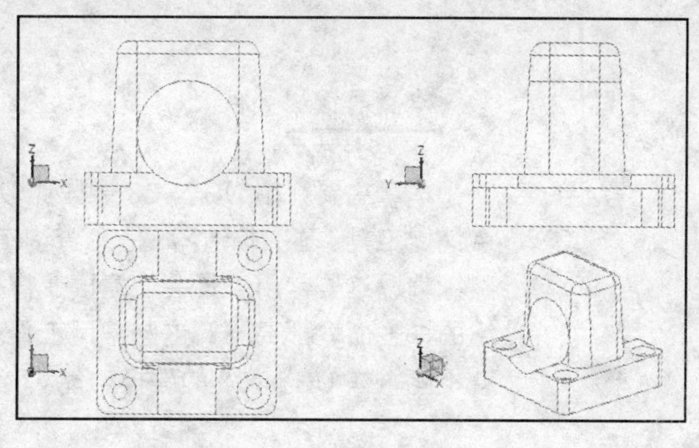

图2-84 设置视图布局

第 3 章 UG NX 8 常用工具

本章导读：

本章主要介绍 UG NX 8 一些比较常用的工具，如截面观察工具、点捕捉工具、基准构造器、信息查询工具、对象分析工具、表达式等。熟练掌握这些常用工具会使建模变得更方便、快捷，本书后续章节介绍的许多命令都离不开这些常用工具。可以说，不掌握这些常用工具，就不能掌握 UG NX 8 的建模功能。

学习目标：

- 掌握截面观察工具
- 掌握点捕捉工具
- 掌握基准构造器
- 熟悉信息查询工具
- 了解对象分析工具
- 了解表达式的创建

3.1 截面观察工具

当观察或创建比较复杂的腔体类或轴孔类零件时，要将实体模型进行剖切操作，去除实体的多余部分，以便观察内部结构或进一步操作。在 UG NX 中，可以利用新建截面工具在工作视图中通过假想的平面剖切实体，从而达到观察实体内部结构的目的。

要进行视图截面的剖切，可单击“视图”工具栏中的“编辑工作截面”按钮，打开如图 3-1 所示的“视图截面”对话框。

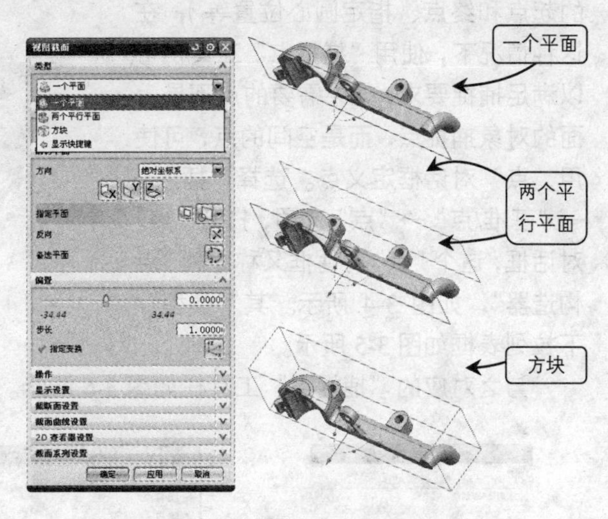

图 3-1　“视图截面”对话框

3.1.1 定义截面的类型

在“类型”下拉列表中包含 3 种截面类型，它们的操作步骤基本相同：先确定截面的方位，然后确定其具体剖切的位置，最后单击“确定”按钮，即可完成截面定义操作，如图 3-1 所示。

3.1.2 设置截面方位

在“剖切平面”选项组中，可将任意一个剖切类型设置为沿指定平面执行剖切操作，分别单击该选项组中的按钮、、，设置剖切截面方位效果如图 3-2 所示。

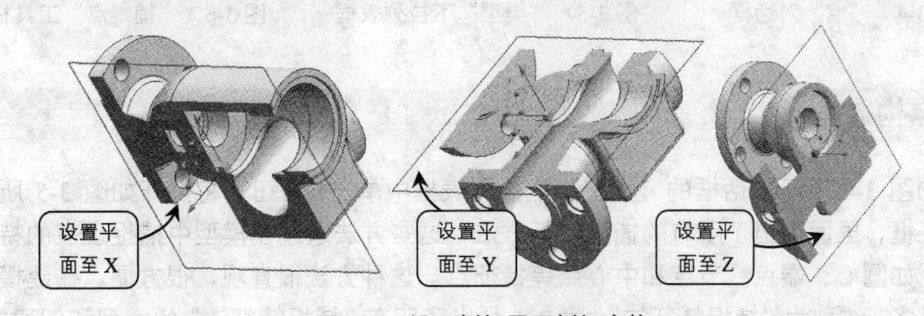

图 3-2　设置剖切平面剖切实体

3.1.3 设置截面距离

在“偏置”选项组中，根据设计需要允许使用偏置距离对实体对象进行剖切。如图 3-3 所示为设置平面至 X 时偏置距离所获得的不同效果。

3.2 点构造器

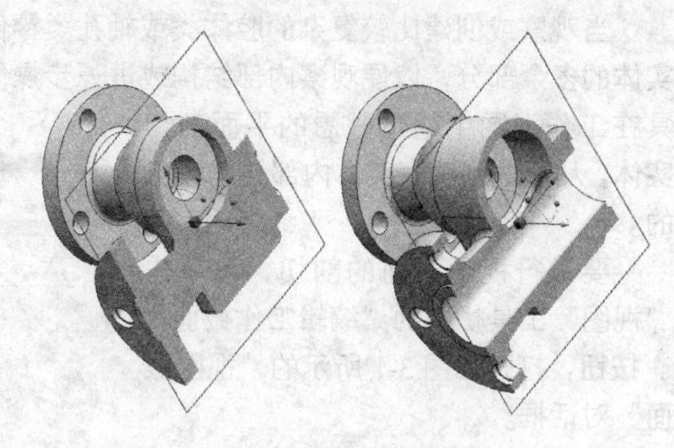

图 3-3　设置剖切距离

在 UG NX 8 建模过程中，经常需要指定一个点的位置（例如，指定直线的起点和终点、指定圆心位置等），在这种情况下，使用“捕捉点”工具栏可以满足捕捉要求，如果需要的点不是上面的对象捕捉点，而是空间的点，可使用“点”对话框定义点。选择“插入”→“基准/点”→“点”选项，打开“点”对话框，这个“点”对话框又称之为“点构造器”，如图 3-4 所示。其“类型”下拉列表框如图 3-5 所示。

与之对应的“捕捉点”工具栏如图 3-6 所示。

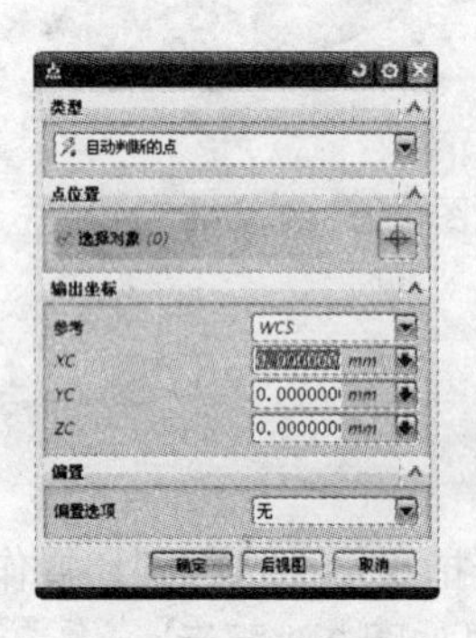

图 3-4　“点”对话框

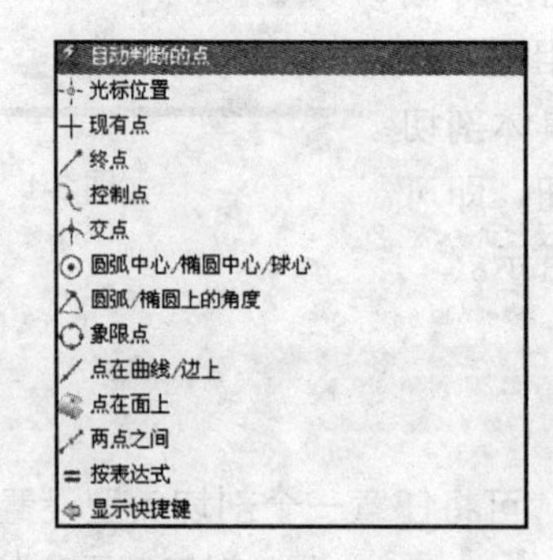

图 3-5　“类型”下拉列表框

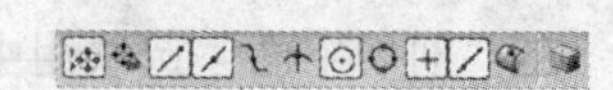

图 3-6　“捕捉点”工具栏

3.2.1 点构造类型

在如图 3-4 所示对话框的“类型”下拉列表框中单击▼按钮，将打开如图 3-5 所示的下拉列表框，里面列出了所有的捕捉特征方法，这些方法通过在模型中捕捉现有的特征来捕捉点，如圆心、端点、节点和中心点等特征点。这种方法很直观，很方便，在建模过程中使用最多，统称为“捕捉特征法”。表 3-1 列出了所有“捕捉特征法”的类型和创建方法。

3.2.2 构造方法举例

1. 交点

“交点”是指根据用户在模型中选择的交点来创建新点。新点和选择的交点坐标完全相同。在选择了交点后，“点”对话框变为如图3-7所示。在其中单击“曲线、曲面或平面”栏中的“选择对象”按钮，然后在模型中选择曲线、曲面或平面，再单击“要与其相交的曲线”栏中的“选择曲线”按钮，然后在模型中选择要与前一步选择的曲线、曲面或平面相交的曲线，这时系统会自动计算出相交点，并以绿色方块高亮显示，然后单击“确定”或者“应用”按钮创建新点。用“交点”法创建点示意图如图3-8所示。

表3-1 点的类型和创建方法

点类型	创建点的方法
自动判断的点	根据光标所在的位置，系统自动捕捉对象上现有的关键点（如端点、交点和控制点等），它包含了所有点的选择方式
光标位置	该捕捉方式通过定位光标的当前位置来构造一个点，该点即为 XY 面上的点
现有点	在某个已存在的点上创建新的点，或通过某个已存在点来规定新点的位置
终点	在鼠标选择的特征上所选的端点处创建点，如果选择的特征为圆，那么端点为零象限点
控制点	以所有存在的直线的中点和端点、二次曲线的端点、圆弧的中点、端点和圆心或者样条曲线的端点极点为基点，创建新的点或指定新点的位置
交点	以曲线与曲线或者线与面的交点为基点，创建一个点或指定新点的位置
圆弧/椭圆/球中心	该捕捉方式是在选取圆弧、椭圆或球的中心创建一个点或规定新点的位置
圆弧/椭圆上的角度	在与坐标轴 XC 正向成一定角度的圆弧或椭圆上构造一个点或指定新点的位置
象限点	在圆或椭圆的四分点处创建点或者指定新点的位置
点在曲线/边上	通过在特征曲线或边缘上设置 U 参数参考百分比来创建点
点在面上	通过在特征面上设置 U 参数和 V 参数来创建点
两点之间	先确定两点，再通过位置百分比来确定新建点的位置
按表达式	通过表达式来确定点的位置

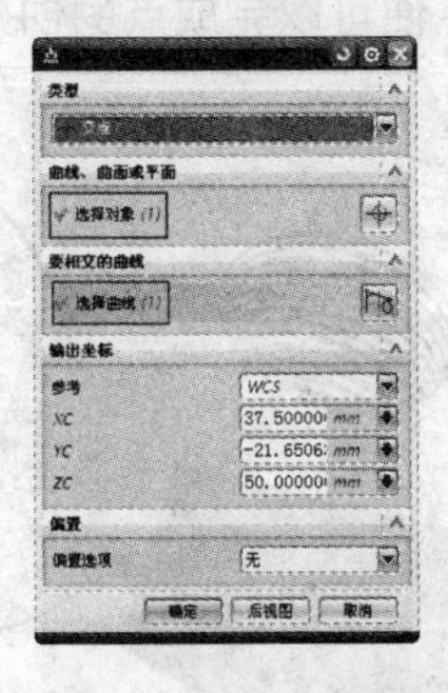

图3-7 “交点”对话框

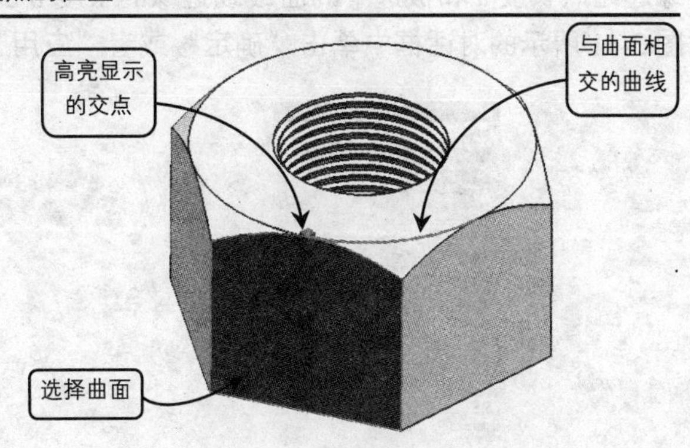

图3-8 “交点”示意图

2．圆弧/椭圆上的角度

“圆弧/椭圆上的角度”是指根据用户选择的圆弧或椭圆边缘指定的角度来创建点，“角度”起始点为选择的圆弧或椭圆边缘的零象限点，范围为 0°~360°。

当选择了“圆弧/椭圆上的角度”方法创建点时，点构造器对话框会变成如图 3-9 所示。在其中选择“选择圆弧或椭圆”栏里的“选择圆弧或椭圆”，然后在模型中选择圆弧或椭圆边缘，在“曲线上的角度”栏的“角度”文本框中输入角度值，系统会在模型里以绿色方块高亮显示用户选中的点，如图 3-10 所示，如果确定无误，单击“确定”或者“应用”按钮即可创建点。

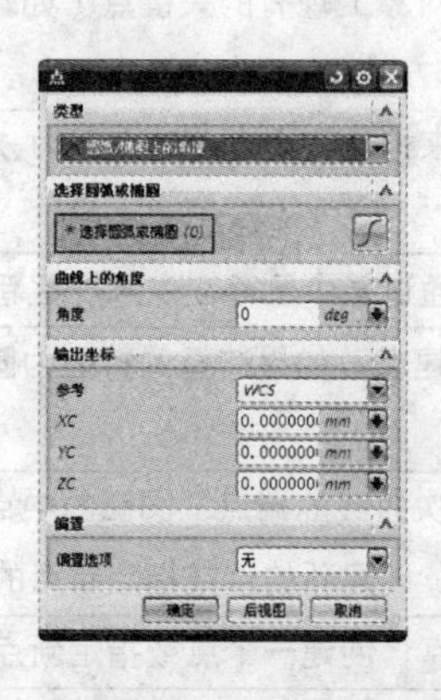

图 3-9 “圆弧/椭圆上的角度”对话框

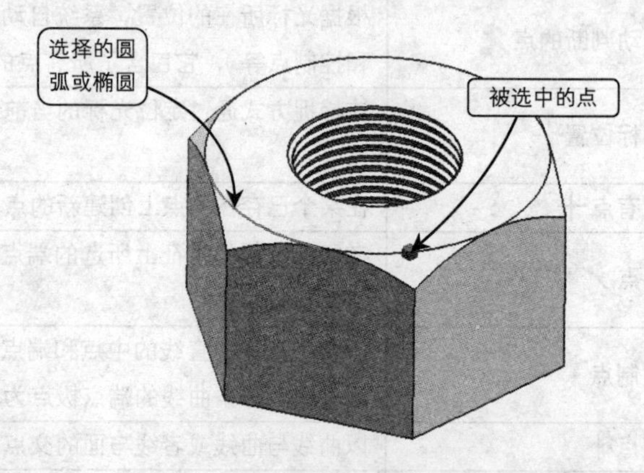

图 3-10 “圆弧/椭圆上的角度”示意图

3．点在曲线/边上

“点在曲线/边上”是指根据在指定的曲线或者边上取点来创建点，新点的坐标和指定的点一样，在“类型”栏选择了“点在曲线/边上”后，“点”对话框变为图 3-11 所示。在其中“曲线”栏里单击“选择曲线”按钮，在模型里选择曲线或边缘，然后在“位置”的下拉菜单中选择 “U 的参考百分比”。“U 的参考百分比”是指想要创建的点到选中边缘起始点长度 a 和被选中的曲线或边缘的长度 b 的比值，如图 3-12 所示。设置完后，在如图 3-11 所示的对话框中单击“确定”或者“应用”按钮，便可以完成点的创建。

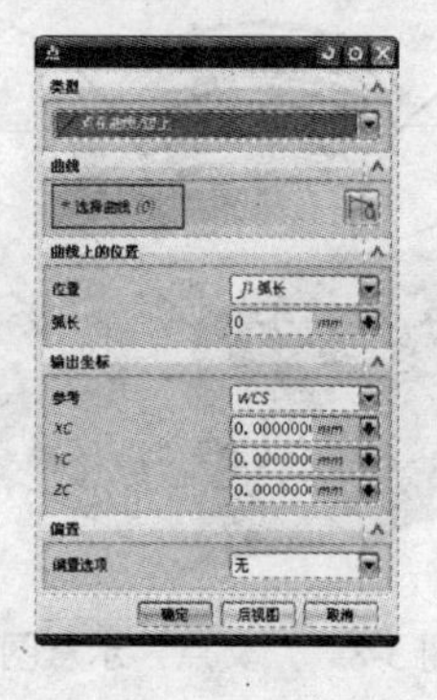

图 3-11 “点在曲线/边上”对话框

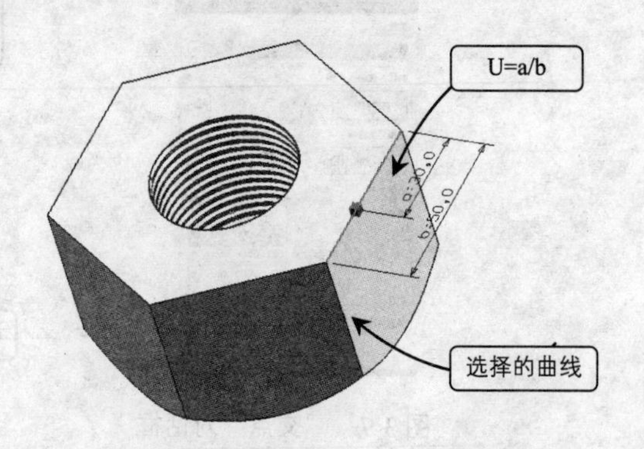

图 3-12 “点在曲线/边上”示意图

4. 点在面上

“面上的点”是根据在指定面上选取的点来创建点，新点的坐标和指定的点一样。在“类型”栏里选择了“点在面上”后，“点”对话框变为如图 3-13 所示。在“面”栏里单击“选择面”按钮，在模型里选择面，然后在“面上的位置”栏里设置“U 向参数”和“V 向参数”。设置完成后，在图 3-13 所示的对话框中单击“确定”或者“应用”按钮便可以完成点的创建。下面介绍一下“U 向参数”和“V 向参数”。

在选择了平面后，系统会在平面上创建一个临时坐标系，如图 3-14 所示。“U 向参数”就是指定点的 U 坐标值和平面长度的比值，U=a/c；“V 向参数”是指定的 V 坐标值和平面宽度的比值，V=b/d。

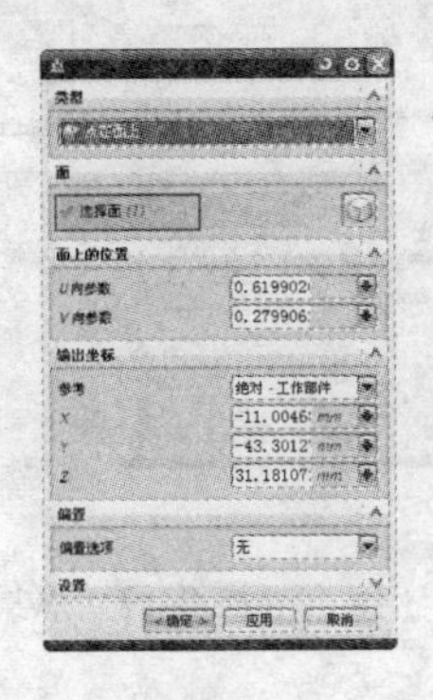

图 3-13 “点在面上”对话框

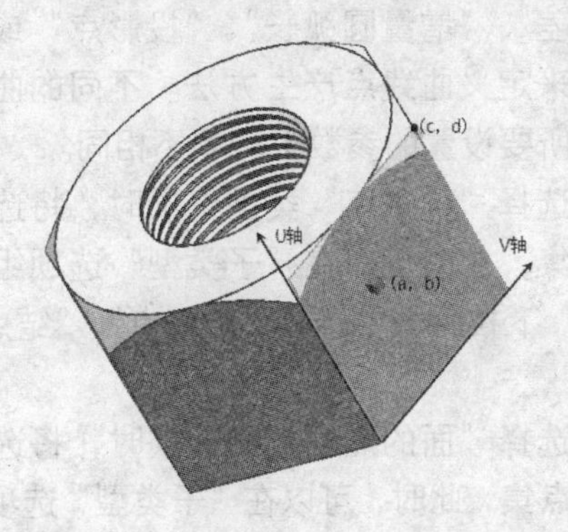

图 3-14 “U 向参数”和“V 向参数”示意图

5. 坐标设置法

“点构造器”通常有两种方法可以建立点，分别为通过捕捉特征和通过坐标设置。以上介绍的点构造方法均为“捕捉特征法”，下面介绍“坐标设置法”。

“坐标设置法”是通过指定将要创建点的坐标来创建新点，这种方法比较直接，创建点也比较精确，只是需要提前知道被创建点的坐标。在“点”对话框“坐标”选项组中，用户可以直接输入 X、Y、Z 轴的坐标值来定义点。设置坐标值需要指定是相对于 WCS（工作坐标系）还是绝对坐标系。通常情况下使用 WCS，因为绝对坐标系是不可见的。如图 3-15 所示为绝对坐标创建点，如图 3-16 所示为工作坐标创建点。

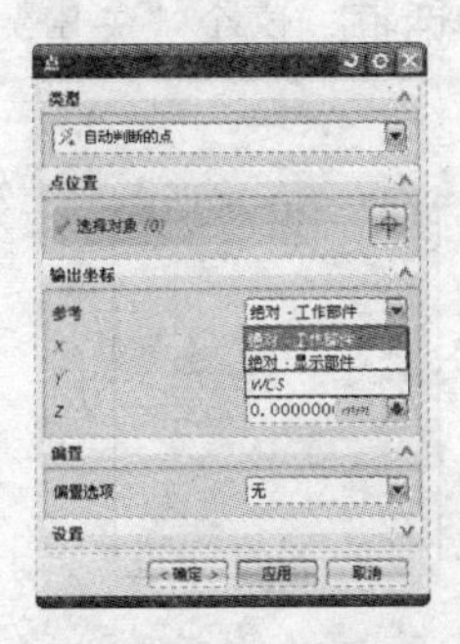

图 3-15 绝对坐标创建点对话框

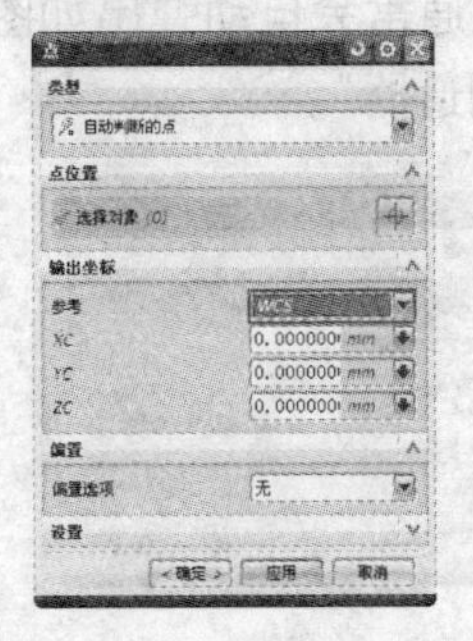

图 3-16 工作坐标创建点对话框

3.2.3 点集

可以使用现有几何体创建点集。在菜单栏中选择“插入”→“基准/点”→“点集”命令，系统弹出“点集”对话框。在“类型”下拉列表中选择所需的类型选项，如“曲线点”、“样条点”或“曲的点”选项，则设置的内容也将不同。

当选择“曲线点”类型选项时，系统提示选择曲线或边以创建点集，这就需要选择所需的曲线或边，在“子类型”选择组中设置曲线点产生的方法，并在相应的选项组中设置其他参数等。注意可以选择“等圆弧长”、“等参数”、“几何参数”、“弦公差”、“增量圆弧长”、“投影点”或“曲线百分比”来定义曲线点产生方法。不同的曲线点产生方法，所要设置的参数也可能不相同。

当选择“样条点”类型选项时，将选择样条来创建点集，此时可以在“子类型”选项组的“样条点类型”下拉列表中选择“定义点”、“结点”或“极点”。

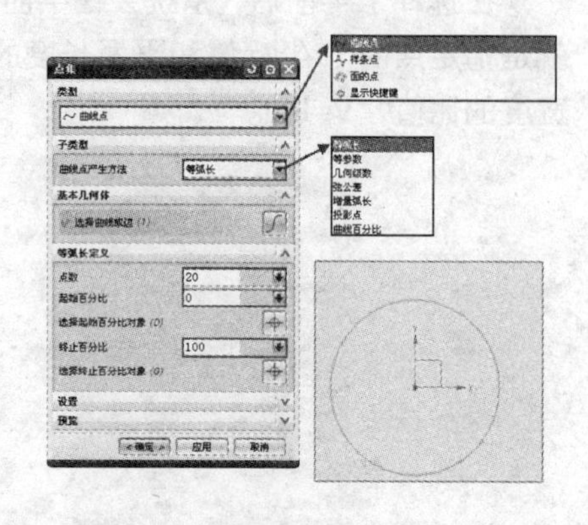

图 3-17　点集

当选择“面的点”类型选项时，将选择所需面来创建点集，此时，可以在“子类型”选项组的“面的点按照”下拉列表框中选择“图样”、“面百分比”或“B 曲面极点”。

在指定边线上创建点集的示例如图 3-17 所示，从“类型”下拉列表中选择“曲线点”选项，从“子类型”选项组的“曲线点产生方法”选项，选择所需的边线，接着在“等参数定义”选项组中设置点数为 20，起始百分比为 0，终止百分比为 100，然后单击“确定”按钮，则在所选的边线上创建具有 8 个点的点集。

3.3 矢量构造器

在使用 UG NX 8 建模的过程中，经常会遇到需要指定矢量或者方向的情况，在这种情况下，系统通常会自动弹出如图 3-18 所示的“矢量”对话框。这个“矢量”对话框又称之为“矢量构造器”。

图 3-18　“矢量”对话框

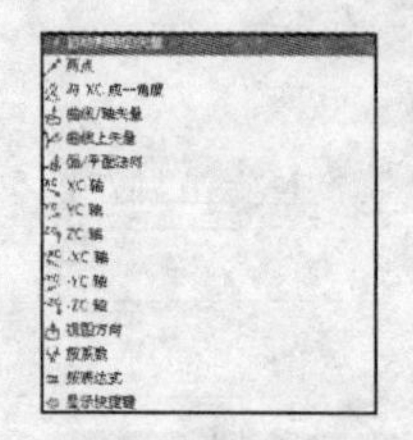

图 3-19　“类型”下拉列表单

3.3.1 矢量构造类型

在“矢量”对话框的“类型”栏中单击按钮，展开如图 3-19 所示的“类型”下拉列表框，通常有 15 种方法可以创建矢量，为用户提供了最全面、最方便的矢量创建方法。具体构造方法可参照表 3-2 所示。

表 3-2 “矢量”对话框中指定矢量的方法

矢量类型	指定矢量的方法
自动判断的矢量	系统根据选取对象的类型和选取的位置自动确定矢量的方向
两点	通过两个点构成一个矢量。矢量的方向是从第一点指向第二点。这两个点可以通过被激活的“通过点”选项组中的“点构造器”或“自动判断点”工具确定
与 XC 成一角度	用以确定在 XC-YC 平面内与 XC 轴成指定角度的矢量，该角度可以通过激活的“角度”文本框设置
曲线/轴矢量	根据现有的对象确定矢量的方向。如果对象为直线或曲线，矢量方向将从一个端点指向另一个端点。如果对象为圆或圆弧，矢量方向为通过圆心的圆或圆弧所在平面的法向方向
曲线上矢量	用以确定曲线上任意指定点的切向矢量、法向矢量和面法向矢量的方向
面/平面法向	以平面的法向或者圆柱面的轴向构成矢量
正向矢量	分别指定 X、Y、Z 正方向矢量方向
负向矢量	分别指定 X、Y、Z 负方向矢量方向
视图方向	根据当前视图的方向，可以设置朝里或朝外的矢量
按表达式	可以创建一个数学表达式构造一个矢量
按系数	该选项可以通过“笛卡尔”和“球坐标系”两种类型设置矢量分量确定矢量方向

3.3.2 构造方法举例

1. 曲线/轴矢量

“曲线/轴矢量”是指创建与曲线的特征矢量相同的矢量。轴的特征矢量为其延伸的方向，曲线的特征矢量为其所在的平面的法向。在选择了曲线/轴矢量后，矢量构造器对话框变为如图 3-20 所示。在其中单击“曲线”栏中的“选择对象”按钮，然后在模型中选择弧线或直线，系统会自动生成矢量，如图 3-21 所示。如果矢量的方向和预想的相反，则可以在如图 3-20 所示对话框的“矢量方向”栏中单击按钮来反向矢量。

2. 曲线上矢量

“曲线上矢量”是指在指定曲线上以曲线上某一指定点为起始点，以切线方向/曲线法向/曲线所在平面法向为矢量方向创建矢量。

图 3-20 "曲线/轴矢量"对话框

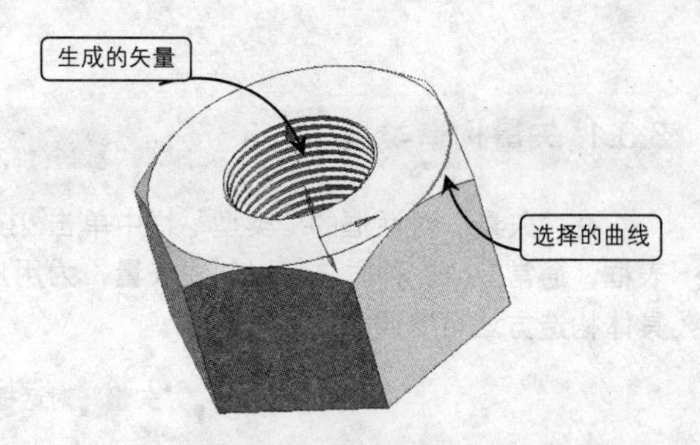

图 3-21 生成矢量示意图

在选择了曲线上矢量后，矢量构造器对话框会变成如图 3-22 所示，在其中单击"曲线"栏中的"选择曲线"按钮，然后在模型中选择曲线或边缘，在"位置"下拉菜单中选择"弧长"，"通过点"或者"%弧长百分比"后面的文本框中输入值，系统会自动生成矢量，如图 3-23 所示。

如果生成矢量和预想不同，可单击"矢量方位"下"备选解"右边的按钮进行变换，效果如图 3-24 所示。如果矢量的方向和预想的相反，可在如图 3-22 所示的对话框的"矢量方位"栏中单击按钮来反向矢量，效果如图 3-25 所示。确定矢量无误后可在如图 3-22 所示的对话框中单击"确定"按钮来完成矢量的创建。

图 3-22 "曲线上矢量"对话框

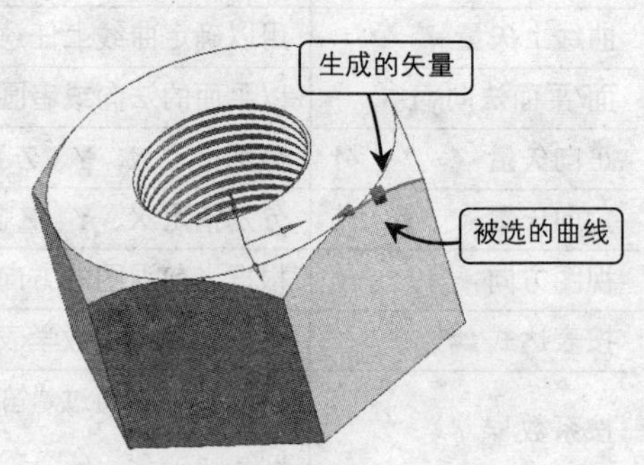

图 3-23 生成矢量示意图

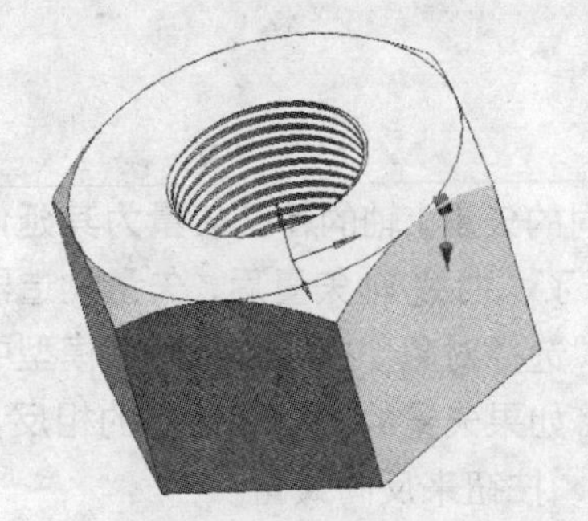

图 3-24 自动生成的矢量效果图

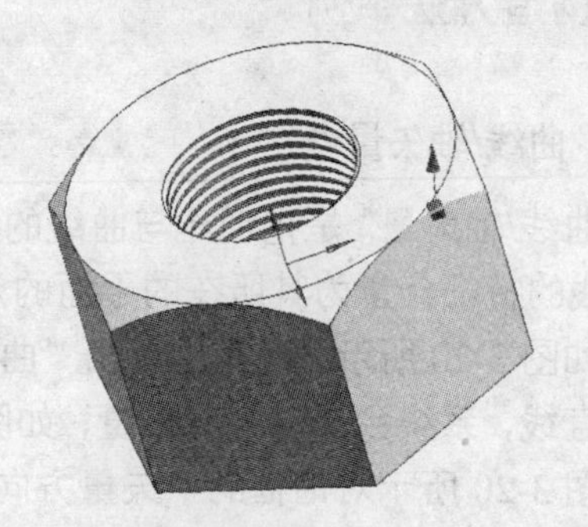

图 3-25 "反向"生成矢量效果图

3. 视图方向

"视图方向"是指把当前视图平面的法线方向作为矢量方向创建矢量。在选择了视

图方向后，矢量构造器对话框会变成如图 3-26 所示，系统会自动生成与视图面垂直向外的矢量，如图 3-27 所示。如果矢量的方向和预想的相反，可在如图 3-26 所示的对话框的“矢量方位”栏中单击按钮来反向矢量。确定矢量无误后，可在如图 3-26 所示的对话框中单击“确定”按钮来完成矢量的创建。

图 3-26　“视图方向”对话框

图 3-27　生成矢量效果图

4．按表达式＝

“按表达式”是指创建一个数学表达式构造一个矢量。在选择了＝按表达式后，矢量构造器对话框会变成如图 3-28 所示，单击对话框中的按钮，弹出“表达式”对话框，新建一个矢量表达式，如图 3-29 所示。

单击“确定”按钮后，系统会自动生成一个矢量，如图 3-30 所示。如果矢量的方向和预想的相反，可在如图 3-28 所示的对话框的“矢量方位”栏中单击按钮来反向矢量。确定矢量无误后可在如图 3-28 所示的对话框中单击“确定”按钮来完成矢量的创建。

图 3-28　“按表达式”对话框

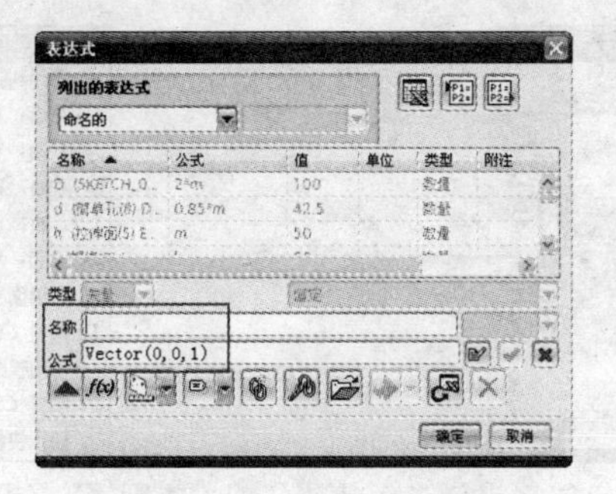

图 3-29　“表达式”对话框

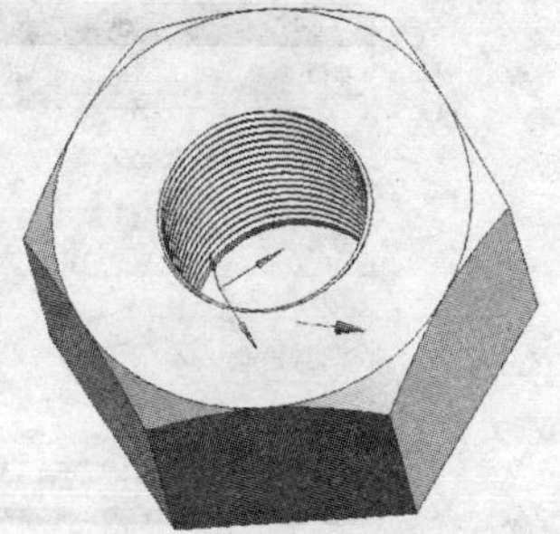

图 3-30　生成矢量效果图

5．按系数

“按系数”是指根据直角坐标系或者极坐标的坐标系数来确定创建矢量的方向。在选择了按系数后，“矢量”对话框会变成如图 3-31 所示，在“系数”栏中选择坐标系，选择“笛卡尔（直角坐标系）”或球面副系“，然后在对应的 I、J、K 后面的文本框里输入系数，系统会自动生成矢量，如图 3-32 所示。如果矢量的方向和预想的相反，可以在如图 3-31 所示的对话框的“矢量方位”栏中单击按钮来反向矢量。确定矢量无误后可以在如图 3-31 所示的对话框中单击“确定”按钮来完成矢量的创建。

图 3-31 “按系数”对话框

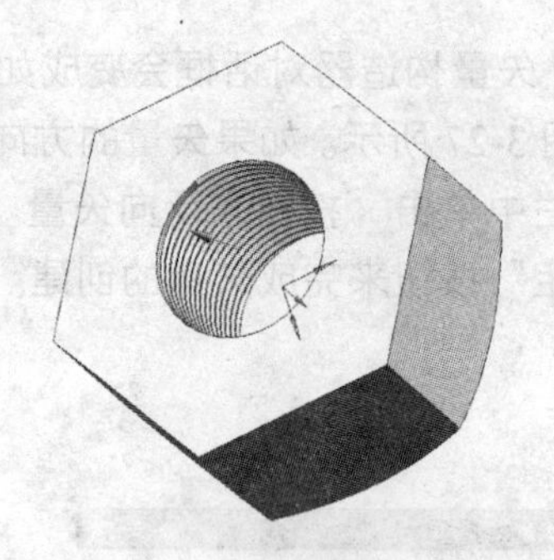

图 3-32 生成矢量效果图

3.4 坐标系构造器

UG NX 8 为用户提供了可以编辑的工作坐标系（WCS），除此之外，用户还可以创建工作坐标系。UG NX 8 拥有很强大的坐标系构造功能，基本可以满足用户在各种情况下的要求。

在 UG NX 系统中包括 3 种坐标系，分别是绝对坐标系（ACS）、工作坐标系（WCS）、特征坐标系（FCS），而可用来操作和改变的只有工作坐标系（WCS）。使用工作坐标系可根据实际需要进行构造、偏置、变换方向或对坐标系本身保存、显示和隐藏。

“坐标系构造器”对话框如图 3-33 所示，在坐标系构造器对话框的“类型”栏里单击按钮，展开如图 3-34 所示的“类型”下拉列表框。

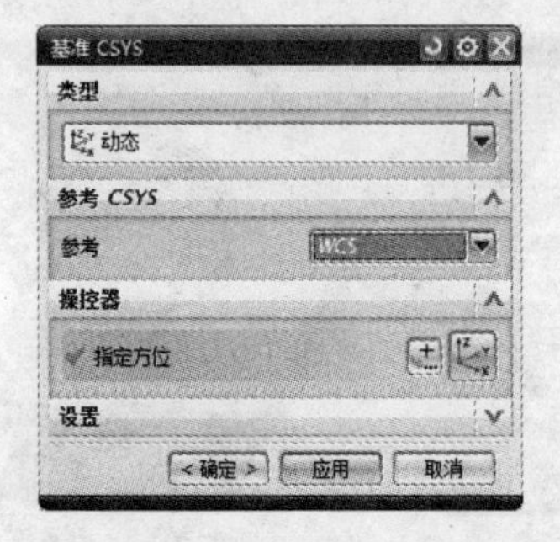

图 3-33 “基准 CSYS”对话框

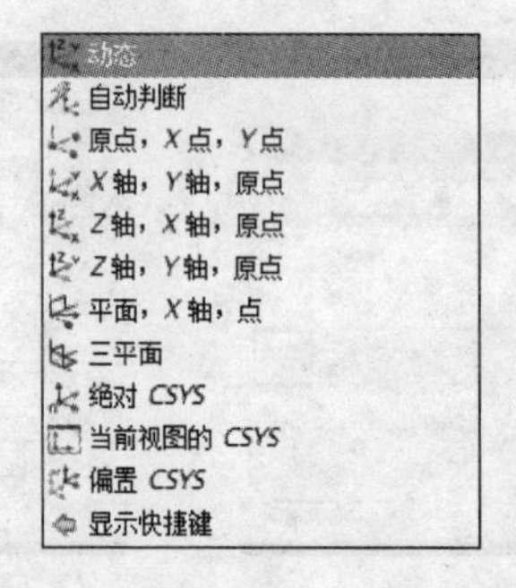

图 3-34 “类型”下拉列表单

3.4.1 坐标系构造类型

坐标系与点和矢量一样，都是允许构造。利用坐标系构造工具，可以在创建图纸的过程中根据不同的需要创建或平移坐标系，并利用新建的坐标系在原有的实体模型上创建线的实体。

要构造坐标系，可以选择“视图”→“操作”→“方位”选项，或单击“”打开“CSYS”对话框，如图 3-33 所示。在该对话框中，可以选择“类型”下拉表中选项来选择构造新坐标系的方法，可参照表 3-3 所示。

表 3-3 “矢量”对话框中指定矢量的方法

坐标系类型	构造方法
动态	用于对现有的坐标系进行任意的移动和旋转，选择该类型坐标系将处于激活状态。此时推动方块形手柄可任意移动，拖动极轴圆锥手柄可沿轴移动，拖动球形手柄可旋转坐标系
自动判断	根据选择对象的构造属性，系统智能地筛选可能的构造方法，当达到坐标系构造器的唯一性要求时系统将自动产生一个新的坐标系
原点、X 点、Y 点	用于在视图区中确定 3 个点来定义一个坐标系。第一点为原点，第一点指向第二点的方向为 X 轴的正向，从第二点到第三点按右手定则来确定 Y 轴正方向
X 轴、Y 轴、原点	用于在视图区中确定 3 个点来定义一个坐标系。第一点为 X 轴的正向，第一点指向第二点的方向为 Y 轴的正向，从第二点到第三点按右手定则来确定原点
Z 轴、X 轴、原点	方法同上
Z 轴、Y 轴、原点	方法同上
平面、X 轴、点	用于在视图区中选定一个平面和该面上的一条轴和一个点来定义一个坐标系
三平面	通过制定的 3 个平面来定义一个坐标系。第一个面的法向为 X 轴，第一个面与第二个面的交线为 Z 轴，3 个平面的交点为坐标系的原点
绝对 CSYS	可以在绝对坐标（0，0，0）处，定义一个新的工作坐标系
当前视图的 CSYS	利用当前视图的方位定义一个新的工作坐标系。其中 XOY 平面为当前视图所在的平面，X 轴为水平方向向右，Y 轴为垂直方向向上，Z 轴为视图的法向方向向外
偏置 CSYS	通过输入 X、Y、Z 坐标轴方向相对于圆坐标系的偏置距离和旋转角度来定义坐标系

3.4.2 构造方法举例

在创建较为复杂的模型时，为了方便模型各部位的创建，经常要对坐标系进行原点位置的平移、旋转、各极轴的变换、隐藏、显示或者保存每次建模的工作坐标系。

选择“格式”→“WCS”命令，在弹出的子菜单中选择指定的选项，即可执行各种坐标系操作，如图 3-35 所示，各项含义及使用方法如下所述。

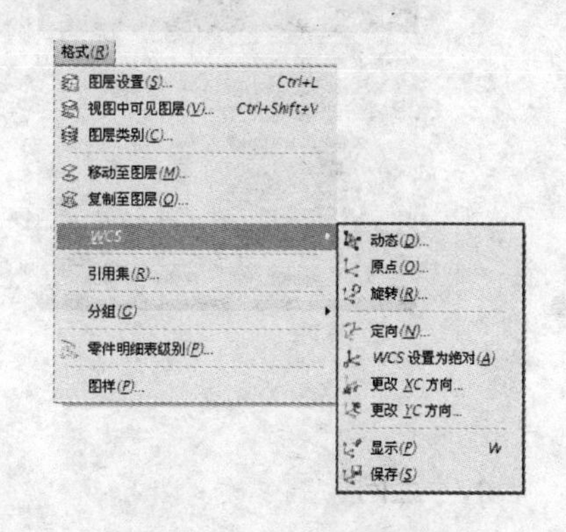

图 3-35 WCS 子菜单

1. 原点

通过定义当前工作坐标系的原点来移动坐标系的位置，并且移动后的坐标系不改变各坐标轴的方向。选择该选项，打开“点”对话框，单击“点位置”按钮，在视图中直接选取一点作为新坐标的原点位置，或通过在“坐标”选项组的坐标文本框中输入数值来定位新坐标原点，如图 3-36 所示。

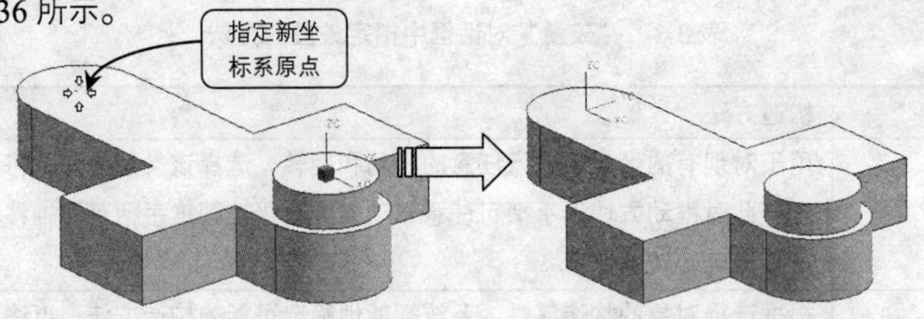

图 3-36　移动坐标系原点位置

2. 动态

选择该选项后，当前工作坐标会变成如图 3-37 所示的形状。使用拖动球形手柄的方法可以旋转坐标系，旋转的角度为 5° 的步阶转动。使用拖动方形手柄的方法可以移动坐标系，如图 3-37 所示。

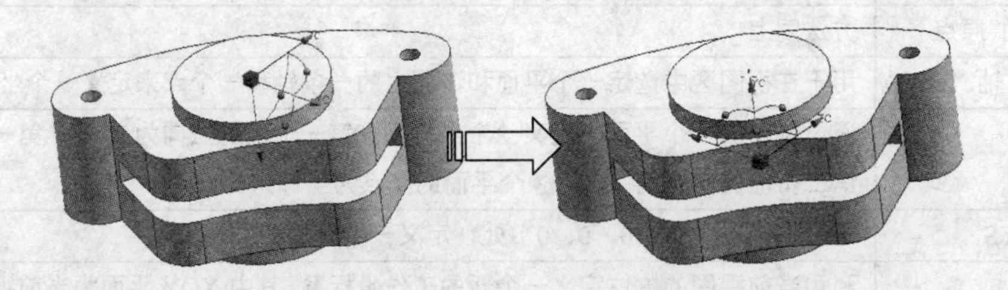

图 3-37　动态移动坐标系原点

3. 旋转

通过定义当前的 WCS 绕其某一旋转轴旋转一定的角度来定位新的 WCS。选择该选项，打开“旋转 WCS”对话框，如图 3-38 所示。在该对话框中可以单击选取所需的旋转轴，同时也将制定坐标系的旋转方向，在“角度”文本框中可以输入需要旋转的角度。

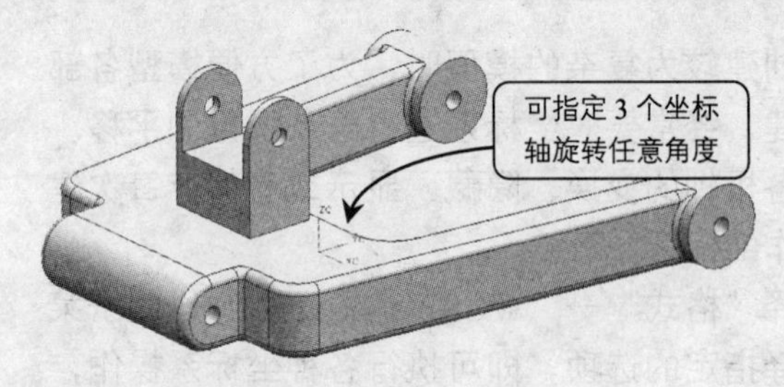

图 3-38　旋转 WCS

4. 定向

通过制定 3 点的方式将视图中的 WCS 定位到新的坐标系。具体方法同上小节介绍的“原点、X 点、Y 点”相同。

5. 更改 XC 方向和 YC 方向

通过改变坐标系中 X 轴或 Y 轴的位置，重新定位 WCS 的方位。选择任一项，打开"点"对话框，选取一个对象特征点，系统将以原坐标和该点在 XC-YC 平面内的投影点连线，作为新坐标系的 ZC 轴的方向保持不变。如图 3-39 所示为改变 YC 轴方向的效果图。

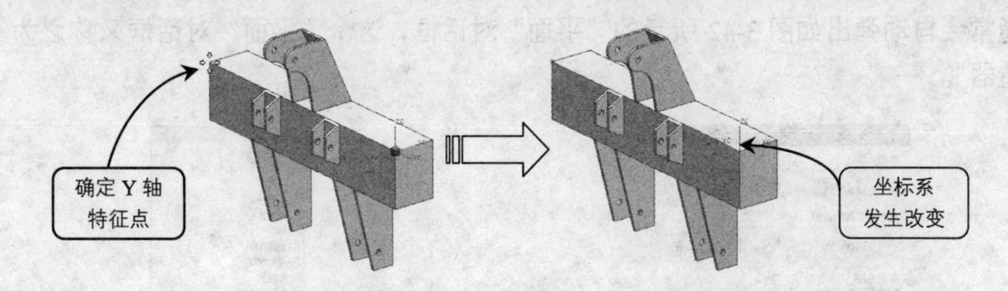

图 3-39 更换 WCS YC 方向效果

6. 显示

用以显示或隐藏当前的 WCS 坐标。选择该选项，如果系统中的坐标系处于显示状态，则转换为隐藏状态；如果已处于隐藏状态，则显示当前的工作坐标系，如图 3-40 所示。

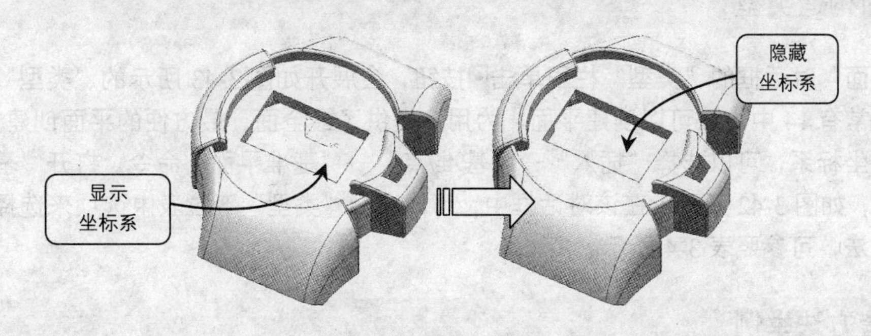

图 3-40 显示 WCS 效果

7. 保存

经过很多复杂的平移或旋转变换后创建的坐标系，都要及时保存，保存后的坐标系不但区分于原来的坐标系，而且也便于随时调用。

要存储 WCS，可选择该选项，系统将保存当前的工作坐标系，保存后的坐标系将由原来的 XC 轴、YC 轴、ZC 轴，变成对应的 X 轴、Y 轴、Z 轴，如图 3-41 所示。

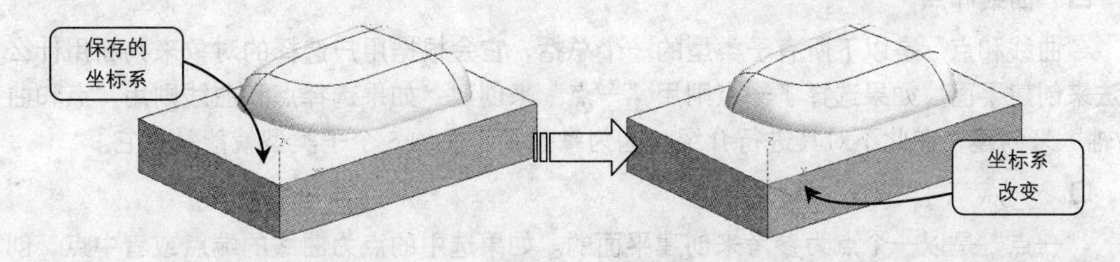

图 3-41 保存坐标系

3.5 平面构造器

在使用 UG NX 8 建模过程中，经常会遇到需要构造平面的情况。在这种情况下，系统通常会自动弹出如图 3-42 所示的“平面”对话框，这个“平面”对话框又称之为“平面构造器”。

图 3-42　“基准平面”对话框

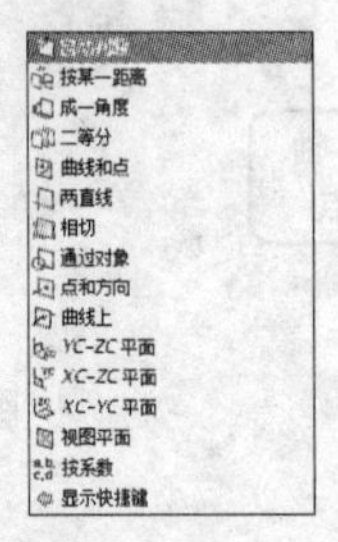

图 3-43　“类型”下拉列表

3.5.1 平面构造类型

在“平面”对话框的“类型”栏里单击按钮，会展开如图 3-43 所示的“类型”下拉列表框。通常有 14 中方法可以创建平面，为用户提供了最全面、最方便的平面创建方法。

要构造坐标系，可以选择“插入”→“基准/点”→“基准平面”命令，打开“基准平面”对话框，如图 3-42 所示。在该对话框中，可以选择“类型”下拉表中选项来选择构造新平面的方法，可参照表 3-4 所示。

3.5.2 构造方法举例

1．曲线和点

“曲线和点”是指以一个点、两个点、三个点、点和曲线或者点和平面为参考来创建新的平面。在选择了曲线和点后，平面构造器对话框会变成如图 3-44 所示，在“曲线和点子类型”栏的“子类型”右边单击按钮，展开如图 3-45 所示的“子类型”下拉列表框，每一种不同的子类型代表一种不同的平面创建方式，下面分别进行介绍。

❑ 曲线和点

“曲线和点”是以下所有子类型的一个总括，它会根据用户选择的对象来判断用什么方法来创建平面。如果选择了一点则用“一点”来创建；如果选择点和曲线则用“点和曲线/轴”来创建，在此不对其进行介绍，因为掌握了下面的 5 个子类型就能掌握它。

❑ 一点

“一点”是以一个点为参考来创建平面的。如果选中的点为曲线的端点或者中点，创建的平面为过这个点且与曲线垂直的平面；如果选择的点为圆弧中心，则创建的平面为

表 3-4　“基准平面”对话框中构造平面的方法

坐标系类型	构造方法
自动判断	根据选择对象的构造属性，系统智能地筛选可能的构造方法，当达到坐标系构造器的唯一性要求时系统将自动产生一个新的平面
成一角度	用以确定参考平面绕通过轴某一角度形成的新平面，该角度可以通过激活的“角度”文本框设置
按某一距离	用以确定参考平面按某一距离形成新的平面，该距离可以通过激活的“偏置”文本框设置
二等分	创建的平面为到两个指定平行平面的距离相等的平面或者两个指定相交平面的角平分面
曲线和点	以一个点、两个点、三个点、点和曲线或者点和平面为参考来创建新的平面
两直线	以两条指定直线为参考创建新平面。如果两条指定的直线在同平面内，则创建的平面与两条指定直线组成的面重合；如果两条指定直线不再同一平面内，则创建的平面过第一条指定直线和第二条指定直线垂直
相切	指以点、线和平面为参考来创建新的平面
通过对象	指以指定的对象作为参考来创建平面。如果指定的对象是直线，则创建的平面与直线垂直；如果指定的对象是平面，则创建的平面与平面重合
按系数 a,b c,d	是指通过指定系数来创建平面，系数之间关系为：aX+bY+cZ=d。
点和方向	以指定点和指定方向为参考来创建平面，创建的平面过指定点且法向为指定的方向
曲线上	是指以某一指定曲线为参考来创建平面，这个平面通过曲线上的一个指定点，法向可以沿曲线切线方向或垂直于切线方向，也可以另外指定一个矢量方向。
YC-ZC 平面	是指创建的平面与 YC-ZC 平面平行且重合或相隔一定的距离
XC-ZC 平面	是指创建的平面与 XC-ZC 平面平行且重合或相隔一定的距离
XC-YC 平面	是指创建的平面与 XC-YC 平面平行且重合或相隔一定的距离
视图平面	是指创建的平面与视图平面平行且重合或相隔一定的距离

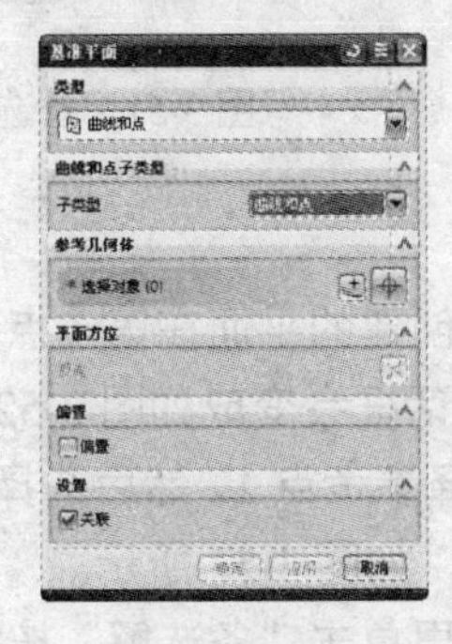

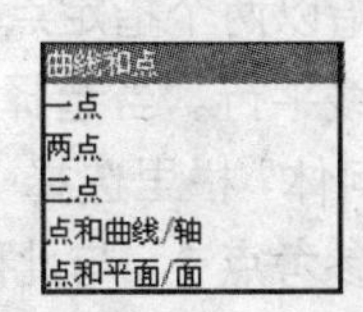

图 3-44　“点和曲线”平面构造器　　　图 3-45　“子类型”下拉列表单

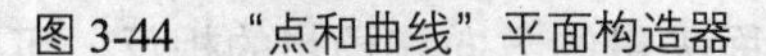

过节线且与圆弧所在面垂直的平面或者为圆弧所在的平面。当选择了“一点”后，平面构造器对话框会变成如图 3-46 所示，在模型中选择一点会生成如图 3-47 所示的平面。

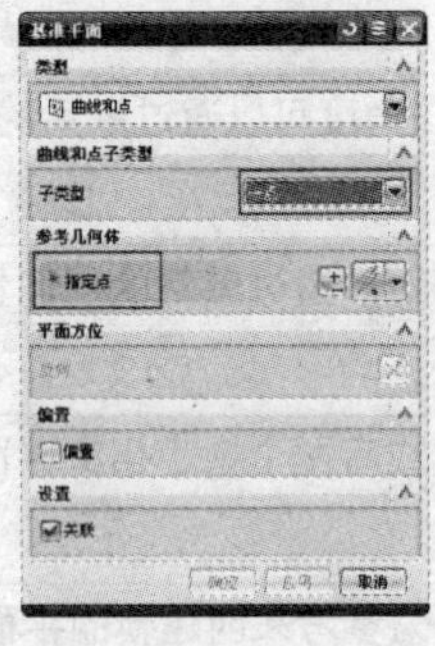
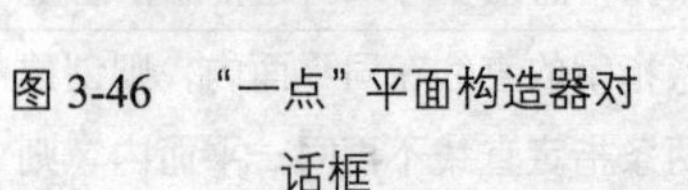

图 3-46 “一点”平面构造器对话框

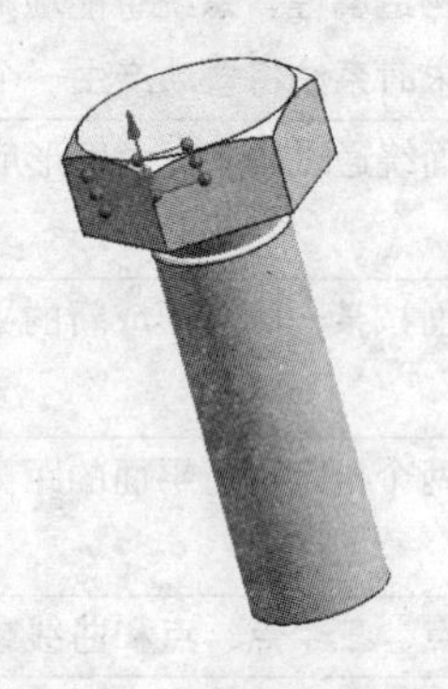

图 3-47 生成平面示意图

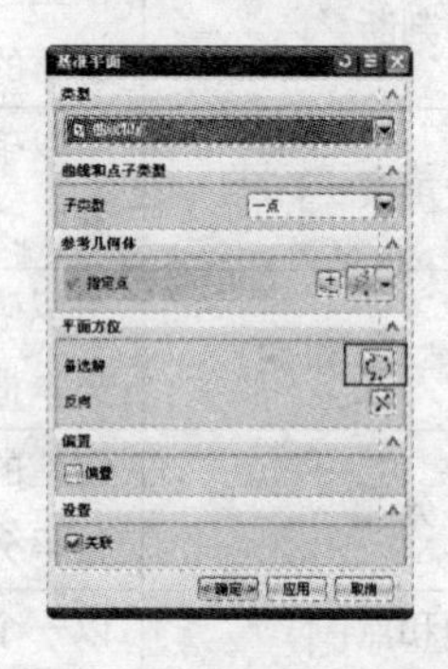

图 3-48 “一点”平面构造器对话框

上面介绍的参考点是曲线中点或端点的情况。当选择点为圆弧的圆心时，平面构造器对话框会变成如图 3-48 所示。在“平面方位”栏下出现了“备选解”按钮。当选择上圆心时，系统会自动生成平面，如图 3-49 所示。

如果生成平面不是预想的，可以单击按钮来选择备选解，备选解 2、备选解 3 分别如图 3-50 和图 3-51 所示。

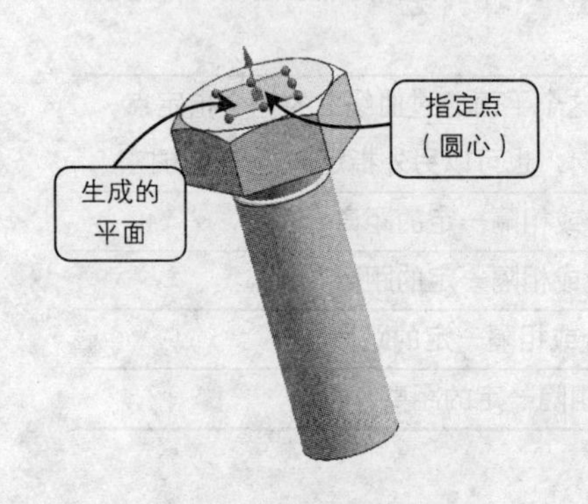

图 3-49 生成平面示意图

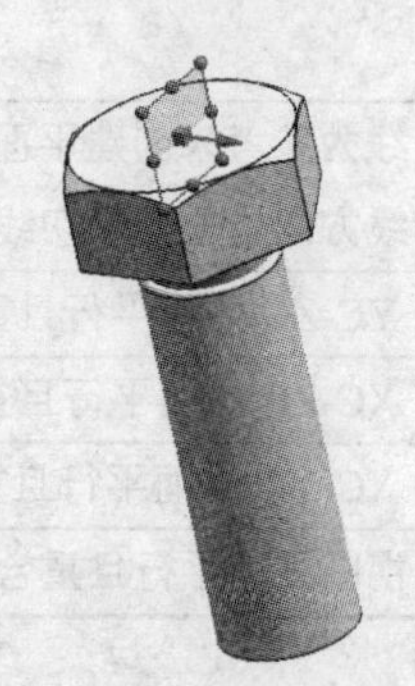

图 3-50 备选解 2

图 3-51 备选解 3

❑ 两点

“两点”是指以两个指定点作为参考点来创建平面，创建的平面在第一点内并且法线方向和两点的连线平行。当选择了两点后，平面构造器对话框会变成如图 3-52 所示。

在“参考几何体”栏里选择“指定点”，并在模型里选择参考点 1，然后选择“指定点”，并在模型中选择参考点 2，与此同时系统会自动生成平面，如图 3-53 所示。

如果生成平面和预想的不同，可以在“平面方位”栏里单击“备选解”按钮来修改生成平面，“备选解”效果如图 3-54 所示。如果平面矢量的方向和预想的相反，可在对话框的“平面方位”栏中单击按钮来反向平面矢量。确定平面无误后可在对话框中单击“确定”按钮来完成平面的创建。

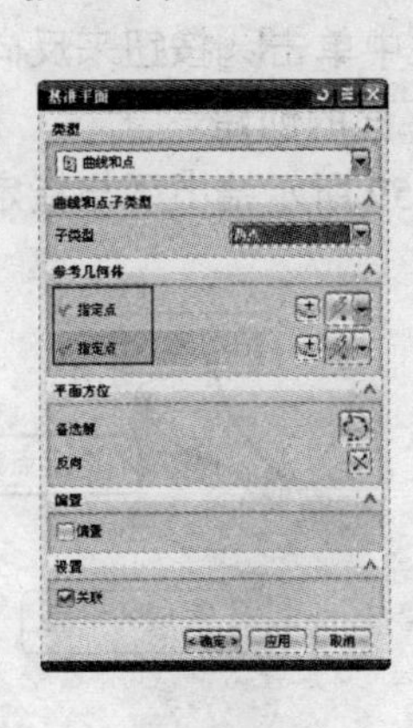

图 3-52　“两点”平面构造器对话框

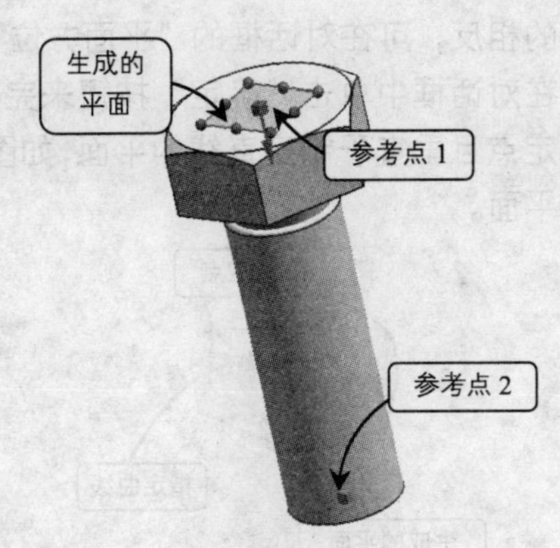

图 3-53　生成平面示意图

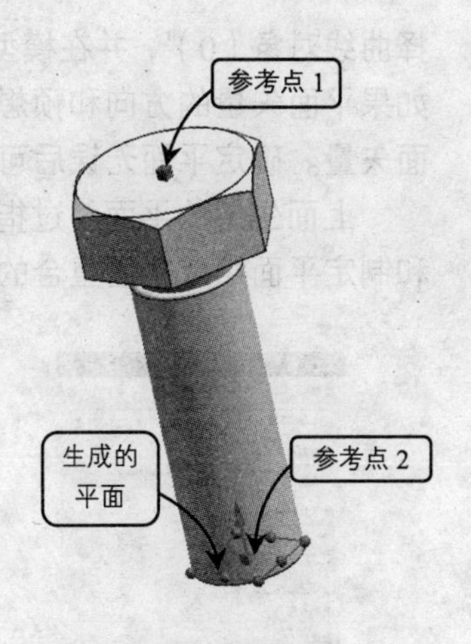

图 3-54　备选解示意图

❑　三点

“三点”是指通过三个参考点来创建平面，创建的平面过这三个点。当选择了三点后，平面构造器对话框会变成如图 3-55 所示。

在“参考几何体”栏里选择第一个“指定点（0）”，并在模型里选择参考点 1，然后选择第二个“指定点（0）”，并在模型中选择参考点 2，最后选择第三个“指定点（0）”，并在模型中选择参考点 3，与此同时系统会自动生成平面，如图 3-56 所示。如果平面矢量的方向和预想的相反，可在对话框的“平面方位”栏中单击☒按钮来反向平面矢量。确定平面无误后可在对话框中单击“确定”按钮来完成平面的创建。

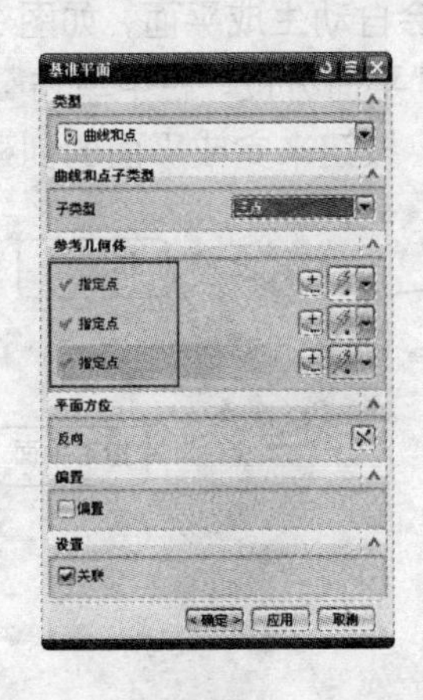

图 3-55　“三点”平面构造器对话框

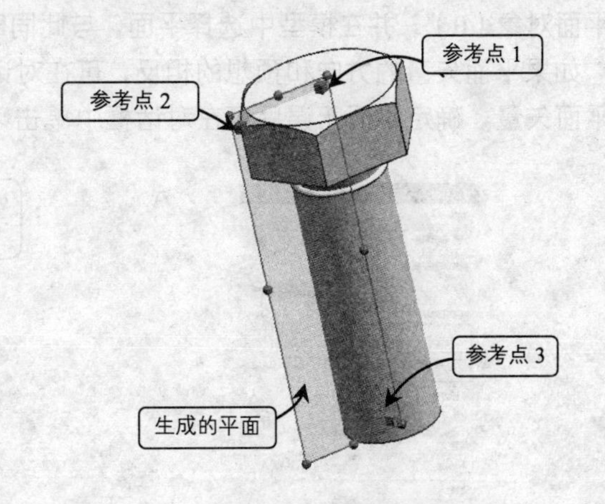

图 3-56　生成平面示意图

❑　点和曲线/轴

“点和曲线/轴”是指以一指定点和一指定曲线作为参考来创建平面，创建的平面过指定点且法线方向和直线平行，或平面与点和曲线组成的平面重合。当选择了“点和曲线/轴”后，平面构造器对话框会变成如图 3-57 所示。

在“参考几何体”栏里选择“指定点（0）”，并在模型中选择参考点，然后选择“选

择曲线对象（0）"，并在模型中选择曲线，与此同时系统会自动生成平面，如图 3-58 所示。如果平面矢量的方向和预想的相反，可在对话框的"平面方位"栏中单击按钮来反向平面矢量。确定平面无误后可在对话框中单击"确定"按钮来完成平面的创建。

上面生成的平面为过指定点且垂直于制定直线的平面，如图 3-59 所示给出了与指定点和制定平面组成平面重合的平面。

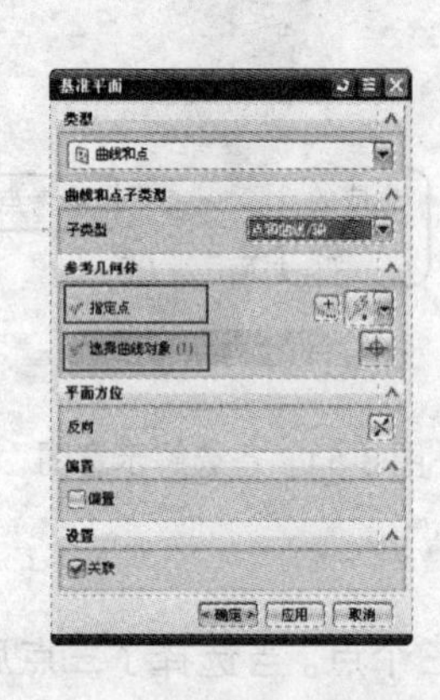

图 3-57 点和曲线/轴对话框

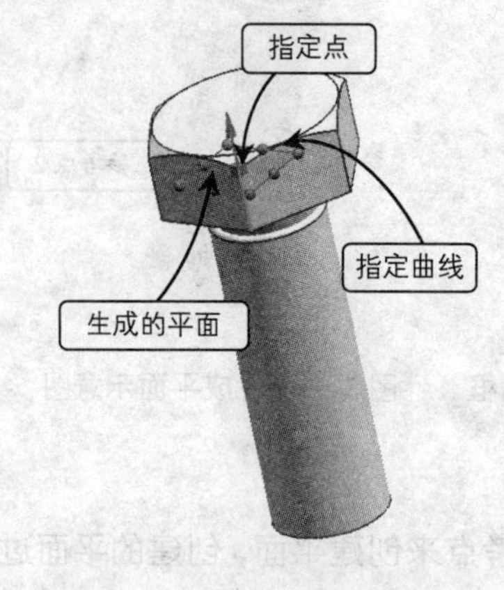

图 3-58 生成平面示意图

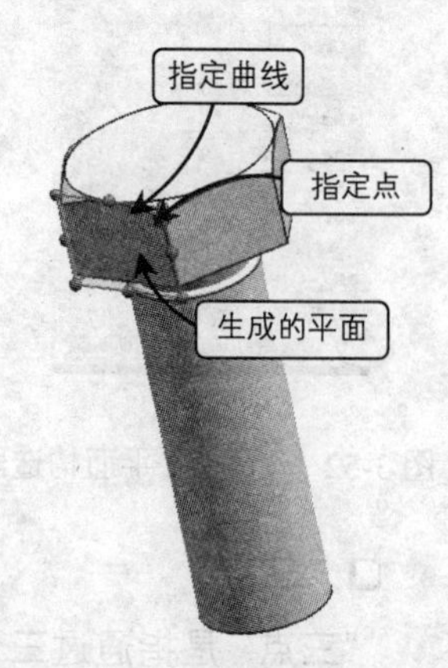

图 3-59 生成平面示意图

❑ 点和平面/面

"点和平面/面"是指以一指定点和一指定平面为参考创建平面，创建的平面过指定点且与指定平面平行。当选择了"点和平面/面"后，平面构造器对话框会变成如图 3-60 所示。在"参考几何体"栏里选择"指定点（0）"，并在模型里选择参考点，然后选择"选择平面对象（0）"，并在模型中选择平面，与此同时系统会自动生成平面，如图 3-61 所示。

如果平面矢量的方向和预想的相反，可在对话框的"平面方位"栏中单击按钮来反向平面矢量。确定平面无误后可在对话框中单击"确定"按钮来完成平面的创建。

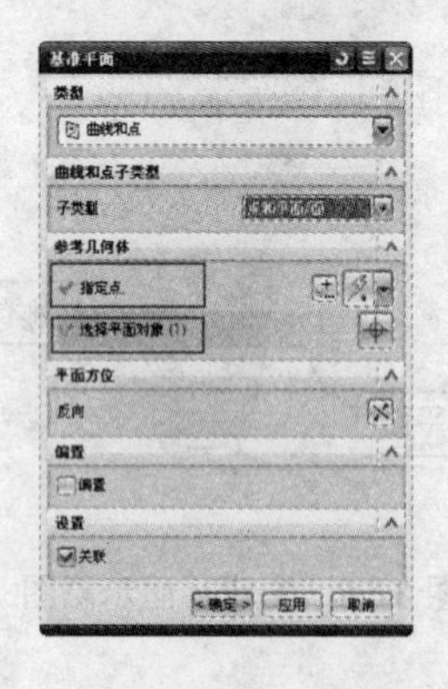

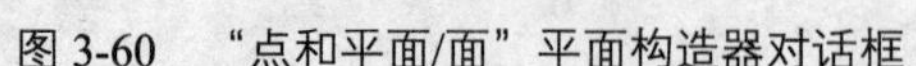

图 3-60 "点和平面/面"平面构造器对话框

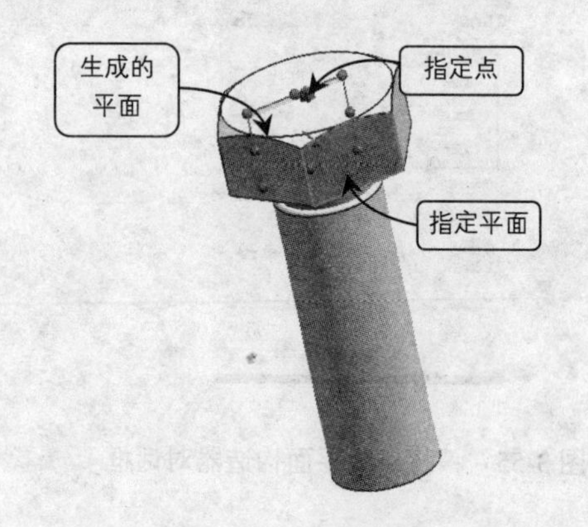

图 3-61 生成平面示意图

2. 两直线

"两直线"是指以两条指定直线为参考创建平面，如过两条指定直线在同一平面内，则创建的平面与两条指定直线组成的重合面；如果两条指定直线不在同一平面内，则创建的平面过第一条指定直线且和第二条指定直线垂直。

当选择了两直线后，平面构造器对话框会变成如图 3-62 所示。在“第一直线”栏里选择“选择线性对象（0）”，并在模型里选择第一条参考直线，然后在“第二条直线”栏里选择“选择线性对象（0）”，并在模型中选择第二条参考直线，与此同时系统会自动生成平面，如图 3-63 所示。如果平面矢量的方向和预想的相反，可在对话框的“平面方位”栏中单击按钮来反向平面矢量。确定平面无误后可在对话框中单击“确定”按钮来完成平面的创建。

上面介绍的是两条指定直线在同一平面的情况，如图 3-64 所示给出了两条指定直线不在同一平面的情况下生成平面的示意图。

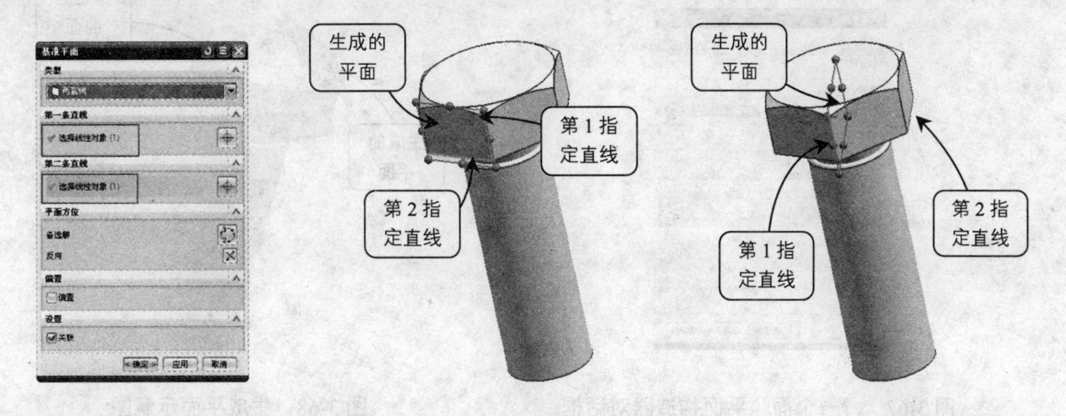

图 3-62　“两直线”平面构造器对话框　　图 3-63　生成平面示意图　　图 3-64　生成平面示意图

3．相切

“相切”是指以点、线和平面为参考来创建新的平面。在选择了相切后，平面构造器对话框会变成如图 3-65 所示，在“相切子类型”栏的“子类型”右边单击按钮，展开如图 3-66 所示的“子类型”下拉列表框，每一种不同的子类型代表一种不同的平面创建方式，下面分别进行介绍。

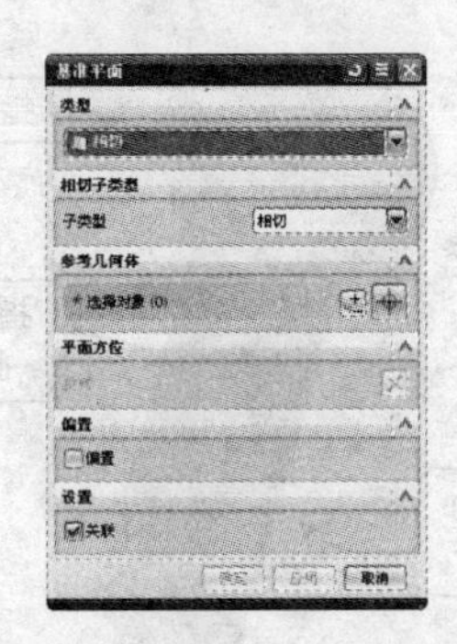

图 3-65　“相切”平面构造器对话框

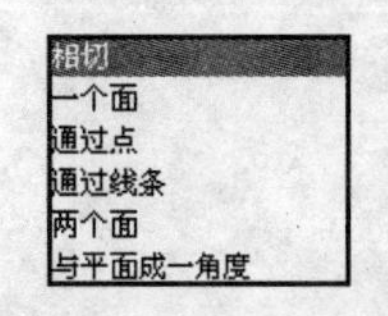

图 3-66　“子类型”下拉列表框

❑　相切

“相切”是以下所有子类型的一个总括，它会根据用户选择的对象来判断用什么方法来创建平面，在此不对进行介绍，掌握了下面的 5 个子类型就能掌握它。

❑ 一个面

“一个面”是指以一指定曲面作为参考来创建平面，创建的平面与指定曲面相切。在选择了“一个面”后，平面构造器对话框会变成如图 3-67 所示。在“参考几何体”栏里选择“选择相切面（0）”，并在模型里选择参考面（不能为平面），与此同时系统会自动生成平面，如图 3-68 所示。如果平面矢量的方向和预想的相反，可在对话框的“平面方位”栏中单击按钮来反向平面矢量。确定平面无误后可在对话框中单击“确定”按钮来完成平面的创建。

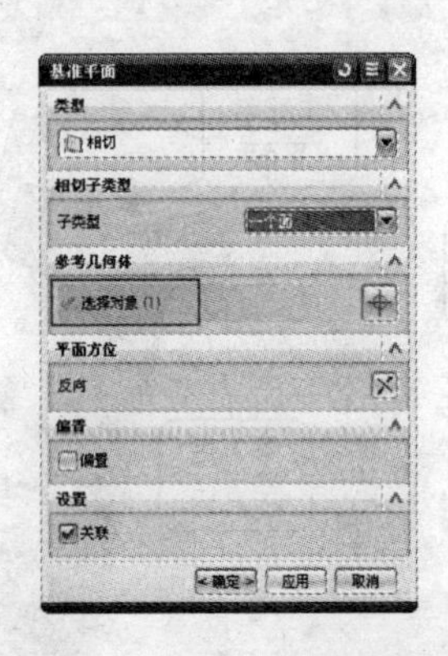

图 3-67 “一个面”平面构造器对话框

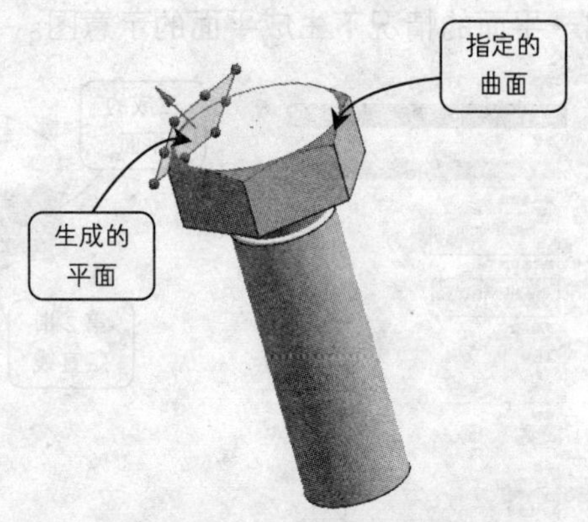

图 3-68 生成平面示意图

❑ 通过点

“通过点”是以一个指定曲面和一个指定点作为参考来创建平面，创建的平面与指定曲面相切并且过指定点或其法线过指定点。在选择了“通过点”后，平面构造器对话框会变成如图 3-69 所示。在“参考几何体”栏里选择“选择相切面（0）”，并在模型里选择参考面（不能为平面），然后选择“指定点”，并在模型里选择参考点，与此同时系统会生成平面，如图 3-70 所示。

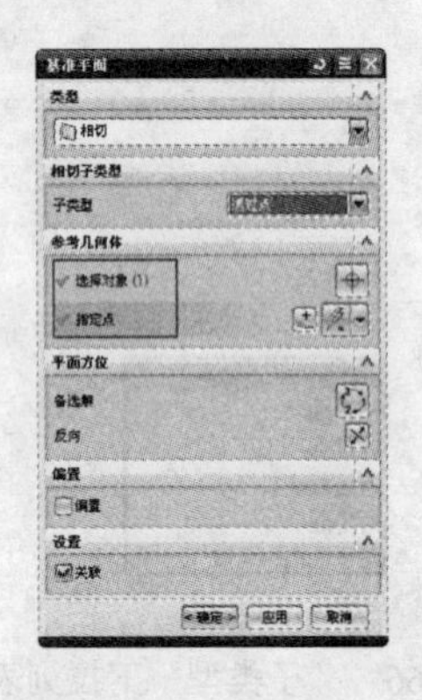

图 3-69 “一个面”平面构造器对话框

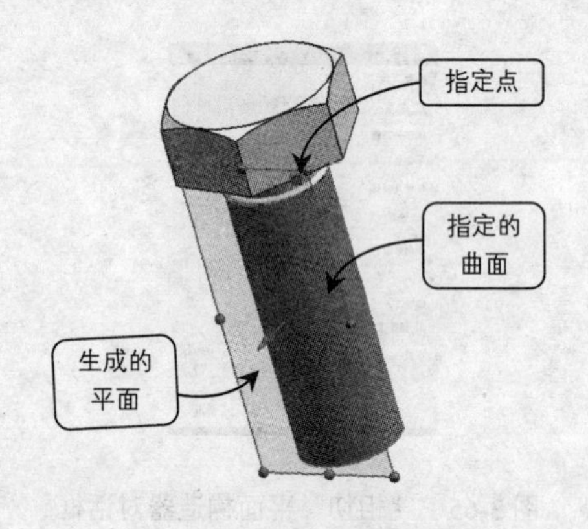

图 3-70 生成平面示意图

如果生成平面和预想不同，可单击“平面方位”栏下“备选解”右边的按钮进行变换，效果如图 3-71~图 3-73 所示。如果平面矢量的方向和预想的相反，可在如图 3-69 所示的对话框的“平面方位”栏中单击按钮来反向平面矢量。确定矢量无误后可在如图 3-69 所示的对话框中单击“确定”按钮来完成平面的创建。

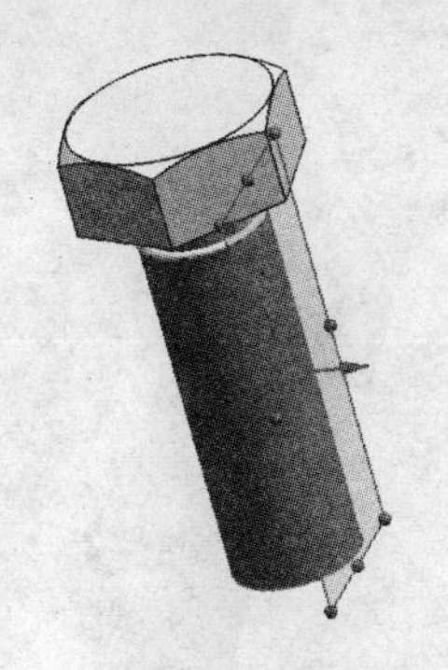

图 3-71　备选解 1

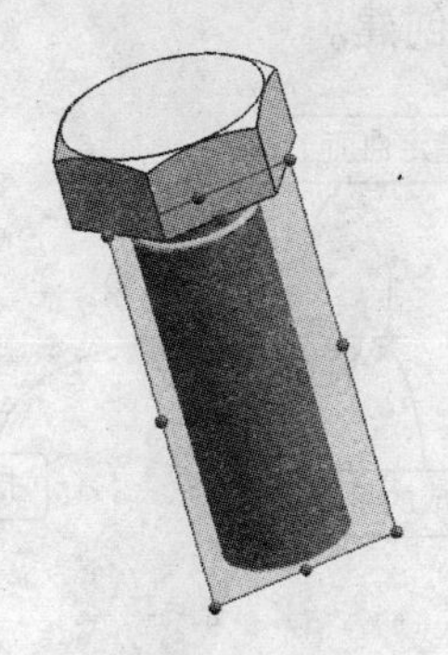

图 3-72　备选解 2

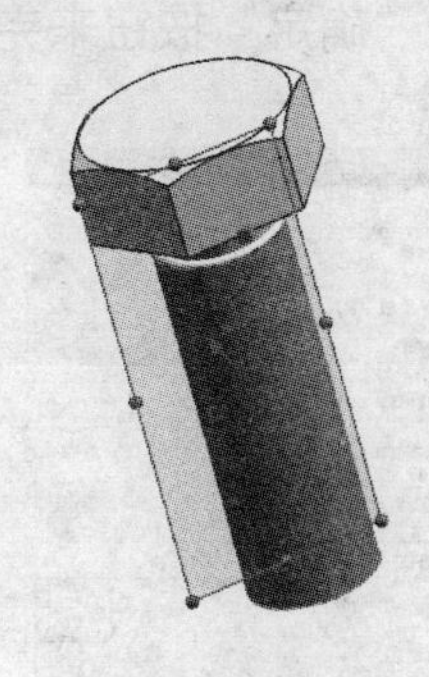

图 3-73　备选解 3

❑　通过线条

“通过线条”是指以一个指定平面和一条指定直线作为参考来创建平面，创建的平面与指定曲面相切并且过指定直线。在选择了“通过线条”后，平面构造器对话框会变成如图 3-74 所示。

“在参考几何体”栏选择“选择相切面（0）”，并在模型里选择参考面（不能为平面），然后选择“选择线性对象（0）”，并在模型里选择参考直线，如此同时系统会自动生成平面，如图 3-75 所示。如果平面矢量的方向和预想的相反，可在如图 3-74 所示的对话框的“平面方位”栏中单击按钮来反向平面矢量。确定矢量无误后可在如图 3-74 所示的对话框中单击“确定”按钮来完成平面的创建。

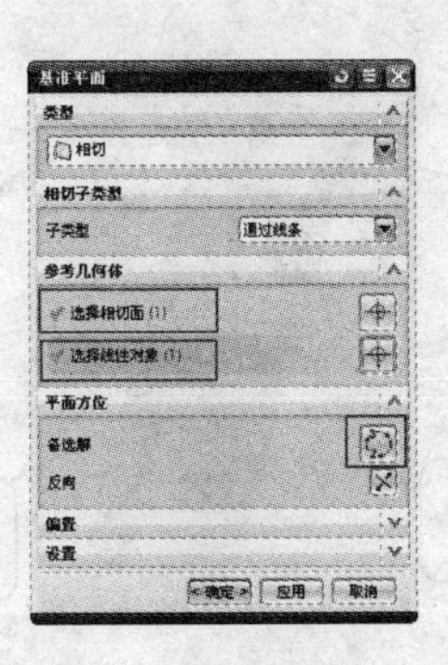

图 3-74　“通过线条”平面构造器对话框

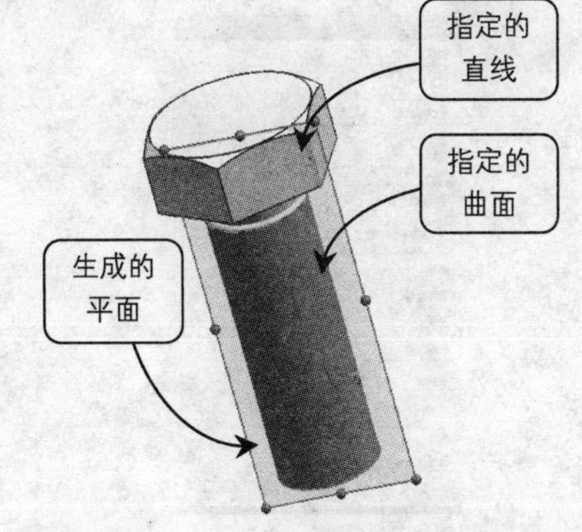

图 3-75　生成平面示意图

❑　两个面

“两个面”是指以一个指定曲面和另一个指定曲面作为参考来创建平面，创建的平面与两指定曲面相切。在选择了“两个面”后，平面构造器对话框会变成如图 3-76 所示。

在“参考几何体”栏选择“选择相切面（0）”，并在模型里选择参考面，然后选择“选择相切面（0）”，并在模型里选择参考面，与此同时系统会自动生成平面，如图 3-77 所示。

如果生成平面和预想不同，可单击“平面方位”下“备选解”右边的按钮进行变换，效果如图 3-78 所示。如果平面矢量的方向和预想的相反，可在如图 3-76 所示的对话框的“平面方位”栏中单击按钮来反向平面矢量。确定矢量无误后可在如图 3-76 所示的对话框中单击“确定”按钮来完成平面的创建。

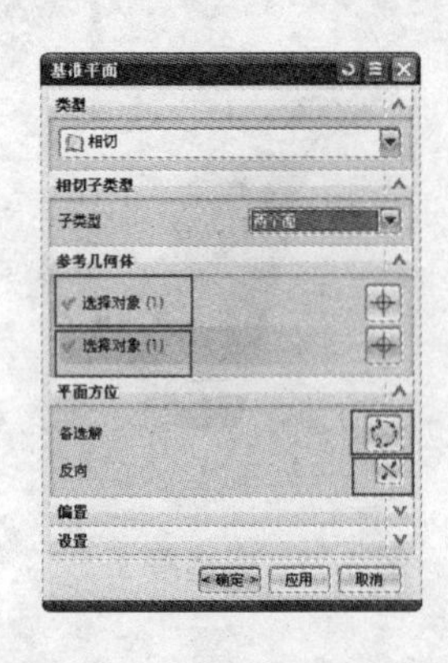

图 3-76 “两个面”平面构造器对话框

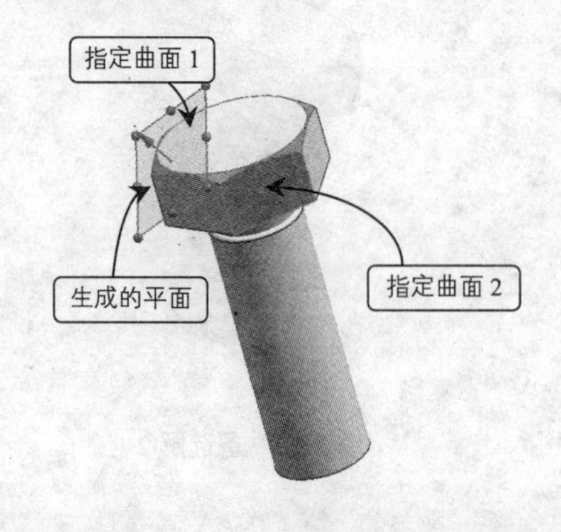

图 3-77 生成平面示意图

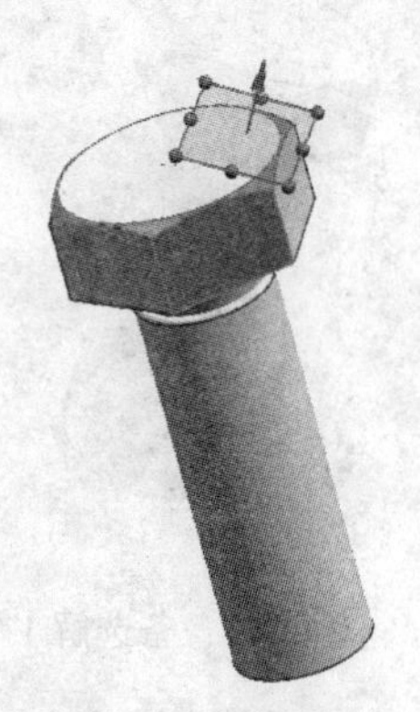

图 3-78 备选解

❑ 与平面成一角度

“与平面成一角度”是指以一个指定曲面和另一个指定平面作为参考来创建平面，创建的平面与一个指定曲面相切面指定平面成一定的角度。

在选择了“与平面成一角度”后，平面构造器对话框会变成如图 3-79 所示。在“参考几何体”栏里选择“选择相切面（0）”，并在模型里选择参考面，然后选择“选择平面对象（0）”，并在模型里选择参考平面，与此同时系统会自动生成平面，如图 3-80 所示。

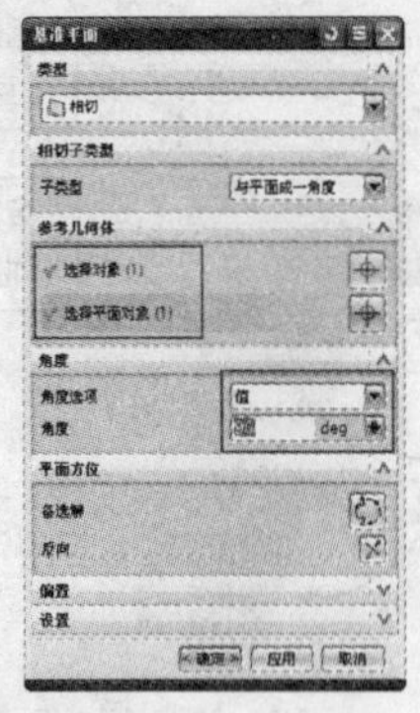
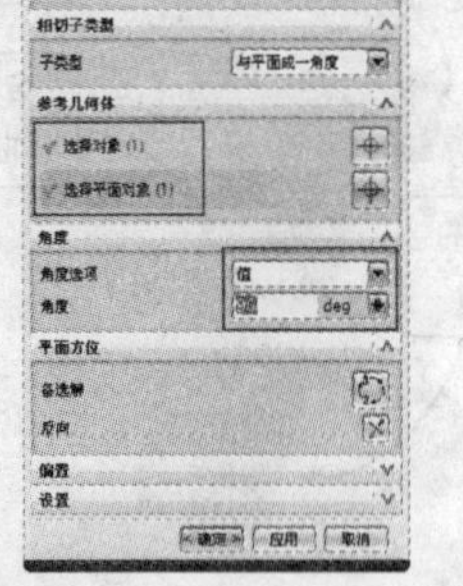

图 3-79 “与平面成一角度”平面构造器对话框

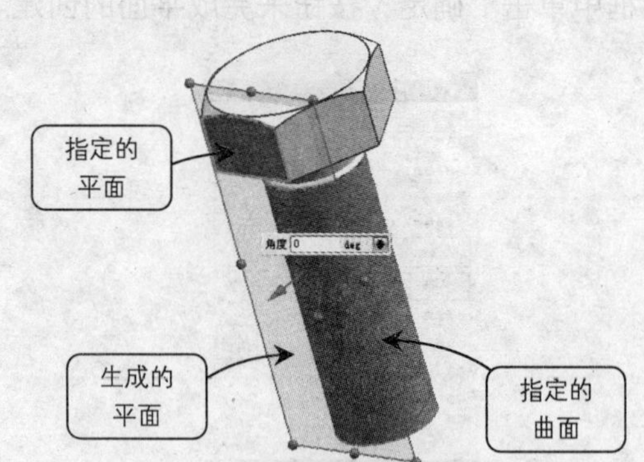

图 3-80 生成平面示意图

在“角度”栏的“角度选项”右边单击，选择“值”，然后在“角度”文本框输入角度值，此时系统自动生成平面，如图 3-81 所示。如果生成平面和预想不同，可单击“平面方位”下“备选解”右边的按钮进行变换，效果如图 3-82 所示。

如果平面矢量的方向和预想的相反，可在如图 3-79 所示的对话框的“平面方位”栏中单击按钮来反向平面矢量。确定矢量无误后可在如图 3-79 所示的对话框中单击“确定”

按钮来完成平面的创建。

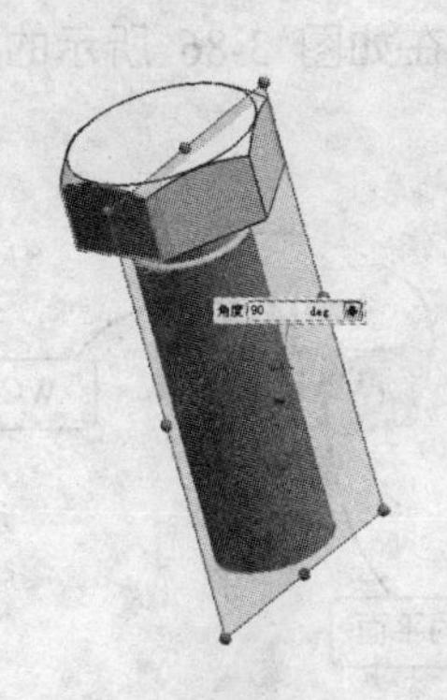

图 3-81 “角度”为 90 是生成的平面

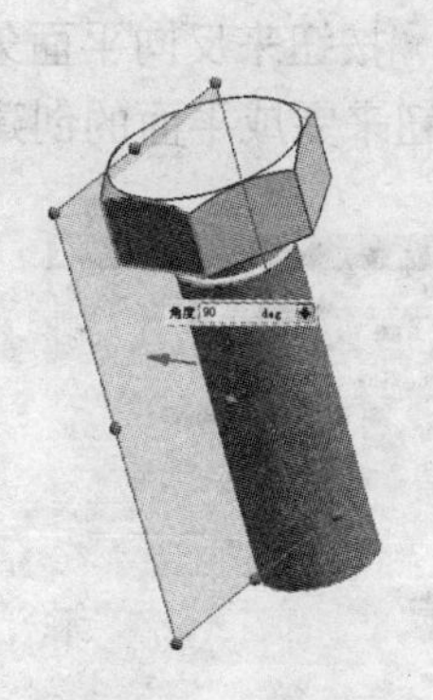

图 3-82 备选解

4. 通过对象

“通过对象”是指以指定的对象作为参考来创建平面，如果指定的对象是直线，则创建的平面与直线垂直；如果指定的对象是平面，则创建的平面与平面重合，在选择了通过对象后，平面构造器对话框会变成如图 3-83 所示。在“通过对象”栏里选择“选择对象（0）”，并在模型里选择参考平面或参考直线/边缘，与此同时系统会自动生成平面，如图 3-84 所示。

如果平面矢量的方向和预想的相反，可在如图 3-83 所示的对话框的“平面方位”栏中单击按钮来反向平面矢量。确定矢量无误后可在如图 3-83 所示的对话框中单击“确定”按钮来完成平面的创建。

上面介绍的是当指定对象为平面的情况。当指定对象为直线时，生成的平面如图 3-85 所示。

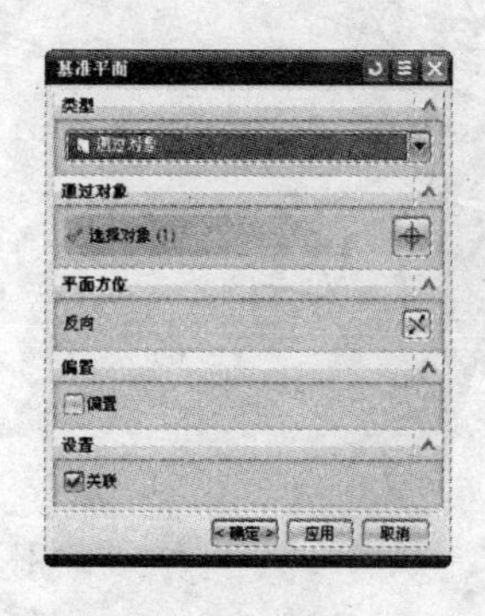

图 3-83 “通过对象”对话框

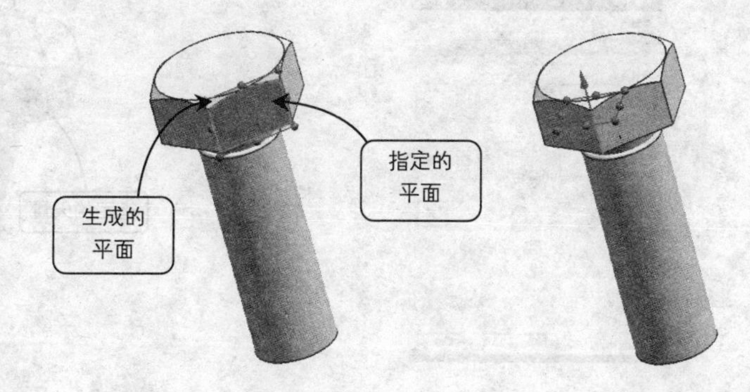

图 3-84 平面生成平面

图 3-85 直线生成平面

5. 按系数

“按系数”是指通过指定系数来创建平面，系数之间关系为：aX+bY+cZ=d。系数由相对绝对坐标和相对工作坐标两种选择。在选择了系数后，平面构造器对话框会变成如图 3-86 所示。在其下输入 a、b、c、d 对应的数值，与此同时系统会自动生成平面，如图

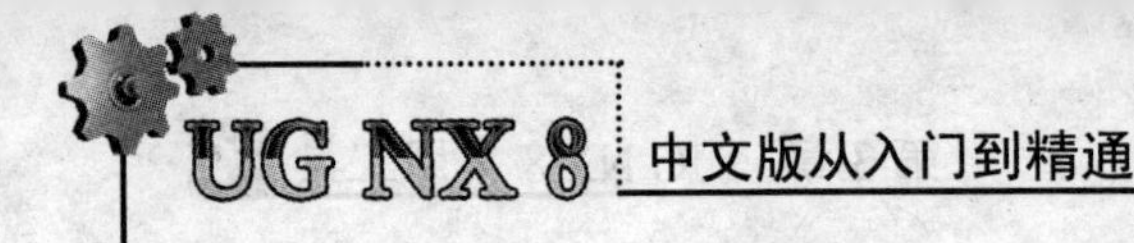

3-87 所示。如果平面矢量的方向和预想的相反，可在如图 3-86 所示的对话框的“平面方位”栏中单击按钮来反向平面矢量。确定矢量无误后可在如图 3-86 所示的对话框中单击“确定”按钮来完成平面的创建。

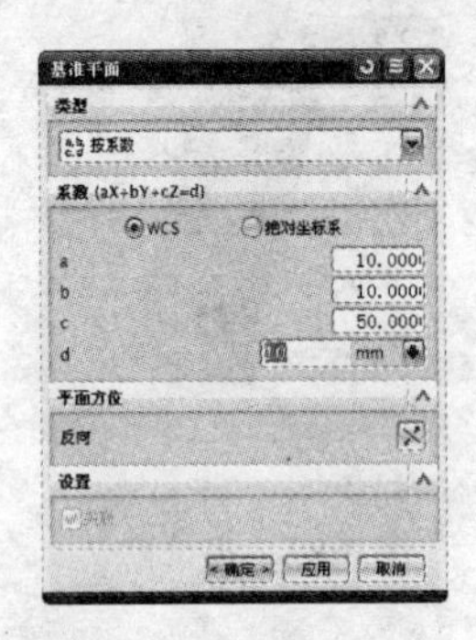

图 3-86　“按系数”平面构造器对话框

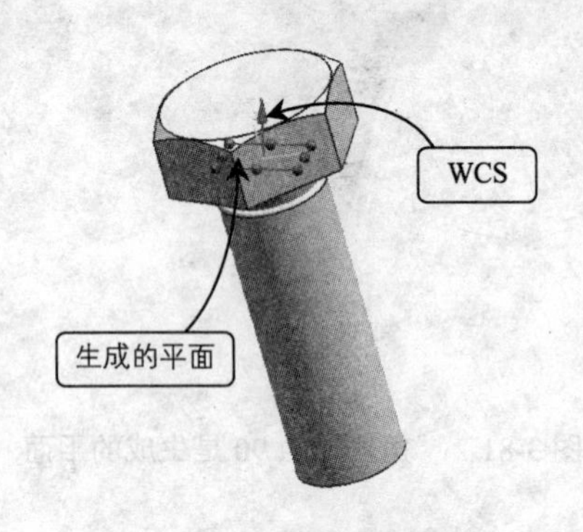

图 3-87　生成平面示意图

6. 点和方向

“点和方向”是指以指定点和指定方向为参考来创建平面，创建的平面过指定点且法向为指定方向。在选择了点和方向后，平面构造器对话框会变成如图 3-88 所示。在“通过点”栏里选择“指定点（0）”，并在模型中选择点，然后在“法向”栏里选择“指定矢量（0）”，并在模型中指定一矢量，与此同时系统会自动生成平面，如图 3-89 所示。如果平面矢量的方向和预想的相反，可在如图 3-88 所示的对话框的“平面方位”栏中单击按钮来反向平面矢量。确定矢量无误后可在如图 3-88 所示的对话框中单击“确定”按钮来完成平面的创建。

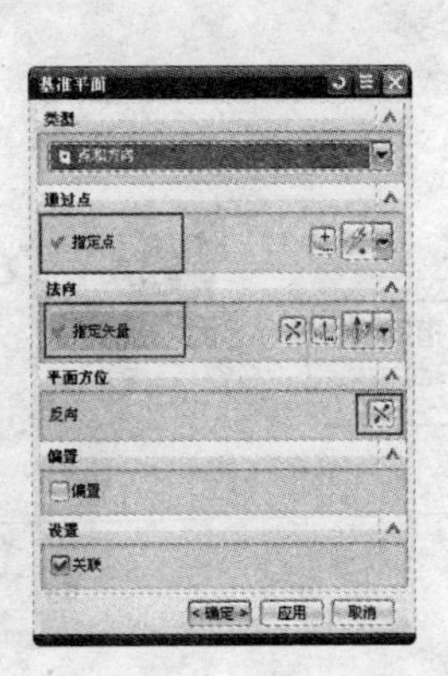

图 3-88　“点和方向”平面构造器对话框

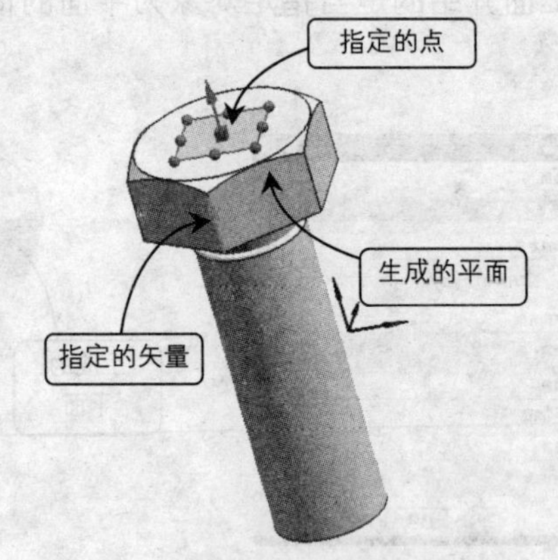

图 3-89　生成平面示意图

7. 曲线上

“曲线上”是指以某一指定曲线为参考来创建平面，这个平面通过曲线上的一个指定点，法向可以沿曲线切线方向或垂直于切线方向，也可以另外指定一个矢量方向。

在选择了在曲线上后，平面构造器对话框会变成如图 3-90 所示。在“曲线”栏选择“选择曲线（0）”，并在模型中选择曲线，然后在“曲线上的位置”栏里单击“位置”右边的按钮选择位置方式，然后在“弧长”栏里输入弧长值，在“曲线上的方位”栏里单击“方向”右边的按钮选择方向确定方法，与此同时系统会自动生成平面，如图 3-91 所示。如果平面矢量的方向和预想的相反，可在如图 3-90 所示的对话框的“平面方位”栏中单击按钮来反向平面矢量。确定矢量无误后可在如图 3-90 所示的对话框中单击“确定”按钮来完成平面的创建。

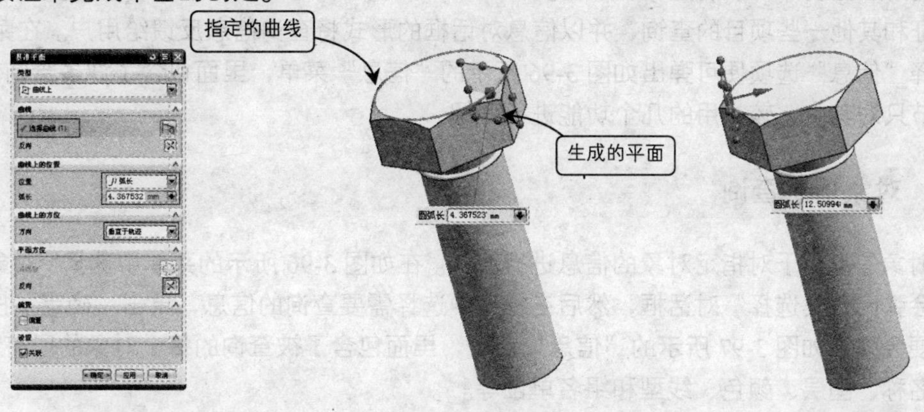

图 3-90 “曲线上”平面构造器对话框　图 3-91 生成平面示意图　图 3-92 路径的切向效果

上面介绍的是“方向”类型为“垂直于轨迹”的，图 3-92～图 3-94 分别给出了“方向”为“路径的切向”、“双向垂直于路径”和“相对于对象”情况下对应的生成平面图。

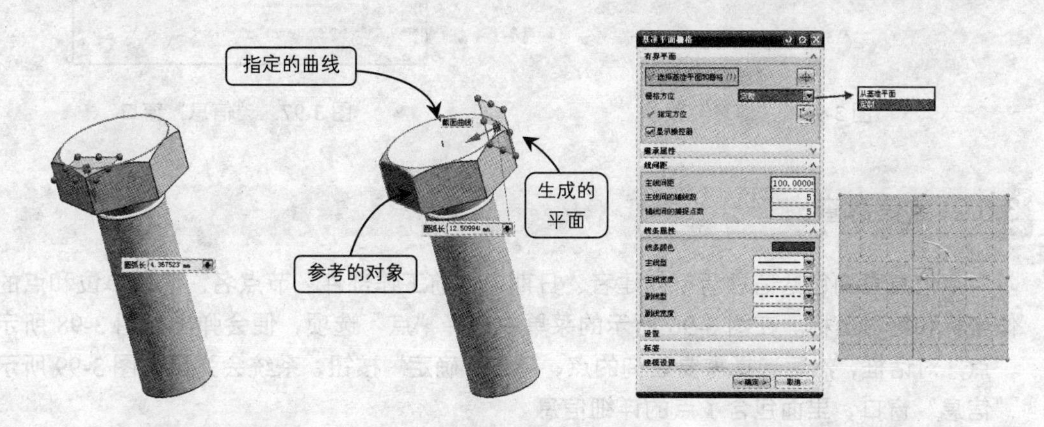

图 3-93 双向垂直于路径效果　图 3-94 “相对于对象”示意　图 3-95 基准平面栅格

3.5.3 基准平面栅格

基准平面栅格可以基于选定的基准平面创建有界栅格。选择菜单栏中的“插入” → “基准/点” → “基准平面栅格”命令，弹出“基准平面栅格”对话框，接着选择创建的基准平面，并在“基准平面栅格”对话框中设置相应的参数和选项，然后单击“确定”按钮，即可基于选定的基准平面创建有界栅格，如图 3-95 所示。

3.6 信息查询工具

信息查询主要查询几何对象和零件信息，便于用户在产品设计中快速收集当前设计信息，提高产品设计的准确性和有效性。UG NX 8 提供了信息查询功能，它包含了曲线、实体特征和其他一些项目的查询，并以信息对话框的形式将查询信息反馈给用户。在菜单栏中选择“信息”选项便可弹出如图 3-96 所示的“信息”菜单，里面包含了许多查询功能，本小节只对其中比较常用的几个功能进行介绍。

3.6.1 对象信息查询

对象信息用于对指定对象的信息进行查询。在如图 3-96 所示的菜单中选择“对象”选项便会弹出“类选择”对话框，然后在模型中选择需要查询的信息，单击“确定”按钮，系统便会弹出如图 3-97 所示的“信息”窗口，里面包含了被查询的每个对象的所有信息，包括名称、图层、颜色、线型和组名单位等。

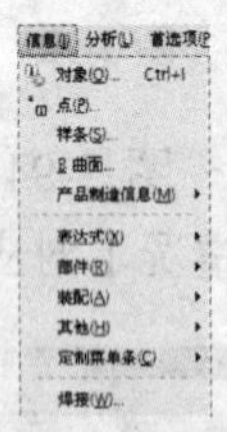

图 3-96 “信息”菜单

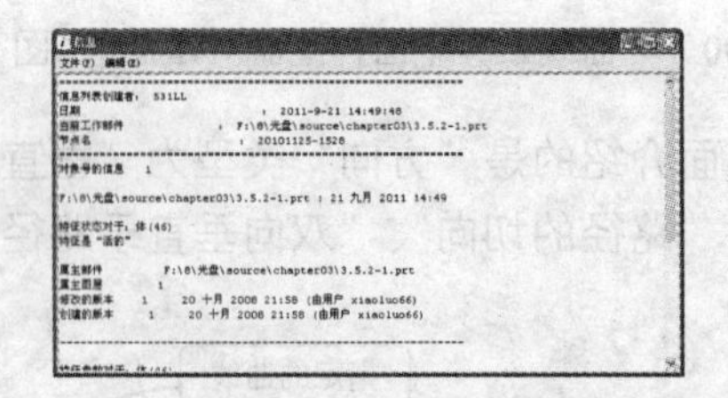

图 3-97 “信息”窗口

3.6.2 点信息查询

点信息查询包括信息清单创建者、日期、当前工作部件、节点名、信息单位和点的工作坐标和绝对坐标。在图 3-96 所示的菜单中选择“点”选项，便会弹出如图 3-98 所示的“点”对话框，然后选择需要查询的点，单击“确定”按钮，系统会弹出如图 3-99 所示的“信息”窗口，里面包含了点的详细信息。

图 3-98 “点”对话框

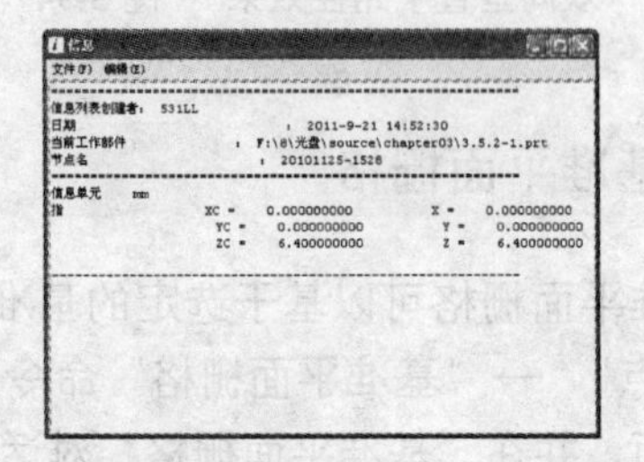

图 3-99 “信息”窗口

3.7 对象分析工具

对象和模型分析与信息查询获得部件中已存数据不同，对象分析功能是依赖于被分析的对象，通过临时计算获得所需的结果。在产品设计过程中，应用 UG NX 8 软件中的分析工具，可及时对三维模型进行几何计算或物理特性分析，及时发现设计过程中的问题，根据分析结果修改设计参数，以提高设计的可靠性和设计效率。

在菜单栏中选择“分析”选项，便可弹出图 3-100 所示的“分析”菜单，里面列出了许多分析命令，下面将介绍常用的分析功能。

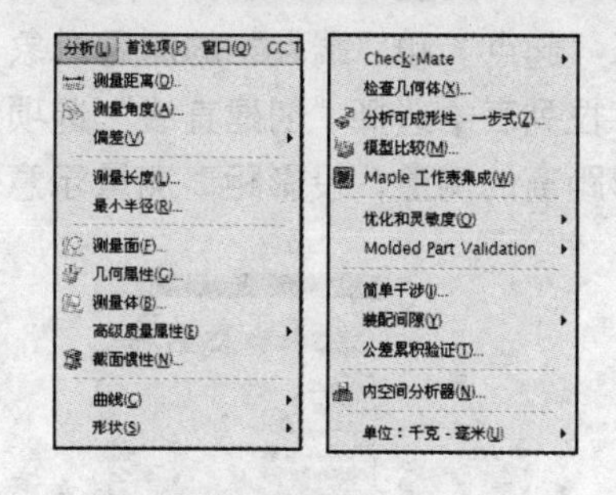

图 3-100 “分析”菜单

3.7.1 距离分析

距离分析是指对指定两点、两面之间的距离进行测量，在图 3-100 所示的菜单中选择“测量距离”选项或者在工具栏中单击按钮，便可弹出如图 3-101 所示的“测量距离”菜单，在“类型”栏中单击按钮，便可弹出如图 3-102 所示的下拉列表框。距离的测量类型共有 7 种，下面分别向读者进行介绍。

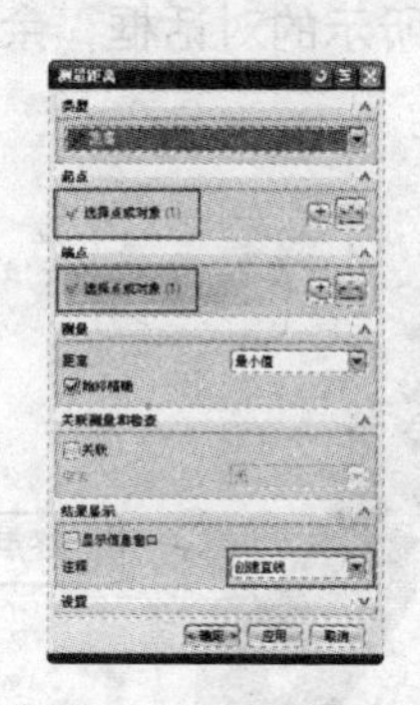

图 3-101 测量距离对话框

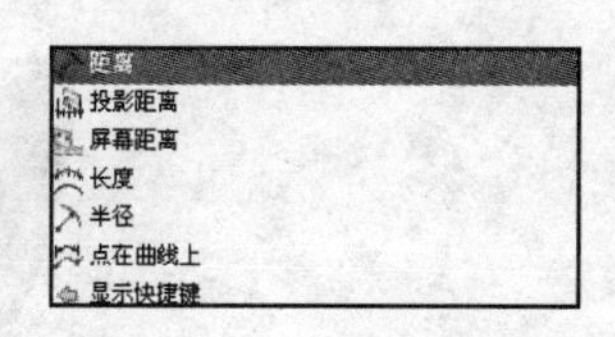

图 3-102 类型下拉菜单

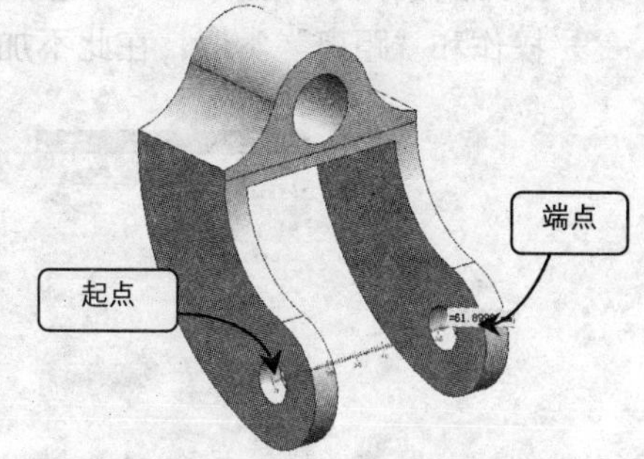

图 3-103 距离测量示意图

1. 距离

表示测量两指定点、两指定平面或者一指定点和一指定平面之间的距离，在如图 3-101 所示的对话框中“起点”栏里选择“选择点或对象（0）”选项，然后选择起点或者起始平面，然后在“端点”栏里选择“选择点或对象（0）”选项，然后选择终点或终止平面，单击“结果显示”栏里“注释”最右边的按钮，在下拉列表中选择“创建直线”选项，最后单击“确定”按钮或者“应用”按钮便可完成距离的测量，“距离”测量示意图如图 3-103 所示。

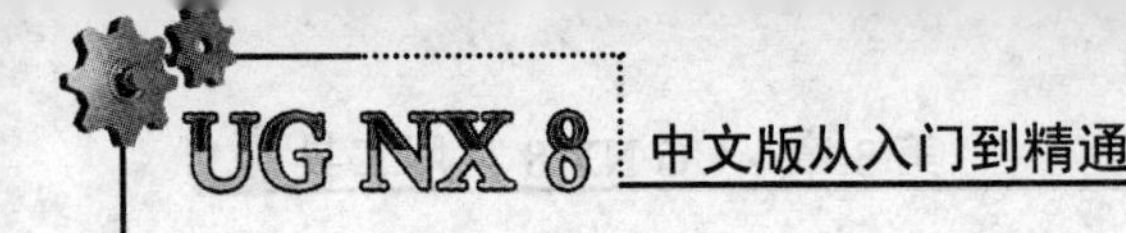

2. 投影距离

表示两指定点、两指定平面或者一指定点和一指定平面在指定矢量方向上的投影距离。在如图 3-102 所示的下拉列表框里选择投影距离，弹出如图 3-104 所示的对话框，在其中“矢量”栏里选择“指定矢量”选项，然后在模型中选择投影矢量，然后在依次选择“起点”和“端点”的测量对象，单击“结果显示”栏里“注释”最右边的按钮，在下拉列表中选择“创建直线”选项，最后单击“确定”按钮或者“应用”按钮便可完成投影距离的测量，投影距离测量示意图如图 3-105 所示。

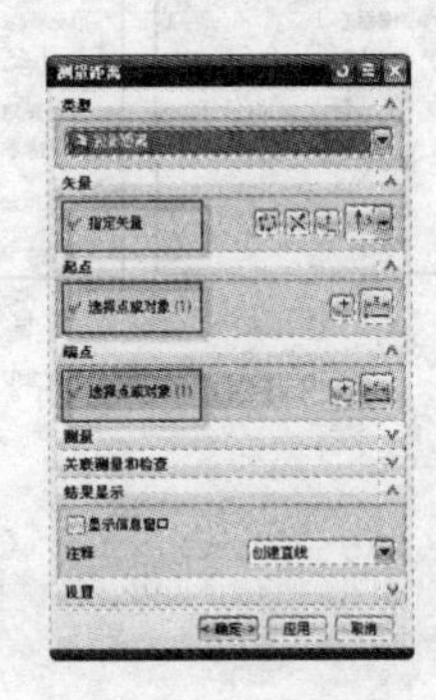

图 3-104 “投影距离”对话框

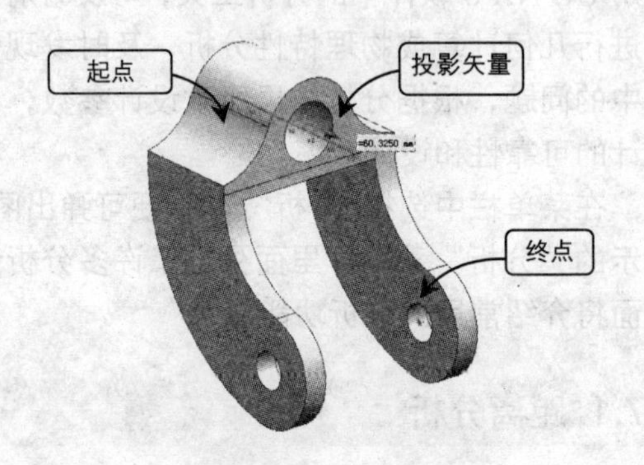

图 3-105 “投影距离”测量示意图

3. 屏幕距离

表示测量两指定点、两指定平面或者一指定点和一指定平面之间的屏幕距离。在如图 3-102 所示的下拉列表框里选择屏幕距离选项，打开如图 3-106 所示的对话框，余下的操作和“距离”类似，在此不加以介绍，测量效果如图 3-107 所示。

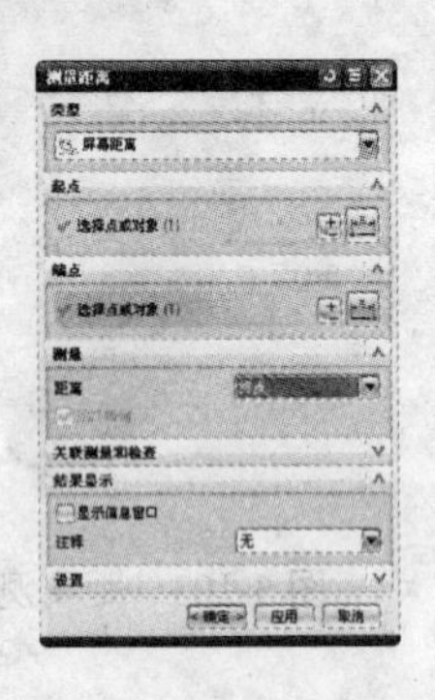

图 3-106 “屏幕距离”对话框

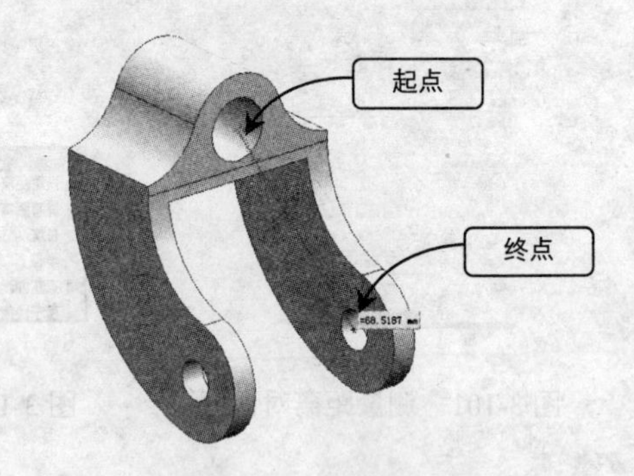

图 3-107 “屏幕距离”测量示意图

4. 长度

表示测量指定边缘或者曲线的长度，在如图 3-102 所示的下拉列表框里选择长度选项，弹出如图 3-108 所示的对话框，在其中选择“选择曲线”选项，然后在模型中选择曲线或者边缘，单击“确定”按钮或者“应用”按钮便可完成“长度”的测量，“长度”测量示意图如图 3-109 所示。

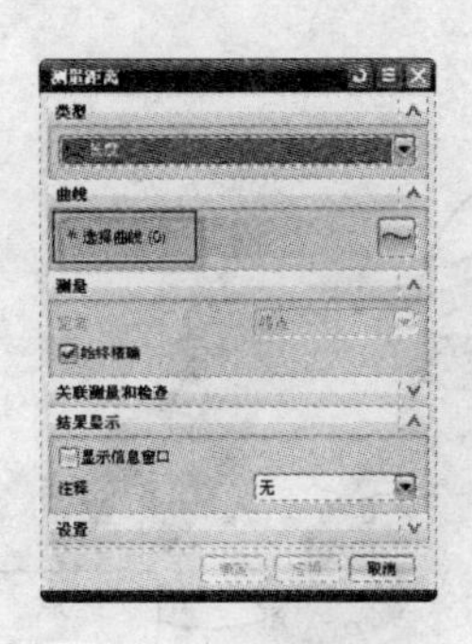

图 3-108　“长度”测量对话框

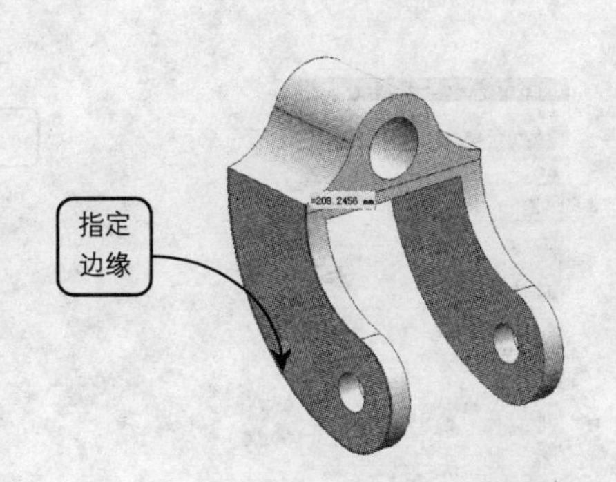

图 3-109　“长度”测量示意图

5. 半径

表示测量指定圆形边缘或者曲线的半径，在如图 3-102 所示的下拉列表框里选择半径选项，弹出如图 3-110 所示的对话框，在其中“径向对象”栏里选择“选择对象（0）”选项，然后在模型中选择圆形曲线或者边缘，单击“确定”按钮或者“应用”按钮便可完成“半径”的测量，“半径”测量示意图如图 3-111 所示。

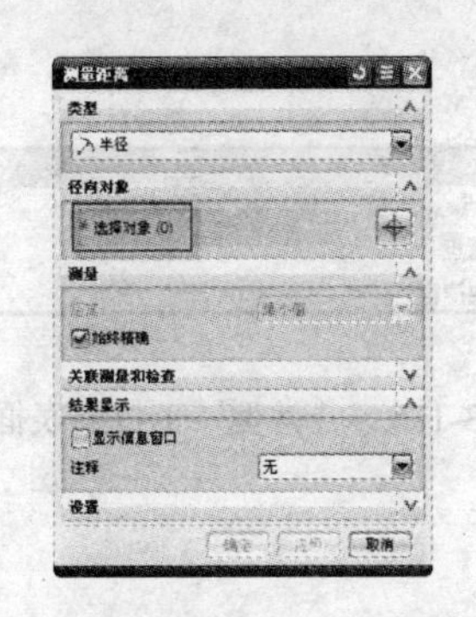

图 3-110　“半径”测量对话框

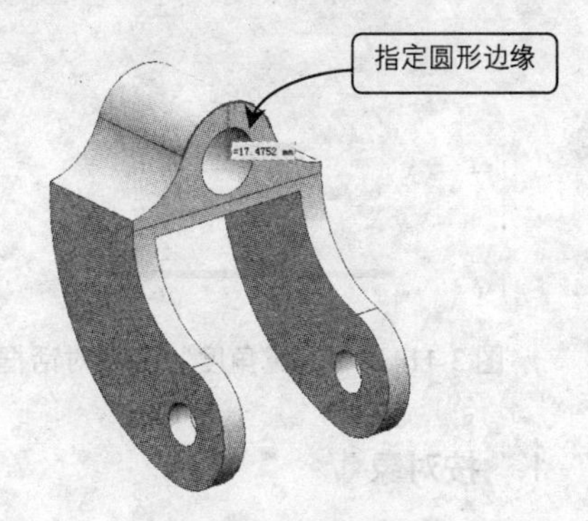

图 3-111　“半径”测量示意图

6. 点在曲线上

表示曲线上指定的两点的距离。在如图 3-102 所示的下拉列表框里选择点在曲线上，弹出如图 3-112 所示的对话框，在其中“起点”栏里选择“指定点（0）”选项，在模型的曲线中选择起点，然后在“端点”栏里选择“指定点（0）”选项，在模型的曲线中选择终止点，最后单击“确定”按钮或者“应用”按钮便可完成点在曲线上的测量，点在曲线上的测量示意图如图 3-113 所示。

3.7.2 角度分析

使用角度分析方式可精确计算两对象之间（两曲线间、两平面间、直线和平面间）的角度参数。在图 3-100 所示的菜单中选择“测量角度”选项，或者在工具栏里单击按钮便可弹出如图 3-114 所示的“测量角度”对话框，在“类型”栏里单击按钮，便可弹出如图 3-115 所示的下拉列表框。角度的测量类型共有 3 种，下面分别进行介绍。

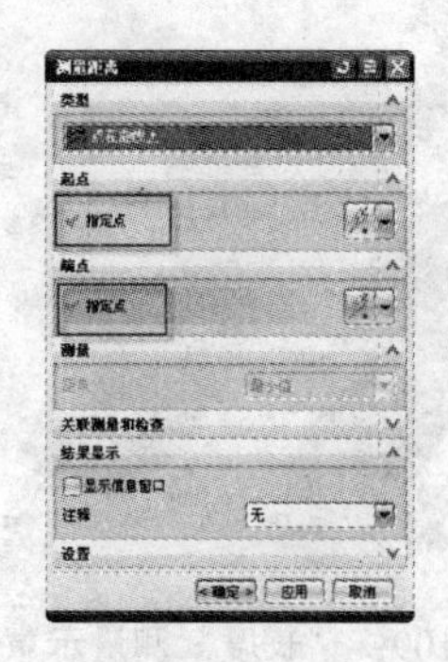

图 3-112 “点在曲线上”测量对话框

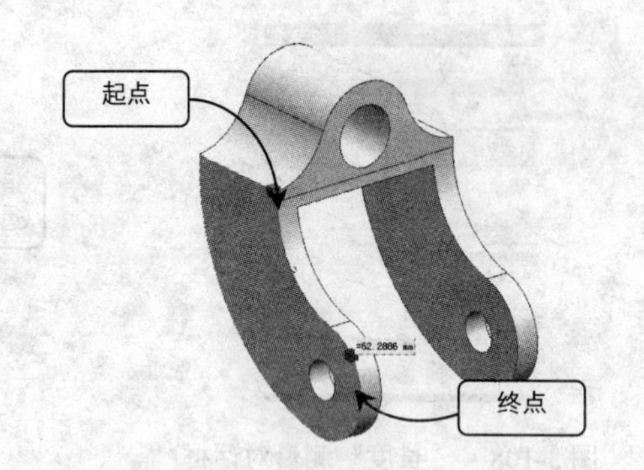

图 3-113 “点在曲线上”测量示意图

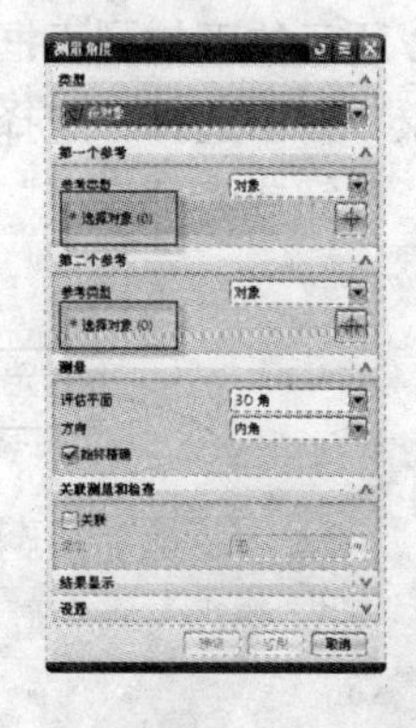

图 3-114 “测量角度”测量对话框

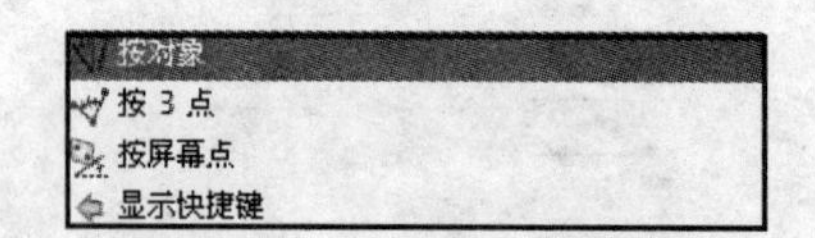

图 3-115 “类型”下拉列表框

1. 按对象

表示测量两指定对象之间的角度，对象可以是两直线、两平面、两矢量或者它们的组合。如图 3-116 所示的对话框中“第一个参考”栏里单击“选择对象”，然后选择第二个参考对象，单击“确定”按钮或者“应用”按钮便可完成“按对象”的角度测量，“按对象”的角度测量示意图如图 3-117 所示。

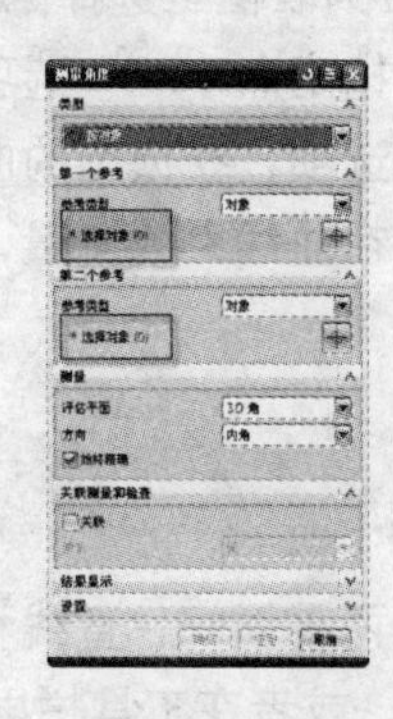

图 3-116 “测量角度”测量对话框

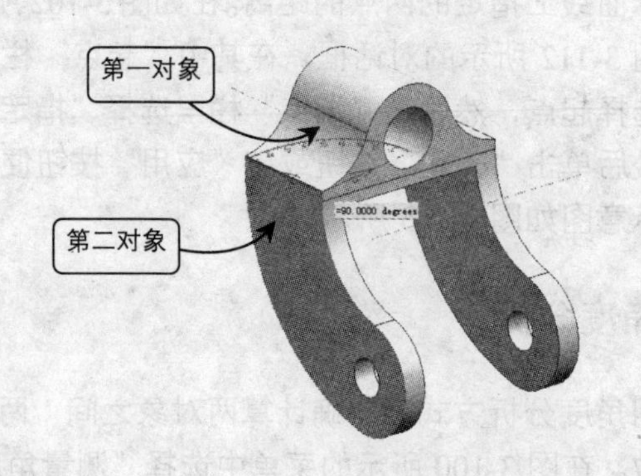

图 3-117 “类型”下拉列表框

2. 按 3 点

表示测量指定三点之间连线的角度。在图 3-115 的下拉列表中选择按 3 点选项，弹出如图 3-118 所示的“按 3 点”测量对话框，在其中“基点”栏里单击“指定点”，然后选择一个点作为基点（被测角的顶点），然后在“基线的终点”栏里单击“指定点”，然后选择一个点作为基线的终点，然后在“量角器的终点”栏里单击“指定点”，然后再选择一个点作为量角器的终点，单击“确定”按钮或“应用”按钮便可完成“按 3 点”的角度测量，“按 3 点”的角度测量示意图如图 3-119 所示。

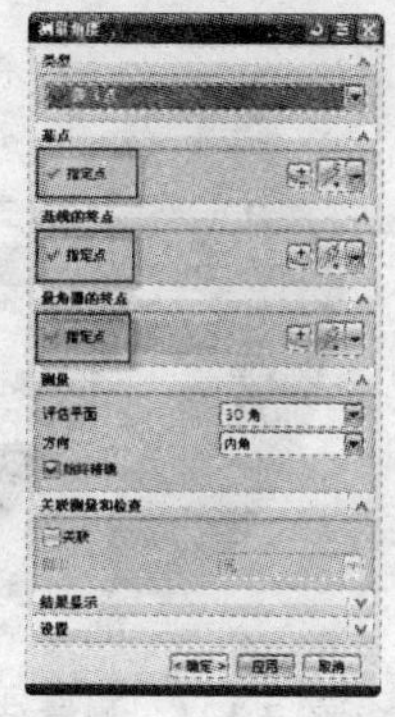

图 3-118 “按 3 点”测量对话框

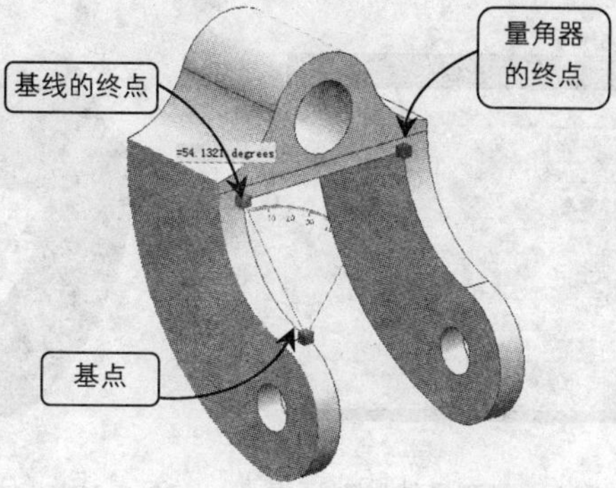

图 3-119 “按 3 点”法测量角度

3. 按屏幕点

表示测量指定三点之间连线的屏幕角度。在如图 3-115 的下拉列表框中选择按屏幕点选项，弹出如图 3-120 所示的“按屏幕点”对话框，在其中“基点”栏里单击“指定点”，选择一个点作为基点（被测角的顶点），然后在“基线的终点”栏里单击“指定点”，选择一个点作为基线的终点，在“量角器的终点”栏里单击“指定点”，再选择一个点作为量角器的终点，最后单击“确定”按钮或“应用”按钮便可完成“按 3 点”的角度测量，“按 3 点”的角度测量示意图如图 3-121 所示。

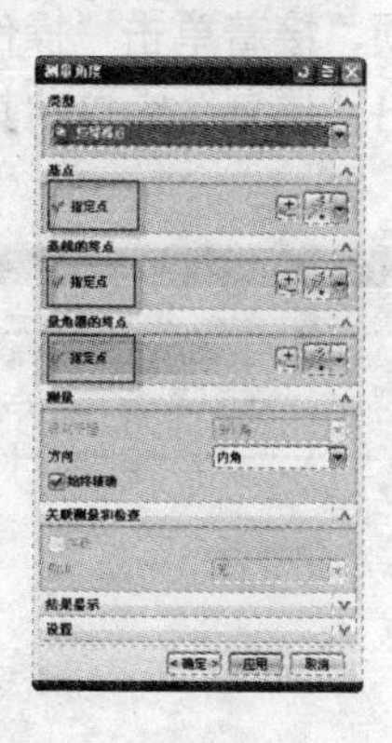

图 3-120 “按屏幕点”测量对话框

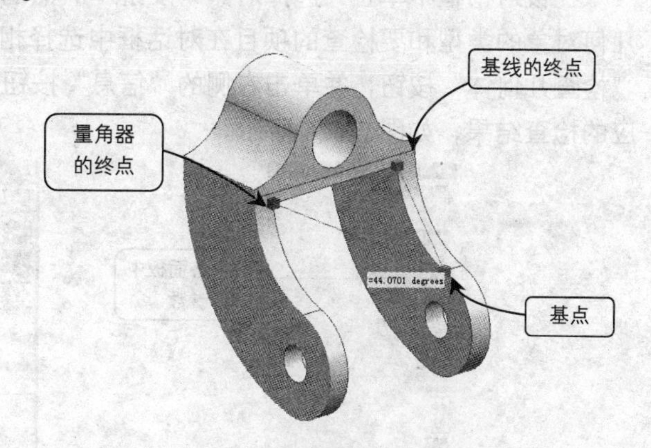

图 3-121 “按屏幕点”法测量角度

3.7.3 计算属性测量

计算属性测量是对指定的对象测量其体积、质量、惯性矩等计算属性。在如图 3-100 所示的菜单中选择“测量体”选项，弹出如图 3-122 所示的“测量体”对话框，在“对象”栏里单击“选择体”，然后在模型中选择需要分析的体，单击“确定”按钮或者“应用”按钮便可完成对体的测量，效果如图 3-123 所示，如果想知道质量、曲面等相关信息，可以在图 3-123 所示的图中单击▼按钮，弹出如图 3-124 所示的下拉列表框，然后根据需要选择不同的结果进行查看。

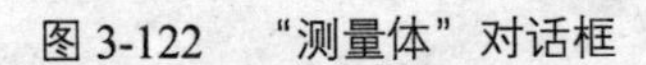

图 3-122 “测量体”对话框

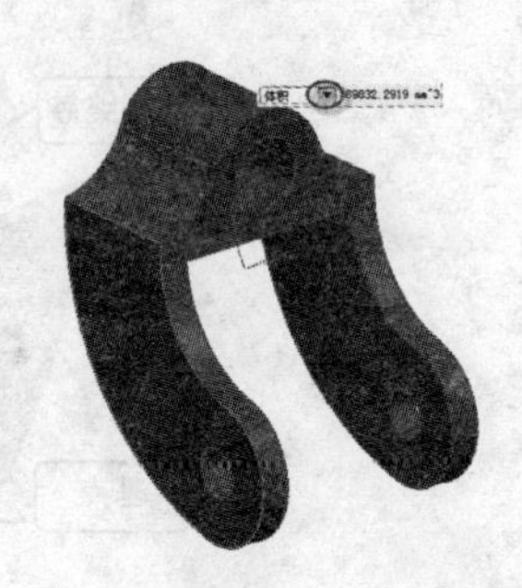

图 3-123 体积测量效果图

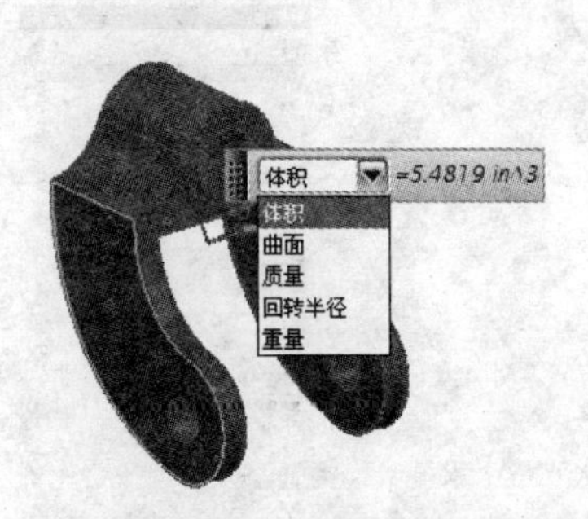

图 3-124 测量结果下拉列表

3.7.4 检查几何体

利用该功能可分析多种类型的几何体（包括实体、面和边等几何体），从而分析错误数据结构或者无效的几何体。

要执行检查几何体操作，可在如图 3-100 所示的菜单中选择“检查几何体”选项，弹出如图 3-125 所示的“检查几何体”对话框。该对话框包括了多个卷展面板，并在各面板中包含多个参数项，各参数项的含义及设置方法如表 3-5 所示。

在该对话框中单击“选择对象”按钮⊕，然后在工作区中选取要分析的对象，并根据几何对象的类型和要检查的项目在对话框中选择相应的选项，接着单击“操作”面板中的“检查几何体”按钮，并单击右侧的“信息”按钮ⓘ，弹出“信息”窗口，其中将列出相应的检查结果，如图 3-126 所示。

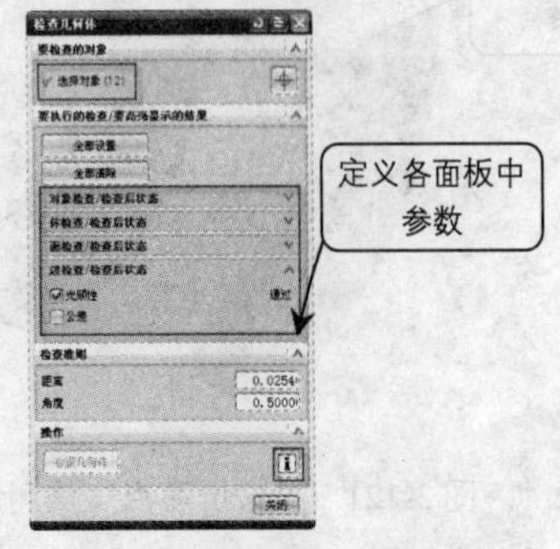

图 3-125 “检查几何体”对话框

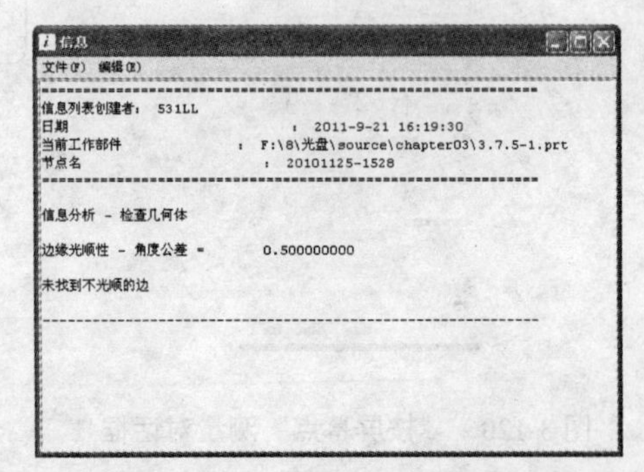

图 3-126 检查几何体“信息”窗口

表 3-5　“检查几何体”对话框中各面板参数项的含义及设置方法

参数项	含义及设置方法
对象检查/检查后状态	该面板用于设置对象的检查功能，启用“微小的”复选框，可在几何对象中查找所有微小的实体、面、曲线和边；启用“未对齐”复选框，可检查所选几何对象与坐标轴的对齐情况
体检查/检查后状态	该面板用于设置实体的检查功能，启用“数据结构”复选框，可检查每个选择实体中的数据结构有无问题；启用“一致性”复选框，可检查每个选择实体内部是否有冲突；启用“面相交”复选框，可检查每个选择实体表面是否交叉；启用“片体边界”复选框，可查找选择片体的所有边界
面检查/检查后状态	该面板用于设置表面的检查功能，启用“光顺性”复选框，可检查 B 表面的平滑过渡情况；启用“自相交”复选框，可检查所选表面是否自交；启用“锐利/细缝”复选框，可检查表面是否被分割
边检查/检查后状态	该面板用于设置边缘的检查功能，启用“光顺性”复选框，可检查所有与表面连接但不光滑的边；启用“公差”复选框，可检查超出距离误差的边
检查准则	该面板用于设置最大公差大小，可在“距离”和“角度”文本框中输入对应的最大公差值

3.7.5 对象干涉检查

利用该功能可分析量实体之间是否相交，即两实体之间是否包含相互干涉的面、实体或边。在 UG NX 中显示检查干涉方式有以下两种。

1. 高亮显示面

该检查方式用于以加亮表面的方式显示干涉表面。可在如图 3-100 所示的菜单中选择“简单干涉”选项，弹出如图 3-127 所示的“简单干涉”对话框，在“第一体”栏里单击“选择体”最右边的按钮，在模型中选择要检查的面为第一体，然后按同样的方法选择与第一体干涉的面为第二体。单击“干涉检查结果”栏里的“结果对象”最右端的按钮，在弹出的下拉列表框中选择“高亮显示的面对”选项。单击“干涉检查结果”栏里的“要高亮显示的面”最右端的按钮，在弹出的下拉列表框中选择“在所有对之间循环”选项。此时“显示下一对”按钮激活，单击此按钮即生成如图 3-128 所示的高亮显示面。

2. 创建干涉体

该方式用于以产生干涉体的方式显示发生干涉的对象。在弹出的“简单干涉”对话框“干涉检查结果”一栏中，单击“结果对象”最右端的按钮，在弹出的下拉列表框中选择“干涉体”选项，如图 3-129 所示。依次在模型中选取两个对象，如果有干涉，则会在工作区产生一个干涉实体，以便用户快速找到发生干涉的对象，效果如图 3-130 所示。

图 3-127 “简单干涉”对话框

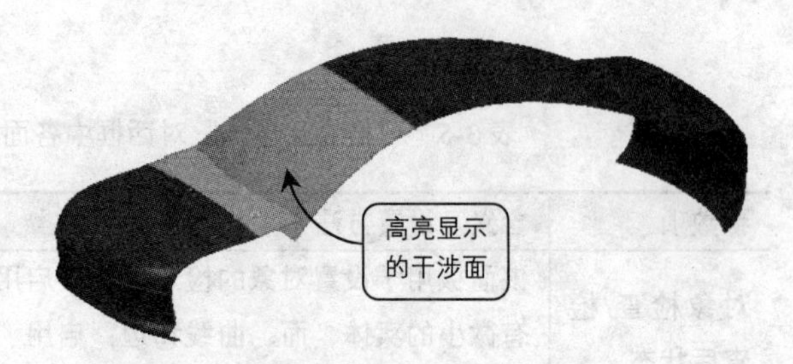

图 3-128 高亮显示的干涉面

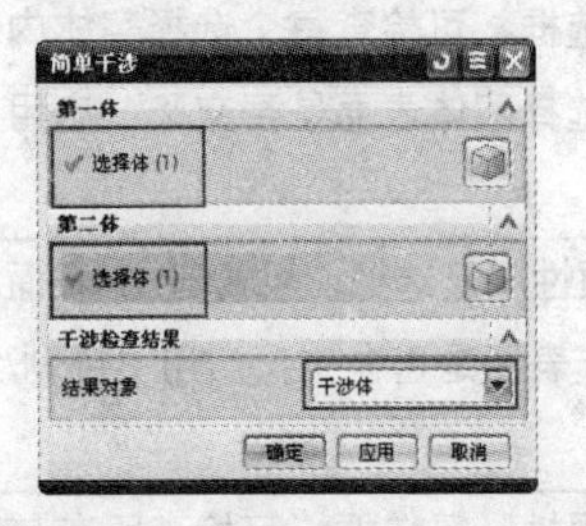

图 3-129 “简单干涉”对话框

图 3-130 干涉体实体效果

3.8 表达式

表达式利用算术或条件公式来控制零部件的特性。通过创建参数之间的表达式，不仅可以控制建模过程中特征与特征之间、对象与对象之间、特征与对象之间的尺寸与位置关系，而且可以控制装配过程中部件与部件之间的尺寸与位置关系。

3.8.1 表达式语言

在 UG NX 中，表达式是 UG 编程的一种赋值语句，将等式右边的值赋给等式左边的变量。表达式由函数、变量名、运算符、数字、字母、字符串、常数以及为其添加的注释组成。

1．变量名

在 UG NX 中，变量名是字母数字型的字符串，但第一个元素必须是一个字母，允许在变量名中使用下划线“_”，变量名的最大长度为 32 个字符。表达式的字符区分大小写，例如，x1 与 X1 是两个不同的变量名。所有的表达式（表达式的左侧）都是变量名，必须遵循变量名的所有约定，并且在所有变量名用于其他表达式之前，必须以表达式名的形式出现。

2．运算符

UG NX 表达式的运算符可分为算术运算符（+、-、*、/）、关系运算符（<、>、>=）

和连接运算符（^），这些运算符与其他程序设计语言中的内容完全一致，这里不在介绍。

3. 内置函数

当建立表达式时，可使用 UG NX 的任一内置函数。允许使用的内置函数可参照表 3-6 所示。

表 3-6 UG NX 内置函数

内置函数	含义	内置函数	含义
abs	绝对值	sin	正弦
asin	反正弦	cos	余弦
acos	反余弦	tan	正切
atan	反正切	exp	幂（以 e 为底）
ceil	向上取整	log	自然对数
floor	向下取整	Log10	对数（以 10 为底）
Tprd	平方根	deg	弧度转换为角度
Pi	常数π	rad	角度转换为弧度

4. 条件表达式

条件表达式是利用 if else 语法结构创建的表达式，其语法是："VAR=if（exp1）（exp2）else（exp3）"，其中，VAR 为变量名，exp1 为判断条件表达式，exp2 为判断条件表达式为真时所执行的表达式，exp3 为判断条件表达式为假时所执行的表达式。

例如，执行的条件表达式"Radius=if（Delta < 10）（3）else（4）"，其含义是：如果 Delta 的值小于 10，则 Radius 的值为 3；如果 Delta 的值大于或等于 10 时，则 Radius 的值为 4。

3.8.2 建立和编辑表达式

在 UG NX 8 中，通过"表达式"对话框可以使对象与对象之间、特征与特征之间存在关联，修改一个特征或对象，将引起其他对象或特征按照表达式进行相应的改变。

1. 自动创建表达式

在 UG NX 8 建模过程中，当用户进行如下操作时，系统会自动建立各类必要的表达式。

- 在特征建模时，当创建一个特征，系统会为特征的各个尺寸参数和定位参数建立各自独立的表达式。
- 在绘制草图时，创建一个草图平面，系统将定义草图基准的 XC 和 YC 坐标建立两个表达式。
- 在标注草图时，标注某个尺寸，系统会对该尺寸建立相应的表达式。
- 在装配建模时，设置一个装配条件，系统将自动建立相应的表达式。

2. 手动创建表达式

除了系统自动生成的表达式外，还可以根据设计需要建立表达式。方法是：选择“工具”→“表达式”选项（快捷键 Ctrl+E），打开“表达式”对话框，如图 3-131 所示。

例如，在该对话框中的“名称”文本框中输入变量名称为“plate_d”，然后在“公式”文本框中输入变量值为“plate_h*20”，单击右方的按钮，最后单击“确定”按钮，即可创建如图 3-131 所示的表达式。

3. 电子表格编辑

等需要修改的表达式较大时，可以在 Microsoft Excel 中编辑表达式，其设置方法是：单击对话框中的“电子表格编辑”按钮，打开 Excel 窗口，如图 3-132 所示。

在电子表格的第一列为表达式名称，列出所有表达式的变量名称；第二列为公式，列出驱动该变量的代数式；第三列为数值，列出公式代数式的值。通过修改该表中各个变量对应的公式，可实现表达式的修改。

图 3-131 “表达式”对话框

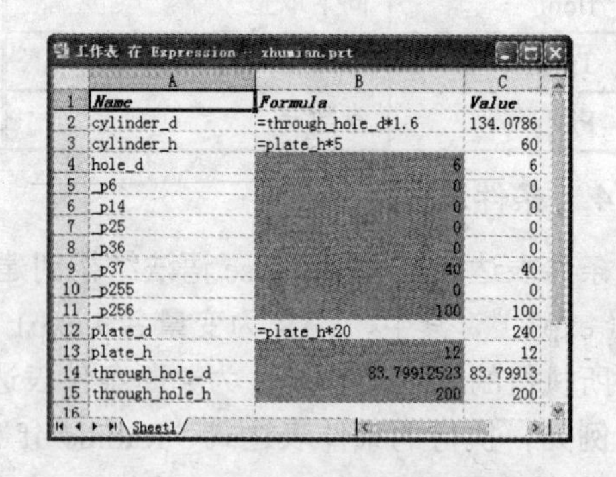

图 3-132 Microsoft Excel 窗口

4. 从文件导入表达式

在 UG NX 8 建模过程中，对于模型已建立的表达式，可将其导入当前模型的表达式中，并根据需要对该表达式进行再编辑。

要执行该操作，可单击“表达式”对话框中的“从文件中导入表达式”按钮，打开如图 3-133 所示的对话框。在列表框中选择读入的表达式文件（扩展名为*.exp），单击 OK 按钮，即可完成该表达式文件内容的导入。根据设计需要，也可以将创建好的表达式导出，其方法是：单击“导出表达式到文件”按钮，在弹出的对话框中输入名称，单击 OK 按钮即可。

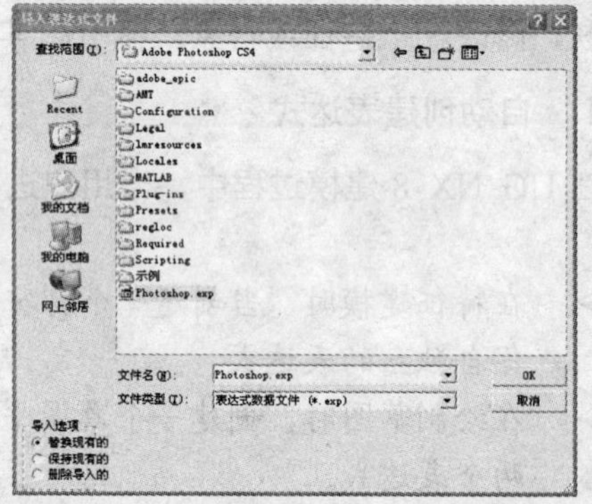

图 3-133 “导入表达式文件”对话框

3.9 案例实战——壳体类零件剖切及分析

原始文件：	source\chapter3\ch3-example1.prt
最终文件：	source\chapter3\ch3-example1- final.prt
视频文件：	AVI\实例操作 3-1.avi

本实例通过对壳体类零件进行剖切，回顾本章的内容，如图 3-134 所示。为了更好地观察该零件，先设置零件的颜色和透明度，然后利用截面工具进行剖切，最后对零件进行距离分析和角度分析。

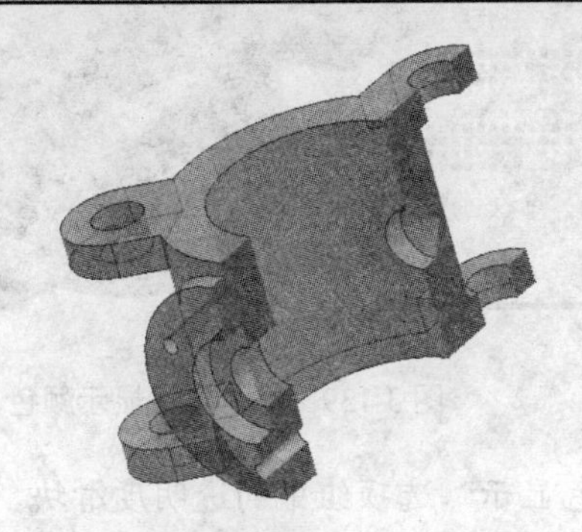

a）着色图

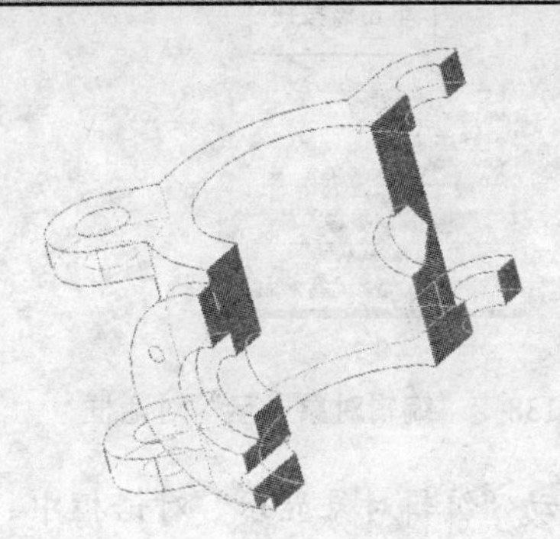

b）线框图

图 3-134　壳体类零件模型图

3.9.1 设置零件颜色

01 启动 UG NX 8 后，单击工具栏中的“打开”按钮，打开本书配套光盘中的 ch3-example1.prt 文件，如图 3-135 所示。

02 选择“编辑”→“对象显示”命令，如图 3-136 所示，弹出“类选择”对话框，如图 3-137 所示。

图 3-135　壳体零件实体

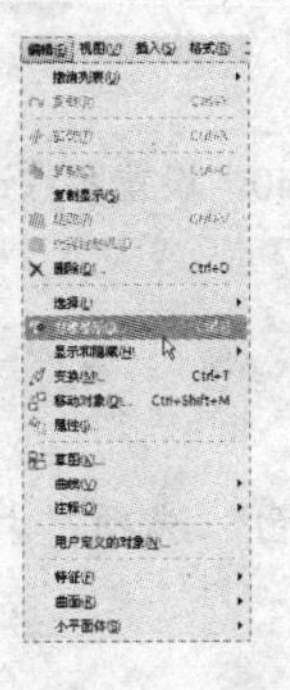

图 3-136　选择“对象显示”命令

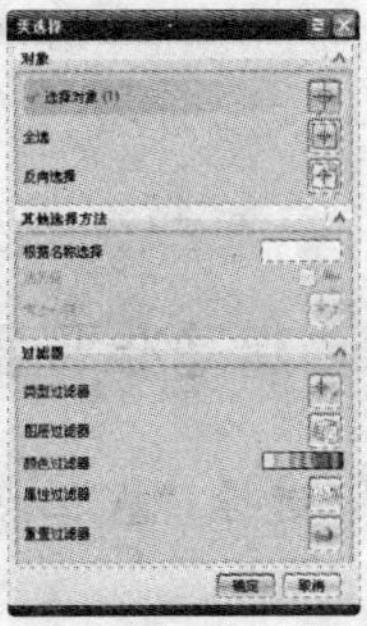

图 3-137　“类选择”对话框

03 在“对象”选项组中单击“全选”按钮，单击“确定”按钮，打开“编辑对象显示”对话框，如图3-138所示。

04 单击“颜色”按钮，弹出如图3-139所示的对话框，将该实体颜色修改为蓝色，如图3-139所示。

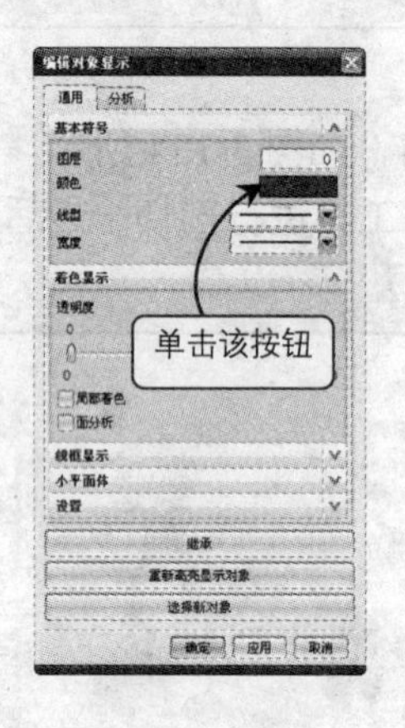

图3-138 “编辑对象显示”对话框

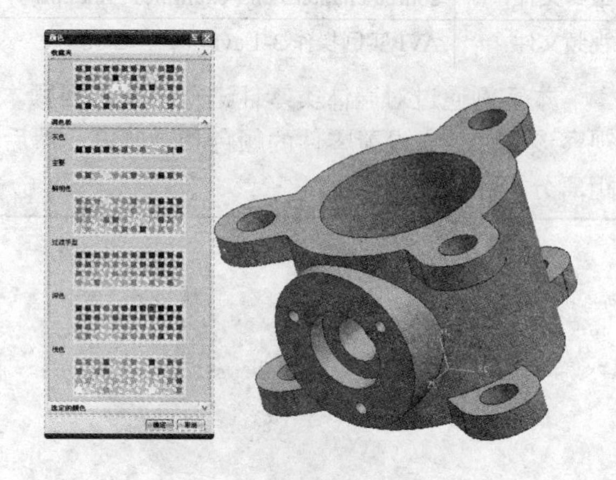

图3-139 修改零件显示颜色

05 拖动“编辑对象显示”对话框中“着色显示”选项组中的透明度滑块，即可获得如图3-140所示的透明度效果。

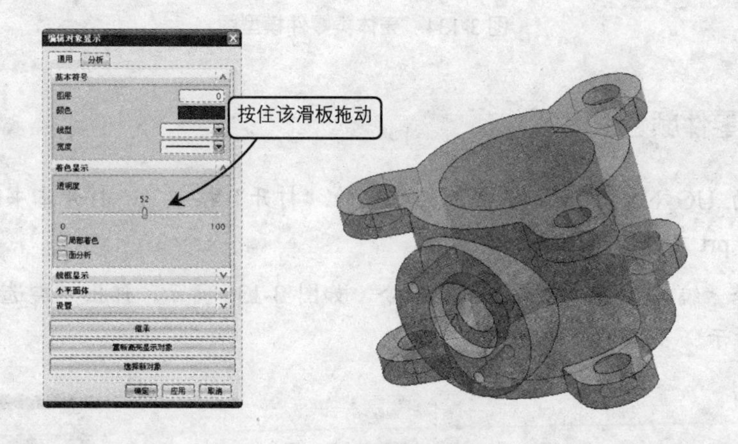

图3-140 设置零件透明显示

3.9.2 创建基准平面

01 选择“基准/点”→“基准平面”选项，打开“基准平面”对话框，如图3-141所示。

02 单击类型选项卡中按钮，弹出下拉菜单，选择 YC-ZC 平面选项，即可创建如图3-142所示的基准平面。

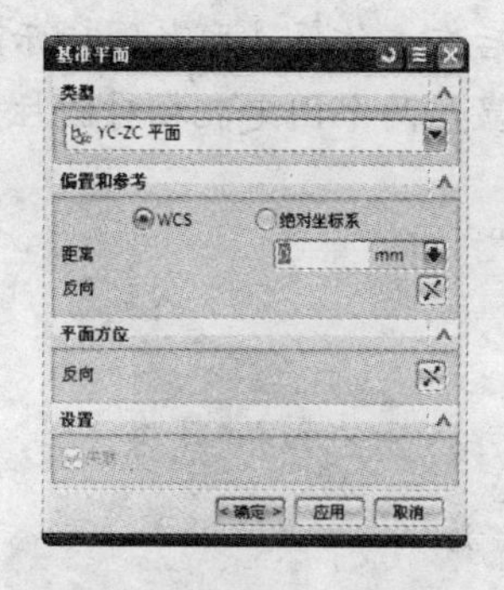

图 3-141　“编辑对象显示”对话框

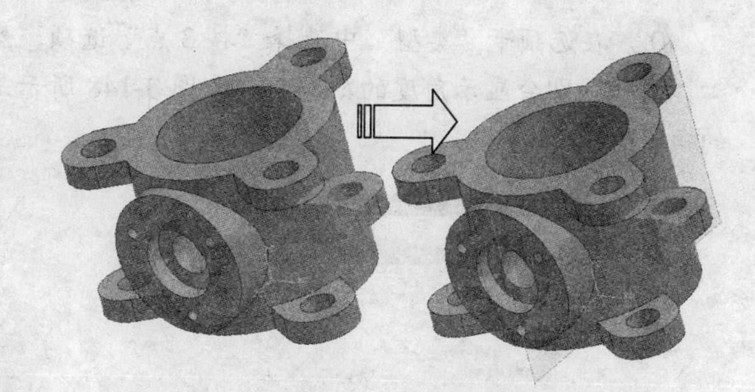

图 3-142　修改零件显示颜色

3.9.3 设置截面视图

01 选择“视图”→“截面”→“新建工作截面”命令，如图 3-143 所示，弹出“查看截面”对话框，如图 3-144 所示。

02 在对话框“剖切平面”选项组中单击按钮，选择刚刚创建的平面为截面，单击“确定”按钮完成截面视图设置，如图 3-144 所示。

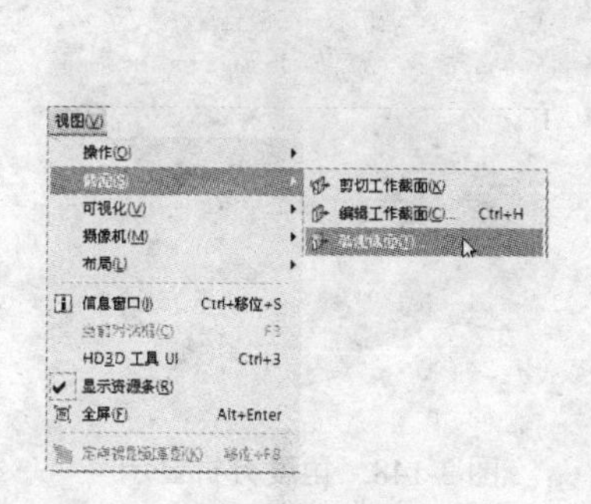

图 3-143　选择“新建截面”命令

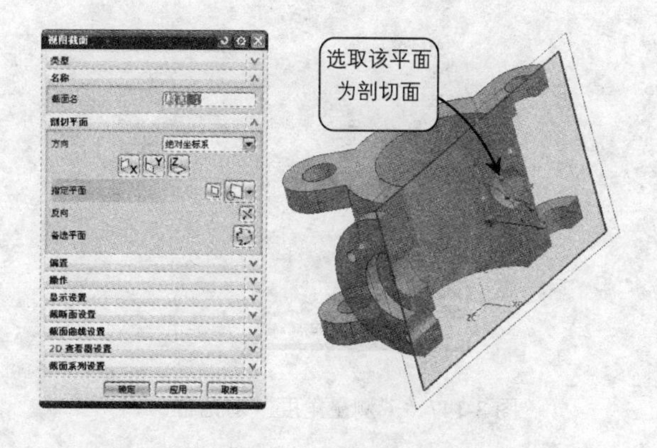

图 3-144　创建截面视图

3.9.4 距离分析

01 选择“分析”→“测量距离”选项，弹出“测量距离”对话框，如图 3-145 所示。

02 在工作区选取圆柱体上下两圆心，即会在两个圆心之间显示刻度尺，如图 3-146 所示显示上下两平面之间的距离为 57.15mm。

3.9.5 角度分析

01 选择“分析”→“测量角度”选项，打开“测量角度”对话框，如图 3-147 所示。

02 在选项卡“类型”中选择“按3点”选项，然后在工作区选取如图所示的三个圆心，工作区即会显示角度的刻度尺，如图3-148所示是显示两个固定孔相对圆柱中心之间的角度为120°。

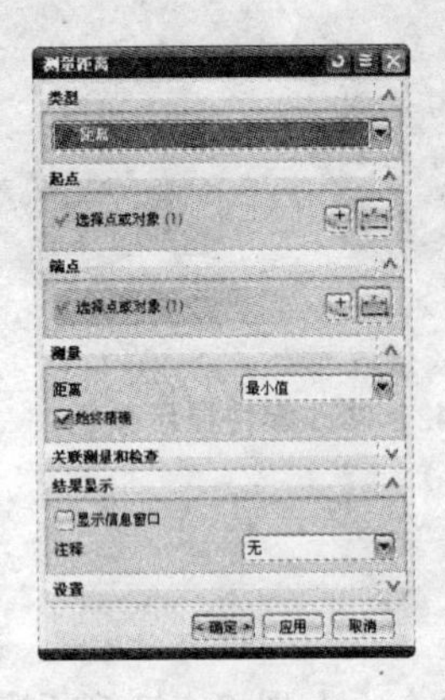

图3-145 “测量距离”对话框

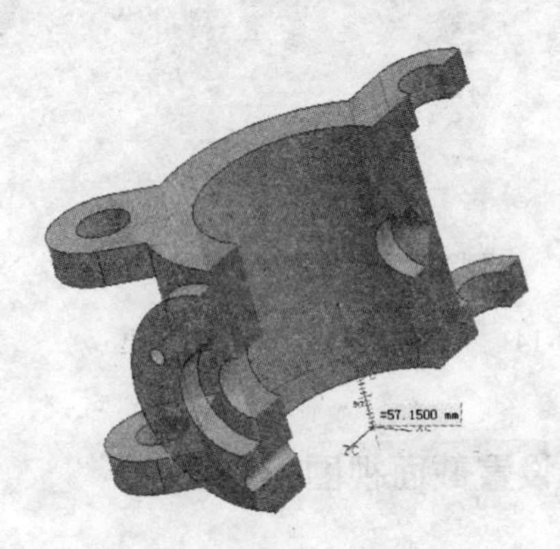

图3-146 距离分析显示

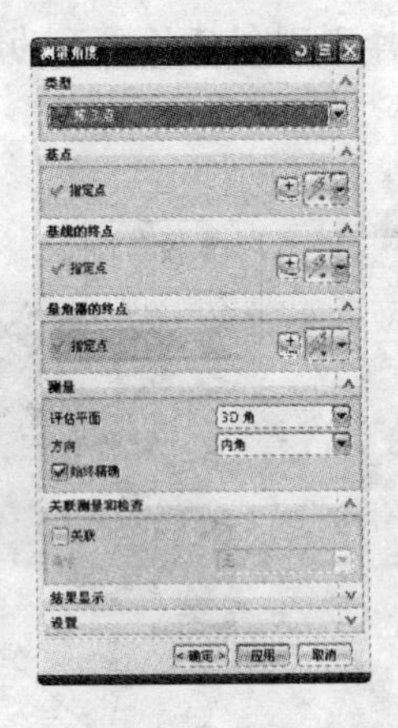

图3-147 “测量角度”对话框

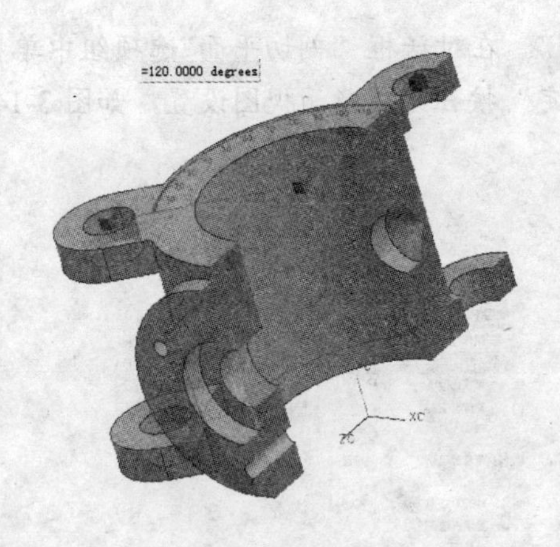

图3-148 角度分析显示

思考与练习

1. 创建点的类型有几种?
2. 基准平面构造平面的方法有哪些?
3. 怎么样进行对象、点的信息查询?
4. 怎样从文件中导入表达式?

第 4 章 绘制草图

本章导读：

草图是三维特征建模的基础，适用于创建截面复杂的实体模型。进入草图模式后，可以先根据设计意图，大概勾画出二维草图轮廓，接着利用草图的尺寸约束和几何约束功能精确定义草图的形状、尺寸和相互位置等。

本章主要介绍 UG NX 中草图的基本环境、草图的绘制和约束及常用参数设置等内容。

学习目标：

- 掌握创建草图的一般步骤
- 掌握草图几何的创建
- 掌握几何约束和尺寸约束的运用
- 掌握草图的编辑

4.1 草图概述

草图是指在某个指定平面上的点、线（直线或曲线）等二维几何元素的总称。在创建三维实体模型时，首先得选取或创建草图平面，然后进入草绘环境绘制二维草图截面。通过对截面拉伸、旋转等操作，即可得到相应的参数化实体模型。几乎所有的零件设计都是从草图开始的，绘制二维草图是三维实体建模的基础和关键。

4.1.1 进入和退出草绘模式

草图的基本环境是绘制草图的基础，该环境提供了草图的绘制、编辑以及约束等与草图操作相关的工具。

单击“特征”工具栏“任务环境中的草图”按钮，或“直接草图”工具栏“草图”按钮，系统将进入草图环境，并打开“创建草图”对话框，通过该对话框可指定草图工作平面绘制草图，如图 4-1 所示。

绘制完成后，在草图环境界面内单击鼠标右键，在弹出的快捷菜单中选择“完成草图”选项，或者直接单击“直接草图”工具栏完成草图按钮，退出草图环境。

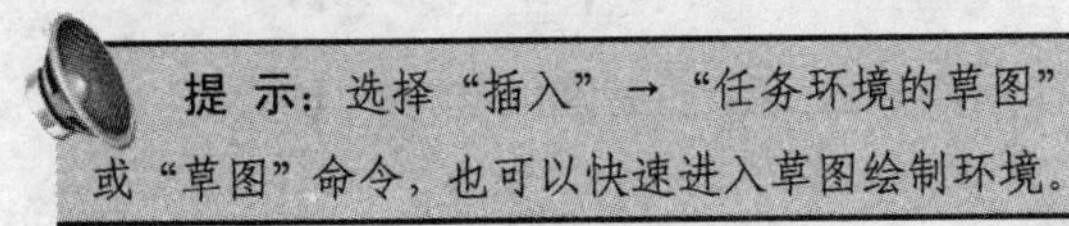
提 示：选择“插入”→“任务环境的草图”或“草图”命令，也可以快速进入草图绘制环境。

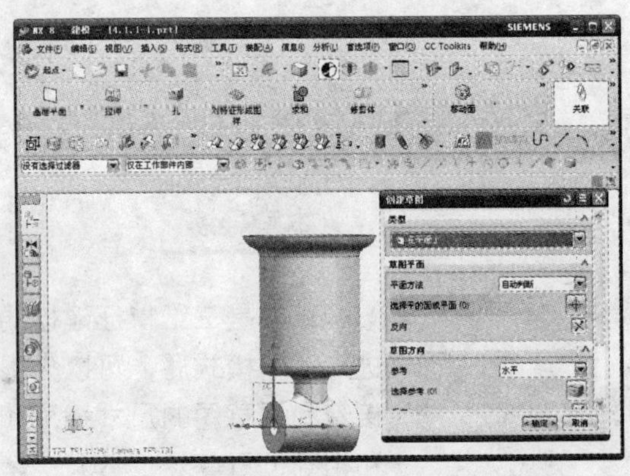
图 4-1 草图绘制界面

4.1.2 草图的工作平面

创建草图的工作平面是绘制草图的前提，草图所有几何元素的创建都将在这个平面内完成。UG NX 提供了以下两种创建草图工作平面的方法。

1. 在平面上

“在平面上”方式通过指定一平面作为草图的工作平面。当选择了该选项后，“创建草图”对话框如图 4-1 所示，“平面方法”下拉列表提供了 3 种指定草图工作平面的方式。

❑ 现有平面

选择该选项，可指定基准平面或三维实体模型中的任意平面作为草图工作平面，图 4-2 所示即是选取三维实体模型中的一个平面作为草图平面。

❑ 创建平面

该方式是指通过平面构造器创建一个平面作为草绘平面。单击指定平面下拉按钮，可选择各种创建新平面的方法，以创建出所需的草图工作平面。如图 4-3 所示是选择“按某一距离”方式创建草图工作平面。

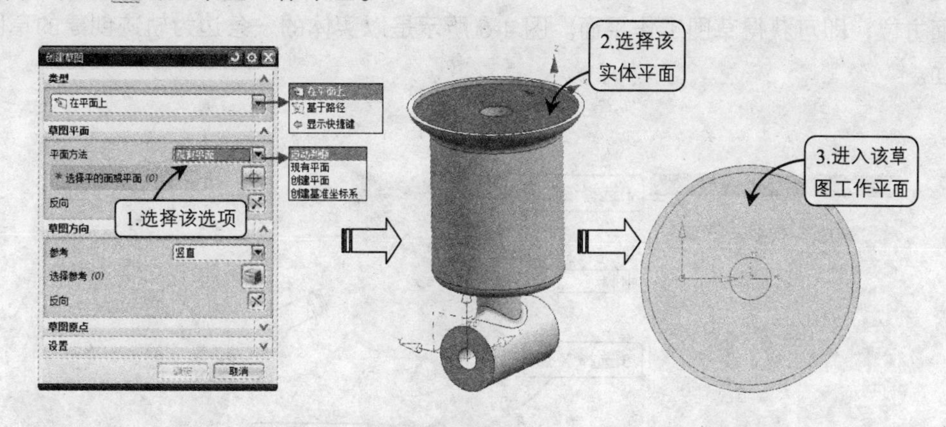

图 4-2 指定实体模型平面为草图平面

若单击“指定平面”按钮，将打开如图 4-4 所示的“平面”对话框，使用平面构造器创建草图工作平面，具体用法请参考本书第 3 章 3.5 一节。

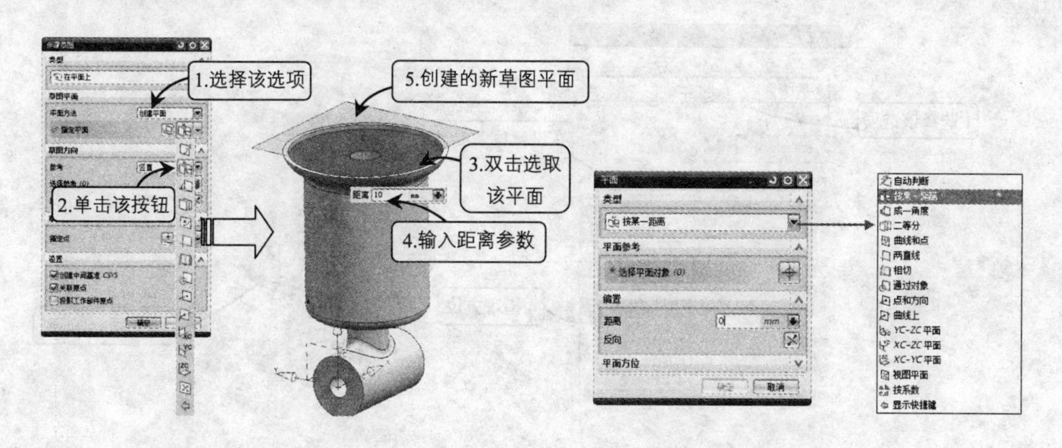

图 4-3 按某一距离方式创建草图工作平面　　图 4-4 “平面”对话框

□ 创建基准坐标系

该方式是通过坐标系构造器来创建一个新的坐标系，然后选取该基准坐标系的基准面作为草图工作平面。

在“创建草图”面板中单击“创建基准坐标系”按钮，打开“基准 CSYS”对话框创建出所需的基准坐标系，接着选取该基准坐标系的基准面作为草图工作平面，如图 4-5 所示。

提 示：基准坐标系的构建方法请参考本书第 3 章 3.4 一节的内容。

2. 基于路径

“基于路径”方式是指定一个轨迹（必须选取存在的线段、圆、实体边等曲线轨迹），通过轨迹来确定一个平面作为草图的工作平面。利用该方式创建草图工作平面，首先选择“类型”面板中的“基于路径”选项，然后选择轨迹（即曲线轨迹），并设置平面位置与平面方位，即可获得草图工作平面。图 4-6 所示是以实体的一条边为轨迹创建的草图工作平面。

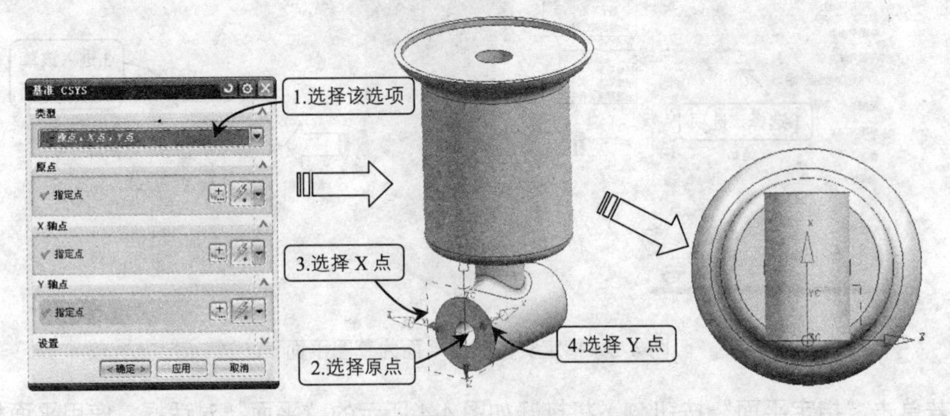

图 4-5　创建基准坐标系指定草图平面

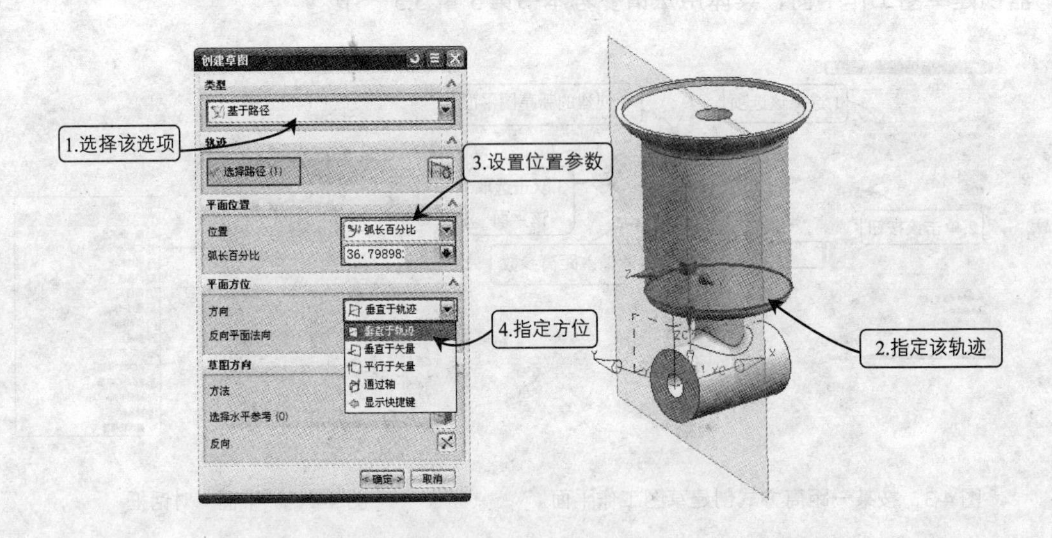

图 4-6　在轨迹上创建草图平面

当创建好草图工作平面后，还可以对草图的放置方位进行准确的设置，以获得需要的放置效果。其主要方法是在“草图方位”面板中选择“参考”下拉列表框中的选项，进行草图的定位。图 4-7 所示是当选取的草图工作平面为实体的上表面时，选择“参考”下拉列表框中的选项分别为“水平”和“竖直”时的效果。

3．显示快捷键

当选择“显示快捷键”选项时，则在“创建草图”对话框的“类型”列表框中显示草图类型选项的快捷键按钮，即“在平面上”按钮和“在轨迹上”按钮，以方便选择相应选项，如图 4-8 所示。

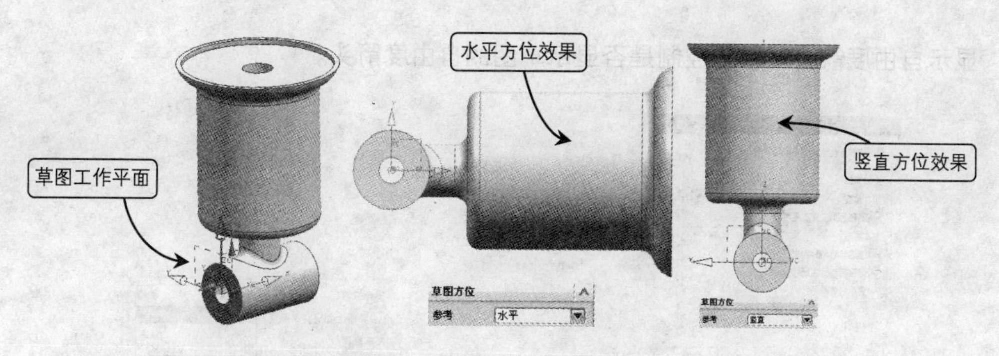

图 4-7　水平和竖直时的效果

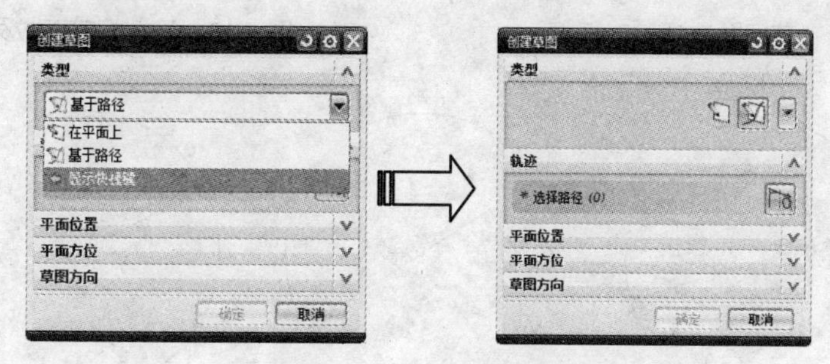

图 4-8　显示快捷键

4.1.3 草图首选项设置

在进入草图环境绘制草图之前，可以对草图样式、标注草图尺寸样式以及绘制草图的几何元素颜色进行设置。在建模环境中，通过对“草图首选项”对话框中各个选项卡的各个选项进行相应的设置，可以使将来进入草绘环境后绘制的草图更为准确。选择“首选项”→“草图”命令，打开“草图首选项”对话框，如图 4-9 所示。

1.“草图样式”选项卡

样式设置均在“草图样式”选项卡中，可以对草图文本高度、草图尺寸标注样式和草图的绘制原点等基本参数进行设置。

屏幕上固定文本高度：启用该复选框，可在下面的“文本高度”列表框输入文本高度。

创建自动判断的约束：启用该复选框，在绘制草图时系统自动判断约束。

显示对象颜色：启用该复选框，在绘制草图时显示对象颜色。

尺寸标签：选择下拉列表中的 3 个选项，如图 4-10 所示，可以对草图中尺寸的表达式进行设置，如图 4-11 所示。

2.“会话设置”选项卡

该选项卡可以对绘制草图时的角度捕捉精度、草图显示状态以及默认名称前缀等基本参数进行相应的设置，包括“设置”和“名称前缀”两个面板，如图 4-12 所示。

❑　“设置”面板

捕捉角：设置捕捉误差允许的角度范围。

显示自由度箭头：用于控制是否显示草图的自由度箭头。

图 4-9 “草图首选项”对话框

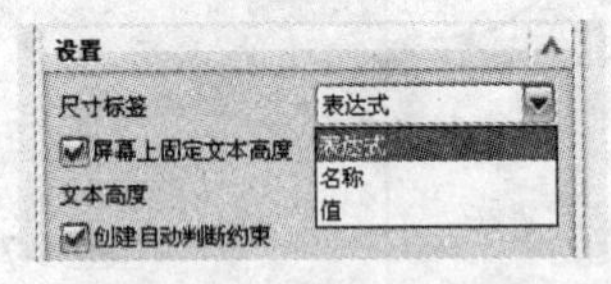

图 4-10 尺寸标签下拉列表框

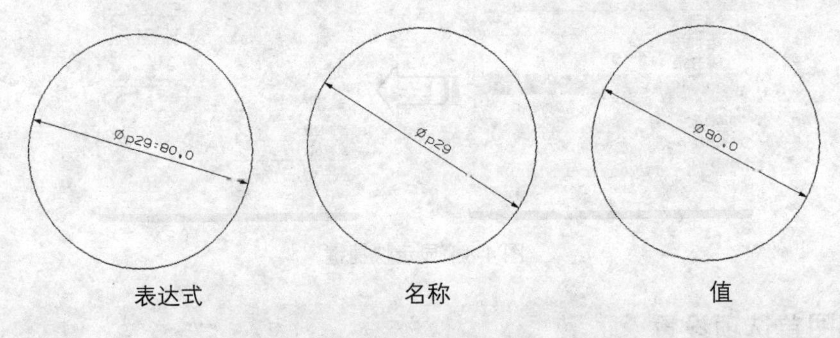

图 4-11 设置尺寸的不同表达方式

动态约束显示：用于控制当几何元素的尺寸较小时，是否显示约束标识。

改变视图方位：该复选框处于启用状态时，在完成草图切换到建模界面时，视图方位将发生改变；禁用该复选框时，在完成草图切换到建模时，建模界面视图方向将与草图方向保持一致。

保持图层状态：用于控制工作层是否在草图环境中保持不变或者返回其先的值。

背景色：下拉列表中的两个选项可以设置背景色的种类。

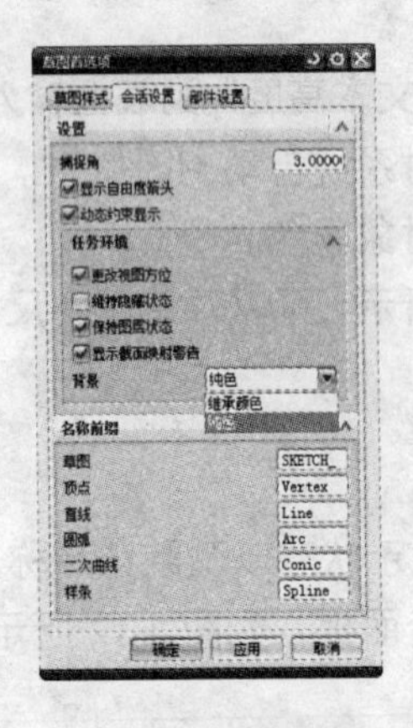

图 4-12 “会话设置”选项卡

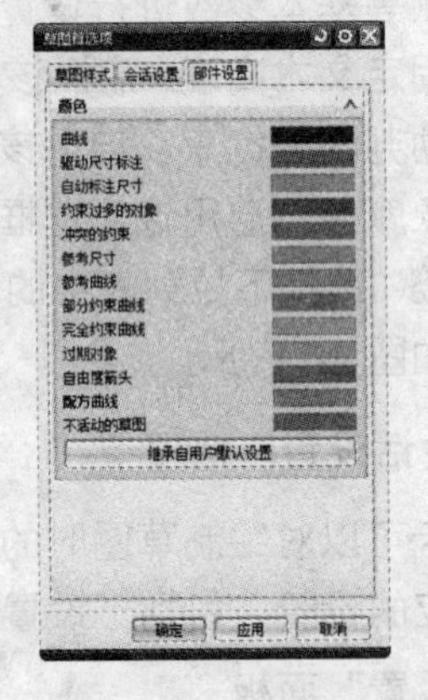

图 4-13 “部件设置”选项卡

❑ “名称前缀”面板

通过该面板中的各文本框，可以根据需要设置对话框中所列出的各草图元素名称的前缀。

3. “部件设置”选项卡

该选项卡如图 4-13 所示，可以设置草图中各几何元素以及尺寸的颜色。单击各类曲线名称后面的颜色块按钮，打开“颜色”对话框，可以从中选择所需颜色进行设置。此外，单击“继承自用户默认设置”按钮，可以将各曲线的颜色恢复为系统默认的颜色。

当设置好绘制草图的各个选项后，就可以进入草图环境绘制草图了。

4.2 绘制常见图形

常见的图形主要包括点、直线、圆、圆弧、椭圆、矩形、艺术样条等。在建模时，只要能巧妙地对这些基本图形进行有机结合，便可以取得事半功倍的效果。在进入草绘环境后，“直接草图”工具栏中的图标变为可用状态，如图 4-14 所示。

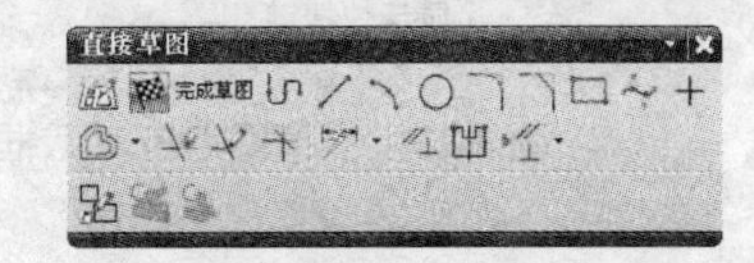

图 4-14　“直接草图”工具栏

4.2.1 创建点

点是最小的几何构造元素，也是草图几何元素中的基本元素。草图对象是由控制点控制的，如直线由两个端点控制，圆弧由圆心、起始点和终止点控制。控制草图对象的点称为草图点，UG 通过控制草图点来控制草图对象，如按一定次序来构造直线、圆和圆弧等基本图元。

单击“草图”工具栏中的“点”按钮+，打开“点”对话框，利用该对话框提供的工具指定草图点的位置，即可创建草图点，如图 4-15 所示。

4.2.2 创建轮廓

利用该工具可以使用直线和圆弧进行草图的连续绘制，当需要绘制的草图对象是直线与圆弧首尾相接时，可以利用该工具快速绘制。单击了“轮廓”按钮，打开“轮廓”对话框，在绘图区中将显示光标的位置信息。单击“直线”和“圆弧”按钮，在绘图区内绘制需要的草图，效果如图 4-16 所示。

4.2.3 创建直线

1. 直接创建直线

以约束推断的方式创建直线，每次都需指定两个点。在“直接草图”工具栏上单击“直线”图标，弹出“直线”对话框，如图 4-17 所示。其使用方法与“轮廓”中的直线输入模式相同。可以在 XC、YC 文本框中输入坐标值或应用自动捕捉来定义起点，确定起点后，将激活直线的参数模式，此时可以通过在“长度”、“角度”文本框中输入或应用自动捕捉来定义直线的终点。

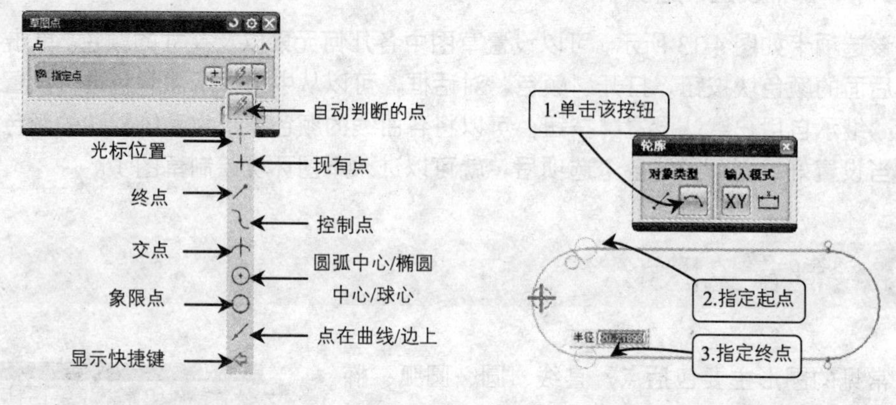

图 4-15 “草图点”对话框　　图 4-16 利用“轮廓”工具绘制草图

2. 派生创建直线

“派生直线”工具可以在两条平行直线中间绘制一条与两条直线平行的直线，或绘制两条不平行直线所成角度的平分线，并且还可以偏置某一条直线。

❑ 绘制平行线之间的直线

该方式可以绘制两条平行线中间的直线，并且该直线与这两条平行直线均平行。在创建派生线条的过程中，需要通过输入长度值来确定直线长度。单击“派生直线”按钮，并依次选择第一和第二条直线，然后在文本框中输入长度值即可完成绘制，如图 4-18 所示。

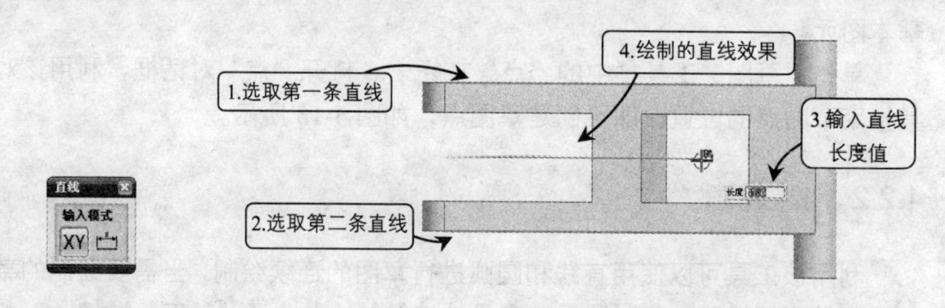

图 4-17 “直线”对话框　　图 4-18 绘制平行线之间的直线

❑ 绘制两不平行线的平分线

该方式可以绘制两条不平行直线所成角度的平分线，并通过输入长度数值确定平分线的长度。单击“派生直线”按钮，并依次选取第一条和第二条直线，然后在文本框中输入长度数值即可完成绘制，如图 4-19 所示。

❑ 偏置直线

该方式可以绘制现有直线的偏置直线，并通过输入偏置值确定偏置直线与原直线的距离。偏置直线产生后，原直线依然存在。单击“派生直线”按钮，并选取所需偏置的直线，然后在文本框中输入偏置值即可完成绘制，如图 4-20 所示。

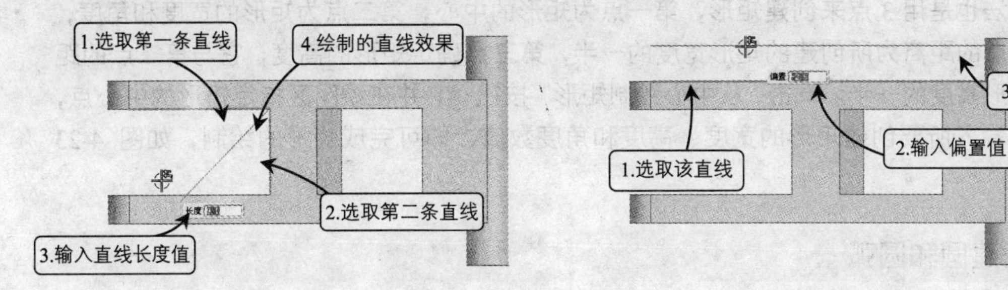

图 4-19　绘制不平行线之间的平分线　　图 4-20　绘制偏置直线

4.2.4 创建矩形

矩形可以用来作为特征创建的辅助平面，也可以直接作为特征生成的草绘截面。利用该工具既可以绘制与草图方向垂直的矩形，也可以绘制与草图方向成一定角度的矩形。

在“直接草图”工具栏上单击“矩形”图标，弹出“矩形”对话框，如图 4-21 所示。该对话框提供了以下 3 种绘制矩形的方法。

1. 两点绘制矩形

该方法以矩形的对角线上的两点创建矩形。此方法创建的矩形只能和草图的方向垂直。单击“用两点”按钮，在绘图区任意选取一点作为矩形的一个角点，输入宽度和高度数值确定矩形的另一个角点来绘制图形，效果如图 4-21 所示。

提 示：在草图工具对话框最右边均有“输入模式”一栏，UG NX 提供了“坐标模式”和“参数模式”两种输入模式。在利用工具创建草图的过程中，可以单击XY和进行切换。

2. 三点绘制矩形

该方法用 3 点来定义矩形的形状和大小，第一点为起始点，第二点确定矩形的宽度和角度，第三点确定矩形的高度。该方法可以绘制与草图的水平方向成一定倾斜角度的矩形。单击“按三点”按钮，并在绘图区指定矩形的一个端点，然后分别输入所要创建矩形的宽度、高度和角度数值，即可完成矩形的绘制，如图 4-22 所示。

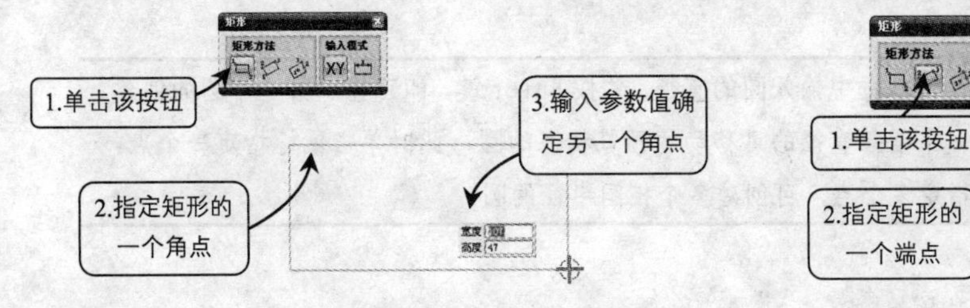

图 4-21　利用两点绘制矩形

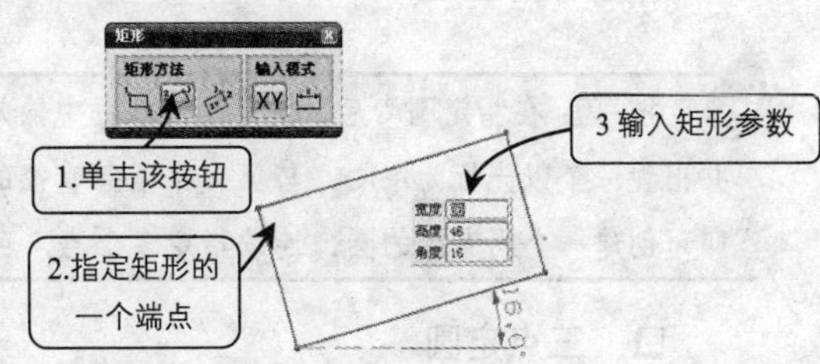

图 4-22　利用三点绘制矩形

3. 从中心绘制矩形

此方法也是用 3 点来创建矩形，第一点为矩形的中心，第二点为矩形的宽度和角度，它和第一点的距离为所创建的矩形宽度的一半，第三点确定矩形的高度，它与第二点的距离等于矩形高度的一半。单击“从中心绘制矩形”按钮，并在绘图区指定矩形的中心点，然后分别输入所要创建矩形的宽度、高度和角度数值，即可完成矩形的绘制，如图 4-23 所示。

4.2.5 创建圆和圆弧

圆和圆弧都是曲线，圆上任意两点的部分称为圆弧，因此圆弧是圆的一部分。分别利用“圆”和“圆弧”工具可以在草图环境中绘制圆与圆弧轮廓线。圆和圆弧的绘制方法各有两种，具体介绍如下。

1. 圆

在 UG NX 中，圆常用于创建基础特征的剖截面，由它生成的实体特征包括多种类型，如球体，圆柱体、圆台、球面等。圆又可以看作是圆弧的圆心角为 360° 时的圆弧，因此在利用“圆”工具绘制圆时，既可以利用“圆”工具绘制圆，也可以用“圆弧”工具绘制圆。在“直接草图”工具栏中单击“圆”按钮，打开“圆”对话框。此时可以利用指定圆心和直径定圆与指定三点定圆两种方法绘制圆。

❑ 圆心和直径定圆

以圆心和直径（或圆上一点）的方法创建圆。单击“圆”对话框中的“圆心和直径定圆”按钮，并在绘图区指定圆心。然后输入直径数值即可完成绘制圆的操作，如图 4-24 所示。

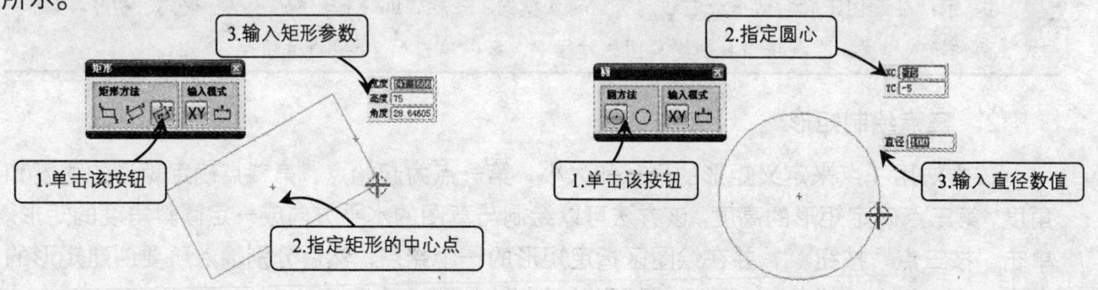

图 4-23 从中心绘制矩形　　图 4-24 圆心和直线绘制圆

技 巧： 在指定圆心后，在直径文本框中输入圆的直径，并按 Enter 键，即可完成第一个圆的创建，并出现一个以光标为中心，与第一个圆等直径的可移动的预览状态的圆，此时单击鼠标指定一个点，即可创建一个同直径的圆，连续指定多个点，可创建多个相同半径的圆。

❑ 三点定圆

该方法通过依次选取草图几何对象的 3 个点，作为圆通过的 3 个点来创建圆；或者通过选取圆上的两个点，并输入直径数值创建圆。单击“三点定圆”按钮，依次选取图中的 3 个端点，即可创建圆，效果如图 4-25 所示。

2．圆弧

通过 3 点或通过制定其中心和端点来创建圆弧。在“草图工具”工具栏中单击“圆弧”按钮，打开“圆弧”对话框。此时同样可以利用指定圆弧中心和端点与指定三点这两种方法绘制圆弧。

❑ 三点定圆弧

该方法用 3 个点分别作为圆弧的起点、终点和圆弧上一点来创建圆弧。另外，也可以选取两个点和输入直径来创建圆弧。单击“圆弧”对话框中的“三点定圆弧”按钮，依次选取起点、终点和圆弧上一点，即可完成圆弧的创建。

❑ 指定中心和端点定圆弧

该方法以圆心和端点的方式创建圆弧。另外，还可以通过在文本框中输入半径数值来确定圆弧的大小。单击“中心和端点定圆弧”按钮，依次指定圆心，端点和扫掠角度即可完成圆弧的创建，如图 4-26 所示。

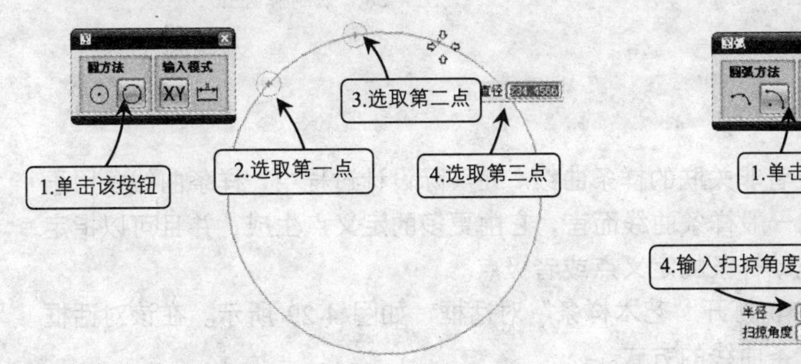

图 4-25　三点绘制圆

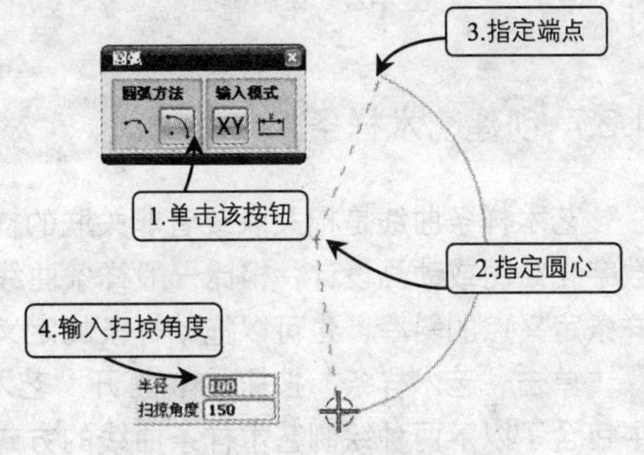

图 4-26　指定中心和端点绘制圆

4.2.6 创建椭圆

椭圆可以看作是到一个定点和一条直线的距离比为一个常数的动点的轨迹。利用“椭圆”工具可以绘制椭圆和椭圆弧两种曲线，并且还可以将椭圆或椭圆弧旋转。

1．绘制椭圆

利用“椭圆”工具在绘图区指定一点作为椭圆的中心点，并设置椭圆的大半径（椭圆长半轴）和小半径（椭圆短半轴）的参数，即可绘制椭圆。单击“椭圆”按钮，打开“椭圆”对话框，然后指定椭圆中心位置，并输入相关参数，接着启用“限制”面板中的“封闭的”复选框，则创建为封闭完整的椭圆，如图 4-27 所示。

2．绘制椭圆弧

椭圆上任意两点间的部分称为椭圆弧，因此可以说椭圆弧是椭圆的一部分。利用“椭圆”工具设置起始角度与终止角度，即可创建椭圆弧。单击“椭圆”按钮，打开“椭圆”对话框，然后指定椭圆中心位置，并输入相关参数，接着禁用“封闭的”复选框，输入椭圆弧的起始角度值，即可绘制需要的椭圆弧，效果如图 4-28 所示。

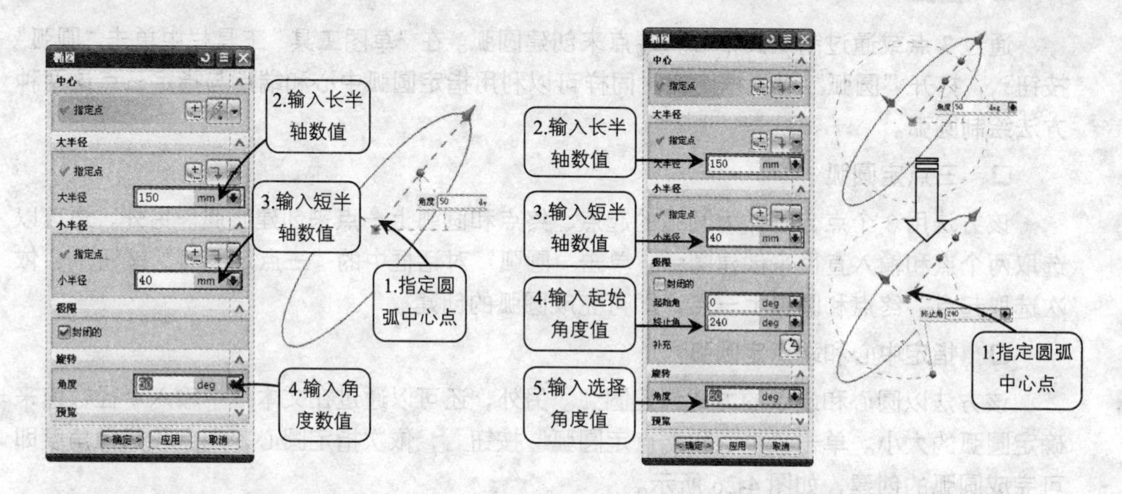

图 4-27　绘制椭圆　　图 4-28　绘制椭圆弧

4.2.7 创建艺术样条

艺术样条曲线是指关联或者非关联的样条曲线。在实际设计过程中，样条曲线多用于数字化绘图或动画设计，相比一般样条曲线而言，它由更多的定义点生成，并且可以指定样条定义点的斜率，也可以拖动样条的定义点或者极点。

单击“艺术样条”按钮，打开“艺术样条”对话框，如图 4-29 所示。在该对话框中包含了以下两种绘制艺术样条曲线的方式。

1. 通过点

该方式创建的样条完全通过点，定义点可以捕捉存在点，也可以用鼠标直接定义点。整个建立过程和参数指定都是在同一对话框中进行的。该方式主要建立通过指定点，并可自由控制其形状的任意形状曲线。单击“类型”下拉按钮，在下拉菜单中选择“通过点”选项，然后在对话框中设置样条曲线有关参数，直线在绘图区指定点并单击“确定”按钮即可，效果如图 4-29 所示。

2. 根据极点

该方式用极点来控制样条的创建，极点数应比设定的阶次至少大于 1，否则会创建失败，阶次的数值关系调整曲线时会影响曲线的范围。利用该方式绘制样条曲线时，在曲线定义的同时在绘图区中动态显示不确定的样条曲线，同时还可以交互地改变定义点处的斜率、曲率等参数。该方式绘制样条曲线与通过点方式操作步骤类似，效果如图 4-30 所示。

注 意：除端点外，绘制的艺术样条曲线不通过极点；将艺术样条的阶次设置得越大，曲线偏离极点越大，当阶次为 1 时，将绘制得到直线。

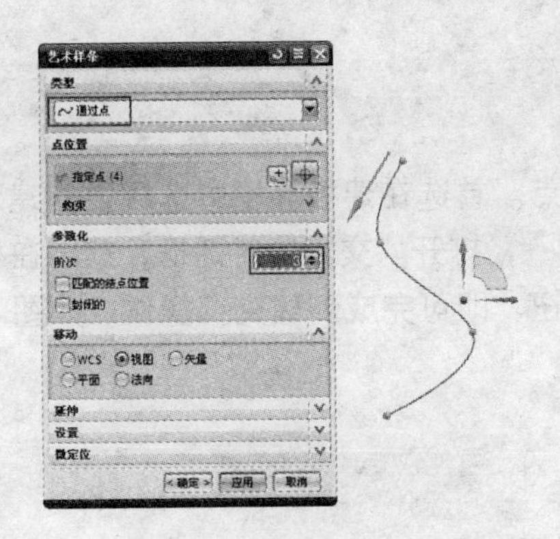

图 4-29　通过点绘制艺术样条曲线

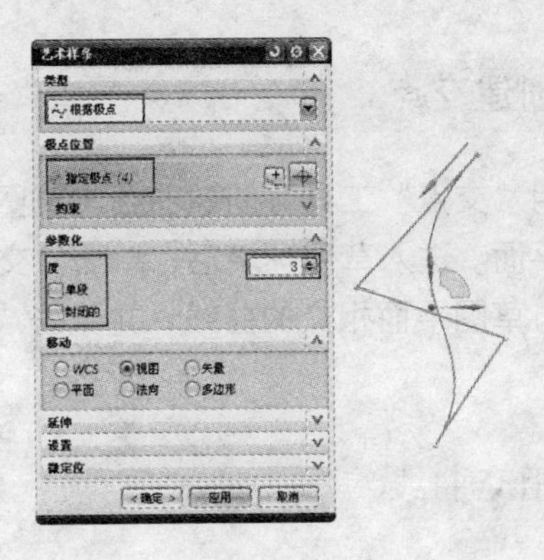

图 4-30　根据极点绘制艺术样条曲线

4.3 通过环境创建图形

在草图绘制过程中，不仅可以用直接草图进行绘制，还可以使用已有曲线、点等来绘制草图。例如执行镜像草图、添加现有的曲线，投影曲线和偏置曲线等操作均可获得曲线。完成这些操作的命令位于草图模式下的“插入”菜单中，也可在“直接草图”工具栏上找到，如图 4-31 所示。

4.3.1 添加现有曲线

在建模环境中，利用“曲线”工具栏中的“基本曲线”工具创建的二维基本曲线，可通过“添加现有曲线”工具转换成草图曲线。单击“添加现有曲线”按钮，打开“添加曲线”对话框，然后在绘图区选取需要添加的曲线并单击“确定”按钮，即可完成添加操作，如图 4-32 所示。

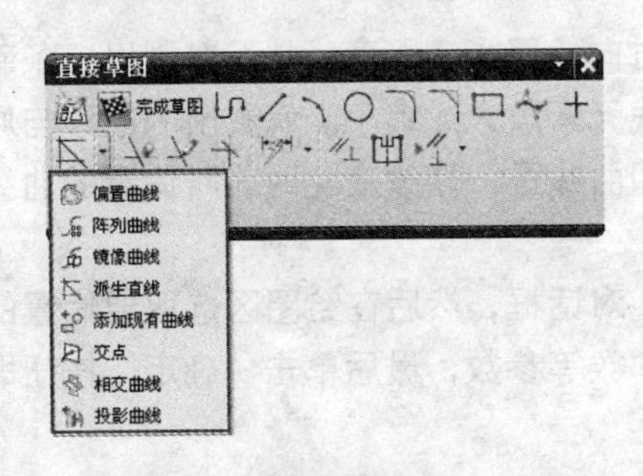

图 4-31　“直接草图”工具栏

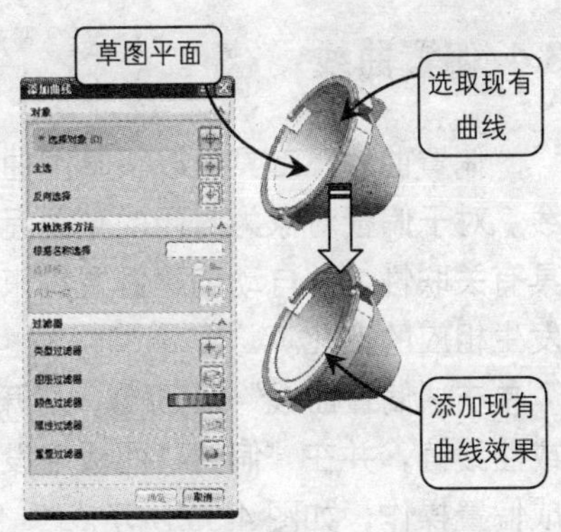

图 4-32　添加现有曲线效果

注 意： 选取现有的直线不可以为面的边缘，必须是现有的独立直线。另外，选取的现有直线要通过草图平面，否则会创建失败。

4.3.2 创建交点

利用“交点”工具可创建曲线与草图平面的交点。首选在建模环境中选择要创建草图的工作平面。进入草图环境后，单击“交点”按钮，打开“交点”对话框，然后在模型中选取与草图平面相交的曲线，并单击“确定”按钮，即可完成创建交点操作，如图 4-33 所示。

4.3.3 相交曲线

利用“相交曲线”工具可创建曲面与草图平面的交线。首选在建模环境中选择要创建草图的工作平面。进入草图环境后，单击“相交曲线”按钮，打开“相交曲线”对话框，然后在模型中选取与草图平面相交的曲面，并单击“确定”按钮，即可完成创建相交曲线的操作，如图 4-34 所示。

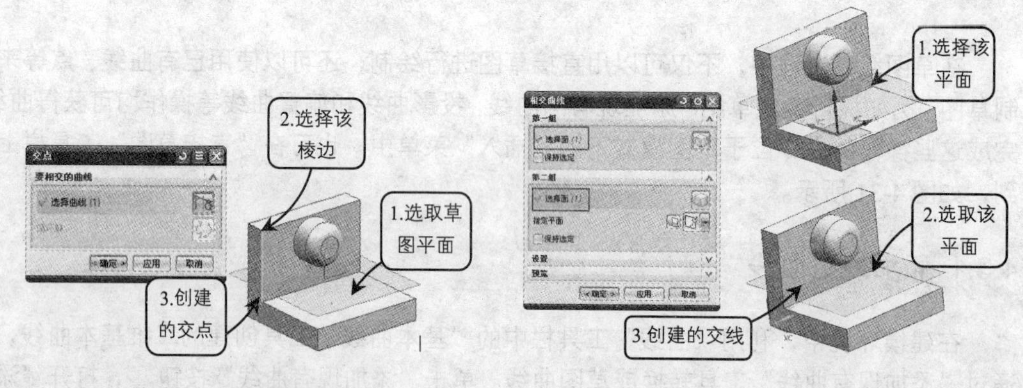

图 4-33　创建交点效果　　图 4-34　创建相交曲线效果

4.3.4 偏置曲线

“偏置曲线”工具可以将草图曲线按照指定方向偏置指定距离，从而复制出一条新的曲线。对于偏置对象为封闭的草图元素，则将曲线元素放大或缩小。偏置出的曲线与原曲线具有关联性，并自动创建偏置约束。当对原草图曲线进行修改变化时，所偏置的曲线也将发生相应的变化。

单击“偏置曲线”按钮，打开“偏置曲线”对话框，然后在绘图区选取要偏置的曲线或曲线链，并在“偏置”面板中设置距离、副本数等参数，最后单击“确定”按钮即可完成偏置操作，如图 4-35 所示。

4.3.5 镜像曲线

利用“镜像曲线”工具可通过以现有的草图直线为对称中心线，创建草图几何图形的镜像副本，并且所创建的镜像副本与原草图对象间具有关联性。当所绘制的草图对象为对称图形时，使用该工具可以极大地提高绘图效率。

单击“镜像曲线”按钮，打开“镜像曲线”对话框，然后依次选取镜像中心线和原草图对象，并单击“应用”按钮，即可完成镜像操作，效果如图 4-36 所示。

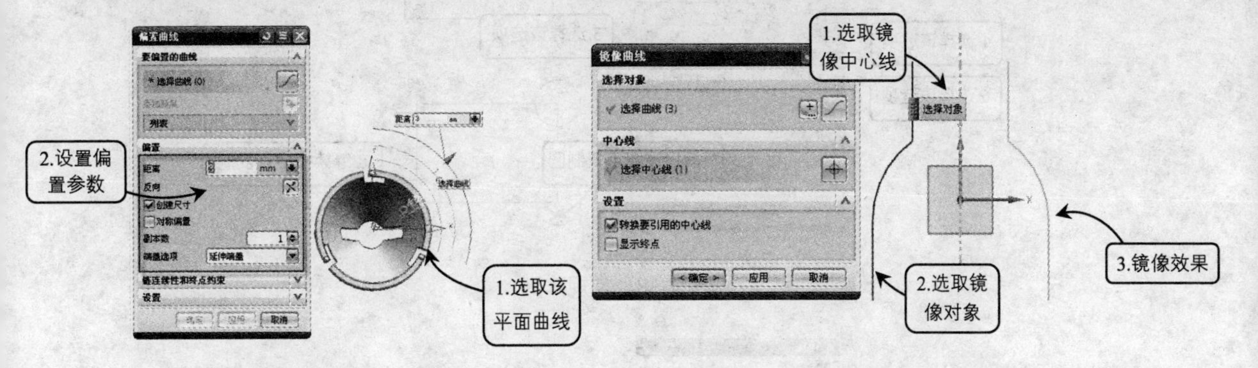

图 4-35　偏置曲线效果　　　　图 4-36　镜像曲线效果

4.3.6 投影曲线

利用“投影曲线”工具，可以将二维曲线实体或片体的边按草图平面的法线方向进行投影，将其变为草图曲线。单击“投影曲线”图标，打开“投影曲线”对话框，然后在模型中选择要投影的曲线或点，及投影的草图平面，最后单击“确定”按钮，即可完成曲线对象投影到草图，效果如图 4-37 所示。

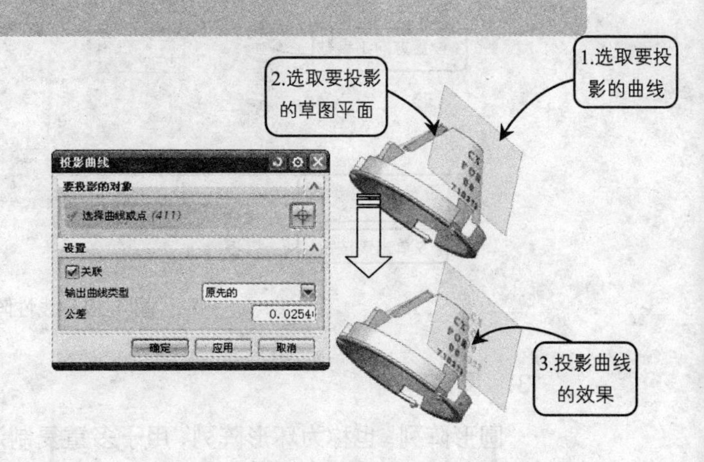

图 4-37　投影曲线效果

4.3.7 阵列曲线

利用“阵列曲线”工具，可以快速复制草图平面上的曲线链，并使其按照一定规律进行排列，阵列的布局类型可以是线性的，也可以是圆形的，或者随意某些位置。

1. 常规阵列

选择要阵列的曲线后，可以在工作区中随意指定点，阵列图形到任何位置，如图 4-38 所示。

2. 线性阵列

“线性阵列”也称为矩形阵列，用于多重复制那些呈行列状排列的图形。单击草图工具栏中的“阵列曲线”图标，弹出“阵列曲线”对话框，在“布局”下拉列表中选择“线性”，然后在工作区中选择要阵列的曲线，设置相关参数，如图 4-39 所示。

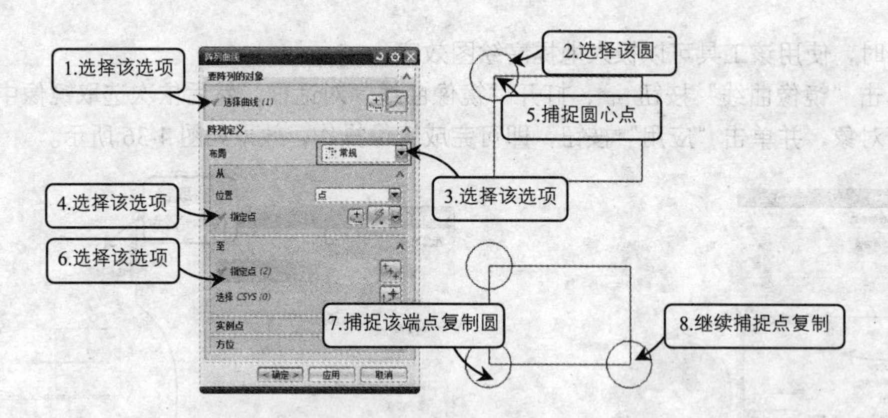

图 4-38　常规阵列

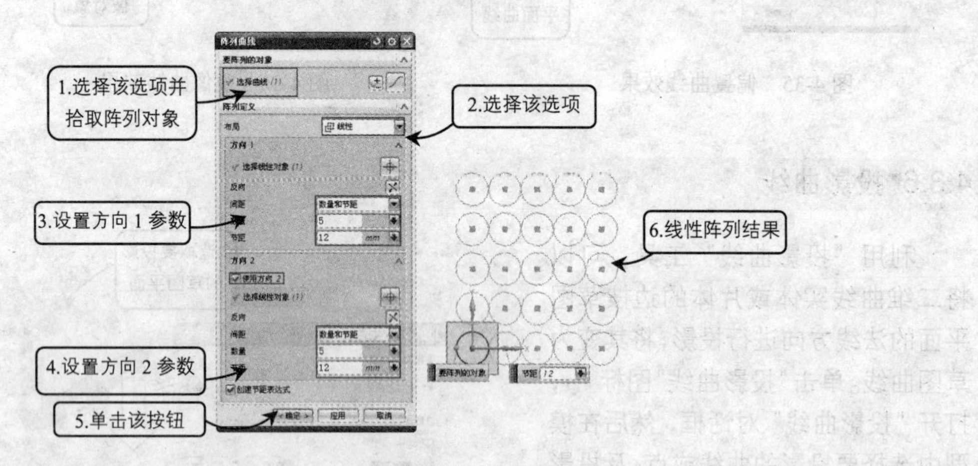

图 4-39　线性阵列

3.　圆形阵列

"圆形阵列"也称为环形阵列，用于多重复制沿中心点的四周均匀排列成环形的图形。单击草图工具栏"阵列曲线"图标，弹出"阵列曲线"对话框，在"布局"下拉列表中选择"圆形"，然后在工作区中选择要阵列的曲线，设置相关参数，如图 4-40 所示。

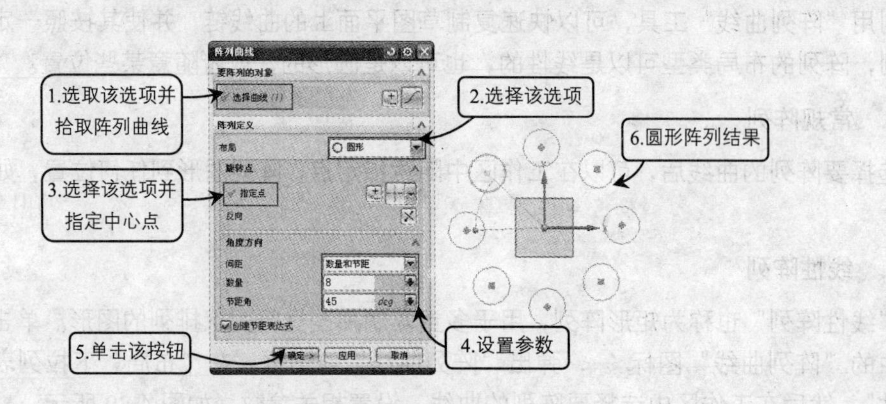

图 4-40　圆形阵列

4.4 草图约束

在草图中创建二维轮廓图和用曲线功能创建相比，有一个很大的优势，那就是它可以对创建好的曲线进行尺寸约束和几何约束，使曲线的创建更简单、更精确。

4.4.1 三种约束状态

草图约束状态随所选取的草图元素的不同而不同。单击“草图约束”工具栏中的“约束”按钮，此时草图中的各元素将显示自由度符号（箭头表示自由度方向，箭头个数表示自由度的个数），然后分别拾取需要创建约束的曲线，在打开的“约束”对话框中单击对应的按钮，即可添加相应的约束方式。例如，单击“水平”按钮即可完成添加水平约束操作，如图4-41所示。

草图约束包括三种约束状态，绘制草图过程中可以根据具体情况添加不同的约束类型。

1. 欠约束

欠约束表示还存在自由度的草图，即草图上还有橙色箭头的草图。在状态栏提示草图还需要多少个约束时，才能正确了解草图的约束状态。在约束功能打开时，状态栏会显示约束的状态。

2. 充分约束

充分约束即草图上没有自由度箭头，草图各对象都有唯一的位置。在状态栏上提示：“草图已完全约束”。

3. 过约束

如果在充分约束的草图上再添加约束，则使草图存在多余约束，这时草图为过约束状态。状态栏上提示：“草图上包含过约束的几何体”。

4.4.2 尺寸约束

草图的尺寸约束相当于对草图进行标注，但是除了可以根据草图的尺寸约束看出草图元素的长度、半径、角度以外，还可以利用草图各点处的尺寸约束限制草图元素的大小和形状。单击“直接草图”或者“建模”工具栏任何一种尺寸约束类型按钮，都可以打开“尺寸”工具栏，然后单击其中的按钮，即可打开如图4-42所示的“尺寸”对话框。

该对话框主要包括约束类型选择区和尺寸表达式设置区。在约束类型区可选择约束类型，对几何体进行相应的约束设置；在尺寸表达式设置区则可以修改尺寸标注线和尺寸值。

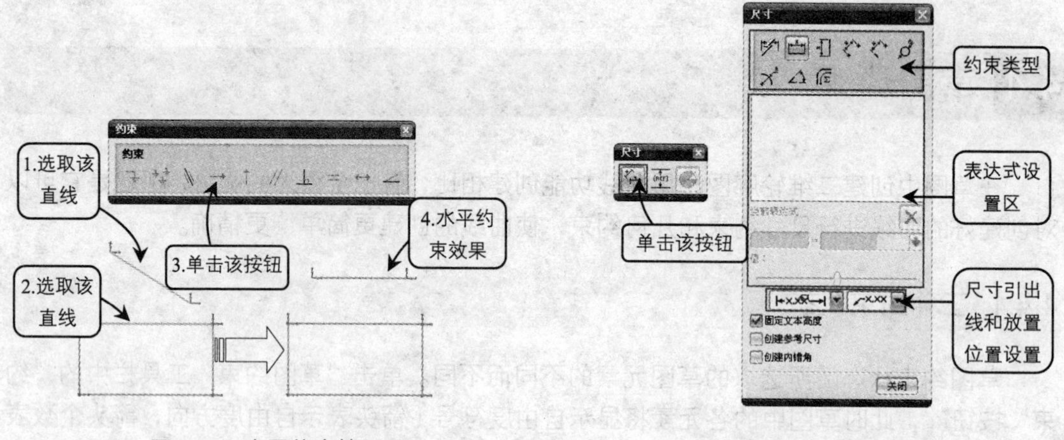

图 4-41　水平约束效果　　　　图 4-42　“尺寸”对话框

1. 约束类型选择区

“尺寸”对话框中提供了 9 种约束类型。当需要对草图对象进行尺寸约束时，直接单击所需尺寸类型按钮，即可进行相应的尺寸约束操作。“尺寸”对话框中各种约束类型及作用如表 4-1 所示。

表 4-1　尺寸约束类型和作用

约束类型	约束的作用	约束类型	约束的作用
自动判断	根据鼠标指针的位置自动判断约束类型	直径	约束圆或圆弧的直径
水平	约束 XC 方向数值	半径	约束圆或圆弧的半径
竖直	约束 YC 方向数值	角度	约束两条直线的夹角度数
平行	约束两点之间的距离	周长	约束草图曲线元素的总长
垂直	约束点与直线之间的距离		

2. 表达式设置区

该列表框中列出了当前草图约束的表达式。利用列表框下的文本框或滑块可以对尺寸表达式中的参数进行设置。另外，还可以通过单击☒按钮将表达式和草图中的约束删除。

3. 尺寸引出线和放置面设置

该选项组用于设置尺寸标注的放置方法和引出线的放置位置。其中，尺寸的标注包括自动放置、手动放置且箭头在内、手动放置且箭头在外 3 种放置方法；指引线位置包括从右侧引来和从左侧引来两种。另外，还可以通过启用文本框下的复选框来执行相应操作。

4.4.3 几何约束

几何约束用于确定草图对象与草图，以及草图对象与草图对象之间的几何关系。它可以用来确定单一草图元素的几何特征，或创建两个或多个草图元素之间的几何特征关系。

在 UG NX 8 草绘环境中，包括以下几何约束方式。

1. 约束

此类型的几何约束随所选取草图元素的不同而不同。绘制草图过程中可以根据具体情况添加不同的几何约束类型。在 UG NX 草图环境中，根据草图元素间的不同关系可以分为 20 种几何约束，各种几何约束的含义如表 4-2 所示。

表 4-2　草图几何约束的种类和含义

约束类型	约束含义
固定	根据所选几何体的类型定义几何体的固定特性，如点固定位置、直线固定角度等
完全固定	约束对象所有自由度
重合	定义两个或两个以上的点具有同一位置
同心	定义两个或两个以上的圆弧和椭圆弧具有同一中心
共线	定义两条或两条以上的直线落在或通过同一直线
中点	定义点的位置与直线或圆弧的两个端点等距
水平	将直线定义为水平
竖直	将直线定义为竖直
平行	定义两条或两条以上的直线或椭圆彼此平行
垂直	定义两条直线或两个椭圆彼此垂直
相切	定义两个对象彼此相切
等长度	定义两条或两条以上的直线具有相同的长度
等半径	定义两个或两个以上的弧具有相同的半径
恒定长度	定义直线具有恒定的长度
恒定角度	定义直线具有恒定的角度
点在曲线上	定义点位置落在曲线上
曲线的斜率	定义样条曲线过一点与一条曲线相切
均匀比例	移动样条的两个端点时（即更改在两个端点之间建立的水平约束的值），样条将按比例伸缩，以保持原先的形状
非均匀比例	移动样条的两个端点时（即更改在两个端点之间建立的水平约束的值），样条将在水平方向上按比例伸缩，而在竖直方向上保持原先的尺寸，样条将表现出拉伸效果
镜像	定义对象间彼此成镜像关系，该约束由“镜像”工具产生

2. 自动约束

自动约束是由系统根据草图元素相互间的几何位置关系自动判断并添加到草图对象上的约束方法，主要用于所需添加约束较多并且已经确定位置关系的草图元素。单击“自动约束”按钮，打开“自动约束”对话框，然后选取约束的草图对象，并在“要应用的约束”对话框中启用所需约束的复选框，最后在“设置”面板中设置公差参数，并单击“确定”按钮完成自动约束操作，效果如图 4-43 所示。

4.4.4 编辑草图约束

当在草图中添加完几何约束或尺寸约束后，可以直接通过编辑草图约束的各种工具将其修改并完善。

1. 显示所有约束

该工具的作用是显示所有草图对象的约束类型，以便对约束的正误进行判断。单击“显示所有约束”按钮，草图对象中的所有约束便会显示出来，如图 4-44 所示。

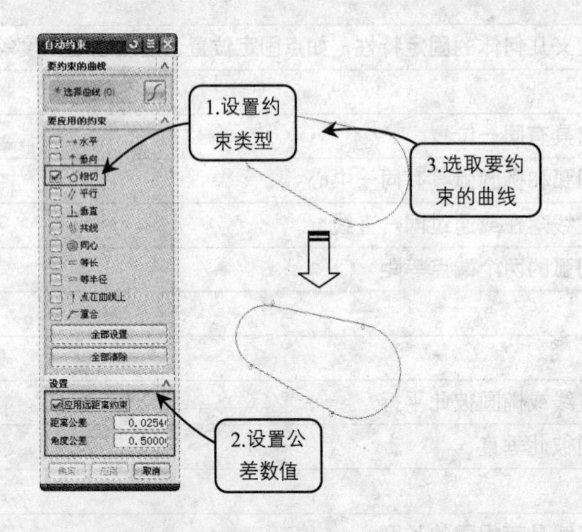

图 4-43　添加自动约束

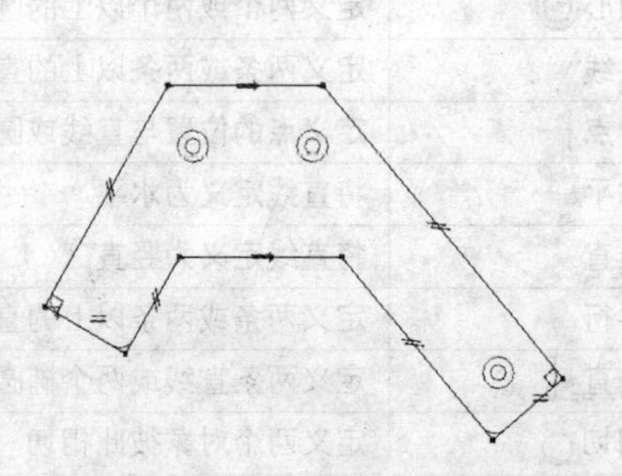

图 4-44　显示草图中的所有约束

2. 显示/移除约束

利用该对话框可以查看草图对象所应用的几何约束的类型和约束的信息，也可以完成几何约束的删除操作。

单击“显示/移除约束”按钮，在打开的“显示/移除约束”对话框的“约束列表”面板中，可以利用 3 个单选按钮根据对象类型显示约束。通过“约束类型”下拉列表可选择具体的显示约束类型。在“显示约束”列表框中显示了所有符合要求的约束，当从中选择一个约束后单击“移除高亮显示的”按钮，即可删除指定的约束。单击“移除所列的”按钮，可删除列表中所有的约束。图 4-45 所示即为移除两直线平行约束的效果。

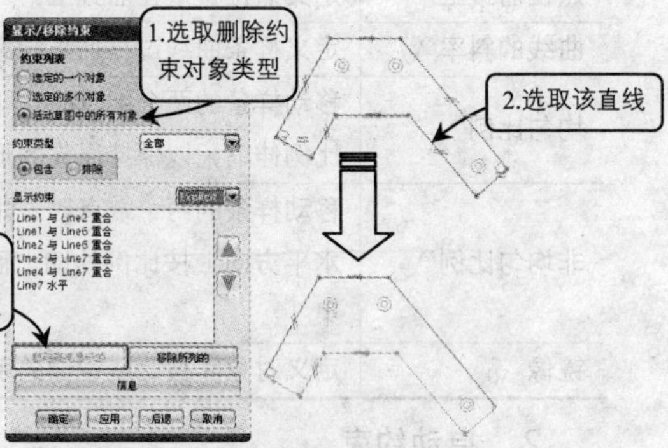

图 4-45　删除选定的约束

3. 转换至/自参考对象

利用该工具可以将草图中的曲线或尺寸转换为参考对象，或将参考对象再次激活。该工具经常用来将直线转换为参考的中心线。

单击“转换至/自参考对象”按钮，打开“转换至/自参考对象”对话框，然后选取绘图区中要转换的对象，即可完成参考对象的转换，效果如图4-46所示。

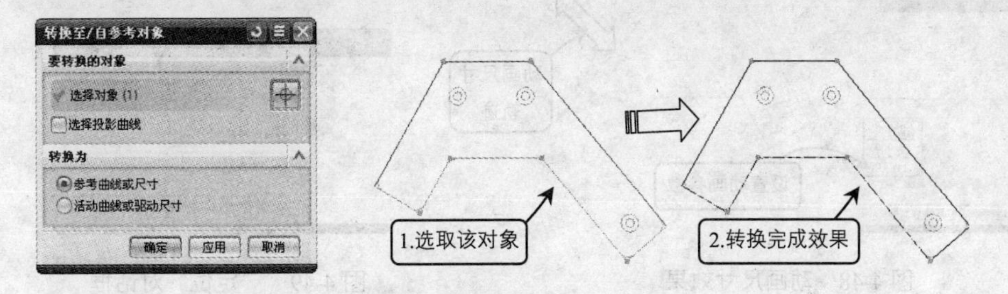

图4-46 转换图形为自参考对象

4．自动判断约束设置

通过对“自动判断约束”对话框的设置，可以控制哪些约束在构造草图曲线过程中被自动判断并创建，从而减少在绘制草图后添加约束的工作量，提高绘图效率。单击“自动判断约束”按钮，打开“自动判断约束和尺寸”对话框，通过启用和禁用该对话框中各约束类型的复选框，即可控制绘制草图过程中自动创建约束的类型，效果如图4-47所示。

提 示：在对“自动判断约束”对话框设置完成后，还需要启用“草图约束”工具栏中的“创建自动判断的约束”按钮，才能在绘制草图过程中自动创建所需约束。

图4-47 自动判断约束效果

5． 动画尺寸

该工具可以将所选草图对象的尺寸约束在指定尺寸范围内按照一定的步数进行变化，同时显示与该草图对象关联的其他对象的尺寸约束，以达到动态观察该元素对草图的影响效果。

单击“直接草图”工具栏“动画尺寸”按钮，在打开的“动画”对话框的列表框中选择一个尺寸表达式，并对“上限”、“下限”和“步数/循环”3个参数进行设置。接着单击“应用”按钮，将打开动画停止对话框并开始动画显示，效果如图4-48所示，单击“停止”按钮便可结束动画显示过程。

注 意：只有进行尺寸约束后的草图对象才能进行动画模拟尺寸操作，如果草图中没有任何尺寸约束，则不能进行动画模拟尺寸操作。

4.4.5 草图定位

当草图绘制依附于实体的某个表面时，就要确定草图元素相对于该实体表面的位置，即草图定位。选择菜单栏“工具”→“定位尺寸”→“创建”选项，打开如图 4-49 所示的“定位”对话框。该对话框共包括 9 种定位按钮，分别介绍如下。

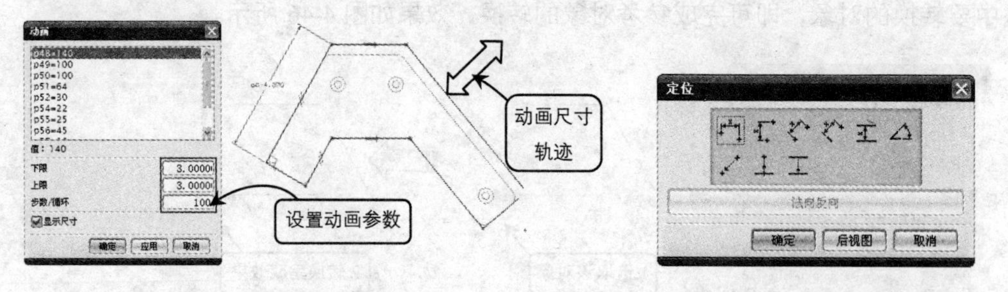

图 4-48　动画尺寸效果　　　　图 4-49　“定位”对话框

1. 水平

利用该按钮可以进行 XC 轴方向几何元素的定位。单击“水平”按钮，选取实体上的曲线为目标对象，然后选取需要定位的草图曲线，最后输入定位数值即可完成操作，效果如图 4-50 所示。

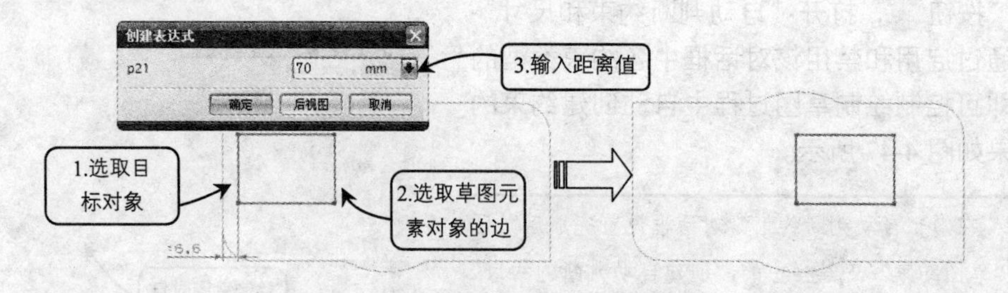

图 4-50　水平定位效果

2. 竖直

利用该按钮可以进行 YC 轴方向几何元素的定位。单击“竖直”按钮，选取实体上的曲线为目标对象，然后选取需要定位的草图曲线，最后输入定位数值即可完成操作，效果如图 4-51 所示。

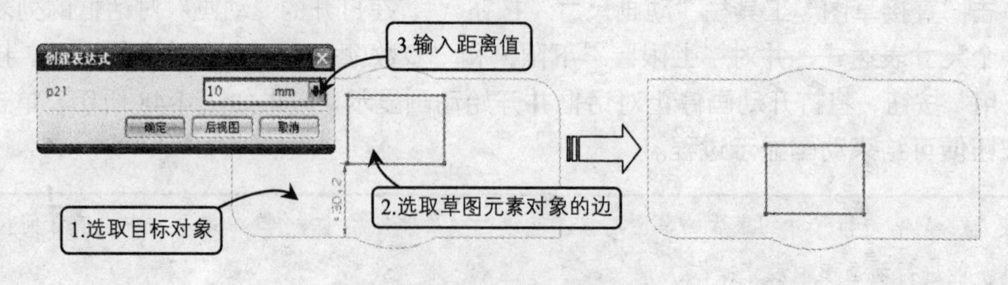

图 4-51　竖直定位效果

3. 平行

利用该按钮可以对目标参数对象的基准点与草图元素的参考点进行准确的定位。单击

“平行”按钮，选取实体上的边与草图元素的端点，然后在打开的“创建表达式”对话框中输入距离参数并单击“确定”按钮，效果如图 4-52 所示。

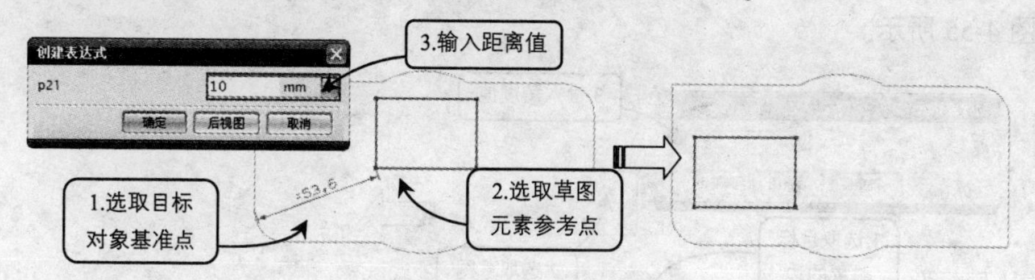

图 4-52　平行定位效果

4. 垂直

该方法用于目标对象上的边与草图元素上的参考点之间的定位。单击“垂直”按钮，选取实体上的边与草图元素的端点，然后在打开的“创建表达式”对话框中输入距离参数并单击“确定”按钮，效果如图 4-53 所示。

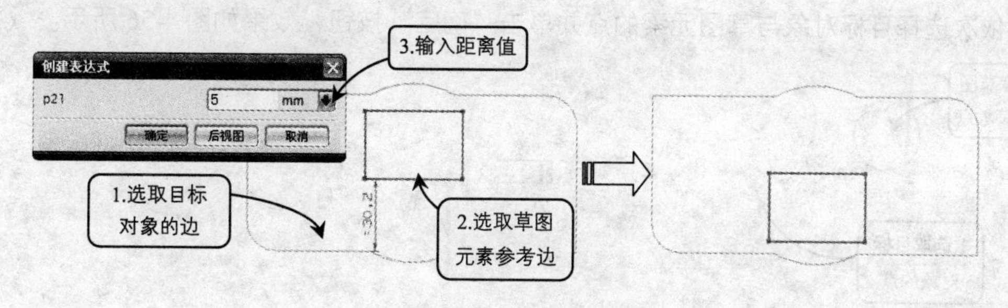

图 4-53　垂直定位效果

5. 按一定距离平行

该方法主要用于目标对象上的边与草图元素上的边之间的定位。单击“按一定距离平行”按钮，分别选取实体与草图元素的一条边，然后输入距离参数并单击“确定”按钮，效果如图 4-54 所示。

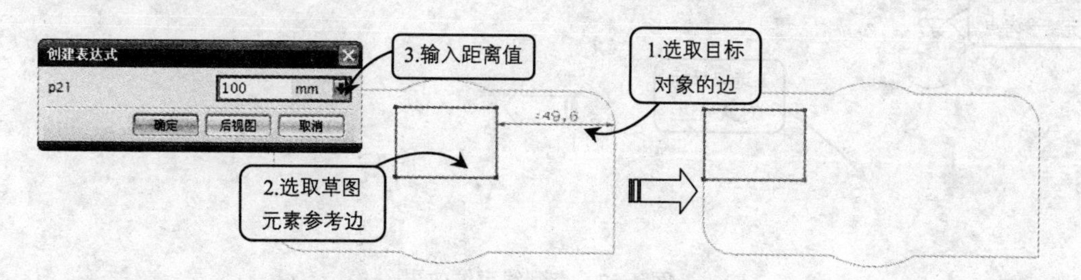

图 4-54　按一定距离平行定位效果

6. 成一定角度

使用该方法可以使目标对象与草图元素的边成一定角度进行定位。该角度以目标对象上的边为起始边，沿该边逆时针旋转，角度为正；沿该边顺时针旋转，角度为负。单击“成角度”按钮⊿，依次选取目标对象与草图元素的边，然后输入角度值并单击“确定”按钮，效果如图 4-55 所示。

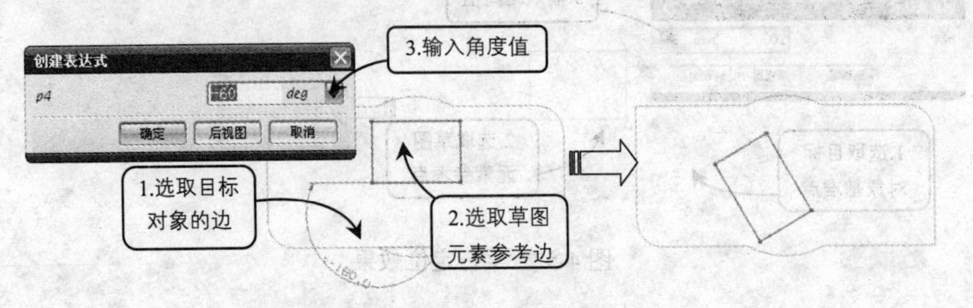

图 4-55　成一角度定位效果

7．点到点

该按钮可以对目标对象上的点与草图元素上的点进行共点定位。单击“点到点”按钮，依次选择目标对象与草图元素的点并单击“确定”按钮，效果如图 4-56 所示。

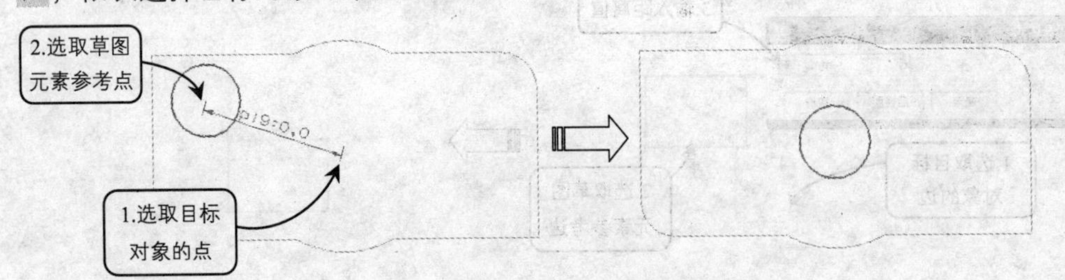

图 4-56　点到点定位效果

8．点到线

该按钮用于目标对象上的边与草图元素上的点的重合定位。单击“点到线上”按钮，依次选择目标对象的边与草图元素的点并单击“确定”按钮，效果如图 4-57 所示。

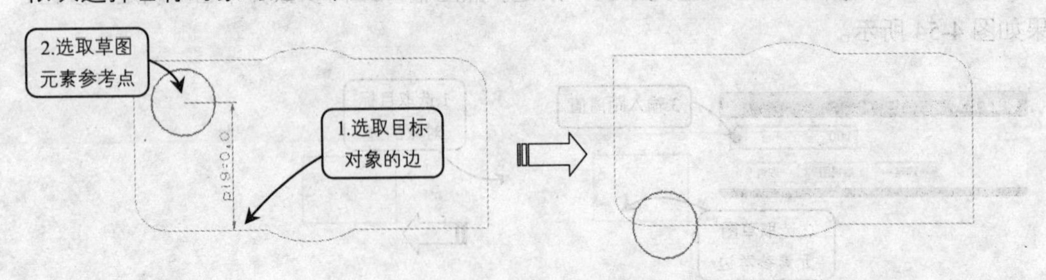

图 4-57　点到线定位效果

9．线到线

该按钮用于目标对象上的边与草图元素上的边之间的定位。单击“线到线”按钮，依次选取目标对象的边与草图元素的边并单击“确定”按钮，效果如图 4-58 所示。

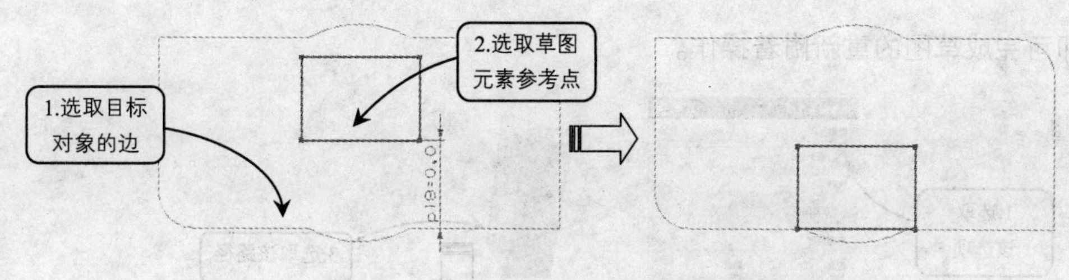

图 4-58　线到线定位效果

4.4.6 草图的重新附着

草图重新附着的作用是在不改变草图曲线元素的情况下，把草图上所有的元素重新附着在指定的实体表面上。使用该工具无需重新绘制草图就可以在不同的实体平面得到相同的草图元素。在草图工具栏中单击“重新附着草图”按钮，或在菜单栏中选择“工具”→“重新附着”选项，打开“重新附着草图”对话框，其中各选项作用和前面的“创建草图”相似，同样包括两种重新附着的方法，分别介绍如下。

1. 在平面上

选择该选项时，可以将现有的草图元素直接附着在指定的实体表面上。如图 4-59 所示，在实体的 XC-YC 方向的左侧面绘制完草图后，不要退出草绘环境，直接单击“重新附着”按钮，打开“重新附着”对话框，然后选取 YC-ZC 方向的右侧面为要附着的面，单击“确定”按钮，该草图被重新附着转移到了实体的右侧面。

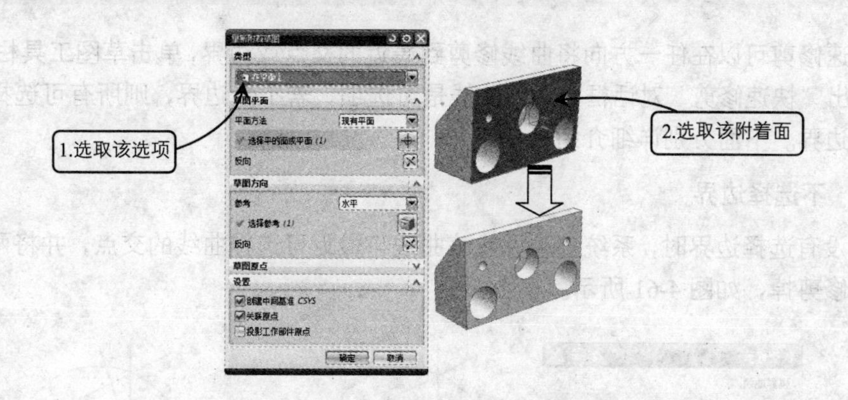

图 4-59　在平面上重新附着草图

2. 基于路径

该方法可以将草图元素重新附着在所创建的草图平面上。其操作方法与前面介绍的“创建草图”对话框中的“基于路径”选项相似，即首先创建一个新的平面，然后选择新建的平面作为重新附着平面。

在“类型”下拉列表框中选择“基于路径”选项，“重新附着草图”对话框变为如图 4-60 所示形式，接着单击“曲线”按钮，在工作区选择路径并创建平面，最后单击“确

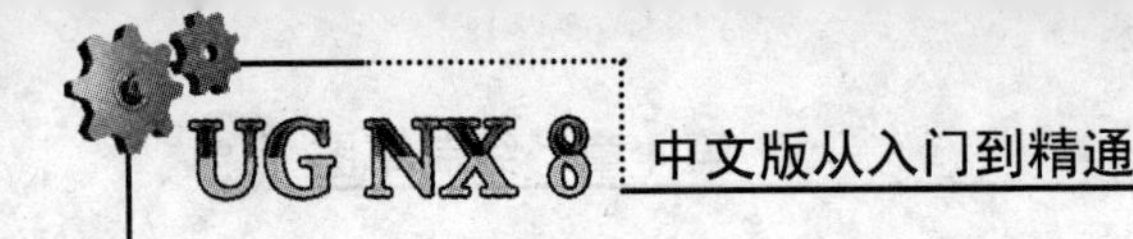

定”按钮即可完成草图的重新附着操作。

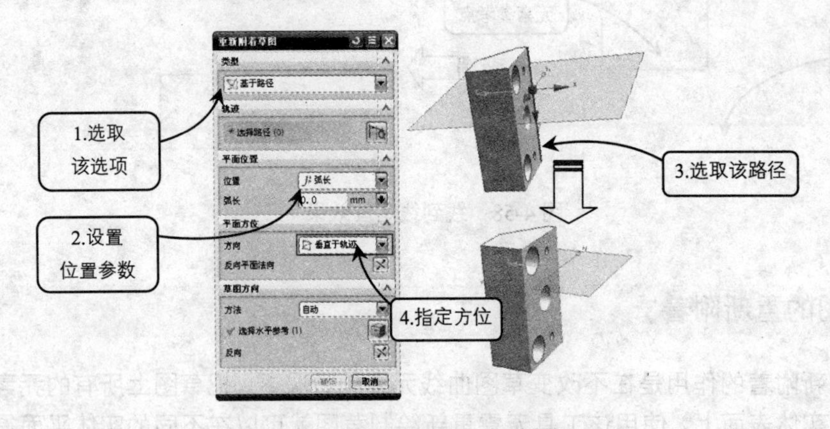

图 4-60　基于路径重新附着草图

4.5 编辑草图

完成大致的草图后，常需要对草图进行修改和编辑，通过快速修剪及制作拐角修剪不需要的草图部分，通过延伸没有闭合的草图，使图形闭合等。

4.5.1 快速修剪

快速修剪可以在任一方向将曲线修剪到最近的交点或边界，单击草图工具栏中的图标，弹出“快速修剪”对话框。边界曲线是可选项，若不选边界，则所有可选择的曲线都被当作边界。下面分别详细介绍。

1. 不选择边界

在没有选择边界时，系统自动寻找该曲线与最近可选择曲线的交点，并将两交点之间的曲线修剪掉，如图 4-61 所示。

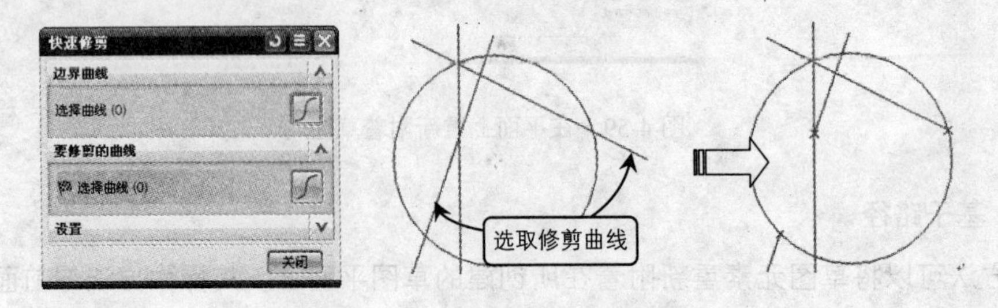

图 4-61　不选择边界时的快速修剪

2. 选择边界

若选择了边界（按住 Ctrl 键可选择多条边界），则只修剪曲线选择点相邻的边界线之

间的曲线段，如图 4-62 所示。

图 4-62　选择边界时的快速修剪

4.5.2 快速延伸

快速延伸可以以任一方向将曲线延伸到最近的交点或边界，单击草图工具栏中的图标，弹出“快速延伸”对话框。边界曲线是可选项，若不选边界，则所有可选择的曲线都被当作边界。下面分别详细介绍。

1. 不选择边界

在没有选择边界时，系统自动寻找该曲线与最近可选择曲线的交点，并将曲线延伸到交点，如图 4-63 所示。

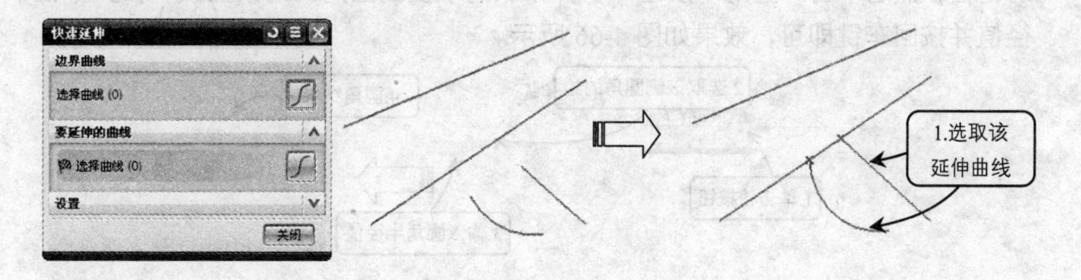

图 4-63　不选择边界时的快速延伸

2. 选择边界

若选择了边界（按住 Ctrl 键可选择多条边界），则只延伸与边界和延伸曲线两边间的曲线段，如图 4-64 所示。

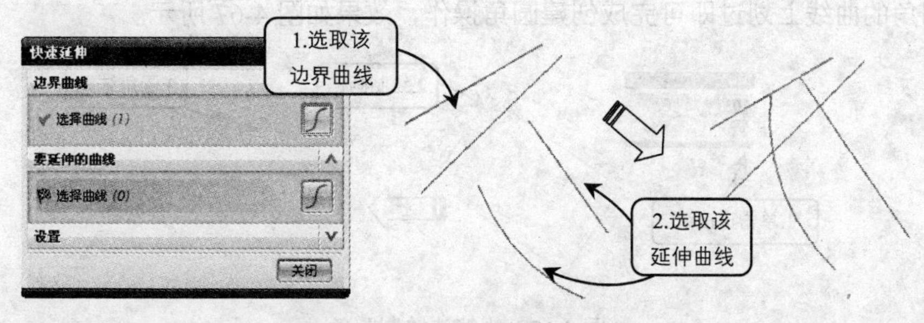

图 4-64　选择边界时的快速延伸

4.5.3 创建拐角

将两条曲线修剪或延伸到其交点。单击“草图工具”工具栏中的图标，弹出“制作拐角”对话框。选择制作拐角的两条曲线，系统将根据实际情况对其进行修剪或延伸。用鼠标分别选择要创建拐角的曲线对，完成的拐角效果如图 4-65 所示。

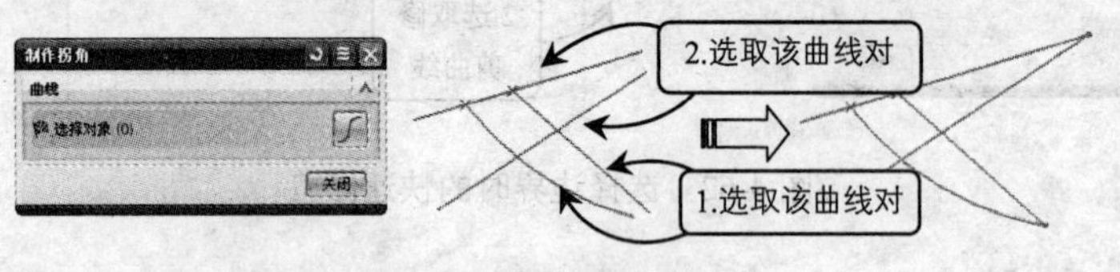

图 4-65　创建拐角

4.5.4 创建圆角

“圆角”工具可以在两条或三条曲线之间倒圆角。利用该工具进行倒圆角包括精确法、粗略法和删除第三条曲线 3 种方法。

1. 精确法

该方法可以在绘制圆角时精确地指定圆角的半径。单击“圆角”按钮，打开“圆角”对话框，然后单击“圆角”按钮，并依次选取要倒圆角的两条曲线，在文本框中输入半径值并按回车键即可，效果如图 4-66 所示。

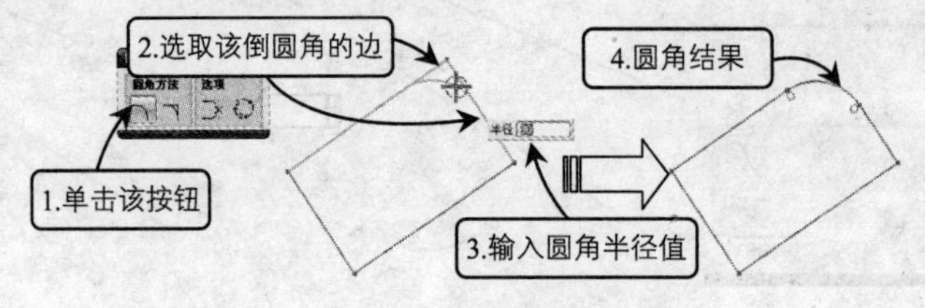

图 4-66　精确法绘制圆角

2. 粗略法

该方法可以利用画链的方式快速倒圆角，但圆角半径的大小由系统根据所画的链与第一元素的交点自动判断。单击“圆角”对话框中的“圆角”按钮，然后按住鼠标左键从需要倒圆角的曲线上划过即可完成创建圆角操作，效果如图 4-67 所示。

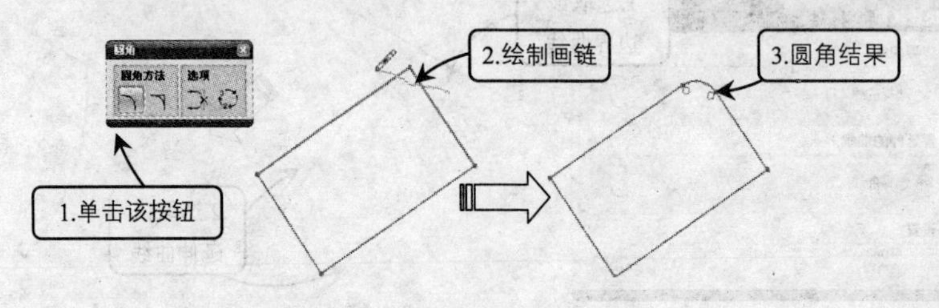

图 4-67　粗略法绘制圆角

3. 删除第三条曲线

该选项用于创建 3 条曲线的圆角，系统默认状态下为关闭，单击该按钮则打开此功能，如图 4-68 和图 4-69 所示。

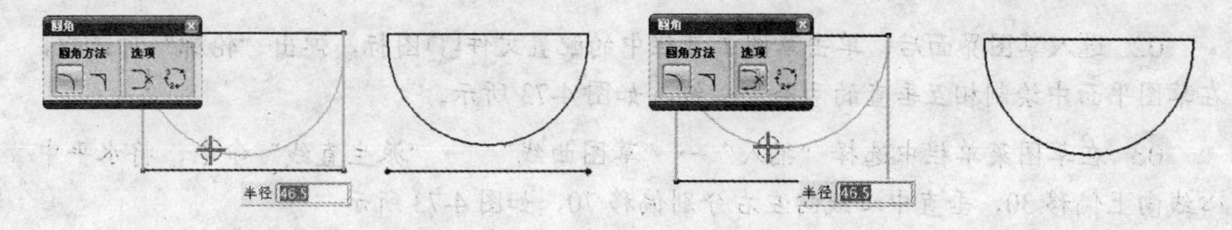

图 4-68　关闭“删除第三条曲线”功能倒圆角效果 图 4-69　启用“删除第三条曲线”功能倒圆角效果

4.6 案例实战——绘制垫片的平面草图

最终文件:	source\chapter4\ch4-example1-final.prt
视频文件:	AVI\实例操作 4-1.avi

本例将绘制一个如图 4-70 所示的垫片。垫片主要用在机械零件的连接处，可以使零件之间连接得更为紧密，防止缝隙之间漏水或漏气。此垫片在绘制过程中主要用到了“圆”和“圆角”工具，其中包括用半径和相切、相切、半径等各种圆的绘制方法，及“圆角”、“快速修剪”、“派生直线”等草图编辑工具。

4.6.1 设置草图参数

01 启动 UG NX8，新建一个模型零件，在建模界面的菜单栏中选择“首选项”→“背景”命令，在“编辑背景”对话框中，将背景设置为纯色，如图 4-71 所示。

02 在建模界面的菜单栏中选择“首选项”→“草图”命令，打开“草图首选项”对话框，在“草图样式”选项卡中将“尺寸标签”设置为“值”，如图 4-72 所示。

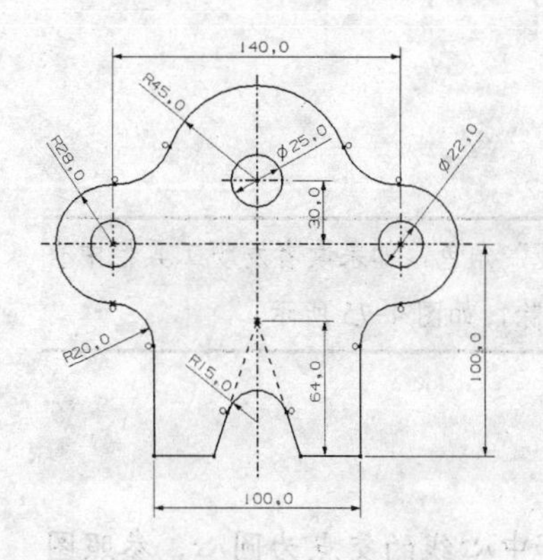

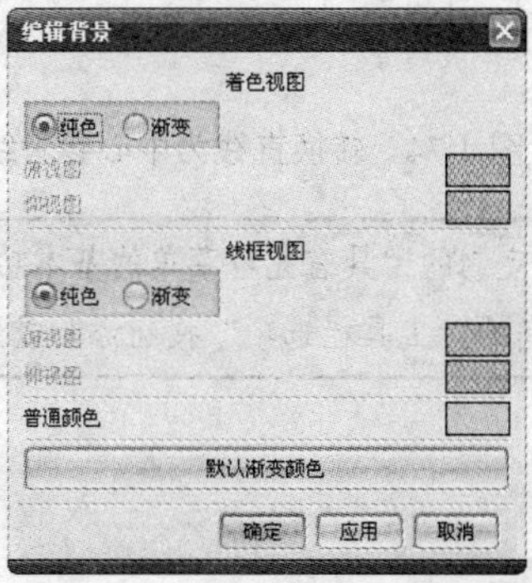

图 4-70　垫片平面草图

图 4-71　“编辑背景”对话框

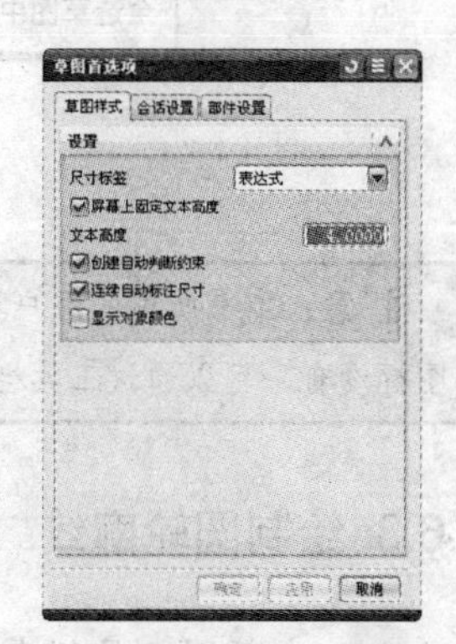

图 4-72　“草图首选项”对话框

4.6.2 绘制中心线

01 单击建模界面工具栏中的草图图标，弹出“创建草图”对话框，单击“确定”按钮，进入系统默认的草绘平面。

02 进入草图界面后，单击草图工具栏中的配置文件图标，弹出“轮廓”对话框，在草图平面中绘制相互垂直的两条中心线，如图 4-73 所示。

03 在草图菜单栏中选择“插入”→“草图曲线” →“派生直线”命令，将水平中心线向上偏移 30，垂直中心线向左右分别偏移 70，如图 4-73 所示。

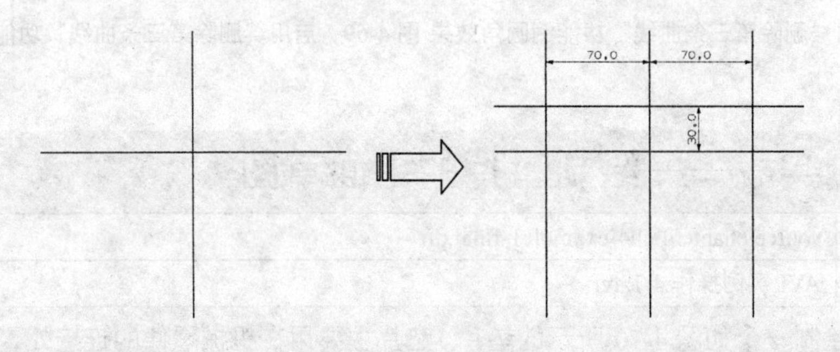

图 4-73 派生线段

04 在“草图工具”工具栏中选择转换至/自参考对象图标，弹出“转换至/自参考对象”对话框，将草图中的曲线全选中，单击“确定”按钮，完成中心线参考对象设置，如图 4-74 所示。

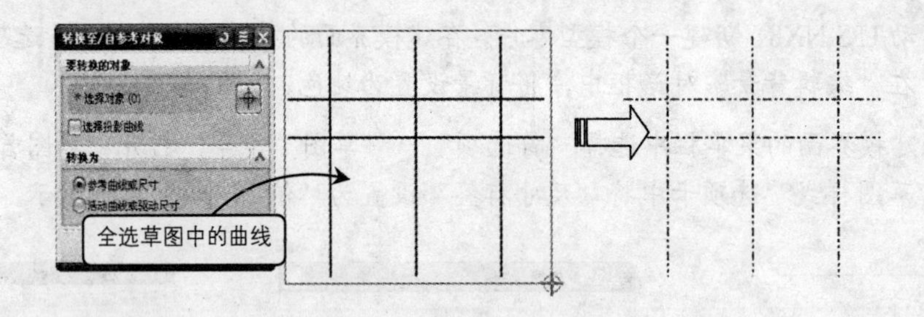

图 4-74 转换直线为中心参考线

注 意：本书所用的用户界面为定制的“具有完整菜单的基本功能”角色，如果读者发现工具栏中有些图标没有，可以通过工具栏右下角的“工具栏选项”按钮添加或删除，如图 4-75 所示。

4.6.3 绘制圆轮廓线

01 在草图工具栏中单击圆按钮，分别以派生线段和中心线的交点为圆心，参照图 4-76 所示的尺寸绘制圆轮廓线。

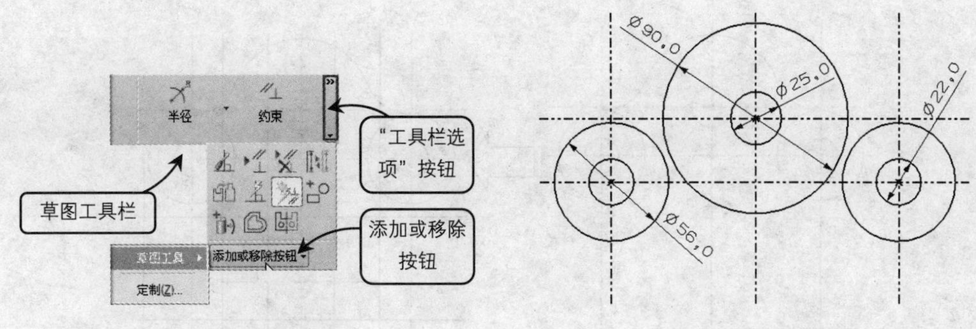

图 4-75 添加或删除按钮　　　　图 4-76 圆轮廓线尺寸

02 单击圆角图标，打开"圆角"对话框，分别选择φ90 和φ56 的圆，绘制相切的圆角，如图 4-77 所示。

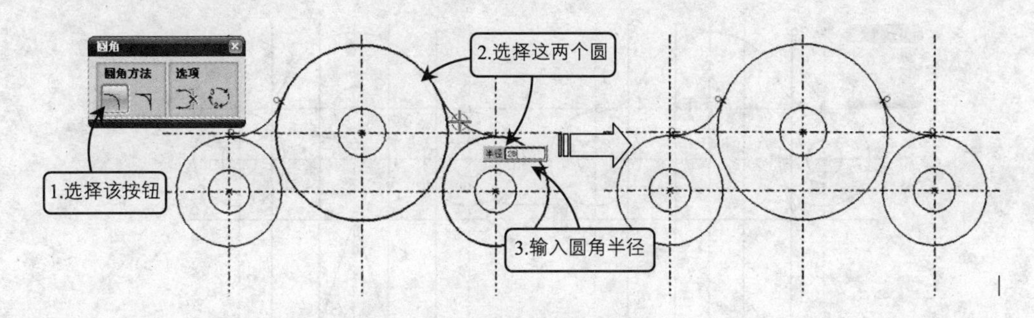

图 4-77 绘制圆角

03 单击快速修剪图标，打开"快速修剪"对话框，在对话框中先选择"边界曲线"一栏，在草图平面中依次选择φ56 的圆角作为边界，将φ90 的下半部修剪掉，如图 4-78 所示。

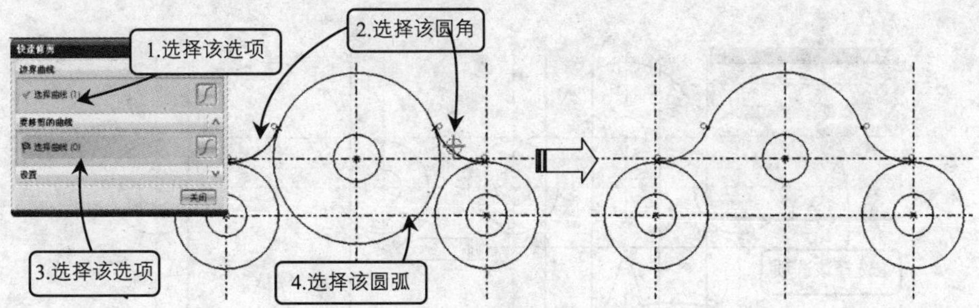

图 4-78 快速修剪曲线

4.6.4 绘制连接线段

01 在菜单栏中选择"插入"→"来自曲线集的曲线"→"派生直线"命令，将水平中心线向下偏移 36 和 100，垂直中心线分别左右偏移 21 和 50，如图 4-79 所示。

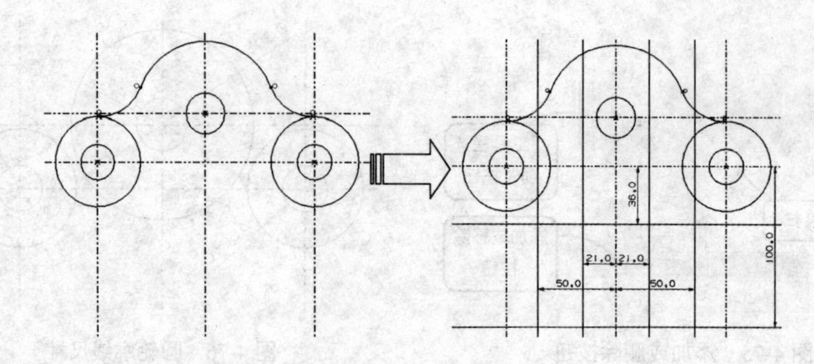

图 4-79　派生线段

02 在草图工具栏中单击直线图标，依次绘制如图 4-80 所示的两直线。

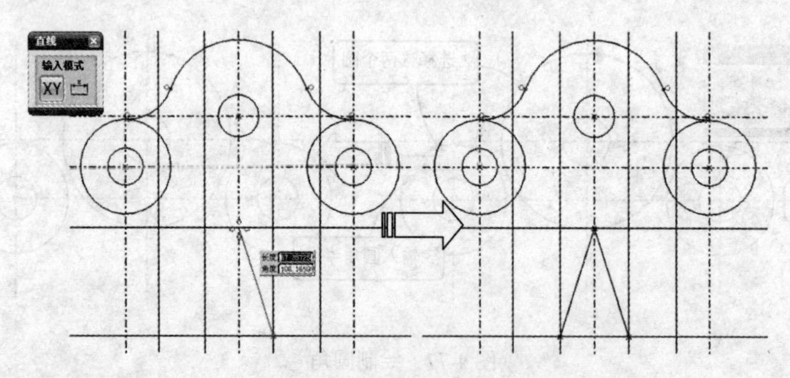

图 4-80　绘制直线

03 单击快速修剪图标，打开“快速修剪”对话框，在草图平面中修剪掉多余的直线段，如图 4-81 所示。

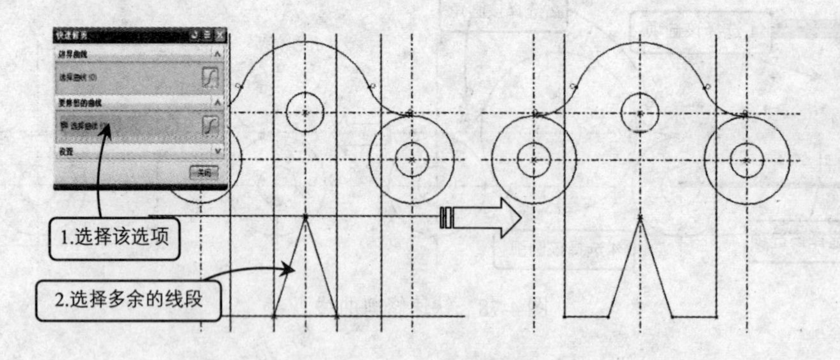

图 4-81　快速修剪曲线

4.6.5 圆角

01 单击圆角图标，打开“圆角”对话框，分别选择φ56 圆和直线，绘制半径为 20 的圆角，然后再按照同样的方法绘制右边的圆角，如图 4-82 所示。

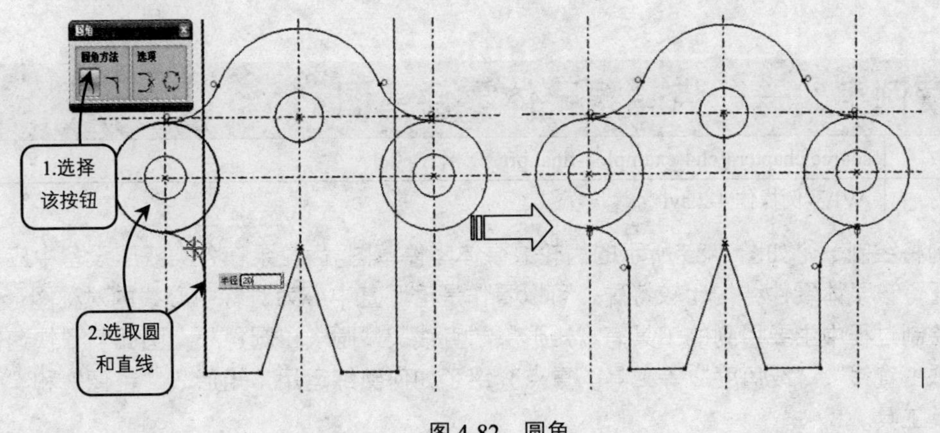

图 4-82 圆角

02 选择草图底部的两条斜直线，绘制半径为15的圆角，如图4-83所示。

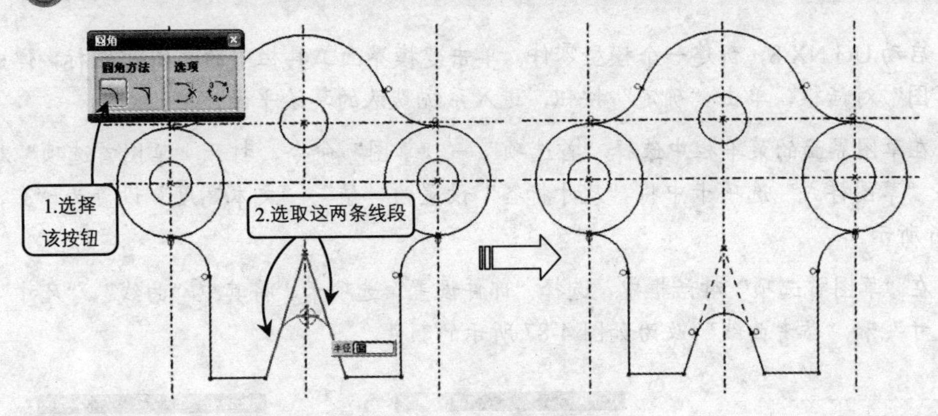

图 4-83 圆角

03 单击快速修剪图标，打开“快速修剪”对话框，在草图平面中修剪掉多余的直线段，如图4-84所示。垫片全部绘制完成。

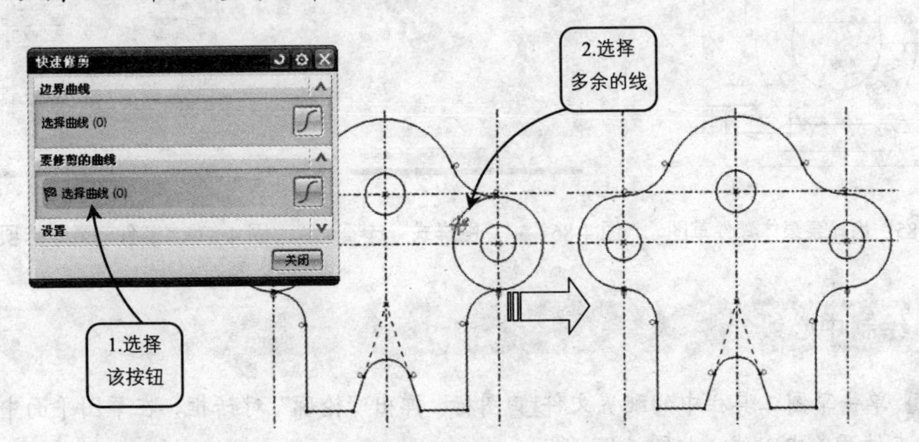

图 4-84 快速修剪曲线

4.7 案例实战——齿轮泵泵体零件草图

最终文件:	source\chapter4\ch4-example2-final.prt
视频文件:	AVI\实例操作 4-2.avi

本例将绘制一个如图 4-85 所示的齿轮泵泵体零件草图。齿轮泵在各类液压设备中应用非常广泛，该泵体零件结构比较特殊，可以看作是沿竖直中心为对称中心线的对称图形。本例在绘制过程中主要用到的工具有“矩形”、“直线”、“圆”、“圆角”、“圆弧”、“快速修剪”、“派生直线”、“成角度”等工具。重点介绍了如何熟练运用“矩形”、“镜像”和“快速修剪”工具。

4.7.1 设置草图参数

01 启动 UG NX 8，新建一个模型零件。单击建模界面工具栏中的草图图标，弹出“创建草图”对话框，单击“确定”按钮，进入系统默认的草绘平面。

02 在草图界面的菜单栏中选择“首选项”→“草图”命令，打开“草图首选项”对话框，在“草图样式”选项卡中将“尺寸标签”设置为“值”，“文本高度”设置为“3”，如图 4-86 所示。

03 在“草图首选项”对话框中，选择“部件设置”选项卡，将其中“曲线”、“尺寸”、“参考尺寸”和“参考曲线”改为如图 4-87 所示的颜色。

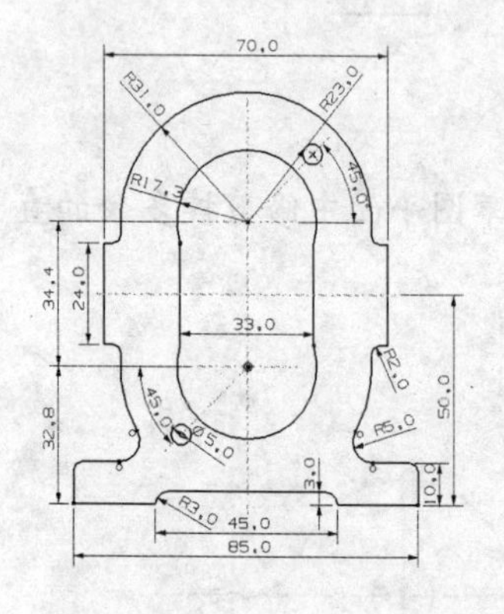

图 4-85　齿轮泵泵体零件草图

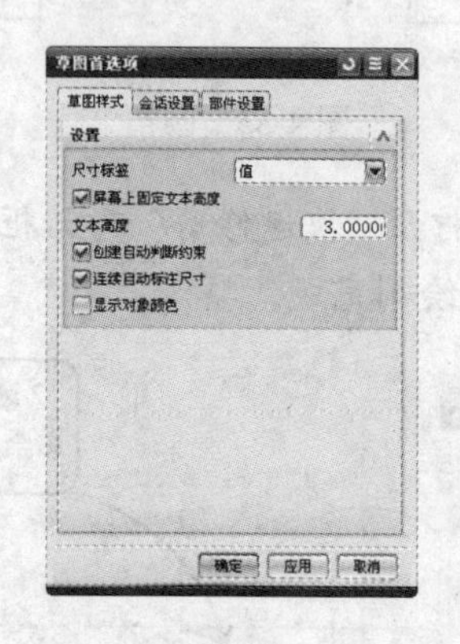

图 4-86　“草图样式”选项卡

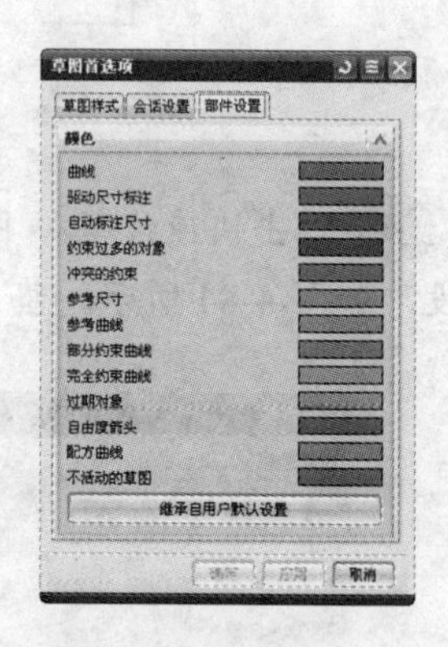

图 4-87　“部件设置”选项卡

4.7.2 绘制中心线

01 单击草图工具栏中的配置文件图标，弹出“轮廓”对话框，在草图平面中绘制相互垂直的两条中心线，如图 4-88 所示。

02 在草图菜单栏中选择“插入”→“草图曲线”　→“派生直线”命令，将水平中心线向下偏移 45，如图 4-88 所示。

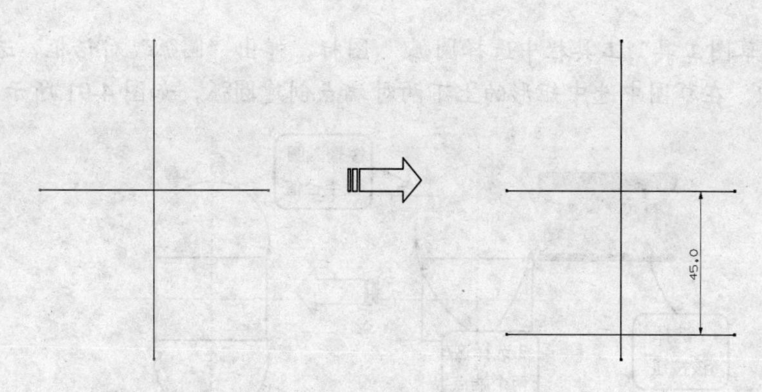

图 4-88　派生直线

03 在“草图工具”工具栏中选择转换至/自参考对象图标，弹出“转换至/自参考对象”对话框，将草图中的曲线全选中，单击“确定”按钮，完成中心线参考对象设置，如图 4-89 所示。

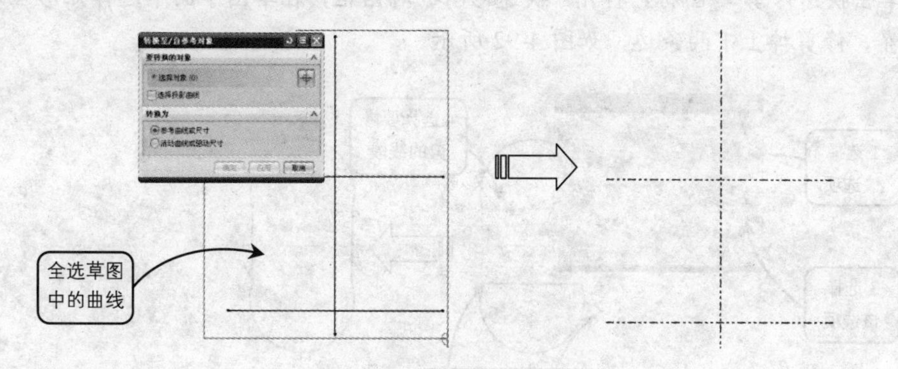

图 4-89　转换直线为中心参考线

4.7.3 绘制内腔轮廓

01 单击草图工具栏中的矩形图标，弹出“矩形”对话框，选择“从中心”按钮。在草图平面中选择中心线的交点，绘制如图 4-90 所示的矩形。

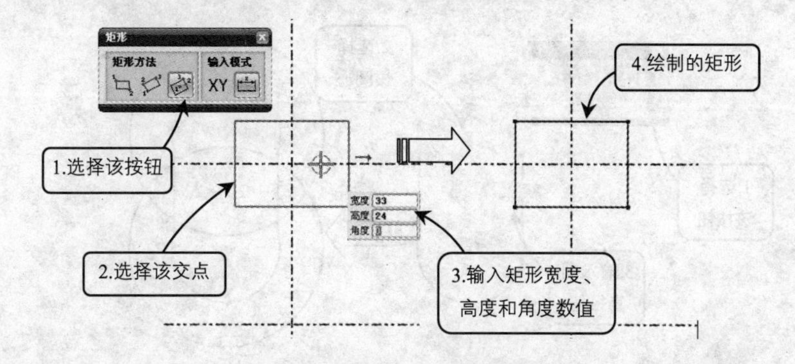

图 4-90　从中心绘制矩形

02 在“草图工具”工具栏中选择圆弧图标，弹出“圆弧”对话框，选择“三点定圆弧”按钮，在草图中选中矩形的上下两对端点创建圆弧，如图 4-91 所示。

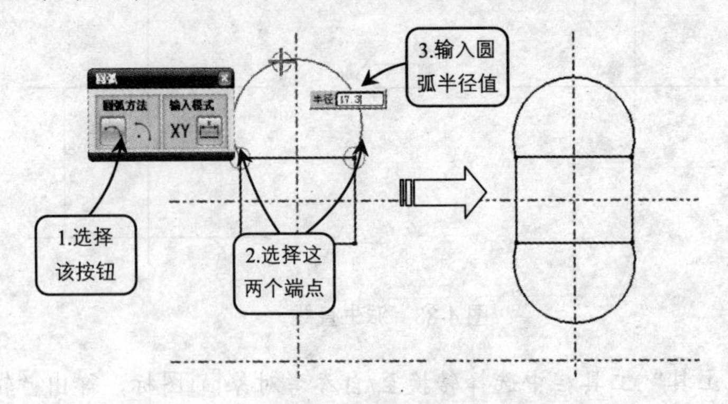

图 4-91　绘制圆弧

03 单击快速修剪图标，打开“快速修剪”对话框，在草图平面中选择矩形左右两条边为边界，修剪掉上下两条边，如图 4-92 所示。

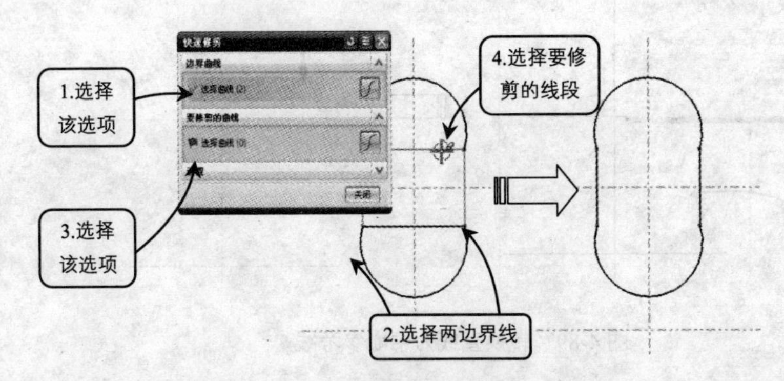

图 4-92　快速修剪线段

4.7.4 绘制上部外轮廓

01 选择内腔轮廓线的两个圆弧的圆心，分别绘制直径为 62 的圆，如图 4-93 所示。

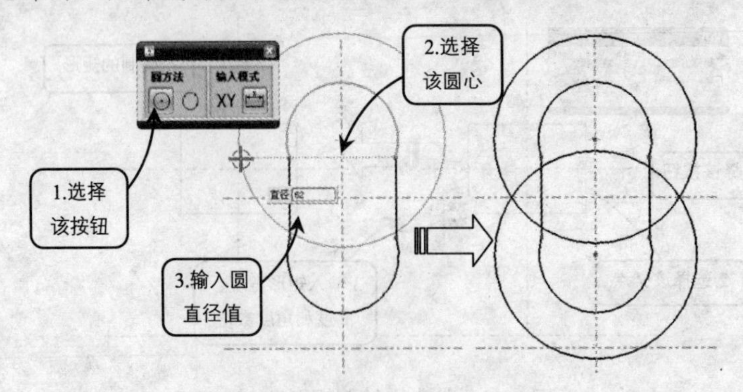

图 4-93　绘制圆

02 单击草图工具栏中的矩形图标，弹出“矩形”对话框，选择“从中心”按钮。在草图平面中选择中心线的交点，绘制如图 4-94 所示的矩形。

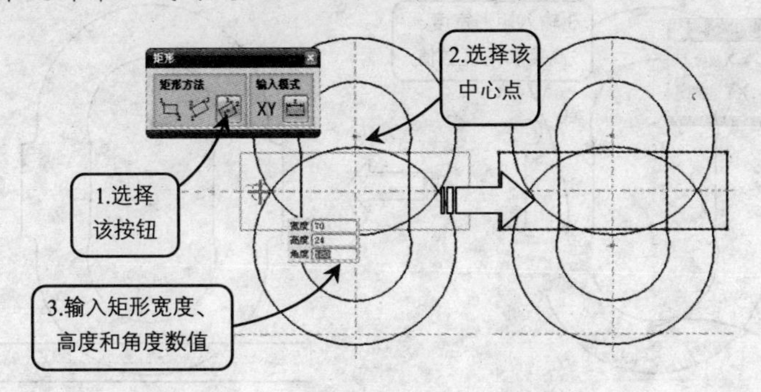

图 4-94　从中心绘制矩形

03 单击快速修剪图标，打开“快速修剪”对话框，在草图平面中修剪掉多余的直线段，如图 4-95 所示。

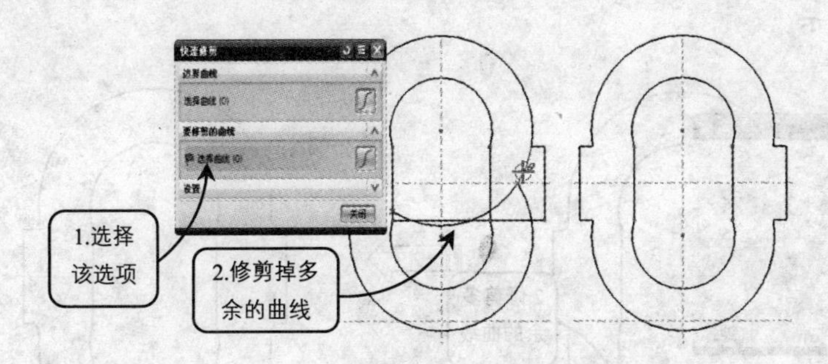

图 4-95　快速修剪曲线

04 单击圆角图标，打开“圆角”对话框，选择矩形与两个圆弧相交的四个交点，绘制半径为 2 的圆角，如图 4-96 所示。

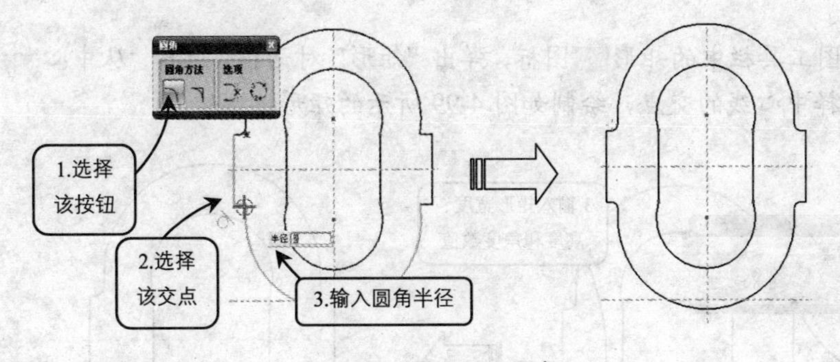

图 4-96　圆角

4.7.5 绘制底座

01 单击草图工具栏中的矩形图标，弹出“矩形”对话框，选择“从中心”按钮，在草图平面中选择中心线的交点，绘制如图 4-97 所示的矩形。

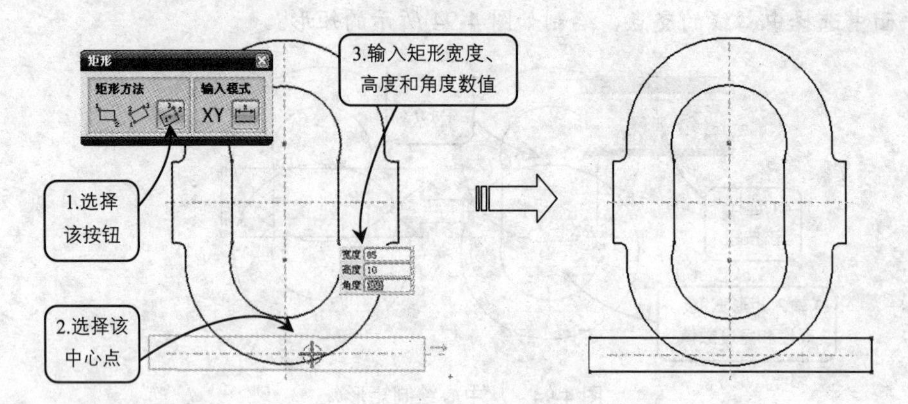

图 4-97　绘制矩形

02 单击快速修剪图标，打开“快速修剪”对话框，在草图平面中修剪掉多余的直线段，如图 4-98 所示。

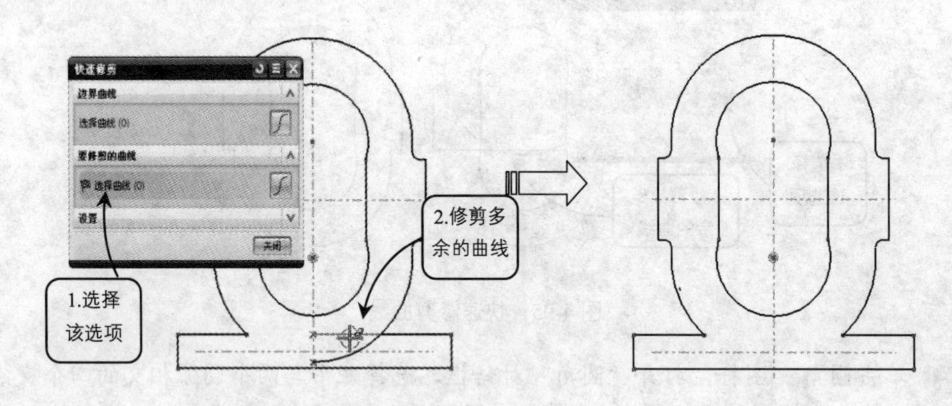

图 4-98　快速修剪曲线

03 单击草图工具栏中的矩形图标，弹出“矩形”对话框，选择“从中心”按钮，在草图平面中选择中心线的交点，绘制如图 4-99 所示的矩形。

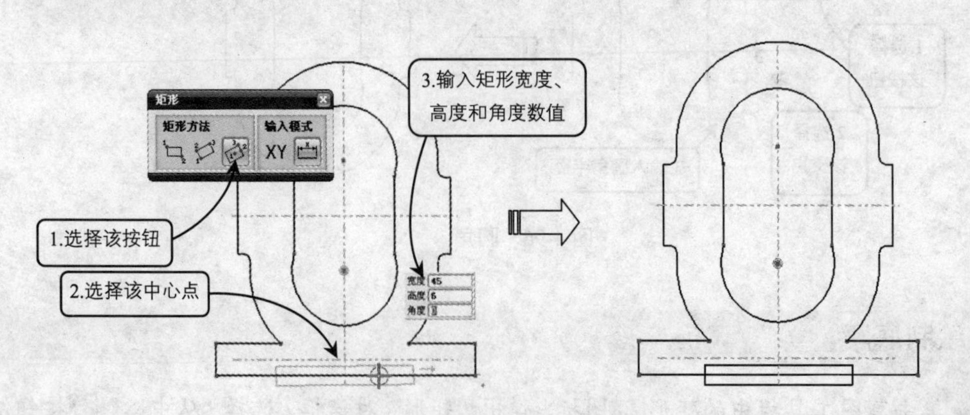

图 4-99　绘制矩形

04 单击快速修剪图标，打开“快速修剪”对话框，在草图平面中修剪掉多余的直线段，如图 4-100 所示。

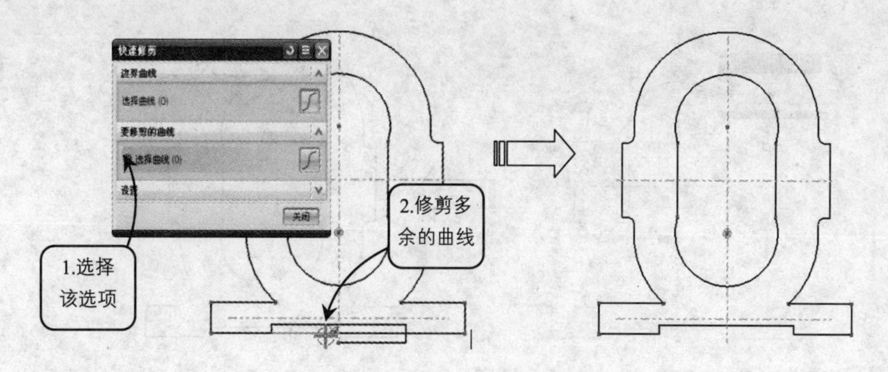

图 4-100 快速修剪曲线

05 单击圆角图标，打开“圆角”对话框，选择矩形与两个圆弧相交的四个交点，绘制半径为 2 的圆角，如图 4-101 所示。

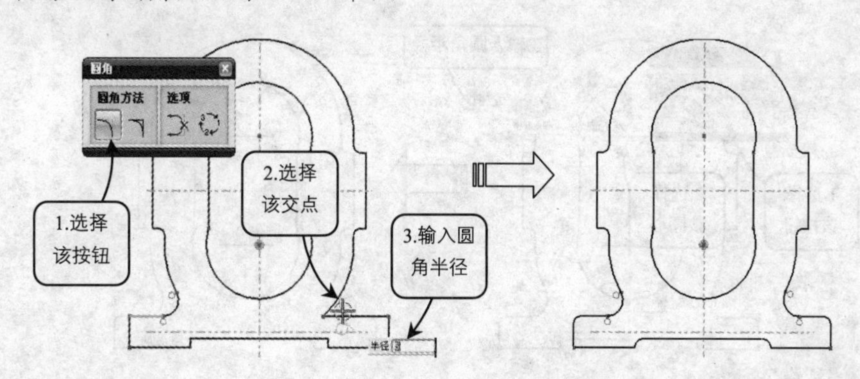

图 4-101 圆角

4.7.6 绘制销孔

01 在草图工具栏中单击直线图标，依次绘制如图 4-102 所示的两直线。

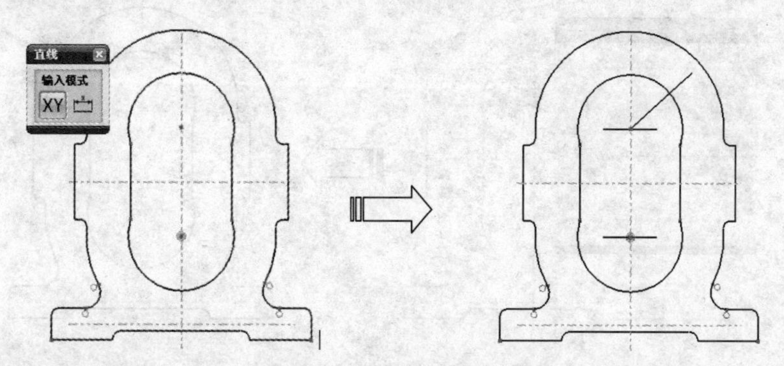

图 4-102 绘制直线

02 单击草图工具栏中的成角度图标，选中如图 4-103 所示的两条直线，约束这两条直线成 45° 角。

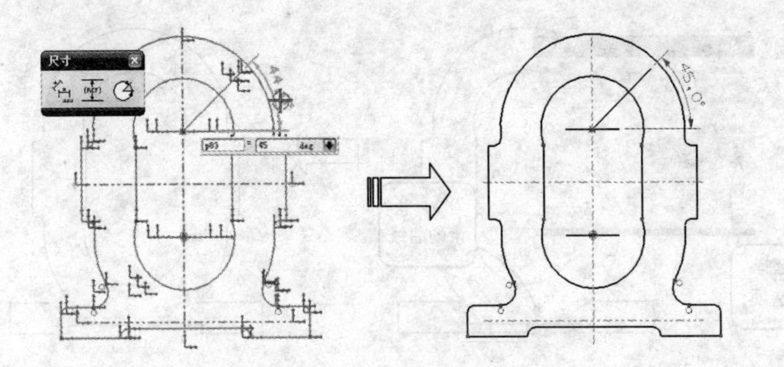

图 4-103　约束角度尺寸

03 单击圆弧图标，在草图中选中泵体上部圆弧的圆心，绘制半径为 23 的一小段圆弧，如图 4-104 所示。

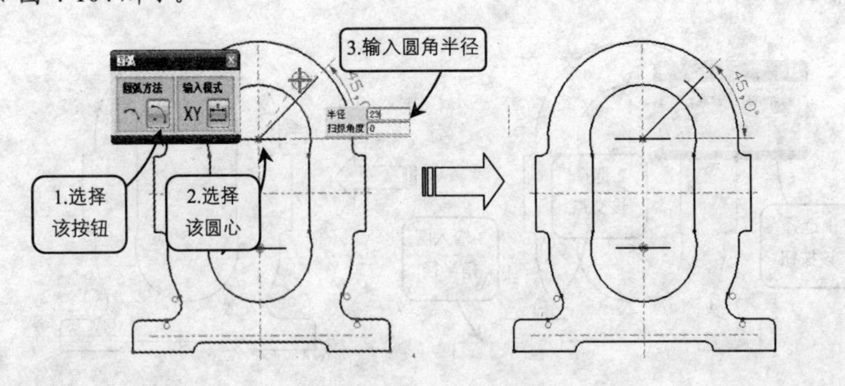

图 4-104　绘制圆弧

04 在“草图工具”工具栏中选择转换至/自参考对象图标，弹出“转换至/自参考对象”对话框，在草图中选中要转换的直线，单击“确定”按钮，完成参考线的设置，如图 4-105 所示。

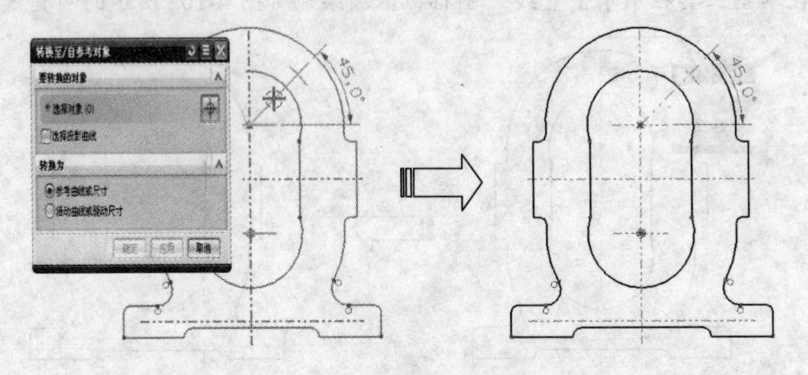

图 4-105　转换曲线为参考线

05 单击草图工具栏中圆◯图标，在如图 4-106 所示的位置绘制直径为 5 的圆。

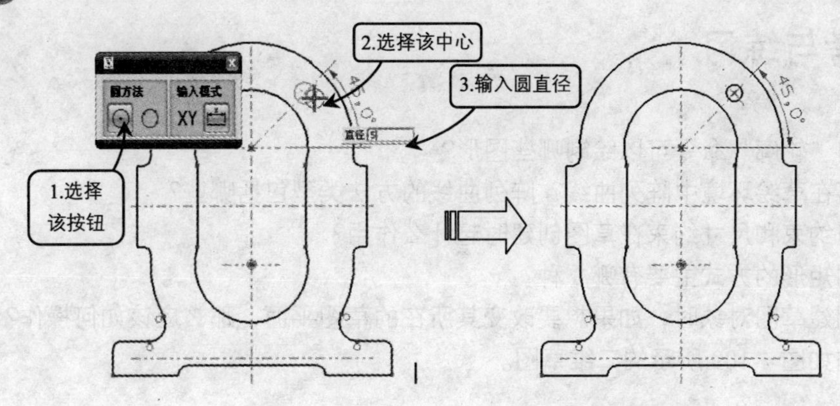

图 4-106 绘制圆

06 单击草图工具栏中镜像图标，在草图中选择竖直中心线为镜像中心线，销孔及参考线为镜像对象，单击“确定”按钮，即可完成镜像操作。在按照同样的方法，向下镜像左侧的销孔，删除左上的销孔，即可完成销孔的绘制，如图 4-107 和图 4-108 所示。

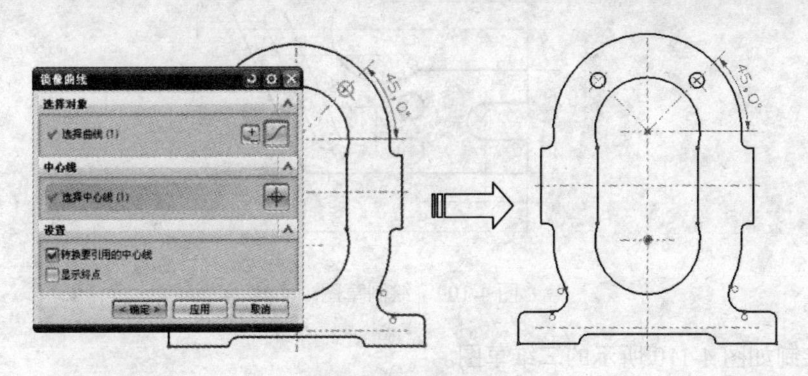

图 4-107 镜像圆

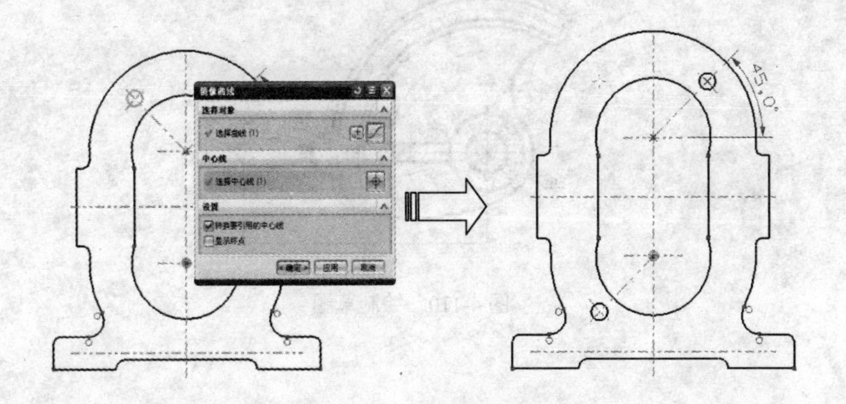

图 4-108 镜像圆

思考与练习

1. 使用“轮廓”命令可以绘制哪些图形?
2. 如何在草绘环境中阵列曲线? 阵列曲线的方法类型包括哪些?
3. 几何约束和尺寸约束在草图创建时起什么作用?
4. 绘制矩形的方式主要有哪 3 种?
5. 在创建草图对象时，如果想要改变其所在的草图平面，那么应该如何操作?
6. 绘制如图 4-109 所示的二维草图。

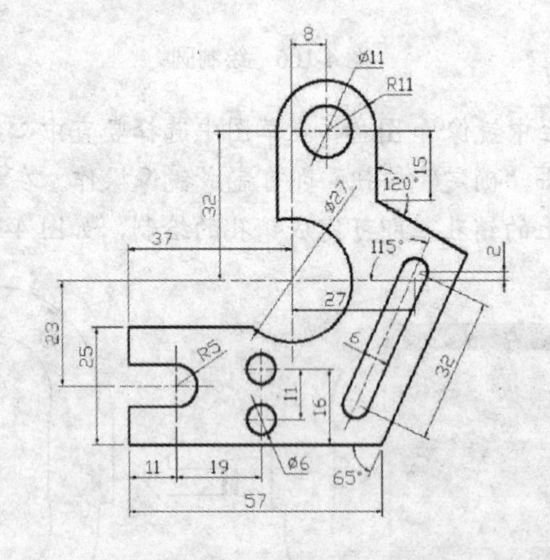

图 4-109　绘制草图

7. 绘制如图 4-110 所示的二维草图。

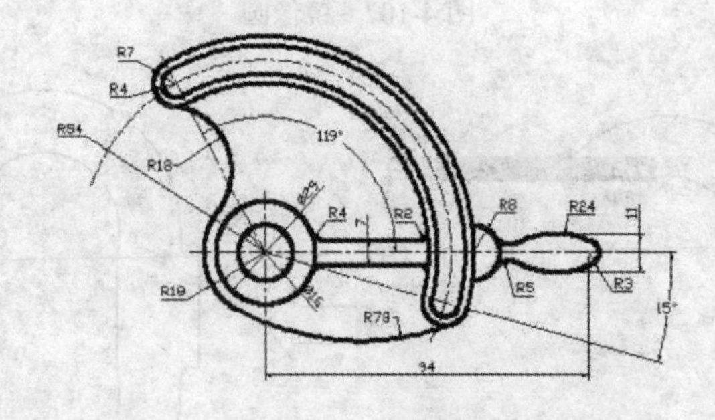

图 4-110　绘制草图

第 5 章
创建曲线

本章导读：

二维曲线是构造三维建模的基础，任何三维模型都要遵循从二维到三维，从线条到实体的过程。本章主要介绍 UG NX 8 曲线的创建方法。主要包括直线、圆弧、圆、矩形、多边形等的绘制；样条曲线、二次曲线、螺旋线等高级曲线的绘制；文本的创建方法；偏置曲线、投影曲线、镜像曲线、桥接曲线和连结曲线等一系列曲线操作；通过求交曲线、截面曲线等创建来自实体的曲线的方法。

学习目标：

- 了解曲线在建模中的作用
- 掌握基本曲线的创建方法
- 掌握高级曲线以及文本的创建方法
- 掌握各类型的曲线操作方法
- 掌握来自实体的曲线的创建方法

5.1 创建直线

在 UG NX 中，直线是通过空间的两点产生的一条线段。直线作为组成平面图形或截面最小图元，在空间中无处不在。例如，在两个平面相交时可以产生一条直线，通过棱角实体模型的边线也可以产生一条边线直线。直线在空间中的位置由它经过的点以及它的一个方向向量来确定。

在 UG NX 中，可以通过以下 4 种方法创建直线。

- 使用第 3 章介绍的方法，在草图中创建直线；
- 选择“插入”→“曲线”→“基本曲线”命令，打开“基本曲线”对话框，该对话框包含创建直线、圆弧、圆形和倒圆角等 6 种曲线功能，如图 5-1 所示；
- 在菜单栏中选择“插入”→“曲线”→“直线”命令，打开如图 5-2 所示“直线”对话框，通过指定直线的起点和终点来创建直线,；
- 通过 UG NX 提供的直线快捷工具按钮进行创建。

其中前三种创建方法相对比较简单，本书重点介绍第四种方法。

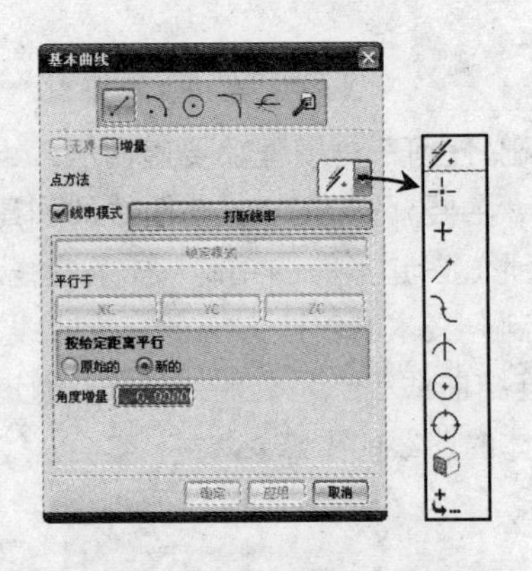

图 5-1 “基本曲线”对话框

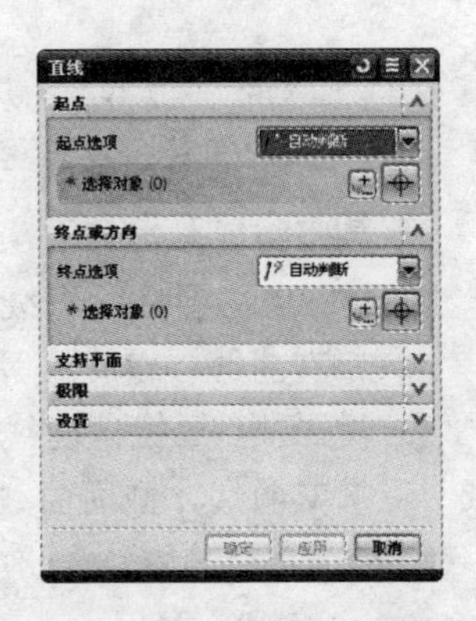

图 5-2 “直线”对话框

在任一工具栏处右击鼠标，并在弹出的快捷菜单中选择“直线和圆弧”选项，打开“直线和圆弧”工具栏，工具栏中包括了所有直线的创建方法，如图 5-3 所示，下面分别进行介绍。

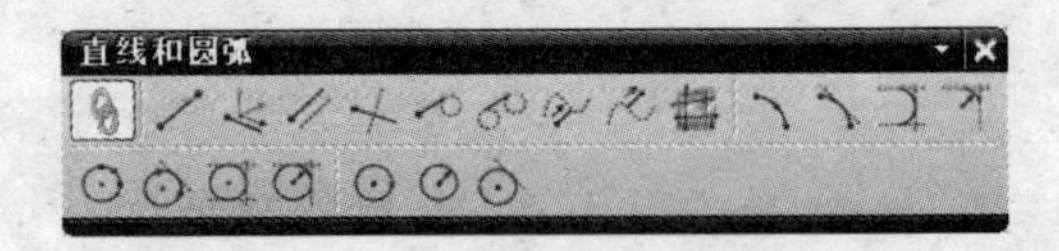

图 5-3 “直线和圆弧”工具栏

5.1.1 创建（点-点）直线

通过两点创建直线是最常用的创建直线方法。单击“直线和圆弧”工具栏中的 按钮，弹出“直线（点-点）”对话框，在工作区中选择起点和终点，创建直线如图 5-4 所示。

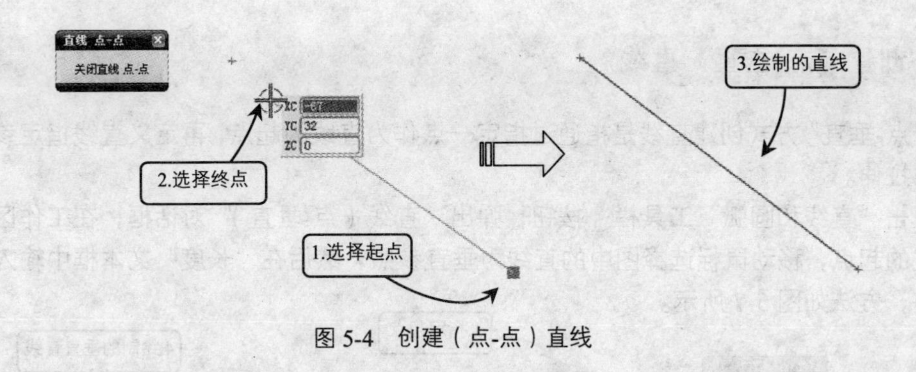

图 5-4　创建（点-点）直线

5.1.2 创建（点-XYZ）直线

“点-XYZ”创建直线是指定一点作为直线的起点，然后选择 XC、YC、ZC 坐标轴中的任意一个方向作为直线延伸的方向。

单击“直线和圆弧”工具栏按钮，弹出“直线（点- XYZ）”对话框，在工作区中指定直线的起点，移动鼠标至 YC 方向，同时在鼠标移动过程中会显示坐标方向，然后在“长度”文本框中输入直线长度值，即可创建直线，方法如图 5-5 所示。

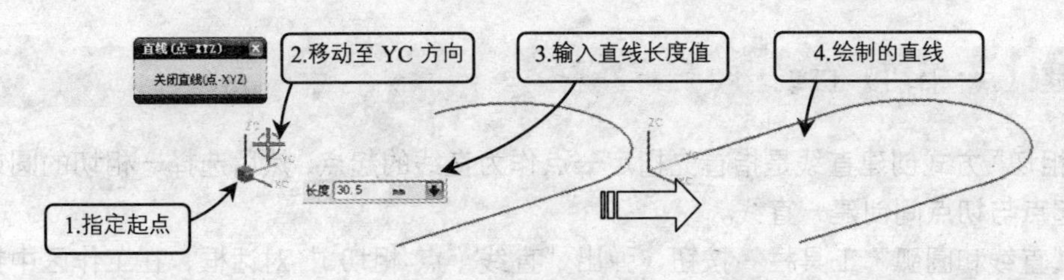

图 5-5　创建（点-XYZ）直线

5.1.3 创建（点-平行）直线

“点-平行”方式创建直线是指指定一点作为直线的起点，与选择的平行参考线平行，并指定直线的长度。

单击“直线和圆弧”工具栏按钮，弹出“直线（点-平行）”对话框，在工作区中指定直线的起点，移动鼠标选择图中的直线为平行参照，然后在“长度”文本框中输入直线长度值，方法如图 5-6 所示。

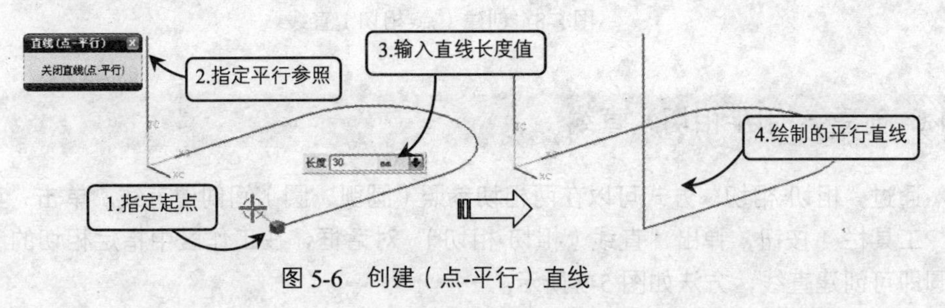

图 5-6　创建（点-平行）直线

5.1.4 创建（点-垂直）直线

“点-垂直”方式创建直线是指通过指定一点作为直线的起点，再定义直线指定参考直线方向拉伸。

单击“直线和圆弧”工具栏按钮，弹出“直线（点-垂直）”对话框，在工作区中指定直线的起点，移动鼠标选择图中的直线为垂直参照，然后在“长度”文本框中输入直线长度值，方法如图 5-7 所示。

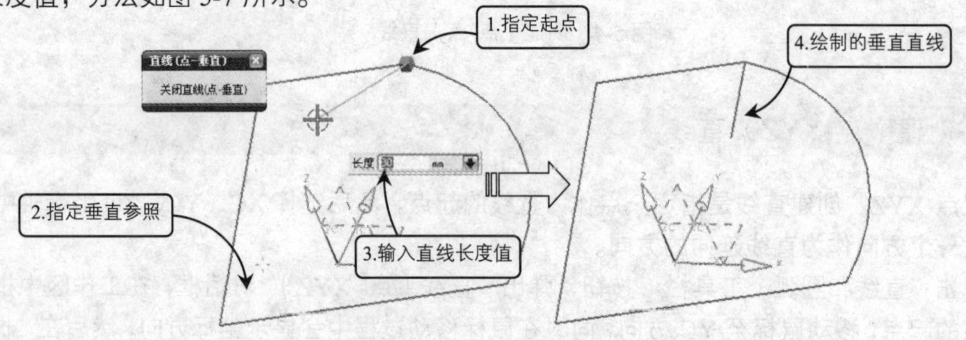

图 5-7 创建（点-垂直）直线

5.1.5 创建（点-相切）直线

“点-相切”方式创建直线是指首先指定一点作为直线的起点，然后选择一相切的圆或圆弧，在起点与切点间创建一直线。

单击“直线和圆弧”工具栏按钮，弹出“直线（点-相切）”对话框，在工作区中指定直线的起点，移动鼠标选择图中的圆或圆弧确定切点，方法如图 5-8 所示。

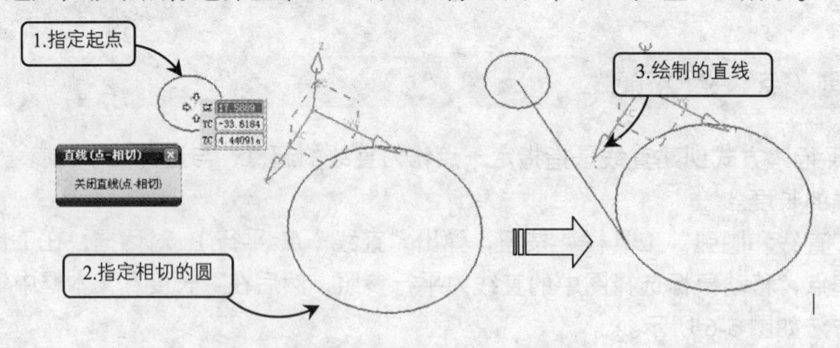

图 5-8 创建（点-相切）直线

5.1.6 创建（相切-相切）直线

通过“相切-相切”方式可以在两相切参照（圆弧、圆）间创建直线。单击“直线和圆弧”工具栏按钮，弹出“直线（相切-相切）”对话框，在工作区中指定相切的参照圆弧或圆即可创建直线，方法如图 5-9 所示。

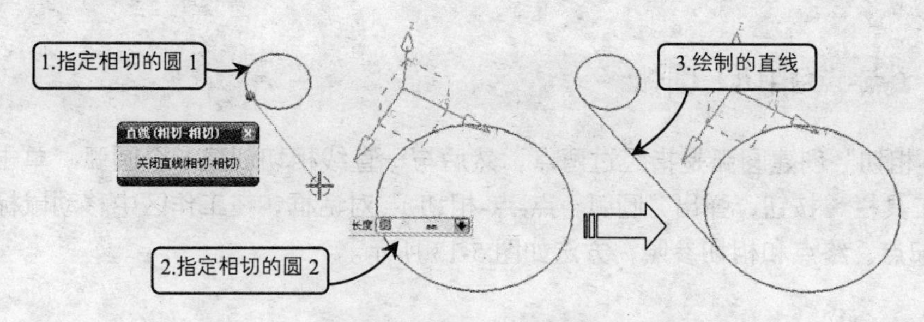

图 5-9 创建（相切-相切）直线

5.2 创建圆弧

“直线和圆弧”工具栏包含圆弧（点-点-点）、圆弧（点-点-相切）、圆弧（相切-相切-相切）和圆弧（相切-相切-半径）共 4 种创建圆弧的方式，如图 5-10 所示。

通过工具栏的“关联”图标可以切换圆弧与圆的关联与非关联特性。同样在菜单栏中选择“插入”→“曲线”→“圆弧/圆”选项也可以创建圆弧，弹出如图 5-11 所示“圆弧/圆”对话框。

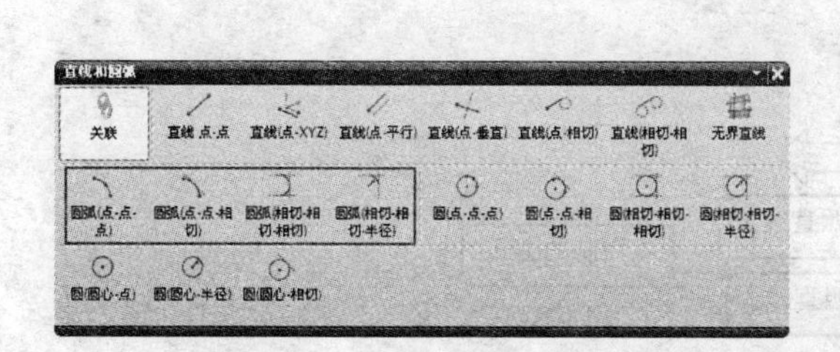

图 5-10 “直线和圆弧”工具栏

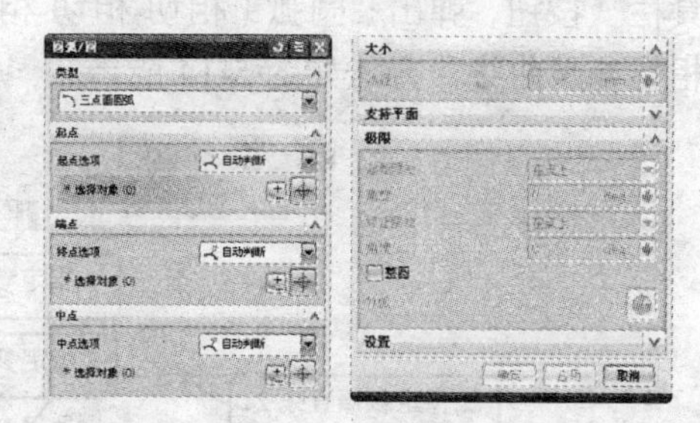

图 5-11 “圆弧/圆”对话框

5.2.1 创建（点-点-点）圆弧

三点创建圆弧是指分别选择 3 点为圆弧的起点、中点、终点，在 3 点间完成创建一个圆弧。单击“直线和圆弧”工具栏按钮，弹出“圆弧（点-点-点）”对话框，在工作区中移动鼠标依次指定圆弧的起点、终点、中点，绘制圆弧如图 5-12 所示。

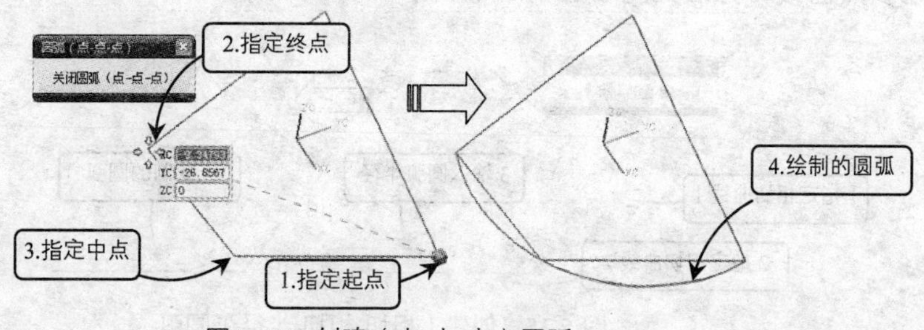

图 5-12 创建（点-点-点）圆弧

5.2.2 创建（点-点-相切）圆弧

“点-点-相切”创建圆弧是指经过两点，然后与一直线相切创建一个圆弧。单击“直线和圆弧”工具栏按钮，弹出“圆弧（点-点-相切）”对话框，在工作区中移动鼠标依次指定圆弧的起点、终点和相切参照，方法如图 5-13 所示。

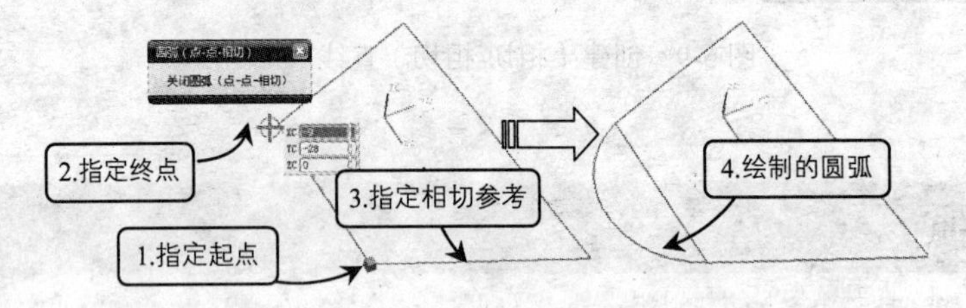

图 5-13 创建（点-点-相切）圆弧

5.2.3 创建（相切-相切-相切）圆弧

“相切-相切-相切”创建圆弧是指通过 3 条曲线创建一个圆弧。单击“直线和圆弧”工具栏按钮，弹出“圆弧（相切-相切-相切）”对话框，在工作区中移动鼠标依次指定三条相切参照曲线，方法如图 5-14 所示。

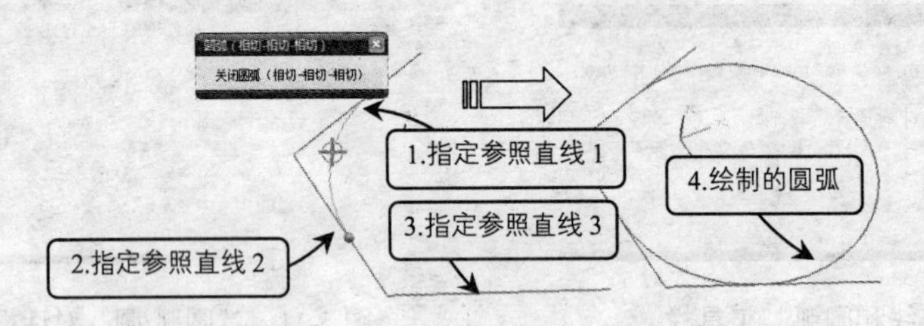

图 5-14 创建（相切-相切-相切）圆弧

5.2.4 创建（相切-相切-半径）圆弧

“相切-相切-半径”创建圆弧是指经创建相切并指定半径的圆弧。单击“直线和圆弧”工具栏按钮，弹出“圆弧（相切-相切-半径）”对话框，在工作区中移动鼠标依次指定两条相切参照曲线，方法如图 5-15 所示。

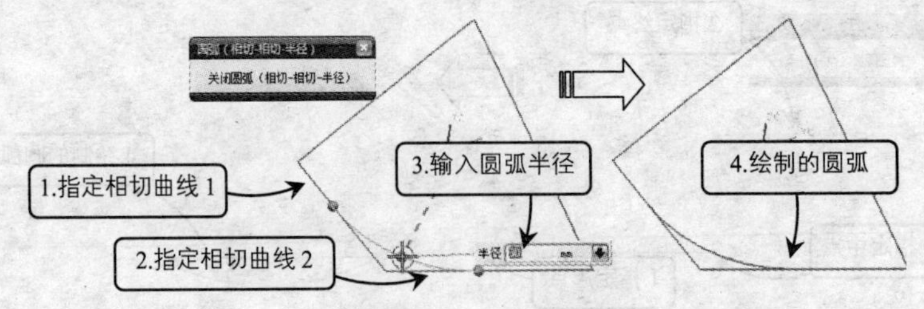

图 5-15 创建（相切-相切-半径）圆弧

5.3 创建圆

圆是基本曲线的一种特殊情况，由它生成的特征包括多种类型，例如球体、圆柱体、圆台、球面以及多种自由曲面等。在机械设计过程中，它常用于创建基础特征的截面。

创建圆的方法有很多。在上一节中提到利用“圆弧/圆”对话框创建圆。除了利用“圆弧/圆”对话框创建圆，还可以在菜单栏中选择“插入”→“曲线”→“基本曲线”命令，在弹出的“基本曲线”对话框中单击“圆”按钮，切换至“圆”选项卡，如图 5-16 所示。此时，在该选项卡中只有“增量”复选框和“点方法”列表框处于激活状态，其中的“多个位置”复选框主要用于复制与上一个圆形相同的圆。本节主要介绍通过“直线和圆弧”工具栏创建 7 种类型的圆，如图 5-17 所示。

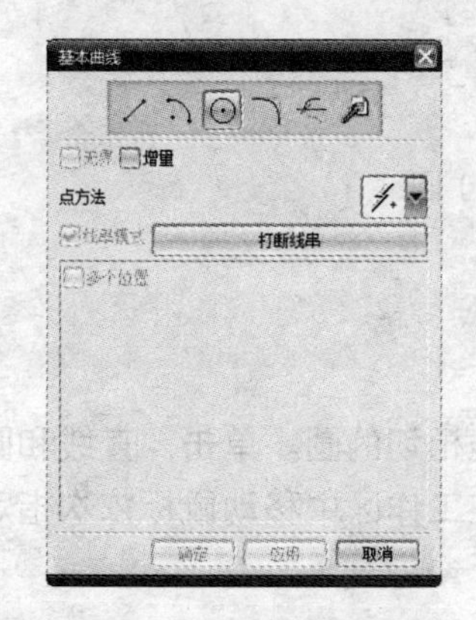

图 5-16　“基本曲线”对话框

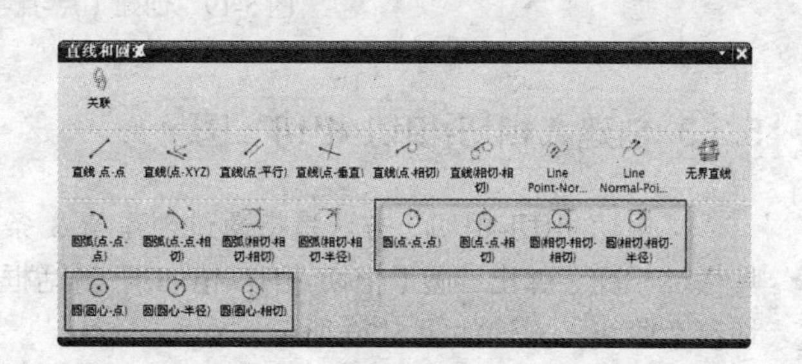

图 5-17　“直线和圆弧”工具栏

5.3.1 创建（点-点-点）圆

“点-点-点”创建圆是指在圆周上指定三点来创建圆。单击“直线和圆弧”工具栏按钮，弹出“圆(点-点-点)”对话框，在工作区中移动鼠标依次指定三个点，方法如图 5-18 所示。

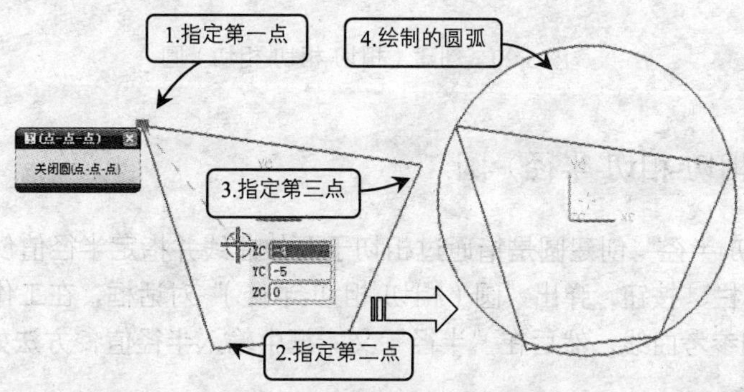

图 5-18　创建（点-点-点）圆

5.3.2 创建（点-点-相切）圆

“点-点-相切”创建圆是指通过两点并且与一直线相切创建圆。单击“直线和圆弧”工具栏⊙按钮，弹出“圆（点-点-相切）”对话框，在工作区中移动鼠标依次指定三个点，方法如图 5-19 所示。

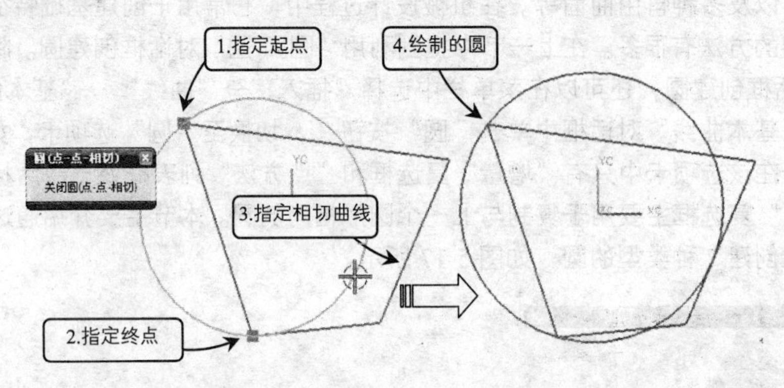

图 5-19　创建（点-点-相切）圆

5.3.3 创建（相切-相切-相切）圆

“相切-相切-相切”方法是指通过创建与 3 条曲线相切的圆。单击“直线和圆弧”工具栏⊙按钮，弹出“圆（相切-相切-相切）”对话框，在工作区中移动鼠标依次指定三条相切参考曲线，方法如图 5-20 所示。

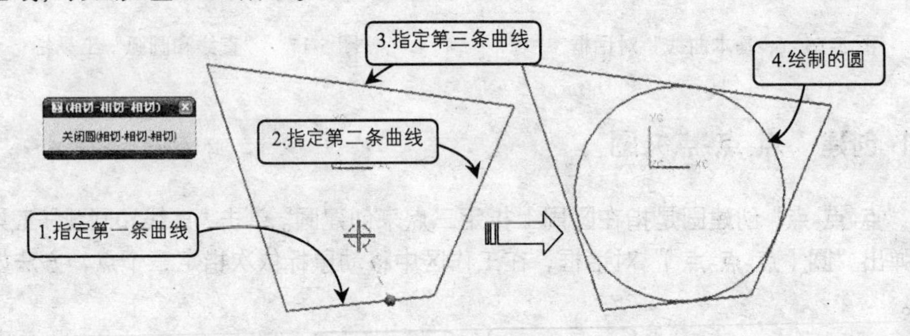

图 5-20　创建（相切-相切-相切）圆

5.3.4 创建（相切-相切-半径）圆

“相切-相切-半径”创建圆是指通过相切于两处曲线并指定半径值创建圆。单击“直线和圆弧”工具栏⊙按钮，弹出“圆（相切-相切-半径）”对话框，在工作区中移动鼠标依次指定两条相切参考曲线，然后在“半径”文本框中输入半径值，方法如图 5-21 所示。

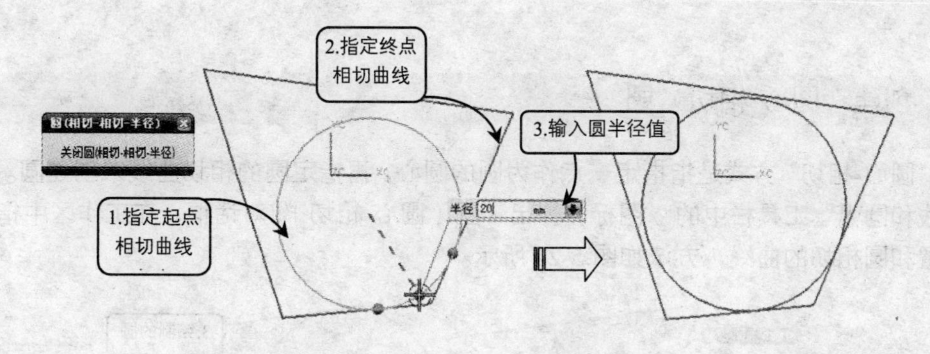

图 5-21　创建（相切-相切-半径）圆

5.3.5 创建（圆心-点）圆

“圆心-点”创建圆的方法通过指定一个点为圆心，并指定另一点作为圆周经过的点来创建圆。单击“直线和圆弧”工具栏中的⊙图标，弹出“圆（圆心-点）”对话框，在工作区中移动鼠标依次指定两个点，确定圆心和圆周经过的点的位置，方法如图 5-22 所示。

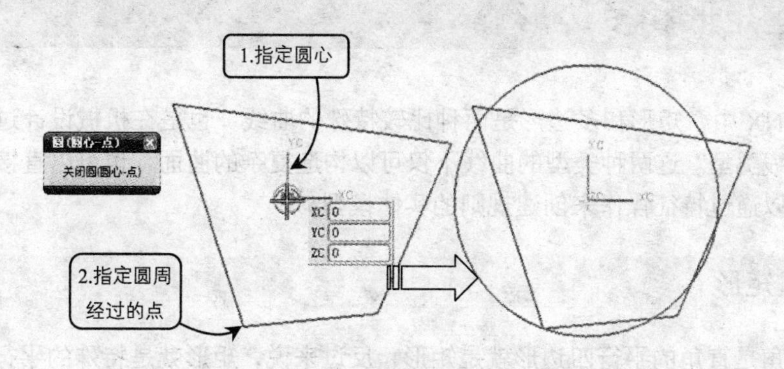

图 5-22　创建（圆心-点）圆

5.3.6 创建（圆心-半径）圆

“圆心-半径”创建圆是指指定一点作为圆的中心，再指定圆的半径来创建圆。单击“直线和圆弧”工具栏⊙按钮，弹出“圆（圆心-半径）”对话框，在工作区中指定圆心位置，然后在“半径”文本框中输入半径值，方法如图 5-23 所示。

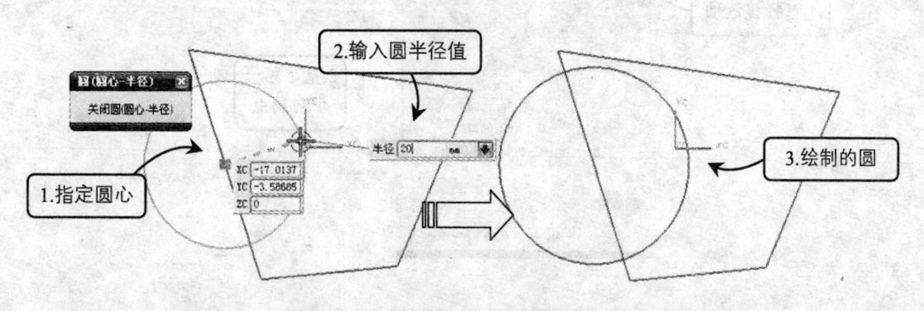

图 5-23　创建（圆心-半径）圆

5.3.7 创建（圆心-相切）圆

“圆心-相切”方式是指指定一点作为圆的圆心，再指定圆的相切曲线来创建圆。单击“直线和圆弧”工具栏中的⊙图标，弹出“圆（圆心-相切）”对话框，在工作区中指定圆心位置和圆相切的曲线，方法如图 5-24 所示。

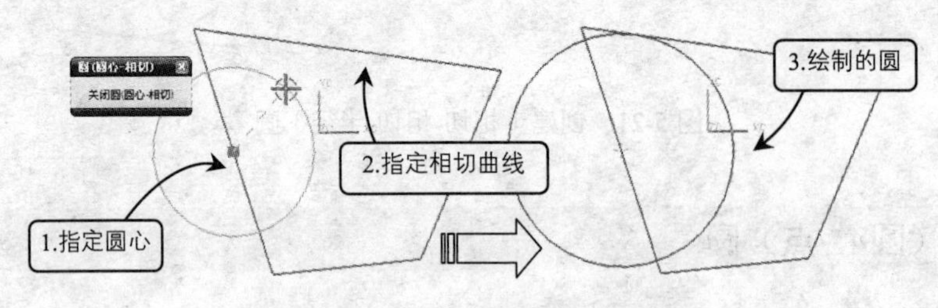

图 5-24 创建（圆心-相切）圆

5.4 创建矩形和多边形

在 UG NX 中，矩形和多边形是两种比较特殊的曲线，也是在机械设计过程中比较常用的两种曲线类型。这两种类型的曲线不仅可以构造复杂的曲面，也可以直接作为实体的截面，并可以通过特征操作来创建规则的实体模型。

5.4.1 创建矩形

有一个角是直角的平行四边形就是矩形，反过来说，矩形就是特殊的平行四边形。在 UG NX 中，矩形是使用频率比较高的一种曲线类型，它可以作为特征操作的基准平面，也可以直接作为特征生成的草绘截面。选择“曲线”工具栏中的“矩形”按钮□，打开“点”对话框。此时在工作区中选择一点作为矩形的第一个对角点，然后拖动鼠标到指定的第二个对角点即可，方法如图 5-25 所示。

图 5-25 绘制矩形

5.4.2 创建多边形

多边形是由在同一平面且不在同一直线上的多条线段首尾顺次连接且不相交所组成的图形。在机械设计过程中，多边形一般分为规则多边形和不规则多边形。其中规则多边形就是正多边形。正多边形是所有内角都相等且所有棱边都相等的特殊多边形。正多边形的应用比较广泛，在机械领域通常用来制作螺母、冲压锤头、滑动导轨等各种外形规则的机械零件。

选择“曲线”工具栏中的“多边形”按钮，在打开的“多边形”对话框中输入多边形的边数，如图 5-26 所示。该对话框中包含了以下 3 种创建多边形的方式。

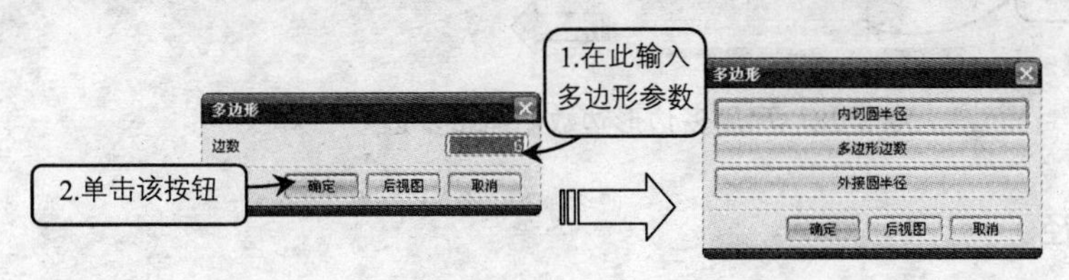

图 5-26 “多边形”对话框

1. 内切圆半径

该方式主要通过内切圆来创建正多边形。选择该选项，在打开对话框中的“内切圆半径”和“方位角”文本框中分别输入内切圆半径及方位角数值，单击“确定”按钮。接着在打开的“点”对话框中，选择“自动判断的点”选项，然后在绘图区指定正多边形的中心，即可创建正多边形，方法如图 5-27 所示。

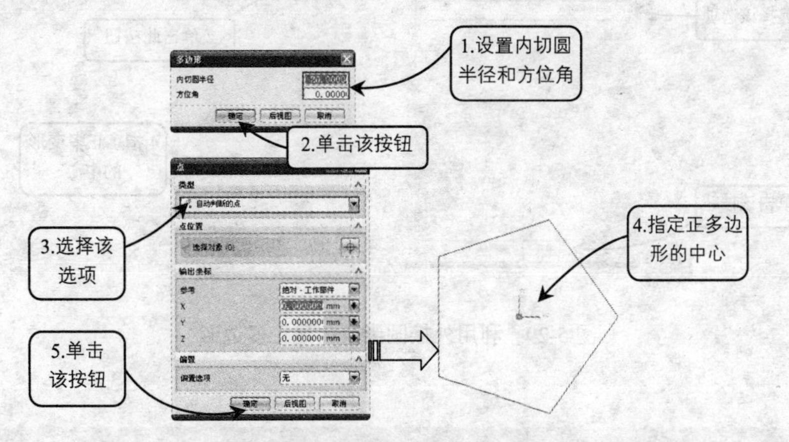

图 5-27 内切圆半径创建正多边形

2. 多边形边数

该方式通过给定多边形的边数来创建多边形。选择该选项，在打开的对话框中的“侧”和“方位角”文本框中分别输入正多边形的边数和方位角数值，在“类型”下拉列表框中选择“自动判断的点”选项，然后在绘图区指定正多边形的中心点即可。若方位角度为 0，则创建的正多边形的效果如图 5-28 所示。

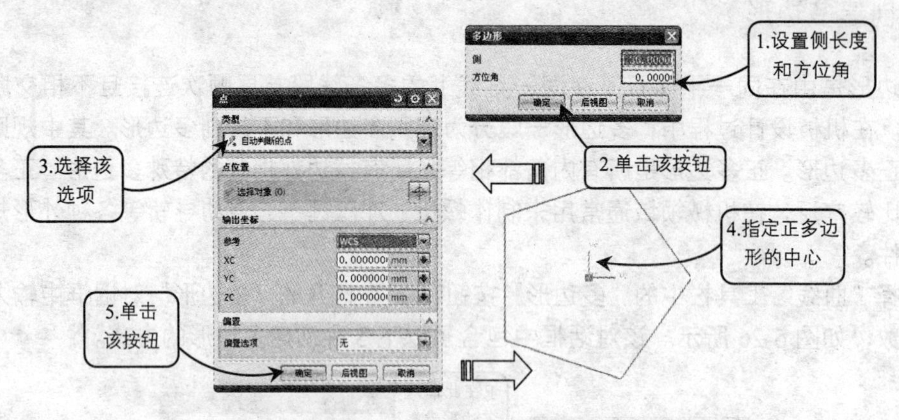

图 5-28 利用多边形边数创建正多边形

3. 外接圆半径

该方式是利用外接圆半径创建多边形。选择该选项，在打开对话框“圆半径”和“方位角”文本框中分别输入外接圆的半径值和方位角数值，然后在“类型”下拉列表框中选择“自动判断点”选项，接着在工作区中指定正多边形的中心点即可。这里设置半径值为 20，方位角为 30，创建的正多边形效果如图 5-29 所示。

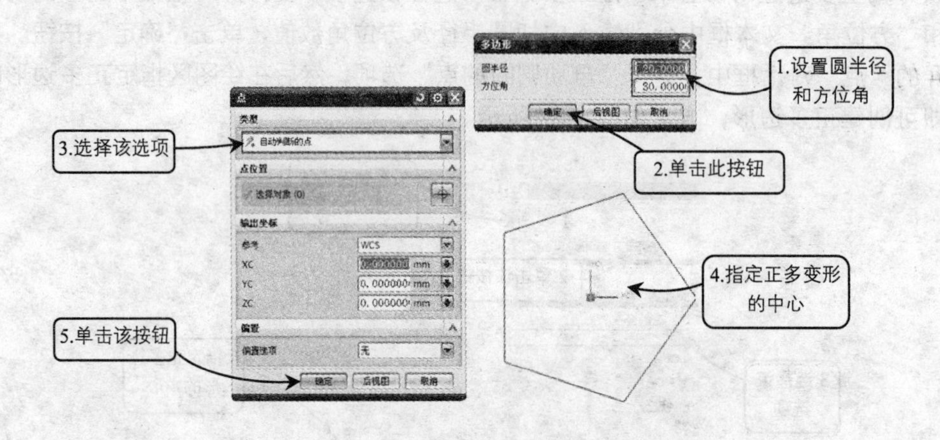

图 5-29 利用外接圆半径创建正多边形

5.5 创建高级曲线

曲线作为构建三维模型的基础，在三维建模过程中有着不可替代的作用，尤其是在创建高级曲面时，使用基本曲线构造远远达不到设计要求，不能构建出高质量、高难度的三维模型，此时就要利用 UG NX 中提供的高级曲线作为建模基础，具体包括样条曲线、双曲线、抛物线、螺旋线等。

5.5.1 样条曲线

样条曲线是指通过多项式曲线和所设定的点来拟合曲线，其形状由这些点来控制。样条曲线采用的是近似的创建方法，很好地满足了设计的需求，是一种用途广泛的曲线。它不仅能够创建自由曲线和曲面，而且还能精确表达圆锥曲面在内的各种几何体的统一表达式。在 UG NX 中，样条曲线包括一般样条曲线和艺术样条曲线两种类型。

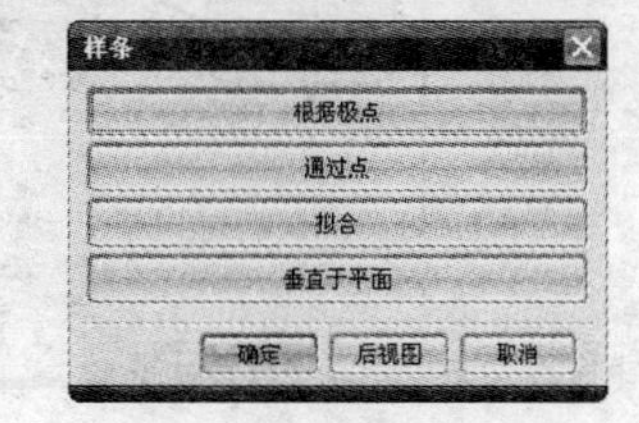

图 5-30　“样条”对话框

1. 创建一般样条曲线

一般样条曲线是建立自由形状曲面（或片体）的基础。它拟合逼真、形状控制方便，能够满足很大一部分产品设计的要求。一般样条曲线主要用来创建高级曲面，广泛应用于汽车、航空以及船舶等制造业。在“曲线”工具栏中单击“样条”按钮～，打开“样条”对话框，如图 5-30 所示。在该对话框中提供了以下 4 种生成一般样条曲线的方式。

❑ 根据极点

该选项是利用极点建立样条曲线，即用选定点建立的控制多边形来控制样条的形状，建立的样条只通过两个端点，不通过中间的控制点。

选择“根据极点”选项，在打开的对话框中选择生成曲线的类型为“多段”，并在“曲线阶次”文本框中输入曲线的阶次，然后根据“点”对话框在绘图区指定点，使其生成样条曲线，最后单击“确定”按钮，生成的样条曲线如图 5-31 所示。

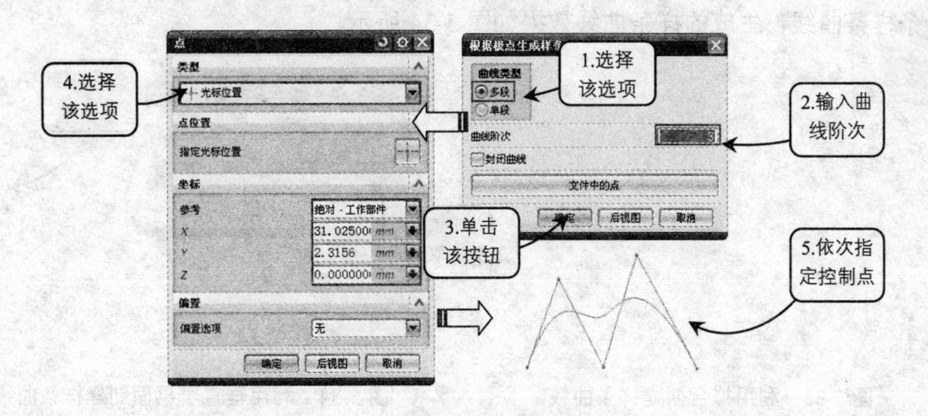

图 5-31　通过极点生成样条

❑ 通过点

该选项是通过设置样条曲线的各定义点，生成一条通过各点的样条曲线，它与根据极点生成曲线的最大区别在于生成的样条曲线通过各个控制点。利用通过点创建曲线和根据极点创建曲线的操作方法类似，其中需要选择样条控制点的成链方式，创建方法如图 5-32 所示。

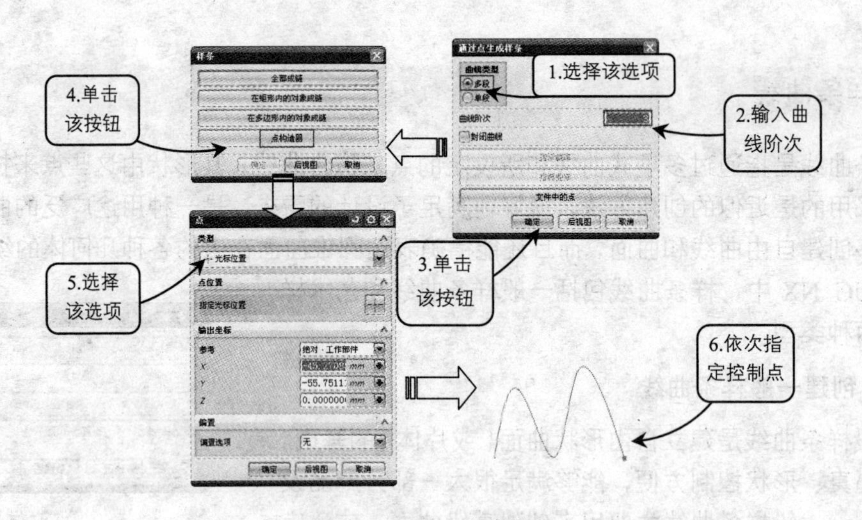

图 5-32　通过点生成样条

❑ 拟合

该选项是利用曲线拟合的方式确定样条曲线的各中间点，只精确地通过曲线的端点，对于其他点则在给定的误差范围内尽量逼近。其操作步骤与前两种方法类似，这里不再详细介绍，创建的样条曲线效果如图 5-33 所示。

❑ 垂直于平面

该选项是以正交平面的曲线生成样条曲线。选择该选项，首先选择或通过面创建功能定义起始平面，然后选择起始点，接着选择或通过面创建功能定义下一个平面且定义建立样条曲线的方向，然后继续选择所需的平面，完成之后单击“确定”按钮，系统会自动生成一条样条曲线，生成的样条曲线效果如图 5-34 所示。

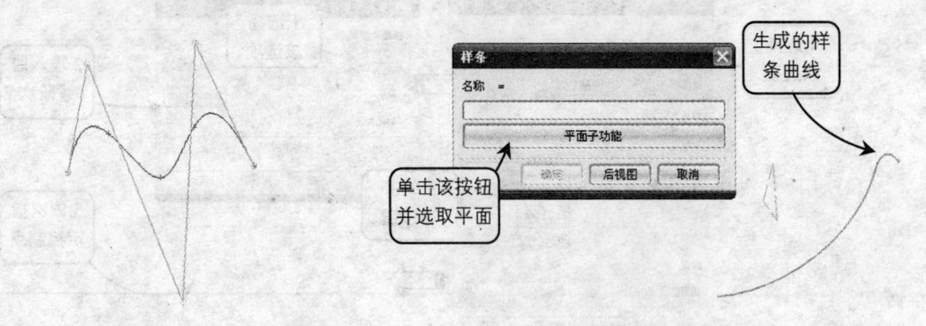

图 5-33　利用拟合创建样条曲线　　　　图 5-34　利用垂直于平面创建样条曲线

2. 创建艺术样条曲线

艺术样条曲线是指创建关联或者非关联的样条曲线，在创建艺术样条的过程中，可以指定样条的定义点的斜率，也可以拖动样条的定义点或者极点。在实际设计过程中，艺术样条曲线多用于数字化绘图或动画设计，相比一般样条曲线而言，它由更多的定义点生成。

在“曲线”工具栏中单击“艺术样条”按钮，打开“艺术样条”对话框，如图 5-35 所示。在该对话框中包含了艺术样条曲线的通过点和通过极点两种创建方式。其操作方法

和草图艺术样条的创建方法一样，这里不再详细介绍。

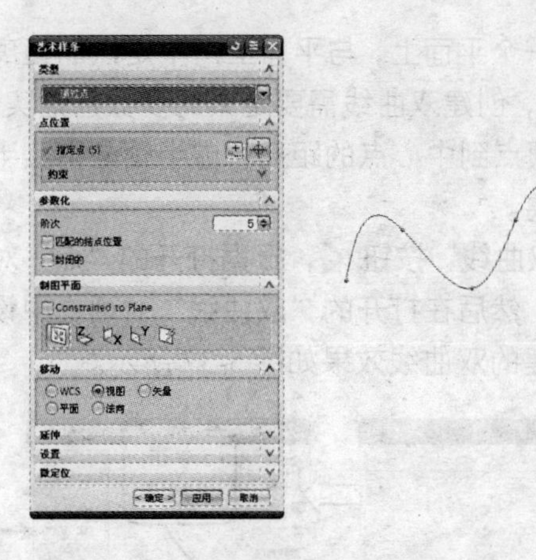

图 5-35 创建艺术样条曲线

5.5.2 二次曲线

二次曲线是平面直角坐标系中 X、Y 的二次方程所表示的图形的统称，是一种比较特殊的、复杂的曲线。二次曲线一般用于截面截取圆锥所形成的截线，其形状由截面与圆锥的角度而定，平行于 XC、YC 平面的面上由设定的点来定位。一般常用的二次曲线包括圆形、椭圆、抛物线和双曲线以及一般二次曲线。二次曲线在建筑工程领域的运用比较广泛，例如，预应力混凝土布筋往往采用正反抛物线方式来进行。

1. 创建抛物线

抛物线是指平面内到一个定点和一条直线的距离相等的点的轨迹线。在创建抛物线时，需要定义的参数包括焦距、最大 DY 值、最小 DY 值和旋转角度。其中焦距是焦点与顶点之间的距离；DY 值是指抛物线端点到顶点的切线方向上的投影距离。

在“曲线”工具栏中单击“抛物线”按钮，然后根据打开的“点”对话框中的提示，在工作区指定抛物线的顶点，接着在打开的“抛物线”对话框中设置各种参数，最后单击“确定”按钮即可，生成的抛物线如图 5-36 所示。

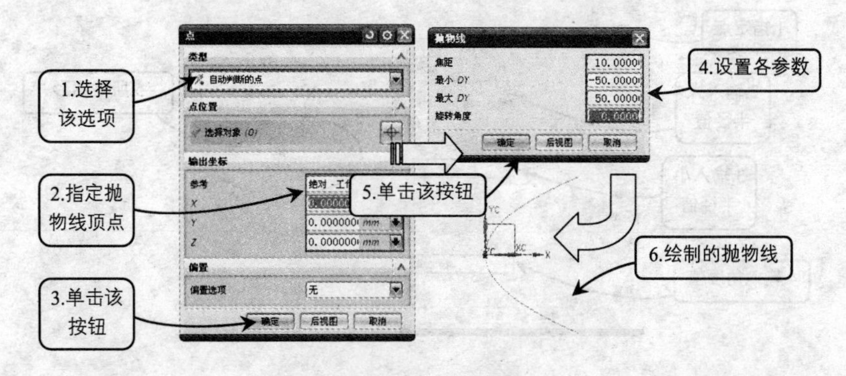

图 5-36 创建抛物线

2. 创建双曲线

双曲线是指一动点移动于一个平面上，与平面上两个定点的距离的差始终为一定值时所形成的轨迹线。在 UG NX 中，创建双曲线需要定义的参数包括实半轴、虚半轴、DY 值等。其中实半轴是指双曲线的顶点到中心点的距离；虚半轴是指实半轴在同一平面内且垂直的方向上虚点到中线点的距离。

在“曲线”工具栏单击“双曲线”按钮，根据打开的“点”对话框中的提示在工作区指定一点作为双曲线的顶点，然后在打开的“双曲线”对话框中设置双曲线的参数，最后单击“确定”按钮即可，创建的双曲线效果如图 5-37 所示。

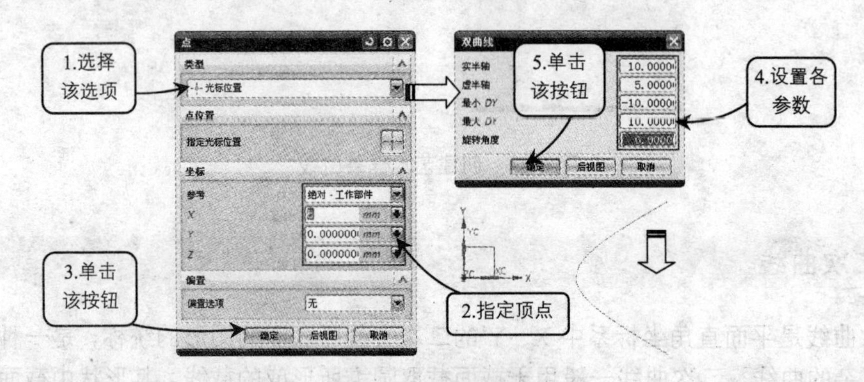

图 5-37　创建双曲线

3. 创建椭圆

在 UG NX 中，椭圆是机械设计过程中最常用的曲线对象之一。与上面介绍的曲线的不同之处就在于该类曲线 X、Y 轴方向对应圆弧直径有差异，如果直径完全相同则形成规则的圆轮廓线，因此可以说圆是椭圆的特殊形式。

要创建椭圆，在“曲线”工具栏中单击“椭圆”按钮，打开“椭圆”对话框，首先指定点，输入大小半径，输入角度值，最后单击左键，创建的椭圆效果和步骤如图 5-38 所示。

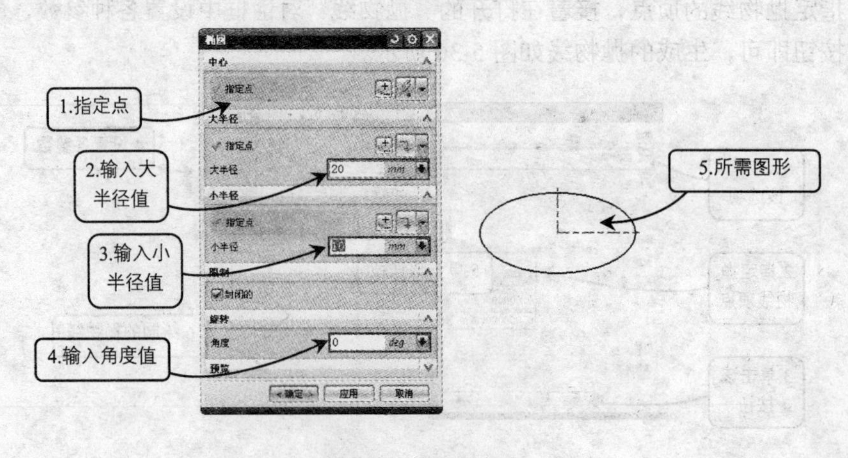

图 5-38　创建椭圆

4. 创建一般二次曲线

一般二次曲线是指使用各种放样方法或者一般二次曲线公式建立的二次曲线。根据输入数据的不同，曲线的构造点结果可以为圆、椭圆、抛物线和双曲线。一般二次曲线比椭圆、抛物线和双曲线更加灵活。在“曲线”工具栏中单击“一般二次曲线”按钮，打开“一般二次曲线”对话框，如图 5-39 所示。

在该对话框中包括一般二次曲线的 7 种生成方式，选择相应的生成方式后，逐步根据系统提示便可生成一条二次曲线。下面以常用的几种创建一般二次曲线的方式为例，介绍其操作方法。

❑ 5 点

该方式是利用 5 个点来产生二次曲线。选择该选项，然后根据“点”对话框中的提示依次在工作区中选取 5 个点，最后单击“确定”按钮即可，效果如图 5-40 所示。

图 5-39　“一般二次曲线”对话框

图 5-40　利用 5 点创建一般二次曲线

❑ 4 点，1 个斜率

该方式可以通过定义同一平面上的 4 个点和第一点的斜率创建二次曲线，定义斜率的矢量不一定位于曲线所在点的平面内。选择该选项，逐步根据系统提示单击“确定”按钮，利用打开的“点”对话框设定第一个点，然后再设定第一点的斜率。依次设定其他 3 个点，便可生成一条通过这 4 个设定点，且第一点斜率为设定斜率的二次曲线，效果如图 5-41 所示。

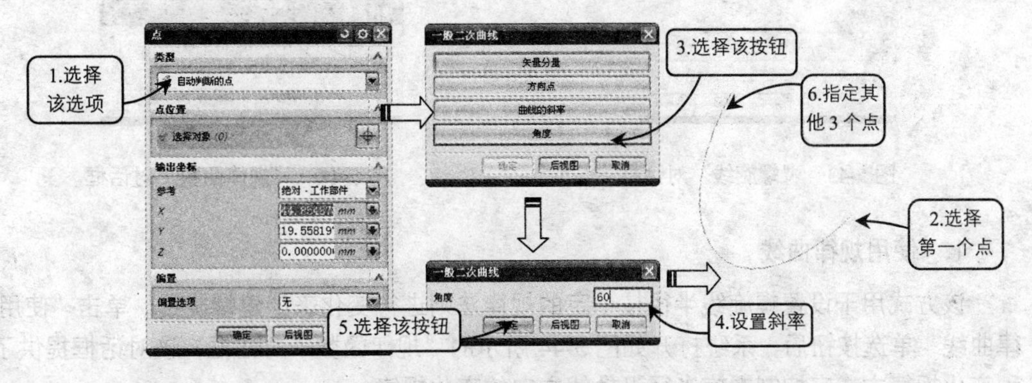

图 5-41　利用 4 点和一个斜率创建一般二次曲线

❑ 3点，顶点

该方式是利用3个点和一个顶点来产生二次曲线。选择该选项，然后利用打开的“点”对话框在工作区依次选取 3 个点和一个顶点，并单击“确定”按钮即可，效果如图 5-42 所示。

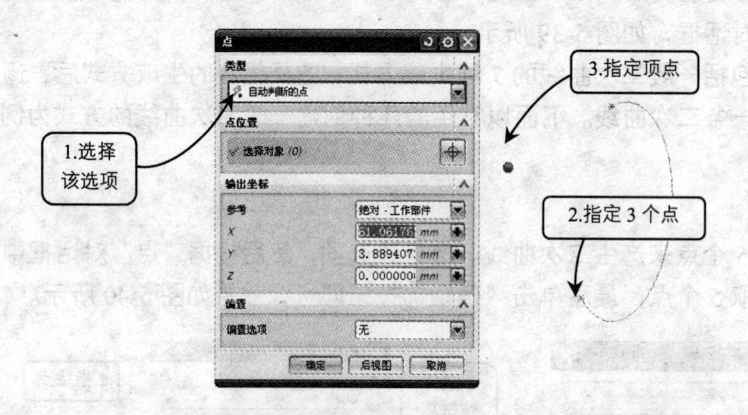

图 5-42　利用3点和一个顶点创建一般二次曲线

5.5.3 螺旋线

螺旋线是指由一些特殊的运动所产生的轨迹。螺旋线是一种特殊的规律曲线，它是具有指定圈数、螺距、弧度、旋转方向和方位的曲线。它的应用比较广泛，主要用于螺旋槽特征的扫描轨迹线，如机械上的螺杆、螺母、螺钉和弹簧等零件都是典型的螺旋线形状。

在“曲线”工具栏中单击“螺旋线”按钮，打开“螺旋线”对话框，如图 5-43 所示。在该对话框中包含了如下两种创建螺旋线的方式。

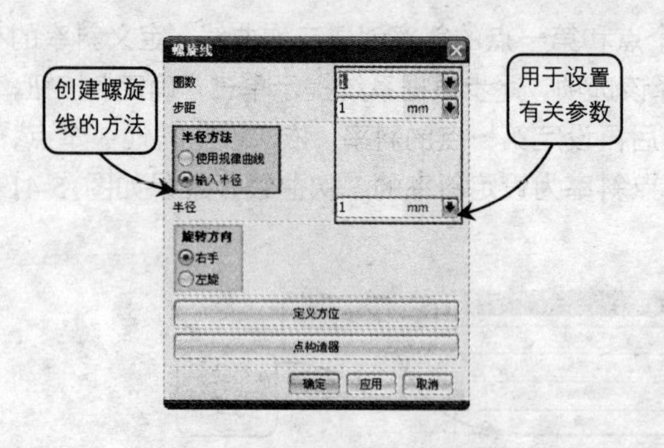

图 5-43　“螺旋线”对话框

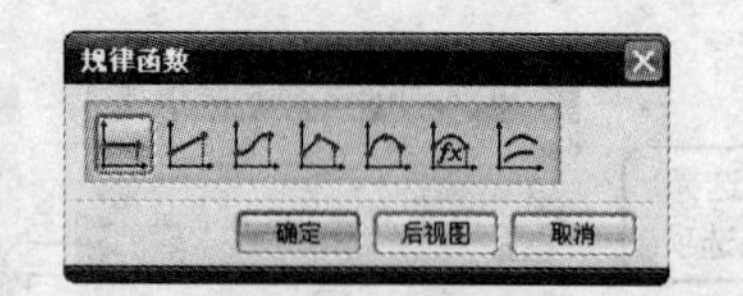

图 5-44　“规律函数”对话框

1. 使用规律曲线

该方式用于设置螺旋线半径按一定的规律法则进行变化来创建螺旋线。单击“使用规律曲线”单选按钮后，系统打开如图 5-44 所示的“规律函数”对话框，该对话框提供了 7 种变化规律方式来控制螺旋半径沿轴线方向的变化规律。

❑ 恒定

此方式用于生成固定半径的螺旋线。单击“恒定”按钮，在打开对话框中的“规律值”文本框中输入规律值的参数并单击“确定”按钮，接着在打开的“螺旋线”对话框中的相应文本框中输入螺旋线的螺距和圈数，最后单击“确定”按钮即可，创建的螺旋线方法如图 5-45 所示。

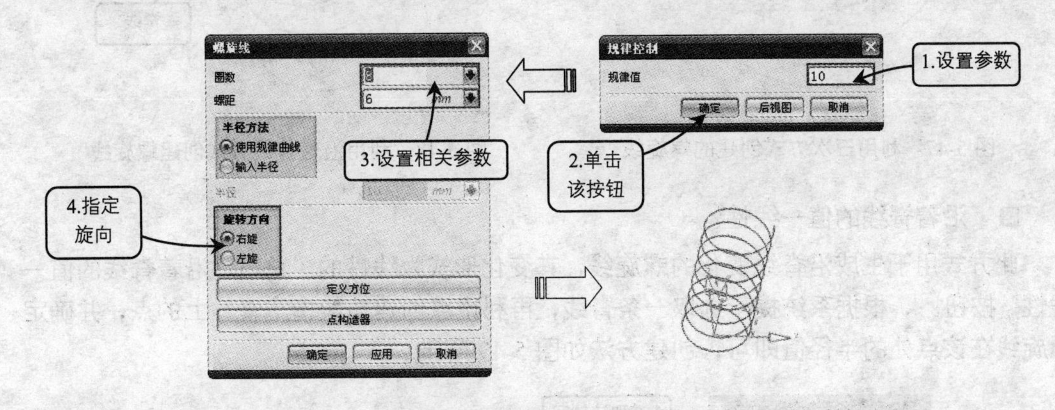

图 5-45　利用恒定方式创建螺旋线

❑ 线性

此方式用于设置螺旋线的旋转半径为线性变化。单击“线性”按钮，在打开对话框中的“起始值”及“终止值”文本框中输入参数值，并在打开的“螺旋线”对话框中的相应文本框中输入螺旋线的圈数及螺距，然后单击“确定”按钮即可，创建方法如图 5-46 所示。

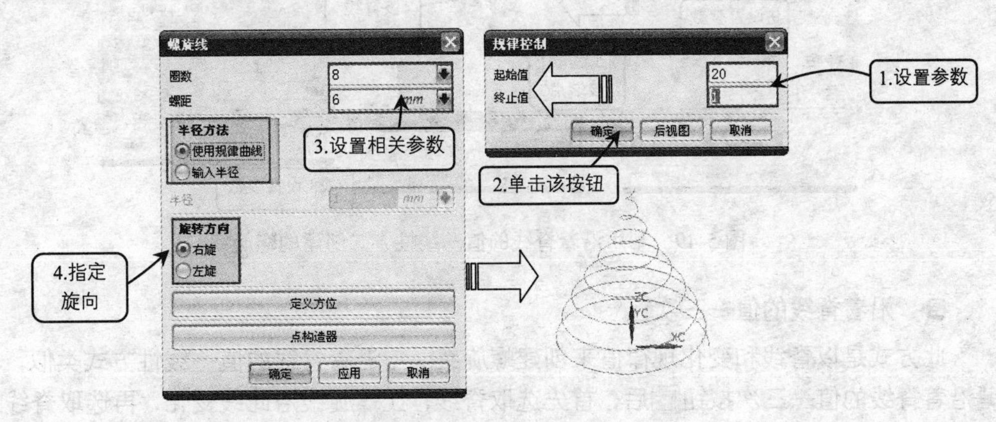

图 5-46　利用线性方式创建螺旋线

❑ 三次

此方式用于设置螺旋线的旋转半径为三次方变化。单击“三次”按钮，在打开的对话框中的“起始值”及“终止值”文本框中输入参数值并单击“确定”按钮。然后在打开的“螺旋线”对话框中的相应文本框中输入螺旋线的相关参数即可。这种方式产生的螺旋线与线性方式比较相似，只是在螺旋线形式上有所不同，创建的螺旋线效果如图 5-47 所示。

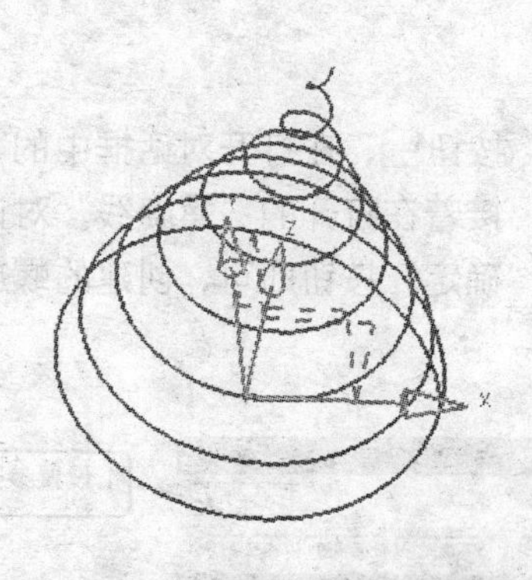

图 5-47　利用三次方式创建的螺旋线

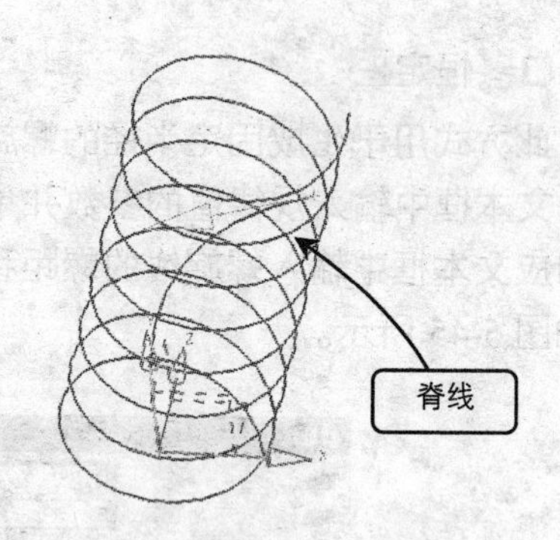

图 5-48　利用沿着脊线方式创建螺旋线

- ❑ 沿着脊线的值—线性

此方式用于生成沿脊线变化的螺旋线，其变化形式为线性的。单击“沿着脊线的值—线性”按钮，根据系统提示选取一条脊线，再利用点创建功能指定脊线上的点，并确定螺旋线在该点处的半径值即可，创建方法如图 5-49 所示。

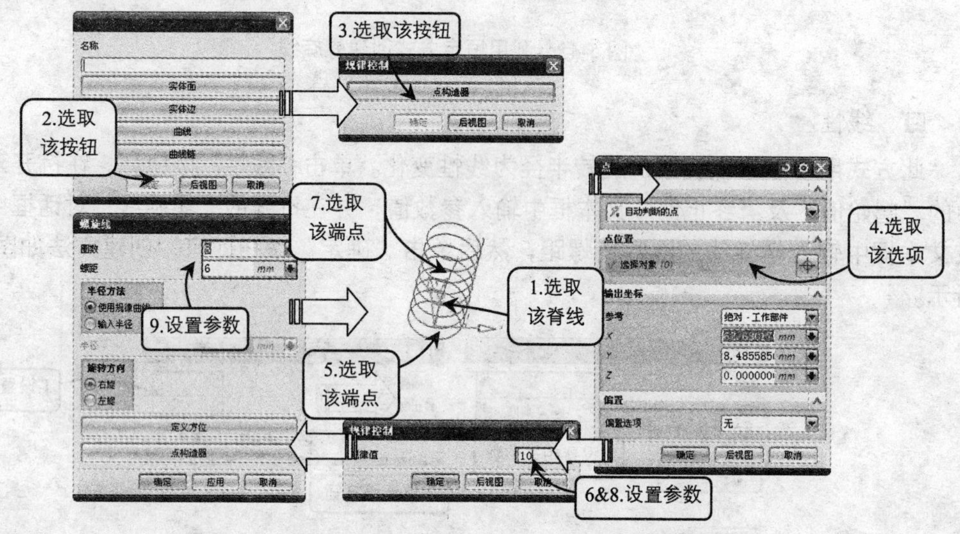

图 5-49　利用沿着脊线的值—线性方式创建的螺旋线

- ❑ 沿着脊线的值—三次

此方式是以脊线和变化规律值来创建螺旋线。与沿着脊线的值—线性方式类似，单击“沿着脊线的值—三次按钮后，首先选取脊线，让螺旋线沿此线变化，再选取脊线上的点并输入相应的半径值即可。这种方式和前一种创建方式最大的差异就是螺旋线旋转半径变化方式按三次方变化，前一种是按线性变化，创建的螺旋线效果如图 5-48 所示。

- ❑ 根据方程

利用该方式可以创建指定的运算表达式控制的螺旋线。在利用该方式之前，首先要定义参数表达式。选择“工具”→“表达式”选项，在打开的“表达式”对话框中可以定义表达式。单击“根据方程”按钮，根据提示先指定 X 上的变量和运算表达式，同理依次

完成 Y 和 Z 上的设置即可。

❑　规律曲线

此方式是利用规律曲线来决定螺旋线的旋转半径来创建螺旋的曲线。单击“规律曲线”按钮，首先选取一条规律曲线，然后选取一条脊线来确定螺旋线的方向。产生螺旋线的旋转半径将会依照所选的规则曲线，并且由工作坐标原点的位置确定。

2．输入半径

此方式是利用输入螺旋线的半径为一定值来创建螺旋线，而且螺旋线每圈之间的半径值大小相同。单击“输入半径”单选按钮，然后在“螺旋线”对话框中的相应文本框中设置参数并单击“点构造器”按钮，在工作区指定一点作为螺旋线的基点，最后单击“确定”按钮即可，创建方法如图 5-50 所示。

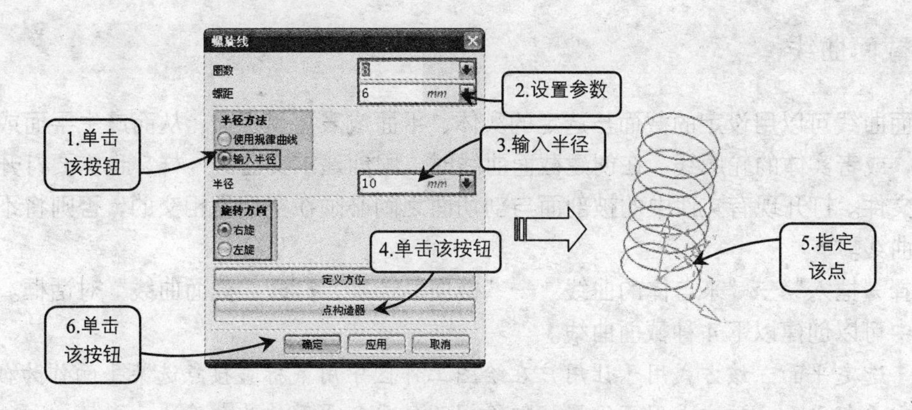

图 5-50　输入半径方式螺旋线

5.6 创建来自实体的曲线

在 UG NX 中，除了可以自行创建曲线外，还可以创建来自实体的曲线。来自实体的曲线是指通过现有的实体特征来创建曲线。通过创建来自实体的曲线，可以更加清晰地显示实体轮廓。

5.6.1 创建求交曲线

求交曲线用于生成两组对象的交线，各组对象可分别为一个表面（若为多个表面，则须属于同一实体）、一个参考面、一个片体或一个实体。

创建相交曲线的前提条件是：打开的现有文件必须是两个或两个以上相交的曲面或实体，反之将不能创建求交曲线。选择“插入”→“来自体的曲线”→“求交”选项，将打开“相交曲线”对话框。此时单击工作区中的一个面作为第一组相交曲面，然后单击“确定”按钮。确认后选取另外一个面作为第二组相交曲面，最后单击“确定”按钮即可完成操作，方法如图 5-51 所示。

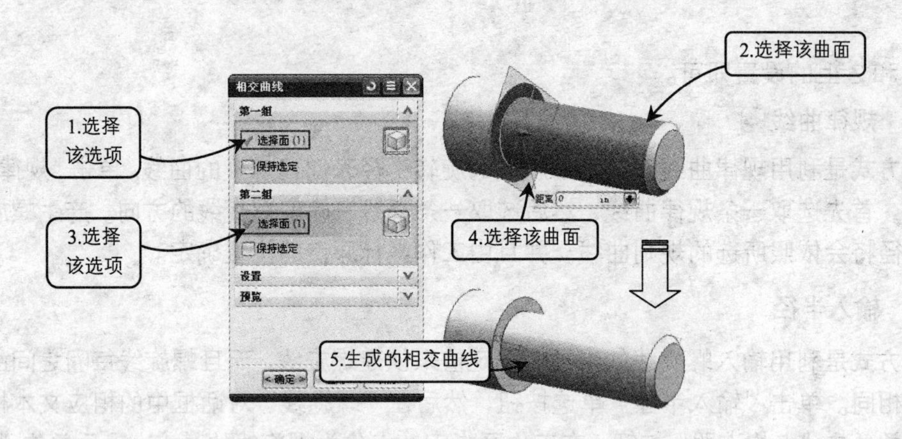

图 5-51　创建相交曲线

5.6.2 截面曲线

截面曲线可以用设定的截面与选定的实体、平面或表面等相交，从而产生平面或表面的交线，或者实体的轮廓线。在创建截面曲线时，同创建求交曲线一样，也需要打开一个现有的文件。打开现有文件中的被剖面与剖切面之间必须在空间是相交的，否则将不能创建截面曲线。

选择"插入"→"来自体的曲线"→"截面"选项，打开"截面曲线"对话框。在该对话框中可以创建以下 4 种截面曲线。

- ➢ 选定平面：该方式用于让用户在绘图工作区中用鼠标直接点选某平面作为截面。
- ➢ 平行平面：该方式用于设置一组等间距的平行平面作为截面。
- ➢ 径向平面：该方式用于设定一组等角度扇形展开的放射平面作为截面。
- ➢ 垂直于曲线的平面：该方式用于设定一个或一组与选定曲线垂直的平面作为截面。

下面以"选定的平面"为例介绍其操作方法。首先选取现有文件中要剖切的对象，然后根据提示选取剖切平面，最后单击"确定"按钮即可，如图 5-52 所示。

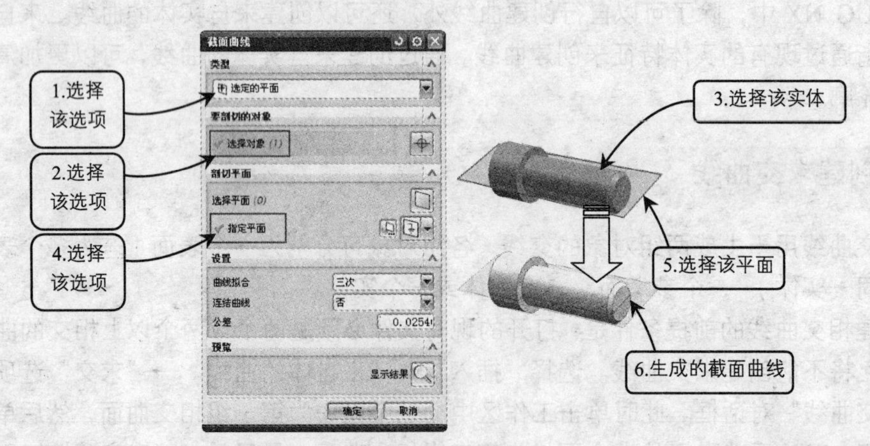

图 5-52　创建截面曲线

5.7 创建文本

UG NX 8 提供了 3 种创建文本的方式，分别是平面创建文本、曲线创建文本、曲面创建文本、本节主要介绍这 3 种文本的创建方法及参数设置。

5.7.1 创建平面文本

平面文本是指在固定平面上创建的文本。在主菜单中选择“插入”→“曲线”→“文本”命令，弹出“文本”对话框，在“类型”栏中选择“平面副”选项，然后在工作区选择文本的放置点，在对话框“文本属性”栏的文本框中输入文字内容，并设置字体等其他属性，在“文本框”栏中可以设置文字的长度和高度，创建方法如图 5-53 所示。

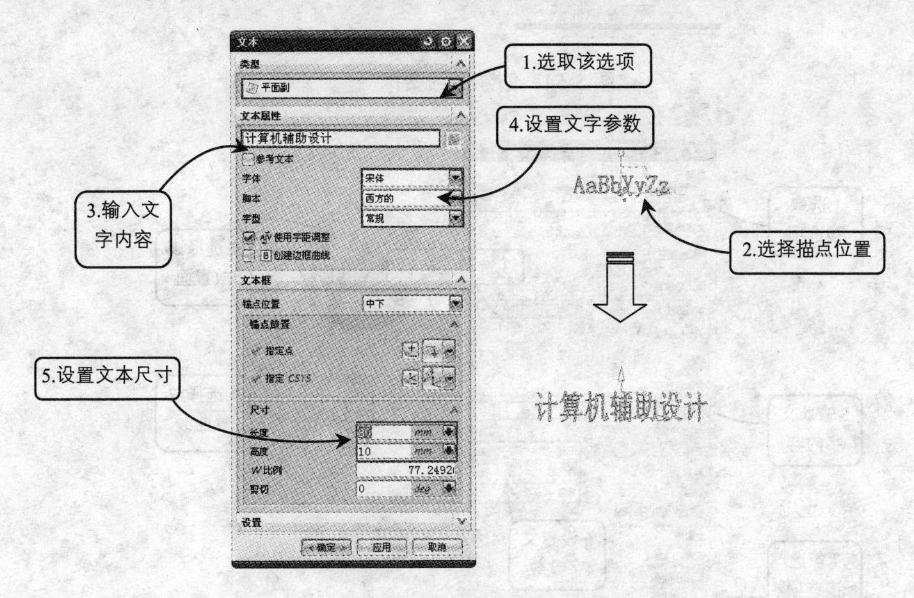

图 5-53 创建平面文本

5.7.2 创建曲线文本

曲线文本是指创建的文本绕着曲线的形状产生。在主菜单中选择“插入”→“曲线”→“文本”命令，弹出“文本”对话框，在“类型”栏中选择“曲线上”选项，然后在工作区选择放置曲线，在对话框中设置文本的各项参数，创建方法如图 5-54 所示。

5.7.3 创建曲面文本

曲面文本是指创建的文本投影到要创建文本的曲面上。在主菜单中选择“插入”→“曲线”→“文本”命令，弹出“文本”对话框，在“类型”栏中选择“面上”选项，然后在工作区选择放置面和放置曲线，在对话框“文本属性”栏的文本框中输入文字内容，并设置字体等其他属性，在“设置”栏中勾选“投影曲线”选项，创建方法如图 5-55 所示。

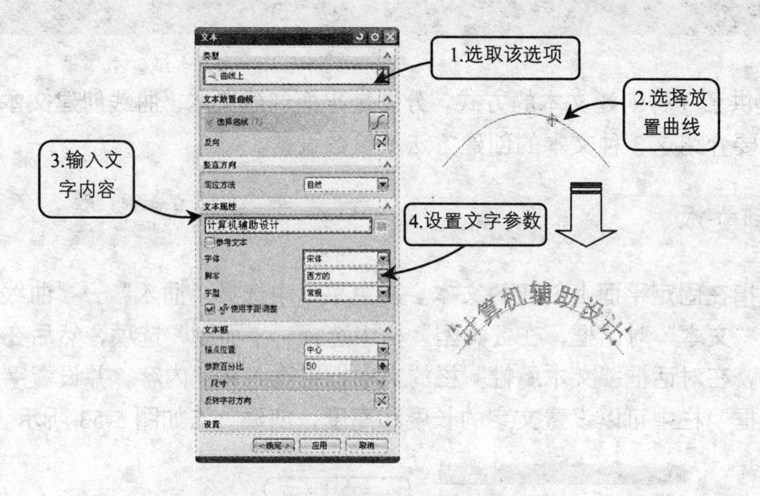

图 5-54　创建曲线文本

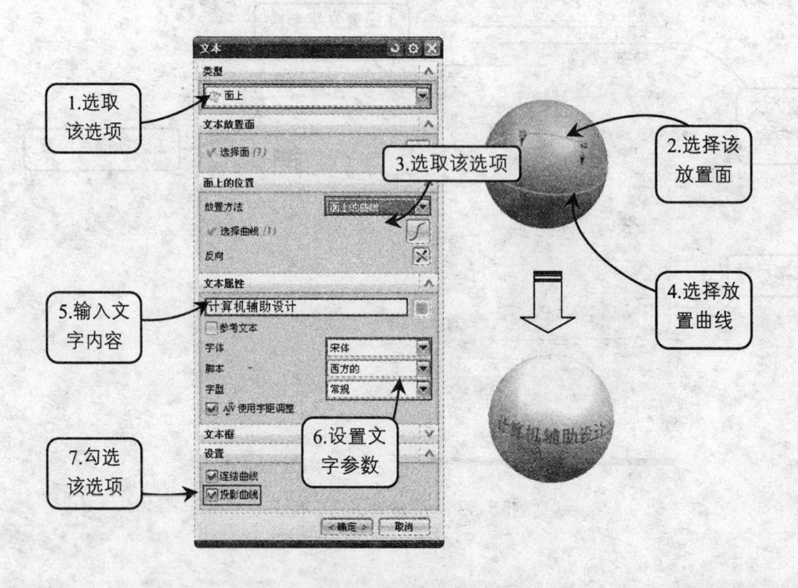

图 5-55　创建曲面文本

5.8 编辑曲线

在绘制曲线过程中，由于大多数曲线属于非参数性自由曲线，所以在空间中具有较大的随意性和不确定性。利用绘制曲线工具远远不能创建出符合设计要求的曲线，这就需要利用本节介绍的编辑曲线工具，通过编辑曲线以创建出符合设计要求的曲线，具体包括编辑曲线参数、修剪曲线和修剪拐角以及分割曲线等。

5.8.1 编辑曲线参数

编辑曲线参数主要是通过重定义曲线的参数以改变曲线的形状和大小。在草绘模式下，从菜单栏中选择“编辑”→“曲线”→“参数”命令，或者单击“编辑曲线”工具栏按钮，打开“编辑曲线参数”对话框，利用该对话框选择要编辑的曲线，接着利用根据所选曲线的类型而弹出的相应对话框来编辑该曲线的参数。假设选择的曲线是阵列曲线，那么系统将弹出如图 5-56 所示的对话框，在该对话框中可以编辑相应的参数。

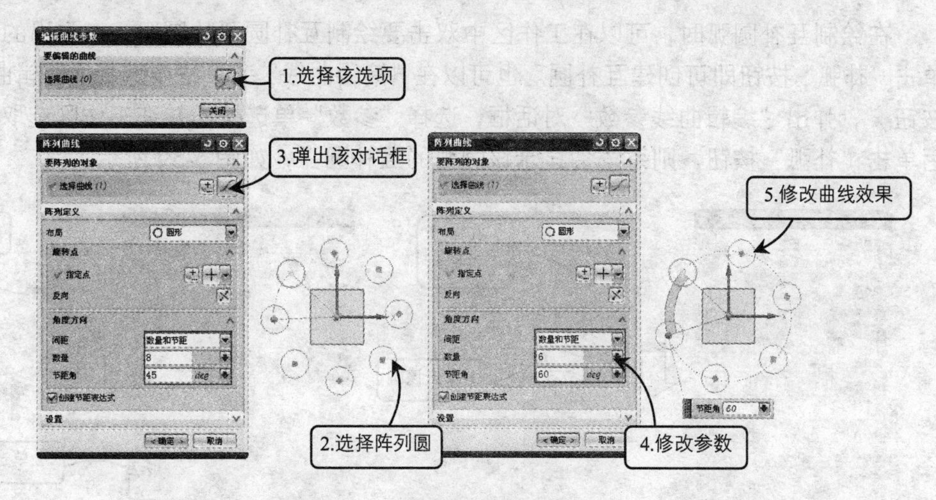

图 5-56 编辑曲线参数

可编辑参数的曲线包括多种类型，可以是直线、圆弧/圆，也可以是样条曲线等。

1. 编辑直线参数

在进行曲线编辑的过程中，如果选择的对象是直线，则可以编辑直线的端点位置和直线参数（长度和角度）。在工作区中双击要编辑的直线，弹出“直线”对话框，然后在对话框中设置起点、终点和方向相关参数后按回车键即可，如图 5-57 所示为编辑直线方向的方法。

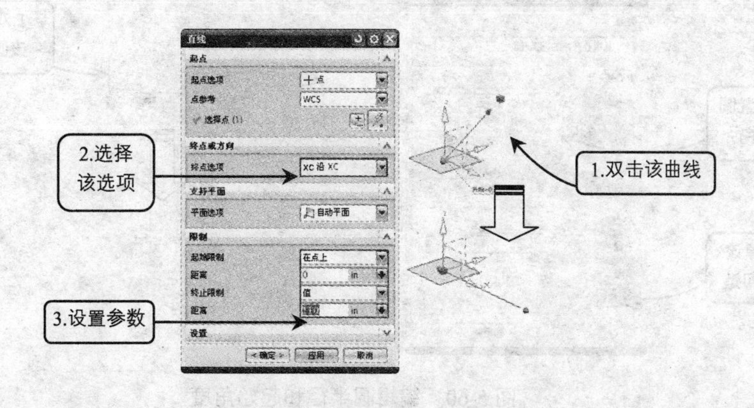

图 5-57 编辑直线方向参数

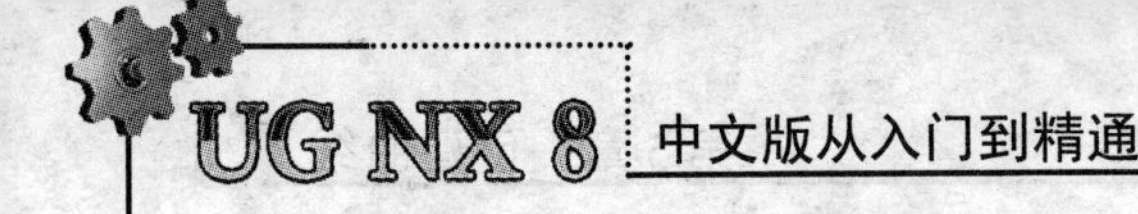

2. 编辑圆/圆弧参数

编辑曲线时，若选择的对象是圆或者圆弧，则可以修改圆或者圆弧的半径、起始/终止圆弧角的参数。圆弧或圆有 4 种编辑方式：移动圆弧或圆、互补圆弧、参数编辑和拖动。

❑ 移动圆弧或圆

如果选取的对象是圆弧或圆的圆心，则可以在工作区中移动圆心的位置或在对话框中设置圆心的坐标值来移动整个圆弧或圆，如图 5-58 所示。

❑ 互补圆弧

在绘制互补圆弧时，可以在工作区中双击要绘制互补圆弧的圆弧，在弹出的对话框中单击"补弧"按钮即可创建互补圆。也可以在"编辑曲线"工具栏中选择"编辑曲线参数"按钮，弹出"编辑曲线参数"对话框，选择"参数"单选按钮并在工作区选取圆弧，然后单击"补弧"按钮，则系统会显示该圆弧的互补圆弧，如图 5-59 所示。

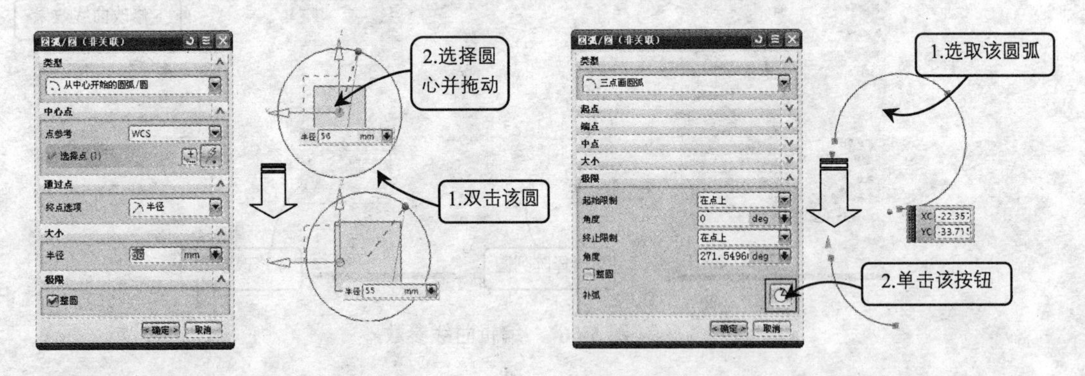

图 5-58 移动圆　　图 5-59 编辑互补圆弧

❑ 参数编辑

在工作区中双击要编辑的圆，弹出"圆弧/圆"对话框，在对话框中的"半径"文本框中输入新的圆弧或圆的半径值，去掉"限制"栏中"整圆"的勾选，在展开的"限制"选项栏中设置圆的起始角度，即可完成圆参数的编辑操作，编辑方法如图 5-60 所示。

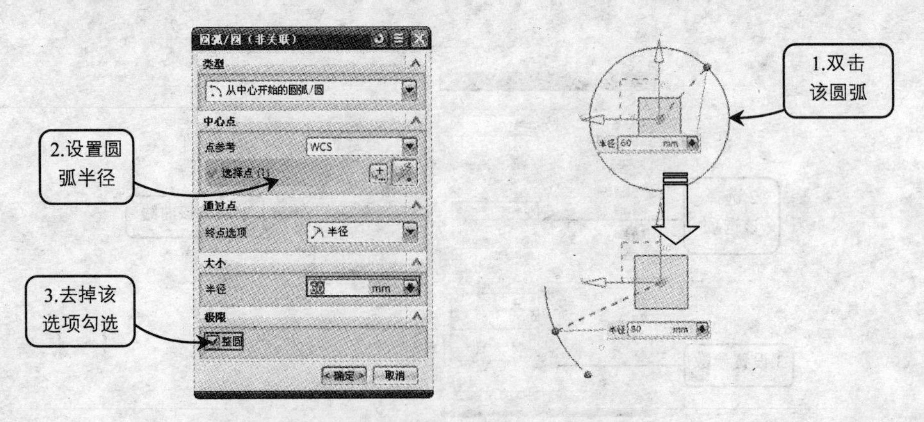

图 5-60 编辑圆半径和起始角度

□ 拖动

若选取的是圆弧的端点，则可利用拖动的功能或“跟踪条”对话框来定义新的端点的位置；若选取的是圆弧的非控制点，则可利用拖动的功能改变圆弧的半径及起始、终止圆弧角，还可以通过拖动功能改变圆的大小。

5.8.2 修剪曲线和修剪拐角

修剪曲线是修剪或延伸曲线到选定的边界对象，根据选择的边缘实体（如曲线、边缘、平面、点或光标位置）和要修剪的曲线段调整曲线的端点。修剪拐角是把两条曲线裁剪到它们的交点从而形成一个拐角，生成的拐角依附于选择对象。修剪曲线和修剪拐角都是曲线的两种修剪方式，但是它们的修剪效果却不同。

1. 修剪曲线

修剪曲线是指可以通过曲线、边缘、平面、表面、点或屏幕位置等工具调整曲线的端点，可延长或修剪直线、圆弧、二次曲线或样条曲线等。在“编辑曲线”工具栏中单击“修剪曲线”按钮，打开“修剪曲线”对话框，如图 5-61 所示。该对话框中主要选项含义如下：

- 方向：该列表用于确定边界对象与待修剪曲线交点的判断方式。具体包括“最短的 3D 距离”、“相对于 WCS”、“沿一矢量方向”以及“沿屏幕垂直方向”4 种方式。
- 关联：若启用该复选框，则修剪后的曲线与原曲线具有关联性，若改变原曲线的参数，则修剪后的曲线与边界之间的关系自动更新。
- 输入曲线：该选项用于控制修剪后的原曲线保留的方式。共包括“保持”、“隐藏”、“删除”和“替换”4 种保留方式。
- 曲线延伸段：如果要修剪的曲线是样条曲线并且需要延伸到边界，则利用该选项设置其延伸方式。包括“自认”、“线性”、“圆形”和“无”4 种方式。
- 修剪边界对象：若启用该复选框，则在对修剪对象进行修剪的同时，边界对象也被修剪。
- 保持选定边界对象：启用该复选框，单击“应用”按钮后使边界对象保持被选取状态，此时如果使用与原来相同的边界对象修剪其他曲线，不用再次选取。
- 自动选择递进：启用该复选框，系统按选择步骤自动进行下一步操作。

下面以图 5-62 所示的图形对象为例，详细介绍其操作方法。选取轮廓线为修剪对象，直线 A 为第一边界对象，直线 B 为第二边界对象。接受系统默认的其他设置，最后单击“确定”按钮即可。

提 示：在利用“修剪曲线”工具修剪曲线时，选择边界线的顺序不同，修剪结果也不同。

2. 修剪拐角

修剪拐角主要用于修剪两不平行曲线在其交点而形成的拐角，包括已相交的或将来相交的两曲线。在“编辑曲线”工具栏中单击“修剪拐角”按钮。在打开的“修剪拐角”对话框中提示用户选取要修剪的拐角。在修剪拐角时，若移动鼠标使选择球同时选中欲修剪的两曲线，且选择球中心位于欲修剪的角部位，单击鼠标左键确认，两曲线的选中拐角部分会被修剪；若选取的曲线中包含样条曲线，系统会打开警告信息，提示该操作将删除样条曲线的定义数据，需要用户给与确认。修剪方法如图 5-63 所示。

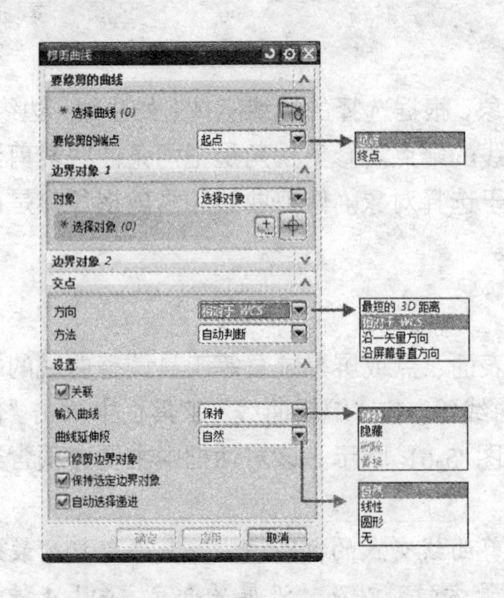

图 5-61 “修剪曲线”对话框

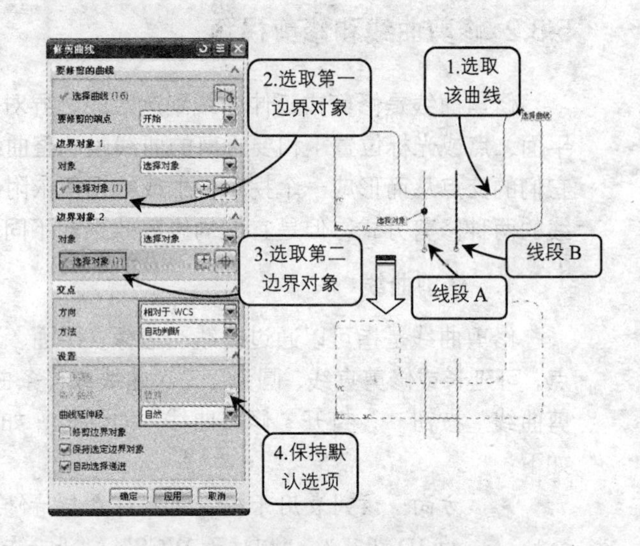

图 5-62 修剪曲线

5.8.3 分割曲线

分割曲线是指将曲线分割成多个节段，各节段都是一个独立的实体，并赋予和原先的曲线相同的线型。在“编辑曲线”工具栏中单击“分割曲线”图标，打开“分割曲线”对话框，如图 5-64 所示。该对话框提供以下 5 种分割曲线的方式。

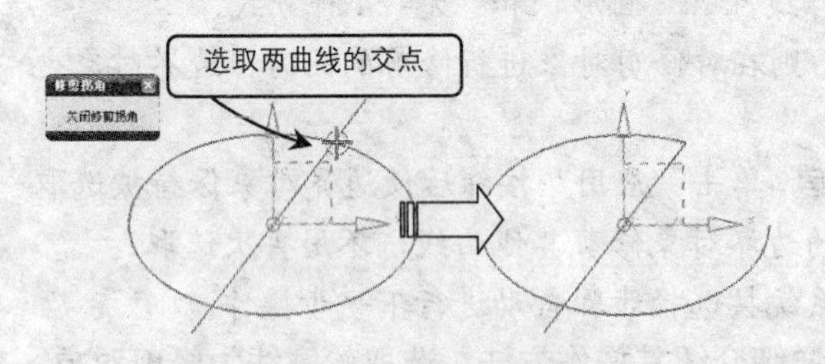

图 5-63 修剪拐角

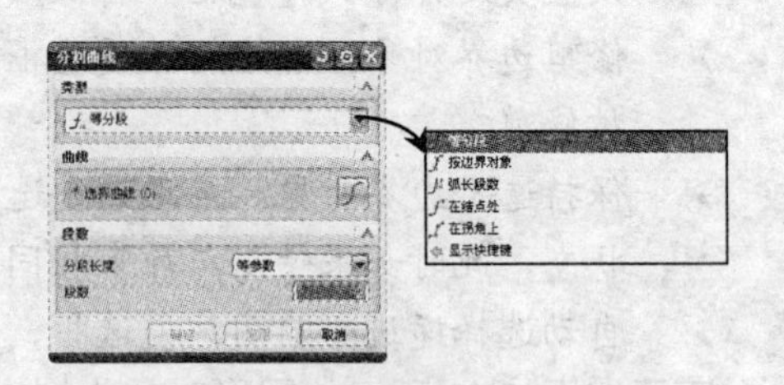

图 5-64 “分割曲线”对话框

> **提 示：** 在“编辑曲线”工具栏中，如果没有找到“分割曲线”图标，单击“编辑曲线”工具栏最右端的图标，在弹出的“编辑曲线”菜单中勾取“分割曲线”选项，即可添加“分割曲线”按钮到“编辑曲线”工具栏，如图 5-65 所示。其他工具栏隐藏的工具按钮也可以通过同样的方法添加。

❑ 等分段

该方式是以等长或等参数的方法将曲线分割成相同的节段。选择“等分段”选项后，

选择要分割的曲线，然后在相应的文本框中设置等分参数并单击“确定”按钮即可，如图 5-66 所示。

图 5-65　“编辑曲线”菜单　　图 5-66　按等分段分割曲线

□　按边界对象

该方式是利用边界对象来分割曲线。选择“按边界对象”选项，然后选取要分割的曲线并根据系统提示选取边界对象，最后单击“确定”按钮即可完成操作，如图 5-67 所示。

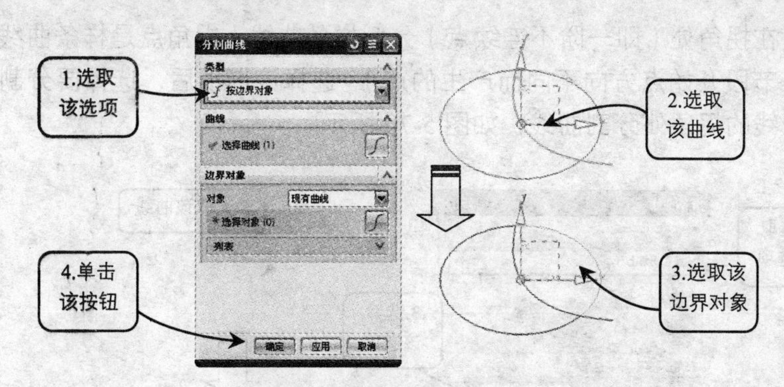

图 5-67　按边界对象分割曲线

□　弧长段数

该方式是通过分别定义各阶段的弧长来分割曲线。选择圆弧长段数选项，然后选取要分割的曲线，最后在“弧长”文本框中设置弧长段数并单击“确定”按钮即可，如图 5-68 所示。

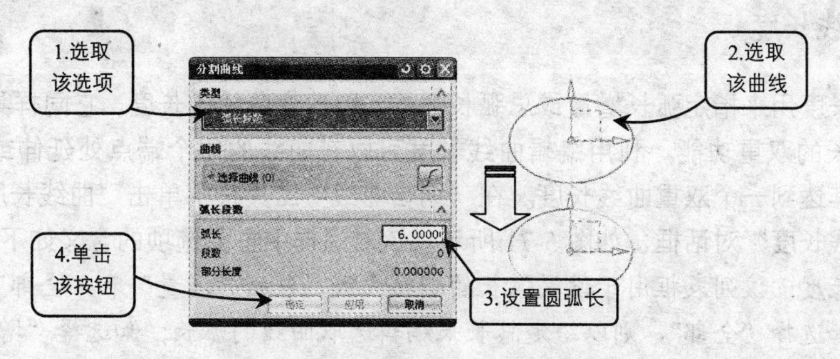

图 5-68　按弧长段数分割曲线

□ 在结点处

利用该方式只能分割样条曲线，在曲线的定义点处将曲线分割成多个节段。选择该选项后，选择要分割的曲线，然后在“方法”列表框中选择分割曲线的方法，最后单击“确定”按钮即可，如图 5-69 所示。

图 5-69　在结点处分割曲线

□ 在拐角上

该方式是在拐角处（即一阶不连续点）分割样条曲线（拐角点是样条曲线节段的结束点方向和下一节段开始点方向不同而产生的点）。选择该选项后，选择要分割的曲线，系统会在样条曲线的拐角处分割曲线，如图 5-70 所示。

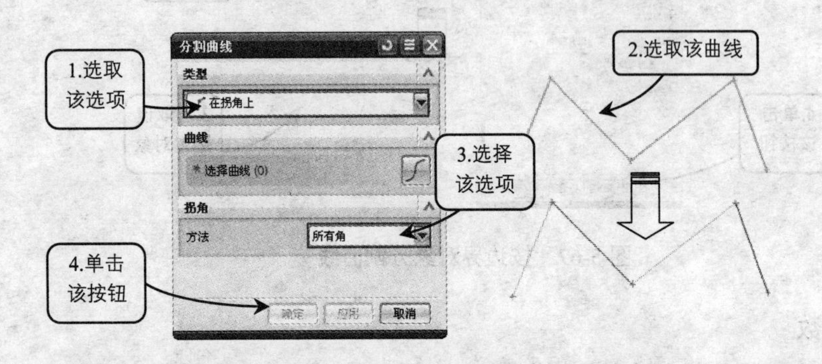

图 5-70　在拐角上分割曲线

5.8.4 曲线长度

曲线长度用来指定弧长增量或总弧长方式，以改变曲线的长度，它同样具有延伸弧长或修剪弧长的双重功能。利用编辑曲线长度可以在曲线的每个端点处延伸或缩短一段长度，或使其达到一个双重曲线长度。在“编辑曲线”工具栏中单击“曲线长度”按钮，打开“曲线长度”对话框，如图 5-71 所示。该对话框中主要选项的含义如下所述。

➢ 长度：该列表框用于设置弧长的编辑方式，包括“增量”和“全部”两种方式。如选择“全部”，则以给定总长来编辑选取曲线的弧长；如选择“增量”，则以给定弧长增加量或减少量来编辑选取曲线的弧长。

➢ 侧：该列表框用来设置修剪或延伸方式，包括“起点和终点”和“对称”两种方式。“起点和终点”是从选取曲线的起点或终点开始修剪及延伸；“对称”是从选取曲线的起点和终点同时对称修剪或延伸。

➢ 方法：该列表框用于设置修剪和延伸类型，包括“自然”、“线性”和“圆形”3种类型。

➢ 限制：该面板主要用于设置从起点或终点修剪或延伸的增量值。

要编辑曲线长度，首先要选取曲线，然后在“延伸”面板中接受系统默认的设置，并在“开始”和“结束”文本框中分别输入增量值，最后单击“确定”按钮即可，如图5-72所示。

图5-71 “曲线长度”对话框

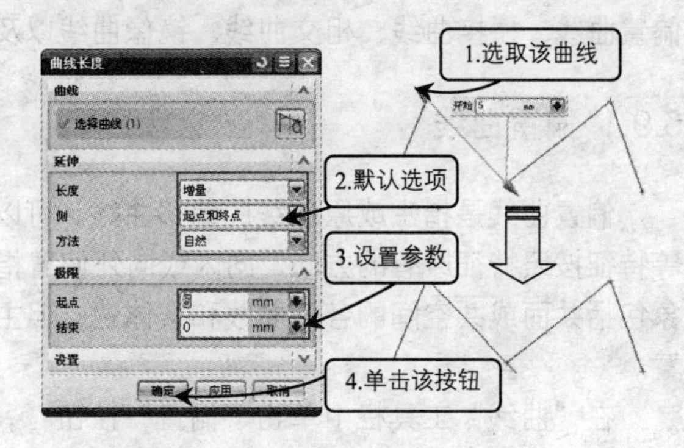

图5-72 编辑曲线长度

5.8.5 拉长曲线

拉长曲线主要用来移动几何对象，并拉伸对象。如果选取的是对象的端点，其功能是拉伸该对象；如果选取的是对象端点以外的位置，其功能是移动该对象。在“编辑曲线”对话框中单击“拉长曲线”按钮，打开“拉长曲线”对话框，如图5-73所示。

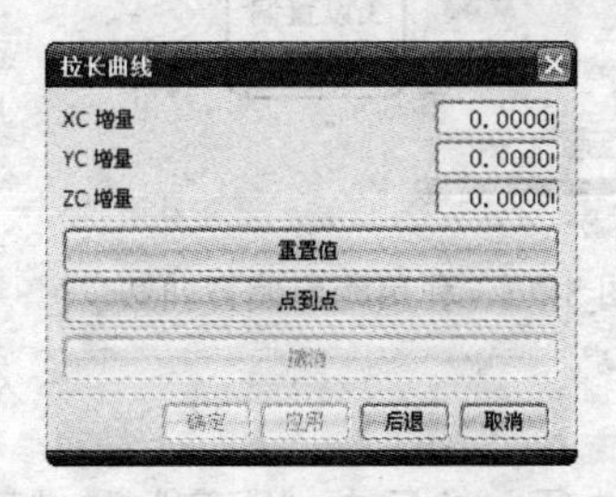

图5-73 “拉长曲线”对话框

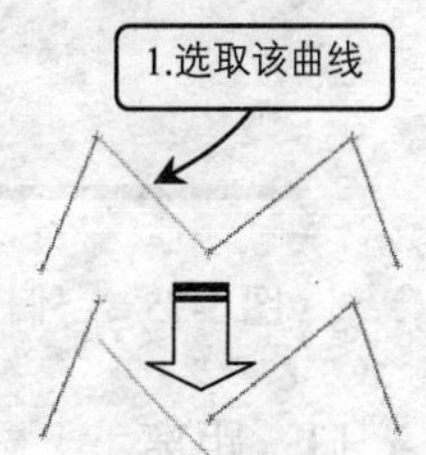

图5-74 拉长YC轴向效果

要拉长曲线，首先在绘图工作区中直接选取要编辑的对象，然后利用“拉长曲线”对话框设定移动或拉伸的方向和距离。其中，移动或拉伸的方向和距离可在“拉长曲线”的对话框中通过两种方式来设定。

第一种是在“XC增量”、“YC增量”和“ZC增量”文本框中输入XC、YC、ZC坐标轴方向移动或拉伸的位移即可，拉长效果如图5-74所示。第二种方法是在“拉长曲线”

对话框中单击“点到点”按钮，再设定一个参考点，然后设定一个目标点，此时系统会以该参考点至目标点的方向和距离来移动或拉伸对象。

5.9 曲线操作

在机械设计过程中，通常要在设计的基础上加上一系列曲线操作才能满足设计要求，然后根据需要还要对不满意的地方进行调整，这样才能满足设计和生产的要求。这就需要调整曲线的很多细节，通过调整这些细节可以使曲线更加光滑、美观。曲线操作具体包括偏置曲线、桥接曲线、相交曲线、镜像曲线以及抽取等编辑操作方式。

5.9.1 偏置曲线

偏置曲线是指生成原曲线的偏移曲线，可以针对直线、圆弧、艺术样条曲线和边界线等特征按照特征原有的方向，向内或向外偏置指定的距离而创建的曲线。可选取的偏置对象包括共面或共空间的各类曲线和实体边，但主要用于对共面曲线（开口或闭口）进行偏置。

在“曲线”工具栏中单击“偏置”按钮，打开“偏置曲线”对话框，如图 5-75 所示。在对话框中包含如下 4 种偏置曲线的修剪方式。

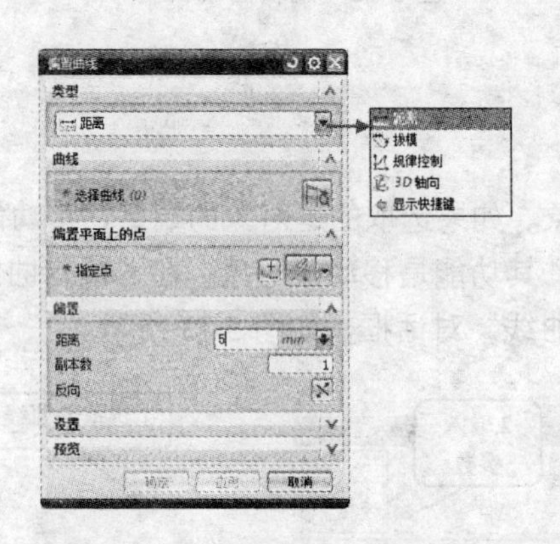

图 5-75 “偏置曲线”对话框

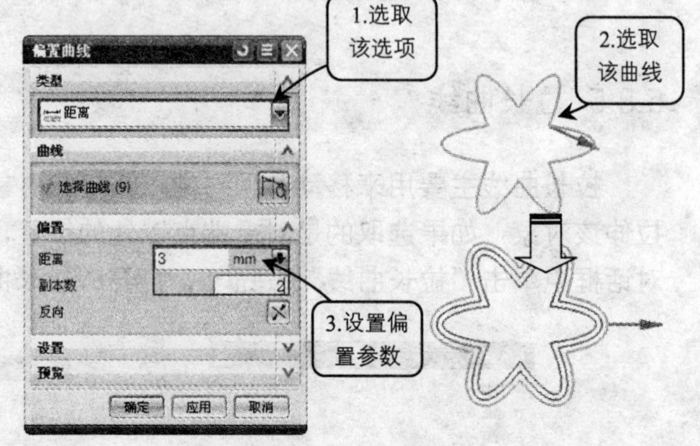

图 5-76 利用距离偏置曲线

❑ 距离

该方式是按给定的偏置距离来偏置曲线。选择该选项，然后在“距离”和“副本数”文本框中分别输入偏移距离和产生偏移曲线的数量，并选取要偏移曲线和指定偏置矢量方向，最后设定好其他参数并单击“确定”按钮即可，方法如图 5-76 所示。

❑ 拔模

该方式是将曲线按指定的拔模角度偏移到与曲线所在平面相距拔模高度的平面上。拔模高度为原曲线所在平面和偏移后所在平面的距离，拔模角度为偏移方向与原曲线所在平面的法线的夹角。选择该选项，然后在“高度”和“角度”文本框中分别输入拔模高度和拔模角度，并选取要偏移曲线和指定偏置矢量方向，最后设置好其他参数并单击“确定”按钮即可，方法如图 5-77 所示。

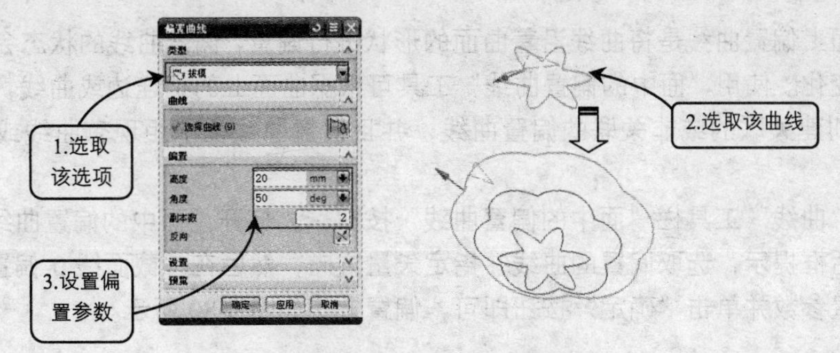

图 5-77　利用拔模偏置曲线

❑　规律控制

该方式是按照规律控制偏移距离来偏置曲线。选择该选项，从“规律类型”列表框中选择相应的偏移距离的规律控制方式，然后选取要偏置的曲线并指定偏置的矢量方向即可，方法如图 5-78 所示。

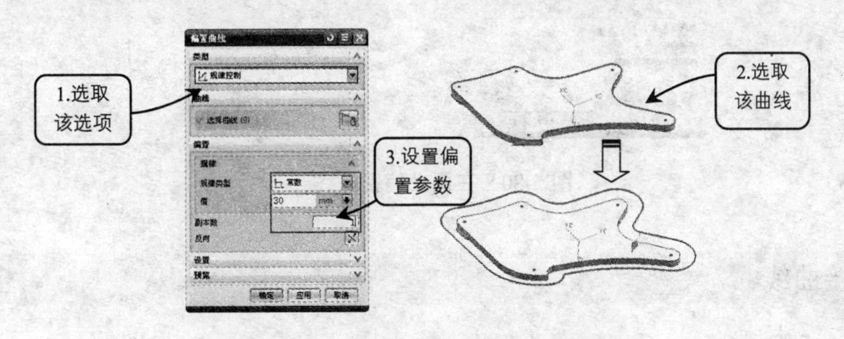

图 5-78　利用规律控制偏置曲线

❑　3D 轴向

该方式是以轴矢量为偏置方向偏置曲线。选择该选项，然后选取要偏置的曲线并指定偏置矢量方向，在“距离”文本框中输入需要偏置的距离，最后单击“确定”按钮即可生成相应的偏置曲线，方法如图 5-79 所示。

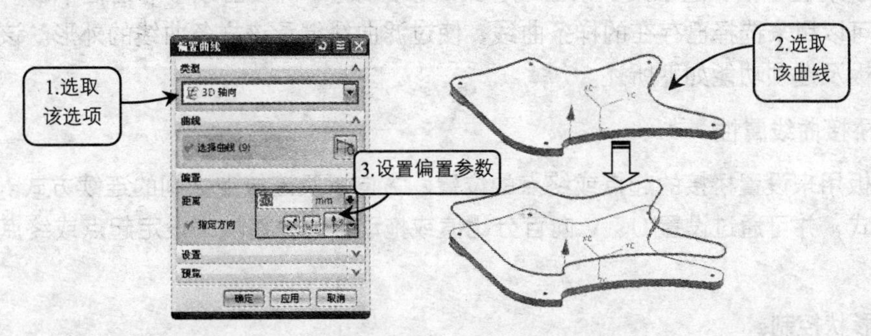

图 5-79　利用 3D 轴向偏置曲线

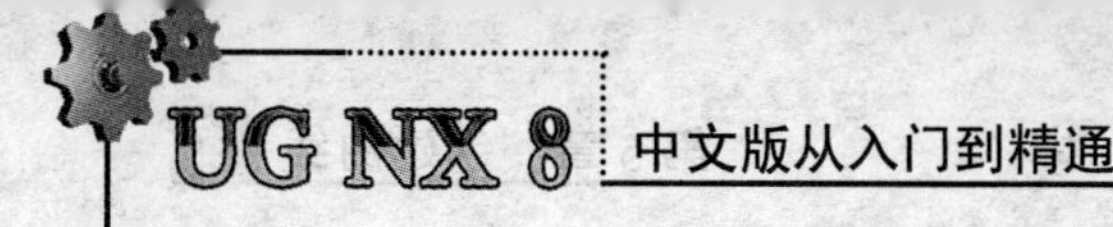

5.9.2 面中的偏置曲线

在曲面上偏置曲线是将曲线沿着曲面的形状进行偏置，偏置曲线的状态会随曲面形状的变化而变化。使用“面中的偏置曲线”工具可根据曲面上的相连边或曲线，在一个或多个曲面上创建关联的或非关联的偏置曲线，并且偏置曲线位于距现有曲线或边指定距离处。

单击“曲线”工具栏“面中的偏置曲线”按钮，打开“面中的偏置曲线”对话框。根据该对话框提示，选取偏置的曲线并指定矢量方向，然后在“截面线 0-偏置 1”文本框中设置偏置参数并单击“确定”按钮即可，偏置方法如图 5-80 所示。

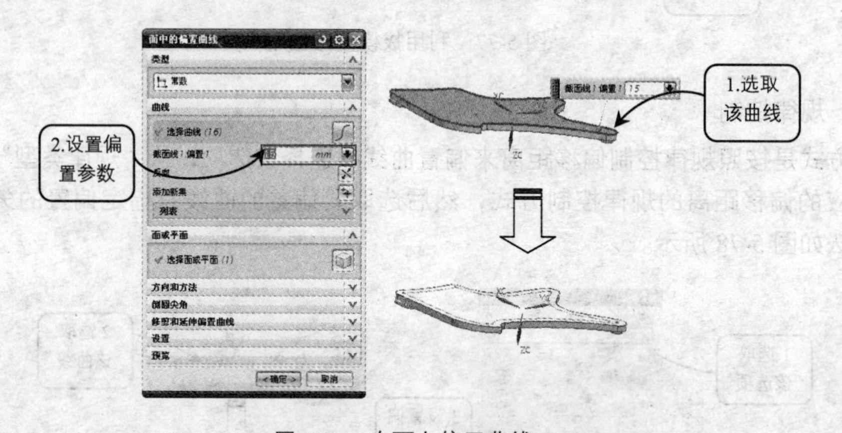

图 5-80　在面上偏置曲线

5.9.3 桥接曲线

桥接曲线是在曲线上通过用户指定的点，对两条不同位置的曲线进行倒圆角或融合操作，曲线可以通过各种形式控制，主要用于创建两条曲线间的圆角相切曲线。在 UG NX 中，桥接曲线按照用户指定的连续条件、连接部位和方向来创建，是曲线连接中最常用的方法。在“曲线”工具栏中单击“桥接曲线”按钮，或者选择“插入”→“来自曲线集的曲线”→“桥接”命令，打开“桥接曲线”对话框，如图 5-81 所示。

根据系统提示依次选取第一条曲线、第二条曲线。“桥接曲线”对话框中的“形状控制”面板可以用来选择已存在的样条曲线，使过滤曲线继承该样条曲线的外形。该对话框中主要面板及选项功能如下所述。

1. 桥接曲线属性

该面板用来设置桥接的起点或终点的位置、方向以及连接点之间的连续方式。包括 4 种连续方式，并可通过设置 U、V 向百分比值或拖动百分比滑块来设定起点或终点的桥接位置。

2. 形状控制

该面板主要用于设定桥接曲线的形状控制方式。桥接曲线的形状控制方式有以下 4 种，选择不同的方式其下方的参数设置选项也有所不同。

❑ 相切幅值

该方式是通过改变桥接曲线与第一条曲线或第二条曲线连接点的切矢量值来控制曲线的形状。要改变切矢量值，可以通过拖动“开始”或“结束”选项中的滑块，也可以直接在其右侧的文本框中分别输入切矢量值，如图 5-82 所示。

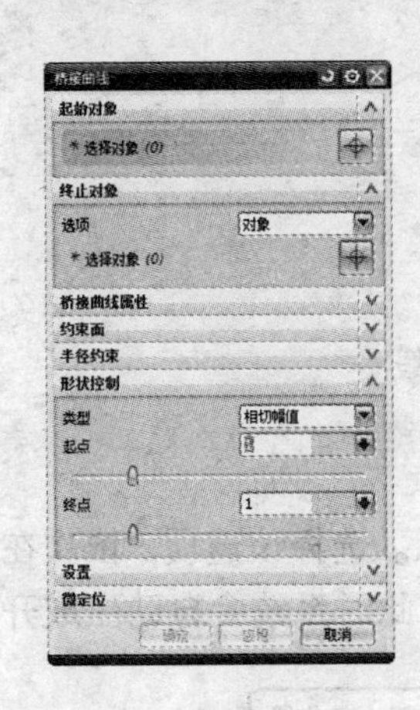

图 5-81　“桥接曲线”对话框

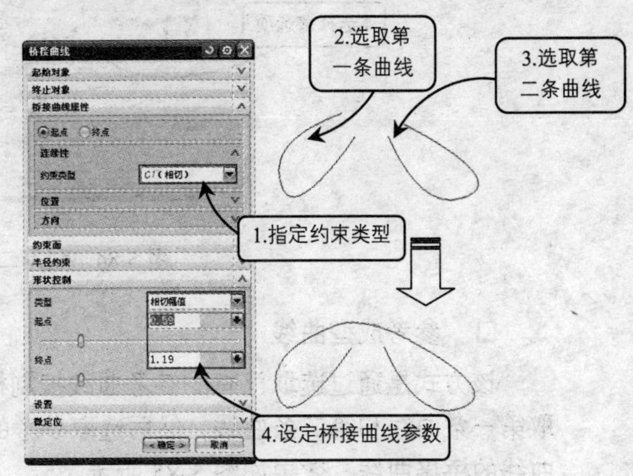

图 5-82　利用相切幅值桥接曲线

❑ 深度和歪斜度

该方式用于通过改变曲线峰值的深度和倾斜度值来控制曲线形状。它的使用方法和相切幅值方式一样，可以通过输入深度值或拖动滑块来改变曲线形状，如图 5-83 所示。

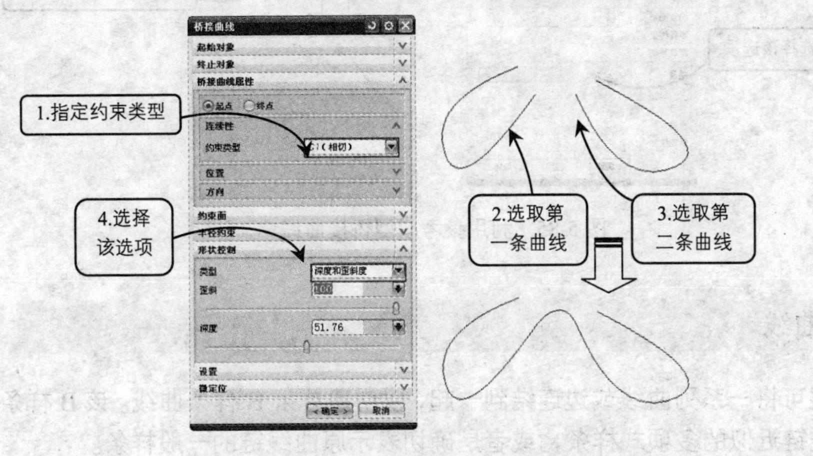

图 5-83　利用深度和歪斜度桥接曲线

❑ 二次

该方式仅在相切连续方式下有效。选择该方式后，通过改变桥接曲线的 Rho 值来控制桥接曲线的形状。可以在 Rho 文本框中输入 0.01~0.99 范围内的数值，也可以拖动滑块来控制曲线的形状。Rho 值越小，过渡曲线越平坦，Rho 值越大，曲线越陡峭，如图 5-84 所示。

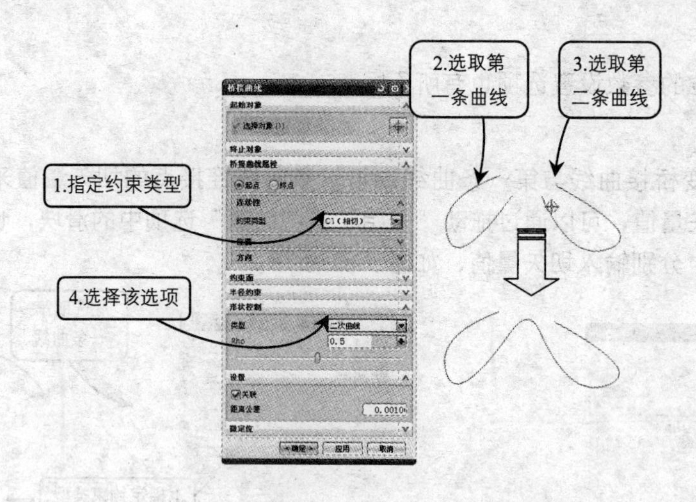

图 5-84　利用二次曲线桥接曲线

❑　参考成型曲线

该方式是通过选取已有的参考曲线控制桥接曲线形状。选择该选项，依次在工作区选取第一条曲线和第二条曲线，然后选取参考的成型曲线，此时系统会自动生成开始和结束曲线的桥接曲线，效果如图 5-85 所示。

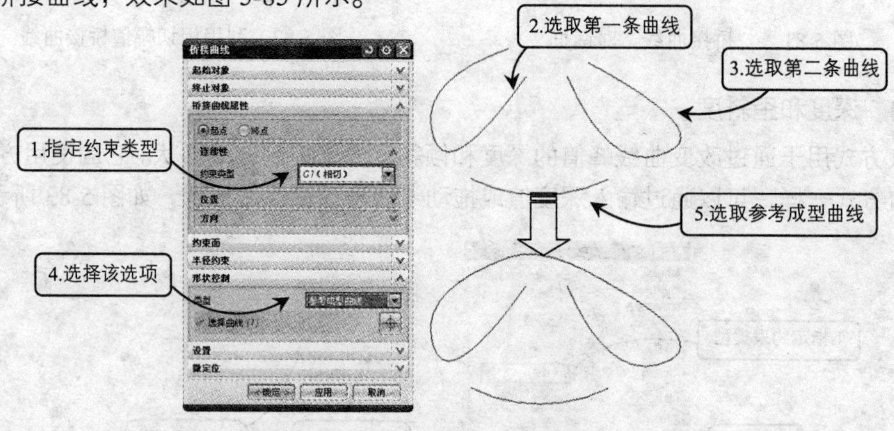

图 5-85　利用参考成型桥接曲线

5.9.4 连结曲线

连结曲线可将一系列曲线或边连结到一起，以创建单条 B 样条曲线。该 B 样条曲线是与原先的曲线链近似的多项式样条，或者是确切表示原曲线链的一般样条。

若选取的曲线是封闭的曲线样条，而且样条的起点和终点不是相切连续的，则创建的曲线为一个开放相切连续，则最终的样条也会在起点和终点的连结处相切连续，并且是周期性的。如果在曲线之间没有间隙，并且所有曲线都是相切连续的，则使用连结曲线将创建选定曲线链的精确表示形式，但是如果存在大于距离公差的间隙，则无法连结曲线。

在"曲线"工具栏中单击"连结曲线"按钮，打开"连结曲线"对话框，如图 5-86 所示。该对话框中主要选项的含义及功能如下。

➢ 关联：该复选框用于创建与输入曲线关联的样条曲线。
➢ 输入曲线：该列表框用于指定对原始输入曲线的处理，如隐藏、删除、替换等，这些选项是否可用，取决于“关联”复选框的设置。
➢ 输出曲线类型：“常规”选项将每条原始曲线转换为样条，如果必要则转换为有理样条，然后将它们连结成单个样条；“三次”选项通过多项式样条逼近原始曲线，用于构建自由曲面特征时将结点爆炸最小化；“五次”选项通过五次多项式样条逼近原始曲线；“高阶”选项使用最高阶次和最大段数来创建连结曲线逼近原始曲线。

利用“连结曲线”对话框连续选取要连结的曲线，默认对话框中其他选项，最后单击“确定”按钮，如果不希望输出样条与输入曲线关联，则可以禁用“关联”复选框，最终结果如图 5-87 所示。

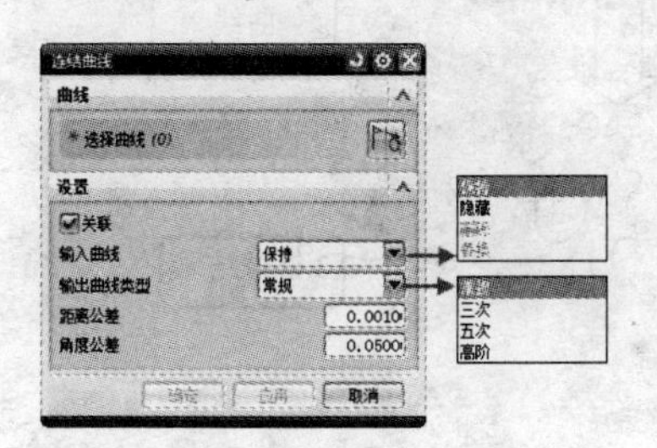

图 5-86 “连结曲线”对话框

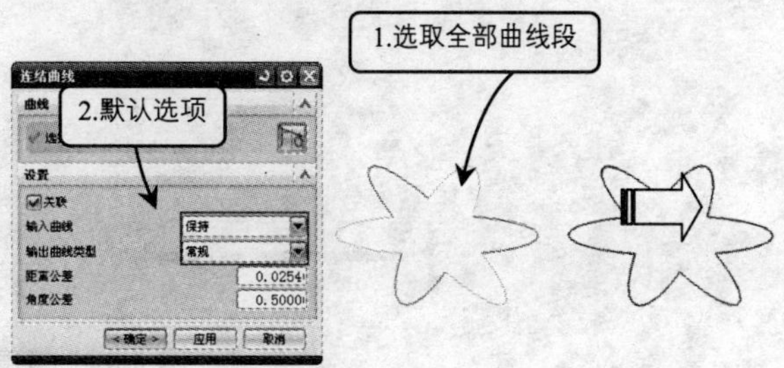

图 5-87 连结曲线

5.9.5 投影曲线

投影曲线可以将曲线、边和点投影到片体、面和基准平面上。在投影曲线时可以指定投影方向、点或面的法向的方向等。投影曲线在孔或面边缘处都要进行修剪，投影之后可以自动连结输出的曲线成一条曲线。

在“曲线”工具栏中单击“投影曲线”按钮，打开“投影曲线”对话框，此时在工作区中选择要投影的曲线，然后选取要将曲线投影到其上的面（或平面或基准平面）并指定投影方向，最后单击“确定”按钮即可，其最终效果如图 5-88 所示。

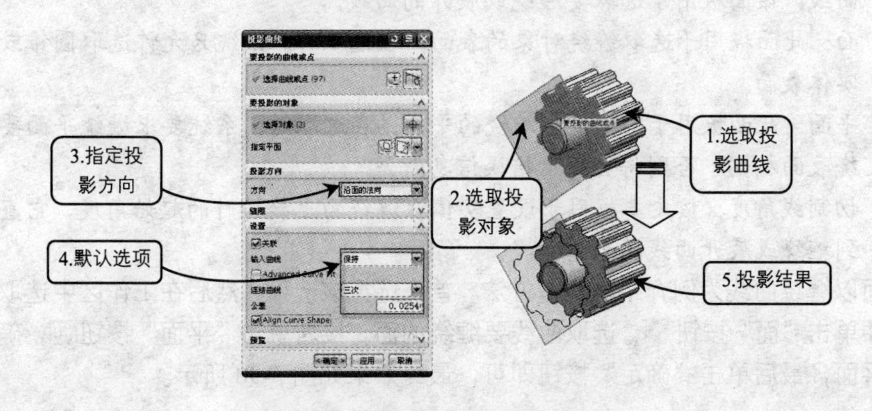

图 5-88 “投影曲线”对话框及投影效果

5.9.6 镜像曲线

镜像曲线可以通过基准平面或者平面复制关联或非关联的曲线和边。可镜像的曲线包括任何封闭或非封闭的曲线，选定的镜像平面可以是基准平面、平面或者实体的表面等类型。在“曲线”工具栏中单击“镜像曲线”按钮，打开“镜像曲线”对话框，然后选取要镜像的曲线，并选取基准平面即可，如图 5-89 所示。

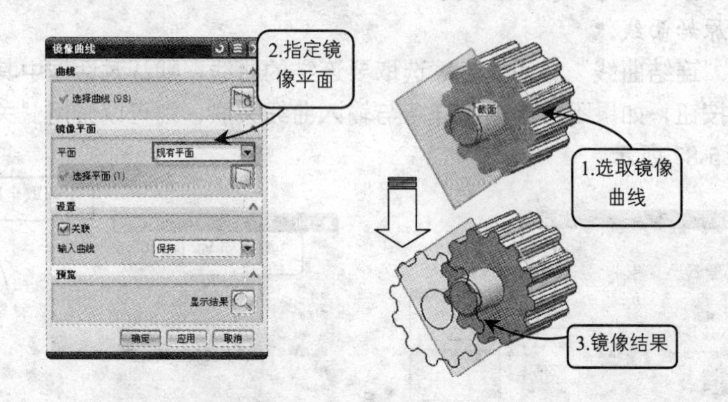

图 5-89 镜像曲线

5.9.7 缠绕/展开曲线

缠绕/展开曲线可以将曲线从一个平面缠绕到一个圆锥面或圆柱面上，或从圆锥面和圆柱面展开到一个平面上。使用“缠绕/展开曲线”工具输出的曲线是 3 次 B 样条，并且与其输入曲线、定义面和定义平面相关联。在“曲线”工具栏中单击“缠绕/展开曲线”按钮，打开“缠绕/展开曲线”对话框，如图 5-90 所示。该对话框中包括如下缠绕/展开曲线操作的选择方法和常用选项：

- 缠绕：选择该选项，系统将设置曲线为缠绕形式。
- 展开：选择该选项，系统将设置曲线为展开形式。
- 曲线：该面板用于选取要缠绕或展开的曲线。
- 面：此面板用于选取缠绕对象的表面，在选取时，系统只允许选取圆锥或圆柱的实体表面。
- 平面：此面板用于确定产生缠绕的平面。在选取时，系统要求缠绕平面要与被缠绕表面相切，否则将会提示错误信息。
- 切割线角度：该文本框用于设置实体在缠绕面上旋转时的起始角度，它直接影响到缠绕或展开曲线的形态。

下面以缠绕曲线为例介绍其操作方法。首先选择该选项，然后在工作区中选取要缠绕的曲线并单击“面”按钮，选取曲线要缠绕的面，接着单击“平面”按钮，确定产生缠绕的平面，最后单击“确定”按钮即可，最终效果如图 5-90 所示。

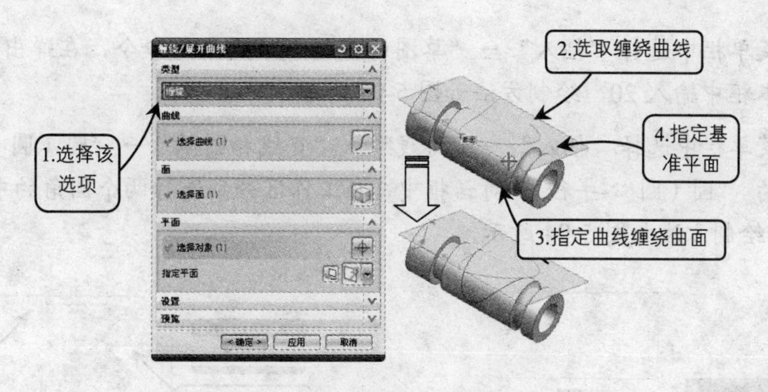

图 5-90 缠绕曲线示例

5.10 案例实战——绘制机座线框

最终文件:	source\chapter5\ch5-example1-final.prt
视频文件:	AVI\实例操作 5-1.avi

本实例绘制机座的线框模型，如图 5-91 所示。机座是一种用于机床固定的装置，常用于备用零件的固定和支撑，主要由底座和立板两部分组成，一般通过定位螺栓将其固定于夹具上一起使用。此类零件由于立板的抗弯性能限制，通常仅用于支撑固定较轻的轴类零件。如果在底座和立板之间添加肋板，可以提高零件的刚度，减少平面的承载能力，从而延长机座的使用寿命。

5.10.1 绘制底座平面轮廓

01 启动 UG NX 8，新建一个模型零件。在视图工具栏中单击“俯视图”按钮，将工作的视图平面设置为 XC-YC 平面。

02 在“曲线”工具栏中单击“矩形”按钮，或在菜单栏中选择“插入”→“曲线”→“矩形”选项，弹出“点”对话框，在工作平面中创建如图 5-92 所示的 A、B 两点，单击“确定”按钮即可完成矩形的创建。

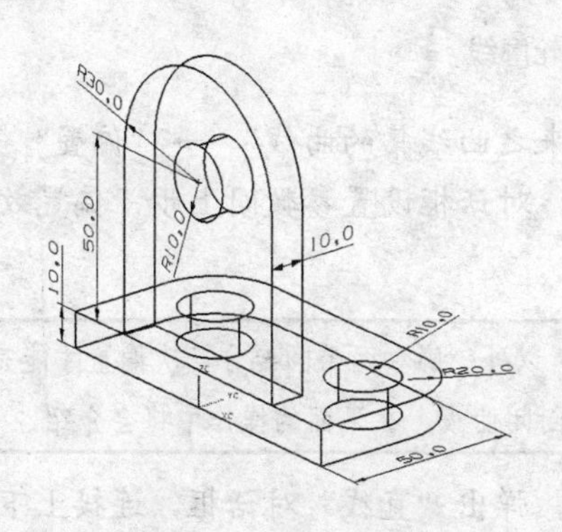

图 5-91 机座线框模型

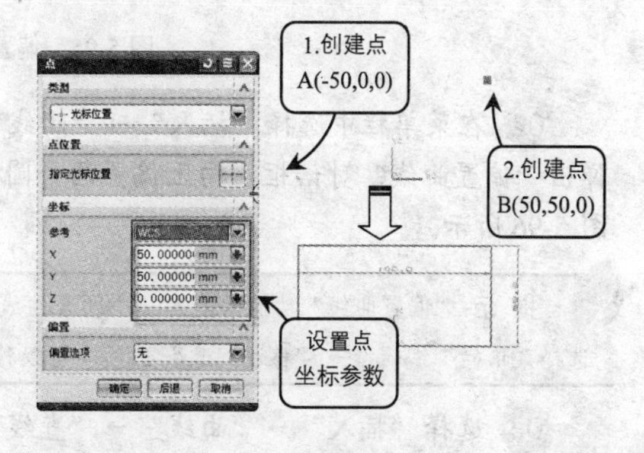

图 5-92 绘制矩形

03 在菜单栏中选择“插入”→“草图曲线”→“圆角”命令，在弹出的“圆角”对话框，文本框中输入 20，绘制方法如图 5-93 所示。

04 在菜单栏中选择“插入”→“曲线”→“直线和圆弧”→“圆（圆心-半径）”命令，在弹出的“圆（圆心-半径）”对话框中，在工作区分别选择两个圆角的中心绘制半径为 10 的圆，绘制方法如图 5-94 所示。

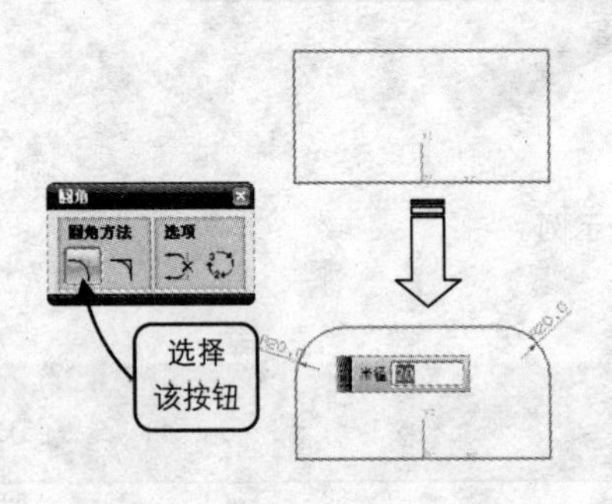

图 5-93 创建圆角

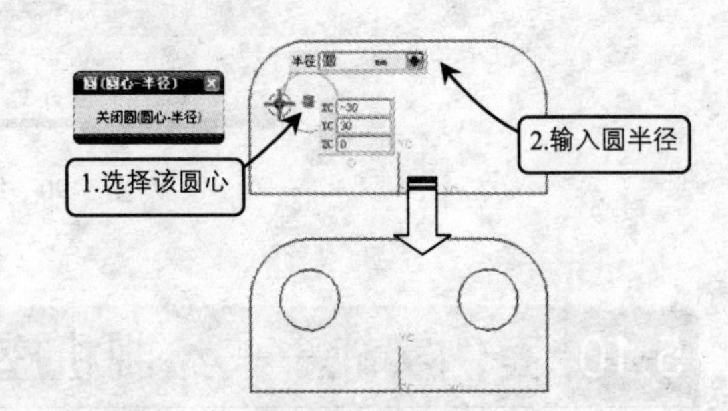

图 5-94 绘制圆

5.10.2 绘制底座立体轮廓

01 在“曲线”工具栏中单击“偏置”按钮，或在菜单栏中选择“插入”→“曲线”→“来之曲线集的曲线”→“偏置”命令，弹出“偏置曲线”对话框，在“类型”下拉列表框中选择“3D 轴向”选项，在工作平面中选择底座外轮廓线，并设置偏置距离和方向，绘制方法如图 5-95 所示。

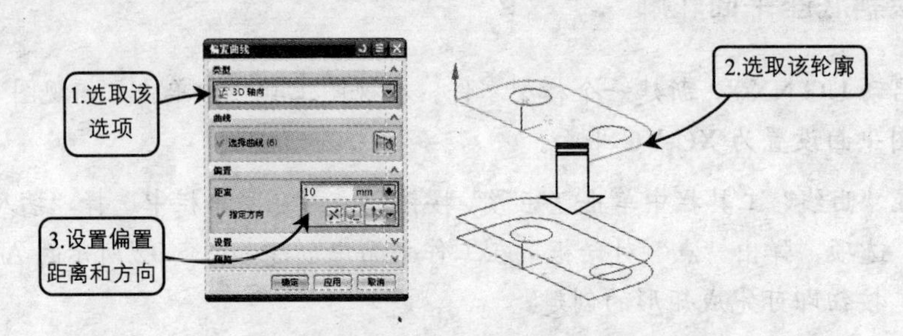

图 5-95 偏置底座外轮廓线

02 在菜单栏中选择“插入”→“曲线”→“来之曲线集的曲线”→“偏置”命令，弹出“偏置曲线”对话框，向上偏置两个圆 10mm，对话框设置参数同上步，偏置效果如图 5-96 所示。

提 示：“偏置曲线”功能只能对一个闭合曲线偏置，所以外轮廓和两个圆要分三次偏置才能完成。选择菜单栏“编辑”→“移动对象”选项，可以移动多个封闭曲线，在下面的操作中将会介绍。

03 选择“插入”→“曲线”→“直线”命令，弹出“直线”对话框，连接上下两直角顶点和圆的象限点，如图 5-97 所示。

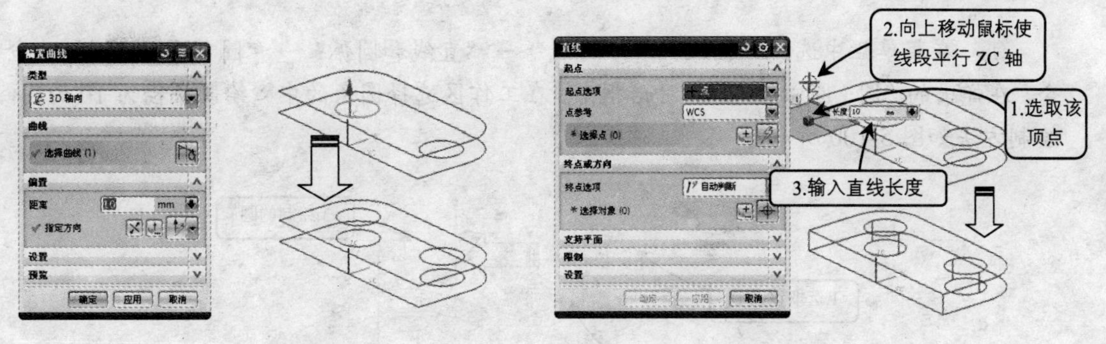

图 5-96 偏置圆 图 5-97 连接上下轮廓线

5.10.3 绘制立板平面轮廓

01 在菜单栏中选择“插入”→“曲线”→“矩形”命令，弹出“点”对话框，在工作平面中创建 A（30，0，10）、B（-30，0，60）两点，单击“确定”按钮即可完成如图 5-98 所示矩形的创建。

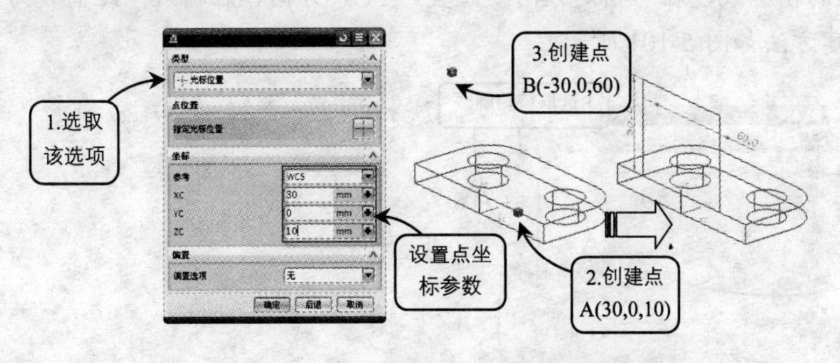

图 5-98 绘制矩形

02 选择“插入”→“曲线”→“圆弧/圆”命令，弹出“圆弧/圆”对话框，在“类型”下拉列表框中选择“三点画圆弧”选项，在工作区中选择起点和终点，并设置圆弧半径为 30，绘制方法如图 5-99 所示。

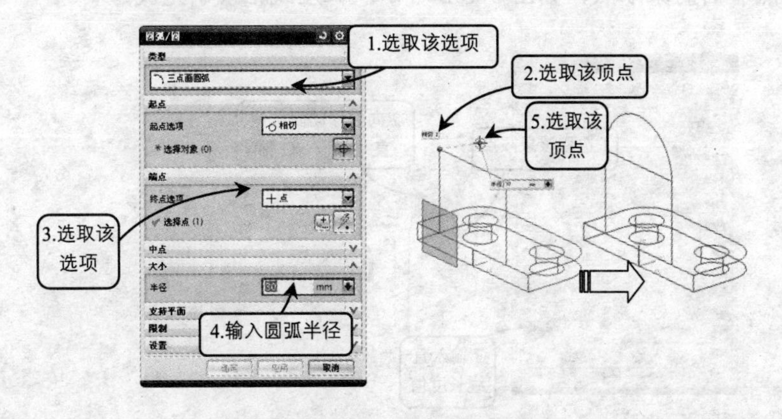

图 5-99 绘制圆弧

03 在菜单栏中选择“插入”→“曲线”→“直线和圆弧”→“圆（圆心-半径）”命令，在弹出的“圆（圆心-半径）”对话框中，在工作区选择圆角的中心绘制半径为10的圆，绘制方法如图5-100所示。

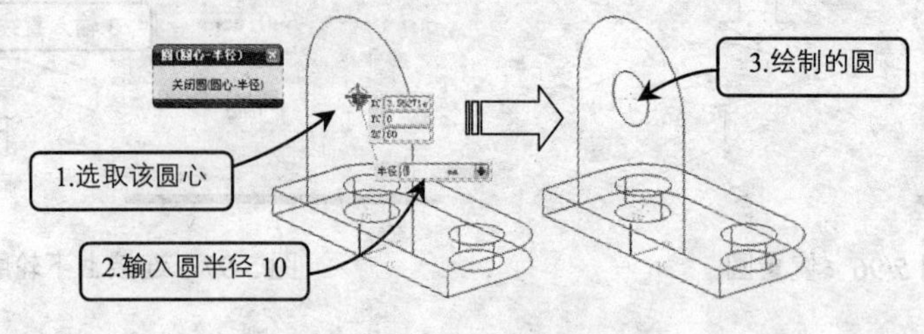

图5-100 绘制圆

5.10.4 绘制立板立体轮廓

01 选择菜单栏“插入”→“来自曲线集的曲线”命令，弹出“偏置曲线”对话框，选择工作区中立板的轮廓线，在“指定方向”设置“YC”方向，在输入“距离”为10，单击“确定”。创建方法如图5-101所示。

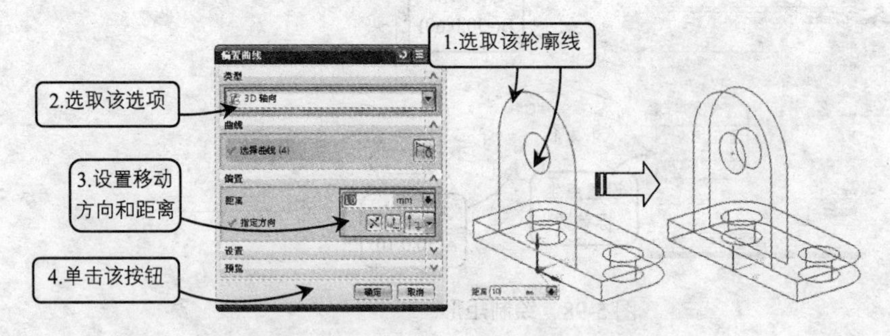

图5-101 向YC偏置曲线立板轮廓线

02 选择“插入”→“曲线”→“直线”命令，弹出“直线”对话框，连接左右立板轮廓线两直角顶点和圆的象限点，如图5-102所示。机座线框绘制完成。

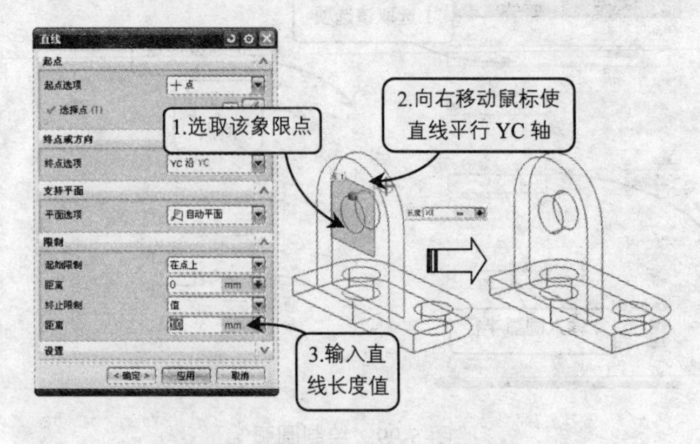

图5-102 连接左右立板轮廓线

5.11 案例实战——绘制销轴座线框

最终文件：	source\chapter5\ch5-example2-final.prt
视频文件：	AVI\实例操作 5-2.avi

本实例绘制一个销轴座的线框模型图，效果如图 5-103 所示。销轴座作为销轴的基础件之一，在机械设备的生产制造中主要具有支撑、固定的双重作用。分析该零件造型，它总体可以分为上下两部分，即底板和支撑部分，其中右端支耳部分可通过其上的圆孔，配合定位销起固定的作用；在底板当中的方孔可以用来放置配重块，以保证轴销座的平衡；下部的滑块可以配合滑槽一起使用，通过可调螺钉顶住滑块移动，从而改变被支撑件的位移。

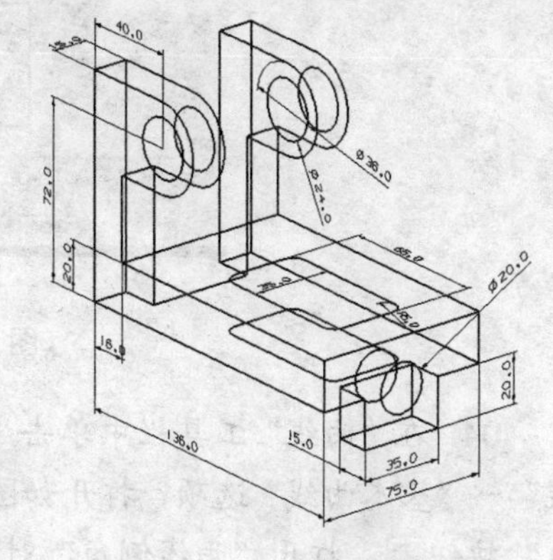

图 5-103 销轴座线框模型

绘制该线框模型时，可以分为滑块、底座和支耳三大部分，首先利用“直线”、“矩形”等工具绘制底座平面轮廓边线，结合倒圆角操作绘制方孔及过渡圆角；接着，将底座轮廓线向 ZC 方向偏置曲线；然后再绘制支耳的平面轮廓边线，利用“引用几何体”偏置三个支耳平面轮廓；最后，通过“直线”、“圆”等工具完成滑块的立体轮廓绘制。

5.11.1 绘制底座上表面轮廓

01 启动 UG NX 8，新建一个模型零件。在视图工具栏中单击“俯视图”按钮，将工作的视图平面设置为 XC-YC 平面。

02 在“曲线”工具栏中单击“矩形”按钮，或在菜单栏中选择“插入”→“曲线”→“矩形”命令，弹出“点”对话框，在工作平面中创建如图 5-104 所示的 A、B 两点，单击“确定”按钮即可完成矩形的创建。

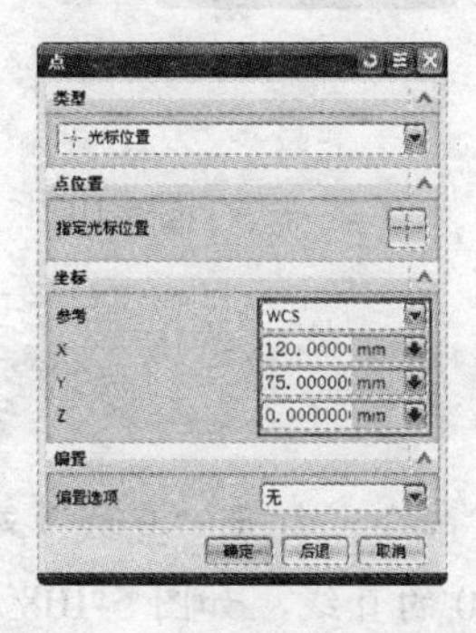

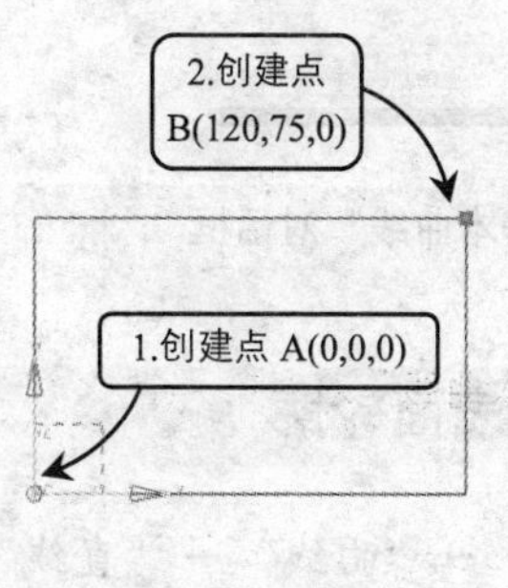

图 5-104 创建底座矩形轮廓

03 按照上述步骤同样的方法，创建两点C、D两点，创建方孔平面轮廓，如图5-105所示。

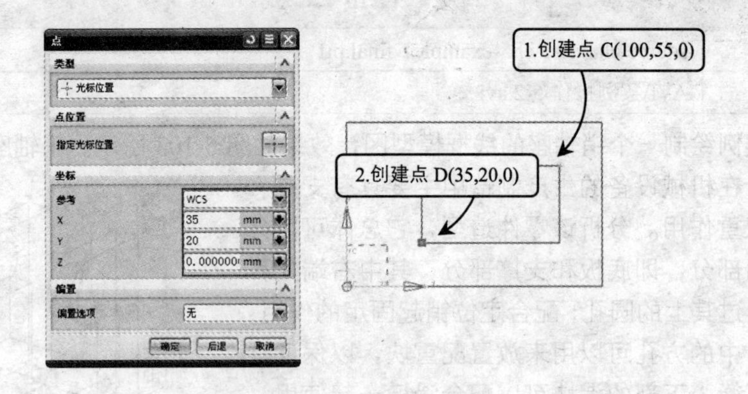

图 5-105 创建方孔矩形轮廓

04 在“曲线”工具栏中单击“基本曲线”按钮，或在菜单栏中选择“插入”→“曲线”→“基本曲线”选项，打开如图5-106所示“基本曲线”对话框，在对话框中选择“圆角”按钮，打开“曲线倒角”对话框。

05 选择“插入”→“草图曲线”→“圆角”命令，弹出“圆角”对话框，并设置圆弧半径为5，绘制方法如图5-107所示。

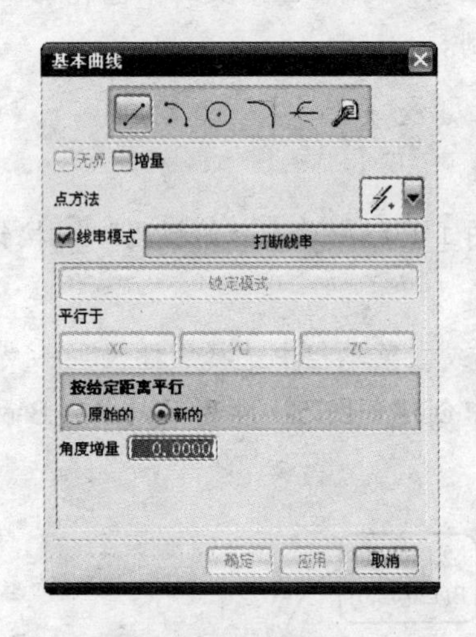

图 5-106 “基本曲线”对话框

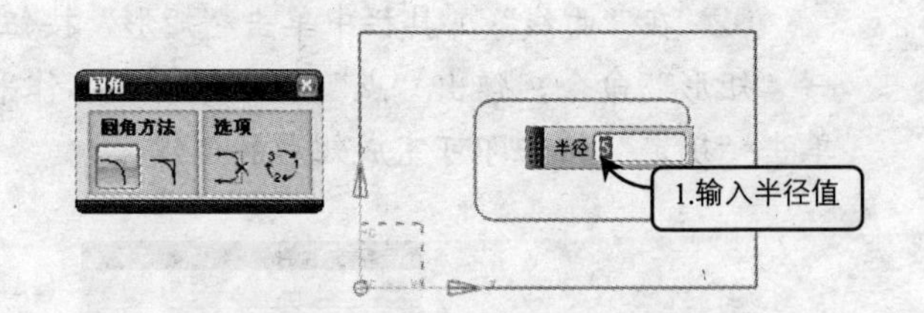

图 5-107 绘制圆角

5.11.2 绘制底座下表面轮廓

01 选择“插入”→“曲线”→“直线”命令，打开“直线”对话框，分别选择上表面矩形顶点为起点，沿-ZC方向绘制两端长20的直线，如图5-108所示。

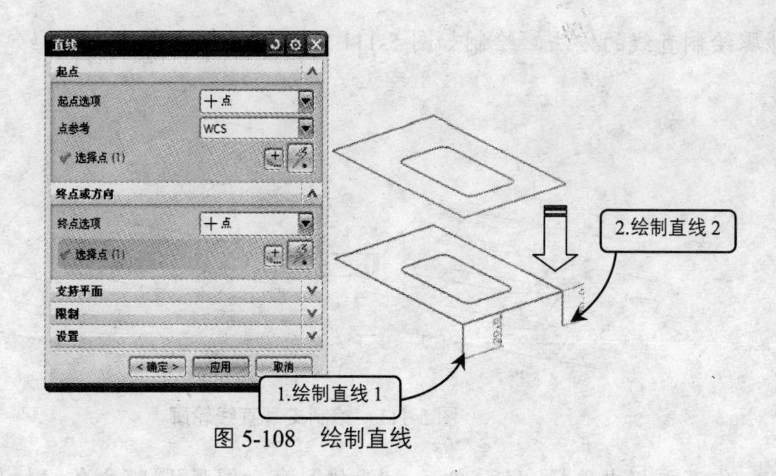

图 5-108　绘制直线

02 选择“插入”→“曲线”→“直线”命令，打开“直线”对话框，按照上述步骤绘制直线，绘制如图 5-109 所示的底座轮廓。

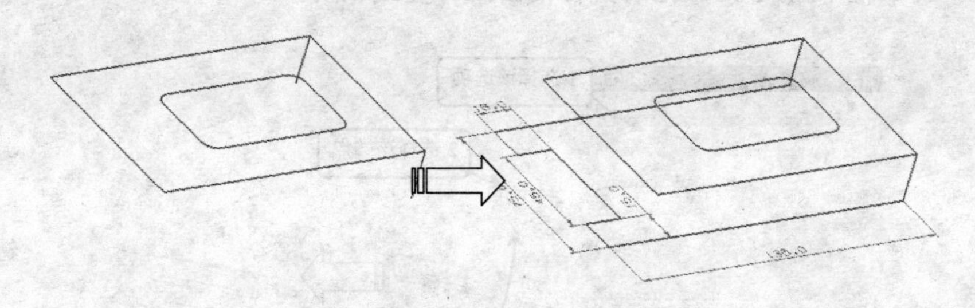

图 5-109　绘制底面轮廓

03 选择“插入”→“关联复制”→“引用几何体”命令，打开“生成实例几何特征”对话框，在工作区中选择方孔轮廓，沿-ZC 方向移动 20，如图 5-110 所示。

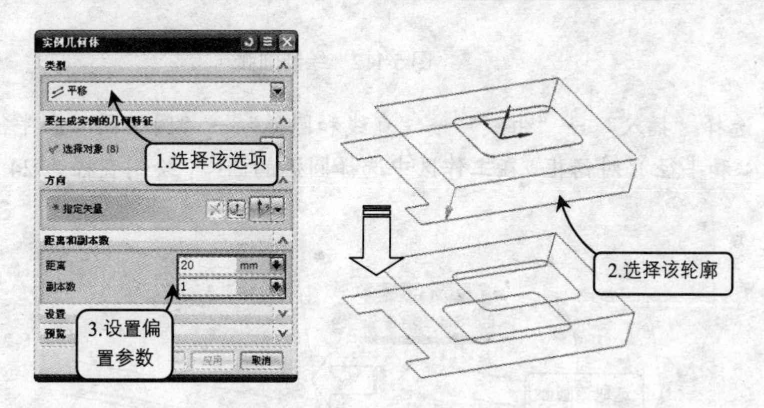

图 5-110　偏置方孔轮廓

5.11.3 绘制支耳平面轮廓

01 在菜单栏选择“插入”→“曲线”→“直线”命令，打开“直线”对话框，按照上述步骤绘制直线的方法，绘制如图 5-111 所示的 4 条直线。

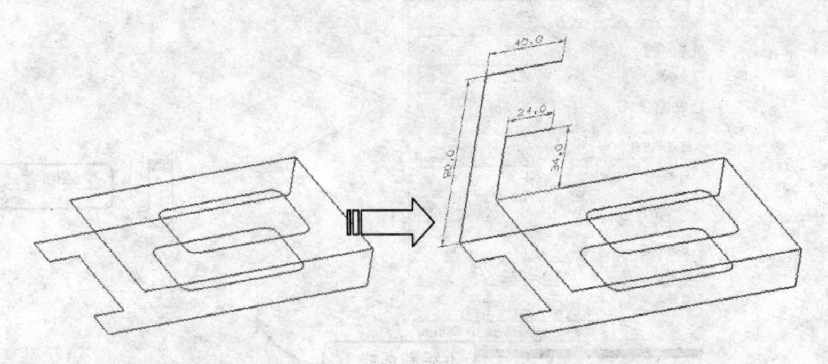

图 5-111　绘制支耳直线轮廓

02 在菜单栏中选择“插入”→“曲线”→“圆弧/圆”命令，打开“圆弧/圆”对话框，在“类型”下拉列表中选择“三点画圆弧”，选择如图 5-112 所示的两个端点，在对话框“半径”文本框中输入 36，拖动鼠标使圆弧与直线相切。

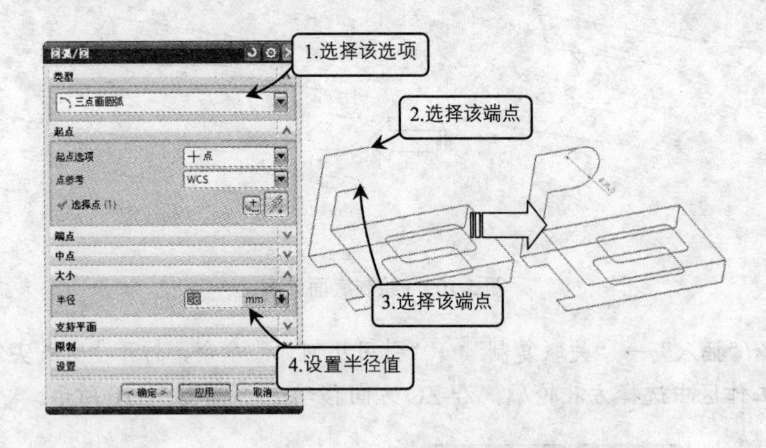

图 5-112　绘制圆弧

03 选择“插入”→“曲线”→“直线和圆弧”→“圆（圆心和半径）”命令，打开“圆（圆心和半径）”对话框，在工作区中选择圆弧的圆心，绘制直径为 24 的圆，如图 5-113 所示。

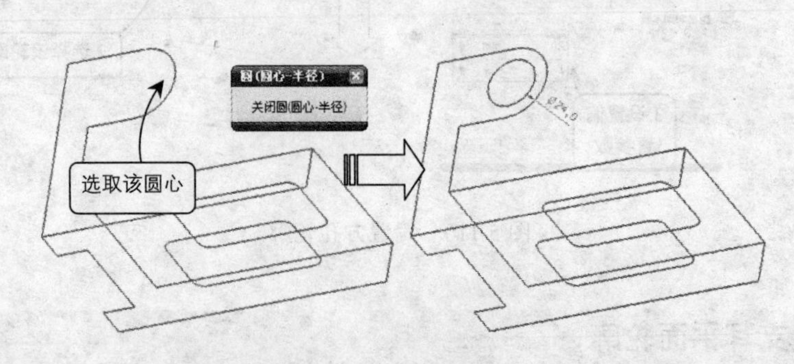

图 5-113　绘制圆

5.11.4 绘制支耳立体轮廓

01 选择“插入”→“关联复制”→“ 生成实例几何特征”命令，打开“实例几何体”对话框，在工作区中选择支耳平面轮廓，沿-YC方向分别移动15、60、75，如图5-114所示。

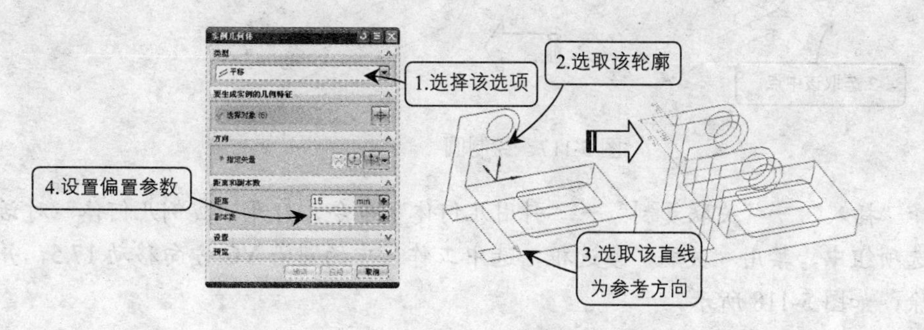

图5-114 偏置支耳轮廓

02 在“曲线”工具栏中单击“直线”按钮，打开“直线”对话框，按照上述步骤绘制直线的方法，绘制如图5-115所示的4条直线。

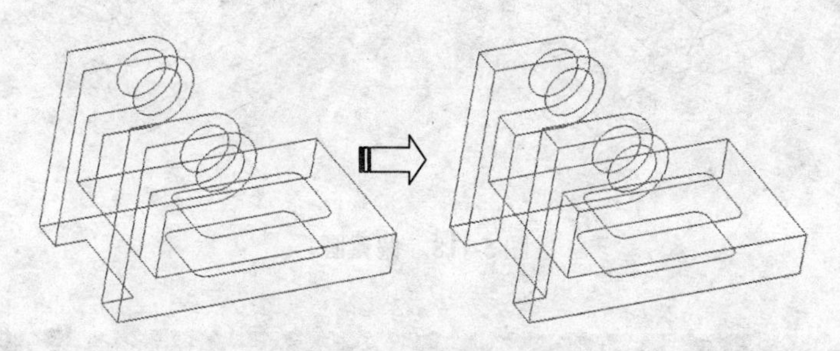

图5-115 绘制直线

5.11.5 绘制滑块平面轮廓

01 在“曲线”工具栏中单击“直线”按钮，或在菜单栏选择“插入”→“曲线”→“直线”命令，打开“直线”对话框，按照如图5-116所示的尺寸绘制5条直线。

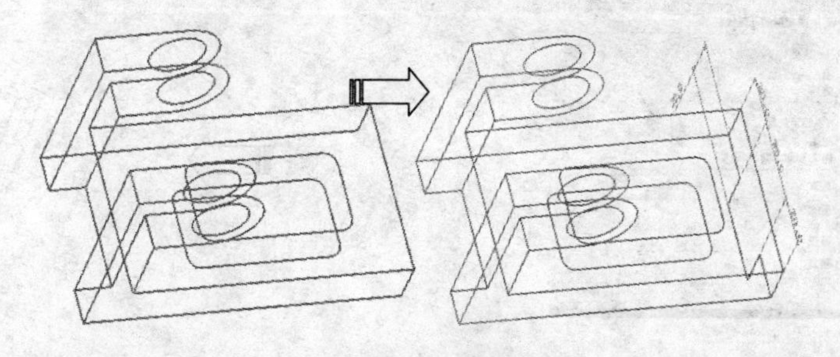

图5-116 绘制直线

02 选择“插入”→“曲线”→“直线和圆弧”→“圆（圆心和点）”命令，打开“圆（圆心和点）”对话框，在工作区中选择如图 5-117 所示圆心和点，完成圆孔的绘制。

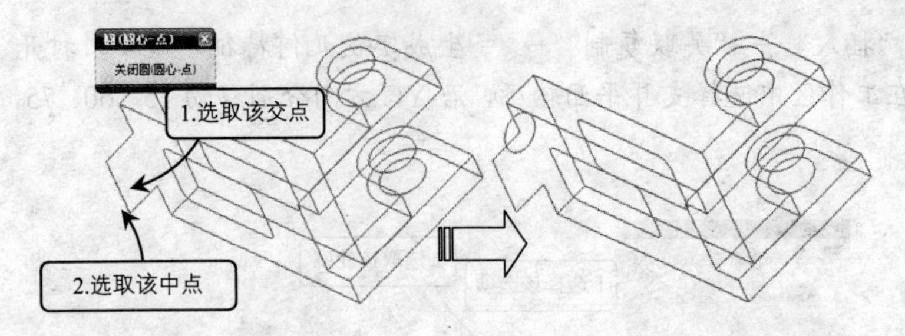

图 5-117　绘制圆

03 选择“插入”→“关联复制”→“引用几何体”命令，打开“实例几何体”对话框，在设置选项组中，禁用“关联”复选框，选中工作区中的圆沿 YC 方向移动 17.5，并将原来圆删除，如图 5-118 所示。

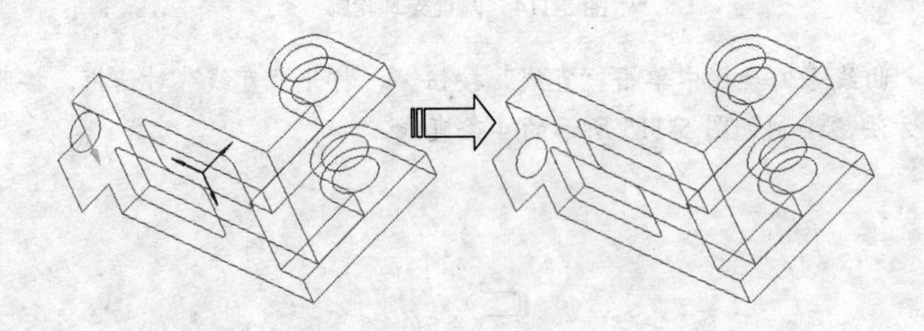

图 5-118　偏置圆

5.11.6 绘制滑块立体轮廓

01 选择“插入”→“关联复制”→“引用几何体”命令，打开“实例几何体”对话框，在工作区中选择滑块平面轮廓，沿-XC 方向平移 15，如图 5-119 所示。

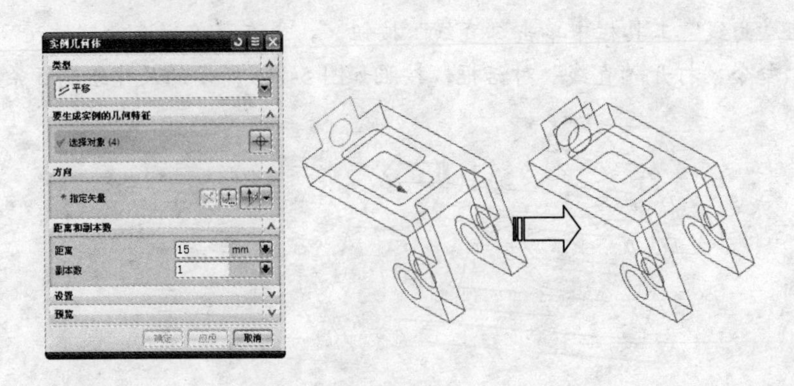

图 5-119　偏置滑块平面轮廓

02 在菜单栏选择“插入”→“曲线”→“直线”命令，打开“直线”对话框，连接上下滑块表面间的直线，如图 5-120 所示。销轴座线框绘制完成。

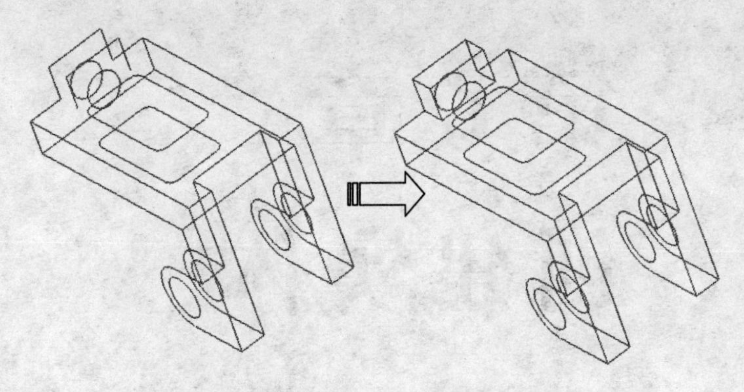

图 5-120　连接直线

思考与练习

1. 如何在空间中创建直线特征?
2. 来自曲线集的曲线包括哪些?
3. 如何创建艺术样条?
4. 可以用什么命令来创建来自体的曲线?
5. 如何创建螺旋线?
6. 绘制如图 5-121 和图 5-122 所示的模型线框。

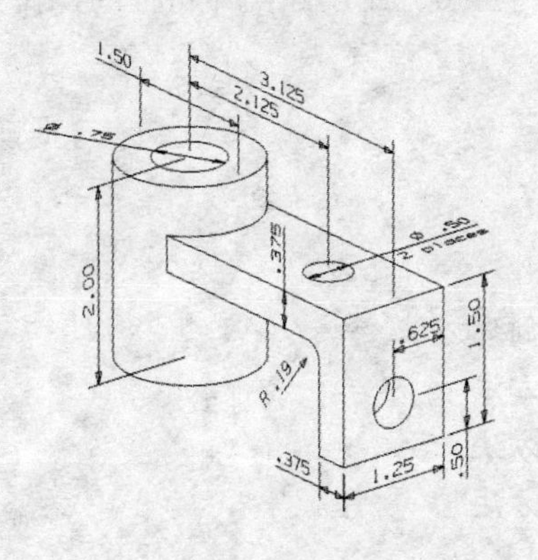

图 5-121　创建曲线 1

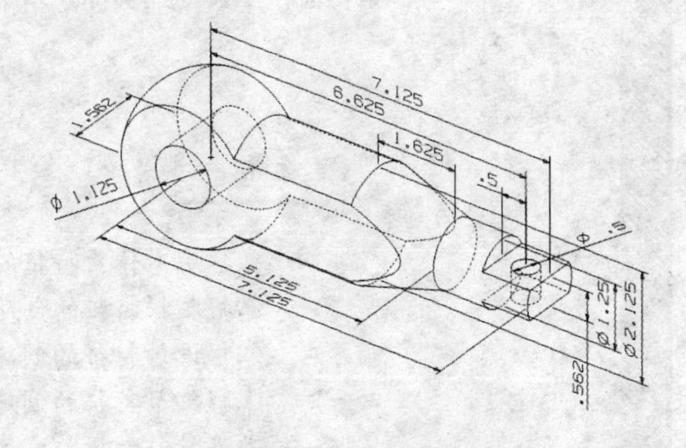

图 5-122　创建曲线 2

第 6 章
创建实体

本章导读:

实体特征是建模最基础，也是最重要的一部分，实体特征创建主要包括基准特征、体素特征、扫描特征、设计特征等部分。通常使用两种方法创建特征模型：一种方法是利用“草图”工具绘制曲线的外部轮廓，然后通过扫描特征生成实体效果；另一种方法是直接利用“体素特征”工具创建实体。本章将重点介绍创建实体特征的操作方法。

学习目标:

- 掌握基本体素特征的创建方法
- 掌握扫描特征的创建方法
- 掌握设计特征的创建方法
- 掌握细节特征的创建方法
- 熟悉特征的操作方法
- 熟悉特征的编辑方法

6.1 创建体素特征

体素特征一般作为模型的第一个特征出现，此类特征具有比较简单的特征形状。利用这些特征工具可以比较快速地生成所需的实体模型，并且对于生成的模型可以通过特征编辑进行迅速的更新。基本体素特征包括长方体、圆柱体、椎体、球体，这些特征均被参数化定义，可对其大小及位置进行尺寸驱动编辑。

6.1.1 创建长方体

利用该工具可直接在绘图区创建长方体或正方体等一些具有规则形状特征的三维实体，并且其各边的边长通过具体参数来确定。单击“特征”工具栏中的“长方体”按钮，在打开的“长方体”对话框中提供了以下 3 种创建长方体的方法。

1. 原点和边长

该方式先指定一点作为长方体的原点，并输入长方体的长、宽、高的数值，即可完成长方体的创建。

选择“类型”面板中的“原点和边长”选项，并选取现有基准坐标系的基准点为长方体的原点，然后输入长、宽、高的数值，即可完成创建，创建方法如图 6-1 所示。

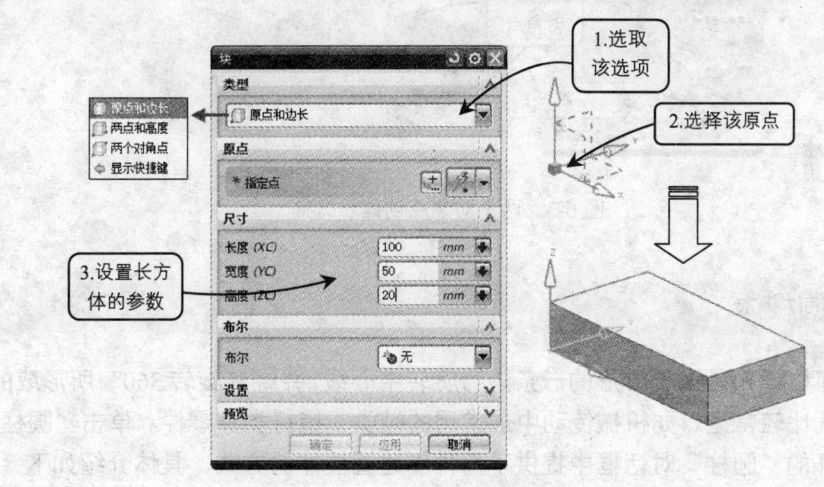

图 6-1　原点和边长创建长方体

2. 两点和高度

该方式先指定长方体一个面上的两个对角点，并指定长方体的高度参数，即可完成长方体的创建。选择“类型”面板中的“两点和高度”选项，并选取现有长方体一个顶点为长方体的角点，然后选取上表面一条棱边中心为另一对角点，并输入长方体的高度数值，即可完成该类长方体的创建，创建方法如图 6-2 所示。

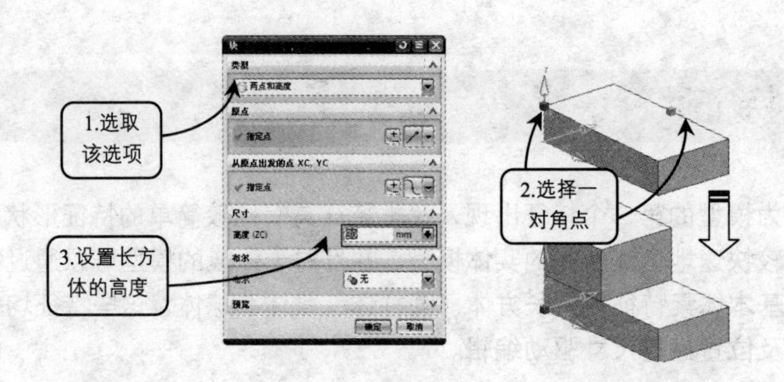

图 6-2　两点和高度创建长方体

3．两个对角点

该方式只需直接在工作区指定长方体的两个对角点，即处于不同长方体面上的两个对角点，即可创建所需的长方体。选择“类型”面板中的“两个对角点”选项，并选取长方体的端点为一个对角点，然后选取另一个长方体边线的中点为另一对角点，创建方法如图 6-3 所示。

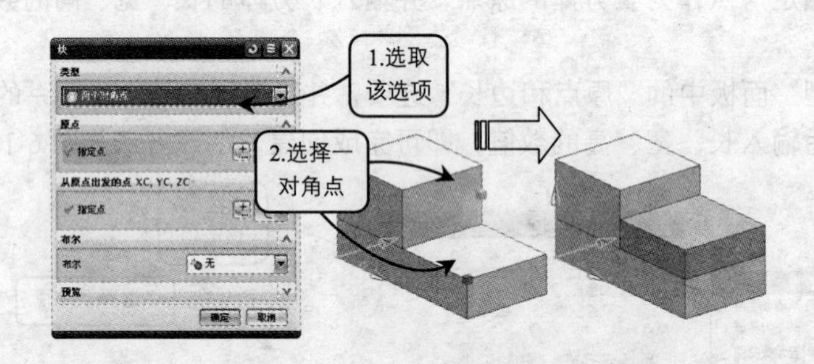

图 6-3　两个对焦点创建长方体

6.1.2 创建圆柱体

圆柱体可以看作是以长方形的一条边为旋转中心线，并绕其旋转 360° 所形成的实体。此类实体特征比较常见，如机械传动中最常用的轴类、销钉类等零件。单击“圆柱体”按钮，在打开的“圆柱”对话框中提供了两种创建圆柱体的方式，具体介绍如下：

1．轴、直径和高度

该方法通过指定圆柱体的矢量方向和底面中心点的位置，并设置其直径和高度，即可完成圆柱体的创建。选择“类型”面板中的“轴、直径和高度”选项，并选取现有的基准点为圆柱底面的中心，指定 ZC 轴方向为圆柱的生成方向，然后设置圆柱的参数，创建方法如图 6-4 所示。

2．圆弧和高度

该方法需要首先在绘图区创建一条圆弧曲线，然后以该圆弧曲线为所创建圆柱体的参

照曲线，并设置圆柱体的高度，即可完成圆柱体的创建。选择“类型”面板下拉列表框中的“圆弧和高度”选项，并选取图中的圆弧曲线，该圆弧的半径将作为创建圆柱体的底面圆半径，然后输入高度数值，创建方法如图 6-5 所示。

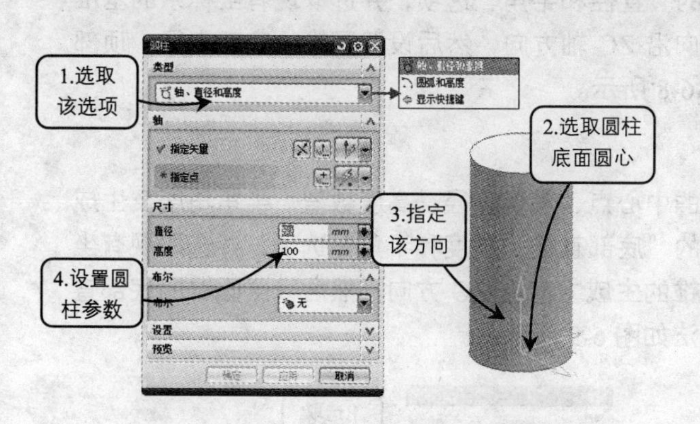

图 6-4　轴、直径和高度创建圆柱体

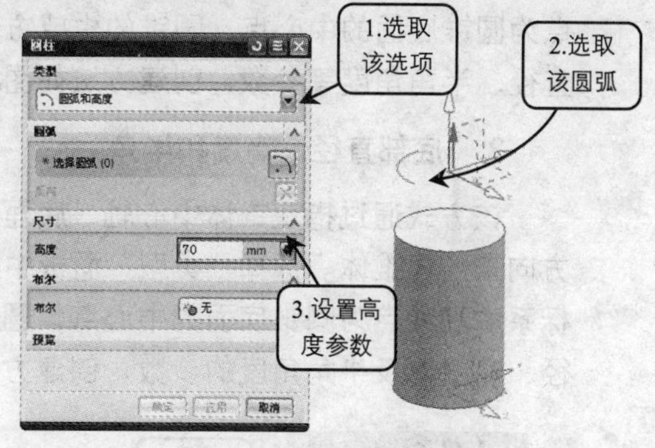

图 6-5　圆弧和高度创建圆柱体

6.1.3 创建锥体

锥体是以一条直线为中心轴线，一条与其成一定角度的线段为母线，并绕该轴线旋转 360° 形成的实体。在 UG NX 中，使用“圆锥”工具可以创建出圆锥体和圆台体三维实体。在“特征”工具栏中单击“圆锥”按钮，打开“圆锥”对话框，如图 6-6 所示。该对话框中提供了 5 种创建圆锥的方法，具体介绍如下。

1. 直径和高度

该方式通过指定锥体中心轴、底面的中线点、底部直径、顶部直径、高度数值及生成方向来创建锥体。选择“类型”面板中的“直径和高度”选项，并选取现有坐标系的基准点为圆锥底面的中心点，圆锥的生成方向沿 ZC 轴方向，然后设置圆锥的尺寸参数，创建方法如图 6-7 所示。

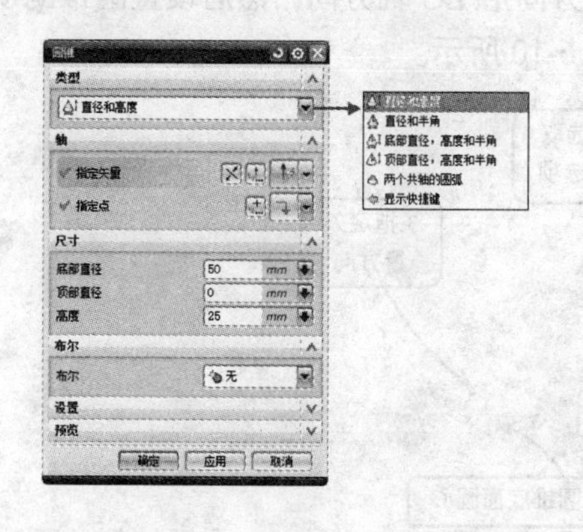

图 6-6　“圆锥”对话框

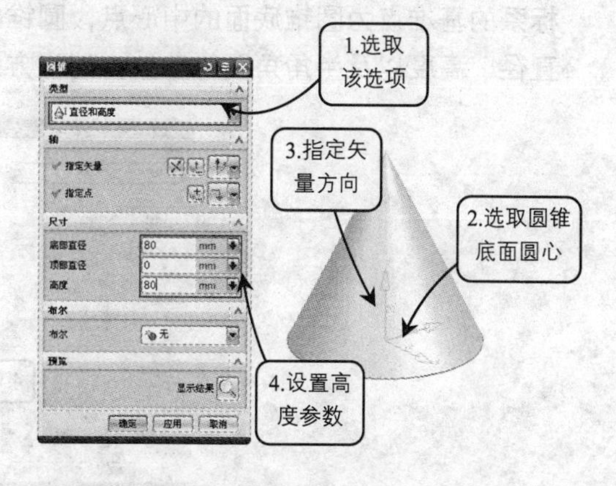

图 6-7　利用直径和高度创建圆锥

2. 直径和半角

该方式通过指定锥体中心轴、底面的中心点、底部直径、顶部直径、半角角度及生成方向来创建锥体。选择“类型”面板中的“直径和半角”选项，并选取现有坐标系的基准点为圆锥底面的中心点，圆锥的生成方向沿 ZC 轴方向，然后设置圆锥的底部直径、顶部直径、半角角度等参数，创建方法如图 6-8 所示。

3. 底部直径、高度和半角

该方式通过指定锥体中心轴、底面的中心点、底部直径、高度数值、半角角度及生成方向来创建锥体。选择“类型”面板中的“底部直径，高度和半角”选项，并选取现有坐标系的基准点为圆锥底面的中心点，圆锥的生成方向沿 ZC 方向，然后设置圆锥的底部直径、高度以及半角角度的参数，创建方法如图 6-9 所示。

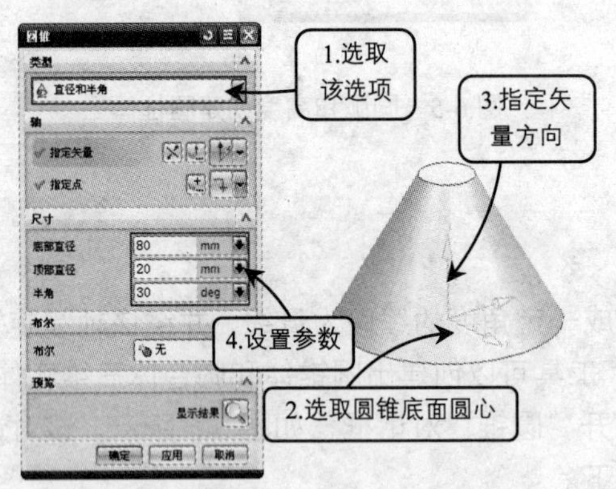

图 6-8 利用直径和半角创建圆锥

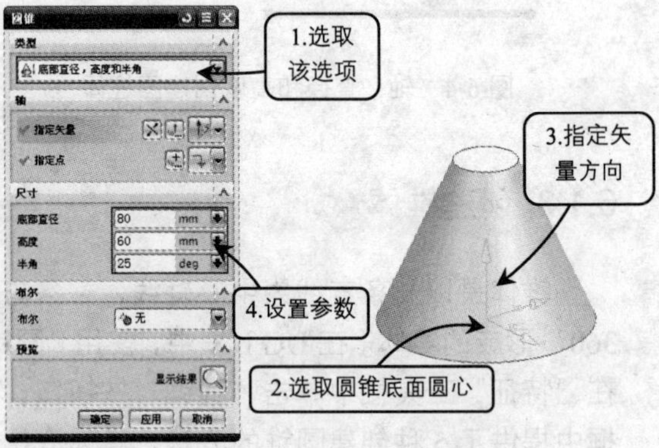

1.选取
该选项
3.指定矢
量方向
4.设置参数
2.选取圆锥底面圆心

图 6-9 利用直径、高度和半角创建圆锥

4. 顶部直径，高度和半角

该方式通过指定锥体中心轴、底面的中心点、顶部直径、高度数值、半角角度及生成方向来创建锥体。选择“类型”面板中的“顶部直径，高度和半角”选项，并选取现有坐标系的基准点为圆锥底面的中心点，圆锥的生成方向沿 ZC 轴方向，然后设置圆锥的顶部直径、高度以及半角角度的参数，创建方法如图 6-10 所示。

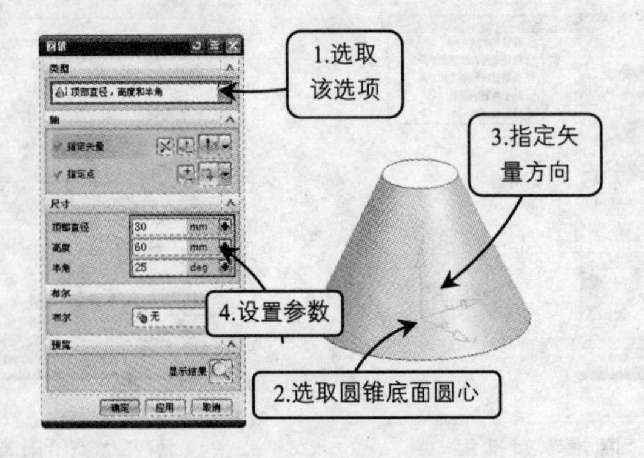

图 6-10 利用顶部直径、高度和半角创建圆锥

5. 两个共轴的圆弧

利用该方式创建圆弧时，只需在视图中指定两个同轴的圆弧，即可创建出以这两个圆弧曲线为大端和小端圆面参照的圆台体。选择“类型”面板中的“两个共轴的圆弧”选项，并依次选取绘图区中两个共轴的圆弧，创建方法如图 6-11 所示。

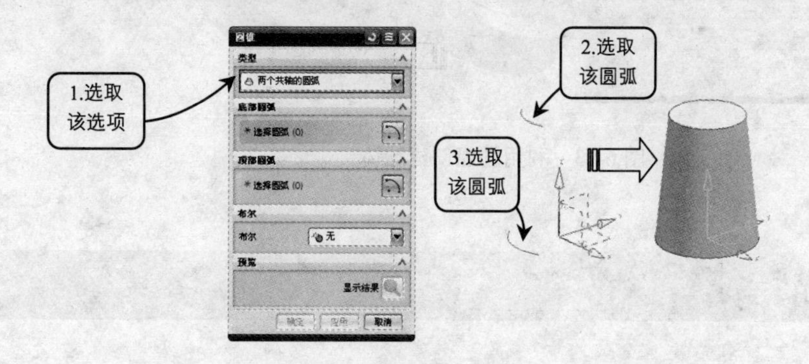

图 6-11　利用两个共轴的圆弧创建圆锥

6.1.4 创建球体

球体是三维空间中到一个点的距离相同的所有点的集合所形成的实体，广泛应用于机械、家具等结构设计中，如创建球轴承的滚子、球头螺栓、家具拉手等。单击“球”按钮 ，在打开的“球”对话框中提供了两种创建球体的方法，具体介绍如下：

1. 中心点和直径

使用此方法创建球体特征时，先指定球体的球径，然后利用“点”对话框选取或创建球心，即可创建所需球体。选择“类型”面板中的“中心点和直径”选项，并选取图中圆台顶面的中心为球心，然后输入球体的球径，创建方法如图 6-12 所示。

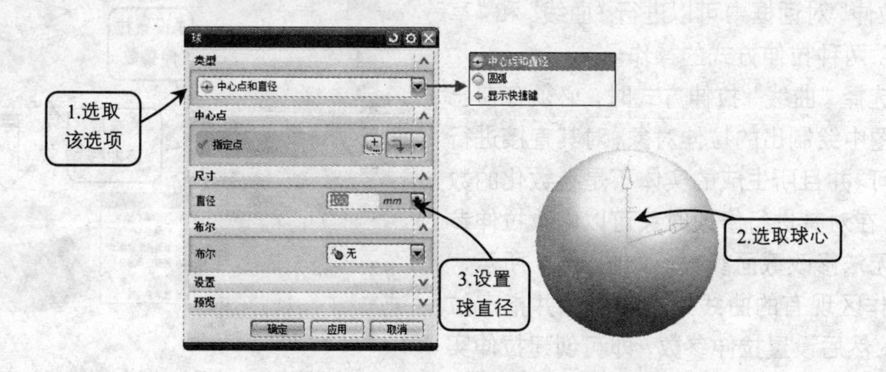

图 6-12　利用中心点和直径创建球体

2. 圆弧

利用该方式创建球体时，只需在图中选取现有的圆或圆弧曲线为参考圆弧，即可创建出球体特征，创建方法如图 6-13 所示。

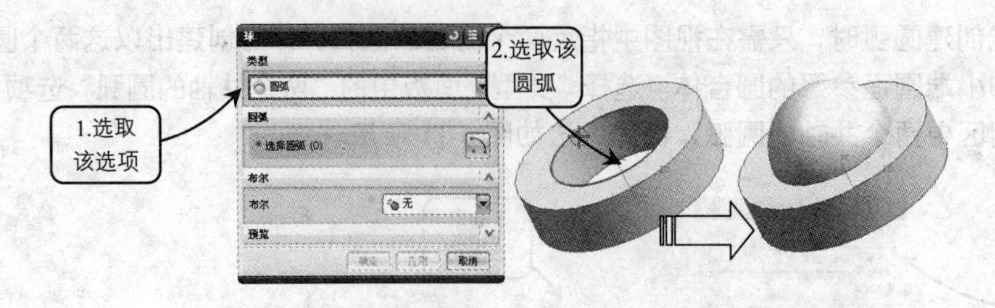

图 6-13　利用圆弧创建球体

6.2 创建扫描特征

扫描就是沿一定的扫描轨迹，使用二维图形创建三维实体的过程。拉伸特征和旋转特征都可以看作是扫描特征的特例，拉伸特征的扫描轨迹是垂直于草绘平面的直线，而旋转特征的扫描轨迹是圆周。扫描特征中有两大基本元素：扫描轨迹和扫描截面。利用扫描特征工具将二维图形轮廓线作为截面轮廓，并沿所指定的引导路径曲线运动扫掠，从而得到所需的三维实体特征。所创建的特征的横断面与扫描剖面完全相同，特征的外轮廓线与扫描轨迹相对应。

6.2.1 拉伸

拉伸特征是将拉伸对象沿所指定的矢量方向拉伸到某一指定位置所形成的实体，该拉伸对象可以是草图、曲线等二维几何元素。在"特征"工具栏中单击"拉伸"按钮，在打开的"拉伸"对话框中可以进行"曲线"和"草图截面"两种拉伸方式的操作。

当选择"曲线"拉伸方式时，必须存在已经在草图中绘制出的拉伸对象，对其直接进行拉伸即可。并且所生成的实体不是参数化的数字模型，在对其进行修改时只可以修改拉伸参数，而无法修改截面参数。如图 6-14 所示，选取工作区现有的曲线为拉伸对象并指定拉伸方向，然后设置拉伸参数，即可创建拉伸实体。

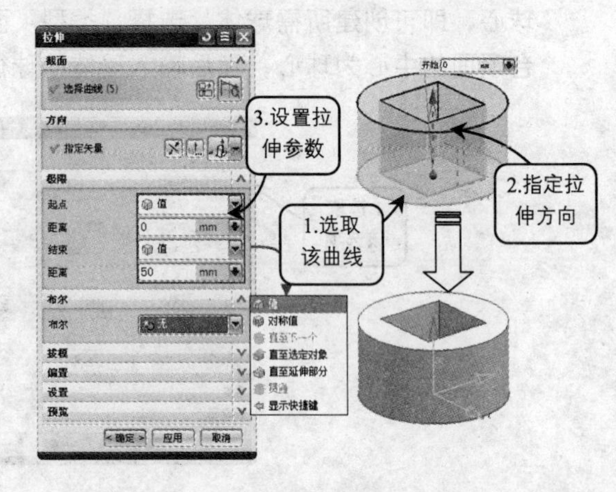

图 6-14　创建拉伸实体

当使用"草图截面"方式进行实体拉伸时，系统将进入草图工作界面，根据需要创建完成草图后切换至拉伸操作，此时即可进行相应的拉伸操作，并且利用该拉伸方法创建的实体模型是具有参数化的数字模型，不仅可以修改其拉伸参数，还可以对其截面参数进行修改。

1. 定义拉伸限制方式

在“拉伸”对话框的“极限”面板中，可以选择“起点”和“结束”下拉列表中的选项设置拉伸方式。其各选项的含义如下：

- 值：特征将从草绘平面开始单侧拉伸，并通过所输入的距离定义拉伸时的高度。
- 对称值：特征将从草绘平面往两侧均匀拉伸。
- 直至下一个：特征将从草绘平面拉伸至曲面参照。
- 直至选定对象：特征将从草绘平面拉伸至所选的参照。
- 直至延伸部分：特征将从参照对象拉伸到延伸一段距离。
- 贯通：特征将从草绘平面并参照拉伸时的矢量方向穿过所有曲面参照。

2. 定义拉伸拔模方式

“拉伸”对话框的“拔模”面板中可以设置拉伸特征的拔模方式，该面板只有在创建实体特征时才会被激活，其各选项的含义如下：

- 从起始限制：特征以起始平面作为拔模时的固定平面参照，向模型内侧或外侧进行偏置。
- 从截面：特征以草绘截面作为固定平面参照，向模型内侧或外侧进行偏置。
- 从截面-不对称角：特征以草绘截面作为固定平面参照，向模型内侧或外侧进行偏置。
- 从截面-对称角：特征以草绘截面作为固定平面参照，并可以分别定义拉伸时两侧的偏置量。
- 从截面匹配的终止处：特征以草绘截面作为固定平面参照，且偏置特征的终止处与截面相匹配。

6.2.2 回转

回转操作是将草图截面或曲线等二维对象绕所指定的旋转轴线旋转一定的角度而形成的实体模型，如带轮、法兰盘和轴类等零件。在“特征”工具栏中单击“回转”按钮，打开“回转”对话框，然后绘制回转的截面曲线或直接选取现有的截面曲线，并选取旋转中心轴和旋转基准点，设置旋转角度参数，即可完成回转特征的创建，创建方法如图 6-15 所示。

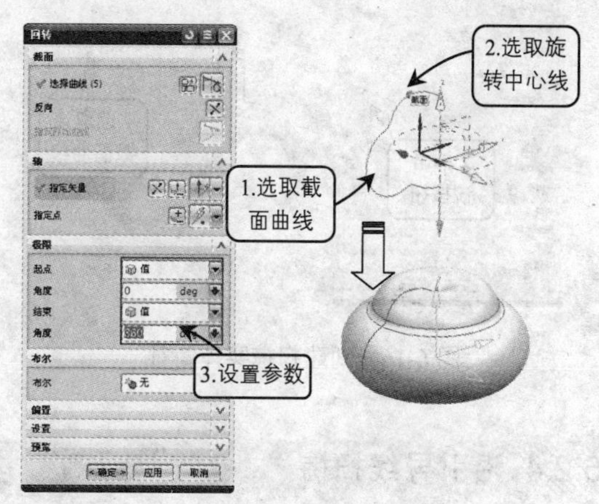

图 6-15 创建回转实体

该对话框中同样也包括“草图截面”和“曲线”两种方法，其操作方法和“拉伸”工具的操作方法相似，不同之处在于：当利用“回转”工具进行实体操作时，所指定的矢量是对象的旋转中心；所设置的旋转参数是旋转的开始角度和结束角度。

6.2.3 扫掠

扫掠操作是将一个截面图形沿指定的引导线运动，从而创建出三维实体或片体，其引导线可以是直线、圆弧、样条等曲线。在创建具有相同截面轮廓形状并具有曲线特征的实体模型时，可以先在两个互相垂直或成一定角度的基准平面内分别创建具有实体截面形状特征的草图轮廓线和具有实体曲率特征的扫掠路径曲线，然后利用“扫掠”工具即可创建出所需的实体。在特征建模中，拉伸和旋转特征都算是扫掠特征。

单击“曲面”工具栏中的“扫掠”按钮，在打开的“扫掠”对话框中需要指定扫掠的截面曲线和扫掠的引导线，其中截面曲线只能选择一条，而引导线最多可以指定 3 条。当截面曲线为封闭的曲线时，扫掠生成实体特征，如图 6-16 所示。

当截面曲线为不封闭的曲线时，扫掠生成曲面特征。依次选取图中的两条曲线分别作为截面曲线和引导曲线，创建扫掠曲面特征，创建方法如图 6-17 所示。

扫掠操作与拉伸既有相似之处，也有差别：利用“扫掠”和“拉伸”工具拉伸对象的结果完全相同，只不过轨迹线可以是任意的空间链接曲线，而拉伸轴只能是直线；而且拉伸既可以从截面处开始，也可以从起始距离处开始，而扫掠只能从截面处开始。因此，在轨迹线为直线时，最好采用拉伸方式。另外，当轨迹线为圆弧时，扫掠操作相当于旋转操作，旋转轴为圆弧所在轴线，从截面开始，到圆弧结束。

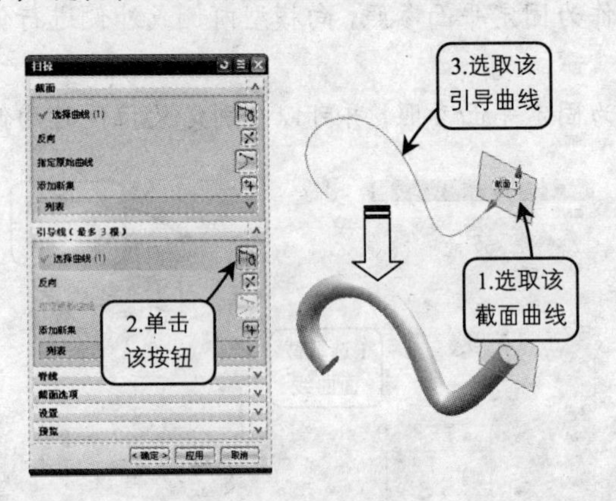

图 6-16　创建扫掠实体特征

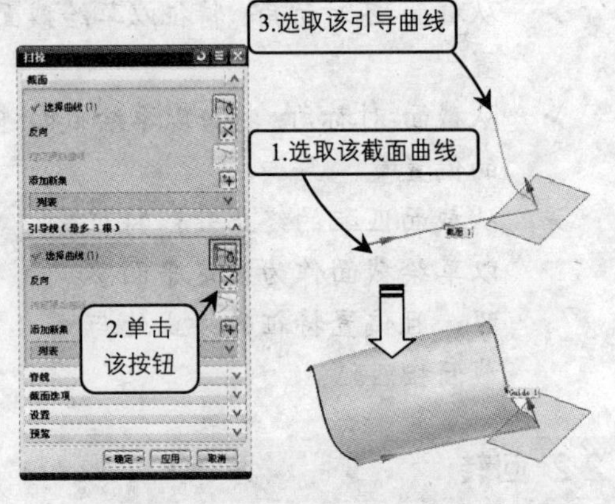

图 6-17　创建扫掠曲面特征

6.2.4 沿引导线扫掠

沿引导线扫掠是沿着一定的引导线进行扫描拉伸，将实体表面、实体边缘、曲线或者链接曲线生成实体或者片体。该方式同“扫掠”工具创建方法类似，不同之处在于该方式可以设置截面图形的偏置参数，并且扫掠生成的实体截面形状与引导线相应位置法向平面的截面曲线形状相同。

单击“沿引导线扫掠”按钮，打开“沿引导线扫掠”对话框，然后依次选取图中的曲线分别作为扫掠截面曲线和扫掠引导曲线，并设置偏置参数，即可完成扫掠操作，创建方法如图 6-18 所示。

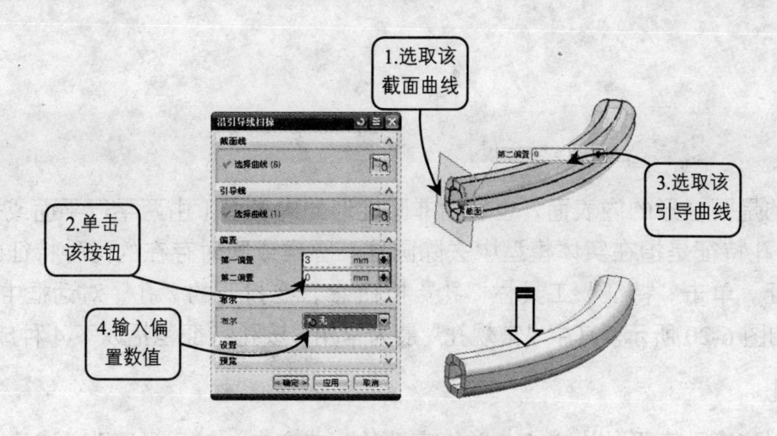

图 6-18　创建引导线扫掠

6.2.5 创建管道

管道是以圆形截面为扫掠对象，沿曲线扫掠生成的实心或空心的管子。创建管道时需要输入管子的外径和内径参数，若内径为 0，则生成的是实心的管子。选择“插入”→“扫掠”→“管道”命令，打开“管道”对话框，然后选取图中曲线为引导线，并设置好管道的外径和内径参数，即可完成管道的创建，创建方法如图 6-19 所示。

除了上面创建管道的专用方法外，利用“沿引导线扫掠”工具也可以创建管道特征。管道相当于扫掠对象为两个同心圆且无偏置情况的沿引导线扫掠。如果创建的管道与某个对象相关联，则可能会在编辑管道数据时丢失相关数据，所以用沿引导线扫掠操作创建管道特征比较好。

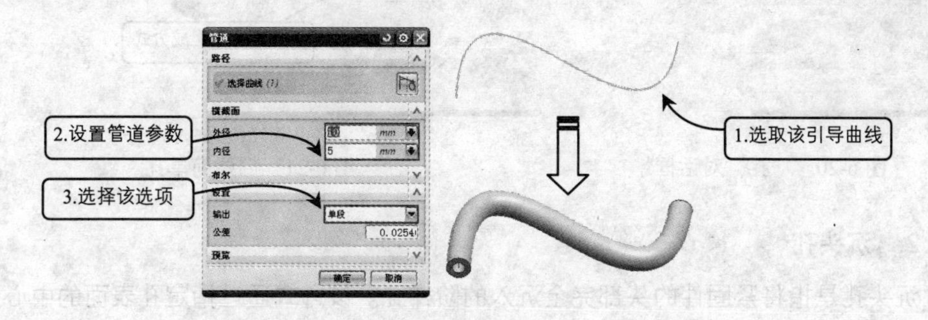

图 6-19　创建管道特征

6.3 创建设计特征

设计特征是以现有模型为基础而创建的实体特征，利用该特征工具可以直接创建出更为细致的实体特征，如在实体上创建孔、凸台、腔体和键槽等。设计特征的生成方式都是参数化的，可以通过表达式设计来驱动几何体的变化，修改特征参数或者刷新模型即可获得新的特征。

6.3.1 创建孔

孔主要指的是圆柱形的内表面，也包括非圆柱形的内表面（由两平行平面或切面形成的包容面）。而孔特征是指在实体模型中去除圆柱、圆锥或同时存在的两种特征的实体而形成的实体特征。单击“特征”工具栏“孔”按钮，在打开的“孔”对话框中提供了5种孔的类型，如图6-20所示。其中“常规孔”最为常用，该孔特征包括以下4种成形方式。

1. 简单孔

该方式通过指定孔表面的中心点，并指定孔的生成方向，然后设置孔的参数，即可完成孔的创建。选择“成形”下拉列表中的“简单”选项，并选取连杆一端圆柱的端面中心为孔的中心点，指定孔的生成方向为垂直于圆柱端面，然后设置孔的参数，“布尔”生成方式为“求差”，皆可创建简单孔，创建方法如图6-21所示。

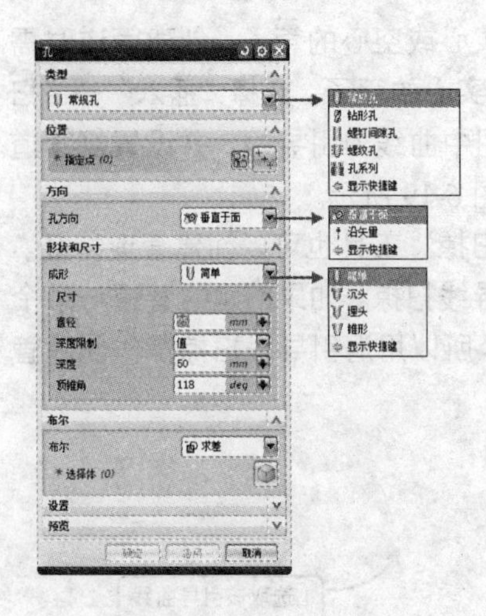

图6-20 “孔”对话框

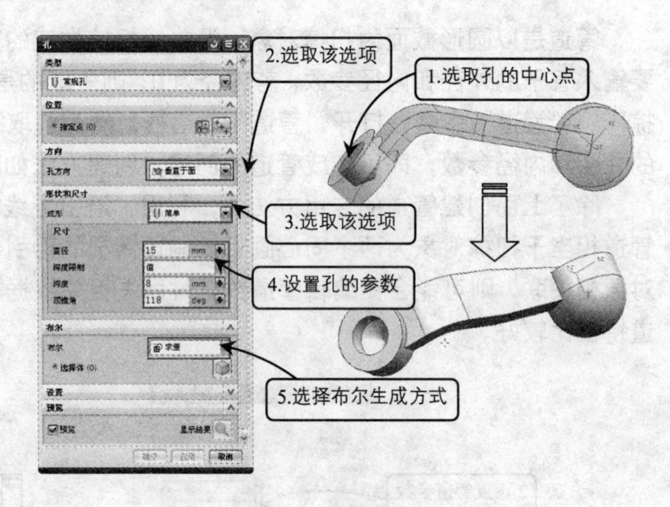

图6-21 创建简单孔

2. 沉头孔

沉头孔是指将紧固件的头部完全沉入的阶梯孔。该方式通过指定孔表面的中心点，并指定孔的生成方向，然后设置孔的参数，即可完成孔的创建。选择“成形”下拉列表中的“沉头孔”选项，并选取连杆一端圆柱的端面中心为孔的中心点，指定孔的生成方向为垂直于圆柱端面，然后设置孔的参数，“布尔”生成方式为“求差”，即可创建沉头孔，创建方法如图6-22所示。

3. 埋头孔

埋头孔是指将紧固件的头部不完全沉入的阶梯孔。该方式通过指定孔表面的中心点，并指定孔的生成方向，然后设置孔的参数，即可完成孔的创建。选择“成形”下拉列表中的“埋头孔”选项，并选取连杆一端圆柱的端面中心为孔的中心点，指定孔的生成方向为垂直于圆柱端面，然后设置孔的参数，“布尔”生成方式为“求差”，即可创建埋头孔，创建方法如图6-23所示。

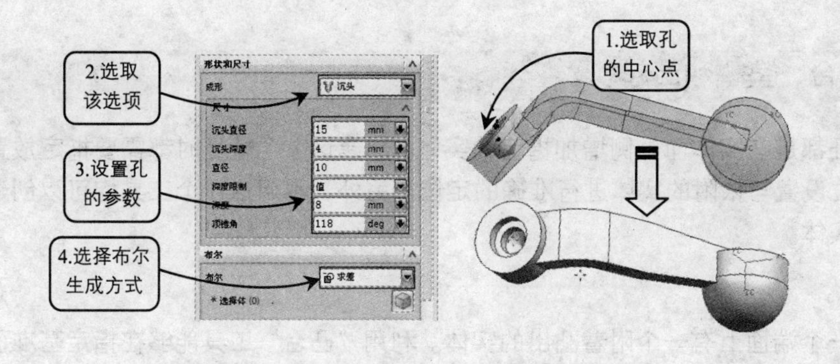

图 6-22　创建沉头孔

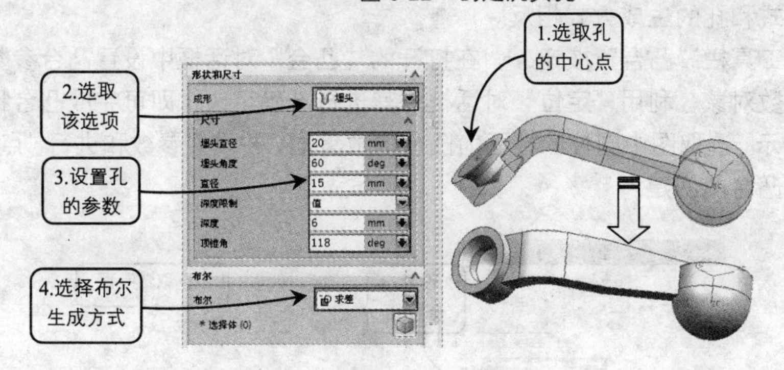

图 6-23　创建埋头孔

注 意： 埋头孔直径必须大于它的孔直径，埋头孔角度必须在 0°～180°之间，顶锥角必须在 0 °～180°之间。

4. 锥形

该孔类型与简单孔相似，所不同的是该孔可将空的内表面进行拔模。该方式通过指定孔表面的中心点，并指定孔的生成方向，然后设置孔直径、孔深度以及锥角参数，即可完成孔的创建。选择“成形”下拉列表框中的“锥形”选项，并选取连杆一端圆柱的端面中心为孔的中心点，指定孔的生成方向为垂直于圆柱端面，然后设置孔的参数，“布尔”生成方式为“求差”，即可创建锥形孔，效果如图 6-24 所示。

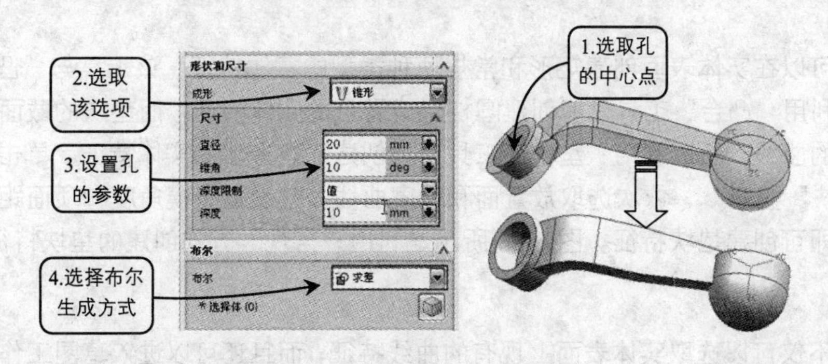

图 6-24　创建锥形孔

6.3.2 创建凸台、垫块和凸起

这 3 种特征都是在实体面外侧增加指定的实体。创建这 3 个特征时都需要指定放置平面，并通过定位设置与依附的实体进行准确的定位。另外，利用这 3 个工具均可以创建具有拔模特征的实体。

1. 凸台

凸台是指一个端面上有一个附着凸出的实体。利用“凸台”工具能够在指定基准面或实体面的外侧生成具有圆柱或圆台特征的实体。创建的凸台特征和孔特征类似，不同之处在于凸台的生成方式和孔的生成方式相反。

单击“特征”工具栏“凸台”按钮，在打开的“凸台”对话框中设置凸台参数，并在主窗口中指定参数对象，利用“定位”对话框对其进行准确定位，即可完成凸台特征的创建。如图 6-25 所示，选取图中圆柱的端面为凸台的放置面，并设置参数和进行“点到点”的定位，即可完成凸台的创建。

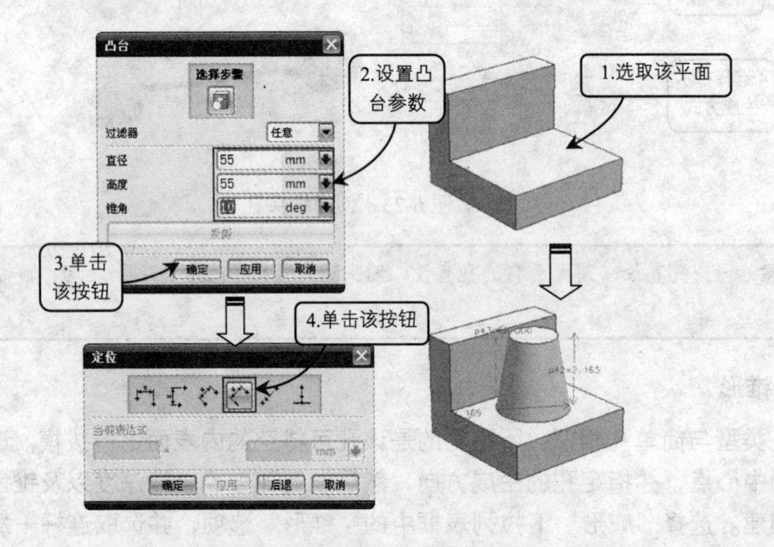

图 6-25 创建凸台特征

2. 垫块

利用该工具可以在实体表面创建矩形和常规两种类型的实体特征。该工具与“凸台”工具的区别是：利用“凸台”工具只能创建圆柱形或圆台的实体特征，而垫块的截面形状可以是任意形状的曲线，所以利用“垫块”工具可以创建任意形状的实体特征。单击“特征”工具栏“垫块”按钮，依次选取放置面和轮廓曲线，并设置拔模角度和顶面距放置面的距离参数，即可创建垫块特征。图 6-26 所示是利用“常规”方式创建的垫块特征。

3. 凸起

利用该工具不仅可以选取实体表面上现有的曲线特征，而且还可以进入草图工作环境创建所需截面形状特征。单击“特征”工具栏中的“凸起”按钮，打开“凸起”对话框，依次选取凸起截面曲线和要凸起的面，并指定凸起方向以及设置有关的凸起参数后，即可完成凸起的创建。创建方法如图 6-27 所示。

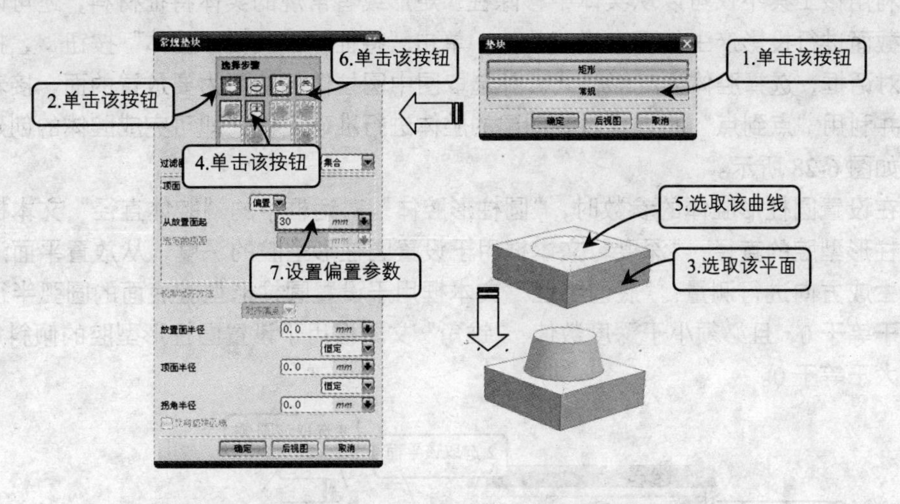

图 6-26　利用“常规”方式创建垫块特征

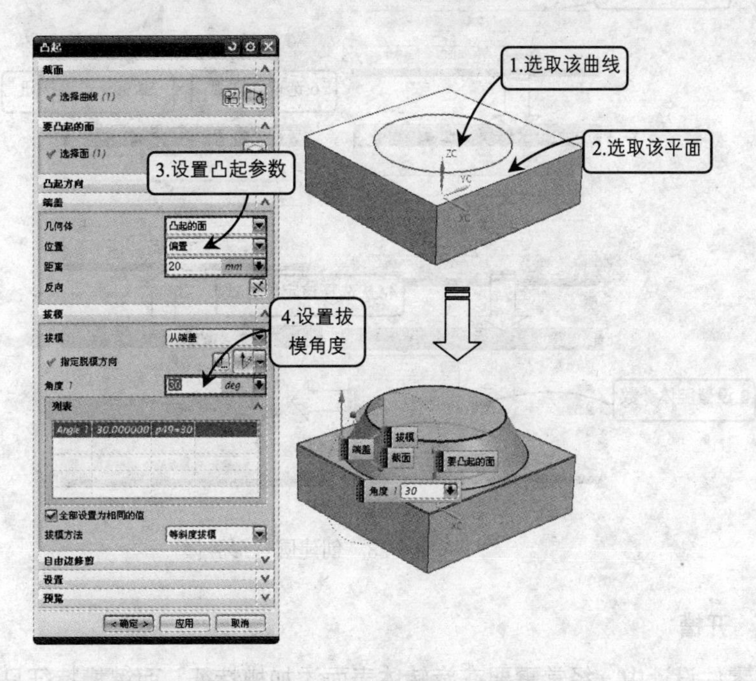

图 6-27　创建凸起特征

6.3.3 创建腔体和槽

这两个工具都可以通过从实体去除圆柱形和矩形等实体特征来修改实体，不同之处是利用“腔体”工具创建矩形或圆柱形槽特征时的放置面为实体的平面，而利用“坡口焊”工具创建槽特征时的放置面为旋转实体的表面。

1．腔体

利用该工具不仅可以从实体中移除柱、矩形或者常规的实体特征材料，还可以用沿矢量对截面进行投影产生的面来修改片体。单击“特征”工具栏“腔体”按钮，打开“腔体”对话框，选择腔体的成形样式，并选取图中圆柱体的端面为要放置的面，接着设置参数，并利用“点到点”的方式对要创建的腔体进行准确定位，即可完成腔体的创建。创建方法如图 6-28 所示。

在设置圆柱形腔体的参数时，“圆柱形腔体”对话框中的“腔体直径”文本框用于设置圆柱形型腔的直径；“深度”文本框用于设置圆柱形型腔的深度，从放置平面沿圆柱形型腔生成方向进行测量；“底面半径”文本框用于设置圆柱形型腔底面的圆弧半径，它必须大于等于 0，且必须小于深度数值；“锥角”文本框用于设置圆柱形型腔的倾斜角度，它必须大于等于 0。

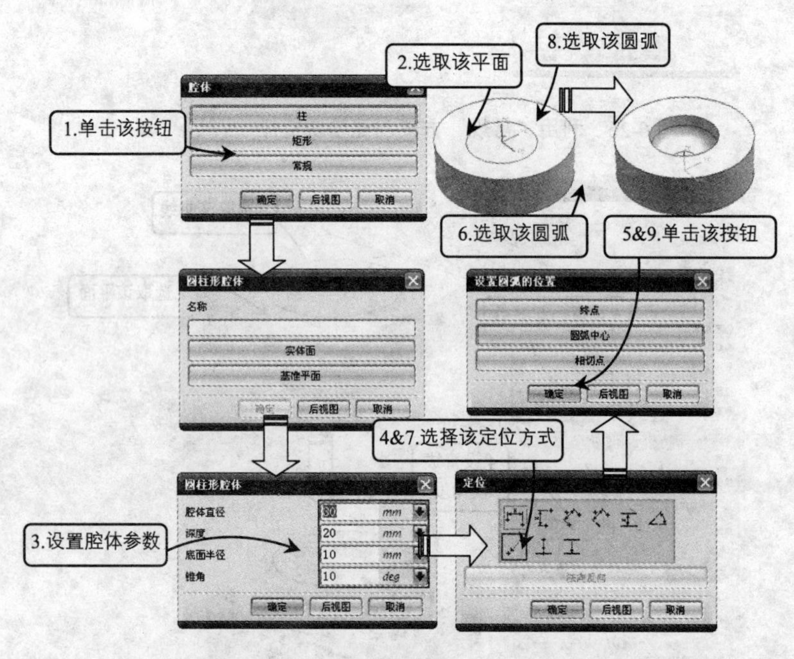

图 6-28　创建圆柱形腔体

2．开槽

在零件设计中，经常需要在旋转体表面添加槽特征，而键槽特征只能放置在实体的平面上，因此 UG NX 8 提供了可以在旋转体表面上创建键槽特征的“开槽”工具。该工具是将一个外部或内部的槽特征添加到实体的圆柱面或圆锥面所形成的实体效果。

单击“开槽”按钮，在打开的“槽”对话框中提供了 3 种创建槽的方法，这里以创建矩形槽为例进行讲解。如图 6-29 所示，选择槽的成形样式，并选取槽特征的放置面，然后设置槽特征的参数，利用“定位”对话框对槽进行定位，即可完成矩形槽特征的创建。

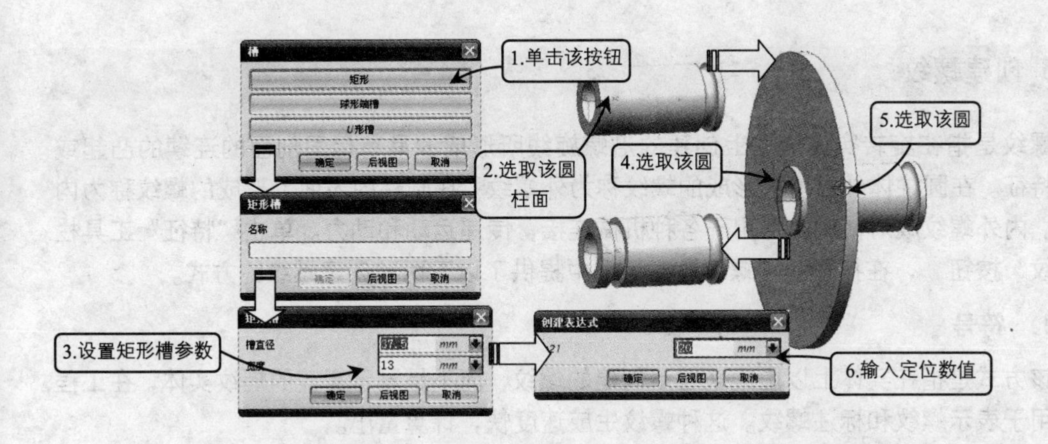

图 6-29　创建开槽特征

6.3.4 创建键槽

在机械设计中，键槽多是开在轴类或孔类零件上，通过与对应的键连接，将轴与带毂零件连接成一体。该工具可以在模型中去除具有矩形槽、球形端槽、U 形槽、T 形键槽或燕尾槽 5 种形状特征的实体，从而形成所需的键槽特征。

单击“特征”工具栏“键槽”按钮，在打开的“键槽”对话框中选择键槽的类型，并选取键槽的放置平面和水平参考面，然后依次选取键槽特征的起始通过面和终止通过面，并设置所要创建键槽的参数，最后利用“定位”对话框对其进行准确定位，即可完成键槽特征的创建。

在“键槽”对话框中选中“U 形槽”单选按钮，则可以创建 U 形键槽。其创建方法与 T 形键槽类似，所不同的是其两端带有拐角，创建流程和效果如图 6-30 所示。

注 意：由于“键槽”工具只能在平面上操作，所以在轴、齿轮、联轴器等零件的圆柱面上创建键槽之前，需要先建立好用以创建键槽的放置平面。

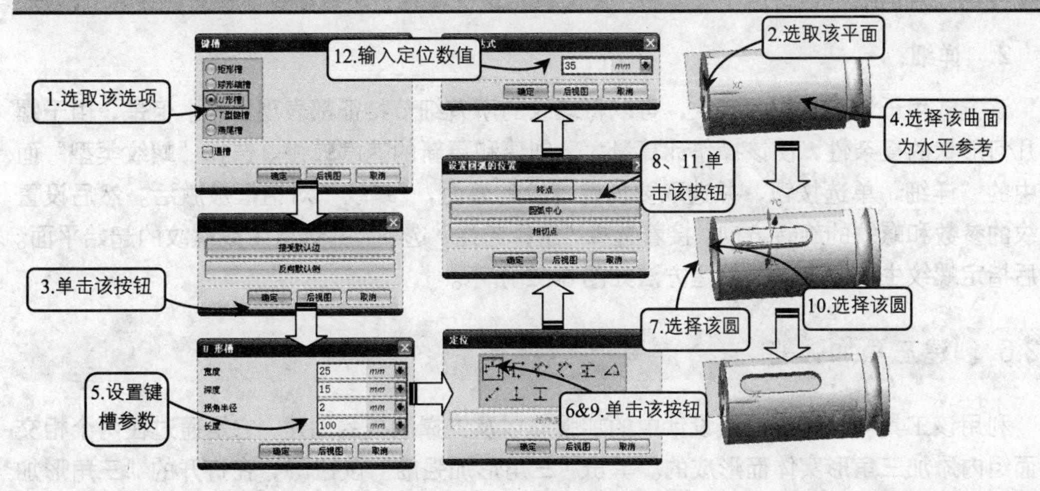

图 6-30　创建键槽特征

6.3.5 创建螺纹

螺纹是指在旋转实体表面上创建的沿螺旋线所形成的具有相同剖面的连续的凸起或凹槽特征。在圆柱体外表面上形成的螺纹称为外螺纹；在圆柱内表面上形成的螺纹称为内螺纹。内外螺纹成对使用，可用于各种机械连接，传递运动和动力。单击“特征”工具栏“螺纹”按钮，在打开的“螺纹”对话框中提供了以下两种创建螺纹的方式。

1. 符号

该方式是指在实体上以虚线来显示创建的螺纹，而不是显示真实的螺纹实体，在工程图中用于表示螺纹和标注螺纹。这种螺纹生成速度快，计算量小。

选择“螺纹类型”面板中的“符号”单选按钮，并选取要创建螺纹的表面，“螺纹”对话框被激活。然后设置螺纹的参数和螺纹的旋转方向。接着选择“选择起始”选项，并选取生成螺纹的起始平面。最后指定螺纹生成的方向，创建方法如图 6-31 所示。

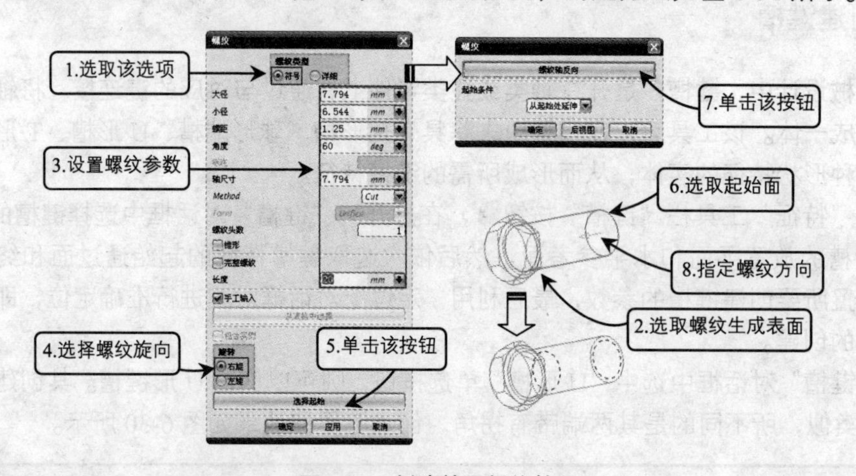

图 6-31　创建符号螺纹特征

在螺纹对话框中包含多个文本框、复选框和单选按钮，这些参数项含义如表 6-1 所示。

2. 详细

该方式用于创建真实的螺纹，可以将螺纹的所有细节特征都表现出来。但是，由于螺纹几何形状的复杂性，使该操作计算量大，创建和更新的速度较慢。选择“螺纹类型”面板中的“详细”单选按钮，并选取要创建螺纹的表面，“螺纹”对话框被激活。然后设置螺纹的参数和螺纹的旋转方向。接着选择“选择起始”选项，并选取生成螺纹的起始平面。最后指定螺纹生成的方向，创建方法如图 6-32 所示。

6.3.6 创建三角加强筋

利用该工具可以完成机械设计中的加强筋以及支撑肋板的创建，它是通过在两个相交的面组内添加三角形实体而形成的。单击“三角形加强筋”按钮，在打开的“三角形加强筋”对话框的“方法”下拉列表中包括“沿曲线”和“位置”两个选项，当选择“沿曲线”选项时，可以按圆弧长度或百分比确定加强筋位于平面相交曲线的位置；当选择“位置”选项时，可以通过指定加强筋的绝对坐标值确定其位置。一般情况下“沿曲线”选项是比较常用的，效果如图 6-33 所示。

表 6-1 “螺纹”对话框各选项的含义

选项和按钮	含义
大径	用于设置螺纹的最大直径。默认值根据所选圆柱面直径和内外螺纹的形式查找螺纹参数表获得
小径	用于设置螺纹的最小直径。默认值根据所选圆柱面直径和内外螺纹的形式查找螺纹参数表获得
螺距	用于设置螺距，其默认值根据选择的圆柱面查找螺纹参数表获得。对于符号螺纹，当不选取“手工输入”选项时，螺距的值不能修改
角度	用于设置螺纹牙型角，其默认值为螺纹的标准角度 60°。对于符号螺纹，当不选取“手工输入”选项时，角度的值不能修改
标注	用于螺纹标记，其默认值根据选择的圆柱面查找螺纹参数表取得，如 M10_X_0.75。当选取“手工输入”选项时，该文本框不能修改
轴尺寸	用于设置外螺纹轴的尺寸或内螺纹的钻孔尺寸
Method	用于指定螺纹的加工方法。其中包含 Cut（车螺纹）、Rolled（滚螺纹）、Ground（磨螺纹）、Milled（铣螺纹）4 个选项
Form	用于指定螺纹的标准。其中包含同一螺纹、米制螺纹、梯形螺纹和英制螺纹等 11 种标准。当选取“手工输入”选项时，该选项不能更改
螺纹头数	用于设置螺纹的头数，即创建单头螺纹还是多头螺纹
锥形	用于设置螺纹是否为锥形螺纹
完整螺纹	启用该复选框，则在整个圆柱上创建螺纹，螺纹伴随圆柱面的改变而改变
长度	用于设置螺纹的长度
手工输入	用于设置是从手工输入螺纹的基本参数还是从螺纹列表框中选取螺纹
从表格中选择	单击该按钮，打开新的“螺纹”对话框，提示用户通过从螺纹列表中选取适合的螺纹规格
包含实例	用于创建螺纹阵列。启用该复选框，当选择了阵列特征中的一个成员时，则该阵列中的所有成员都将被创建螺纹
旋转	用于设置螺纹的旋转方向，其中包含“右手”和“左旋”两个选项
选择起始	用于指定一个实体平面或基准平面作为创建螺纹的起始位置

6.3.7 偏置凸起

该工具利用曲面修改片体，该曲面是基于点或曲线创建具有一定大小的腔体或垫块而形成的。“偏置凸起”工具与“凸起”工具的区别是该工具只能对片体进行操作，并且生成的凸起几何体为片体。

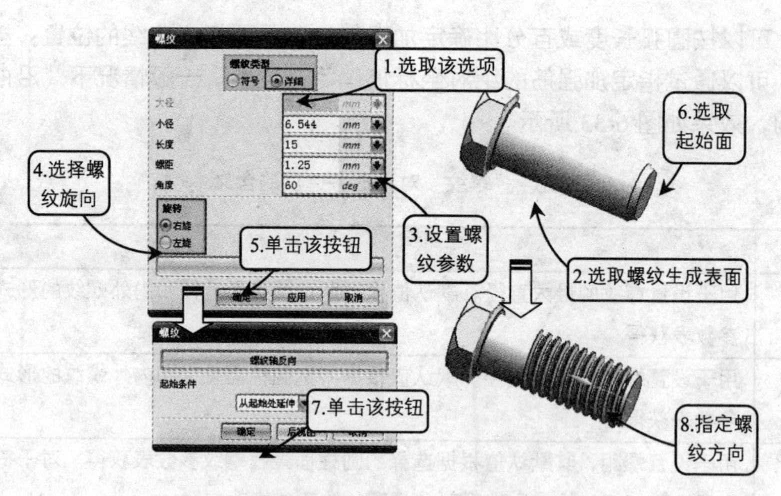

图 6-32　创建符号螺纹特征

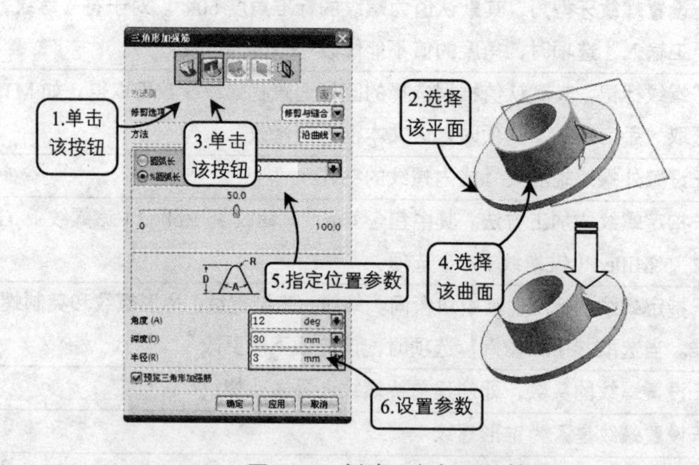

图 6-33　创建三角加强筋特征

单击“偏置凸起”按钮，在打开的“偏置凸起”对话框中提供了“曲线”和“点”两种创建偏置凸起的方式。这里以“曲线”方式为例，选择“类型”面板中的“曲线”选项，“偏置凸起”对话框被激活，选取要偏置的曲面对象和路径曲线；“宽度”面板中的“右边框”和“左边框”文本框用于设置凸起几何体底面两条边在垂直于路径曲线方向上的路径曲线的距离；“偏置”面板中的“高度”文本框用于设置凸起产生顶面的高度，而“边偏置”文本框用于设置顶面各边在水平方向上与底面各边的偏置距离。

选取要凸起的面并选取路径曲线，然后设置凸起产生顶面的高度以及顶面边的偏置参数，最后设置底面边距路径曲线的偏置参数（即边框值），即可完成偏置凸起特征的创建，效果如图 6-34 所示。

注 意：设置顶面各边的边偏置数值时，其大小不能超过底面边的左边宽、右边宽的数值以及路径曲线的长度数值。

6.4 特征编辑

在 UG 软件中创建的实体特征绝大多数是参数化的，这样可使设计者随时对其进行修改和编辑。通过对特征进行编辑可改变已生成特征的形状、大小、位置或者生成顺序，这样操作不仅可以实现特征的重定义，避免了人为误操作产生的错误特征，还可以通过修改特征参数以满足新的设计要求。

6.4.1 编辑特征参数

编辑特征参数是指通过重新定义创建特征的参数来编辑特征，生成修改后的新的特征。通过编辑特征参数可以随时对实体特征进行更新，而不用重新创建实体，可以大大提高工作效率和建模的准确性。单击“编辑特征”工具栏中的“编辑特征参数”按钮，在打开的“编辑参数”对话框中包含了当前活动模型的所有特征。选择要编辑的特征，即可打开相应的“编辑参数”对话框进行编辑。下面主要介绍以下 3 种特征参数的编辑方式。

1. 特征对话框

该方式是通过在特征对话框中重新定义特征的参数，从而生成新特征的一种方式。选取要编辑的特征，打开“编辑参数”对话框，然后输入新的参数值，即可重新生成该特征，图 6-35 所示为编辑实体模型的孔特征的效果。

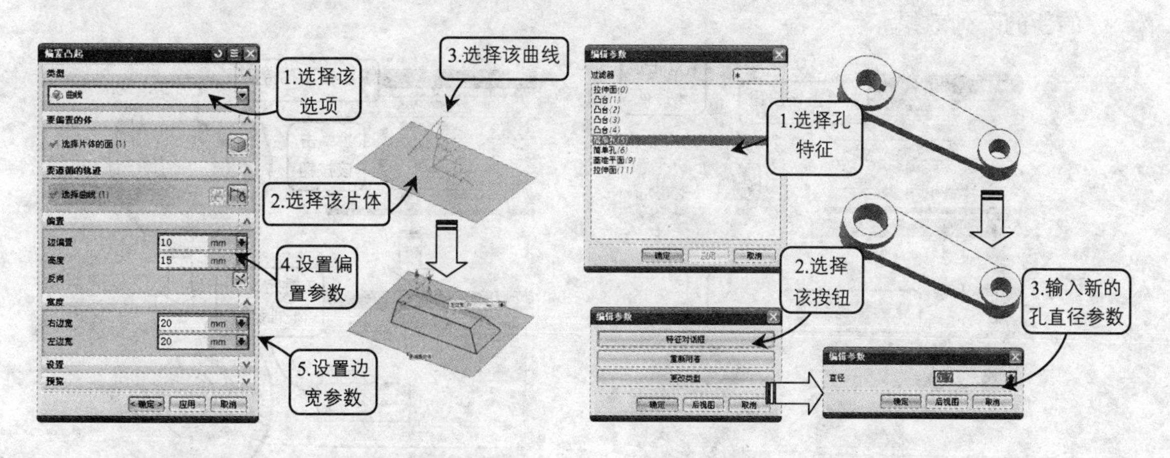

图 6-34　利用“曲线”选项创建偏置凸起特征　　　图 6-35　编辑孔特征

2. 重新附着

重新附着用于重新定义特征的特征参考。通过重新指定特征的附着平面来改变特征生成的位置或方向，包括草绘平面、特征放置面、特征位置参照等附着元素。选取要编辑的特征并选择“重新附着”选项，打开“重新附着”对话框。在该对话框中单击“目标放置面”按钮，并选取特征新的放置面，然后单击“重新定义定位尺寸”按钮，并依次选取位置参照尺寸定义新的尺寸，如图 6-36 所示。

图 6-36　重新附着孔特征

3. 更改类型

该方式用来改变所选特征的类型，它可以将孔（包括钣金孔）或槽特征变成其他类型的孔特征或槽特征。选取要编辑的特征并选择"更改类型"选项，打开相应的特征类型对话框，然后选择所需要的类型，则原特征更新为新的类型。图 6-37 所示即是将简单孔修改为沉头孔特征。

当编辑阵列或者镜像特征时，选取实例特征的源特征，在打开的"编辑参数"对话框中有一个"实例阵列对话框"选项。该选项用于编辑阵列的创建样式、阵列的数量和偏置距离，编辑的方法与创建阵列的方法相同。图 6-38 所示即是重新定义圆形阵列参数所获得的新的阵列效果。

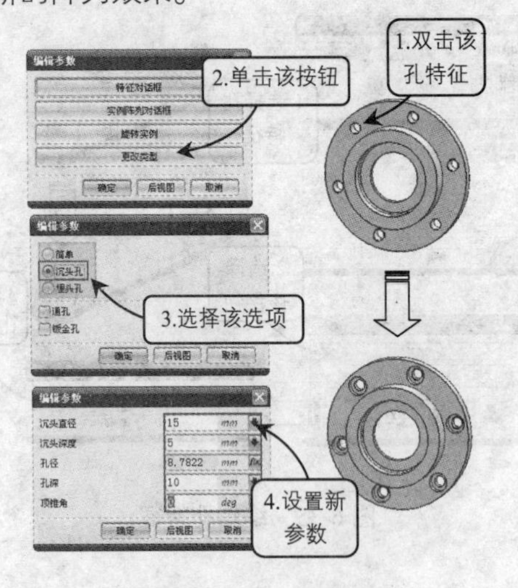

图 6-37　更改孔类型

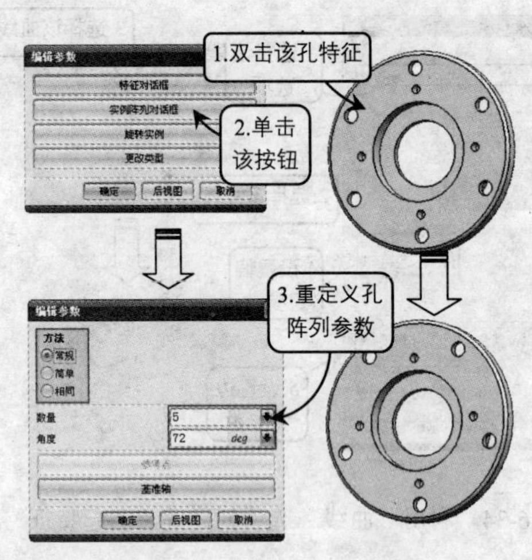

图 6-38　编辑阵列参数

6.4.2 可回滚编辑

该工具可以编辑已创建好的特征。利用该工具可以还原到创建该特征前的模型状态，重定义特征参数，以编辑特征。单击“可回滚编辑”按钮，并选取要编辑的特征，然后在相应的特征对话框中重定义特征参数，即可完成更新特征的操作。或者直接在“部件导航器”的特征列表数中选择要编辑的特征并单击鼠标右键，在打开的快捷菜单中选择“可回滚编辑”选项，然后按住前面的方法重新定义特征，图 6-39 所示为编辑孔特征的效果。

6.4.3 编辑位置

编辑位置可以通过编辑定位尺寸值来移动特征，也可以为创建特征时没有指定定位尺寸或定位尺寸不全的特征添加定位尺寸，此外，还可以直接删除定位尺寸。单击“编辑位置”按钮，在打开的“编辑位置”对话框中列出了所有可供编辑的特征。选择要编辑的特征并单击“确定”按钮，打开“编辑位置”对话框，如图 6-40 所示。该对话框中列出以下 3 种位置编辑方式。

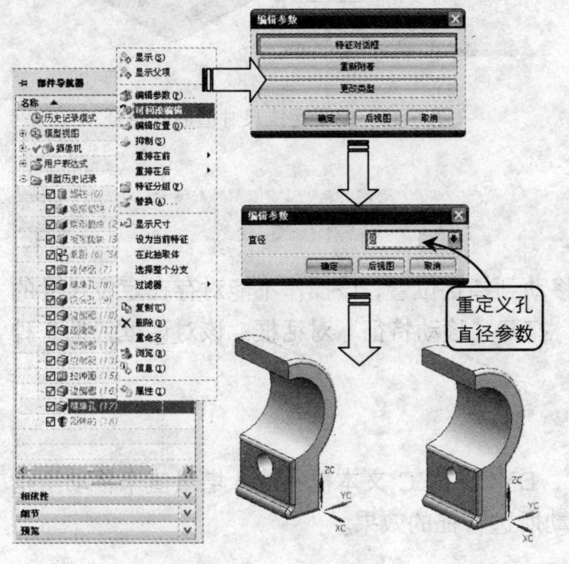

图 6-39　可回滚编辑孔特征

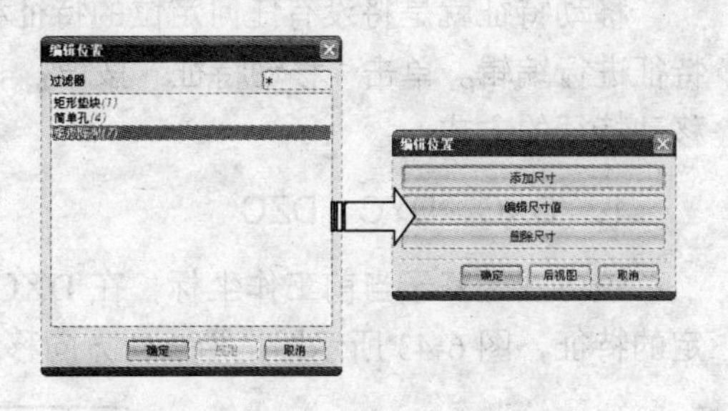

图 6-40　“编辑位置”对话框

1. 添加尺寸

可在所选择的特征和相关实体之间添加定位尺寸，主要用于未定位的特征和定位尺寸不全的特征。选择该选项，依据“定位”对话框添加相应的定位尺寸即可，如图 6-41 所示。

2. 编辑尺寸值

该方式主要用来修改现有的尺寸参数。选择该选项，打开“编辑位置”对话框，然后在工作区中显示特征参数值，选取特征需要重新定位的尺寸并输入新的定位数值，即可完成尺寸编辑操作，效果如图 6-42 所示。

3. 删除尺寸

选择“删除尺寸”选项，打开“移除定位”对话框，在工作区选取定位尺寸值并单击

“确定”按钮，即可删除选取的尺寸，操作方法同上两个选项操作类似，在此不再介绍。

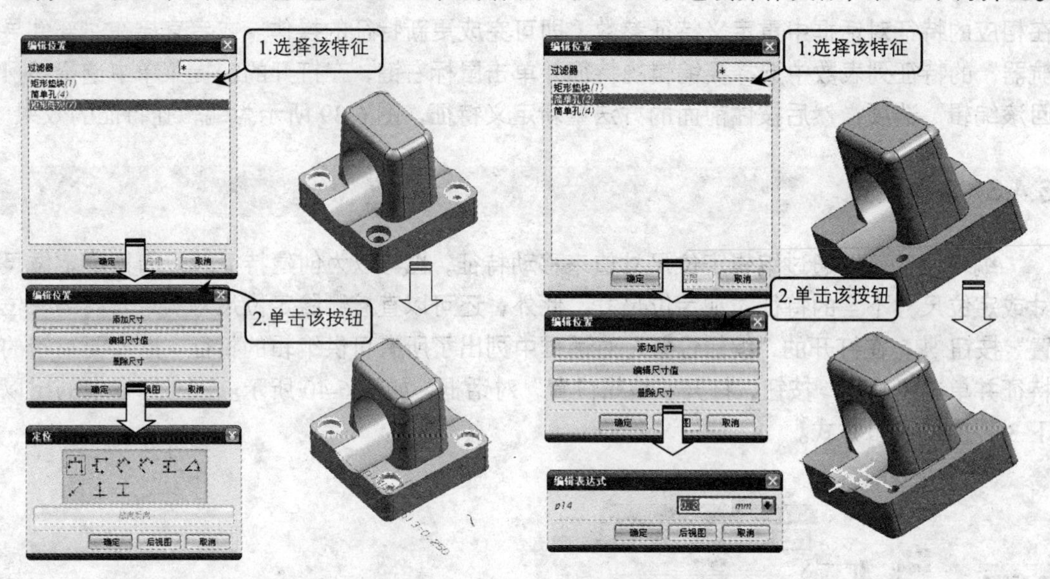

图 6-41　添加尺寸　　　　图 6-42　编辑定位尺寸值后孔特征

6.4.4 移动特征

移动特征就是将没有任何定位的特征移动到指定位置，该操作不能对存在定位尺寸的特征进行编辑。单击“移动特征”按钮，打开“移动特征”对话框。该对话框包括 4 种移动特征的方式：

1. DXC、DYC、DZC

该方式是基于当前工作坐标，在 DXC、DYC、DZC 文本框中输入增量值来移动所指定的特征，图 6-43 所示即是沿 XC 方向移动所选特征的效果。

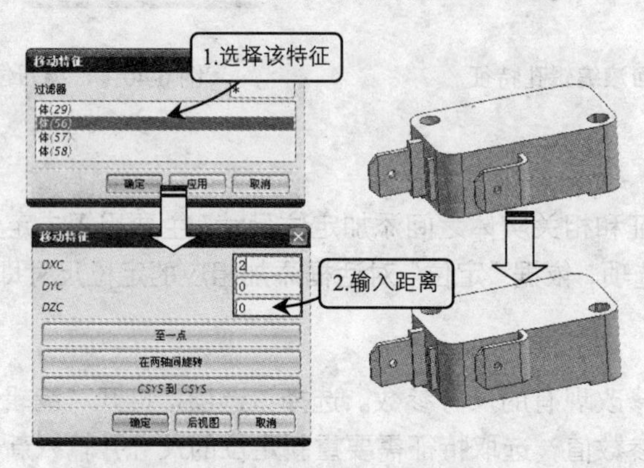

图 6-43　沿 XC 方向移动特征

2. 至一点

该方式是利用“点构造器”对话框分别指定参考点和目标点，将所选实体特征移动到目标点。如图 6-44 所示即是将实体特征重新定位到新一点。

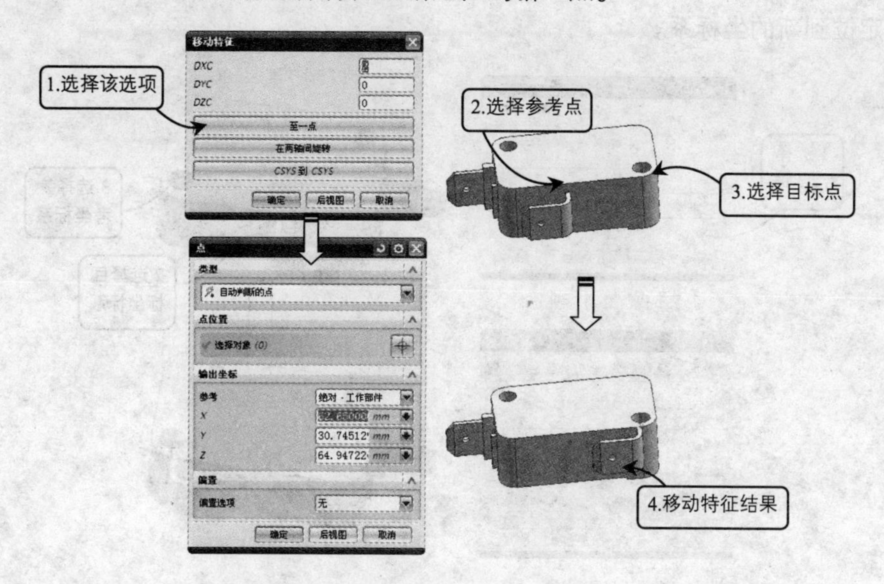

图 6-44　将实体移动到指定点

3. 在两轴间旋转

该方式是将特征从一个参照轴旋转到目标轴。首先使用“点构造器”工具捕捉旋转点，然后在“矢量构成器”对话框中指定参考轴方向和目标轴方向即可，如图 6-45 所示。

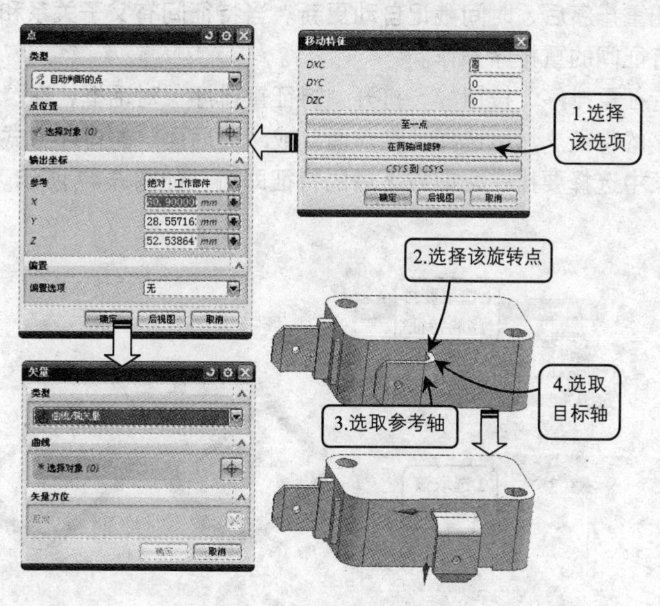

图 6-45　实体特征旋转

4. CSYS 到 CSYS

该方式是将特征从一个参考坐标系重新定位到目标坐标系。通过在 CSYS 对话框定义新的坐标系，系统将实体特征从参考坐标系移动到目标坐标系。图 6-46 所示即是将实体特征重新定位到新的坐标系。

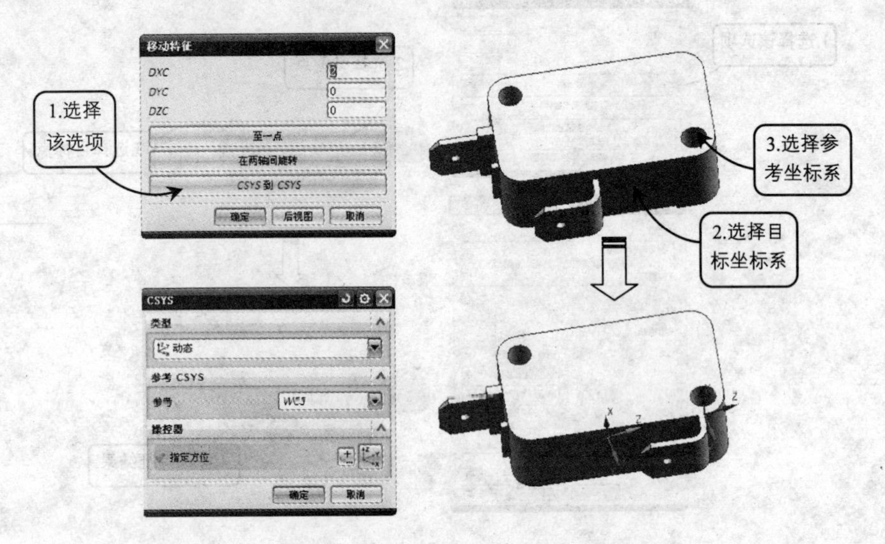

图 6-46　实体特征移动到目标坐标系

6.4.5 特征重排序

特征重排序主要用做改变模型上特征创建的顺序，编辑后的特征可以在所选特征之前或之后。特征重排序后，时间戳记自动更新。当特征间有父子关系和依赖关系的特征时，将不能进行特征间的重排序操作。

单击“特征重排序”按钮，打开“特征重排序”对话框，在“参考特征”选项列表中选择要排序的特征。然后选择“在前面”或“在后面”的排序方式，直接在“重定位特征”选项列表中选择要排在之前或之后的特征即可，如图 6-47 所示。

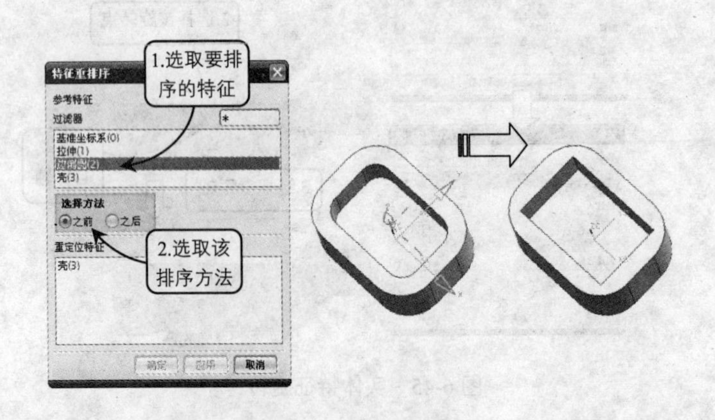

图 6-47　实体特征重排序

6.4.6 抑制特征和取消抑制特征

1. 抑制特征

抑制特征是指取消实体模型上的一个或多个特征的显示状态。而且与该特征存在关联性的其他特征将会被一同去除。抑制特征与隐藏特征的区别是：隐藏特征可以任意隐藏一个特征，没有任何关联性；而抑制某一特征，与该特征存在关联性的其他特征被一起隐藏。取消抑制特征则可以恢复前面抑制的特征，将其显示出来。抑制特征的主要作用是：编辑模型中实体特征的显示状态，使实体模型中一些非关键性的特征，如一些小特征，孔和圆角特征等，以加快有限元分析；避免创建实体特征时对其他实体特征产生的冲突。

单击“抑制特征”按钮，打开“抑制特征”对话框，然后在“过滤器”列表中选择要抑制的特征，“选定的特征”列表中将显示这些被抑制的特征，如图 6-48 所示。

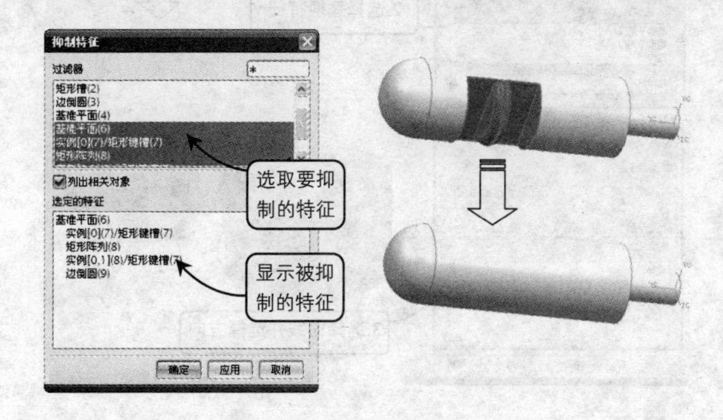

图 6-48　抑制特征

2. 取消抑制特征

取消抑制特征是将模型恢复到原来的状态，将抑制的特征根据需要恢复到特征原来的状态。单击“取消抑制特征”按钮，打开“取消抑制特征”对话框，具体操作方法和“抑制特征”一样，这里不再详细介绍。

6.4.7 替换特征

在实际设计中，可以对一些特征进行替换操作，而不必将其删除后再重新设计。所谓的替换特征操作是指一个特征替换为另一个并更新相关特征。

在菜单栏中单击“编辑”→“特征”→“替换”命令，弹出“替换特征”对话框，按照如图 6-49 所示的图解步骤替换要替换的特征。

6.4.8 替换为独立草图

在菜单栏中选择“编辑”→“特征”→“替换为独立草图”命令，或者在“编辑特征”工具栏中单击“替换为独立草图”按钮，系统弹出如图 6-50 所示的“替换为独立草图”的对话框，利用该对话框指定要替换的链接特征和候选特征，然后单击“确定”按钮或“应用”按钮，从而完成将链接的曲线替换为独立草图的操作。

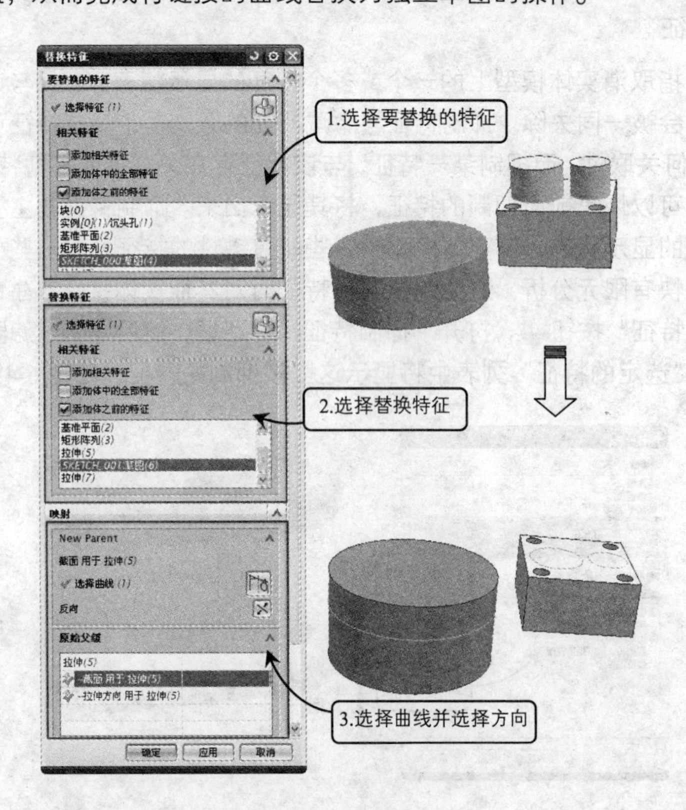

图 6-49　替换特征

6.4.9 编辑实体密度

可以更改实体密度和密度单位，其方法是在菜单栏中选择“编辑”→“特征”→“实体密度”命令，或者是在“编辑特征”工具栏中单击“编辑实体密度”按钮，系统弹出如图 6-51 所示的“指派实体密度”对话框，使用该对话框选择没有材料属性的实体，接着在“密度”选项组中设置实体密度和密度单位，然后单击“确定”按钮或“应用”按钮。

图 6-50　替换为独立草图

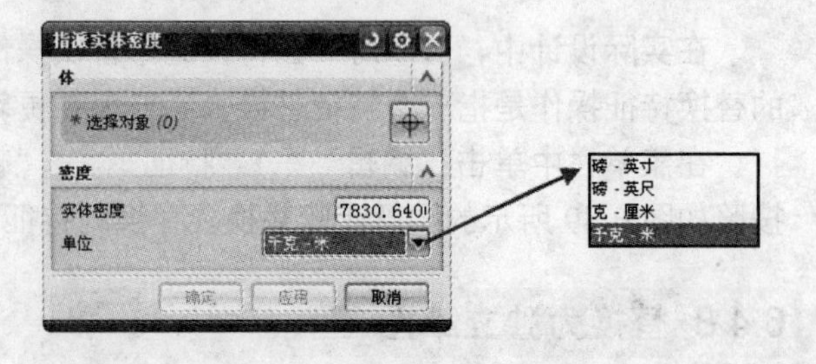

图 6-51　编辑实体密度

6.5 案例实战——创建曲轴的实体模型

最终文件:	source\chapter6\ch6-example1-final.prt
视频文件:	AVI\实例操作 6-1.avi

本实例是创建一个曲轴零件，如图 6-52 所示。该零件主要用于将轴的旋转运动转换为与其连接的连杆的往复直线运动，从而实现力的转换作用。其结构主要由中部的圆柱形轴身，两侧与连杆连接的销轴连板以及两端的锥形轴头组成。

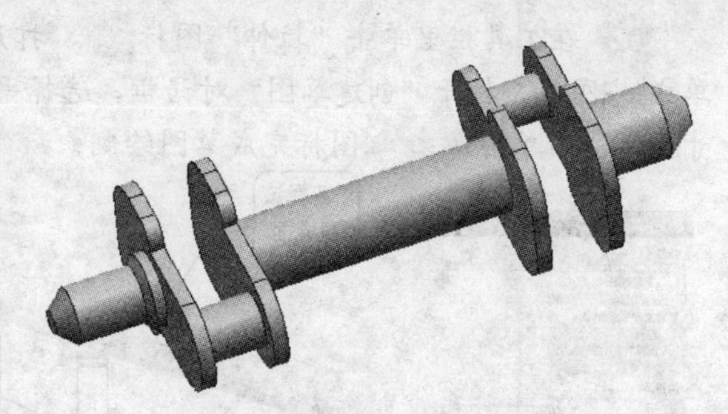

图 6-52 曲轴的实体模型

创建该曲轴零件的实体模型时，可以将其分为两类型特征创建：即先利用“拉伸”工具创建出由中部轴身、销轴连板组成的拉伸特征；再利用“回转”和“倒斜角”工具创建出两端的锥形轴头组成的旋转特征。即可创建完成该曲轴零件的实体模型。

6.5.1 创建轴身拉伸体

01 在工具栏里单击图标，打开“拉伸”对话框。在“拉伸”对话框中单击图标，打开“创建草图”对话框，选择 XC-ZC 平面为草绘平面，进入草图环境界面。

02 在工具栏中单击图标，绘制如图 6-53 所示的圆形，单击完成草图图标完成草图绘制。

03 在“拉伸”对话框中，设置“限制”选项组中“开始”和“结束”的距离值为 110 和-110，单击“确定”按钮便完成拉伸操作，如图 6-54 所示。

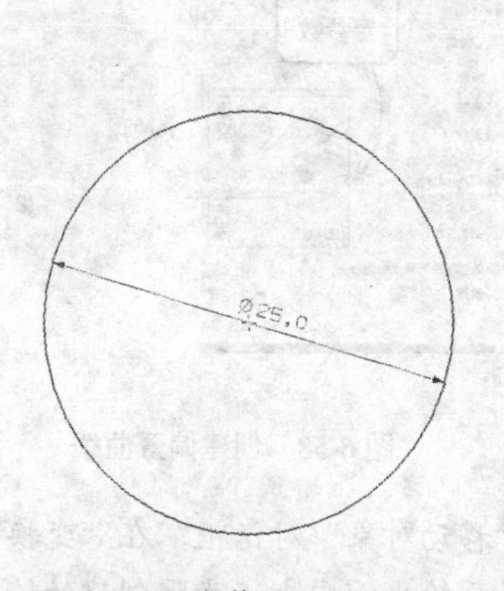

图 6-53 轴身截面圆尺寸

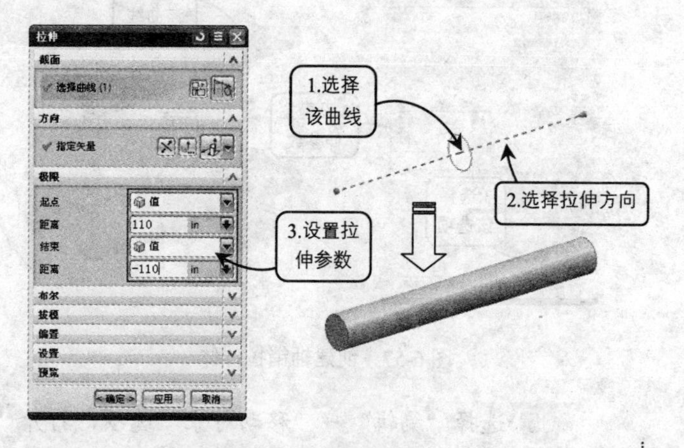

图 6-54 创建拉伸体

6.5.2 创建轴销拉伸体

01 在“特征操作”工具栏中单击“基准平面”图标，打开“基准平面”对话框，在“类型”下拉列表框中选择“XC-ZC 平面”选项，设置偏置距离为 60 创建平面 A，按照同样的方法创建偏置距离为-60 的平面 B，如图 6-55 所示。

02 在工具栏里单击“拉伸”图标，打开“拉伸”对话框。在“拉伸”对话框中单击图标，打开“创建草图”对话框，选择平面 A 为草绘平面，绘制如图 6-56 所示尺寸的草图，单击完成草图图标完成草图绘制。

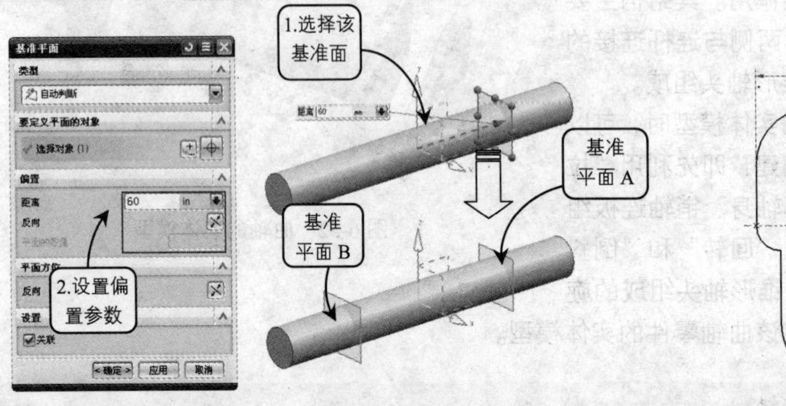

图 6-55 创建基准平面

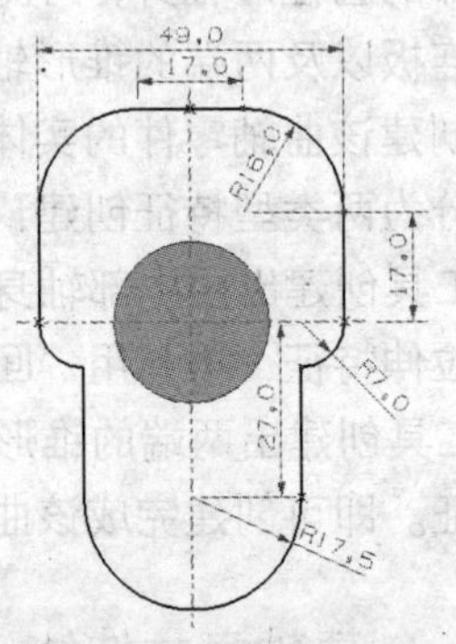

图 6-56 轴销截面尺寸

03 在“拉伸”对话框中，设置“限制”选项组中“开始”和“结束”的距离值为 15 和-15，布尔选择“求和”，单击“确定”按钮便完成拉伸操作，如图 6-57 所示。

04 选择平面 B 为草绘平面，进入草绘环境，在“草图工具”工具栏中单击“偏置曲线”图标，选择轴销的外轮廓，设置偏置距离为 0，如图 6-58 所示。

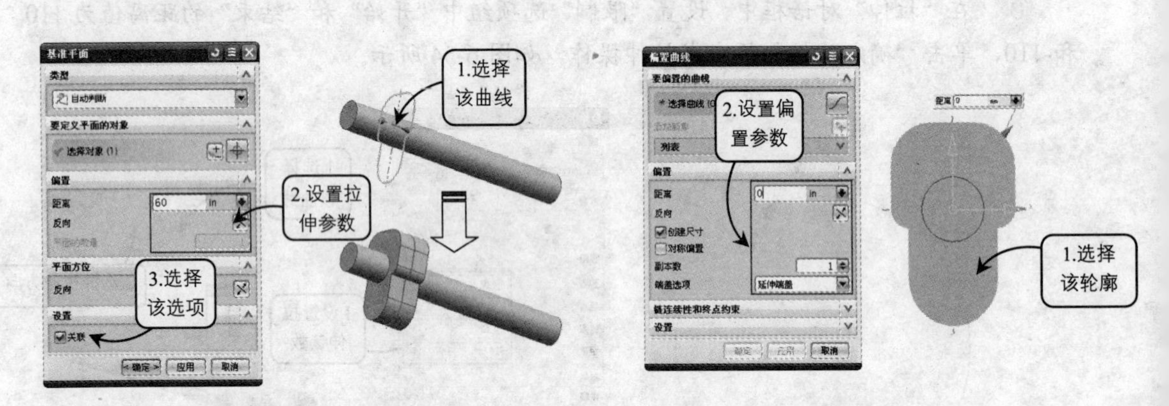

图 6-57 创建轴销拉伸体

图 6-58 创建偏置曲线

05 选择“编辑”→“移动对象”选项，打开“移动对象”对话框，在“变换”选项组中选择“运动”下拉列表中的“角度”选项，选择草绘平面中上一步骤创建的轮廓，在对话框的“角度”文本框中输入 180，垂直翻转轴销轮廓，完成另一端轴销轮廓草图绘制，如图 6-59 所示。

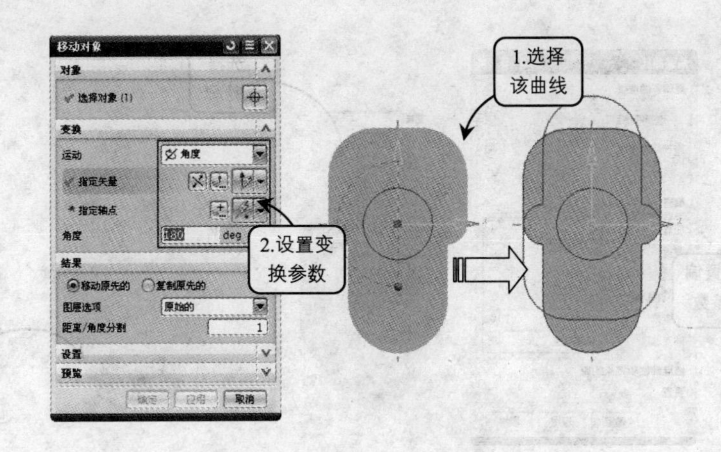

图 6-59 垂直翻转轴销轮廓曲线

06 在工具栏里单击“拉伸”图标，打开“拉伸”对话框。选择上一步骤创建草图为截面，设置“限制”选项组中“开始”和“结束”的距离值为 15 和-15，布尔运算选择“求和”，单击“确定”按钮便完成拉伸操作，如图 6-60 所示。

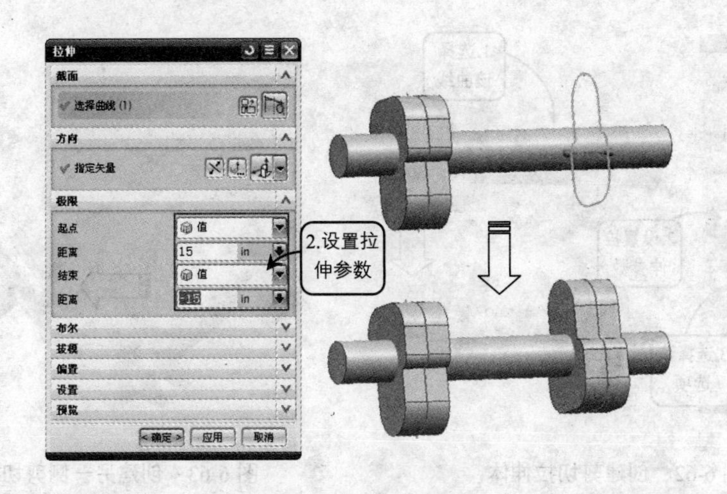

图 6-60 创建轴销拉伸体

6.5.3 创建轴销剪切拉伸体

01 选择平面 A 为草绘平面，进入草绘环境，在“草图工具”工具栏中单击“偏置曲线”图标，选择轴销的外轮廓，设置偏置距离为 0，并绘制如图 6-61 所示直径为 15 的圆，完成截面曲线草图绘制。

02 在工具栏里单击“拉伸”图标，打开“拉伸”对话框。选择上一步骤创建草图为截面，设置“限制”选项组中“开始”和“结束”的距离值为15和-15，布尔运算选择“求差”，单击“确定”按钮便完成拉伸操作，如图6-62所示。

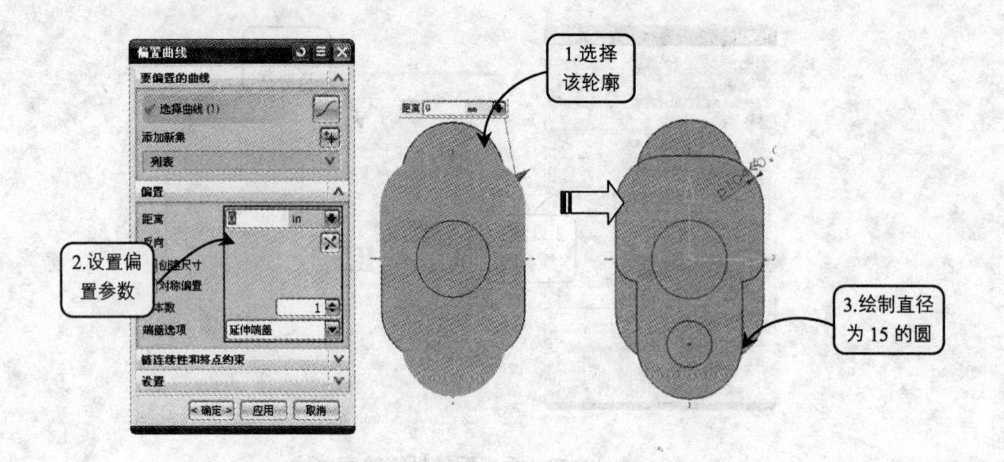

图6-61　绘制轴销剪切拉伸截面曲线

03 选择平面B为草绘平面，按照同样的方法，创建另一侧剪切拉伸体，如图6-63所示。

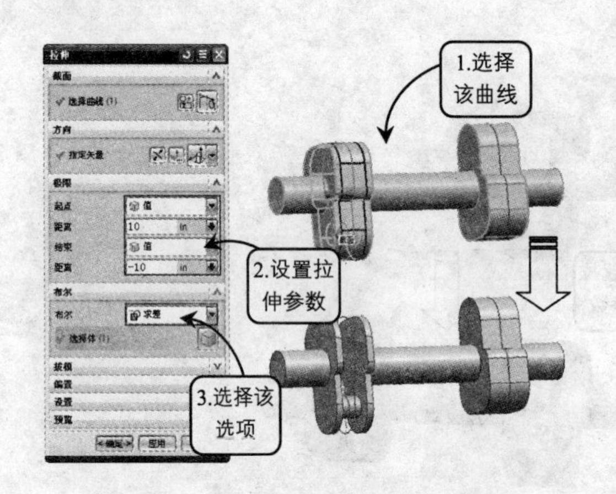

图6-62　创建剪切拉伸体

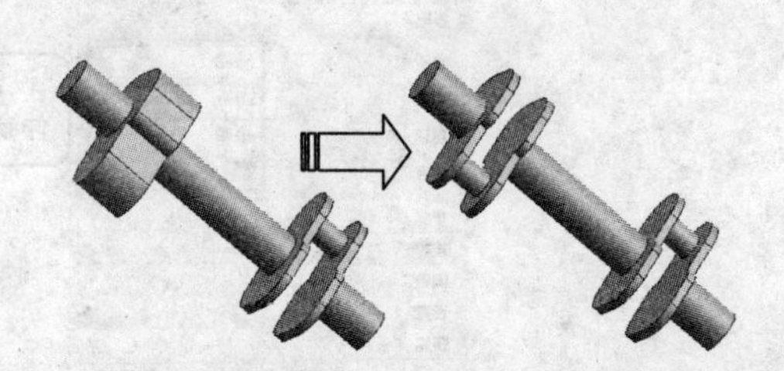

图6-63　创建另一侧剪切拉伸体

6.5.4 创建剪切回转体

01 选择“插入”→“设计特征”→“回转”选项，打开“回转”对话框。单击图标，打开“创建草图”对话框，选择YC-ZC平面为草图平面，绘制如图6-64所示的草图。

02 完成草图绘制后，在工作区中选中YC轴为回转轴矢量，布尔运算选择“求差”，单击“确定”即可完成回转体的创建，如图6-65所示。

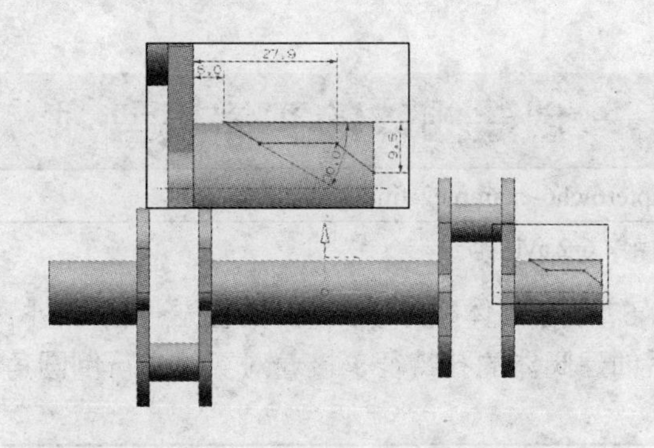

图 6-64　绘制回转体截面草图

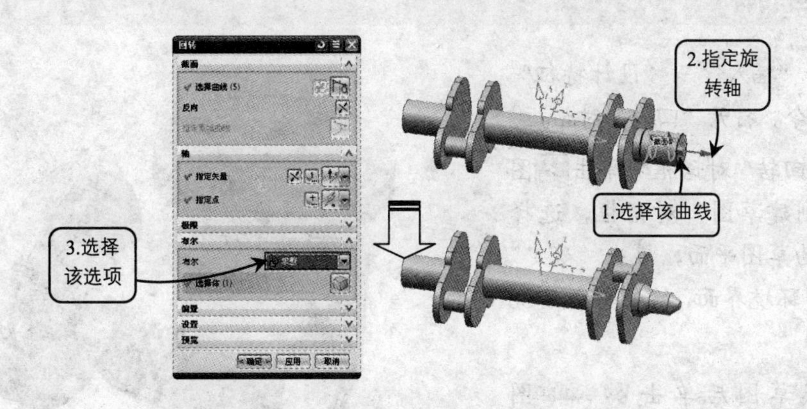

图 6-65　创建回转体

6.5.5 创建倒斜角

01 选择“插入”→“细节特征”→“倒斜角”选项，或直接单击“工具栏”中的“倒斜角”图标，打开“倒斜角”对话框。

02 在“倒斜角”对话框的“偏置”选项组中，选择“横截面”下拉列表中的“非对称”选项，设置“距离 1”为 5，“距离 2”为 10，单击“确定”按钮，创建如图 6-66 所示的倒斜角特征，完成曲轴模型的创建。

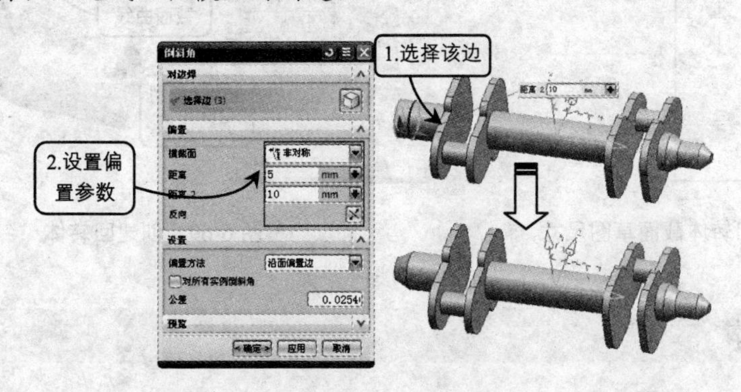

图 6-66　创建倒斜角

6.6 案例实战——创建阀体的实体模型

最终文件:	source\chapter6\ch6-example2-final.prt
视频文件:	AVI\实例操作 6-2.avi

本实例创建如图 6-67 所示阀体实体模型，可以首先通过回转特征和拉伸特征创建阀体的基本形状特征，然后创建阀体的孔特征，接着对实体进行倒圆角，创建出阀体的细节特征。

6.6.1 创建回转体

01 选择“插入”→“设计特征”→“回转”命令，打开“回转”对话框。

02 在“回转”对话框中单击图标，弹出“创建草图”对话框，选择 XC-YC 平面为草图平面，单击“确定”按钮进入草图环境界面，绘制如图 6-68 所示的草图。

03 完成草图后单击完成草图图标，在工作区中选中 YC 轴为回转轴矢量，单击“确定”即可完成回转体的创建，如图 6-69 所示。

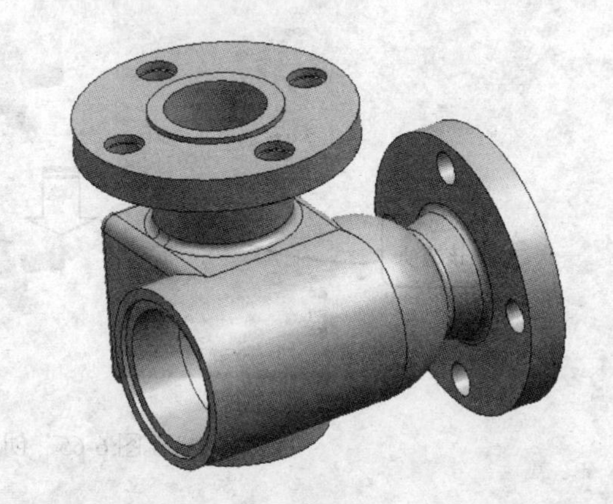

图 6-67 阀体的实体模型

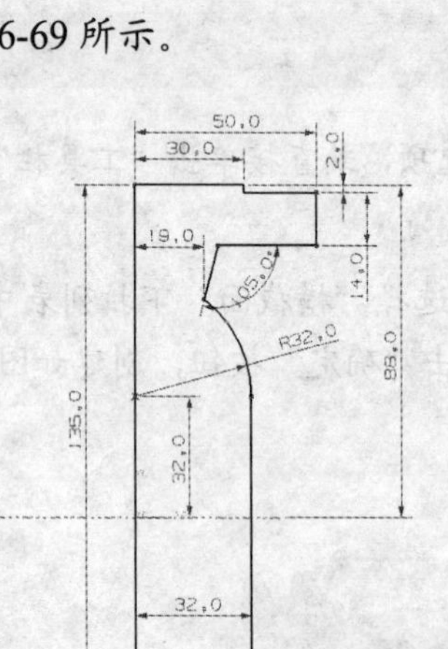

图 6-68 回转体截面草图尺寸

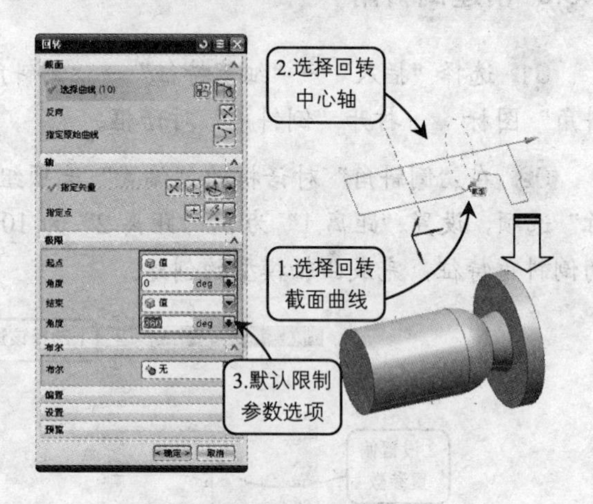

图 6-69 创建回转体

6.6.2 创建拉伸体

01 在工具栏里单击图标，打开“拉伸”对话框。

02 在“拉伸”对话框中单击图标，弹出“创建草图”对话框，选择 XC-YC 平面为草绘平面，进入草图环境界面。

03 在工具栏中单击图标，绘制如图 6-70 所示的正方形，单击完成草图图标完成草图绘制。

04 在“拉伸”对话框中，设置“限制”选项组中的距离为 64，“布尔”选项组选择“求和”选项，单击“确定”按钮便完成拉伸操作，如图 6-71 所示。

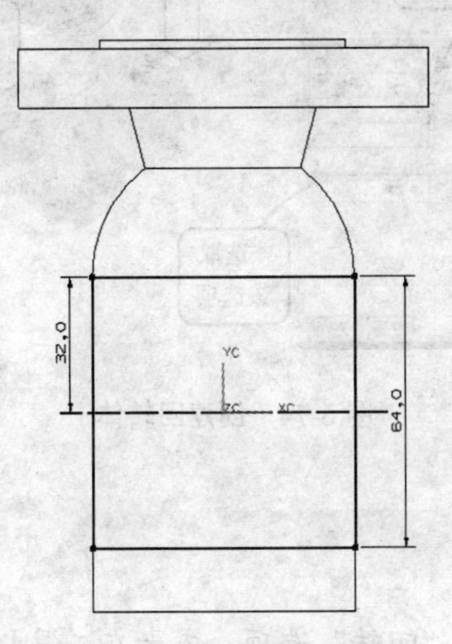

图 6-70 拉伸体截面草图尺寸

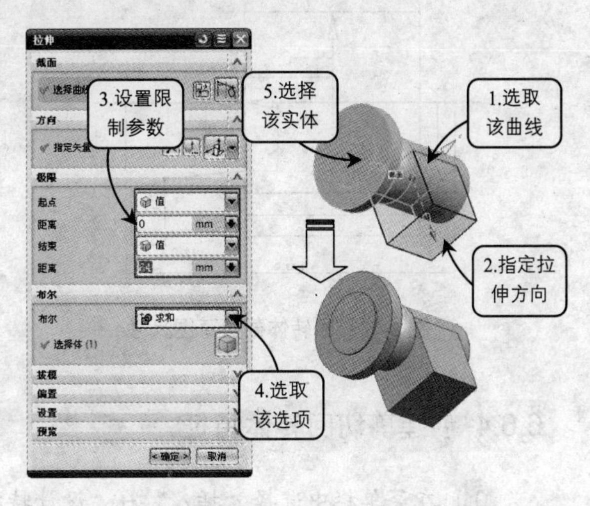

图 6-71 创建拉伸体

6.6.3 创建另一回转体

01 在“特征操作”工具栏中单击“基准平面”图标，打开“基准平面”对话框，在“类型”下拉列表框中选择“XC-YC 平面”选项，设置偏置距离为 32，如图 6-72 所示。

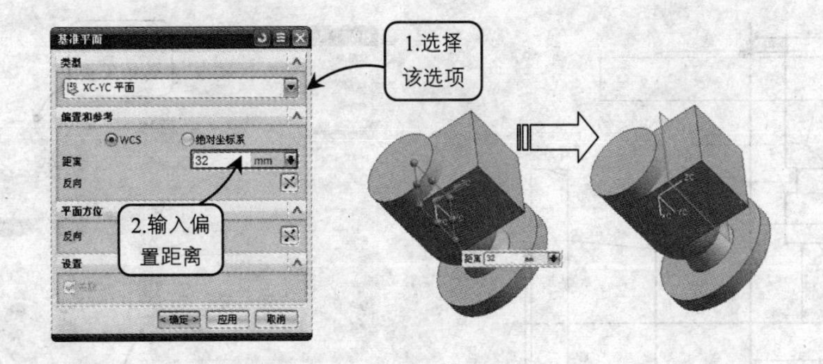

图 6-72 创建基准平面

02 在菜单栏中选择“插入”→“设计特征”→“回转”选项，打开“回转”对话框。

03 在“回转”对话框中单击图标，弹出“创建草图”对话框，选择上一步创建的平面为草图平面，单击“确定”按钮进入草图环境界面，绘制如图 6-73 所示的草图。

04 完成草图后单击完成草图图标，在工作区中选择中心线为回转轴矢量，“布尔”选项组选择“求和”选项，单击“确定”即可完成回转体的创建，创建方法如图 6-74 所示。

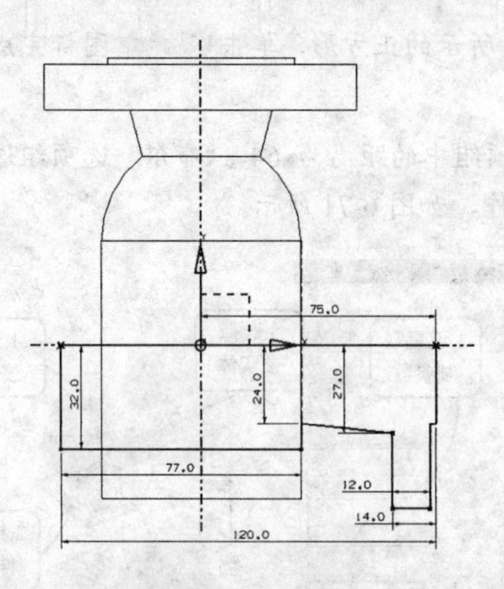

图 6-73 回转体截面草图尺寸

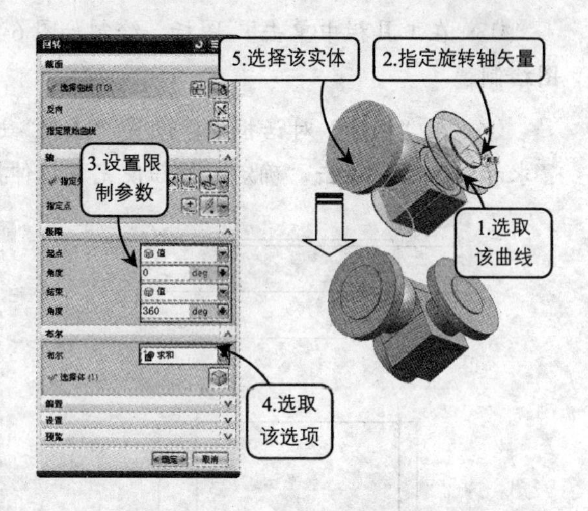

图 6-74 创建回转体

6.6.4 创建剪切回转体特征

01 在菜单栏中选择“插入”→“设计特征”→“回转”选项，或者在工具栏中单击“回转”图标，打开“回转”对话框。

02 在“回转”对话框中单击图标，弹出“创建草图”对话框，选择 XC-YC 平面为草图平面，单击“确定”按钮进入草图环境界面，绘制如图 6-75 所示的草图。

03 完成草图后单击完成草图图标，在工作区中选择中心线为回转轴矢量，“布尔”选项组选择“求差”选项，单击“确定”即可完成回转体的创建，创建方法如图 6-76 所示。

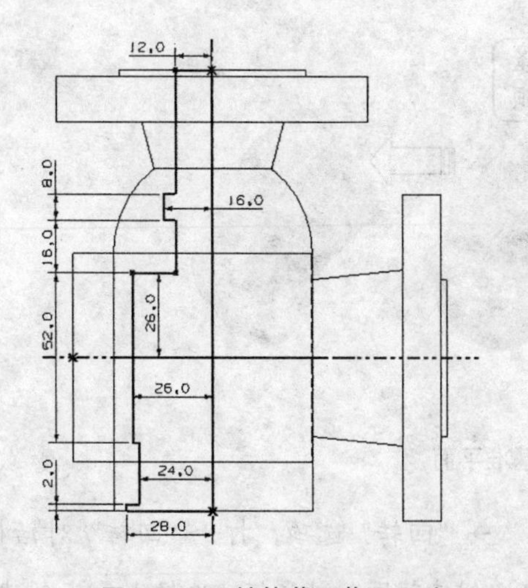

图 6-75 回转体截面草图尺寸

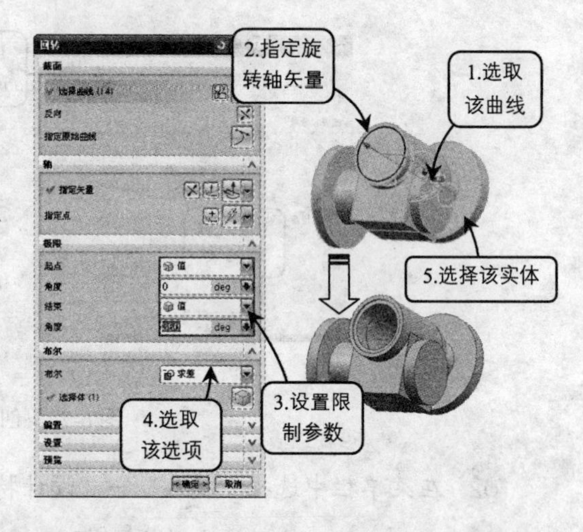

图 6-76 创建剪切回转体

6.6.5 创建孔特征

01 选择“插入”→“设计特征” →“孔”选项，打开“孔”对话框，在“形状和尺寸”选项组中选择“成形”为“沉头孔”选项。

02 在工作区中选择如图 6-77 所示的圆心，设置“孔”对话框中“尺寸”面板中的参数，即可创建沉头孔特征。

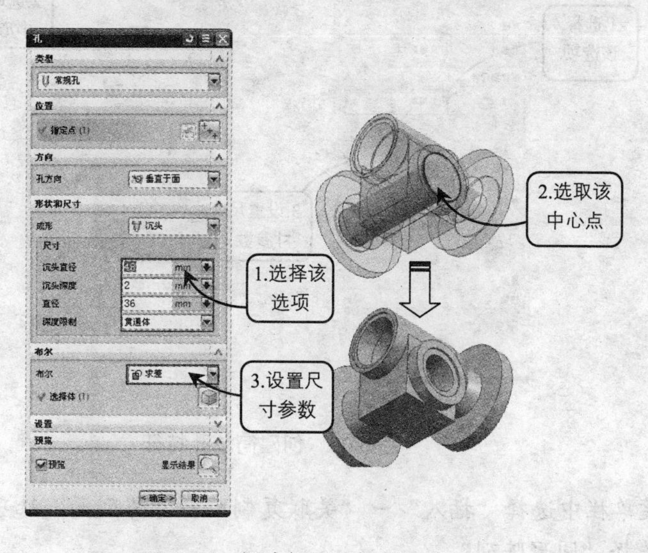

图 6-77　创建沉头孔特征

03 在工具栏中单击“孔”图标，在弹出的“孔”对话框中单击图标，弹出“创建草图”对话框，选择如图 6-78 所示圆环面为草绘平面，单击“确定”按钮进入草图环境界面。

04 进入草绘界面后，系统自动弹出“点”对话框，单击“类型”选项组中，在弹出的下拉菜单中选择“交点”选项，在草图中创建如图 6-78 所示的直线和圆，分别选择所创建的直线和圆，单击“确定”按钮完成点的绘制。

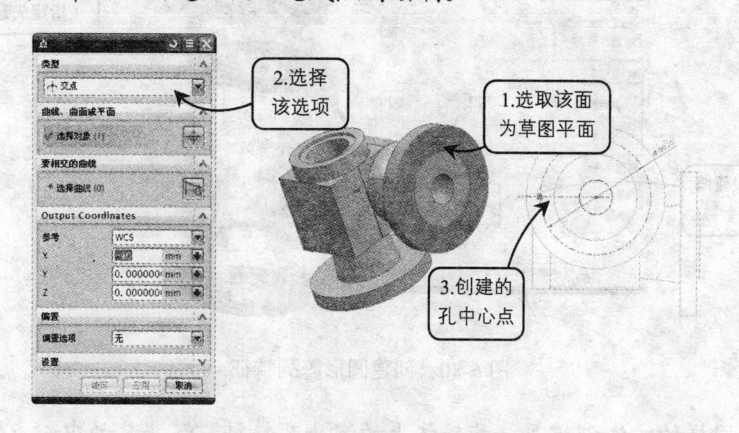

图 6-78　创建孔的中心点

05 孔中心点绘制完成后，单击草图界面 完成草图 图标完成草图绘制，系统自动返回“孔”对话框，设置“孔”对话框中“尺寸”面板中的参数，单击“确定”按钮，即可创建简单孔特征。创建方法如图 6-79 所示。

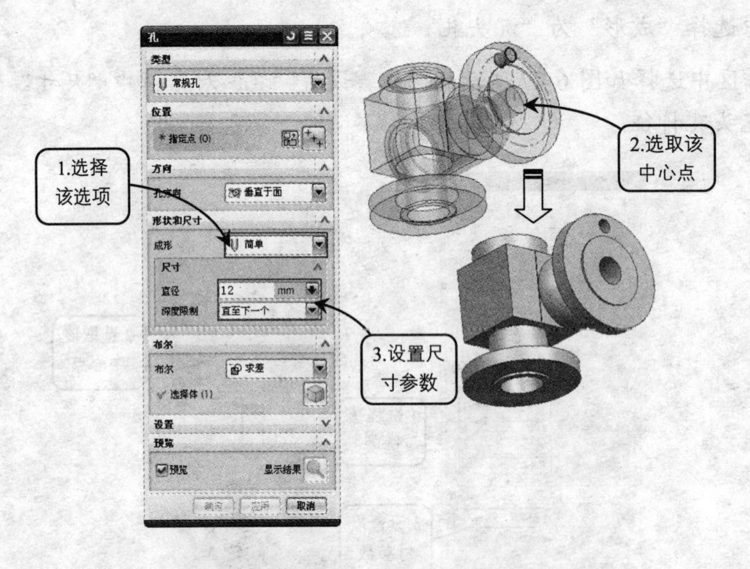

图 6-79 创建简单孔特征

06 在菜单栏中选择“插入”→“关联复制”→“阵列面”选项，在打开“阵列面”的对话框中选择“圆形阵列”。

07 在绘图区选择“简单孔（20)”，在工作区中选择中心孔的轴为矢量对象，在“角度”和“圆数量”对应的文本框里分别输入 90、4，单击“确定”按钮，创建方法如图 6-80 所示。

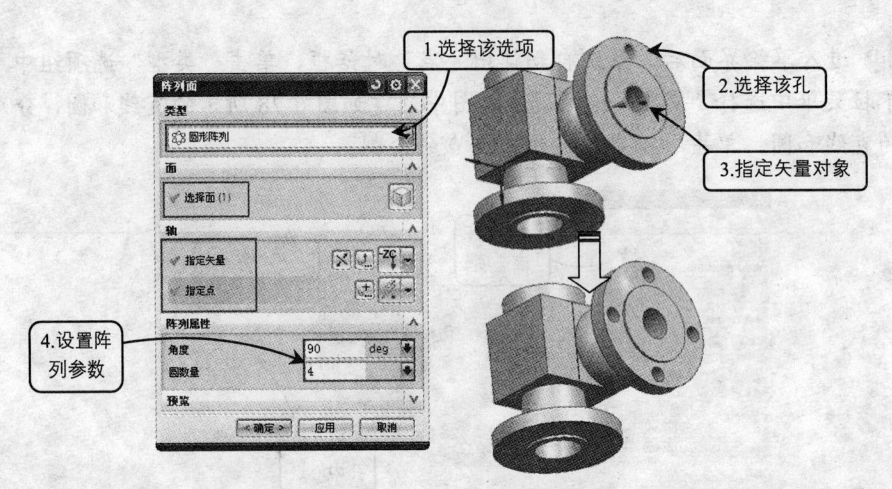

图 6-80 创建圆形阵列特征

08 按照同样的方法创建另一旋转体上的沉头孔特征，沉头孔的中心点位于以旋转中轴为圆心、直径为 75 的圆上，其他参数设置如图 6-81 所示。

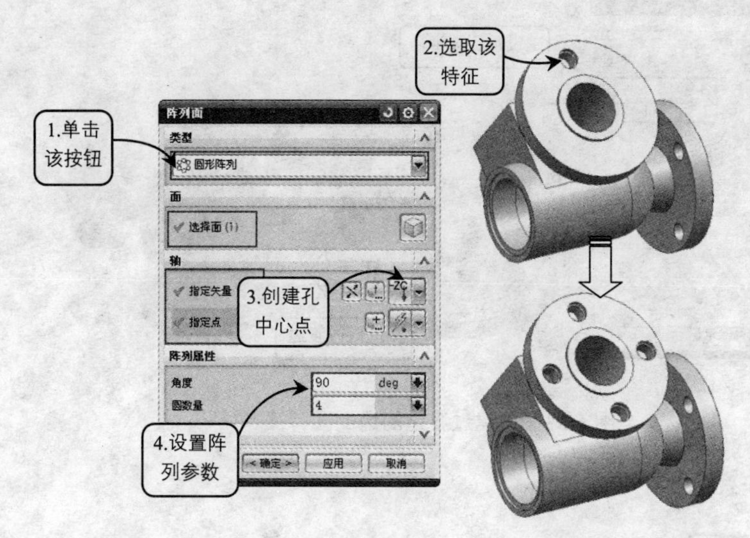

图 6-81 创建沉头孔和圆形阵列特征

6.6.6 创建边倒圆特征

01 选择“插入”→“细节特征”→“边倒圆”命令，或直接单击“工具栏”中的“边倒圆”图标，打开“边倒圆”对话框。

02 在“边倒圆”对话框中倒角“半径 1”文本框中输入 5，在“形状”列表框中选择圆形，选择正方体的 8 个棱边，单击“确定”按钮，创建如图 6-82 所示的边倒圆特征。

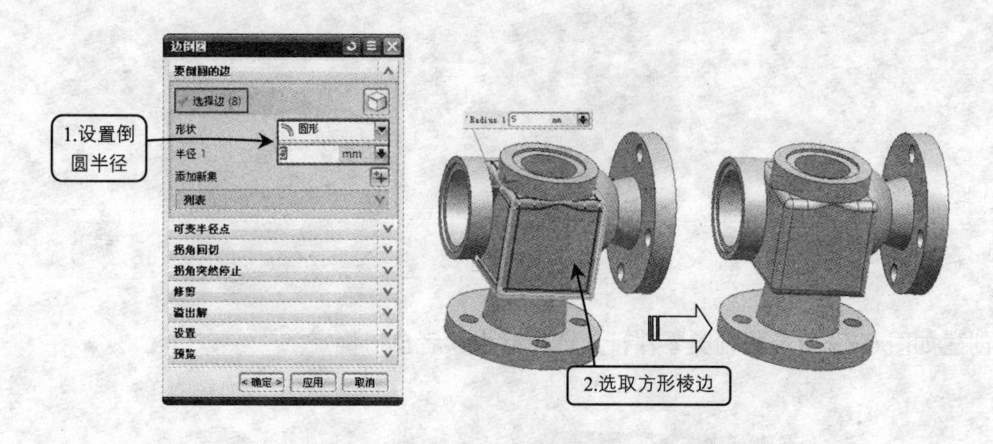

图 6-82 创建棱边的边倒圆特征

03 在“边倒圆”对话框中倒角“半径”1 文本框中输入 3，在“形状”列表框中选择圆形，选择连接部分与本体部分之间的 4 条过渡边，单击“确定”按钮，便可创建如图 6-83 所示的边倒圆特征。阀体模型创建完成。

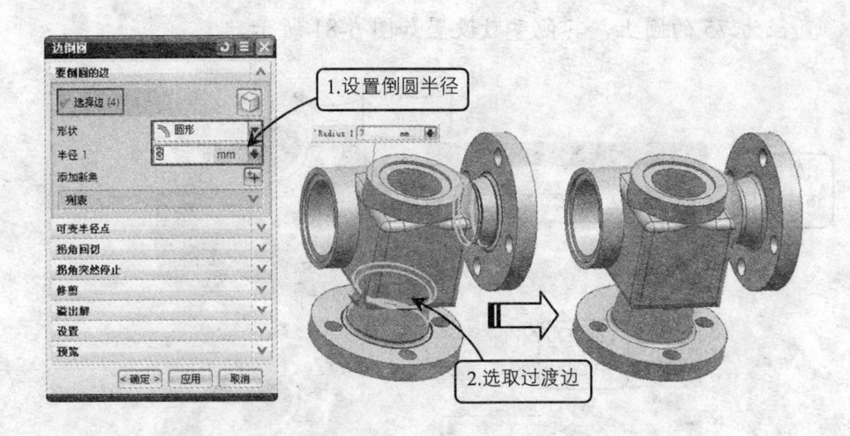

图 6-83　创建过渡边的边倒圆特征

思考与练习

1. 什么是体素特征？通常将哪些特征归纳在体素特征范围内？
2. 分别总结长方体、圆柱体、球体和圆锥体的典型创建方法及应用特征。
3. 什么是凸起特征？如何创建凸起特征？
4. 可以创建哪些类型的孔特征？
5. 如何创建三角形加强筋？
6. 创建如图 6-84 所示的实体模型，具体尺寸由读者自行确定。

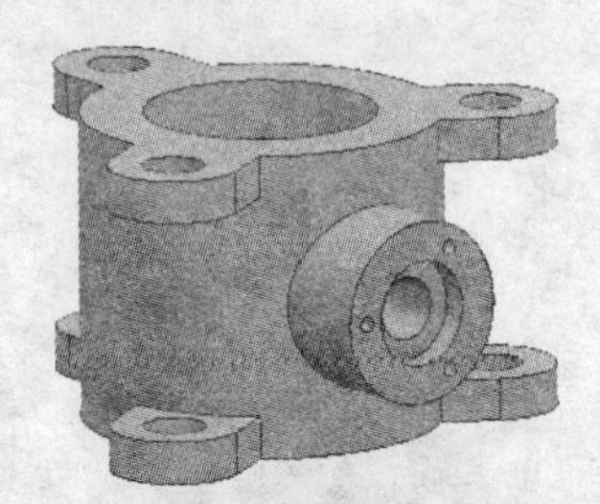

图 6-84　实体模型

7. 创建如图 6-85 所示的轴类零件，具体尺寸由读者自行确定。

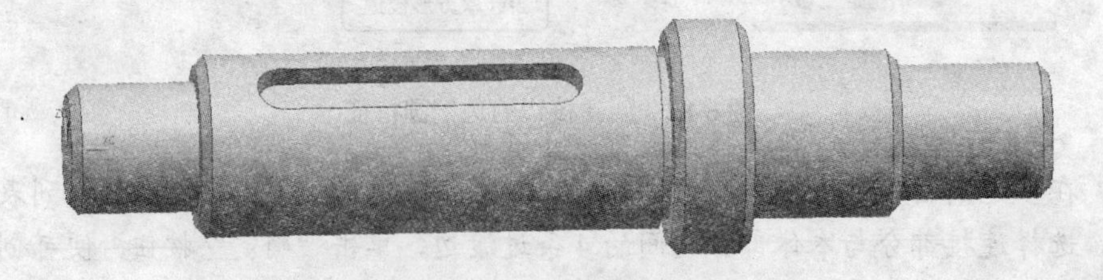

图 6-85　创建轴零件

第 7 章

创建曲面

本章导读：

曲面（在 CAD 术语中也称自由形状特征或片体）是 UG NX 8 三维造型功能中重要的组成部分，也是较难的部分。曲面造型功能的好坏通常被用来评判 CAD/CAM 软件建模能力的优劣。在实际的工业生产中，仅靠实体特征建模的方法就能够完成的产品是非常少的，很多产品的建模都依赖于曲面设计，如汽车外壳、空调外壳，矿泉水瓶等。都是由复杂的曲面构成的，因此作为一个优秀的造型师，必须精通曲面造型。

本章分为 4 个大部分，主要介绍曲面概述、由曲线构造曲面、由曲面构造曲面和编辑曲面，最后还佐以实例，为读者详细讲解曲面的创建流程和方法。

学习目标：

- 了解曲面设计的基本概念
- 熟练掌握自由曲面的创建、如由点、由曲线和由曲面创建曲面
- 熟练掌握自由曲面的编辑、如 X 成形、剪断曲面、扩大、极点光顺等
- 熟练地根据实际情况用最简单的方法创建曲面

7.1 曲面概述

和实际造型功能一样，UG NX 8 创建曲面包括自由曲面特征建模模块和自由曲面特征编辑模块，用户可用前者进行曲面创建，也可用后者对已有的曲面进行编辑。

7.1.1 曲面构造方法

自由曲面的构造方法很多，但都必须先定义或者选择构造几何体，如点、曲线、片体或者其他物体，然后生成自由曲面。一般有以下 3 种主要的自由曲面生成方法。

1. 由点集生成曲面

这种方法是通过指定点集文件或者通过点构造器创建点集来创建自由曲面，创建的自由曲面可以通过点集也可以以点集为极点，这种方法主要包括“通过点”、“从极点”和“从点云”。由点集生成的自由曲面比较简单、直观，但它生成的曲面是非参数化的。

2. 由截面曲线生成曲面

这种方法是通过指定截面曲线来创建自由曲面，这种方法主要包括“直纹面”、“通过曲线”、“通过曲线网格”和“扫描”，这种方法和由点集生成的曲面相比，最大的不同是它所创建的曲面是全参数曲面，即创建的曲面和曲线是相关联的，当构造曲面的曲线被编辑修改后，曲面会自动更新。

3. 由已有曲面生成曲面

这种方法是通过对已有的曲面进行桥接、延伸、偏置等来创建新的曲面，这种曲面创建的前提是必须有参考面，另外，这种方法创建的曲面基本都是参数化的，当参考曲面被编辑时，生成曲面会自动更新。

7.1.2 曲面常用概念

在创建曲面的过程中，许多操作都会出现专业性概念及术语，为了能够更准确地理解创建规则曲面和自由曲面的设计过程，了解常用曲面的术语及功能是非常必要的。

1. 曲面和片体

在 UG NX 中，片体是常用的术语，主要是指厚度为 0 的实体，即只有表面，没有重量和体积。片体是相对于实体而言的，一个曲面可以包含一个或多个片体，并且每一个片体都是独立的几何体，可以包含一个特征，也可以包含多个特征。在 UG NX 中任何片体、片体的组合以及实体上的所有表面都是曲面，实体与片体如图 7-1 所示。

曲面从数学上可分为基本曲面（平面、圆柱面、圆锥面、球面、环面等）、贝塞尔曲面、B 样条曲面等。贝塞尔曲面与 B 样条曲面通常用来描述各种不规则曲面，目前在机械设计过程中非均匀有理 B 样条曲面已作为工业标准。

2. 曲面的行与列

在 UG NX 中，很多曲面都是由不同方向的点或曲线来定义。通常把 U 方向称为行，V 方向称为列。曲面也因此可以看作 U 方向为轨迹引导线对很多 V 方向的截面线做的一个扫描。可以通过网格显示来查看 UV 方向曲面的走向，如图 7-2 所示。

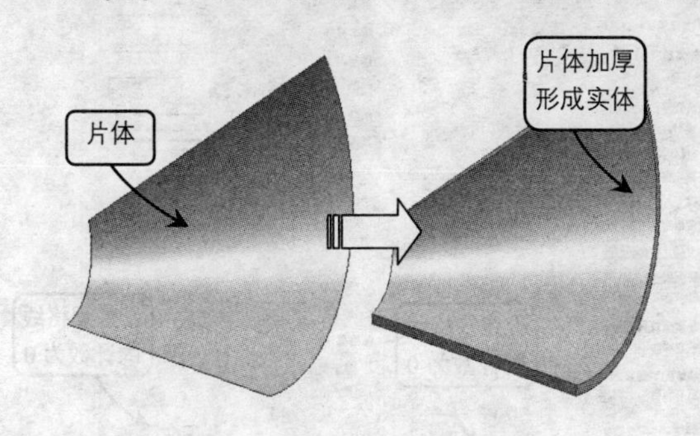

图 7-1　实体与片体

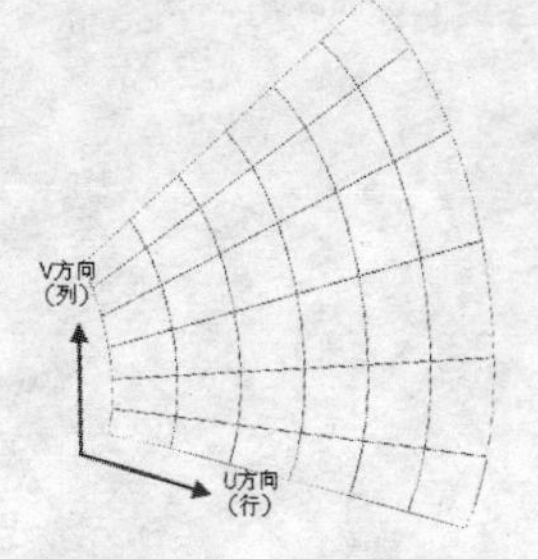

图 7-2　曲面的行与列

3. 曲面的阶次

阶次属于一个数学概念，它类似于曲线的阶次。由于曲面具有 U、V 两个方向，所以每个曲面片体均包含 U、V 两个方向的阶次。

在常规的三维软件中，阶次必须介于 1~24 之间，但最好采用 3 次，因为曲线的阶次用于判断曲线的复杂程度，而不是精确程度。简单一点说，曲线的阶次越高，曲线就越复杂，计算量就越大。一般来讲，最好使用低阶次多项式的曲线。

4. 曲面片体类型

实体的外曲面一般都是由曲面片体构成的，根据曲面片体的数量可分为单片和多片两种类型。其中单片是指所建立的曲面指包含一个单一的曲面实体；而曲面片是由一系列的单补片组成的。曲面片越多，越能在更小的范围内控制曲面片体的曲率半径等，但一般情况下，尽量减少曲面片体的数量，这样可以使所创建的曲面更加光滑完整。

5. 栅格线

栅格线仅仅是一组显示特征，对曲面特征没有影响。在“静态线框”显示模式下，曲面形状难以观察，因此栅格线主要用于曲面的显示，如图 7-3 所示。

如果要取消栅格显示，可以选择“首选项”→“建模”选项，或“编辑”→“对象显示”选项，然后在打开的对话框中对相应的选项进行显示设置，最后单击“确定”按钮即可，如图 7-4 所示。

7.1.3 自由曲面建模的基本原则

使用 UG NX 中的曲面造型模块，能够使用户设计更高级的自由外形。通常情况下，使用曲面功能构造产品外形，首先要建立用于构造曲面的边界曲线，或者根据实际测量的数据点生成曲线，使用 UG 提供的各种曲面构造方法构造曲面。对于简单的曲面，可以一次完成建模。而对于复杂的曲面，首先应该采用曲线构造方法生成主要或大面积的片体，然后执行曲面的过渡连接、光顺处理、曲面编辑等操作，完成整体造型、其建模的基本原则如下：

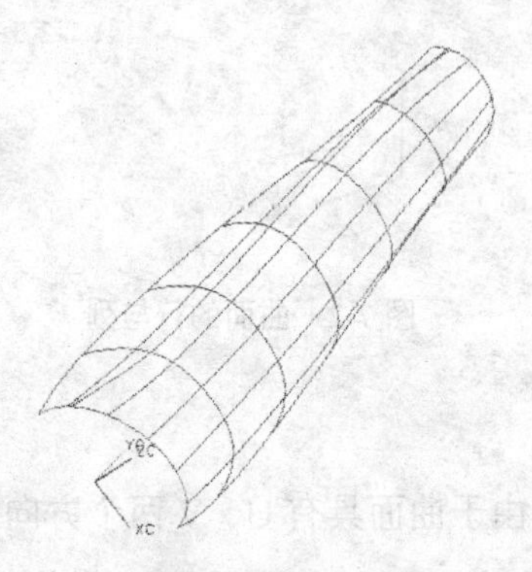
图 7-3　栅格显示效果

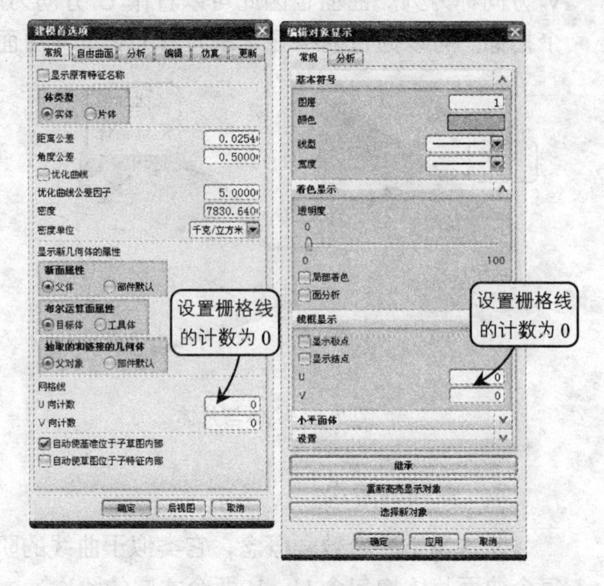

图 7-4　取消栅格显示

- 根据不同曲面的特点合理使用各种曲面构造方法。
- 尽可能采用修剪实体，再用挖空的方法建立薄壳零件。
- 面之间的圆角过渡尽可能在实体上进行操作。
- 用于构造曲面的曲线尽可能简单，曲线阶次数 < 3。
- 如有测量的数据点，建议可先生成曲线，再利用曲线构造曲面。
- 内圆角半径应略大于标准刀具半径。
- 用于构造曲面的曲线要保证光顺连续，避免产生尖角、交叉和重叠。
- 曲面的曲率半径尽可能大，否则会造成加工困难和复杂。
- 曲面的阶次 < 3，尽可能避免使用高阶次曲面。
- 避免构造非参数化特性。

7.2 由点构造曲面

由点创建自由曲面的命令包括四点曲面、整体突变、通过点、从极点和从点云，本节将分别对这些命令的使用进行介绍。

7.2.1 四点曲面

四点曲面是指通过 4 个不在同一直线上的点来创建曲面，创建的曲面过这 4 个点。选择“插入”→“曲面”→“四点曲面”，打开“四点曲面”对话框，然后在模型中一次选择 4 点，便可创建自由曲面，如图 7-5 所示。

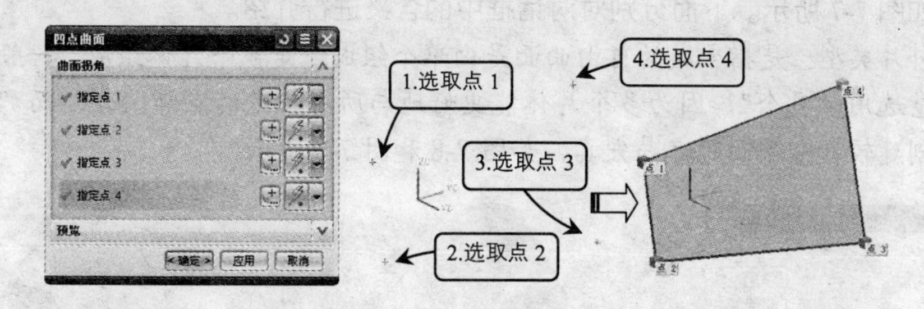

图 7-5 通过 4 点创建曲面

7.2.2 整体突变

整体突变是指通过指定矩形的两个对角点来创建初始矩形曲面，然后再通过对矩形曲面进行拉长、折弯、歪斜、扭转和移位来对创建的初始矩形进行修改。

在菜单栏中选择“插入”→“曲面”→“整体突变”命令，打开“点”对话框，通过“点构造器”在工作区中指定两点作为初始矩形曲面的两个对角点，指定完毕后系统会自动创建如图 7-6 所示的初始矩形曲面，同时也会打开“整体突变形状控制”对话框，在其中通过对“拉长”、“折弯”、“歪斜”、“扭转”、和“移位”滑标的调节即可改变初始矩形曲面的形状。

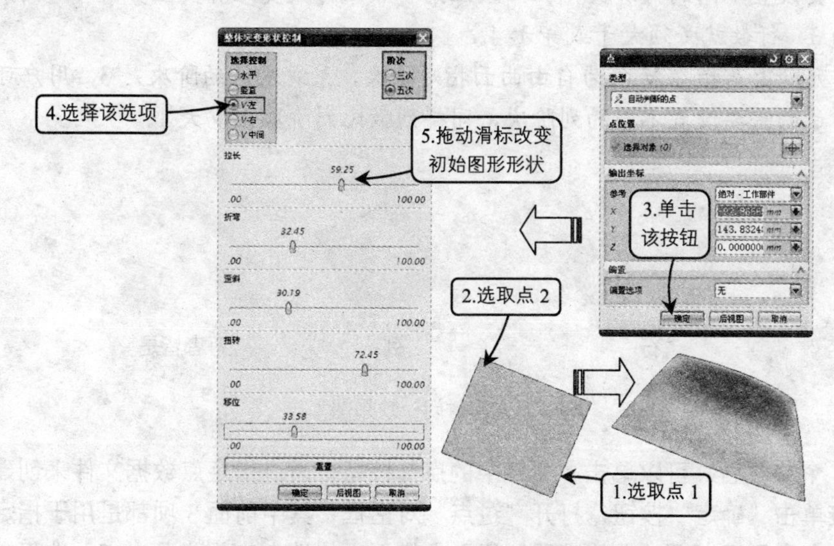

图 7-6 整体突变创建曲面

7.2.3 通过点

通过点是指通过指定矩形点阵来创建自由曲面，创建的曲面通过所指定的点。矩形点阵的指定可以通过点构造器在模型中选取或者创建，也可以事先创建一个点阵文件，通过指定点阵文件来创建曲面。选择“插入”→“曲面”→“通过点”命令，打开“通过点”对话框，如图 7-7 所示。下面分别对对话框中的含义进行介绍。

- 补片类型：是指生成的自由曲面是由单个组成还是多个片体组成。一般情况下尽量选用“多个”，因为多个片体能更好地与所有指定的点阵吻合，而“单个”在创建较复杂平面时容易失真，如图 7-8 和图 7-9 所示。

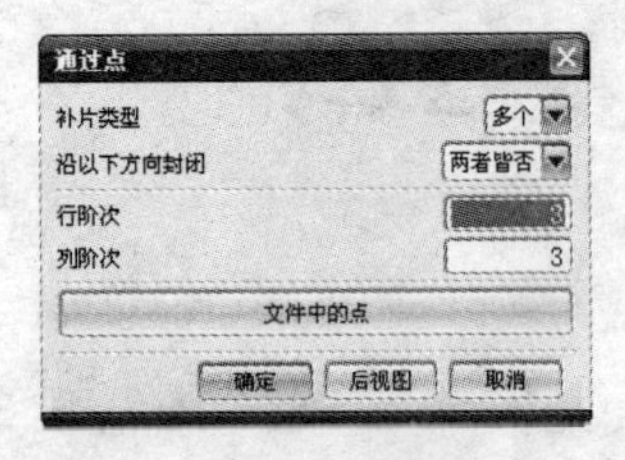

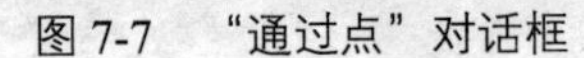
图 7-7 “通过点”对话框

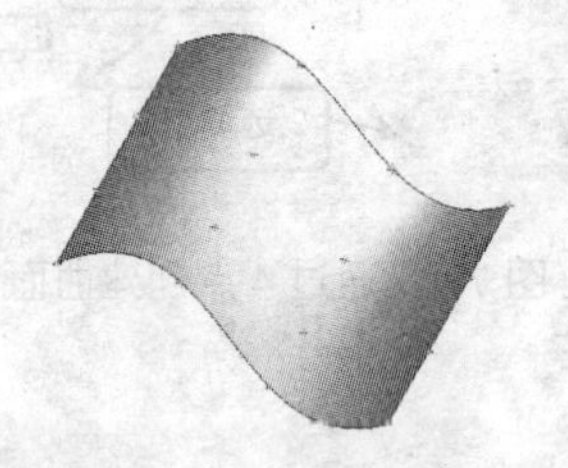
图 7-8 “多个”效果图

图 7-9 “单个”效果图

- 沿以下方向封闭：是指用于指定一种封闭方式来封闭创建的自由曲面，共有 4 种方式。“两者皆否”表示行列都不封闭；“行”表示点阵的第一列和最后一列首尾相接；“列”表示点阵的第一行和最后一行首尾相接；“两者都是”表示行和列都封闭。一般情况下选择“两者都是”会形成实体而非片体，4 种封闭方式的效果如图 7-10 所示。
- 行阶次：是指在 U 向为自由曲面指定阶次，系统默认的阶次是 3，用户可以根据自己的需要设置不同的行阶次，但必须注意一点，行数要比阶次至少大 1，例如行阶次为 3，行数就必须大于或等于 4。
- 列阶次：列阶次是指在 V 向为自由曲面指定阶次，系统默认的阶次是 3，用户可以根据自己的需要设置不同的列阶次，同样列数比列阶次至少大 1。

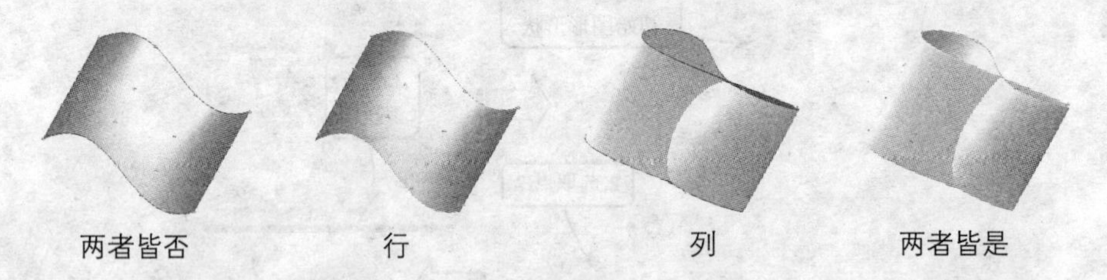

图 7-10 “沿以下方向封闭”效果图

设置完上述 4 个参数后，可以单击“文件中的点”按钮，通过指定点数据文件来创建曲面，也可以直接单击“确定”按钮，打开“过点”对话框，其中前面 3 项都是用于指定模型中已存在的点，而最后一项“点构造器”用于在模型中构造点来作为通过点，选择完毕后单击“确定”按钮，即可创建出相应的自由曲面。

7.2.4 从极点

从极点是指通过指定矩形点阵来创建自由曲面，创建的曲面以指定的点作为极点，矩形点阵的指定可以通过点构造器在模型中选取或者创建，也可以事先创建一个点阵文件，通过指定点阵文件来创建曲面。

选择“插入”→“曲面”→“从极点”命令，打开“从极点”对话框，如图 7-11 所示。其中有“补片类型”、“沿以下方向封闭”、“行阶次”和“列阶次”4 项需要设置，其设置方法同“通过点”中相同，这里不再介绍。“通过点”和“从极点”的效果对比如图 7-12 所示。

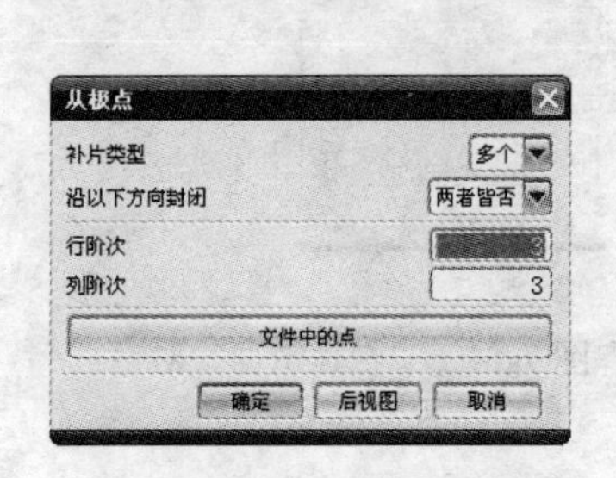

图 7-11 “从极点”对话框

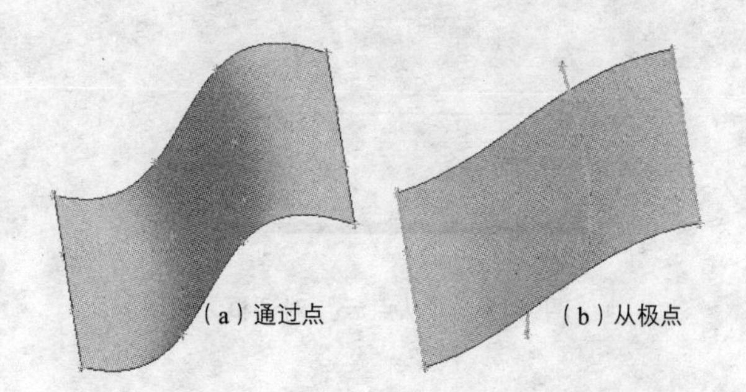

图 7-12 “通过点”和“从极点”效果对比图

7.2.5 从点云

从点云生成一个近似于一个大的点云的曲面，通常由扫描和数字化产生。虽然在使用中受到一定的限制，但此功能使用户能从很多点中用最少的交叉生成一个片体，生成的曲面比“通过点”和“从极点”生成的曲面更加光滑，但不如后两者更接近于原始点。

选择“插入”→“曲面”→“从点云”命令，打开如图 7-13 所示“从点云”对话框，其中有“U 向阶次”、“V 向阶次”、“U 向补片数”、“V 向补片数”、“坐标系”和“边界”6 项需要设置。

- U 向阶次：设置和“通过点”中的“行阶数”类似，在此不再介绍。
- V 向阶次：设置和“通过点”中的“列阶数”类似，在此不再介绍。
- U 向补片数：用于指定 U 向的补片数，控制输入点的生成片体之间的距离误差。
- V 向补片数：用于指定 V 向的补片数，控制输入点的生成片体之间的距离误差。
- 坐标系：是由一个近似垂直于片体的矢量（对应于坐标系的 Z 轴）和两个指明片体的 U 向和 V 向的矢量（对应于坐标系的 X 轴和 Y 轴）组成。
- 边界：是让用户定义正在生成片体的边界。片体的默认边界是通过把所有选择的数据点投影到 U、V 平面上而产生的。

7.2.6 快速造面

在菜单栏中选择“插入” →“曲面” →“快速造面”命令，可以从小平面体创建曲面模型。选择“快速造面”命令后，系统弹出如图 7-14 所示的“快速造面”对话框，接着选择可用的小平面体，并添加网络曲线、编辑曲线网格和设置阶次和分段等。

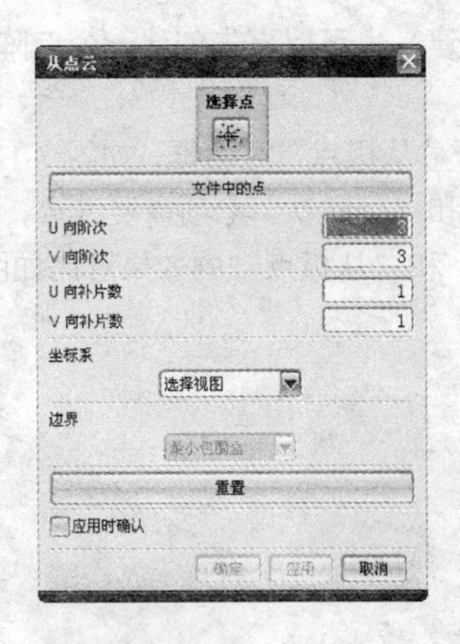

图 7-13 “从点云”对话框

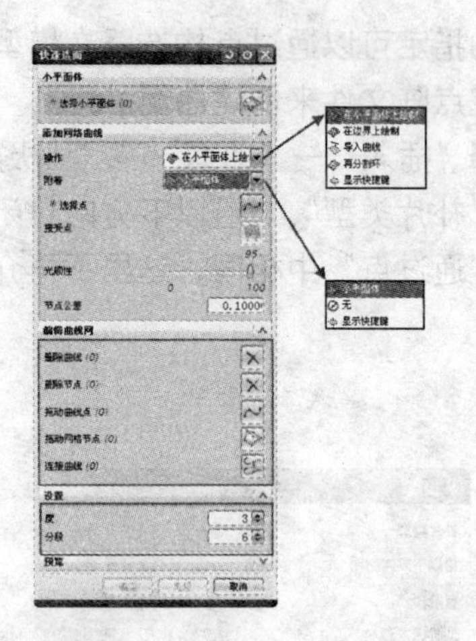

图 7-14 “快速造面”对话框

7.3 由曲线构造曲面

利用曲线构建曲面骨架进而获得曲面，是最常用的曲面构造方法，UG NX 软件提供包括直纹面、通过曲线、通过曲线网格、扫掠以及截面体等多种曲线构造曲面工具，所获得的曲面全参数化，并且曲面与曲线之间有关联性。对构造曲面的曲线进行编辑、修改后，曲面会自动更新，主要适用于大面积的曲面构造。

7.3.1 曲线成片体

使用“曲线成片体”工具可以将曲线特征生成片体特征，所选取的曲线必须是封闭的，而且其内部不能相互交叉。在“曲面”工具栏中单击“曲线成片体”按钮，将打开“从曲线获得面”对话框，该对话框中包含“按图层循环”和“警告”两个复选框，它们的操作方法相同，启用任何一个复选框后单击“确定”按钮，并选取图中的曲线对象，然后单击“类选择”对话框中的“确定”按钮即可生成片体，生成片体的效果如图 7-15 所示。

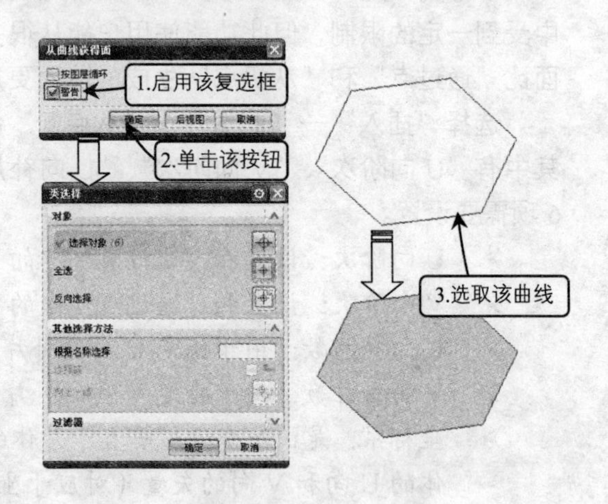

图 7-15 曲线生成片体

7.3.2 直纹曲面

直纹曲面是通过两条截面曲线串生成的片体或实体。其中通过的曲线轮廓就称为截面线串，它可以由多条连续的曲线、体边界或多个体表面组成（这里的体可以是实体也可以是片体），也可以选取曲线的点或端点作为第一个截面曲线串。选择“插入”→“网格曲面”→“直纹”命令，打开“直纹”对话框，在该对话框的“对齐”列表框中可以使用以下两种对齐方式来生成直纹曲面。

1. 参数

“参数”方式是将截面线串要通过的点以相等的参数间隔隔开，使每条曲线的整个长度完全被等分，此时创建的曲面在等分的间隔点处对齐。如果整个剖面线上包含直线，则用等弧长的方式间隔点；如果包含曲线，则用等角度的方式间隔点，如图 7-16 所示。

2. 根据点

“根据点”是将不同外形的截面线串间的点对齐，如果选定的截面线串包含任何尖锐的拐角，则有必要在拐角处使用该方式将其对齐，如图 7-17 所示。

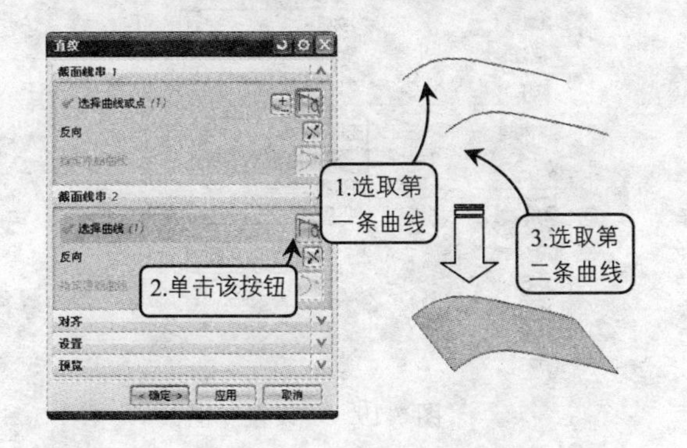

图 7-16　利用参数创建曲面

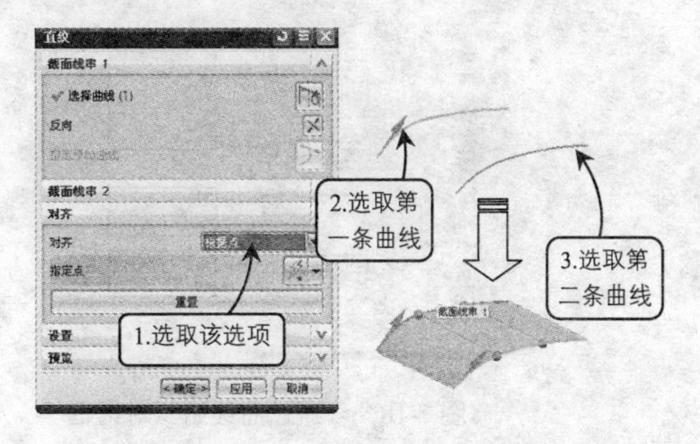

图 7-17　根据点创建曲面

7.3.3 通过曲线组

通过曲线组方法可以使一系列截面线串（大致在同一方向）建立片体或者实体。截面线串定义了曲面的 U 方向，截面线可以是曲线、体边界或体表面等几何体。此时直纹形状改变以穿过各截面，所生成的特征与截面线串相关联，当截面线串编辑修改后，特征自动更新。通过曲线创建曲面与直纹面的创建方法相似，区别在于：直纹面只使用两条截面线串，并且两条线串之间总是相连的，而通过曲线组最多可允许使用 150 条截面线串。

在“曲面”工具栏中单击“通过曲线组”按钮，打开“通过曲线组”对话框，如图 7-18 所示，该对话框中常用面板及选项的功能如下所述。

1. 连续性

该面板中可以根据生成的片体的实际意义，来定义边界约束条件，以让它在第一条截面线串处和一个或多个被选择的体表面相切或者等曲率过渡。

2. 输出曲面选项

在“输出曲面选项”面板中可设置补片类型、构造方式、V 向封闭和其他参数设置。

➢ 补片类型：用来设置生成单面片、多面片或者匹配类型的片体。其中选择“单个”类型，则系统会自动计算V向阶次，其数值等于截面线数量减1；选择“多个”类型，则用户可以自己定义V向阶次，但所选择的截面数量至少比V向的阶次多一组。

➢ 构造：该选项用来设置生成的曲面符合各条曲线的程度，具体包括“法向”、“样条点”和“简单”3种类型。其中“简单”是通过对曲线的数学方程进行简化，以提高曲线的连续性。

➢ V向封闭：启用该复选框，并且选择封闭的截面线，则系统自动创建出封闭的实体。

➢ 垂直于终止截面：启用该复选框后，所创建的曲面会垂直于终止截面。

➢ 设置：该面板如图7-19所示，用来设置生成曲面的调整方式，同直纹面基本一样。

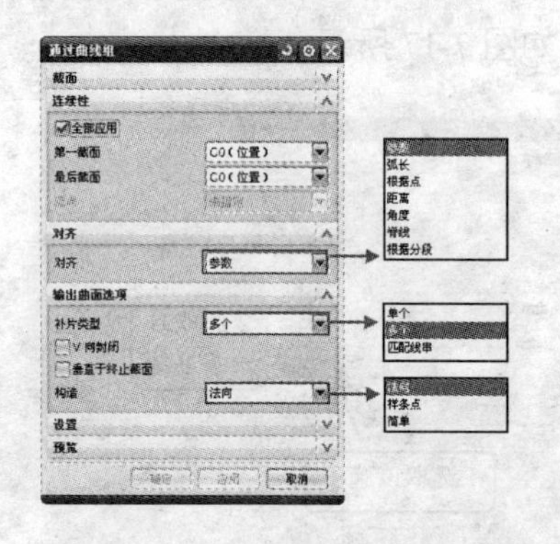

图7-18 “通过曲线组”对话框

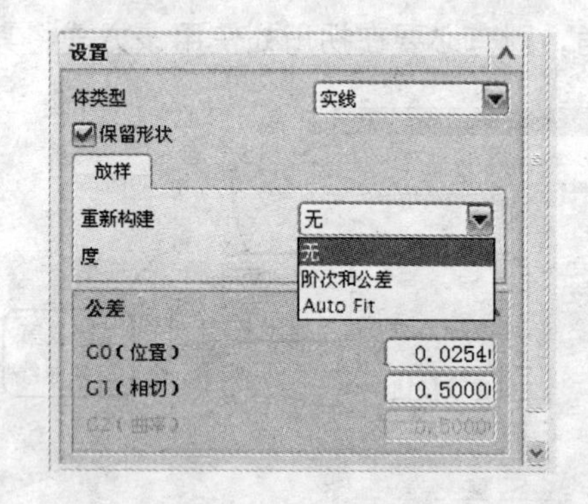

图7-19 “设置”面板

3．公差

该选项组主要用来控制重建曲面相对于输入曲线的精度的连续性公差。其中G0（位置）表示用于建模预设置的距离公差；G1(相切)表示用于建模预设置的角度公差；G2(曲率)表示相对公差0.1或10%。

4．对齐

通过曲线组创建曲面与直纹面方法类似，这里以“参数”方式为例，在绘图区依次选取第一条截面线串和其他截面线串，并选择“参数”对齐方式，接受默认的其他设置，单击“确定”按钮，如图7-20所示。

7.3.4 通过曲线网格

使用“通过曲线网格”工具可以使一系列在两个方向上的截面线串建立片体或实体。截面线串可以由多段连续的曲线组成。这些线串可以是曲线、体边界或体表面等几何体。其中构造曲面时应该将一组同方向的截面线串定义为主曲线，而另一组大致垂直于主曲线的截面线串则为形成曲面的交叉线。由通过曲线网格生成的体相关联（这里的体可以是实体也可以是片体），当截面线边界修改后，特征会自动更新。

在“曲面”工具栏中单击“通过曲线网格”按钮，打开“通过曲线网格”对话框，如图 7-21 所示。该对话框中主要选项的含义及功能如下：

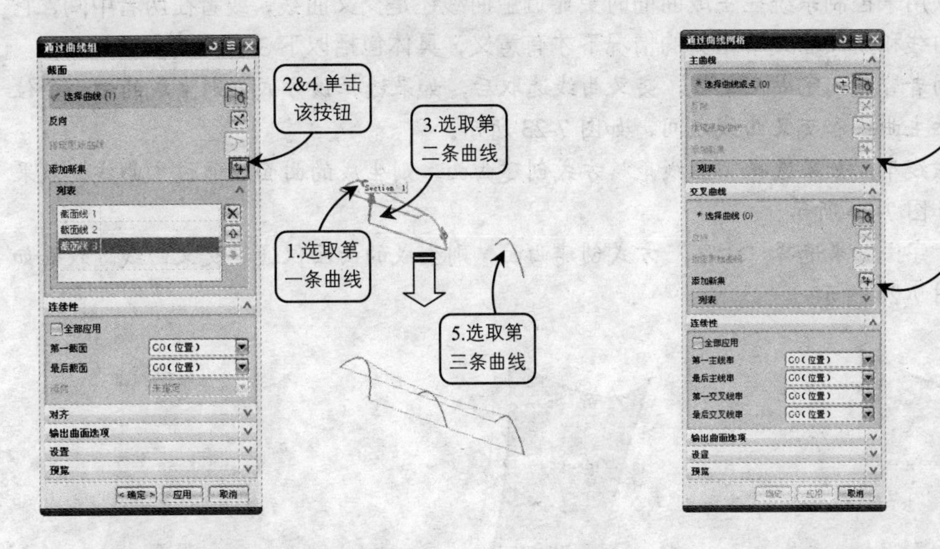

图 7-20　通过曲线组创建曲面　　　图 7-21　“通过曲线网格”对话框

1. 指定主曲线

首先展开该对话框中的“主曲线”面板中的列表框，选取一条曲线作为主曲线。然后依次单击“添加新集”按钮，选取其他主曲线，创建方法如图 7-22 所示。

2. 指定交叉曲线

选取主曲线后，展开“交叉曲线”面板中的列表框，并选取一条曲线作为交叉曲线。然后依次单击该面板中的“添加新集”按钮，选取其他交叉曲线，将显示曲面创建效果，创建方法如图 7-22 所示。

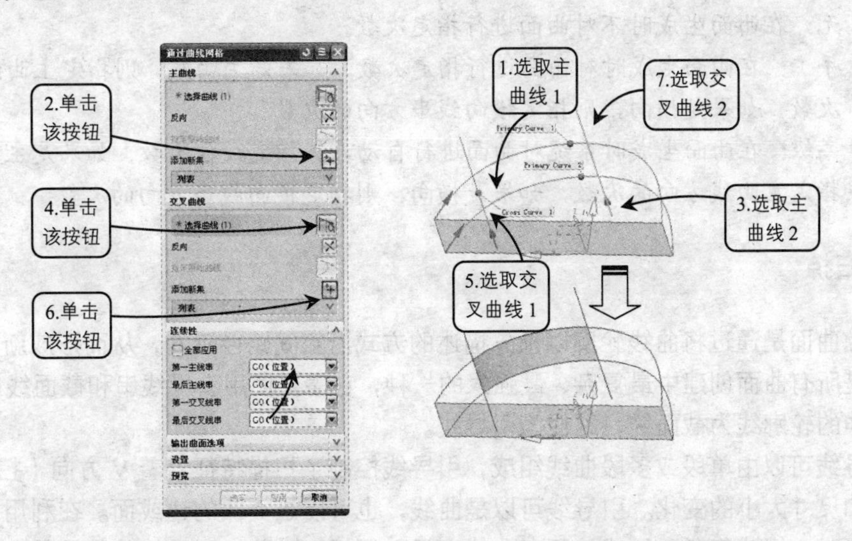

图 7-22　指定主曲线与交叉曲线创建曲面

3. 着重

该选项用来控制系统在生成曲面时更靠近主曲线还是交叉曲线，或者在两者中间，它只有在主曲线和交叉曲线不相交的情况下才有意义，具体包括以下 3 种方式。

- 两者皆是：完成主曲线，交叉曲线选取后，如果选择该方式，则生成的曲面会位于主曲线和交叉曲线之间，如图 7-23 所示。
- 主线串：如果选择"主线串"方式创建曲面，则生成的曲面仅通过主曲线，效果如图 7-24 所示。
- 十字：如果选择"十字"方式创建曲面，则生成的曲面仅通过交叉曲线，效果如图 7-25 所示。

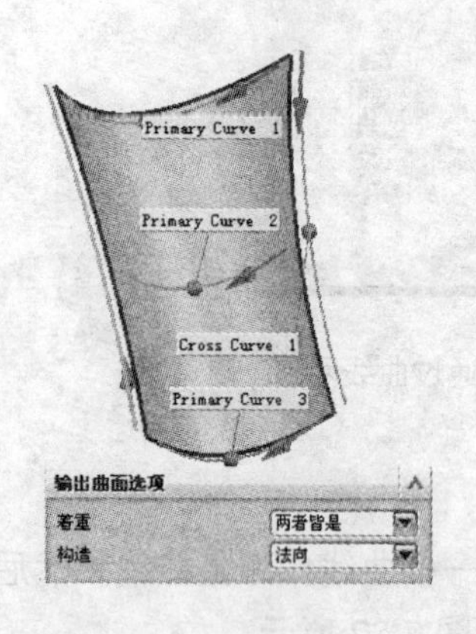

图 7-23 "两者皆是"生成

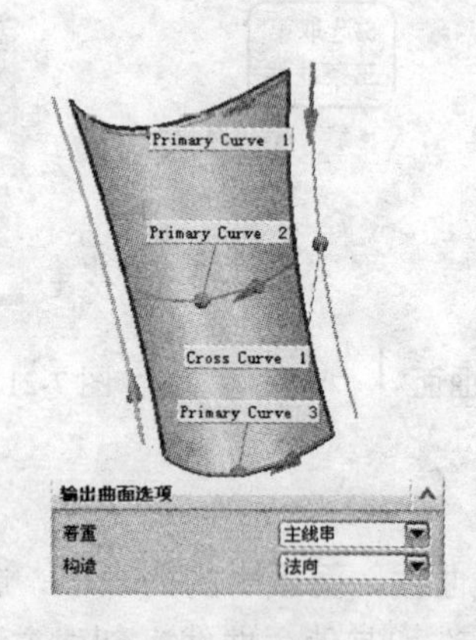

图 7-24 "主线串"生成

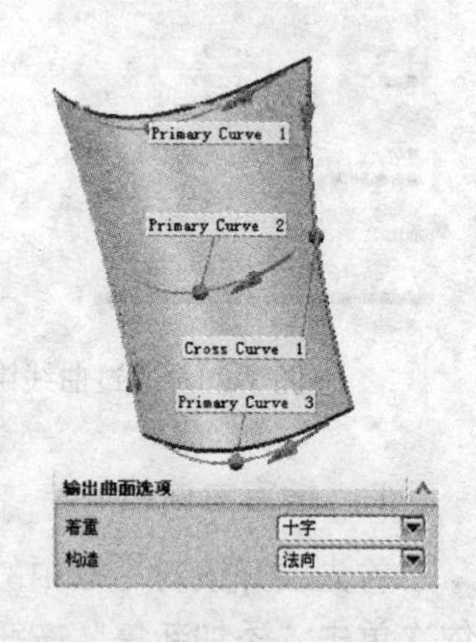

图 7-25 "十字"生成

4. 重新构建

该选项用于重新定义曲线和交叉曲线的次数，从而构建与周围曲面光顺连接的曲面，包括以下 3 种方式：

- 无：在曲面生成时不对曲面进行指定次数。
- 手工：在曲面生成时对曲面进行指定次数，如果是主曲线，则指定主曲线方向的次数，如果是横向，则指定横向线串方向的次数。
- 高级：在曲面生成时系统对曲面进行自动计算指定最佳次数，如果是主曲线，则指定主曲线方向的次数，如果是横向，则指定横向线串方向的次数。

7.3.5 扫掠

扫掠曲面是通过将曲线轮廓以预先描述的方式沿空间路径延伸，从而形成新的曲面。该方式是所有曲面创建中最复杂、最强大的一种，它需要使用引导线串和截面线串两种线串。延伸的轮廓线为截面线，路径为引导线。

引导线可以由单段或多段曲线组成，引导线控制了扫描特征沿着 V 方向（扫描方向）的方位和尺寸大小的变化。引导线可以是曲线，也可以是实体的边或面。在利用"扫掠"创建曲面时，组成每条引导线的所有曲线之间必须相切过渡，引导线的数量最多为 3 条。

在“曲面”工具栏中单击“扫掠”按钮，打开“扫掠”对话框，如图 7-26 所示。该对话框中常用选项的功能及含义如下：

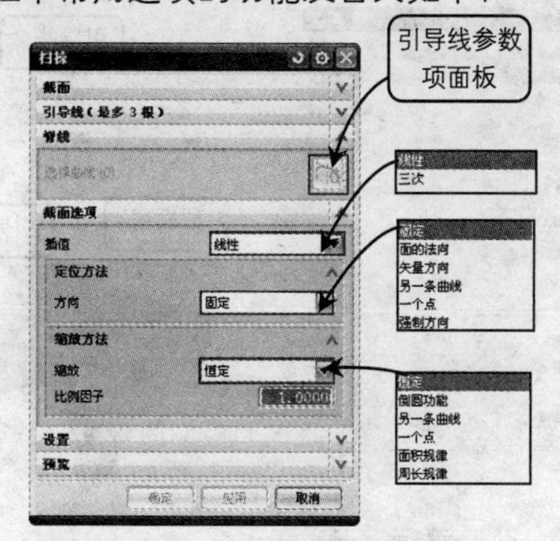

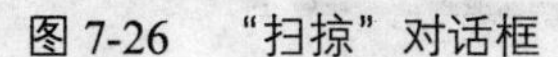

图 7-26　“扫掠”对话框

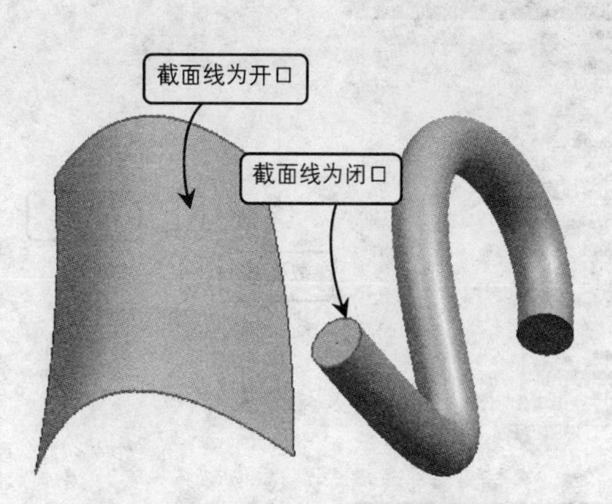

图 7-27　开口和闭口的截面线

1. 截面线

截面线可以由单段或多段曲线组成，截面线可以是曲线，也可以是实（片）体的边或面。组成的每条截面线的所有曲线段之间不一定是相切过渡（一阶导数连续 C1），但必须是 C0 连续。截面线控制着 U 方向的方位和尺寸变化。截面线不必光顺，而且每条截面线内的曲线数量可以不同，一般最多可以选择 150 条。具体包括闭口和开口两种类型，如图 7-27 所示。

2. 引导线

引导线可以由多个或者单个曲线组成，控制曲面 V 方向的范围和尺寸变化，可以选取样条曲线，实体边缘和面的边缘等。引导线最多可选取 3 条，并且需要 C1 连续，可以分为以下 3 种情况：

□ 一条引导线

一条引导线不能完全控制截面的大小和方向变化的趋势，需要进一步指定截面变化的方向。在“方位”列表框中，提供了固定、面的法向、矢量方向、另一条曲线、一个点、角度规律和强制方向 7 种方式。当指定一条引导线串时，还可以施加比例控制。这就允许沿引导线扫掠截面时，截面尺寸可增大或缩小，在对话框的“缩放”列表框中提供了恒定、倒圆功能、另一条曲线、一个点、面积规律和周长规律 6 种方式。

对于上述的 6 种定位和缩放方式，其操作方法大致相似，都是在选定截面线或引导线的基础上，通过参数选项设置来实现其功能的。现以“固定”的定位方式和“恒定”的缩放方式为例来介绍创建扫掠曲面的操作方法，在“截面线”和“引导线”面板的“列表”选项中依次定义截面和一条引导线，最后单击“确定”按钮即可，效果如图 7-28 所示。

□ 两条引导线

使用两条引导线可以确定截面线沿引导线扫掠的方向趋势，但是尺寸可以改变。首先在“截面线”面板的“列表”选项中分别定义截面线，然后按照同样方法定义两条引导线，创建方法如图 7-29 所示。

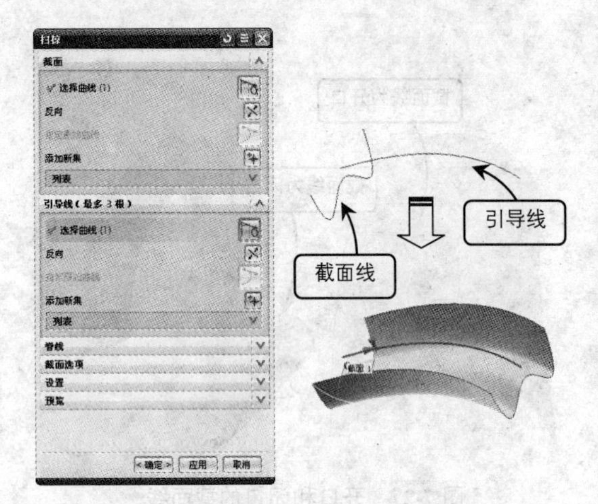

图 7-28　利用一条引导线创建扫掠曲面

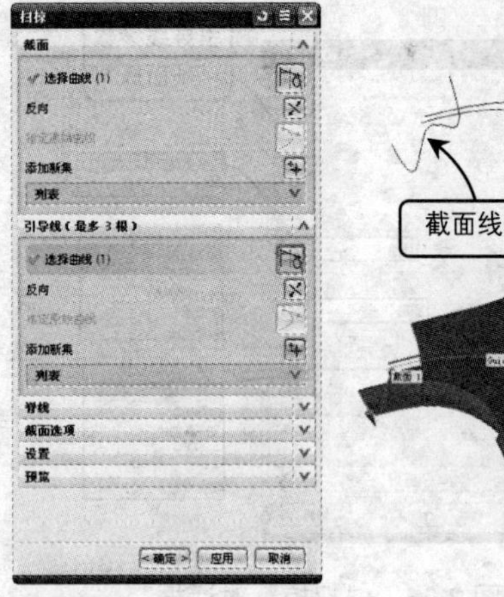

图 7-29　利用两条引导线创建扫掠曲面

❑　三条引导线

使用三条引导线完全确定了截面线被扫掠时的方位和尺寸变化，因而无需另外指定方向和比例。这种方式可以提供截面线的剪切和不独立的轴比例。这种效果是从 3 条彼此相关的引导线的关系中衍生出来的。

3. 脊线

使用脊线可以进一步控制截面线的扫掠方向。当使用一条截面线时，脊线会影响扫掠的长度。该方式多用于两条不均匀参数的曲线间的直纹曲面创建，当脊线垂直于每条截面线时，使用的效果最好。

沿着脊线扫掠可以消除引导参数的影响，更好地定义曲面。通常构造脊线是在某个平行方向流动来引导，在脊线的每个点处构造的平面为截面平面，它垂直于该点处脊线的切线。一般由于引导线的不均匀参数化而导致扫掠体形状不理想时才使用脊线。

图 7-30　剖切曲面

7.3.6 剖切曲面

创建剖切曲面，其实就是用二次曲面构造技术定义的截面创建曲面。

要创建剖切曲面，则可以在“曲面”工具栏中单击“剖切曲面”按钮，系统弹出“剖切曲面”对话框，接着可从“类型”下拉列表中选择剖切曲面的类型选项，如图 7-30 所示。

下面对剖切曲面的类型进行简单说明，如表 7-1 所示。

表 7-1　剖切曲面的类型

序号	类　型	功 能 用 途
1	端线-顶线-肩线	使用起始和终止曲线以及内部肩曲线创建剖切曲线，顶线定义起始和终止处的斜率
2	端线-斜率-肩线	选择该类型选项时，需要分别选择起始引导线、终止引导线、起始斜率曲线、终止斜率曲线和肩曲线，其中两条斜率曲线分别定义起始和终止处的斜率
3	圆角-肩线	选择该类型选项时，需要分别选择起始引导线、终止引导线、起始面、终止面和肩曲线，其中起始和终止曲线所在的两个面将定义相应斜率
4	端线-顶线-Rho	选择该选项类型时，使用起始和终止曲线以及 Rho 值创建剖切曲面，其中需要指定顶点曲线定义起始和终止处的斜率。Rho 值是控制二次曲线的一个重要参数，其值介于 0~1 之间，系统默认的 Rho 值为 0.5
5	端点-斜率-Rho	选择该类型选项时，使用起始和终止曲线以及 Rho 值创建剖切曲面，其中需要指定两条斜率曲线分别定义起始和终止处的斜率
6	圆角-Rho	选择该类型选项时，使用起始和终止曲线以及 Rho 值创建剖切曲面，其中需要指定起始面和终止面（起始和终止曲线所在的两个面）定义斜率
7	端点-顶点-高亮显示（顶线）	选择该类型选项时，使用相切于一高亮显示曲面的起始和终止曲线创建剖切曲面，高亮显示曲线将定义起始和终止处的斜率。需要分别选取起始引导线、终止引导线、顶线、开始高亮显示曲面和结束高亮显示曲线等
8	“端点-斜率-高亮显示（顶线）”	选择该类型选项时，需要选择起始引导线和终止引导线，并分别选择起始斜率曲线和终止斜率曲线等。该方式其实是使用相切于一高亮显示曲面的起始和终止曲线创建剖切曲面，其中指定的两条斜率曲线将分别定义起始和终止处的斜率
9	圆角-高亮显示（顶线）	选择该类型选项时，使用相切于一高亮显示曲面的起始和终止曲线创建剖切曲面，其中选择的起始面和终止面（起始和终止所在的两个面）将定义斜率
10	四点-斜率	选择该类型选项时，需要分别选择起始引导线、终止引导线、第一内部引导线、第二内部引导线、起始斜率曲线、即使用起始和终止曲线以及两条内部控制曲线创建剖切曲面，而定义的一条斜率曲线将定义起始处的斜率
11	五点	选择该类型选项时，需要分别选择起始引导线、终止引导线以及 3 条内部引导线，以此创建剖切曲面
12	三点-圆弧	选择该类型选项时，使用起始和终止曲线以及一条内部曲线创建圆形剖切曲面
13	二点-半径	选择该类型选项时，使用起始和终止曲线以及一个半径值创建圆形剖切曲面

序号	类　型	功 能 用 途
14	端点-斜率-圆弧	选择该类型选项时，分别选择起始引导线、终止引导线和起始斜率曲线来创建圆形剖切曲面
15	点-半径-角度-圆弧	选择该类型选项时，使用起始曲线、半径值和角度创建圆形剖切曲面，其中起始曲线所在的指定面定义起始处的斜率
16	圆	选择该类型选项时，使用指定的引导曲线、可选方位曲线和半径值创建全圆剖切曲面
17	圆相切	选择该类型选项时，使用起始引导曲线和半径值创建圆形剖切曲面，其中指定的起始曲线所在的面将定义起始处的斜率
18	端点-斜率-三次	选择该类型选项时，使用起始和终止曲线创建三次曲线剖切曲面，注意指定的两条斜率曲线将分别定义起始和终止处的斜率
19	圆角-桥接	选择该类型选项时，使用起始和终止曲线创建三次曲线剖切曲面，而指定的起始和终止曲线所在的两个面将定义斜率
20	线性-相切	选择该类型选项时，使用起始曲线（起始引导线）和相切面创建线性剖切曲面

7.3.7 N边曲面

使用“N边曲面”命令可以创建由一组端点相连曲线封闭的曲面，在创建过程中可以进行相关参数设置。创建N边曲面的典型示例如图7-31所示。

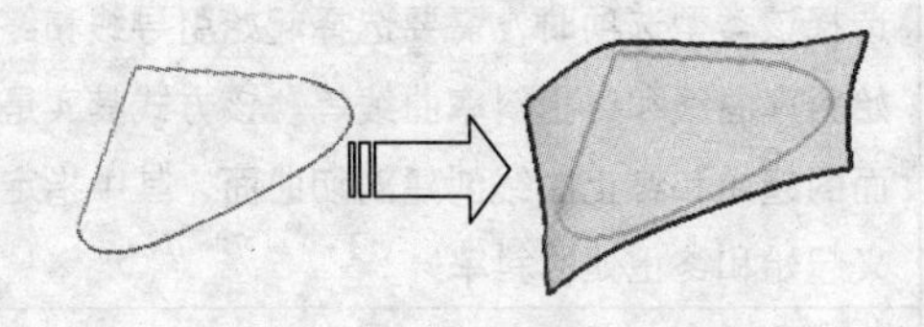

图7-31　N边曲面创建示例

在曲面工具栏中单击“N边曲面”按钮，打开“N边曲面”对话框。在“N边曲面”对话框的“类型”下拉列表中可以选择“已修剪”类型选项或“三角形”类型选项。当选择“已修剪”类型选项时，选择用来定义外部环的曲线组（串）不必闭合；而当选择“三角形”类型选项时，选择用来定义外部环的曲线组（串）必须封闭，否则系统提示线串不封闭。

注意：在创建“已修剪”类型的N边曲面时，可以进行UV方位设置，还可以在“设置”选项组中选中“修剪到边界”复选框，从而将边界外的曲面修剪掉。而在创建“三角形”类型的N边曲面时，“设置”选项组中的“修剪到边界”复选框换成了“尽可能合并面”复选框。

“N边曲面”的操作流程如图7-32所示。

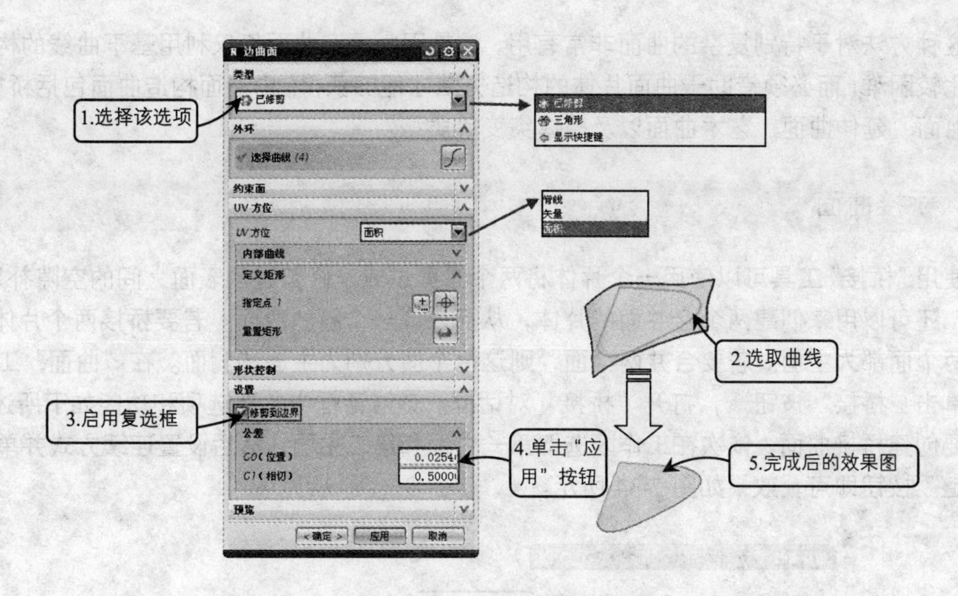

图 7-32　"N 边曲面"

另外，假设同样是这 4 条首尾相连的闭合曲线链，在创建 N 边曲线的过程中，选择类型为"三角形"，依次选择曲线作为外部环，并分别设置形状控制和公差等，如图 7-33 所示，最后单击"确定"或"应用"按钮，便可完成创建由"三角形"构造的 N 边曲面。

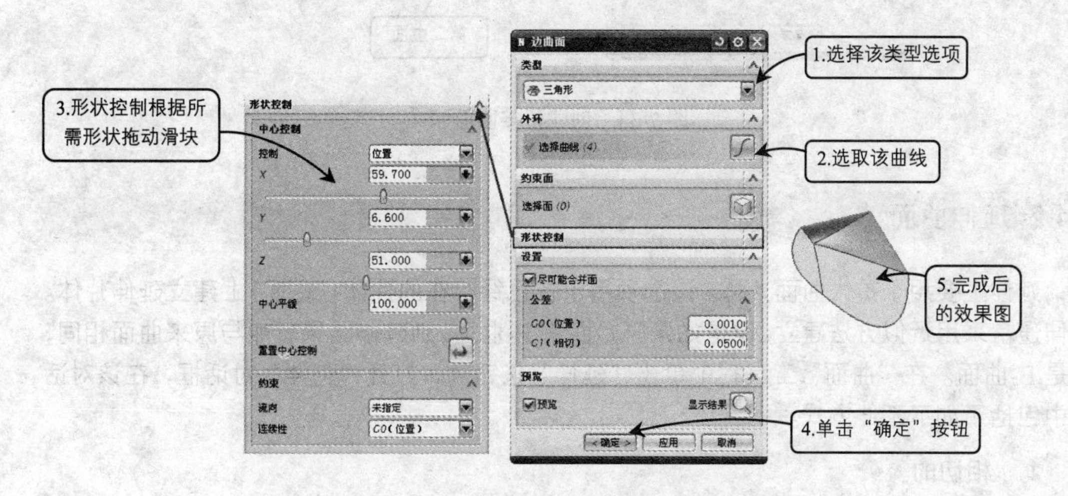

图 7-33　创建"三角形"类型的 N 边曲面

7.4 由曲面构造曲面

由曲面构造曲面是在其他片体或曲面的基础上进行构造曲面。它是将已有的面作为基面，通过各种曲面操作再生出一个新的曲面。此类型曲面大部分都是参数化的，通过参数化关联，再生的曲面随着基面改变而改变。

这种方法对于特别复杂的曲面非常有用，这是因为复杂曲面仅仅利用基于曲线的构造方法比较困难，而必须借助于曲面片体的构造方法才能够获得。由曲面构造曲面包括桥接、偏置曲面、延伸曲面、艺术曲面以及整体突变等类型。

7.4.1 桥接曲面

使用“桥接”工具可以使用一个片体将两个修剪过或未修剪过的表面之间的空隙补足、连接，还可以用来创建两个合并面的片体，从而生成一个新的曲面。若要桥接两个片体，则这两个面都为主面。若要合并两个面，则这两个面分别为主面和侧面。在“曲面”工具栏中单击“桥接”按钮，打开“桥接”对话框。该对话框中主要选项和功能如下所述。

要创建桥接曲面，依次在工作区选取第一主面和第二主面，然后设置连续方式并单击“确定”按钮即可，效果如图 7-34 所示。

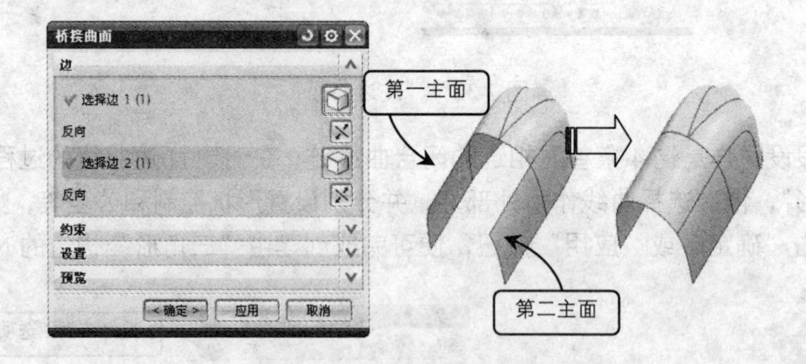

图 7-34 创建桥接曲面

7.4.2 延伸曲面

延伸主要用于扩大曲面片体。该选项用于在已经存在的片体（或面）上建立延伸片体。延伸通常采用近似方法建立，但是如果原始面是 B-曲面，则延伸结果可能与原来曲面相同，也是 B-曲面。在“曲面”工具栏中单击“延伸”按钮，打开“延伸”对话框，在该对话框中包括了如下延伸方式。

1. 相切的

相切曲面是指延伸曲面与已有面、边缘或拐角等基面相切。具体包括“固定长度”和“百分比”两个选项。这里以“固定长度”为例介绍其操作方法，首先选择“相切的”选项，依据提示选择相切方式、要延伸的边线，最后设置延伸长度并单击“确定”按钮即可，创建方法如图 7-35 所示。

2. 圆形

利用该选项延伸出的薄体各处具有相同的曲率，并依照原来薄体圆弧的曲率延伸，延伸方向与原薄体在边界处的方向相同。具体包括“按长度”和“按百分比”两个选项。以“按长度”选项为例介绍其操作方法。选择该选项，然后选取曲面和边线，并设置延伸参数即可，延伸效果如图 7-36 所示。

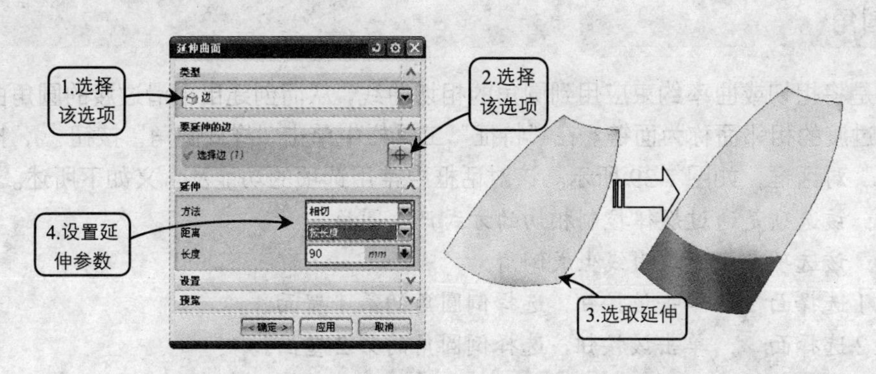

图 7-35　创建“相切的”延伸曲面

7.4.3 规律延伸

规律延伸用于建立凸缘或延伸。在“曲面”工具栏中单击“规律延伸”按钮，打开“规律延伸”对话框，如图 7-37 所示。该对话框中主要面板及选项的功能及含义如下所述。

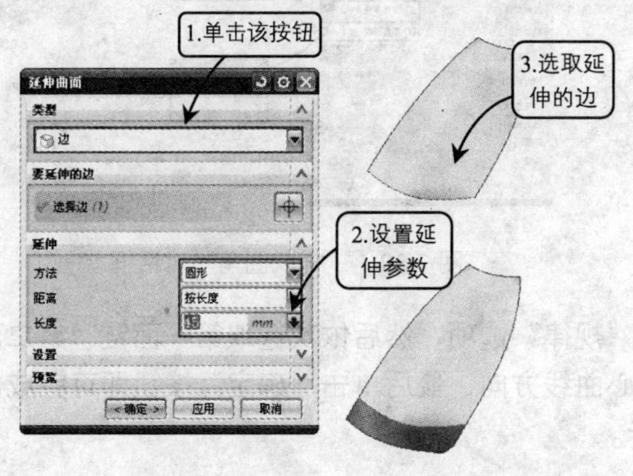

图 7-36　圆形延伸曲面

图 7-37　“规律延伸”对话框

- 矢量：用于定义延伸面的参考方向。
- 面：用于选择规律延伸的参考方式，选择该选项时，选择面将是激活的。
- 规律类型：列表框用来选择一种控制延伸角度的方法，同时要在下面的规律值中输入大约的数值。
- 沿着脊线的值：用于在基准曲线的两边同时延伸曲面。
- 角度规律：列表框用来选择一种控制延伸角度的方法，同时要在下面的规律值中输入大约的数值；
- 脊线：选择一条曲线来定义局部用户坐标系的原点。

要利用“规律延伸”工具延伸曲面，首先选取曲线和基准面，然后单击“指定新的位置”按钮，并指定坐标，接着设置长度参数和角度参数即可，效果如图 7-38 所示。

7.4.4 样式圆角

样式圆角是将相切或曲率约束应用到圆角的相切曲线，从而创建出平滑过渡的圆角曲面，其中平滑过渡的相邻面称为面链。在“特征”工具栏中单击“样式圆角”按钮，打开“样式圆角”对话框，如图 7-39 所示。该对话框中常用选项的功能及含义如下所述。

- 规律：该选项是通过规律控制相切的方式产生圆角。
- 曲线：该选项是指通过曲线生成倒角。
- 面链 1 选择面：单击该按钮，选择倒圆角的第 1 壁面。
- 面链 2 选择面：单击该按钮，选择倒圆角的第 2 壁面。
- 中心曲线：单击“中心曲线”按钮，选择圆角面所在的中心线即壁面交线。
- 脊线：单击该按钮，选取圆角面所在的曲面。

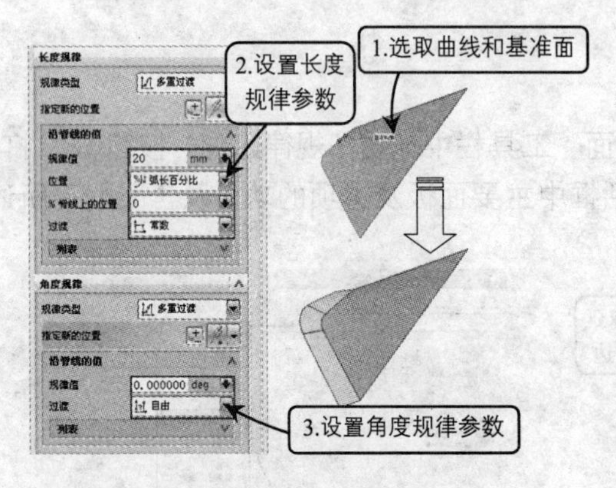

图 7-38　规律延伸曲面效果

图 7-39　“样式圆角”对话框

创建样式圆角曲面方法为：首先选择“规律”选项，然后依次选取第一面链、第二面链、中心曲线和脊线。选取面链要确定中心曲线方向，最后单击“确定”按钮即可完成创建样式圆角操作，创建方法如图 7-40 所示。

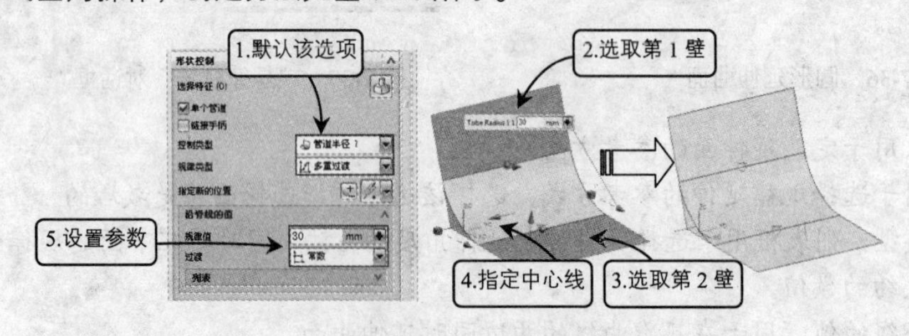

图 7-40　创建样式圆角

7.4.5 轮廓线弯边

轮廓线弯边可以创建具有光顺边细节，最优化外观形状和斜率连续性的 A 类曲面。在

“曲面”工具栏中单击“轮廓线弯边”按钮，打开“轮廓线弯边”对话框，在“类型”下拉列表框中选择“基本尺寸”选项，选择好边线作为基本曲线，在“基本面”选项组中单击“面”按钮，选择拉伸曲面作为基本面，在“参考方向”选项组中选择好方向，在“弯边参数”选项组的“长度”复选框下面的“长度 1”文本框中输入 50，在“输出曲面”选项组中启用“修剪基本面”，其余选项保持系统默认，如图 7-41 所示。

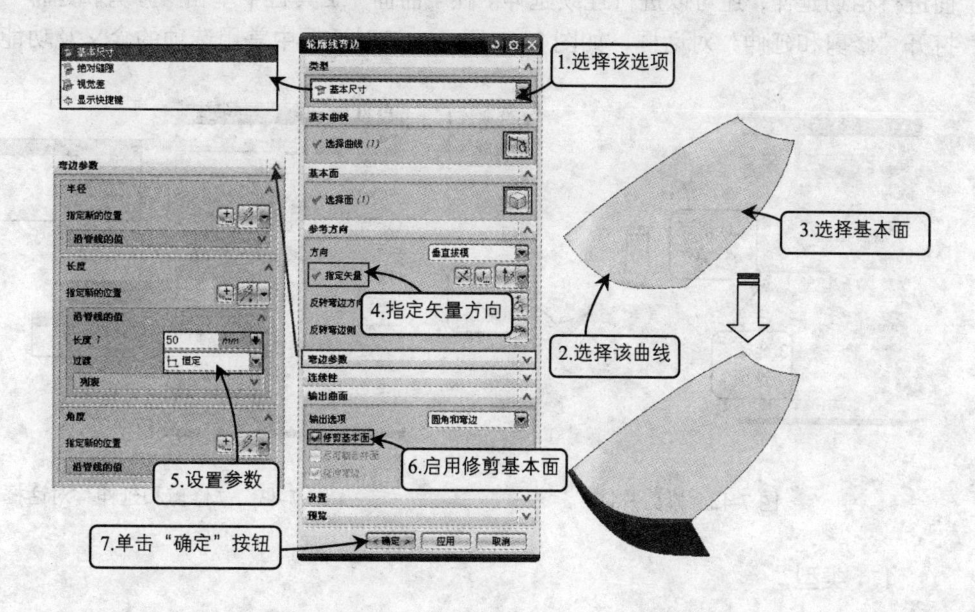

图 7-41 轮廓线弯边

7.5 编辑曲面

编辑曲面是对已经存在的曲面进行修改。在机械设计过程中，当曲面被创建后，往往根据需要对曲面进行相关的编辑才能符合设计的要求。UG NX 中的编辑曲面功能可以重新编辑曲面特征的参数，也可以通过变形和再生工具对曲面直接进行编辑操作，从而创建出风格多变的自由曲面造型，以满足不同的产品设计需求。

7.5.1 修剪的片体

修剪片体是通过投影边界轮廓线修剪片体。系统根据指定的投射方向，将一边界（该边界可以使用曲线、实体或片体的边界、实体或片体的表面、基准平面等）投射到目标片体，剪切出相应的轮廓形状。结果是关联性的修剪片体。

在“曲面”工具栏中单击“修剪的片体”按钮，打开“修剪的片体”对话框。该对话框中的“目标”面板是用来选择要修剪的片体；“边界对象”面板用来执行修剪操作的工具对象；通过选中“区域”面板中的“舍弃”或“保持”单选按钮，可以控制修剪片体

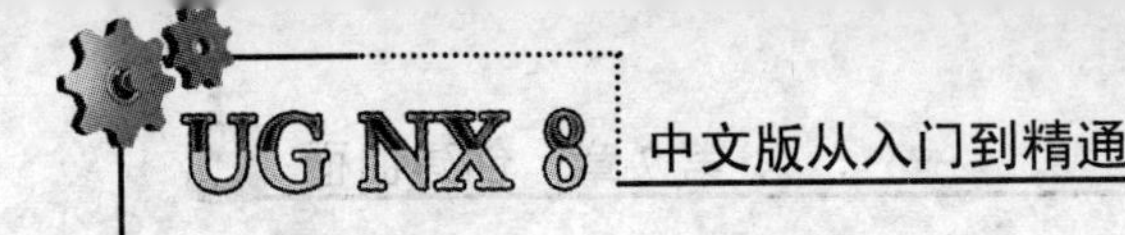

的保持或舍弃，创建方法如图 7-42 所示。

7.5.2 修剪和延伸

修剪和延伸是指按距离或与另一组面的交点修剪或延伸一组面。该操作不仅可以对曲面进行相切延伸，还可以进行连续延伸。在“曲面”工具栏中单击“修剪和延伸”按钮，打开“修剪和延伸”对话框，如图 7-43 所示。该对话框中常用选项的含义及功能如下：

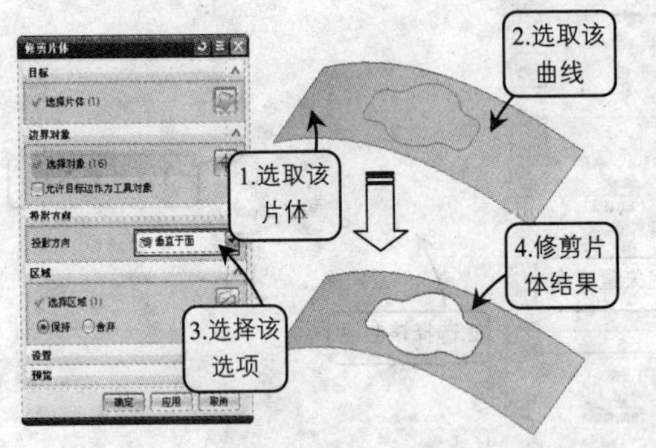

图 7-42　修剪片体

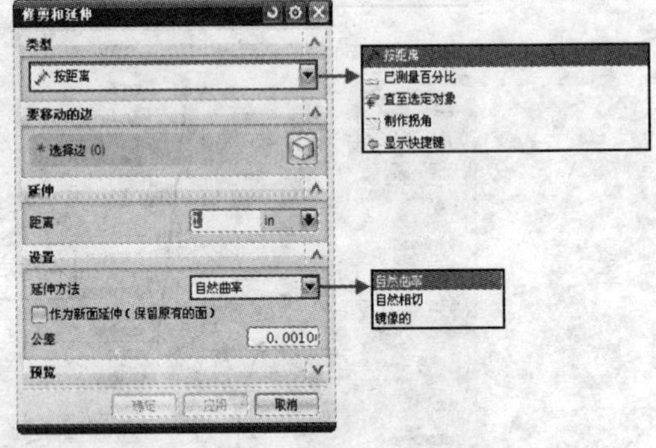

图 7-43　“修剪和延伸”对话框

1. 类型

该面板是用来选择修剪或沿延伸面的方式，具体包括以下 4 种方式，其中“直至选定对象”和“制作拐角”两种方式可以实现修剪操作。

- 按距离：选择该方式，则“延伸”面板中的“距离”文本框被激活，通过在文本框中输入距离参数来限制延伸面的长度。在利用“按距离”方式延伸曲面时，首先选取曲面上要移动的边，然后在“距离”文本框中输入延伸参数值，最后单击“确定”按钮即可完成，如图 7-44 所示。
- 已测量百分比：该方式与“按距离”方式类似，不同之处在于：该方式是通过在“已测量边的百分比”文本框中输入百分比数值来限制延伸面的长度。其操作方法与“按距离”方式类似，这里不做详细介绍。
- 直至选定对象：该方式是非参数化的操作，是通过选取对象为参照来限制延伸的面，常用于复杂相交曲面之间的延伸。
- 制作拐角：该方式与“直至选定对象”方式类似，其区别在于该方式还可以通过参照对象来定义延伸曲面的拐角形式。

2. 延伸方法

该面板用来控制延伸后曲面与原曲面之间的连续性，具体包括 3 种连续方式。其中选择“自然曲率”方式用于控制曲面延伸后与原曲面线性连续；选择“自然相切”方式用于控制曲面延伸后与原曲面相切连续；选择“镜像的”方式用于控制曲面延伸与原曲面的曲率呈镜像分布。

7.5.3 分割面

使用“分割面”命令，可以用曲线、面或基准平面将一个面分割为多个面。

在菜单栏中选择“插入” →“修剪” →“分割面”命令，系统弹出“分割面”对话框，然后选择要分割的面和分割对象，最后单击“确定”按钮，如图 7-45 所示。

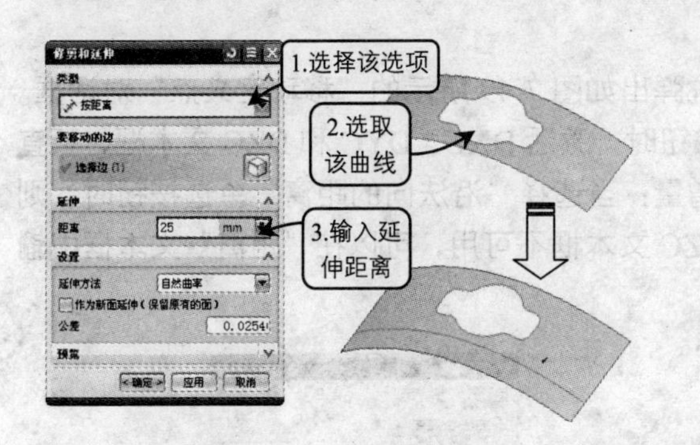

图 7-44 按距离延伸

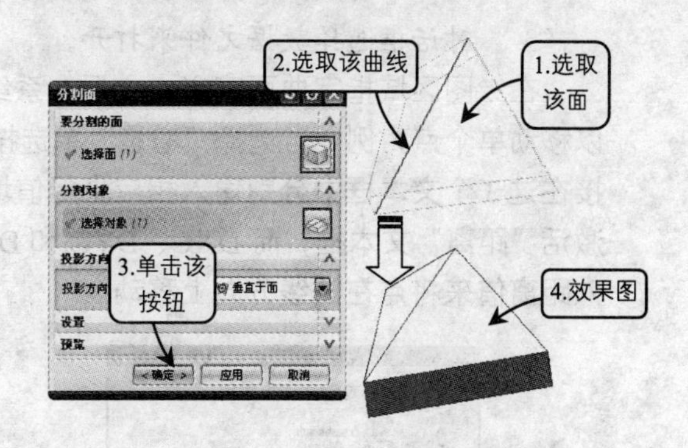

图 7-45 分割面

7.5.4 移动定义点

该方法通过移动定义曲面的点修改曲面。在“编辑曲线”工具栏中单击“移动定义点”按钮，系统弹出如图 7-46 所示的“移动定义点”对话框。此时系统提示选择要编辑的曲面。该对话框提供了以下两个单选按钮：

- 编辑原片体：选择该单选按钮时，所有的编辑直接在选择的曲面上进行，而不备份副本。
- 编辑副本：选择该单选按钮时，系统首先备份用户选择的曲面以作副本，然后所有后续编辑都在该曲面副本上进行。

确认选择一个有效的要编辑的曲面后，此时，系统弹出一个新的“移动点”对话框，同时在要编辑的曲面上显示了定义点，曲面的 U 方向和 V 方向也以箭头形式显示出来，如图 7-47 所示。

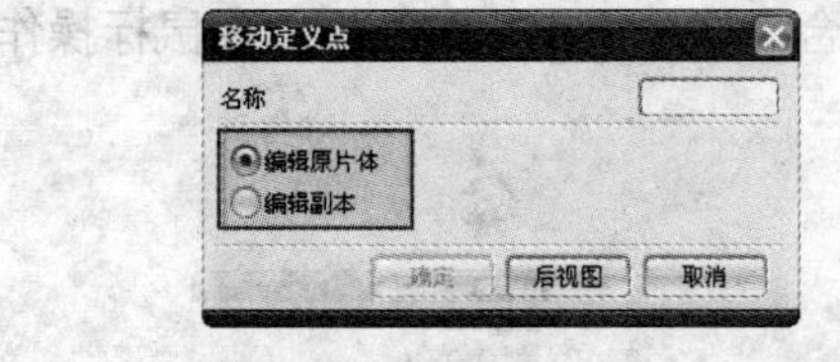

图 7-46 “移动定义点”对话框

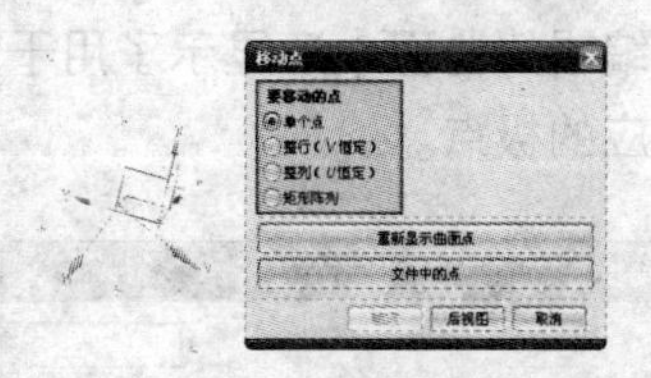

图 7-47 移动点

“移动点”对话框中各按钮的含义如下：

- 单个点：选择该单选按钮，则指定移动点的方式为单个移动点，也就是说需要一个一个地移动点来编辑曲面。

➢ 整行(V 恒定)：选择该单选按钮，则指定移动点的方式为在 V 方向整行移动点。
➢ 整列（U 恒定）：选择该单选按钮，则指定移动点的方式为在 U 方向整列移动点。
➢ 矩形阵列：选择该单选按钮，则可指定一个矩形，移动矩形内的一片点来编辑曲面。
➢ 重新显示曲面点：此按钮用于重新显示定义曲面的点。
➢ 文件中的点：单击此按钮，系统弹出如图 7-48 所示的“点文件”对话框，通过该对话框选择数据文件来打开。

在绘图区域指定曲面定义点之后，系统弹出如图 7-49 所示的“移动定义点”对话框。以移动单个点为例，当选择“增量”单选按钮时，激活 DXC、DYC 和 DZC 文本框，可直接在这 3 个文本框中分别输入相应坐标值增量；当选择“沿法向的距离”单选按钮时，则激活“距离”文本框，而 DXC、DYC 和 DZC 文本框不可用，可以在“距离”文本框中输入距离值来将点在法线方向上移动。

图 7-48　点文件

图 7-49　“移动定义点”对话框

7.5.5 移动极点

移动极点是指通过移动定义曲面的极点修改曲面。移动极点编辑曲面的方法和移动定义点编辑曲面的方法是基本一样的。“移动极点”命令的操作步骤简述如下。

在“编辑曲面”工具栏中单击“移动极点”按钮，系统弹出如图 7-50 所示的“移动极点”对话框。在“名称”选项组选择“编辑原片体”单选按钮或“编辑副本”单选按钮，然后选择一个有效的要编辑的曲面，“移动极点”对话框中的内容变为如图 7-51 所示，此时在要编辑的曲面中还显示了用于编辑的极点，结合“移动极点”对话框以及鼠标操作来移动相应的极点。

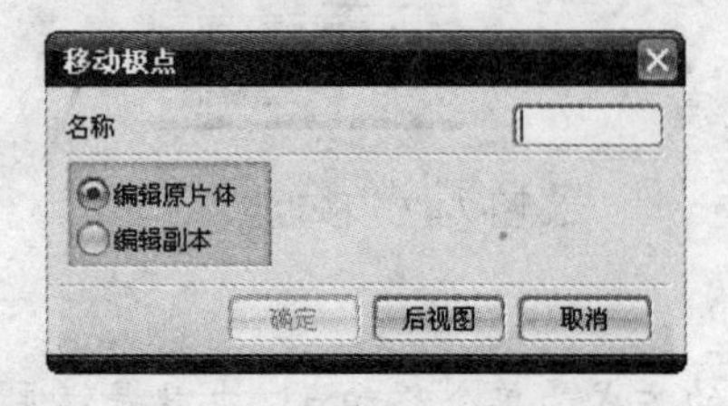

图 7-50　“移动极点”对话框 1

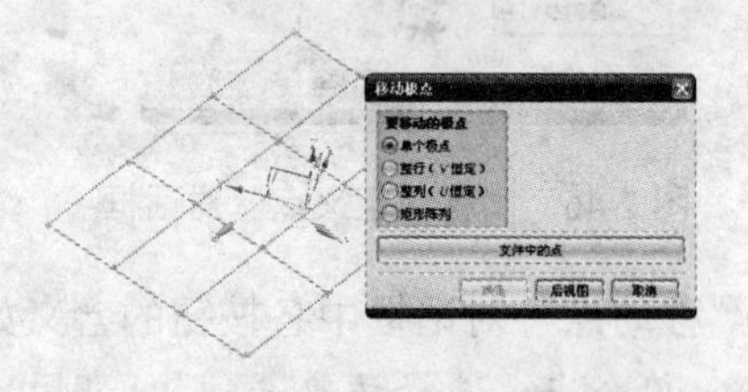

图 7-51　“移动极点”对话框 2

7.5.6 使曲面变形

使用“使曲面变形”命令，可以通过拉长、折弯、扭转和位移操作动态地修改曲面。

在“编辑曲面”工具栏中单击“使曲面变形”按钮，系统弹出如图 7-52 所示的“使曲面变形”对话框，选择“编辑原片体”单选按钮或选择“编辑副本”单选按钮，接着在绘图窗口中选择要编辑的曲面，系统弹出如图 7-53 所示的“使曲面变形”对话框，在“中心点控件”选项组中选择所需的单项按钮，使用更改曲面片体形状。如果要切换 H 和 V，则单击“切换 H 和 V”按钮。如果对更改不满意，可以单击“重置”按钮，回到更改前的曲面形状。曲面形状完成后，单击“使曲面变形”对话框中的“确定”按钮。

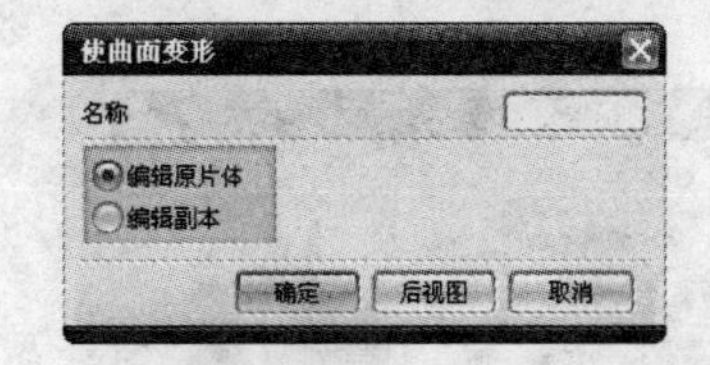

图 7-52 “使曲面变形”对话框 1

“使曲面变形”的操作流程如图 7-54 所示。其中分别以“水平”、“垂直”、“V 低”、“V 高”和 V 中间等中心控制点方式设置相关的拉长、折弯、倾斜、扭转和位移参数。

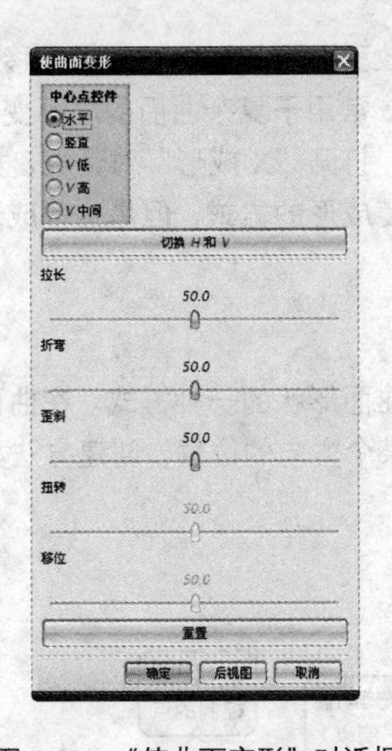

图 7-53 “使曲面变形”对话框 2

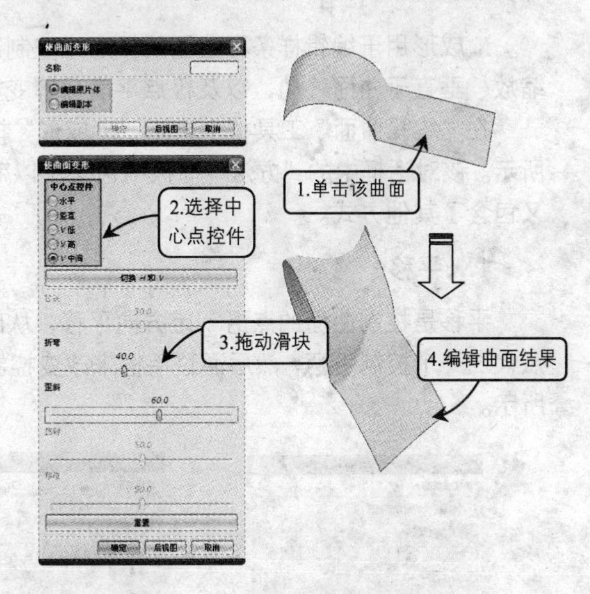

图 7-54 使曲面变形操作示例

7.5.7 变换曲面

“变换曲面”是指动态缩放、旋转或平移曲面、变换曲面。在“编辑曲面”工具栏中单击“变换曲面”按钮，系统弹出如图 7-55 所示的“变换曲面”对话框，选择“编辑原片体”单选按钮或“编辑副本”单选按钮，选择要编辑的面，系统弹出如图 7-56 所示的“点”对话框，并提示定义变换中心点，利用“点”对话框定义变换中心点，完成定义变换中心点后单击“点”对话框中的“确定”按钮。

系统弹出如图 7-57 所示的“变换曲面”对话框，在“选择控制”选项组中选择“比例”

单选按钮、“旋转”单选按钮或“平移”单选按钮，接着分别拖动滑块更改相应的参数值，最后在“变换曲面”对话框中单击“确定”按钮。

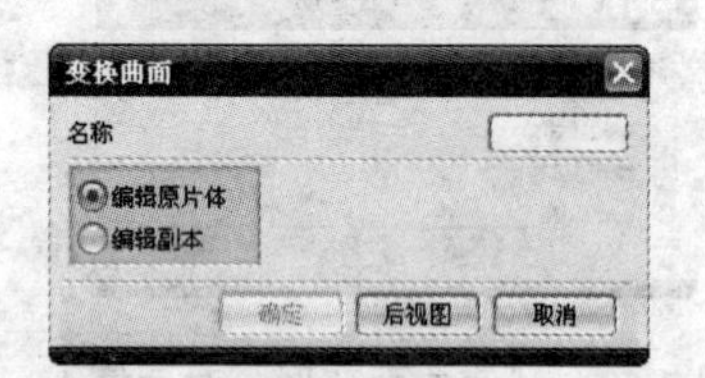

图 7-55 “变换曲面”对话框 1

图 7-56 “点”对话框

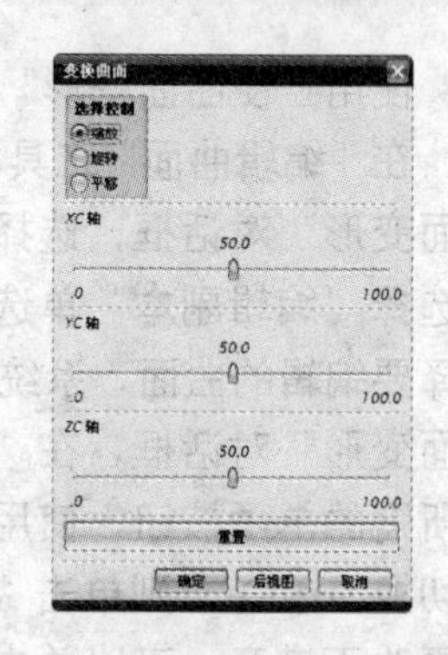

图 7-57 “变换曲面”对话框 2

7.5.8 X 成形

X 成形用于编辑样条和曲面的极点（控制点）来改变曲面的形状，包括平移、旋转、缩放、垂直于曲面移动，以及极点平面化等变换类型，常用于复杂曲面的局部变形操作。

在“编辑曲面”工具栏中单击“X 成形”按钮，打开“X 成形”对话框，如图 7-58 所示。该对话框中的“方法”面板中包含了以下多种 X 成形的方式，但是这些成形方式中又包含了其他方式。

1. 平移

平移是控制曲面的点沿一定方向平移，从而改变曲面形状的一种方式。在曲面上每一点代表一个控制手柄，然后通过手柄来改变控制点沿某个方向的位置，创建方法如图 7-59 所示。

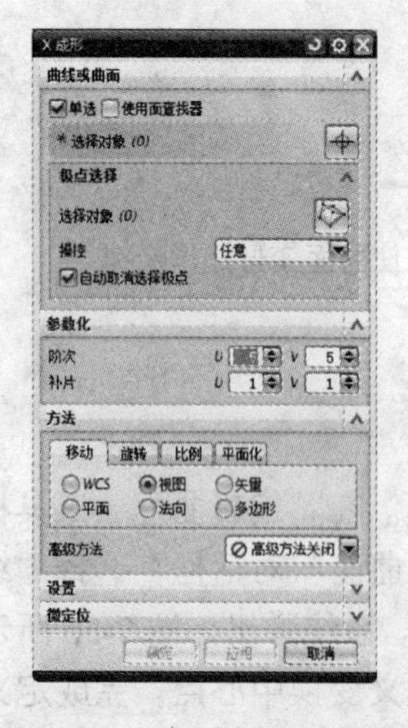

图 7-58 “X 成形”对话框

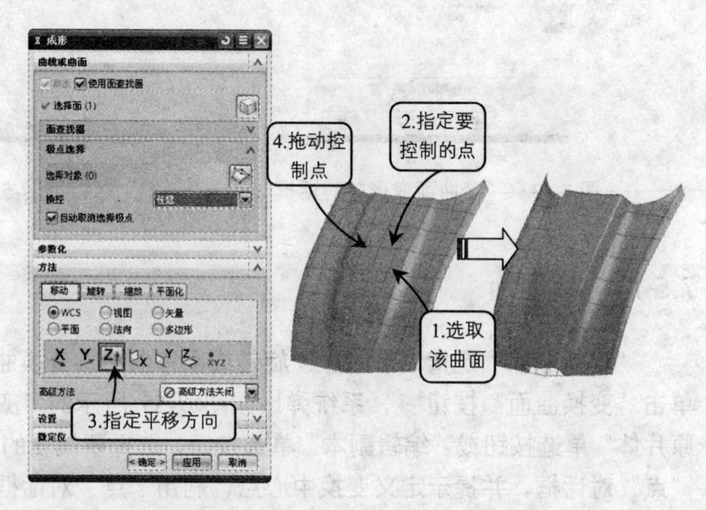

图 7-59 沿 ZC 方向平移效果

2. 旋转

旋转是指绕指定的枢轴点和矢量旋转单个或多个点或极点，可用的选项和约束因用户选择的对象的类型而异。一般是对旋转对象所在的平面或是绕着某一旋转轴进行旋转，效果如图 7-60 所示。

3. 刻度尺

刻度尺是通过将曲面控制点沿某一方向为轴进行旋转操作，从而改变曲面形状。该方式不仅可以沿某个方向进行缩放，还可以整体按比例进行缩放，效果如图 7-61 所示。

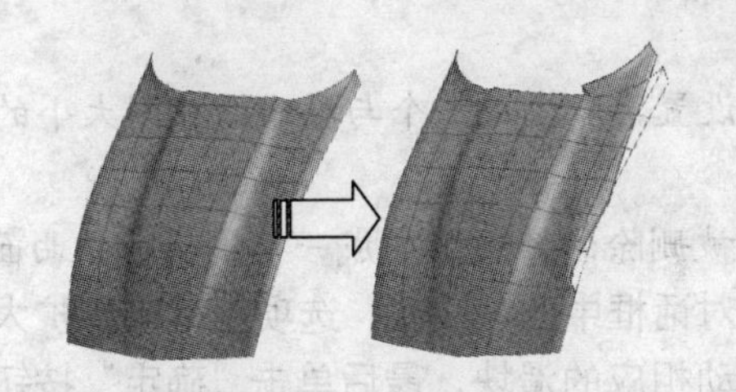

图 7-60 绕 ZC 方向旋转效果

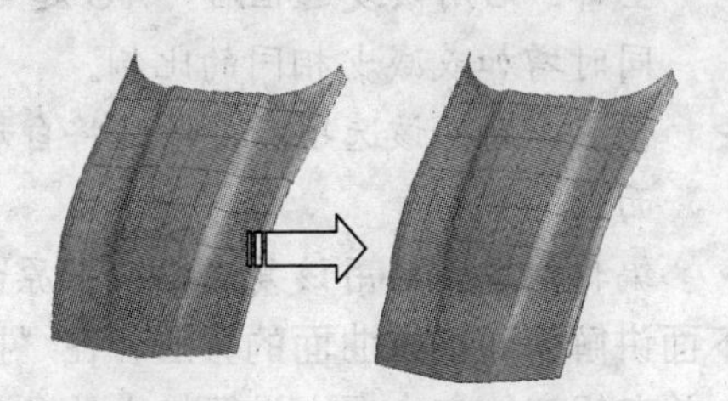

图 7-61 沿 XC 方向缩放效果

4. 垂直于面/曲线平移

垂直于面/曲线平移是一种特殊的平移方式，它是沿着控制点所在的曲面的法向方向进行平移操作的，对于不同的控制点，系统确定的平移方向也不同，效果如图 7-62 所示。

5. 控制多边形平移

该选项是沿指定的箭头方向，通过拖动极点沿控制多边形的反方向平移，每一个控制点或极点可以有一个或多个方向可供移动选择，效果如图 7-63 所示。

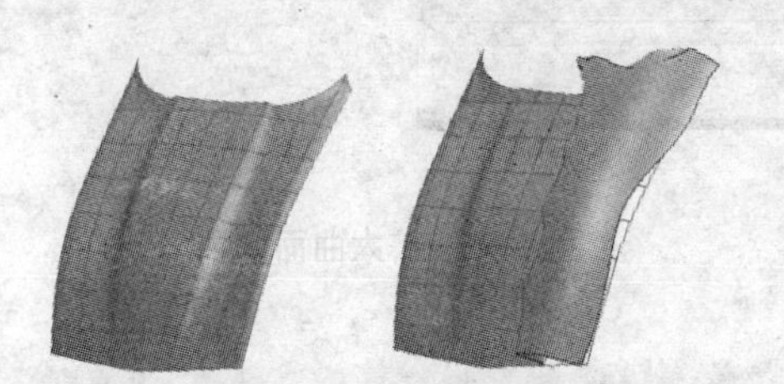

图 7-62 垂直于曲面方向平移

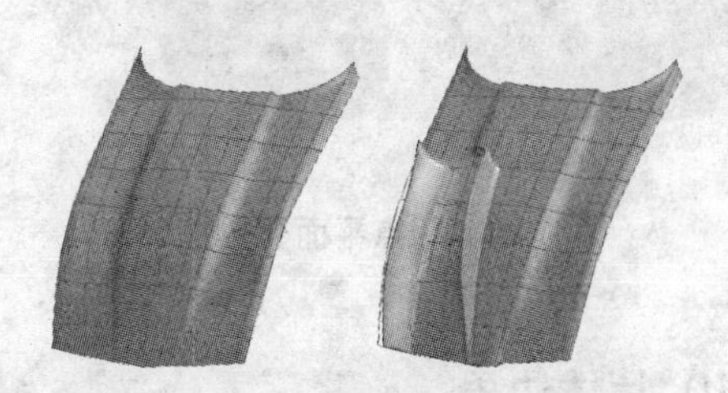

图 7-63 沿控制多边形平移效果

6. 极点行平面化

该选项是指通过选取各极点所在的多义线，将该极点用一条直线连续在一起，如果将所有的多义线进行该操作，则该曲面变为一个平面，效果如图 7-64 所示。

7.5.9 扩大曲面

扩大曲面主要是对未修剪的曲面或片体进行放大或缩小。在“编辑曲面”工具栏中单击“扩大”按钮，打开“扩大”对话框。在工作区中选取要扩大的曲面，此时“扩大”对话框中的各选项被激活，该对话框常用选项的功能及含义如下：

➢ 线性：选择该选项，只可以对选取的曲面或片体按照一定的方式进行扩大，不能进行缩小的操作。

➢ 自然：选择该选项，既可以创建一个比原曲面大的曲面，也可以创建一个小于该曲面的薄体。

➢ 起点/终点：这 4 个文本框主要用来输入 U、V 向外边缘进行变化的比例，也可以通过拖动滑块来修改变化程度。

➢ 全部：启用该复选框后，%U 起点、%U 终点、%V 起点、%V 终点 4 个文本框将同时增加或减少相同的比例。

➢ 重置：选择该选项后，系统将自动恢复设置，即生成一个与原曲面相同大小的曲面。

➢ 编辑副本：启用该复选框，在原曲面不被删除的情况下生成一个编辑后的曲面。

下面讲解创建扩大曲面的方法，在“扩大”对话框中的“模式”选项组下选择扩大的方式，并在相应的文本框中设置扩大的参数或拖动相应的滑块，最后单击“确定”按钮即可，创建方法如图 7-65 所示。

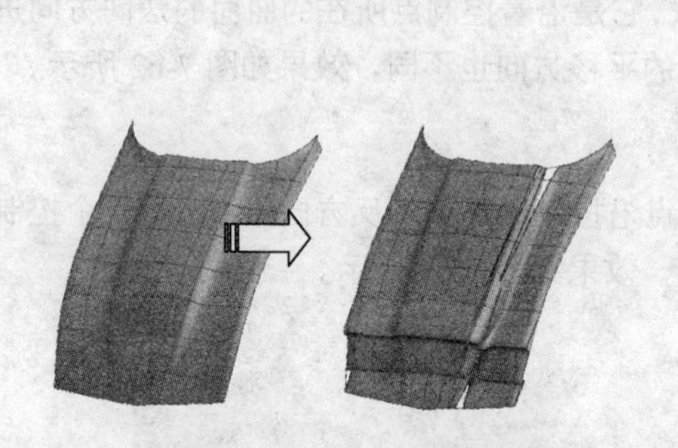

图 7-64　极点平面化效果

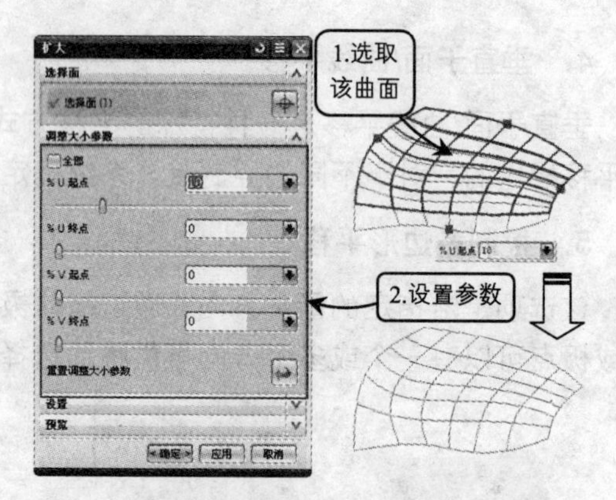

图 7-65　扩大曲面效果

7.5.10 片体边界

片体边界是通过修改或替换边界原有曲面的边界，从而生成一个新的曲面。在设计过程中可以根据设计需要决定边界的去留，在一定程度上相当于修剪功能。在“编辑曲面”工具栏中单击“边界”按钮，打开“编辑片体边界”对话框。该对话框中有“编辑原先的片体”和“编辑副本”两个单选按钮，然后选取要编辑的曲面，此时将打开“编辑片体边界”对话框，在该对话框中包括以下 3 种编辑片体边界的操作方式。

➢ 移除孔：该选项是用来删除片体中的孔特征，在工作区选取相应的孔后，单击“确定”按钮即可完成该操作，操作方法如图 7-66 所示。

➢ 移除修剪：选择该选项，在打开的“确认”对话框中警告用户该操作将删除该自由特征的参数，询问用户选择是否继续进行该项操作。单击对话框中的“取消”按钮将取消该操作，若想继续操作，可以单击“确定”按钮。

➢ 替换边：该选项用来重新定位曲线边界或替换原有边界。

7.5.11 更改阶次

更改阶次是通过更改曲面造型在U向或V向的阶次，来更改曲面度大小。在“编辑曲面”工具栏中单击“更改阶次”按钮，打开“更改阶次”对话框，根据对话框中的提示选取要更改阶次的曲面，此时将打开“更改阶次”（二）对话框，在该对话框中设置新的阶次参数，最后单击“确定”按钮即可完成操作，创建方法如图7-67所示。

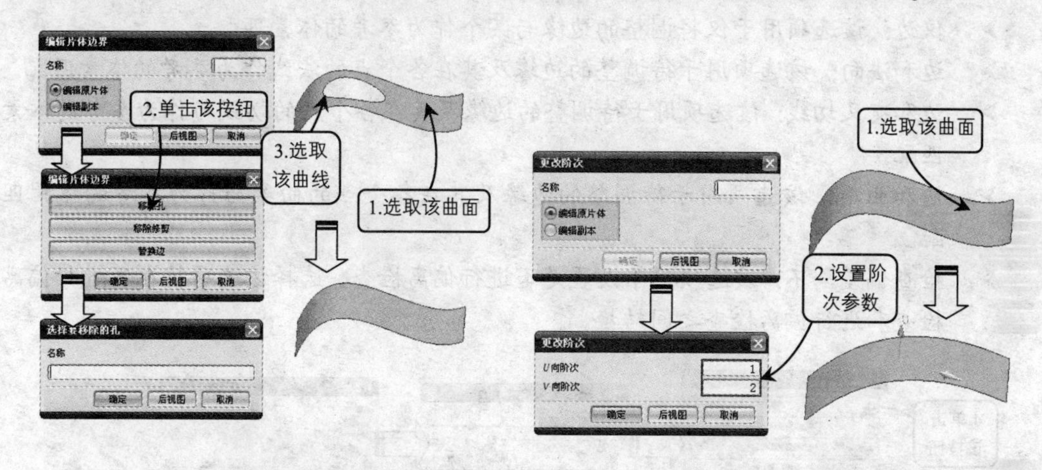

图7-66 利用移除孔替换边界　　图7-67 更改阶次改变形状

7.5.12 更改刚度

更改刚度和更改阶次都是更改曲面造型曲面度的方式。其区别在于：更改刚度前后与更改阶次前后曲面造型的变化效果相反。更改刚度是通过更改曲面U向或V向的阶次来修改曲面形状。在“编辑曲面”工具栏中单击“更改刚度”按钮，打开“更改刚度”对话框。此时，如选取要更改刚度的曲面，便可打开“更改刚度”（二）对话框，然后在该对话框中设置U向或V向的阶次参数并单击“确定”按钮即可完成操作，如图7-68所示。

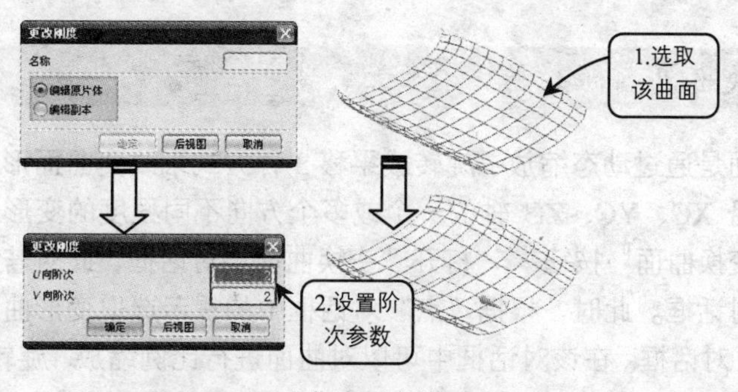

图7-68 更改曲面刚度效果

7.5.13 更改边

更改边是利用各种方法来修改曲面的边缘，从而生成新的曲面。利用该操作可以使曲面的边缘与曲线或实体边缘重合来进行边缘匹配，也可以使曲面的边缘位于一个平面内，还可以直接编辑边缘的法向、曲率和横向切线。

在“编辑曲面”工具栏中单击“更改边”按钮，并根据打开的“更改边”对话框中的提示选取要编辑的曲面及曲面的边缘。此时，将打开“更改边”(二)和“更改边”(三)对话框，创建方法如图 7-69 所示。。在“更改边”(三)对话框中包含以下 5 种更改边的方式：

- ➢ 仅边：该选项用于仅将调整的边缘与某个作为参考的体素匹配。
- ➢ 边和法向：该选项用于待调整的边缘及其在各个点的法线作为参考的体素匹配。
- ➢ 边和交叉切线：该选项用于待调整的边缘及其在各个点的切线与作为参考的体素匹配。
- ➢ 边和曲率：该选项用于待调整的边缘及其在各个点的曲率与作为参考的体素匹配。
- ➢ 检查偏差—不：该选项用于设置是否进行偏离检查、选择该选项将在不进行偏离检查和进行偏离检查之间转换。

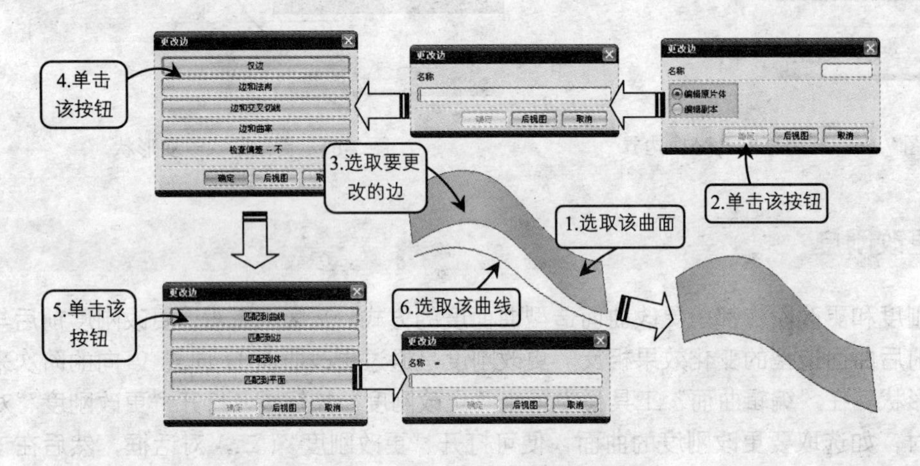

图 7-69　更改边效果

7.5.14 变换曲面

变换曲面是通过动态缩放、旋转或平移 3 种方式来改变曲面形状的。这 3 种方式都是围绕控制点沿 XC、YC、ZC 轴的一个或多个方向不同程度的变形。在“编辑曲面”工具栏中单击“变换曲面”按钮，打开“变换曲面”对话框，此时若选取要变换的曲面，将打开“点”对话框。此时，根据“点”对话框中的提示选取变形曲面上的控制点，将打开“变形曲面”对话框。在该对话框中可以对曲面进行比例缩放、旋转和平移 3 种变形操作。

- ➢ 缩放：该选项以等比例的方式来动态缩放选取的曲面，它可以沿不同的参考轴（包括 XC、YC、ZC）方向来单一或同时变换曲面。其中滑块数值为 50 表示不变换，大于 50 表示放大，小于 50 表示缩小。若 XC 轴方向数值为 58.1，YC 轴方向的数值为 20.8，ZC 轴方向的数值为 15.8，则曲面的变换效果如图 7-70 所示。

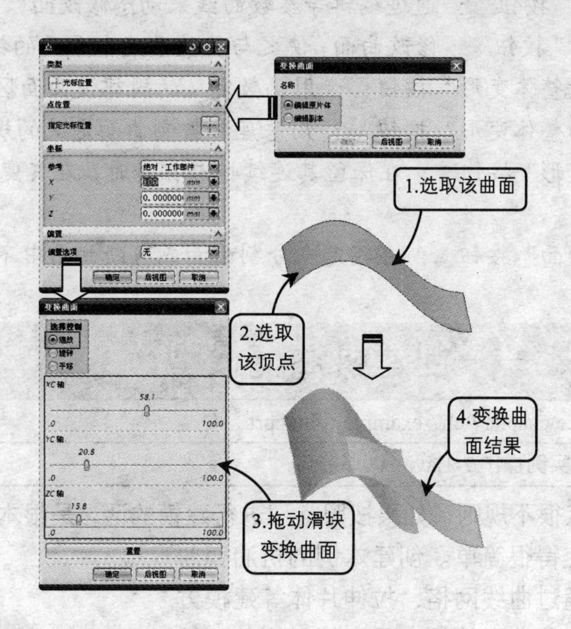

图 7-70　利用刻度尺变换片体

➢ 旋转：旋转是将曲面围绕选取的控制点进行单一或多个方向旋转操作。利用该操作可以使曲面在 X 轴（或 Y 轴、Z 轴）方向上进行旋转。其中滑块的数值为 50 表示不旋转，大于 50 表示正向，小于 50 负向旋转。若 XC 轴滑块的数值为 35.7。其他轴向为默认选项，其旋转效果如图 7-71 所示。

➢ 平移：平移是将曲面以选取的控制点为起点，沿单一或多个方向进行平移操作。利用该操作可以将曲面在 X 轴（或 Y 轴、Z 轴）方向上进行平移。其中滑块的数值为 50 表示不平移，大于 50 表示正向，小于 50 负向平移。若 XC 轴滑块的数值为 34.6，其平移效果如图 7-72 所示。

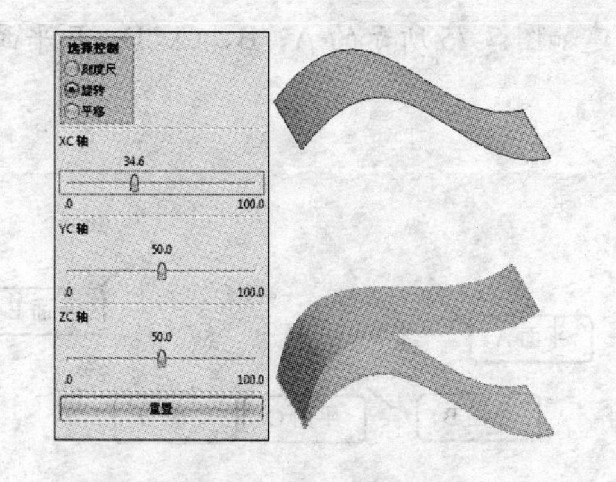

图 7-71　旋转变换片体

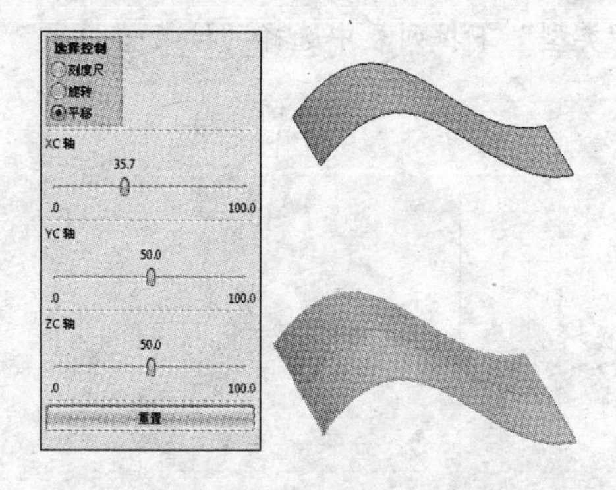

图 7-72　平移变换片体

7.5.15 其他编辑曲面命令

- "I成形"按钮：通过编辑等参数曲线来动态修改面。
- "边对称"按钮：修改曲面，使之与其关于某个平面的镜像图像实现几何连续。
- "按函数整体变形"按钮：用函数定义的规律使曲面区域变形。
- "按曲面整体变形"按钮：用基座和控制曲面定义的规律使曲面变形。
- "全局变形"按钮：在保留其连续性与拓补时，在其变形区或补偿位置创建片体。
- "剪断曲面"按钮：在指定点分割曲面或剪断曲面中不需要的部分

7.6 案例实战——创建机油壶模型

最终文件：	source\chapter7\ch7-example1-final.prt
视频文件：	AVI\实例操作 7-1.avi

机油壶的形状很不规则，如果按照常理进行建模的话，是根本无法实现的。使用曲面工具进行创建会变得很简单。创建本例的机油壶曲面，不仅使用到通过曲线网格、拉伸片体等建模方法，还将使用到一些曲面编辑工具，例如修剪、缝合等。当曲面制作完成后，又需要将其缝合，使其变成实体，从而制作出零件的形状，如图 7-73 所示。

图 7-73 机油壶片体模型

7.6.1 创建壶下身侧面

01 在工具栏里单击"草图"图标，打开"创建草图"对话框，在工作区中选择 XC-ZC 平面为草绘平面，绘制如图 7-74 所示的草图。

02 在"特征操作"工具栏中单击"基准平面"图标，打开"基准平面"对话框，在"类型"下拉列表中选择"按某一距离"，创建如图 7-75 所示的 A、B、C、D、E 平面。

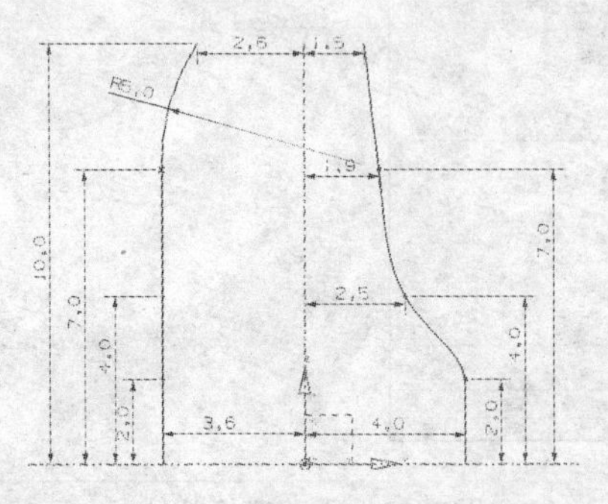

图 7-74 绘制壶身侧面轮廓曲线

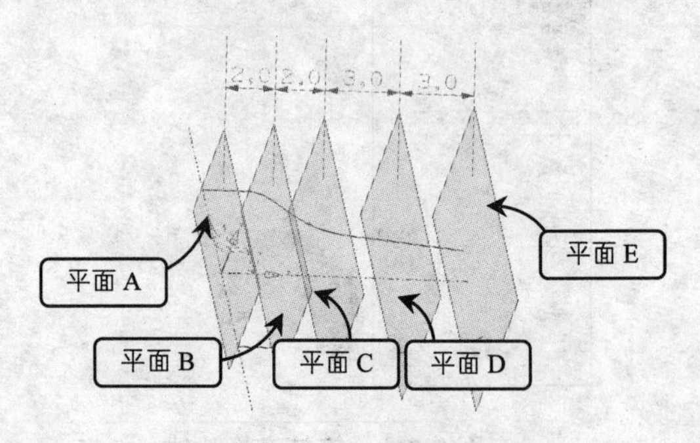

图 7-75 创建基准平面

03 在工作区中选择平面 A 为草绘平面，绘制如图 7-76 所示半径为 10 的圆弧，按照同样的方法选择平面 B 为草绘平面绘制圆弧，效果如图 7-77 所示。

图 7-76　绘制 R10 的圆弧　　图 7-77　绘制 R10 圆弧效果

04 在工作区中选择平面 C 为草绘平面，绘制如图 7-78 所示半径为 12 的圆弧，按照同样的方法选择平面 D 和平面 E 为草绘平面绘制圆弧，效果如图 7-79 所示。

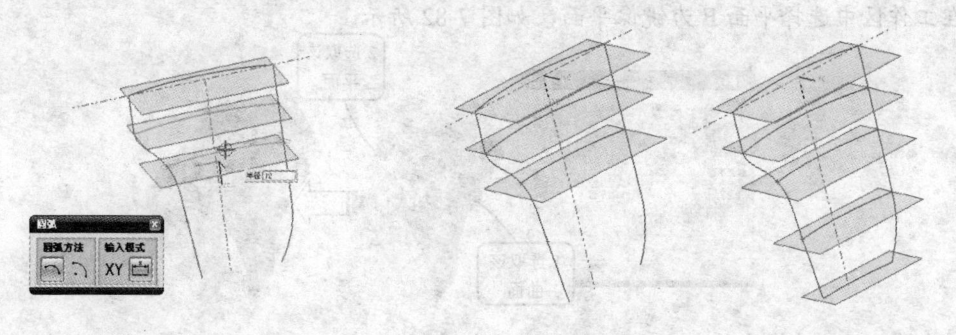

图 7-78　绘制 R12 圆弧　　图 7-79　绘制 R12 圆弧效果

05 在“曲面”工具栏中单击“通过曲线网格”图标，打开“通过曲线网格”对话框，在工作区中依次选择圆弧曲线为主曲线，选择步骤(1)创建的曲线为交叉曲线，如图 7-80 所示。

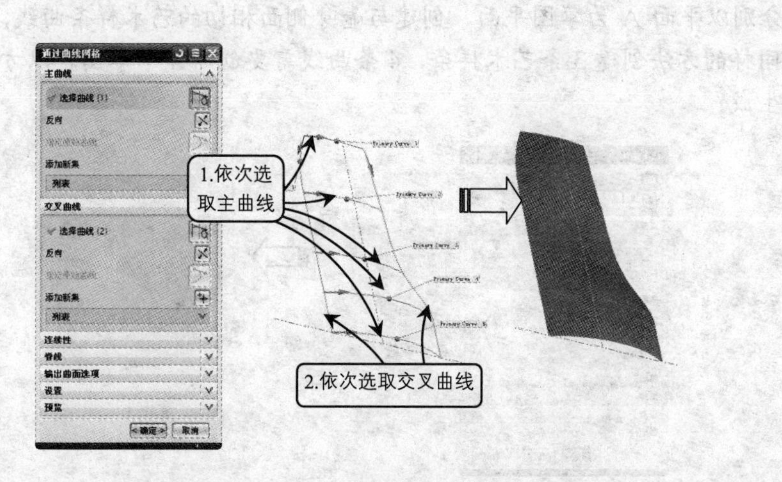

图 7-80　创建壶身侧面曲面

06 在“特征操作”工具栏中单击“基准平面”图标□，打开“基准平面”对话框，创建平行于 YC-ZC 平面，且向 XC 方向移动 1.75 的平面 F，如图 7-81 所示。

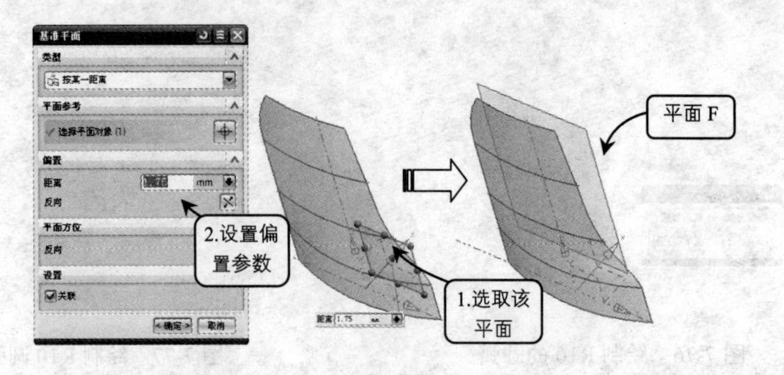

图 7-81　创建基准平面 F

07 选择“插入”→“关联复制”→“镜像特征”命令，打开“镜像特征”对话框，在工作区中选择平面 F 为镜像平面，如图 7-82 所示。

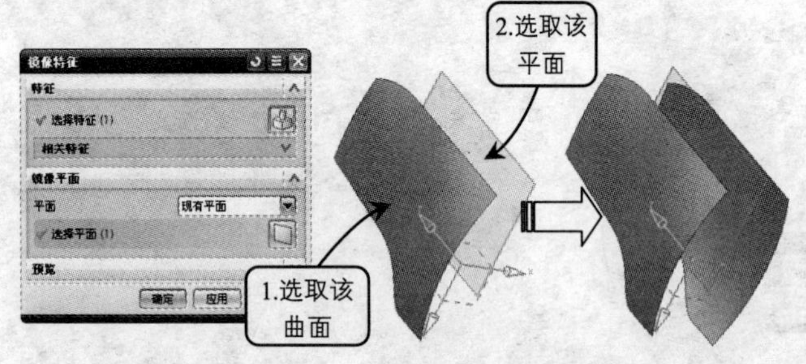

图 7-82　创建镜像特征

7.6.2 连接壶下身曲面

01 分别以平面 A 为草图平面，创建与壶身侧面相切的艺术样条曲线，如图 7-83 所示。按照同样的方法创建 3 条艺术样条，4 条曲线需要创建 4 个草图，以方便下一步骤连接曲面的生成。

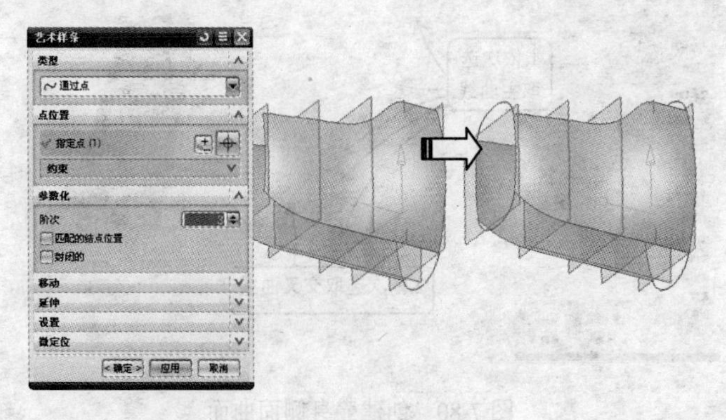

图 7-83　创建艺术样条

02 在“曲面”工具栏中单击“通过曲线网格”图标，打开“通过曲线网格”对话框，在工作区中依次选择艺术样条为主曲线，选择曲面边缘线为交叉曲线，如图7-84所示。

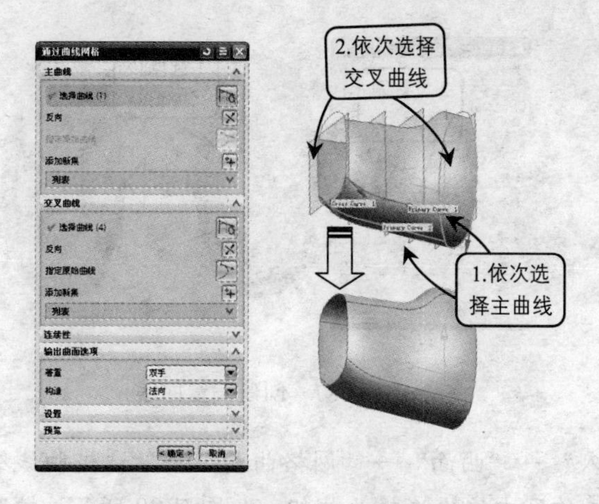

图7-84 通过曲线网格创建曲面

03 选择“插入”→“曲面”→“有界平面”命令，打开“有界平面”对话框，在工作区中选择壶底面曲线，创建有界平面，如图7-85所示。

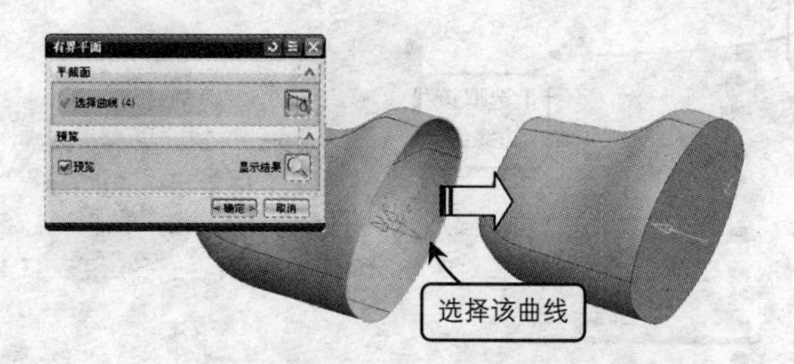

图7-85 创建有界平面

7.6.3 创建壶上身曲面

01 在“特征操作”工具栏中单击“基准平面”图标，打开“基准平面”对话框，创建平行于平面E，且向ZC方向移动0.5的平面G，如图7-86所示。

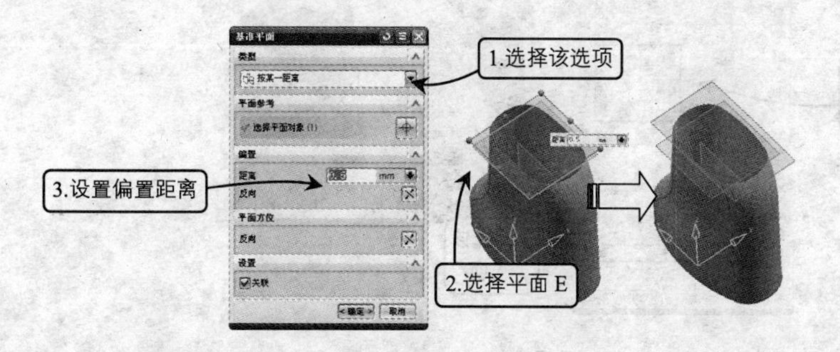

图7-86 创建平面G

02 以平面G为草绘平面，进入草绘界面，在“草图”工具栏中单击“偏置曲线”图标，打开“偏置曲线”对话框，创建如图7-87所示的偏置曲线。

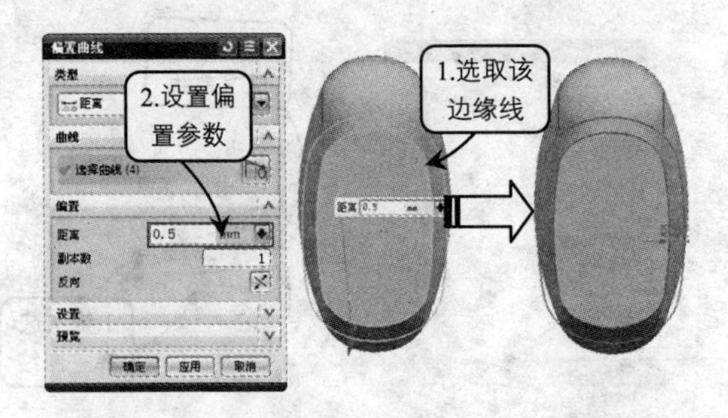

图7-87 创建偏置曲线

03 选择“插入”→“曲面”→“网格曲面”→“通过曲线组”命令，打开“通过曲线组”对话框，在工作区中依次选择曲线组，如图7-88所示。按照同样的方法创建另一边曲面。

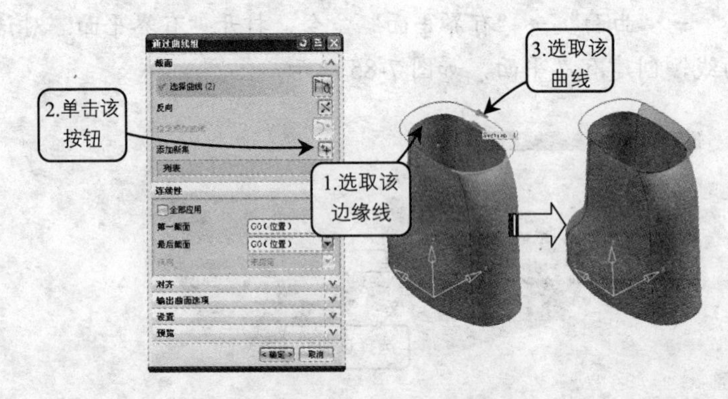

图7-88 通过曲线组创建曲面

04 在“特征”工具栏中单击“拉伸”图标，打开“拉伸”对话框，在工作区中创建如图7-89所示高度为1的片体。

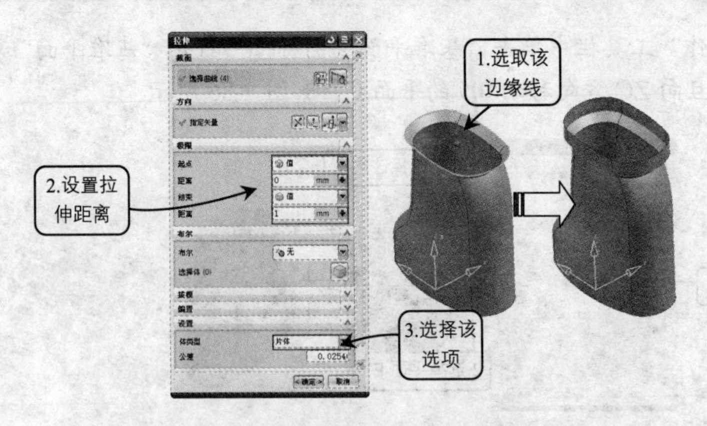

图7-89 创建拉伸片体

05 在“特征操作”工具栏中单击“基准平面”图标□，打开“基准平面”对话框，创建平行于平面E，且向ZC方向移动2的平面H，如图7-90所示。

06 在工具栏里单击“草图”图标，打开“创建草图”对话框，在工作区中选择平面H为草绘平面，绘制如图7-91所示的半圆草图。

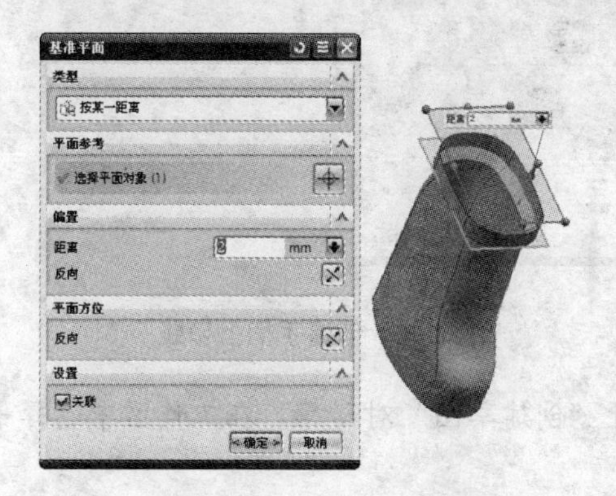

图7-90　创建基准平面H

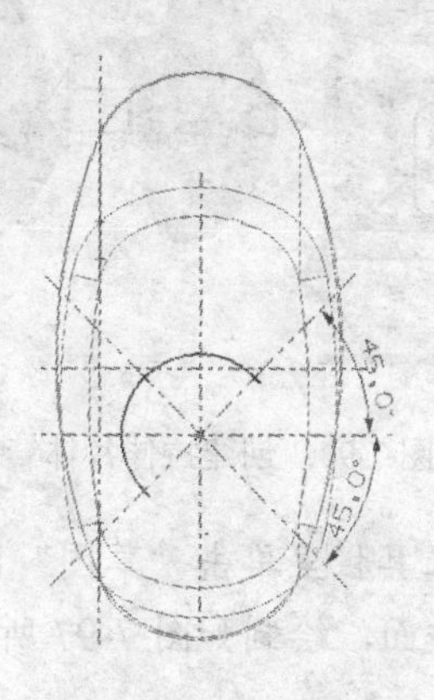

图7-91　绘制半圆弧

07 选择“插入”→“曲面”→“网格曲面”→“通过曲线组”命令，打开“通过曲线组”对话框，在工作区中依次选择曲线组，创建方法如图7-92所示。按照同样的方法创建另一边网格曲面，如图7-93所示。

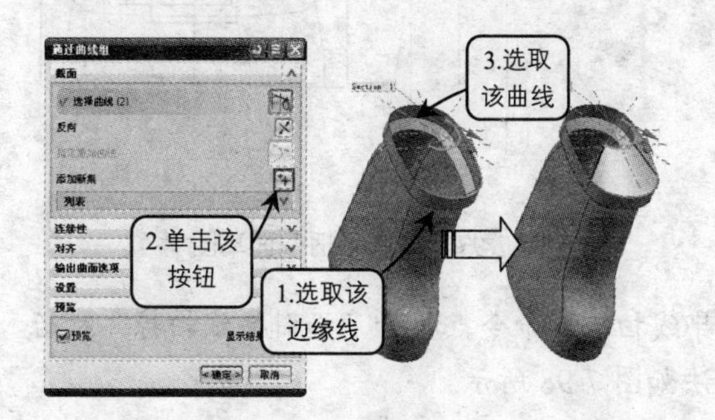

图7-92　创建网格曲面1

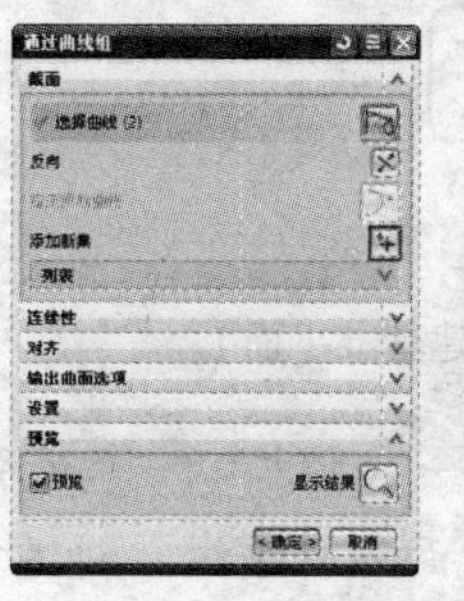
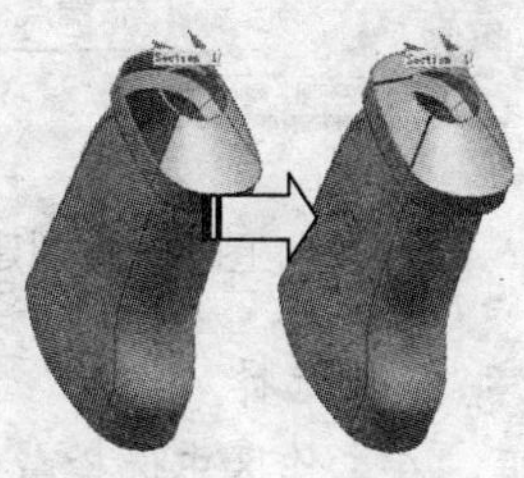

图7-93　创建网格曲面2

08 在“特征”工具栏中单击“拉伸”图标，打开“拉伸”对话框，在工作区中创建如图7-94所示高度为0.5的片体。

7.6.4 创建手柄曲面

01 以YC-ZC平面为草绘平面创建草图，单击“草图”工具栏中的“艺术样条”图标，设置样条阶次为3，创建如图7-95所示的艺术样条。

02 在“特征操作”工具栏中单击“基准平面”图标□，打开“基准平面”对话框，选择艺术样条上端端点，系统自动生成与样条曲线垂直的平面I，如图7-96所示。

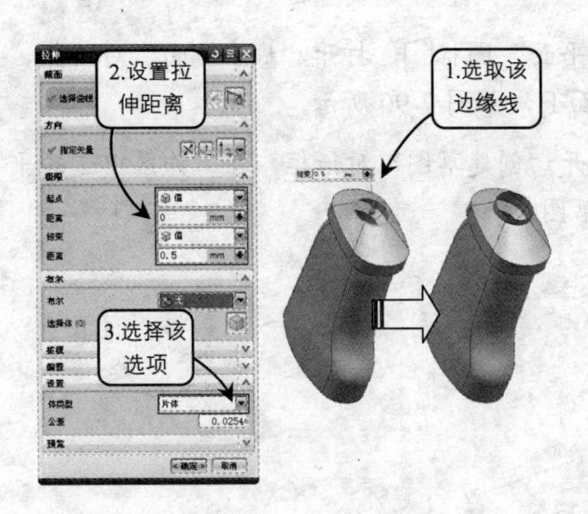

图 7-94　创建拉伸片体

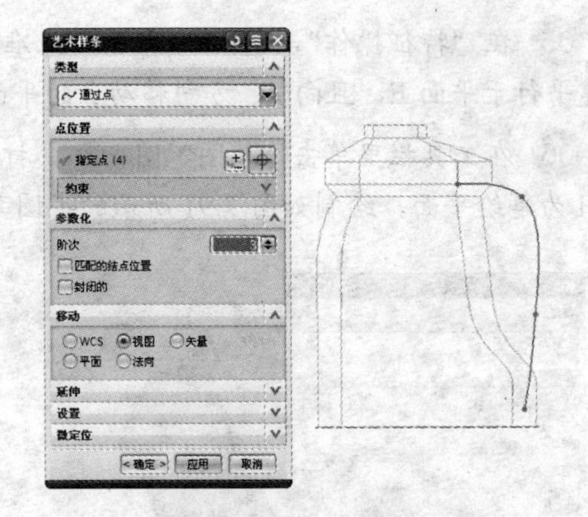

图 7-95　创建手柄引导线

03 在工具栏里单击“草图”图标，打开“创建草图”对话框，在工作区中选择平面 I 为草绘平面，绘制如图 7-97 所示的草图。

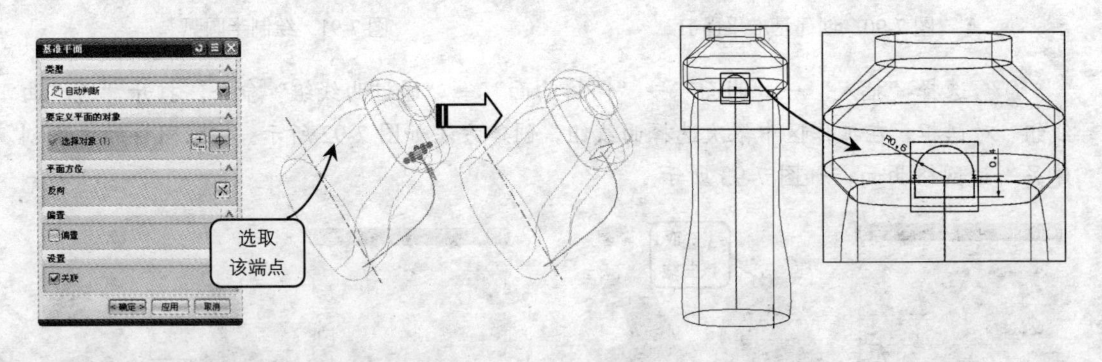

图 7-96　创建基准平面 I　　　　图 7-97　绘制手柄截面草图

04 选择“插入”→“扫掠”→“沿引导线扫掠”命令，打开“沿引导线扫掠”对话框，在工作区中选择截面和引导线，创建方法如图 7-98 所示。

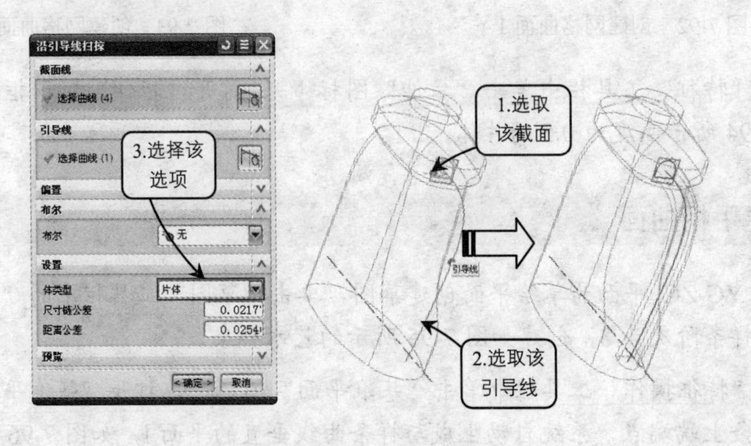

图 7-98　沿引导线扫掠截面

7.6.5 修剪曲面

01 选择"插入"→"修剪"→"修剪的片体"命令，打开"修剪的片体"对话框，在工作区中选择手柄为目标片体，选择壶上身面为边界对象，修剪方法如图 7-99 所示。

图 7-99 修剪手柄上部伸入壶内部分

02 同上步骤，打开"修剪的片体"对话框，在工作区中选择手柄为目标片体，选择壶下身面为边界对象，修剪方法如图 7-100 所示。

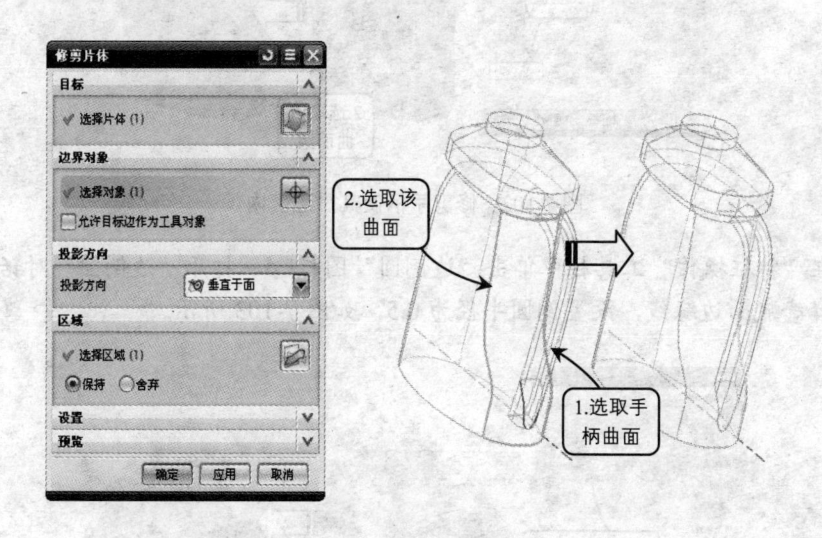

图 7-100 修剪手柄下部伸入壶内部分

03 同上步骤，打开"修剪的片头"对话框，在工作区中选择壶身为目标片体，选择手柄面为边界对象，修剪掉手柄封闭面，使手柄贯通壶内，修剪方法如图 7-101 所示。

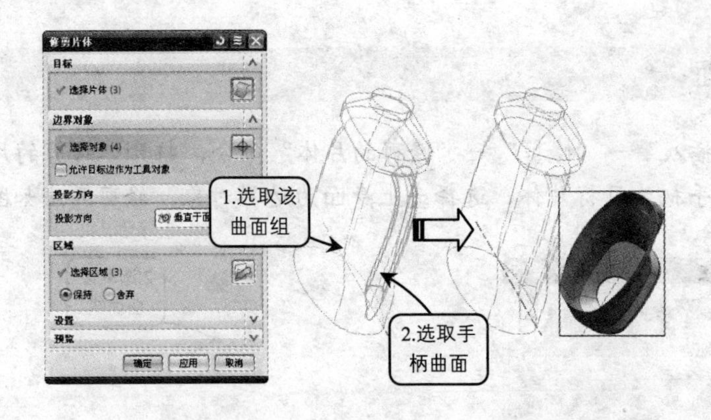

图 7-101　修剪手柄使其贯通壶内

7.6.6 创建倒圆角

01 选择“插入”→“组合体”→“缝合”命令，打开“缝合”对话框，在工作区中选择壶口为目标片体，选择机油壶其他所有面为刀具，设置公差值为 0.1，如图 7-102 所示。

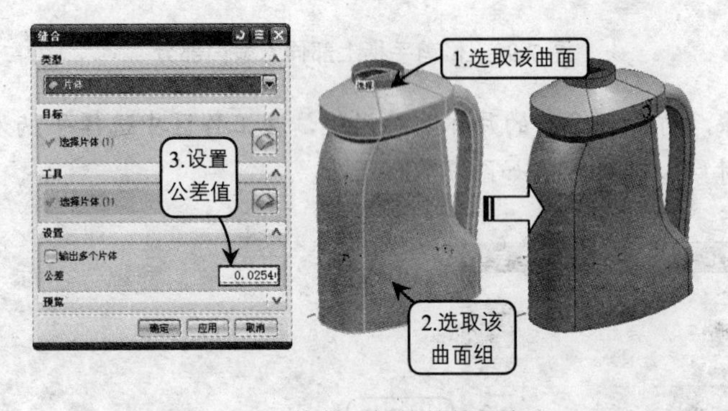

图 7-102　修剪手柄使其贯通壶内

02 在“特征操作”工具栏中单击“边倒圆”图标，打开“边倒圆”对话框，在工作区中选择壶底面边缘线，设置倒圆半径为 0.5，如图 7-103 所示。

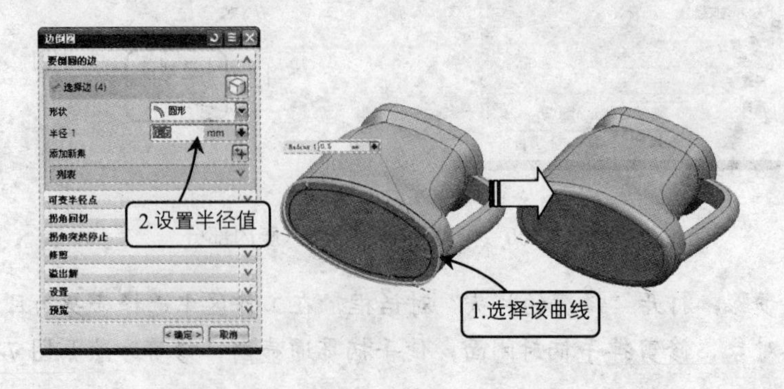

图 7-103　创建 R0.5 边倒圆

03 在“特征操作”工具栏中单击“边倒圆”图标，打开“边倒圆”对话框，在工作区中选择手柄与壶身相交的边缘线，设置倒圆半径为 0.3，如图 7-104 所示。按同样的方法创建手柄内侧边倒圆，如图 7-105 所示。

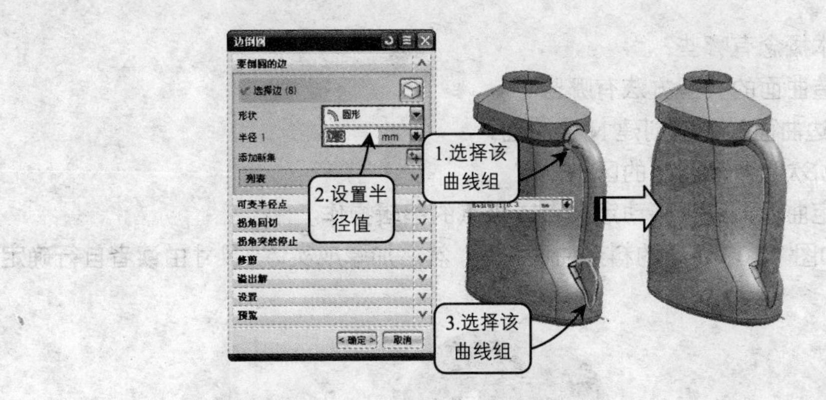

图 7-104　创建 R0.3 边倒圆 1

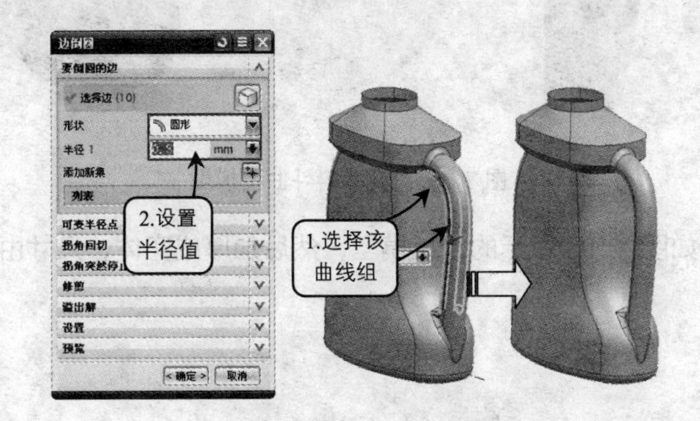

图 7-105　创建 R0.3 边倒圆 2

04 同上步骤，打开“边倒圆”对话框，在工作区中选择机油壶上身的 4 个棱角边，设置倒圆半径为 0.3，创建方法如图 7-106 所示。机油壶模型创建完成。

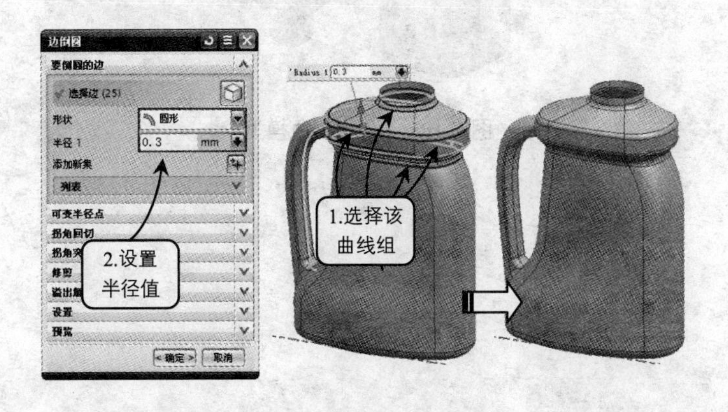

图 7-106　创建 R0.3 边倒圆 3

思考与练习

1. 曲面的基本概念有哪些？
2. 由曲线构造曲面的典型方法有哪些？
3. 什么是N边曲面？如何创建N边曲面？
4. 简述更改阶次和更改刚度的区别。
5. 如何在指定曲面上进行移动定义点或极点的编辑操作。
6. 设计一个如图7-107所示的料斗曲面模型，然后加厚成实体，尺寸由读者自行确定。

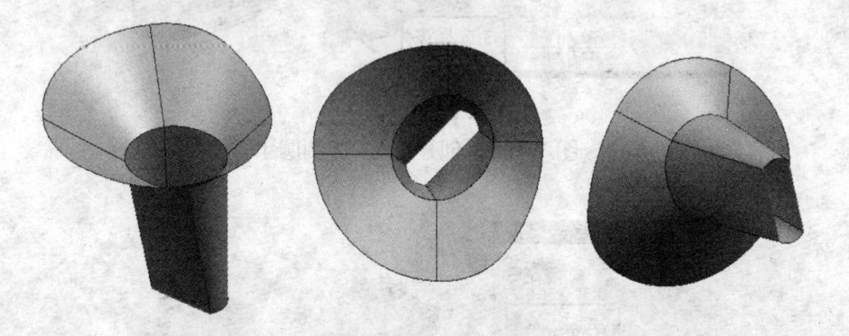

图7-107　设计料斗曲面模型

7. 设计一个如图7-108所示的水瓶模型，然后加厚成实体，尺寸由读者自行确定。

图7-108　设计水瓶模型

第 8 章
实体与曲面特征编辑

本章导读：

本章主要介绍 UG NX 8 对于创建实体与曲面的后期细节特征操作。特征模型创建后，可以通过分割面、修剪面、修剪体、拆分体等编辑命令对模型进行修改，还需要对模型进行一些细节特征的创建，如拔模、倒圆角、倒斜角等。本章将详细讲解实体与曲面后期细节特征的操作。

学习目标：

- 熟练掌握对实体特征进行求和、求差、求交运算和缝合操作
- 熟练掌握偏置、缩放修剪等编辑方式的详细操作
- 熟练掌握抽取、实例特征、镜像特征、镜像体、引用几何体的操作
- 熟练掌握拔模、倒斜角、边倒圆、面倒圆等细节特征的创建方法

8.1 布尔运算

布尔运算通过对两个以上的物体进行并集、差集、交集运算，从而得到新实体特征，用于处理实体造型中多个实体的合并关系。在 UG NX 中，系统提供了 3 种布尔运算方式，即求和、求差、求交。布尔运算隐含在许多特征中，如建立孔、凸台和腔体等特征均包含布尔运算，另外，一些特征在建立的最后都需要指定布尔运算方式。

8.1.1 求和

该方式是指将两个或多个实体并为单个实体，也可以认为是将多个实体特征叠加变成一个独立的特征，即求实体与实体间的和集。单击“特征”工具栏中的“求和”按钮，打开“求和”对话框，依次选取目标体和刀具体进行求和操作，创建方法如图 8-1 所示。

该对话框中目标体是首先选择的需要与其他实体进行合并的实体；刀具体是参与运算的实体。在进行求和操作时，保持目标或者保持工具产生的效果均不同，简要介绍如下：

- 保持目标：在“求和”对话框的“设置”面板中启用该复选框进行求和操作时，将不会删除之前选取的目标特征，如图 8-2 所示；
- 保持工具：启用该复选框，在进行求和操作时，将不会删除之前选取的刀具体特征，如图 8-3 所示。

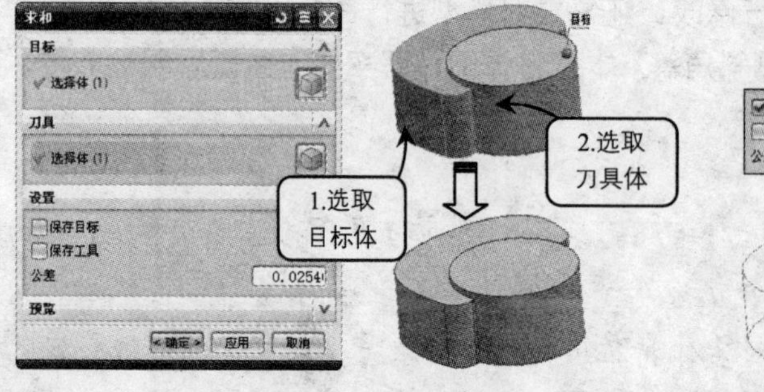

图 8-1　求和操作

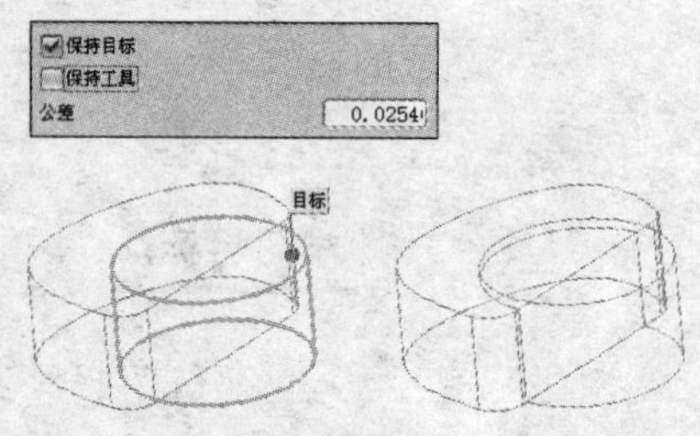

图 8-2　保持目标的求和操作

提　示：在进行布尔运算时，目标体只能有一个，而刀具体可以有多个。加运算不适用于片体，片体和片体只能进行减运算和相交运算。

8.1.2 求差

该方式是指从目标实体中去除刀具实体，在去除的实体特征中不仅包括指定的刀具特征，还包括目标实体与刀具实体相交的部分，即实体与实体间的差集。单击“求差”按钮，打开“求差”对话框，依次选取目标体和刀具体进行求差操作，创建方法如图 8-4 所示。

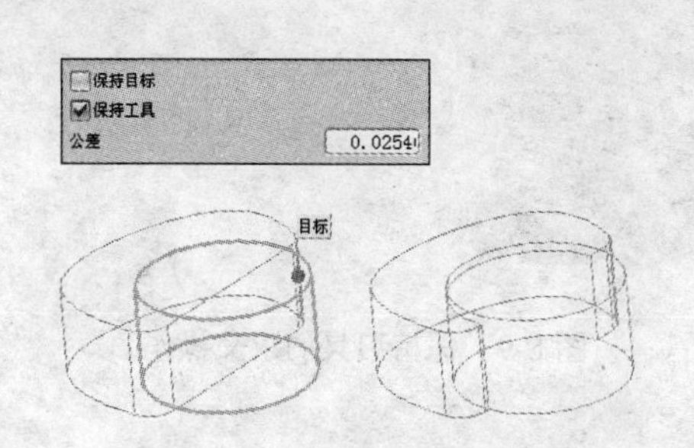

图 8-3　保持刀具的求和操作

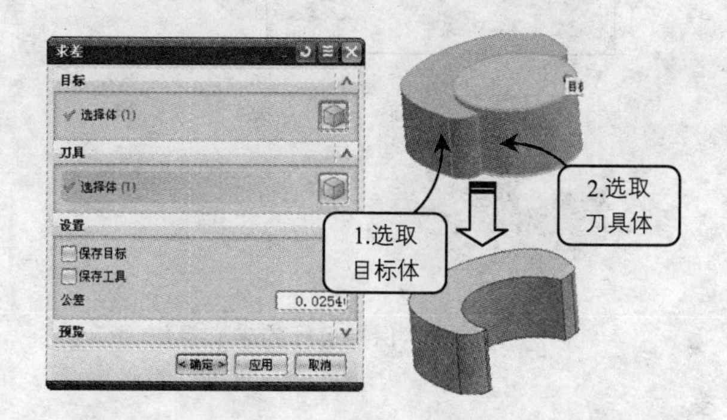

图 8-4　求差操作

启用“设置”面板中的“保持目标”复选框，在进行求差操作后，目标体特征依然显示在工作区，效果如图 8-5 所示；而启用“保持工具”复选框，在进行求差操作后，刀具特征依然显示在绘图区，效果如图 8-6 所示。

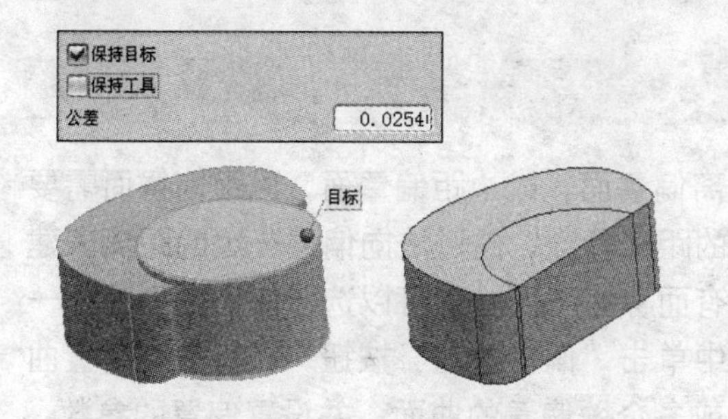

图 8-5　保持目标的求差操作

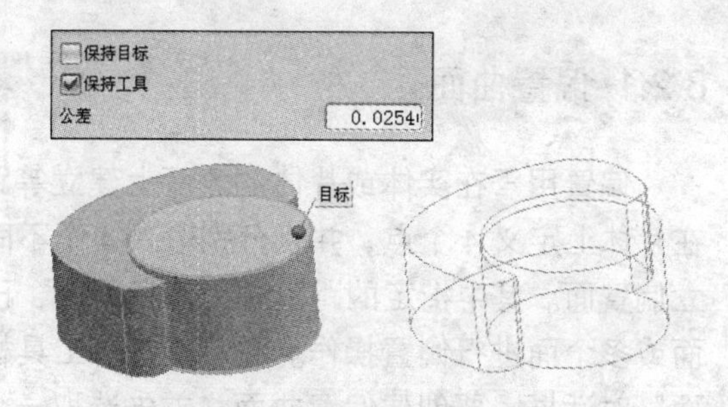

图 8-6　保持刀具的求差操作

8.1.3 求交

该方式可以得到两个相交实体特征的共有部分或者重合部分，即求实体与实体间的交集。它与“求差”工具正好相反，得到的是去除材料的那一部分实体。单击“求交”按钮，打开“求交”对话框，依次选取目标体和刀具体进行求交操作，创建方法如图 8-7 所示。

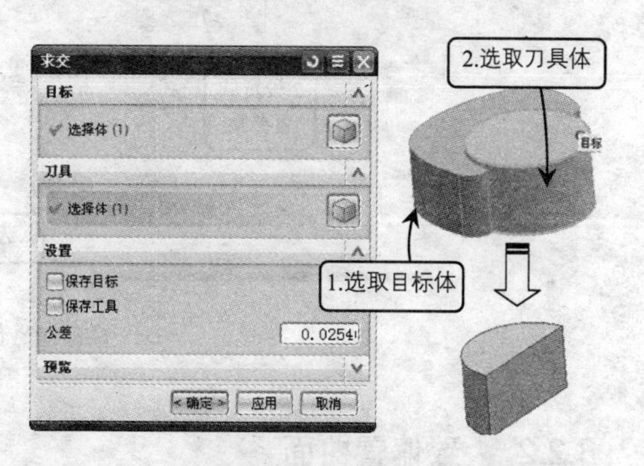

图 8-7　求交操作

启用“设置”面板中的“保持目标”复选框，在进行求交操作后，目标体特征依然显示在工作区，效果如图 8-8 所示；而启用“保持工具”复选框，在进行求交操作后，刀具特征依然显示在绘图区，效果如图 8-9 所示。

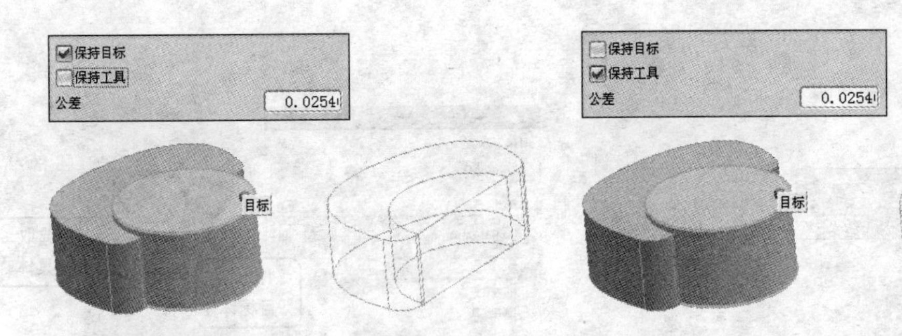

图 8-8　保持目标的求交操作　　　　图 8-9　保持刀具的求交操作

8.2 偏置与缩放

偏置特征是指将实体表面通过指定的距离产生和实体表面相同的实体或片体。缩放特征是指将实体表面通过指定的距离缩放实体或片体。

8.2.1 偏置曲面

偏置用于在实体或片体的表面上建立等距离偏置面，或边距偏置面，边距偏置面需要在片体上定义 4 个点，并且分别输入 4 个不同的距离参数，通过法向偏置一定的距离来建立偏置面。其中指定的距离称为偏置距离，已有面称为基面。它可以选择任何类型的单一面或多个面进行偏置操作。在“特征”工具栏中单击“偏置曲面”按钮，打开“偏置曲面”对话框。要创建偏置曲面，首先选取一个或多个欲偏置的曲面，并设置偏置的参数，最后单击“确定”按钮，即可创建出一个或多个偏置曲面，如图 8-10 所示。

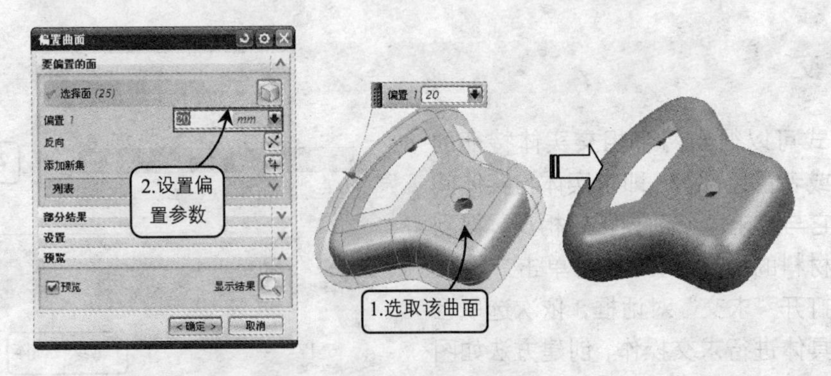

图 8-10　创建偏置曲面

8.2.2 大致偏置曲面

大致偏置是指从一组面或片体上创建无自相交、陡峭边或拐角等偏置片体。该方式不同于偏置曲面的操作，它可以对多个不平滑过渡的片体同时平移一定的距离，并生成单一的平滑过渡的片体。在“曲面”工具栏中单击“大致偏置”按钮，打开“大致偏置”对话框。

该对话框中，“偏置偏差”用来设置偏移距离值的变动范围，例如系统默认的偏距为10，偏置偏差为 1 时，系统将认为偏移距离的范围是 9~11；“步距”用来设置生成偏移曲面时进行运算时的步长，其值越大表示越精细，值越小表示越粗略，当其值小于一定的值时，系统可能无法产生曲面；“曲面控制”用来设置曲面的控制方式，只有在选中“云点”单选按钮后，该选项组才能被激活。

创建大致偏置曲面时，首先单击“偏置/片体”按钮，激活“CSYS 构造器”选项定义坐标系。最后依次设置偏置参数即可，创建方法如图 8-11 所示。

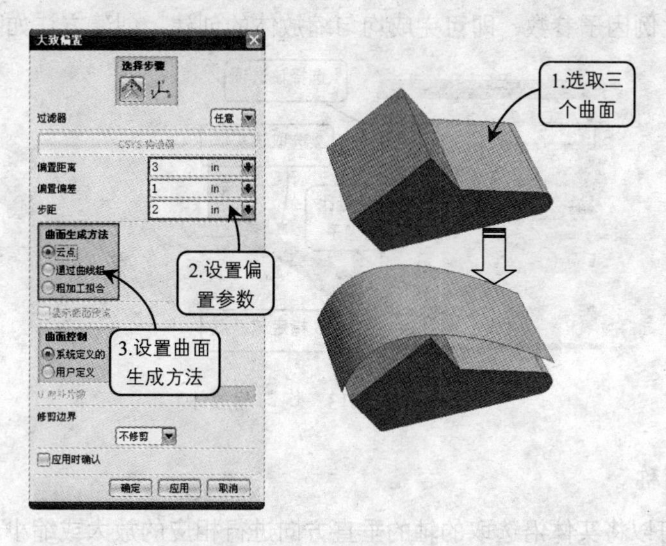

图 8-11　大致偏置曲面

8.2.3 偏置面

偏置面用于在实体的表面上建立等距离偏置面，与偏置曲面不同的是：偏置面可以移动实体的表面，形成新的实体。在“曲面”工具栏中单击“偏置面”按钮，打开“偏置面”对话框。要创建偏置面，首先选取欲偏置的曲面，并设置偏置的参数，最后单击“确定”按钮，即可创建出偏置面，如图 8-12 所示。

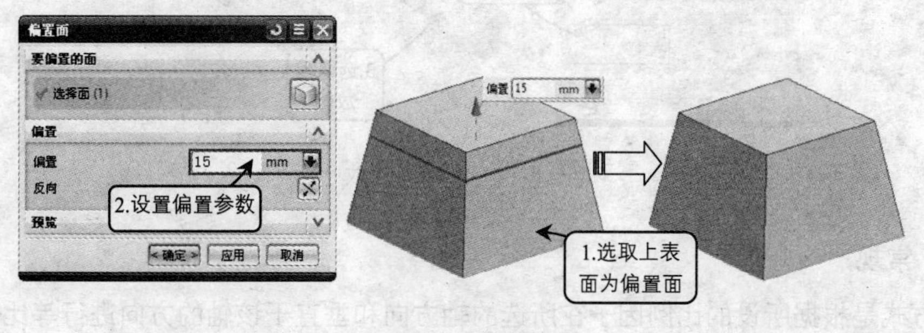

图 8-12　偏置面

8.2.4 缩放体

该工具用来缩放实体或片体的大小，用于改变对象的尺寸或相对位置。不论缩放点在什么位置，实体或片体特征都会以该点为基准在形状尺寸和相对位置上进行相应的缩放。单击“缩放体”按钮，在打开的“缩放体”对话框中提供了以下 3 种创建缩放体的方法。

1. 均匀

该方式是整体性等比例缩放，是在不删除源特征的基础上进行的，删除缩放特征后，源特征依然存在。选取“类型”面板中的“均匀”选项，然后选取一个实体特征并指定缩放点，设置比例因子参数，即可完成均匀缩放体的创建，创建方法如图 8-13 所示。

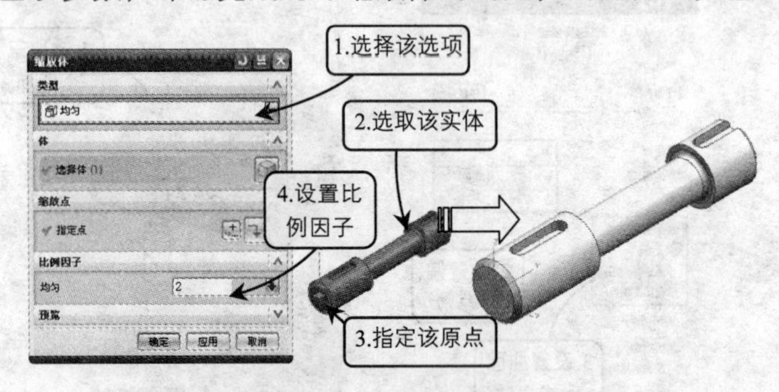

图 8-13　均匀缩放体

2. 轴对称

该方式可以将实体沿选取的轴的垂直方向进行相应的放大或缩小。它与均匀缩放所不同的是该方式仅仅是将实体在选取的轴向单个方向上的缩放，并不是等比例的缩放。选择“类型”面板中的“轴对称”选项并选取实体特征，然后选取 ZC 轴为缩放轴，设置比例因子参数，创建方法如图 8-14 所示。

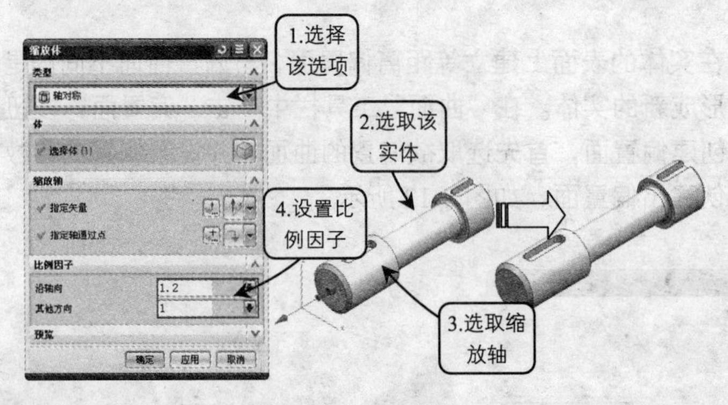

图 8-14　沿轴向缩放

3. 常规

该方式是根据所设的比例因子在所选的轴方向和垂直于该轴的方向进行等比例缩放。

创建该缩放特征需要指定新的坐标系或接受系统默认的当前工作坐标系。选择"类型"面板中的"常规"选项并选取实体特征，然后在"缩放 CSYS"面板中单击"CSYS 对话框"按钮，指定当前工作坐标系并设置比例因子参数，创建方法如图 8-15 所示。

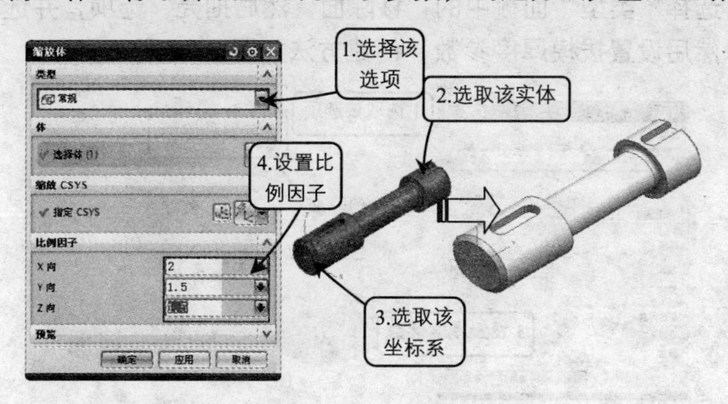

图 8-15　常规缩放

8.2.5 加厚曲面

加厚曲面可以将曲面沿着一定矢量方向拉伸形成新的实体，与拉伸不同的是：加厚曲面拉伸的是曲面，而不是曲线，加厚曲面可以沿着曲面的法向拉伸，而拉伸需要定义拉伸矢量方向。

单击"加厚"按钮，或选择"插入"→"偏置/缩放"→"加厚"选项，打开"加厚"对话框。在工作区中选择要加厚的曲面，系统会自动生成加厚曲面的方向，如果方向相反，可以单击"厚度"面板中的"反向"按钮。然后在对话框中设置厚度参数，单击"确定"按钮即可完成加厚曲面的操作，操作方法如图 8-16 所示。

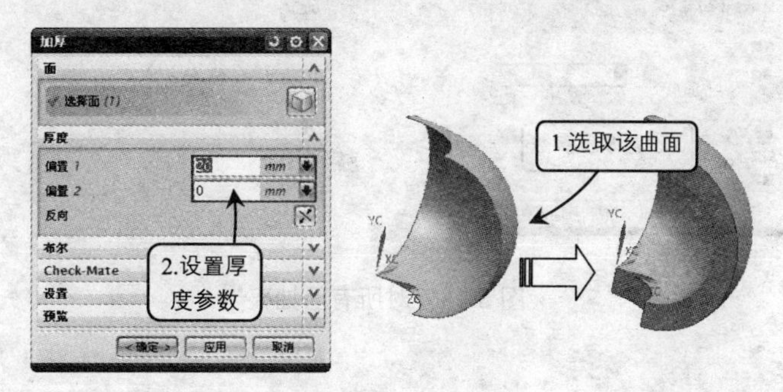

图 8-16　加厚曲面

8.2.6 抽壳特征

该工具是指从指定的平面向下移除一部分材料而形成的具有一定厚度的薄壁体。它常用于将成形实体零件掏空，使零件厚度变薄，从而大大节省了材料。单击"抽壳"按钮，在打开的"抽壳"对话框中提供了以下两种抽壳的方式。

1. 移除面，然后抽壳

该方式是以选取实体一个面为开口的面，其他表面通过设置厚度参数形成具有一定壁厚的腔体薄壁。选择“类型”面板中的“移除面，然后抽壳”选项，并选取实体中的一个表面为移除面，然后设置拔模厚度参数，创建方法如图 8-17 所示。

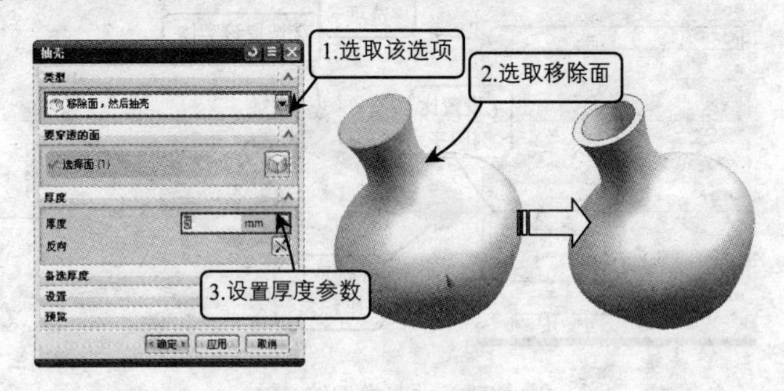

图 8-17　移除面抽壳

2. 对所有面抽壳

该方式是指按照某个指定的厚度抽空实体，创建中空的实体。该方式与移除面抽壳的不同之处在于：移除面抽壳是选取移除面进行抽壳操作，而该方式是选取实体直接进行抽壳操作。选择“类型”面板中的“对所有面抽壳”选项，并选取图中的实体特征，然后设置抽壳厚度参数，创建方法如图 8-18 所示。

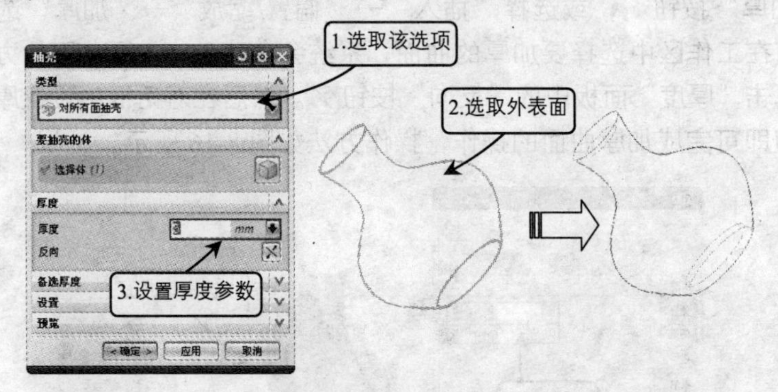

图 8-18　对所有面抽壳

8.3 细节特征

细节特征是创建复杂精确模型的关键工具，创建的实体可以作为后续分析、仿真和加工等操作对象。细节特征是对实体的必要补充，并对实体进行必要的修改和编辑，以创建出更精细、逼真的实体模型。可以对实体添加的细节特征包括倒圆角、倒斜角、拔模、抽壳、螺纹等。

8.3.1 边倒圆

边倒圆为常用的倒圆类型，它是用指定的倒圆半径将实体的边缘变成圆柱面或圆锥面。既可以对实体边缘进行恒定半径的倒圆角，也可以对实体边缘进行可变半径的倒圆角。单击“特征”工具栏中的“边倒圆”按钮，在打开的“边倒圆”对话框中提供了以下 4 种创建边倒圆的方式。

1. 固定半径倒圆角

该方式指沿选取实体或片体进行倒圆角，使倒圆角相切于选择边的邻接面。直接选取要倒圆角的边，并设置倒圆角的半径，即可创建指定半径的倒圆角，创建方法如图 8-19 所示。

在用固定半径倒圆角时，对同一倒圆半径的边尽量同时进行倒圆操作，而且尽量不要同时选择一个顶点的凸边或凹边进行倒圆操作。对多个片体进行倒圆角时，必须先把多个片体利用缝合操作使之成为一个片体。

2. 可变半径点

该方式可以通过修改控制点处的半径，从而实现沿选择边指定多个点，设置不同的半径参数，对实体或片体进行倒圆角。创建可变半径的倒圆角，需要先选取要进行倒圆角的边，然后在激活的“可变半径点”面板中利用“点构造器”工具指定该边上不同点的位置，并设置不同的参数值。图 8-20 所示即是指定实体棱边上的多个点，并设置不同的圆角半径所创建的边半径倒圆角特征。

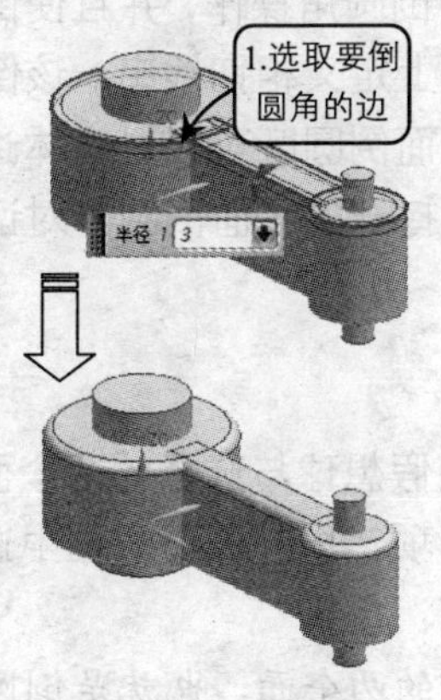

图 8-19　固定半径倒圆角

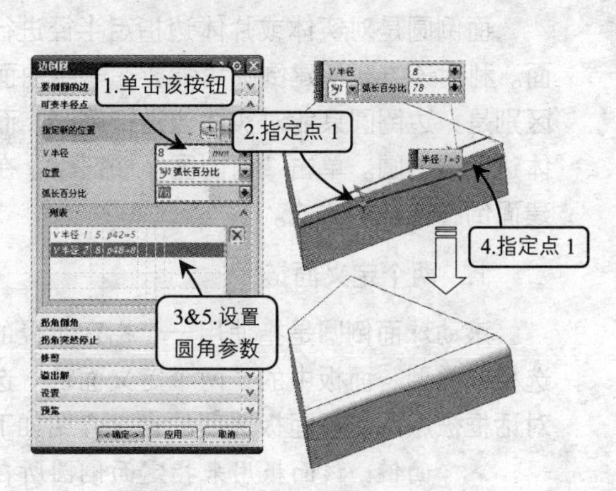

图 8-20　可变半径倒圆角

3. 拐角倒角

拐角倒角是相邻 3 个面上的 3 条邻边线的交点处产生的倒圆角，它是从零件的拐角处去除材料创建而成的。创建该类倒圆角时，需要选取具有交汇顶点的 3 条棱边，并设置倒圆角的半径值，然后利用“点”工具选取交汇顶点，并设置拐角的位置参数，如图 8-21 所示。

4. 拐角突然停止

利用该工具可通过指定点或距离的方式将之前创建的圆角截断。依次选取棱边线，并设置圆角半径值，然后选择“拐角突然停止”面板中的“选择终点”选项，并选取拐角的终点位置，设置停止位置参数，即可完成创建，如图 8-22 所示。

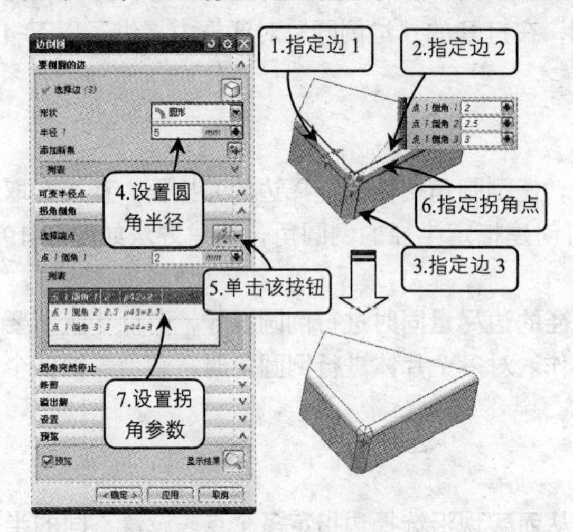

图 8-21　拐角倒圆角

图 8-22　拐角突然停止效果

8.3.2 面倒圆

面倒圆是对实体或片体边指定半径进行倒圆角操作，并且使倒圆面相切于所选取的平面。利用该方式创建倒圆角需要在一组曲面上定义相切线串。该倒圆方式与边倒圆最大的区别是：边倒圆只能对实体边进行倒圆，而面倒圆既可以对实体边进行倒圆，也可以对片体边进行倒圆。单击“面倒圆”按钮，在打开的“面倒圆”对话框中提供了以下两种创建面倒圆特征的方式。

1. 两个定义面链

滚动球面倒圆是指使用一个指定半径的假想球与选择的两个面集相切形成倒圆特征。选择“类型”面板中的“两个定义面链”选项，再在截面方位中选择“滚球”，“面倒圆”对话框被激活，各面板选项的含义介绍如下：

- 面链：该面板用来指定面倒圆所在的两个面，也就是倒圆角在两个选取面的相交部分。其中第一个选项组用于选择面倒圆第一组倒圆角的面，第二个选项组用于选择第二组倒圆角的面。
- 横截面：在该面板中可以设置截面方位的方式，形状和半径方法，横截面的形状分为“圆形”“对称二次曲线”和“不对称二次曲面”三种方式。创建面倒圆特征，可以依次选取要面倒圆的两个面链，然后在“横截面”面板中的“形状”下拉列表中选择倒圆的形状样式，设置圆角的参数，如图 8-23 所示是以圆形创建的面倒圆特征。

➢ 约束和限制几何体：在该面板中可以通过设置重合边和相切曲线来限制面倒圆的形状。利用“选择重合边”工具指定陡峭边缘作为圆面的相切截面，利用“选择相切曲线”工具指定相切控制线来控制圆角半径，从而对面倒圆特征进行约束和限制操作，如图 8-24 所示。

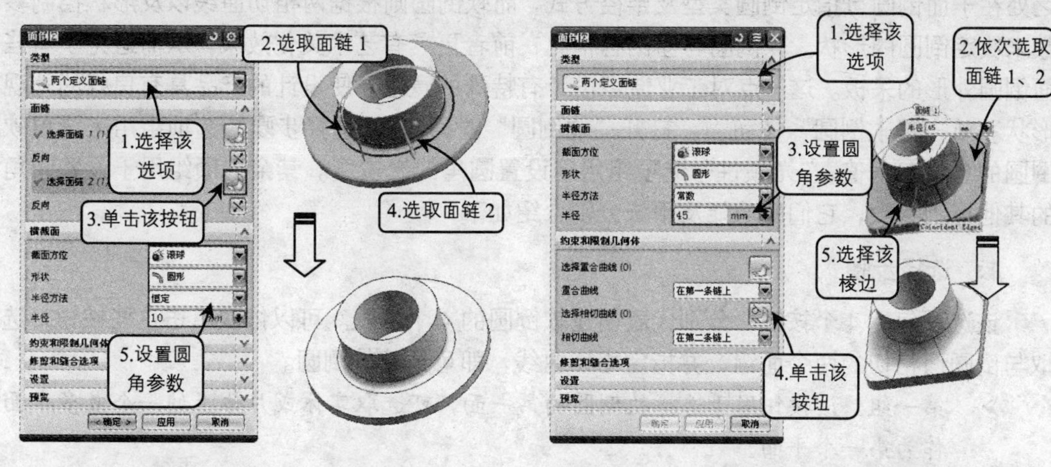

图 8-23 “圆形”圆角效果　　图 8-24 约束和限制的面倒圆效果

2. 扫掠截面

扫掠截面是指定圆角样式和指定的脊线构成的扫描截面，与选择的两面集相切进行倒圆角。其中脊线是曲面指定同向断面线的特殊点集合所形成的线。也就是说，指定了脊线就决定了曲面的端面产生的方向。其中端面的 U 线必须垂直于脊线。

选择“类型”面板中的“两个定义面链”选项，再在截面方位的下拉列表中选择“扫掠截面”，并依次选取要进行面倒圆的两个面链，然后在 “横截面”面板中单击“选择脊线”按钮，在工作区中选取脊线并设置圆角参数即可，创建方法如图 8-25 所示。

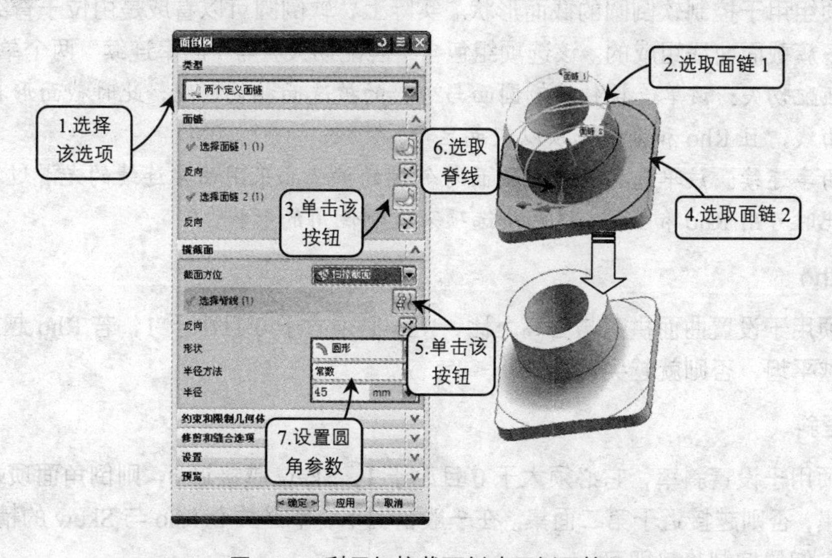

图 8-25 利用扫掠截面创建面倒圆特征

8.3.3 软倒圆

软倒圆是沿着相切控制线相切于指定的面。软倒圆与面倒圆的选项和操作类似，不同之处在于面倒圆可指定倒圆类型及半径方式，而软倒圆则根据两相切曲线以及形状控制参数来决定倒圆的形状。软倒圆与面倒圆相比，前者更具有艺术美化效果，从而避免了有些面倒圆外形的呆板。这一点对工业造型设计有特殊的意义，使设计的产品具有良好的外观形状。单击“软倒圆”按钮，打开“软倒圆”对话框，“选择步骤”选项组用来设置软倒圆的各个参考值，“光顺性”选项组用于设置圆角的光滑度。其余选项组用于设置圆角的其他控制参数，它们的功能及用法分别介绍如下：

1. 选择步骤

该选项包括 4 个按钮，分别代表创建软倒圆的 4 个步骤。可以依次单击这些按钮，选取与倒圆面相切的两个面组，并指定相切曲线，即可创建软倒圆。

- 第一组：该按钮用于选择软倒圆的第一面，可选取实体或片体上的一个或多个面作为第一个平面。
- 第二组：该按钮用于选择软倒圆的第二面，可选取实体或片体上的一个或多个面作为第二个平面。
- 第一相切曲线：该按钮用于选取第一平面上的相切曲线，可选取第一个平面上的曲线作为相切曲线，使之成为倒圆面的边缘。
- 第二相切曲线：该按钮用于选取第二平面上的相切曲线，可选取第二个平面上的曲线作为相切曲线，使之成为倒圆面的边缘。

创建倒圆角特征，必须首先选取与倒圆面相切的两个面组，并指定相切曲线。

2. 光顺性

该选项组用于控制软倒圆的截面形状。实际上，软倒圆可以看成是由位于脊线法向平面上无穷多簇截面曲线组成的。该选项组包含“匹配切矢”与“曲率连续”两个单选按钮。

- 匹配切矢：该单选按钮使倒圆面与邻接的被选面相切匹配，此时截面形状为椭圆曲线，且 Rho 和歪斜选项以灰色显示。
- 曲率连续：该单选按钮使倒圆面与邻接的被选面采用曲率连续的光滑过渡方法，此时可用 Rho 和 Skew 这两个选项来控制倒角的形状。

3. Rho

该选项用于设置曲面拱高与弦高之比，Rho 必须大于 0 且小于 1，若 Rho 越接近 0，则倒圆面越平坦，否则就越尖锐。

4. 歪斜

该选项用于设置斜率，它必须大于 0 且小于 1，Skew 越接近 0，则倒角面顶端越接近于第一面集，否则越接近于第二面集。在一般情况下，不必关心 Rho 与 Skew 的精确含义，只要知道它们的控制趋势即可。

5. 定义脊线

用于定义软倒圆的脊柱线串，可以选择曲线或实体边缘作为脊柱线。单击“定义脊线”按钮，打开“脊线”对话框，在绘图区中选取某条曲线或实体边作为倒圆的脊线。图 8-26 所示就是按照上述步骤选取直线为脊线创建的软倒圆。

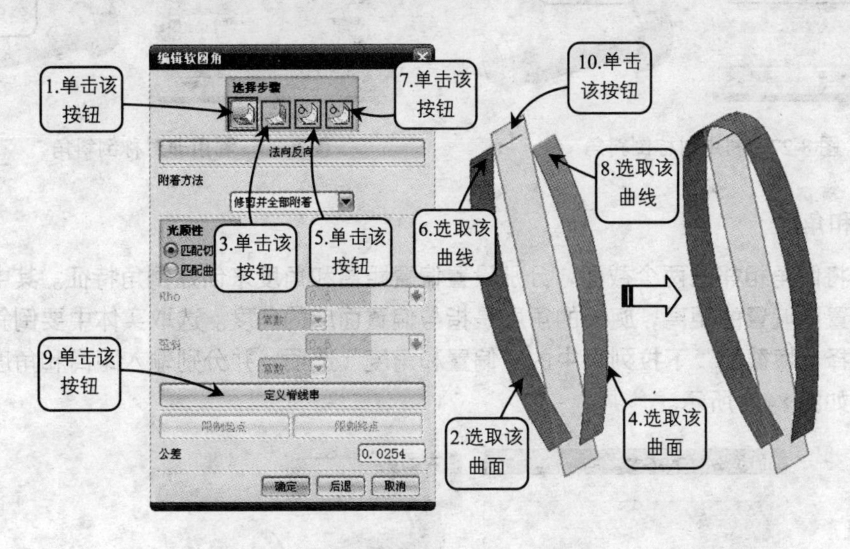

图 8-26　利用“定义脊线”选项创建软倒圆特征

提　示：在选取第一组和第二组面时，工作区中会示意面的法向方向箭头，并且“选择步骤”按钮下面的“法向反向”按钮会激活，单击此按钮改变法向方向使得法向方向朝向要创建的倒圆角内侧，否则系统会警报圆角半径过大。

8.3.4 倒斜角

倒斜角特征又称为倒角或去角特征，是处理模型周围棱角的方法之一。当产品的边缘过于尖锐时，为避免擦伤，需要对其边缘进行倒斜角操作。倒斜角的操作方法与倒圆角及其相似，都是选取实体边缘并按照指定的尺寸进行倒角操作。单击“倒斜角”按钮，在打开的“倒斜角”对话框中提供了创建倒斜角的 3 种方法，具体介绍如下：

1. 对称

该方式是设置与倒角相邻的两个截面，成对偏置一定距离。它的斜角值是固定的 45°，并且是系统默认的倒角方式。选取实体要倒斜角的边，然后选择“横截面”下拉列表中的“对称”选项，并设置倒角距离参数，即可创建对称截面倒斜角特征，如图 8-27 所示。

2. 非对称

该方式与对称倒角方式最大的不同是与倒角相邻的两个截面，通过分别设置不同的偏置距离来创建倒角特征。选取实体中要倒斜角的边，然后选择“横截面”下拉列表中的“非对称”选项，并在两个“距离”文本框中输入不同的距离参数，创建方法如图 8-28 所示。

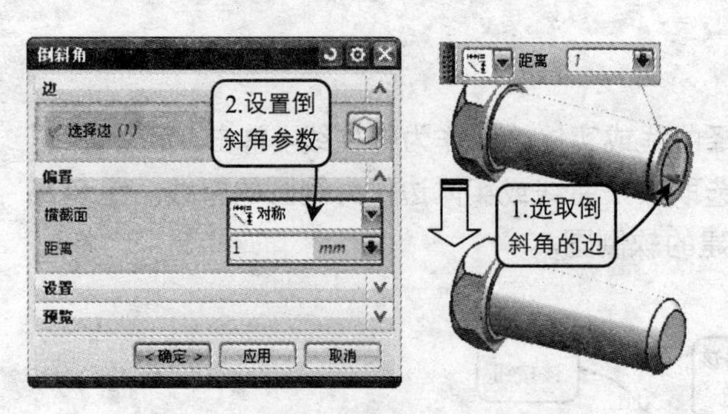

图 8-27　利用对称倒斜角

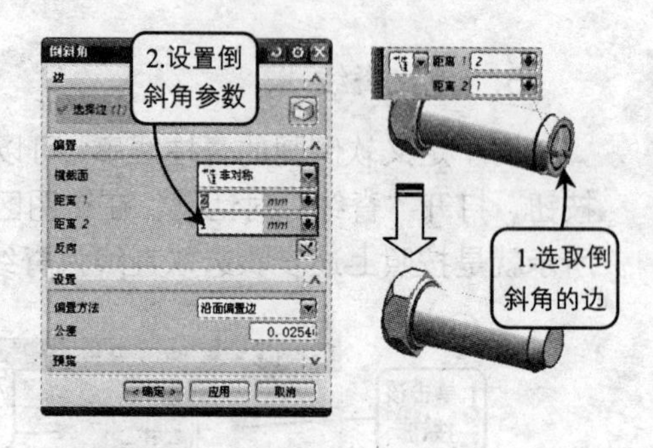

图 8-28　利用非对称倒斜角

3. 偏置和角度

该方式是将倒角相邻的两个截面，分别设置偏置距离和角度来创建倒角特征。其中偏置距离是沿偏置面偏置的距离，旋转的角度是指与偏置面成的角度。选取实体中要倒斜角的边，然后选择“横截面”下拉列表中的“偏置和角度”选项，并分别输入距离和角度参数，创建方法如图 8-29 所示。

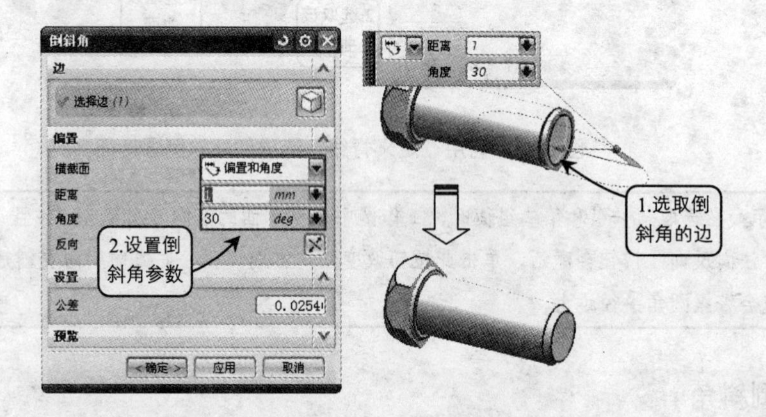

图 8-29　利用偏置和角度倒斜角

8.3.5 拔模

注塑件和铸件往往需要一个拔模斜面才能顺利脱模，这就是所谓的拔模处理。拔模特征是通过制定一个拔模方向的矢量，输入一个沿拔模方向的拔模角度，使要拔模的面按照这个角度值进行向内或向外的变化。单击“拔模”按钮，在打开的“拔模”对话框中提供了 4 种创建拔模特征的方式，简要介绍如下：

1. 从平面

该方式是指以选取的平面为参考平面，并与所指定的拔模方向成一定角度来创建拔模特征。选择“类型”面板中的“从平面”选项并指定拔模方向，然后选取拔模的固定平面，并选取要进行拔模的曲面和设置拔模角度值，创建方法如图 8-30 所示。

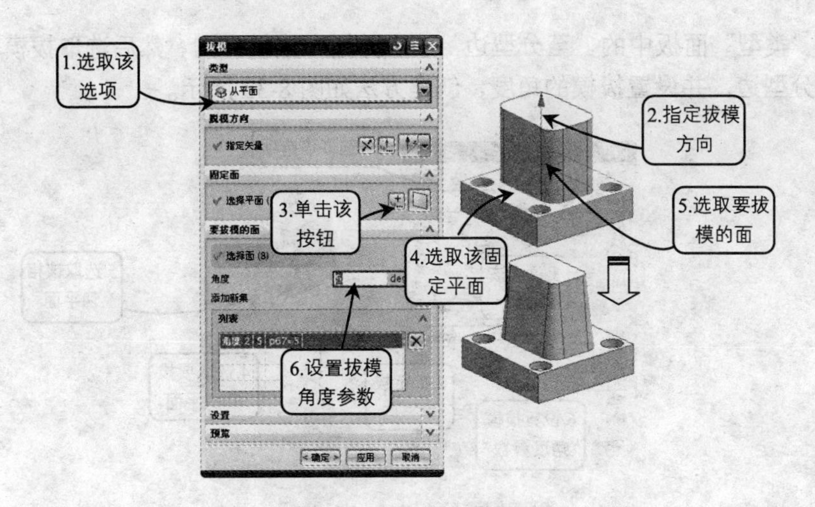

图 8-30　从平面拔模

2. 从边

该方式常用于从一系列实体的边缘开始，与拔模方向成一系列的拔模角度对指定的实体进行拔模操作。选择“类型”面板中的“从边”选项并指定拔模方向，然后选取拔模的固定边并设置拔模角度，创建方法如图 8-31 所示。

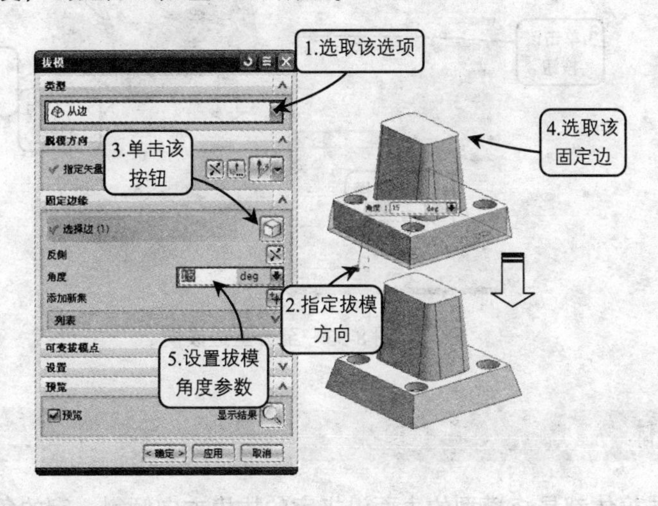

图 8-31　从边拔模

3. 与多个面相切

该方式用于对相切表面拔模后仍保持相切的情况。选择“类型”面板中的“与多个面相切”选项并指定拔模方向，然后选取要拔模的平面，并选取与其相切的平面，设置拔模角度，创建方法如图 8-32 所示。

4. 至分型边

该方式是沿指定的分型边缘，并与指定的拔模方向成一定拔模角度对实体进行的拔模操作。选择"类型"面板中的"至分型边"选项并指定拔模方向，然后选取拔模的固定平面和拔模的分型边，并设置拔模的角度，创建方法如图 8-33 所示。

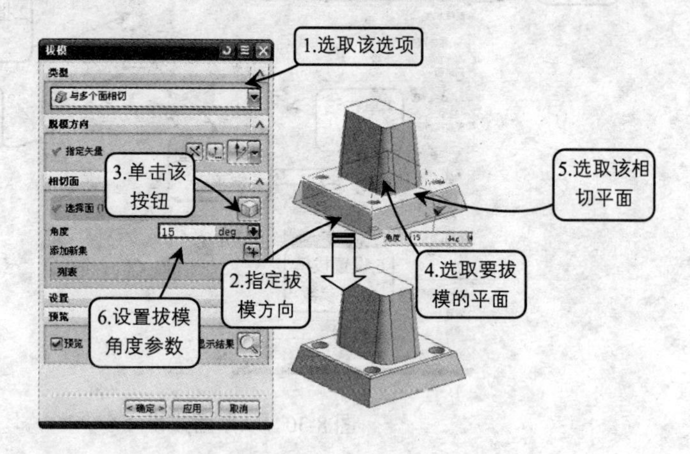

图 8-32　与多个面相切拔模

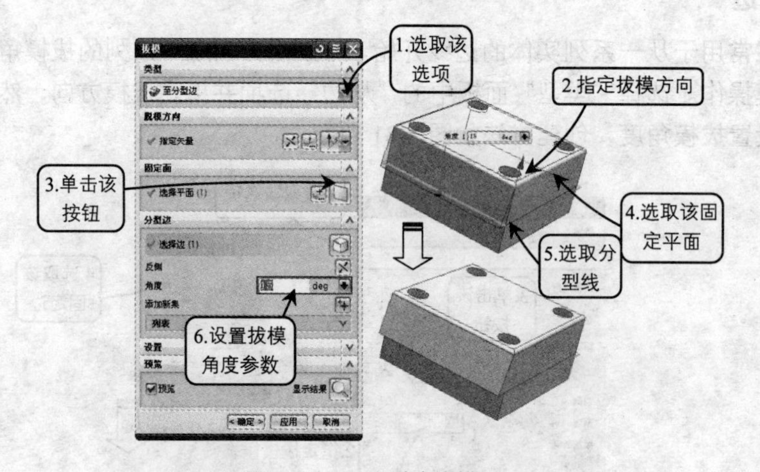

图 8-33　至分型边拔模

8.3.6 拔模体

拔模和拔模体都是将模型的表面沿指定的拔模方向倾斜一定的角度，都来源于机械零件的铸造工艺；所不同的是拔模体可以对两个实体同时进行拔模，而拔模则是对一个实体拔模。

该工具可以在分型面两侧对实体进行与模型方向成一定角度的拔模操作。单击"拔模体"按钮，在打开的"拔模体"对话框中提供了以下两种创建拔模体特征的方式。

1. 从边

该方式可以通过选取实体的分型面并指定拔模方向，然后选取分型面上面或者下面的固定边，对实体进行上面或者下面的拔模。同时选取上下两条固定边，上下两面同时拔模的效果如图 8-34 所示。

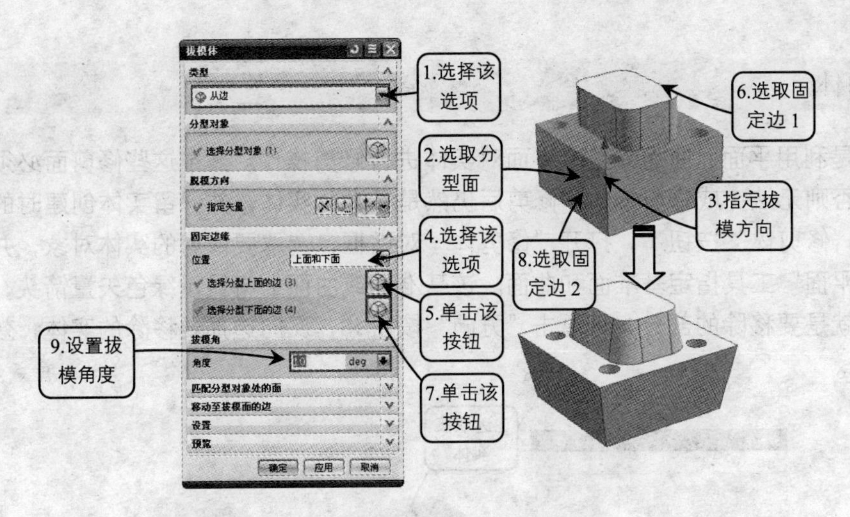

图 8-34　从边拔模体

2. 要拔模的面

该方式可以对多个表面同时进行拔模操作。通过选取实体的分型面并指定拔模方向，然后选取要进行拔模的多个表面并设置拔模角度，创建方法如图 8-35 所示。

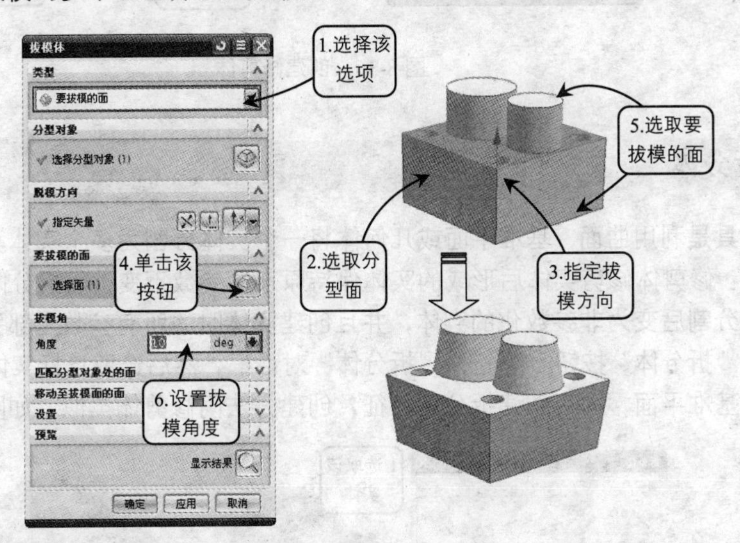

图 8-35　指定拔模面创建拔模体特征

8.4 修剪特征

修剪是曲面特征操作一个常用的功能。修剪用于将实体表面、基准平面、片体或其他几何体修剪成一个或多个实体或片体，生成新的符合要求的实体或片体。在 UG NX 中修剪特征主要包括修剪体、拆分体、缝合和修补等。

8.4.1 修剪体

该工具是利用平面、曲面或基准平面对实体进行修剪操作。其中这些修剪面必须完全通过实体，否则无法完成修剪操作。修剪后仍然是参数化实体，并保留实体创建时的所有参数。单击“修剪体”按钮，打开“修剪体”对话框，选取要修剪的实体对象，并利用“选择面或平面”工具指定基准面和曲面。该基准面或曲面上将显示绿色矢量箭头，矢量所指的方向就是要移除的部分，可单击“方向”按钮，反向选择要移除的实体，效果如图 8-36 所示。

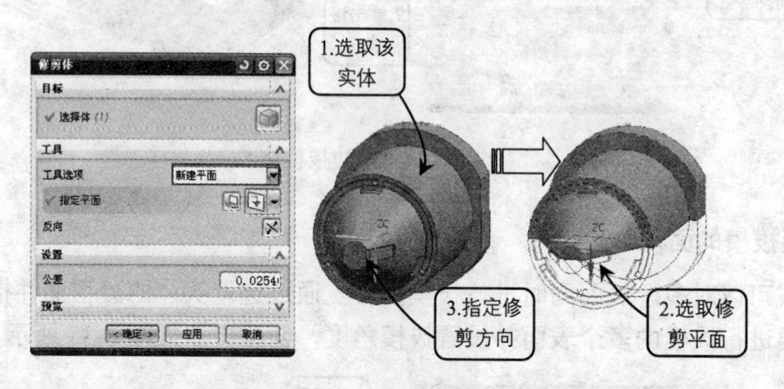

图 8-36　创建修剪体

8.4.2 拆分体

该工具是利用曲面、基准平面或几何体将一个实体分割为多个实体。该工具与修剪体不同的是：修剪体修剪实体后形成的实体保持原来的参数不变，而拆分体对实体进行拆分后，实体分割后变为非参数化的实体，并且创建实体时的所有参数全部丢失。

单击“拆分体”按钮，打开“拆分体”对话框，然后选取目标实体和用来分割实体的平面或基准平面，即可创建拆分体特征，创建方法同修剪体类似，如图 8-37 所示。

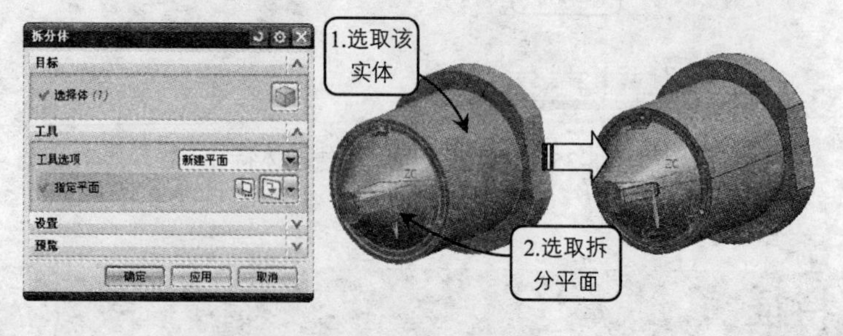

图 8-37　创建拆分体

8.4.3 缝合

缝合都是将多个片体修补从而获得新的片体或实体特征。该工具是将具有公共边的多

个片体缝合在一起，组成一个整体的片体。封闭的片体经过缝合能够变成实体。单击“缝合”按钮，在打开的“缝合”对话框中提供了创建缝合特征的两种方式，具体介绍如下：

1. 片体

该方式是指将具有公共边或具有一定缝隙的两个片体缝合在一起组成一个整体的片体。当对具有一定缝隙的两个片体进行缝合时，两个片体间的最短距离必须小于缝合的公差值。选择“类型”面板中“片体”选项，然后依次选取目标片体和刀具片体进行缝合操作，创建方法如图 8-38 所示。

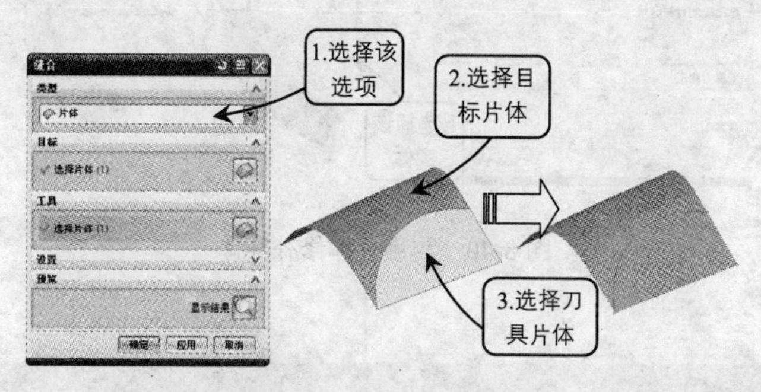

图 8-38　利用片体创建缝合特征

2. 实体

该方式用于缝合选择的实体。要缝合的实体必须是具有相同形状、面积相近的表面。该方式尤其适用于无法用“求和”工具进行布尔运算的实体。选择“类型”面板中的“实体”选项，然后依次选取目标平面和刀具进行缝合操作，创建方法如图 8-39 所示。

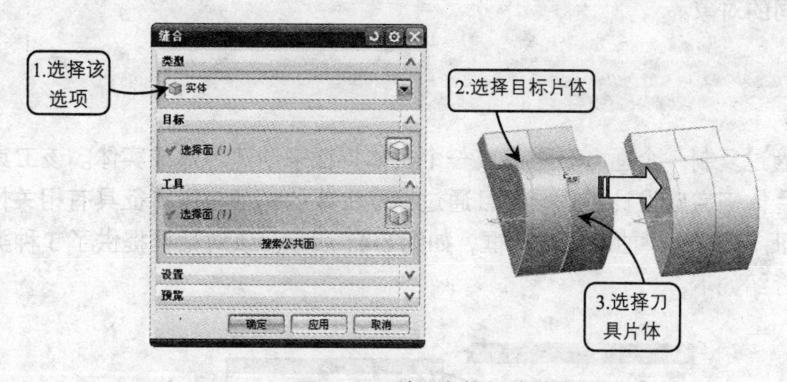

图 8-39　利用实体创建缝合特征

8.4.4 补片

修补和缝合都是将片体修补从而获得新的片体或实体特征。与缝合不同的是：其中缝合是将多个片体组合在一起形成一个新的片体或实体，而修补是利用片体修补实体形成新的实体。

该工具是利用片体修补实体特征产生新的实体特征。可以利用片体对实体表面进行修补，创建所需要的实体表面。其中用来修补的片体工具必须是与目标实体相接触或间隙不超过距离公差值。单击“补片”按钮，打开“补片”对话框，然后选取目标实体对象，并选取用来修补的片体，指定移除的方向，创建方法如图 8-40 所示。

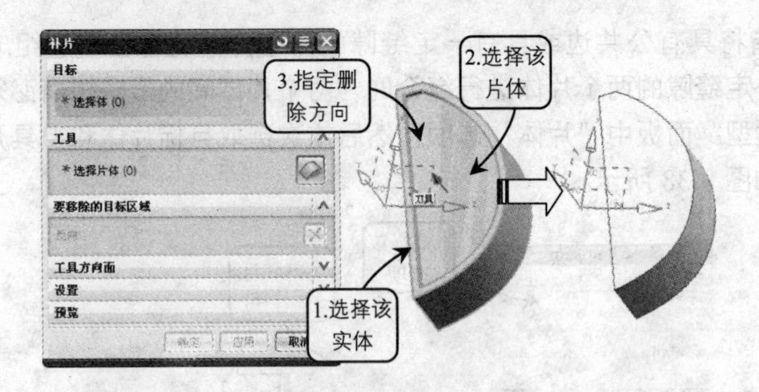

图 8-40　利用片体修补实体

8.5 关联复制特征

关联复制特征是指对已创建好的特征进行编辑或复制，得到需要的实体或片体。例如，利用“抽取”工具可以将实体转化为片体；利用“实例特征”、“镜像特征”和“镜像体”工具可以对实体进行多个成组的镜像或复制，避免对单一实体的重复操作；利用“引用几何体”工具可以对所选几何对象进行各种三维复制操作，即在保留原对象的基础上创建出与原对象形状相同的对象。

8.5.1 抽取体

该工具可以通过复制一个面、一组面或一个实体特征来创建片体或实体。该工具充分利用现有实体或片体来完成设计工作，并且通过抽取生成的特征与原特征具有相关性。单击“抽取体”按钮，打开“抽取”对话框，如图 8-41 所示。该对话框提供了 3 种类型的抽取方法，具体介绍如下：

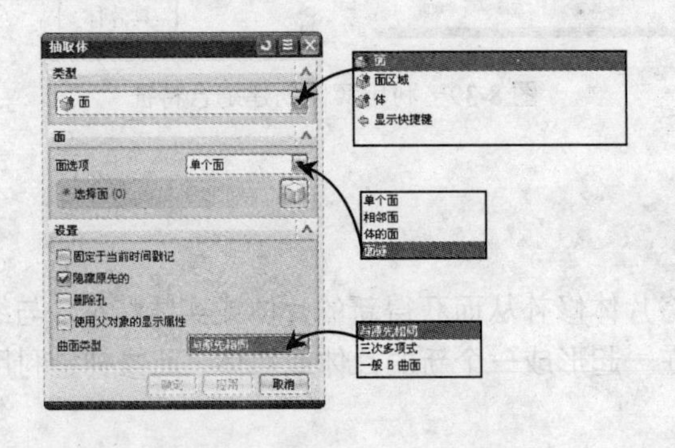

图 8-41　“抽取体”对话框

1. 面

该方式可以将选取的实体或片体表面抽取为片体。选择需要抽取的一个或多个实体面或片体面并进行相关设置，即可完成抽取面的操作。

选择“类型”面板中的“面”选项，“抽取”对话框被激活。在“设置”面板中，启用“固定于当前时间戳记”复选框，则生成的抽取特征不随原几何体变化而变化，禁用该复选框，则生成的抽取特征随原几何体变化而变化，时间顺序总是在模型中其他特征之后；“隐藏原先的”复选框用于控制是否隐藏原曲面或实体；“删除孔”复选框用于删除所选表面中的内孔。在激活的“面选项”下拉列表中包括 4 种抽取面的方式，具体介绍如下：

❑ 单个面

利用该选项可以将实体或片体的某个单个表面抽取为新的片体。图 8-42 所示为选取圆柱的端面并启用“隐藏原先的”复选框时创建的片体效果。在“曲面类型”下拉列表中包括以下 3 种抽取生成曲面类型。

➢ 与原先相同：用此方式抽取与原表面具有相同特征属性的表面。

➢ 三次多项式：用此方式抽取的表面接近但并不是完全复制，这种方式抽取的表面可以转换到其他 CAD、CAM 和 CAE 应用中。

➢ 一般 B 曲面：用此方式抽取的曲面是原表面的精确复制，很难转换到其他系统中。

❑ 相邻面

利用该选项可以选取实体或片体的某个表面，其他与其相连的表面也会自动选中，将这组表面提取为新的片体。图 8-43 所示为选取与底部圆柱体端面相连的曲面并启用“隐藏原先的”复选框时创建的片体效果。

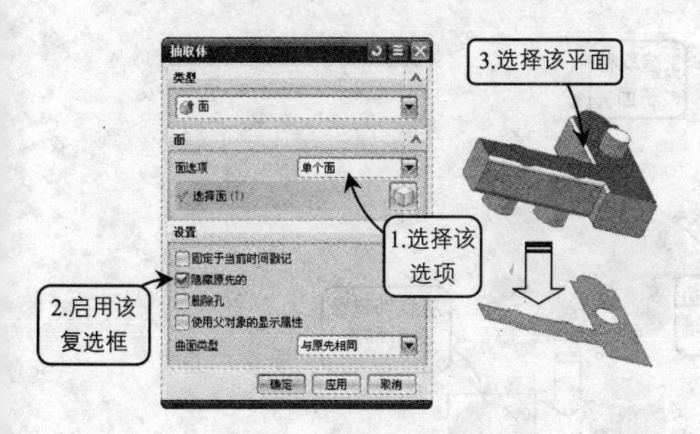

图 8-42　抽取单个面

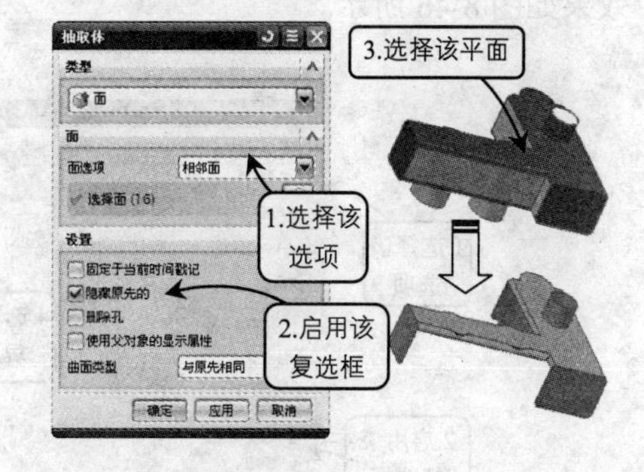

图 8-43　抽取相邻面

❑ 体的面

利用该选项可以将实体特征所有的曲面抽取为片体。图 8-44 所示为选取实体特征的所有曲面开启用“隐藏原先的”复选框时创建的片体效果。

❑ 面链

利用该方式可以选取实体或片体的某个表面，然后选取其他与其相连的表面，将这组表面抽取为新的片体。它与“相邻面”方式的区别在于：相邻面是将与对象表面相邻的所

有表面均抽取为片体，而面链是根据需要依次选取与对象表面相邻的表面，并且还能够成链条选取与其相邻的表面连接的面，抽取为片体。

图 8-45 所示为依次选取图中小圆柱的圆柱与其相邻的面链并启用“隐藏原先的”复选框时创建的片体效果。

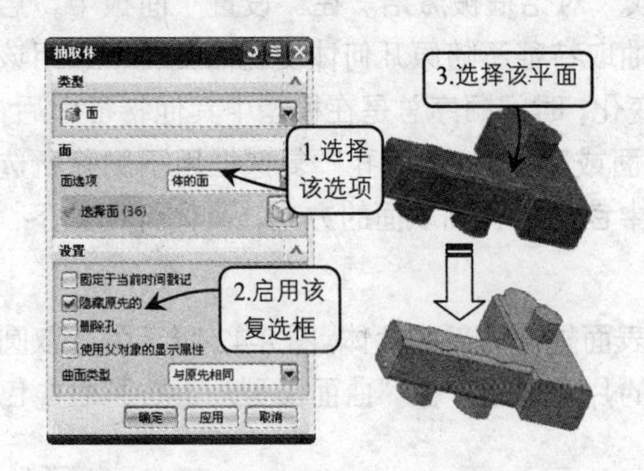

图 8-44 抽取实体的所有曲面

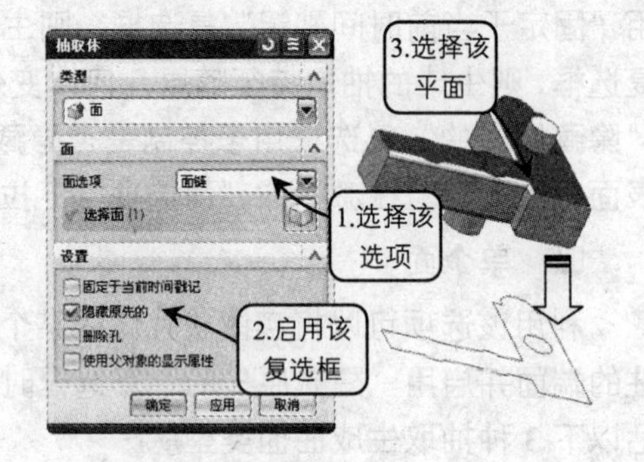

图 8-45 利用面链抽取片体

2. 面区域

该方式可以在实体中选取种子表面和边界表面，种子面是区域中的起始面，边界面是用来对选择区域进行界定的一个或多个表面，即终止面。所选择的边界表面内和种子表面有关的所有表面作为片体。

选择“类型”面板中的“面区域”选项，然后选取图中的圆柱体表面为种子面，并选取长方体的上表面为终止面，启用“隐藏原先的”复选框，即可创建抽取面区域的片体特征，效果如图 8-46 所示。

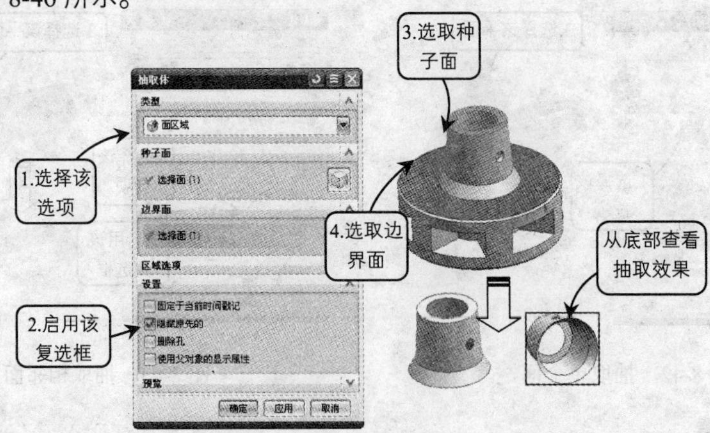

图 8-46 抽取面区域

3. 体

该方式可以对选择的实体或片体进行复制操作，复制的对象和原对象是关联的。选择“类型”面板中的“体”选项，并启用“隐藏原先的”复选框，选取图中的实际对象，即

可将实体抽取复制，效果如图 8-47 所示。

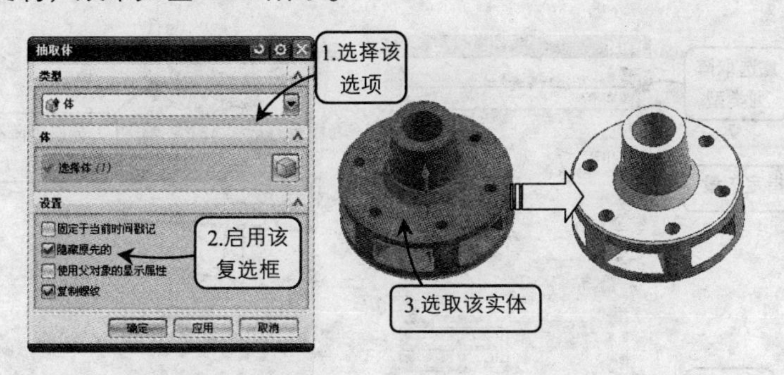

图 8-47　抽取体

8.5.2 复合曲线

该工具通过复制其他曲线或边来创建曲线，并且可以设置复制的曲线与原曲线是否具有关联性。单击“复合曲线”按钮，打开“复合曲线”对话框，然后选取图中长方体的边线为复制的对象，并启用“关联”和“隐藏原先的”复选框，即可创建复合曲线，效果如图 8-48 所示。

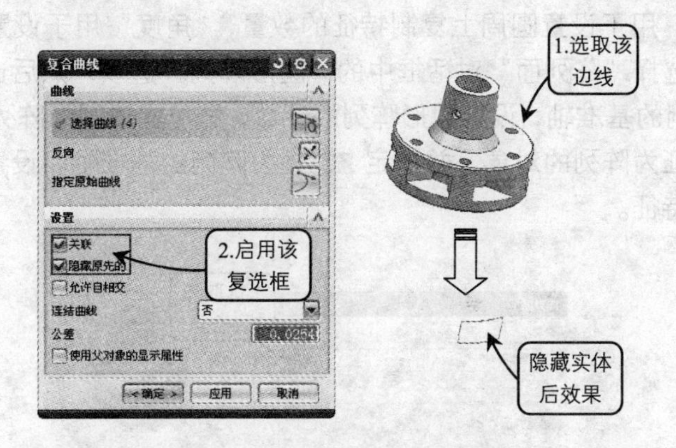

图 8-48　创建复合曲线

8.5.3 阵列面

阵列面可以快速创建与已有的特征同样形状的多个呈一定规律分布的特征。利用该方法可以对面进行多个成组的镜像或者复制。单击“插入”→“关联复制”→“阵列面”。弹出“阵列面”对话框，在对话框的“类型”下拉菜单中提供了 3 种方式：

1. 矩形阵列

该方式用于以矩形阵列的形式来复制所选的面，可以使阵列后的特征成矩形（行数×列数）排列。选择“阵列面”对话框中的“矩形阵列”选项，然后选择所要阵列的所有曲面，指定矢量方向，设置阵列属性。最后单击“确定”，即可对所选特征产生矩形阵列。

图 8-49 所示为选择孔特征为阵列的对象，并设置矩形阵列参数后所创建的矩形阵列效果。

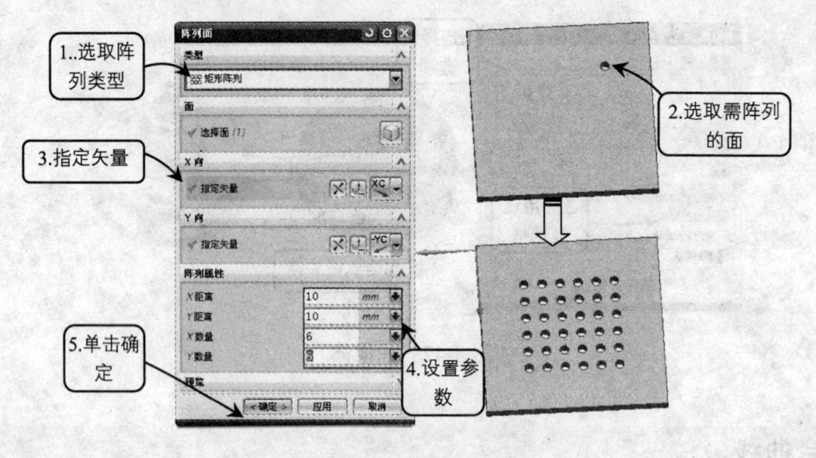

图 8-49　创建矩形阵列特征

2. 圆形阵列

该阵列方式常用于以圆形阵列的方式来复制所选的面，使阵列后的特征成圆周排列。该方式常用于盘类零件上重复性特征的创建。

"圆数量"用于设置圆周上复制特征的数量，"角度"用于设置圆周方向上复制特征之间的角度。选择"阵列面"对话框中的"圆形阵列"选项，然后选择需要阵列的所有曲面，并指定阵列的基准轴，设置圆形阵列的参数，即可完成圆形阵列的创建。图 8-50 所示即是选择孔特征为阵列的对象，并指定 ZC 轴为阵列的基准轴，设置圆形阵列的参数后创建的圆形阵列特征。

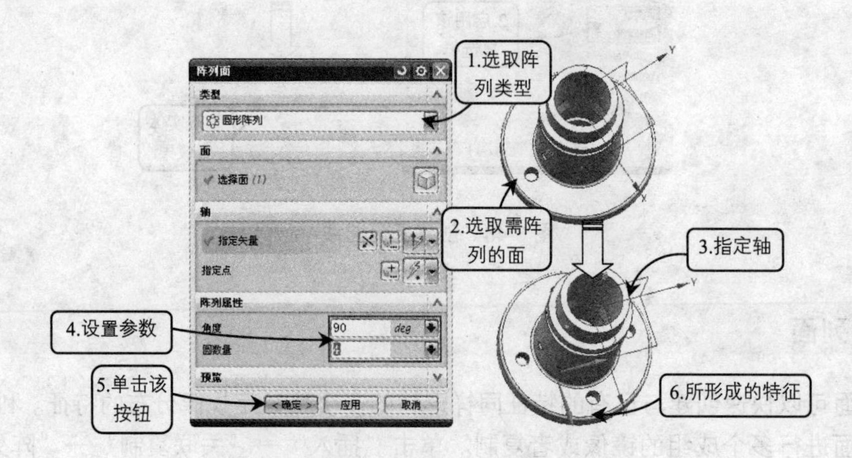

图 8-50　创建圆形阵列

3. 镜像

该方式需要选取特征或实体的所有曲面，并指定镜像的基准平面。如图 8-51 所示，选取"类型"面板中的"镜像"选项，并选取圆柱面，选取 XC-ZC 面为镜像平面，即可完成镜像面的创建。

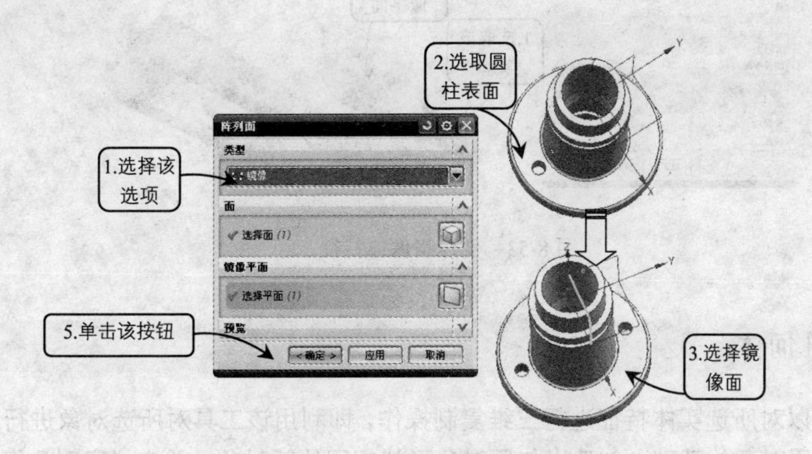

图 8-51　创建镜像面特征

8.5.4 镜像特征

镜像特征就是复制指定的一个或多个特征，并根据平面（基准平面或实体表面）将其镜像到该平面的另一侧。单击“镜像特征”按钮，打开“镜像特征”对话框，然后选取图中的支架特征为镜像对象，并选取基准平面为镜像平面，创建镜像特征，效果如图 8-52 所示。

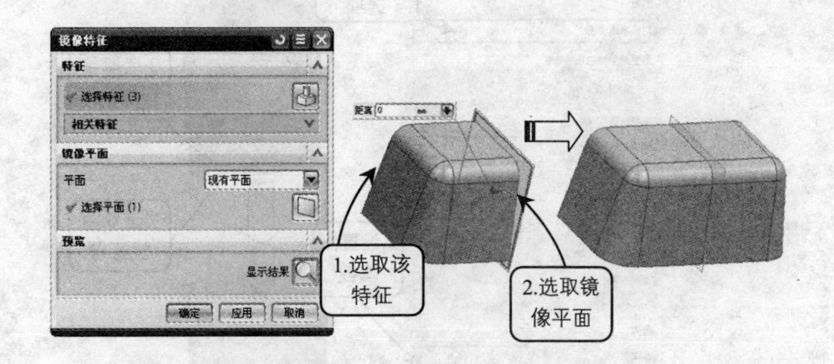

图 8-52　创建镜像特征

8.5.5 镜像体

该工具可以以基准平面为镜像平面，镜像所选的实体或片体。其镜像后的实体或片体和原实体或片体相关联，但其本身没有可编辑的特征参数。与镜像特征不同的是，镜像体不能以自身的表面作为镜像平面，只能以基准平面作为镜像平面。单击“镜像体”按钮，打开“镜像体”对话框，然后选取图中的实体为镜像对象，并选取基准平面作为镜像平面，系统将执行镜像体的操作，效果如图 8-53 所示。

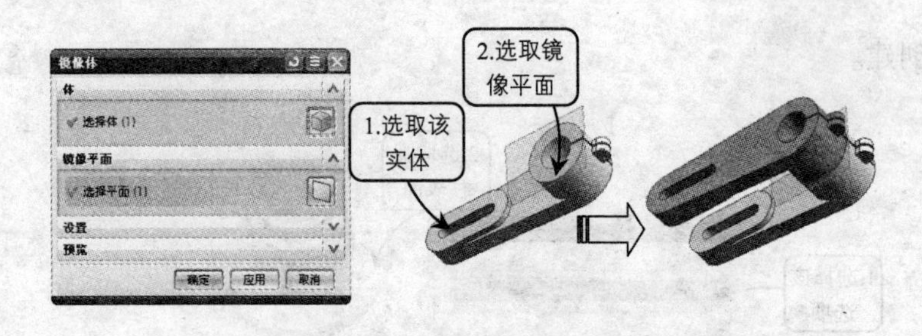

图 8-53　创建镜像体特征

8.5.6 实例几何体

该工具可以对所选实体特征进行三维复制操作，即利用该工具对所选对象进行三维操作后，在保留原对象的基础上创建出与原对象形状相同的新对象。单击“实例几何体”按钮，在打开的“实例几何体”对话框中提供了以下 5 种类型的引用几何体操作。

1. 来源/目标

该选项的作用是可以将选取的实体特征以源位置点和目标位置点的距离为移动距离，以两点连线的方向为移动方向进行复制操作。选择“类型”面板中的“来源/目标”选项，并选择图中的长方体为复制的对象，然后依次指定源位置点和目标位置点并设置副本数，即可完成复制操作，效果如图 8-54 所示。

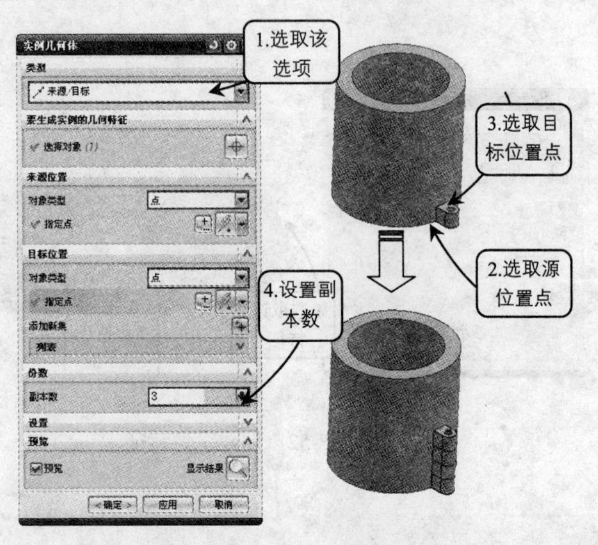

图 8-54　来源/目标操作效果

2. 镜像

该选项的作用和操作方法与草图中“镜像”工具类似，不同之处在于：草图中的镜像对象都是二维图形，并且都是以镜像线进行镜像，镜像得到的图形都在一个平面上；而这里的镜像对象则是实体或片体特征，并且都是以镜像平面进行镜像操作的，所镜像出来的图形根据镜像平面的不同所在位置也不同。选择“类型”面板中的“镜像”选项，并选取图中的实体特征为镜像对象，然后选取基准平面镜像平面，即可创建镜像实体特征，效果如图 8-55 所示。

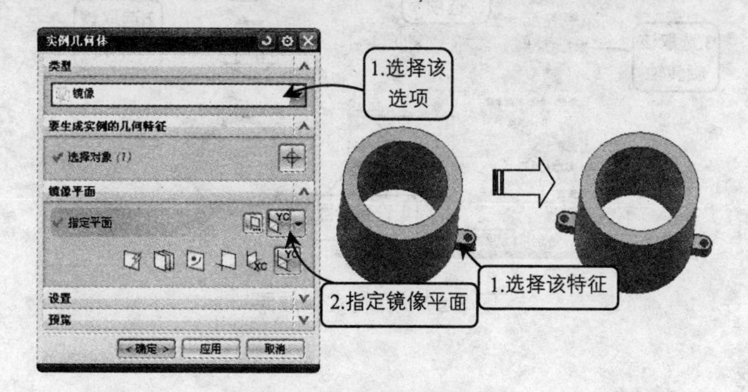

图 8-55　镜像实体效果

3. 平移

该选项可以将实体沿指定的矢量方向、移动距离和副本数进行移动复制。其成形原理和“来源/目标”选项相似，不同之处在于：利用该工具进行几何体的平移操作时，可以通过矢量构造器指定副本的移动方向，并且具体的移动距离可以通过“距离”文本框输入。选择“类型”面板中的“平移”选项，并选取图中的实体对象，然后指定矢量方向和设置参数，即可完成平移几何体的操作，效果如图 8-56 所示。

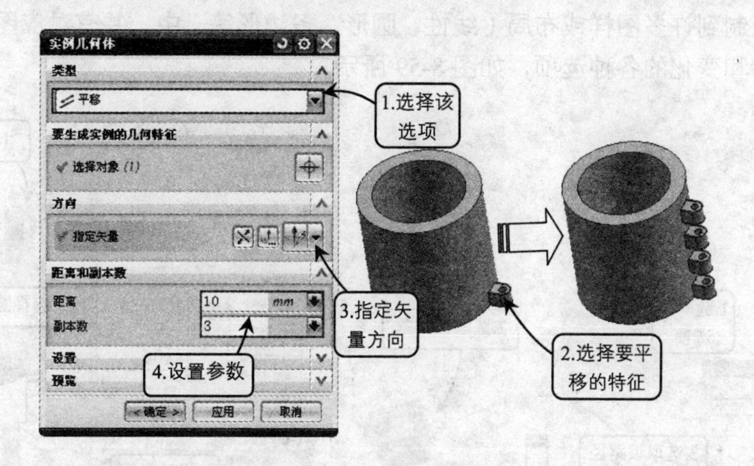

图 8-56　平移实体效果

4. 旋转

该选项可以将几何体沿指定的旋转轴、旋转角度、移动距离以及副本数进行旋转操作。选择“类型”面板中的“旋转”选项，并选取图中的实体对象为旋转对象，然后指定旋转轴和旋转基准点，利用“角度”和“距离”文本框设置复制副本的数量，效果如图 8-57 所示。

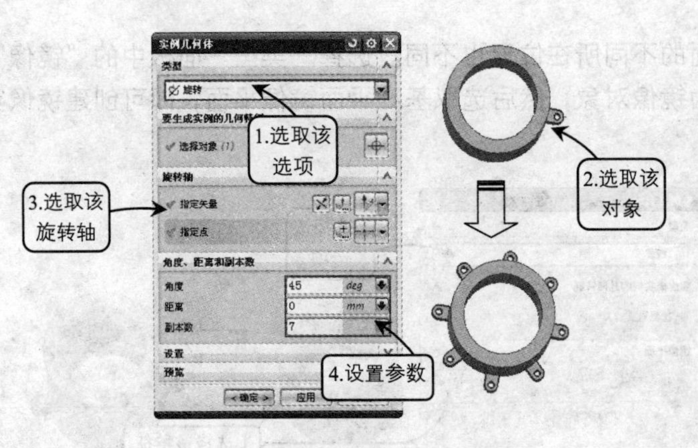

图 8-57 旋转实体效果

5. 沿路径

该选项的操作可以看作是“平移”和“旋转”选项的组合，不同之处在于：该操作需要指定运动路径（可以是直线、圆弧、样条曲线等类型的曲线），并且所创建的新几何体的方位随所在路径位置处的矢量方向的变化而变化。

选择“类型”面板中的“沿路径”选项，并选取图中的实体对象，然后选取圆弧为路径曲线并设置相应参数，即可创建沿路径的几何体，效果如图 8-58 所示。

8.5.7 对特征形成图样

将特征复制到许多图样或布局（线性、圆形、多边形等）中，并有对应图样边界、实例方位、旋转和变化的各种选项，如图 8-59 所示。

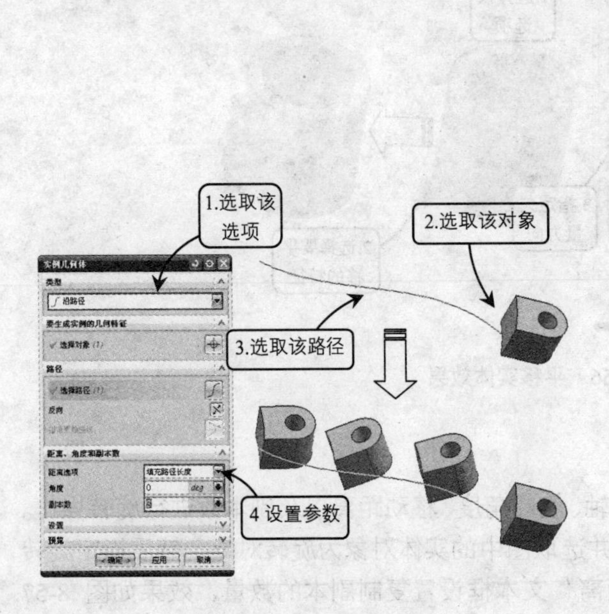

图 8-58 沿路径复制几何体

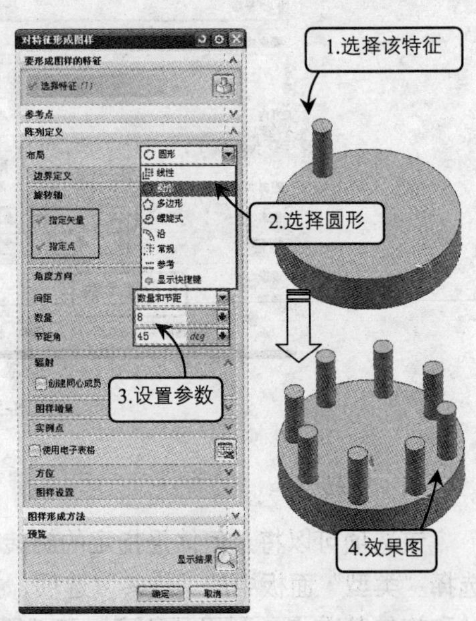

图 8-59 对特征形成图样

8.6 案例实战——创建翻盖手机外壳模型

最终文件：	source\chapter8\ch8-example1-final.prt
视频文件：	AVI\实例操作 8-1.avi

本实例创建手机外部壳体，如图 8-60 所示。该手机属于普通的翻盖手机，由上下壳体组成，其结构比较简单。创建该手机壳体的实体模型时，可以按照先总后分的思路创建。

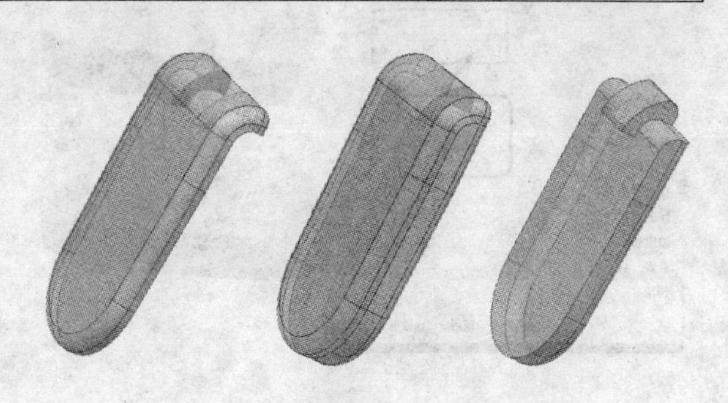

图 8-60　翻盖手机外壳模型效果

先利用“拉伸”工具创建出手机的整体模型，然后利用“边倒圆”工具依次创建出除上盖旋转部分圆弧面以外的所有圆角特征，然后再次利用“拉伸”、“修剪的片体”和“缝合”工具创建出分型面，最后利用“修剪体”工具完成该手机壳体模型的创建。

8.6.1 创建手机整体模型

01 在工具栏里单击“草图”图标，打开“创建草图”对话框，在工作区中选择 XC-YC 平面为草绘平面，绘制如图 8-61 所示的草图。

02 在“特征”工具栏中单击“拉伸”图标，打开“拉伸”对话框，选择上步骤创建的曲线草图为截面，在工作区中创建如图 8-62 所示高度为 20 的实体。

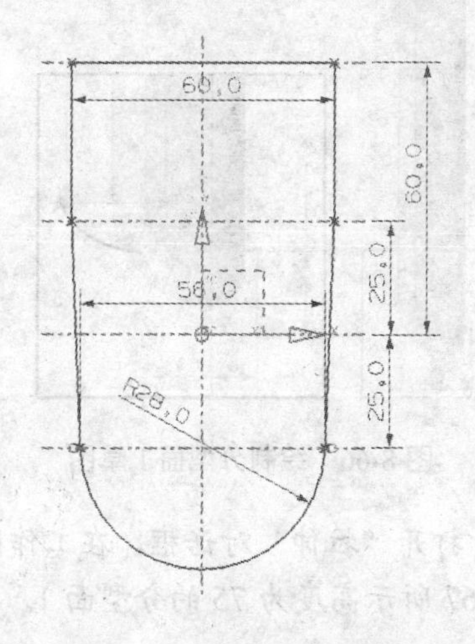

图 8-61　绘制手机截面轮廓

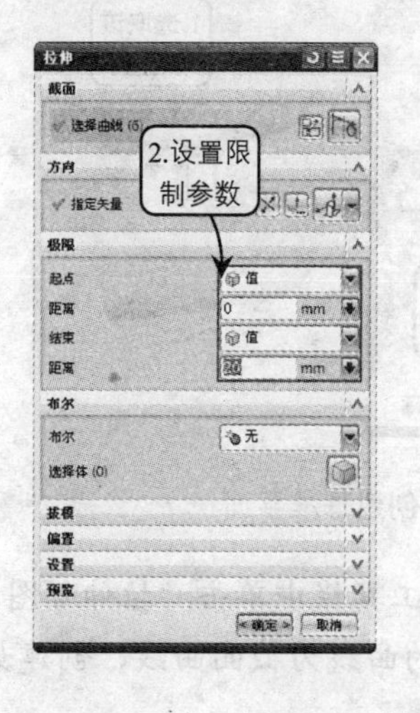

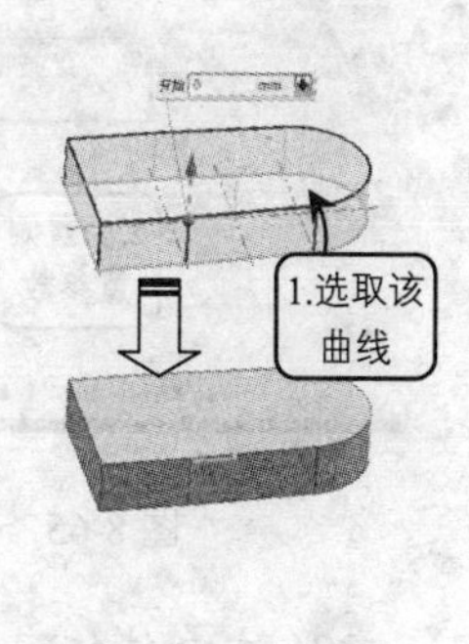

图 8-62　创建拉伸体

03 在“特征操作”工具栏中单击“边倒圆”图标，打开“边倒圆”对话框，在工作区中选取如图 8-63 所示的边缘线，设置倒圆半径为 15。

04 选择“插入”→“细节特征”→“边倒圆”命令，打开“边倒圆”对话框，在工作区中选取除上步骤的边缘线外的所有边缘线，设置倒圆半径为 5，效果如图 8-64 所示。

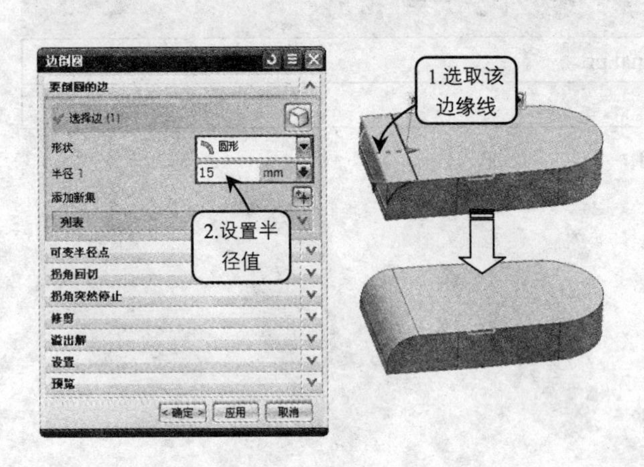

图 8-63　创建 R15 边倒圆

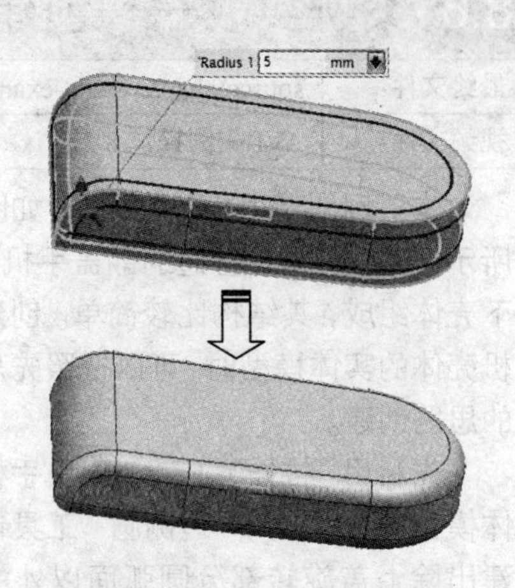

图 8-64　创建 R5 边倒圆

8.6.2 创建各个分型面

01 在“特征操作”工具栏中单击“基准平面”图标，打开“基准平面”对话框，在工作区中选取手机上端侧面为平面对象，设置偏置距离为 8，如图 8-65 所示。

02 在工具栏里单击“草图”图标，打开“创建草图”对话框，选择工作区中步骤(1)所创建的平面为草绘平面，绘制如图 8-66 所示的草图。

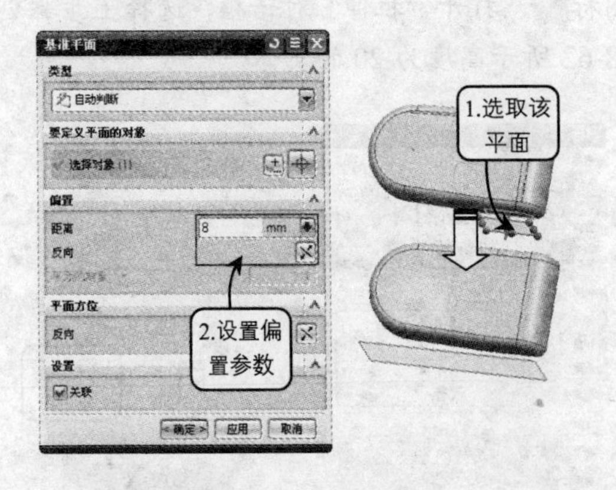

图 8-65　创建基准平面

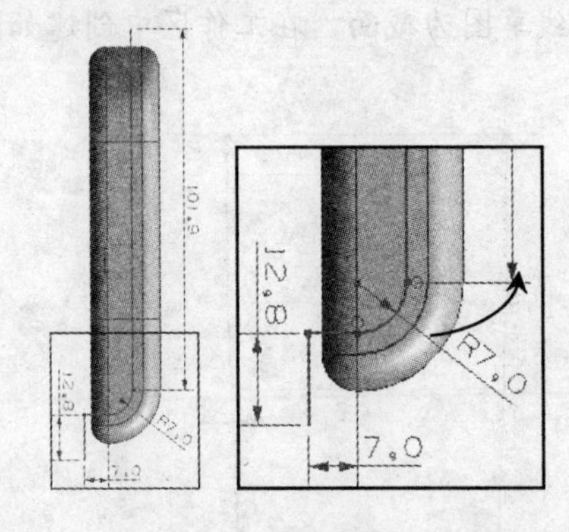

图 8-66　绘制分型面 1 草图

03 在“特征”工具栏中单击“拉伸”图标，打开“拉伸”对话框，在工作区中选择步骤（2）所绘制的曲线为截面曲线，创建如图 8-67 所示高度为 75 的分型面 1。

04 在“特征操作”工具栏中单击“基准平面”图标，打开“基准平面”对话框，在类型下拉列表中选择“YC-ZC 平面”选项，创建基准平面，如图 8-68 所示。

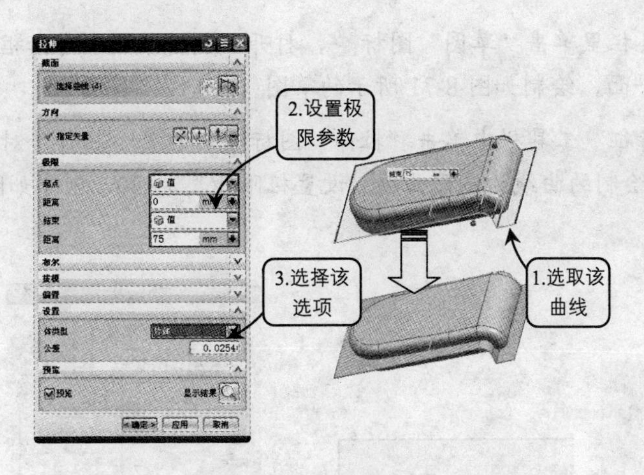

图 8-67　创建分型面 1

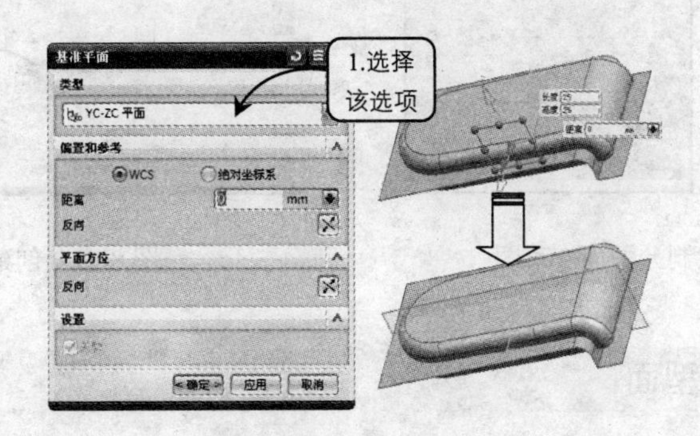

图 8-68　创建基准平面

05 在工具栏里单击“草图”图标，打开“创建草图”对话框，选择工作区中步骤(4)所创建的平面为草绘平面，绘制如图 8-69 所示的草图。

06 在“特征”工具栏中单击“拉伸”图标，打开“拉伸”对话框，在工作区中选择步骤（5）所绘制的曲线为截面曲线，设置极限距离为 20 和-20，创建如图 8-70 所示的分型面 2。

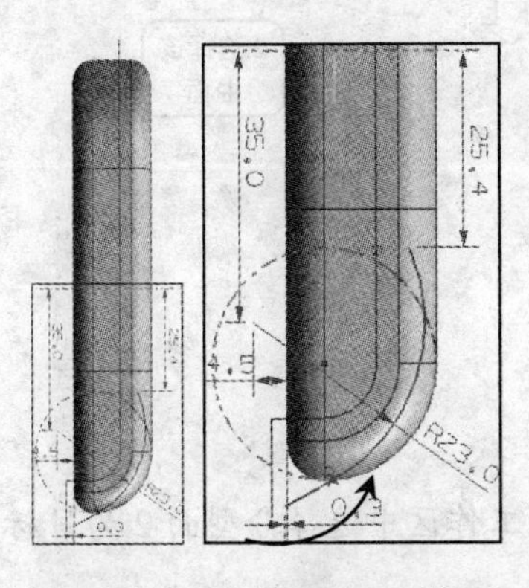

图 8-69　绘制分型面 2 草图

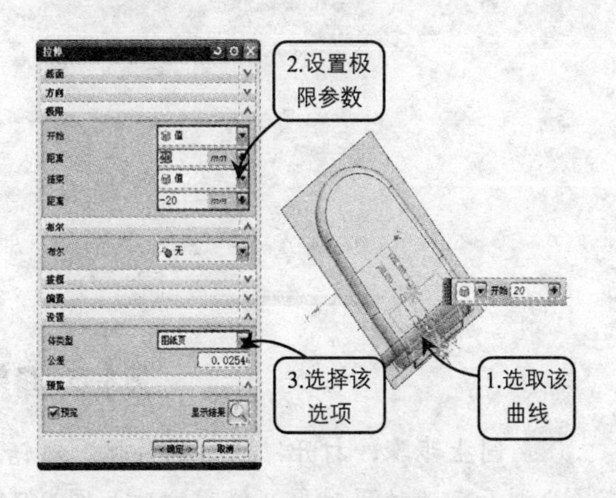

图 8-70　创建分型面 2

07 在工具栏里单击“草图”图标，打开“创建草图”对话框，选择工作区中手机上表面为草绘平面，绘制如图 8-71 所示的草图。

08 在“特征”工具栏中单击“拉伸”图标，打开“拉伸”对话框，在工作区中选择步骤（7）所绘制的曲线为截面曲线，设置极限距离为-30，创建如图 8-72 所示的分型面 3。

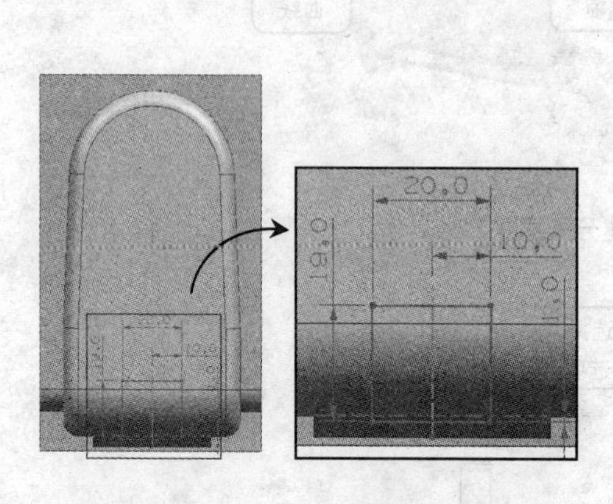

图 8-71 绘制分型面 3 草图

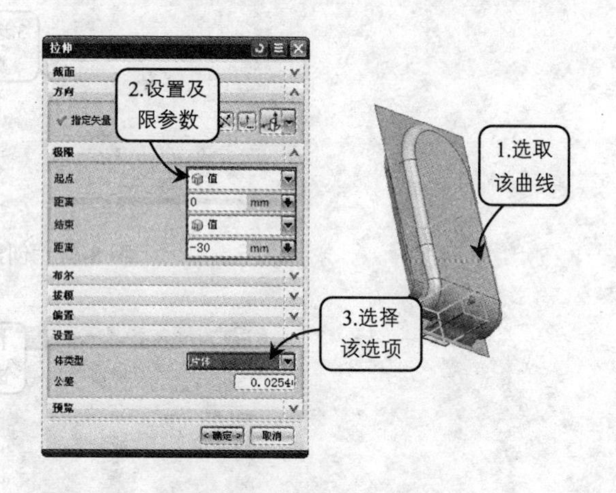

图 8-72 创建分型面 3

8.6.3 修剪各个分型面

01 隐藏手机实体模型，然后选择“插入”→“修剪”→“修剪的片体”命令，在工作区中选取分型面 3 为目标片体，选择分型面 2 为边界对象，修剪方法如图 8-73 所示。

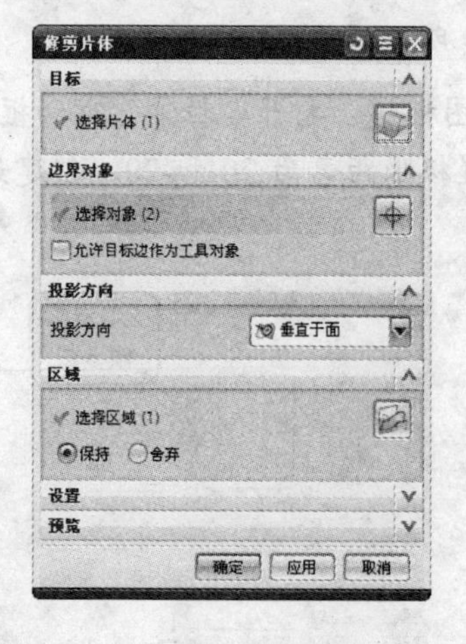

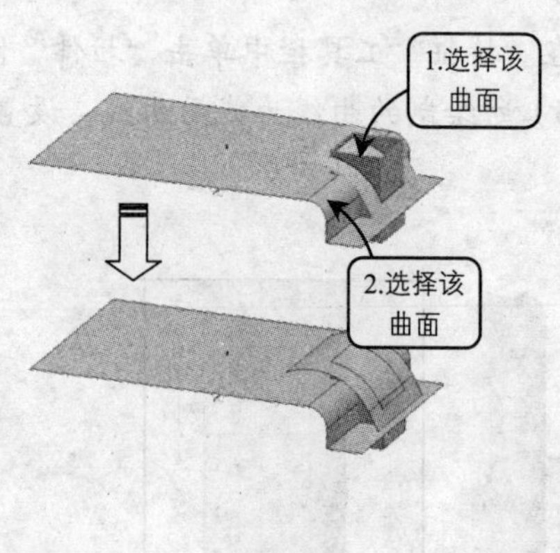

图 8-73 修剪分型面 3

02 同上步骤，打开“修剪的片体”对话框，在工作区中选择分型面 2 为目标片体，选择分型面 3 为边界对象，修剪方法如图 8-74 所示。

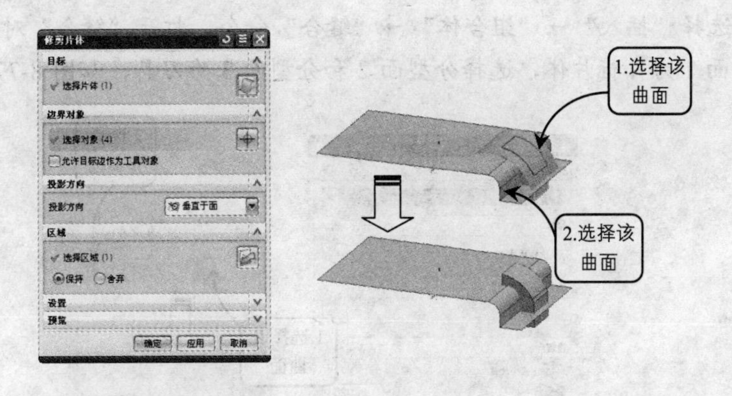

图 8-74　修剪分型面 2

03 选择“插入”→“修剪”→“修剪的片体”命令，打开“修剪的片体”对话框，在工作区中选取分型面 3 为目标片体，选择分型面 1 为边界对象，修剪方法如图 8-75 所示。

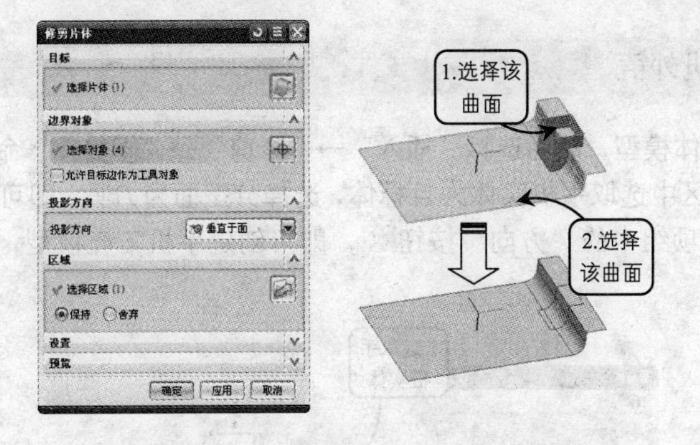

图 8-75　修剪分型面 3

04 同上步骤，打开“修剪的片体”对话框，在工作区中选择分型面 1 为目标片体，选择分型面 3 为边界对象，修剪方法如图 8-76 所示。

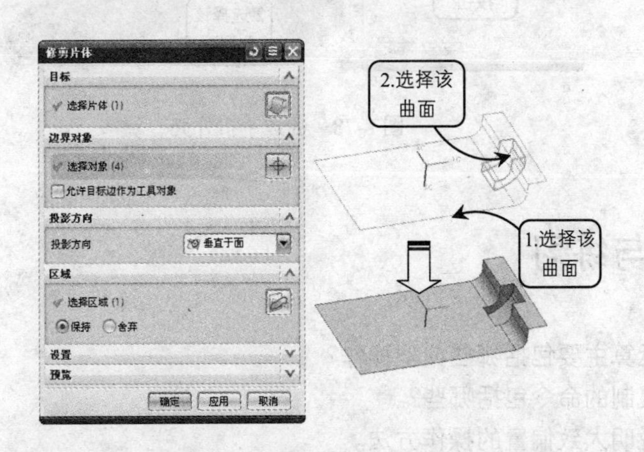

图 8-76　修剪分型面 1

05 选择“插入”→“组合体”→“缝合”命令，打开“缝合”对话框，在工作区中选择分型面 1 为目标片体，选择分型面 2 和分型面 3 为刀具，如图 8-77 所示。

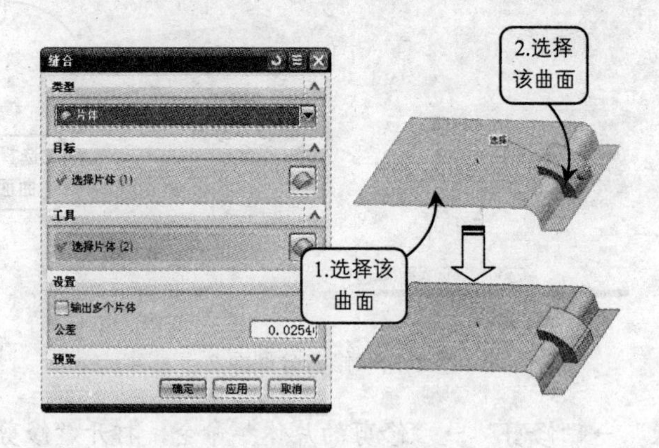

图 8-77　缝合分型面

8.6.4 创建手机外壳

显示手机实体模型，然后选择“插入”→“修剪”→“修剪体”命令，打开“修剪体”对话框，在工作区中选取手机实体为目标体，选择分型面为刀具，即可创建手机上壳模型，单击“刀具”选项组中的“方向”按钮，即可创建手机下壳模型，创建方法如图 8-78 所示。

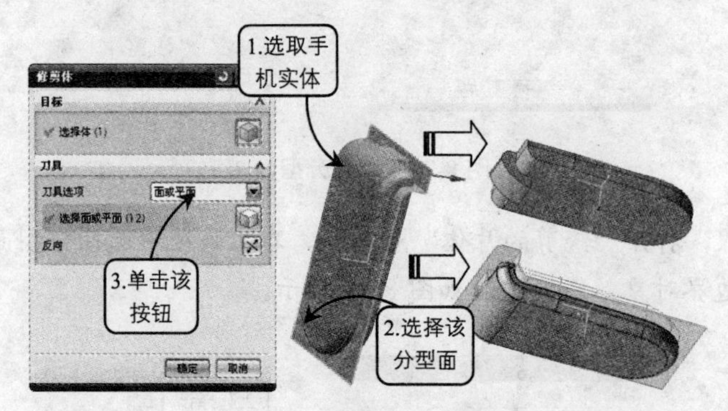

图 8-78　创建手机外壳

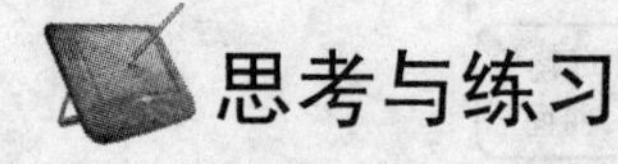

思考与练习

1. 布尔运算主要包括哪些典型操作?
2. 关联复制的命令包括哪些?
3. 举例说明大致偏置的操作方法。
4. 举例说明如何进行拔模操作。

5. 抽壳特征包括哪两种？如何创建具有不同厚度的壳特征？

6. 创建如图 8-79 所示的三维实体模型，具体尺寸由读者自行确定。

图 8-79　三维实体模型 1

7. 创建如图 8-80 所示的三维实体模型。

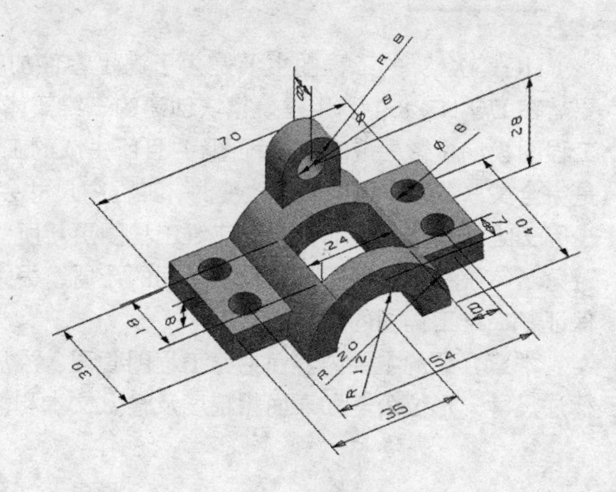

图 8-80　三维实体模型 2

第 9 章

工程图绘制

本章导读：

UG NX 8 的工程图主要是为了满足零件加工和制造出图的需要。在 UG NX 8 中利用建模模块创建的三维实体模型，都可以利用工程图模块投影生成二维工程图，并且所生成的工程图与该实体模型是完全关联的。当实体模型改变时，工程图尺寸会同步自动更新，减少因三维模型的改变而引起的二维工程图更新所需的时间，从根本上避免了传统二维工程图设计尺寸之间的矛盾、丢线漏线等常见错误，保证了二维工程图的正确性。

本章介绍的主要内容包括：工程图管理、添加视图、编辑视图、标注尺寸、形位公差和表面粗糙度及输入文本和输入工程图等功能。

学习目标：

- 了解工程图的管理以及视图的管理功能
- 熟练掌握工程图的编辑功能
- 掌握工程图的标注和基本参数的设置
- 了解工程图中对象插入功能
- 了解工程图的其他功能

9.1 工程图的管理

生成各种投影视图是创建工程图最核心的问题。而在 UG NX 中，任何一个利用实体建模创建的三维模型，都可以用不同的投影方法、不同的图样尺寸和不同的比例建立多张二维工程图。所创建的工程图都是由工程图管理功能来完成的。UG 的工程图模块提供了各种视图的管理功能，如添加视图、删除视图、对齐视图和编辑视图等。利用这些功能，可以方便地管理工程图中所包含的各类视图，并可修改各视图之间的缩放比例、角度等参数。

9.1.1 工程图界面简介

在 UG NX 中，工程图环境是创建工程图的基础。利用三维建模环境创建的各种实体模型都可以将其引用到工程图环境中，并且可以利用 UG NX 的工程图模块中提供的工程图操作工具创建出不同的符合设计要求的二维工程图。还可以对其进行编辑、设置、复制移动等操作。

选择“制图”→“首选项”命令，或者在“应用”工具栏中单击“制图”按钮，都可以进入工程图模块，其工程图界面如图 9-1 所示。该界面与实体建模工作界面相比，在“输入”下拉菜单中增加了二维工程图有关操作工具。此外，主界面上增加了相关的工具栏，利用这些工具栏和菜单选项，可以快速准确地建立和编辑二维工程图。

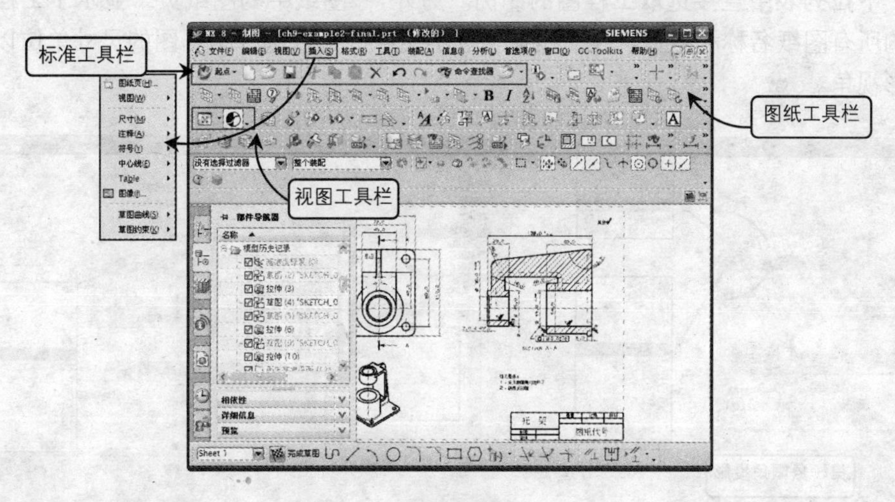

图 9-1　工程图设计界面

9.1.2 创建工程图

创建工程图即是新建图纸页，而新建图纸页是进入工程图环境的第一步。在工程图环境中建立的任何图形都将在创建的图纸页上完成。在进入工程图环境时，系统会自动创建

一张图纸页。选择“插入”→“图纸页”命令，或在“图纸布局”工具栏中单击“新建图纸页”按钮，都可以打开“图页纸”对话框，如图 9-2 所示。该对话框中主要选项的功能及含义如下：

- 大小：该列表框用于指定图样的尺寸规范。可以直接在其下拉列表中选择与工程图相适应的图纸规格。图纸的规格随选择的工程单位不同而不同。
- 比例：该选项用于设置工程图中各类视图的比例大小。一般情况下，系统默认的图纸比例是 1：1。
- 图纸页名称：该文本框用于输入新建工程图的名称。系统会自动按顺序排列。也可以根据需要指定相应的名称。
- 投影：该选项组用于设置视图的投影角度方式。对话框中共提供了两种投影角度方式，即第一象限角投影和第三象限角投影。按照我国的制图标准，应选择第一象限角度投影和毫米单位选项。

此外，在该对话框中“大小”选项组下包括了 3 种类型的图纸建立方式。

1．使用模块

选中该单选按钮，打开如图 9-3 所示的对话框。此时，可以直接在对话框的“大小”面板中直接选取系统默认的图纸选项，单击“确定”按钮即可直接应用于当前的工程图中。

2．标准尺寸

如图 9-2 所示的对话框即是选择该方式时对应的对话框。在该对话框的“大小”下拉列表中，选择从 A0~A4 国标图纸中的任意一个作为当前工程图的图纸。还可以在“刻度尺”下拉列表中直接选取工程图的比例。另外，“图纸中的图纸页”显示了工程图中所包含的所有图纸名称和数量。在“设置”选项组中，可以选择工程图的尺寸单位以及视图的投影视角。

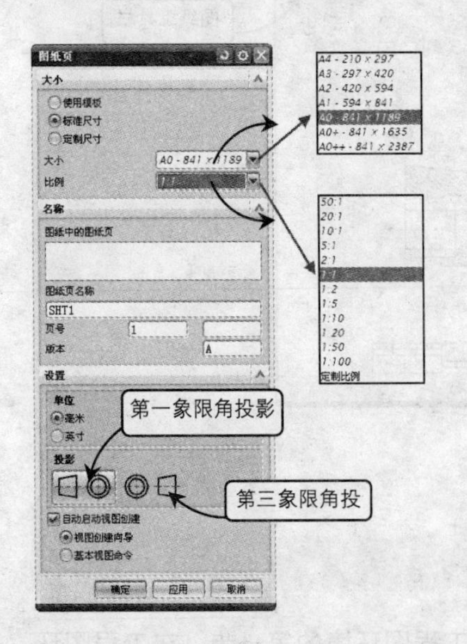

图 9-2 “工作表”对话框

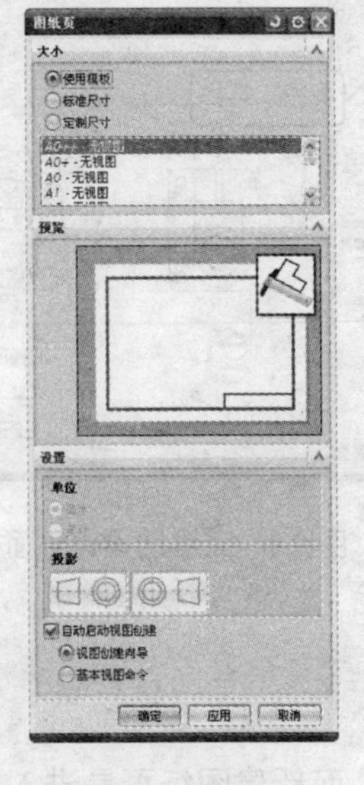

图 9-3 使用模板建立工程图

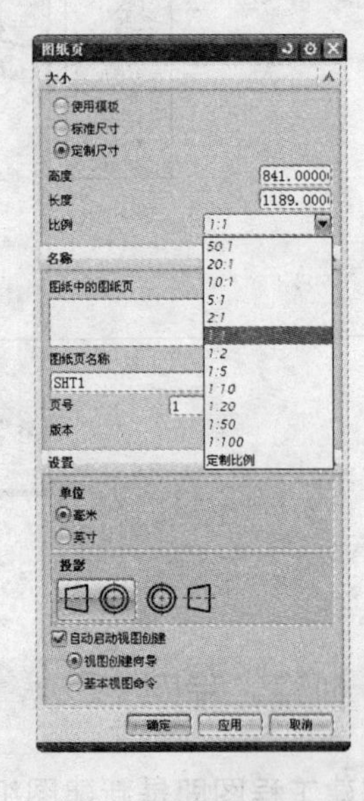

图 9-4 利用定制尺寸建立工程图

3．定制尺寸

选中该单选按钮，打开如图 9-4 所示的对话框。在该对话框中，可以在“高度”和“长度”文本框中自定义新建图纸的高度和长度。还可以在“比例”文本框中选择当前工程图的比例。其他选项与选中“标准尺寸”单选按钮时的对话框中的选项相同，这里不再介绍。

9.1.3 打开和删除工程图

对于同一个实体模型，若采用不同的投影方法、不同的图纸幅面尺寸和比例建立了多张二维工程图，当要编辑其中一张或多张工程图时，必须将其工程图先打开。

在图纸导航器中，选择要打开的图纸并单击鼠标右键，然后在打开的快捷菜单中选择“打开”选项，即可打开所需的图纸，如图 9-5 所示。

若要删除工程图，可在图纸导航器中选择要删除的图纸，并单击鼠标右键，然后在打开的快捷菜单中选择“删除”选项，即可删除该工程图，如图 9-6 所示。

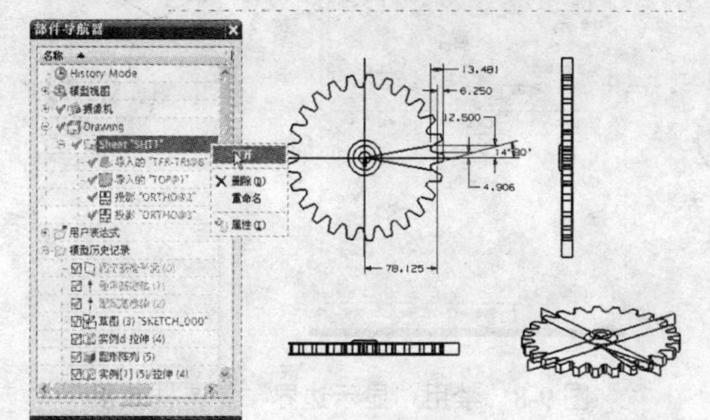

图 9-5　打开工程图步骤

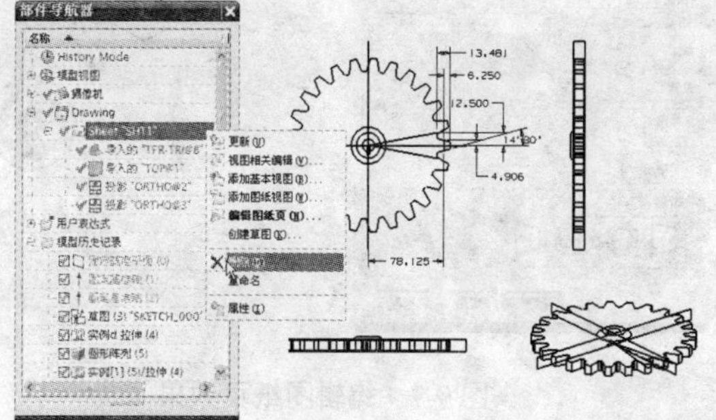

图 9-6　删除工程图步骤

提 示：一旦从工程图中删除了视图对象，所有与此相关联的视图对象和视图更改都将随删除对象一起删除。若删除的是一个剖视图的父视图，则该删除操作不能被执行。

9.1.4 编辑图纸页

在创建工程图过程中，若发现原来设置的工程图参数不符合要求，如图纸的规格、比例不符合设计要求等，在工程图环境中都可以对其有关参数进行相应的修改和编辑。

在图纸导航器中选择要进行编辑的图纸，单击鼠标右键，然后在打开的快捷菜单中选择“编辑图纸页”选项，或在“制图编辑”工具栏中单击“编辑图纸页”按钮，在打开的“片体”对话框中，可以利用上述介绍的方法对图纸的名称、尺寸的大小、比例以及单位等进行编辑和修改，其编辑效果如图 9-7 所示。

提 示：在进行编辑工程图操作时，其中投影视图只能在没有产生投影视图的情况下修改，若已经产生了投影视图，则需将所有的投影视图删除后再执行编辑工程图的操作。

9.1.5 工程图首选项设置

在工程图环境中，为了更准确有效地创建工程图，还可以根据需要进行相关的基本参数预设置，如线宽、隐藏线的显示、视图边界线的显示和颜色的设置等。

在工程图环境中，选择“首选项”→“制图”命令，打开“制图首选项”对话框，如图 9-8 所示。

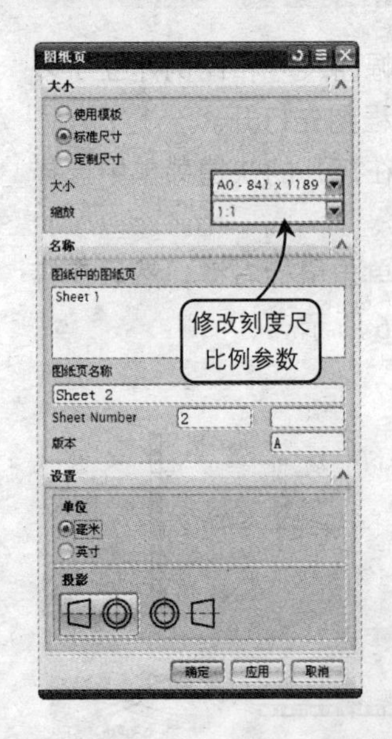

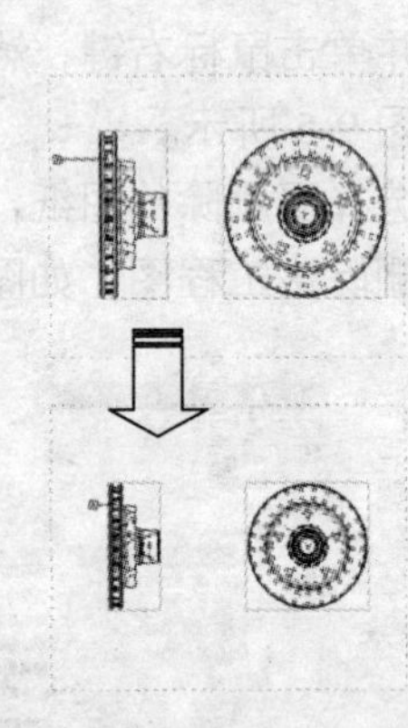

图 9-7　编辑图纸页效果

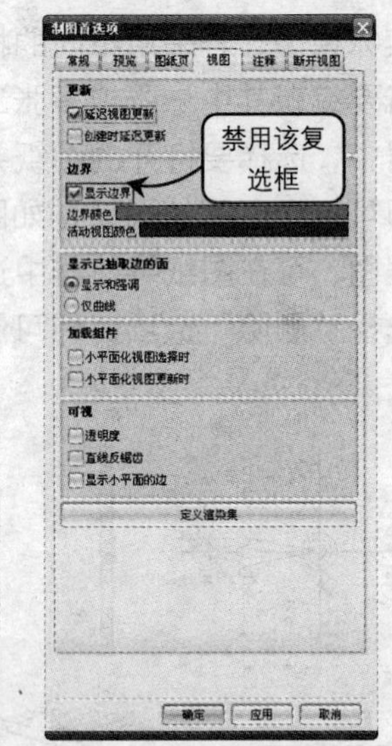

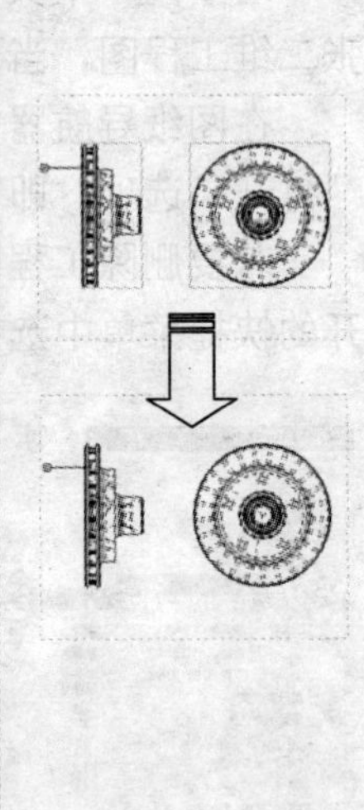

图 9-8　禁用“显示边界”复选框效果

该对话框中共包括 6 个选项卡，其中在“常规”选项卡中可以进行图纸的版次、图纸工作流以及图纸设置；在“预览”选项卡中，可以设计视图样式和注释样式；在“注释”选项卡中，可以设置模型改变时是否删除相关的注释，可以删除模型改变保留下来的相关对象。在“图纸页”选项卡中可以设置初始页号、初始次级编号和次级页号分割符。在“断开视图”选项卡中可以设置断裂线和是否显示断裂线的颜色和宽度。其中“视图”选项卡是最常用的选项卡，其主要选项的功能及含义如下：

- 更新：启用“延迟视图更新”复选框，当模型修改时，直至选择“视图”下拉列表的“刷新”选项后，工程图才会更新。启用“创建时延迟更新”复选框，当在工程图中创建视图时，直至选择“刷新”选项后才会更新。
- 边界：利用该选项组中的“显示边界”和“边界颜色”选项，可以控制是否显示视图边界和设置视图边界的颜色。如图 9-8 所示就是启用“显示边界”和禁用“显示边界”复选框的图形显示效果。
- 显示已抽取边的面：该选项组用于控制是否可以在工程图中选择视图表面，选中“显示和强调”单选按钮，可以选取实体表面；选中“仅曲线”单选按钮，只能选取曲线。
- 加载组件：该选项组用于自动加载组件的详细几何信息，该选项组包含“小平面视图上的选择”和“小平面视图上的更新”两个复选框，前者是指当标注尺寸或

生成详细视图时，系统自动载入详细几何信息；后者是指当执行更新操作时载入几何信息。

➢ 可视：该选项组中包含 3 个复选框，其中“透明度”复选框用于控制图形的透明度显示；“直线反锯齿”复选框可以改善图中曲线的光滑程度，如图 9-9 所示即是启用和禁用“直线反锯齿”复选框的图形对应的不同显示效果。

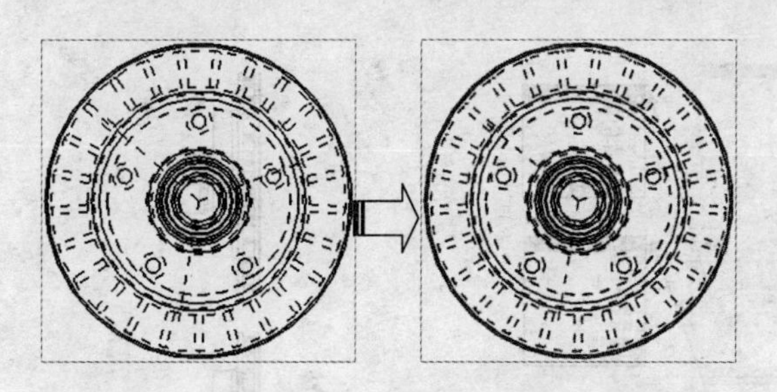

图 9-9　启用“直线反锯齿”复选框效果

9.2 添加视图

在工程图中，视图是组成工程图的最基本的元素。图纸空间内的视图都是在模型视图中复制，而且仅存在于所显示的视图上，添加视图操作就是一个生成模型视图的过程，也就是说向图纸空间放置各种基本视图。一个工程图中可以包含若干个基本视图，这些视图可以是主视图、投影视图、剖视图等，通过这些视图的组合可进行三维实体模型的描述。

9.2.1 添加基本视图

基本视图是零件向基本投影面投影所得的图形。它包括零件模型的主视图、后视图、俯视图、仰视图、左视图、右视图、等轴测图等。一个工程图中至少包含一个基本视图，因此在生成工程图时，应该尽量生成能反映实体模型的主要形状特征的基本视图。

要建立基本视图，在“图纸”工具栏中单击“基本视图”按钮，打开“基本视图”对话框，如图 9-10 所示。其中该对话框的主要选项的含义和功能介绍如下：

➢ 部件：该面板用于选择需要建立工程图的部件模型文件。
➢ 放置：该选项用于选择基本视图的放置方法。
➢ 模型视图：该选项用于选择添加基本视图的种类。
➢ 比例：该选项用于选择添加基本视图的比例。
➢ 视图样式：该按钮用于编辑基本视图的样式。单击该按钮，打开“视图样式”对话框。在该对话框中可以对基本视图中的隐藏线段、可见线段、追踪线段、螺纹、透视等样式进行详细设置。

利用“基本视图”对话框，可以在当前图纸中建立基本视图，并设置视图样式、基本视图比例等参数。在要使用的模型视图下拉列表中选择基本视图，接着在绘图区域适合的位置放置基本视图，即可完成基本视图的建立，建立基本视图的效果如图 9-11 所示。

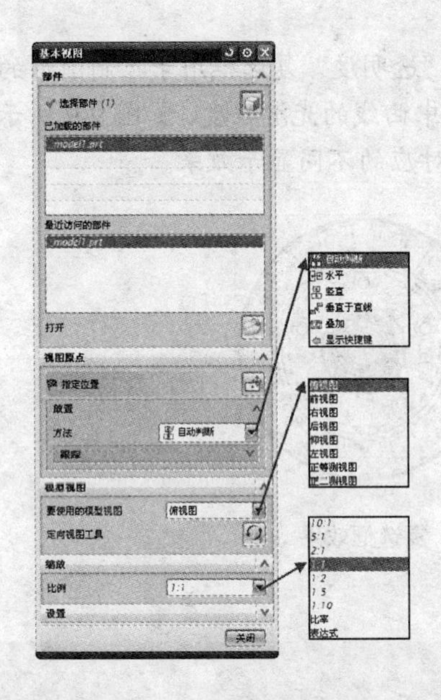

图 9-10　“基本视图”对话框

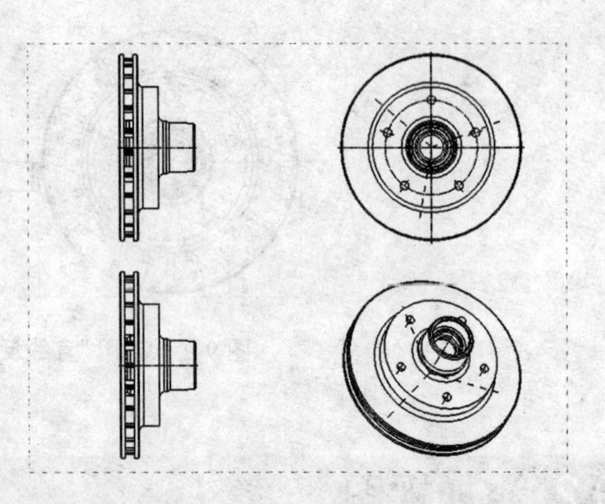

图 9-11　添加基本视图效果

9.2.2 添加投影视图

一般情况下，单一的基本视图是很难将一个复杂实体模型的形状表达清楚的，在添加完成基本视图后，还需要对其视图添加相应的投影视图才能够完整地将实体模型的形状和结构特征表达清楚。其中投影视图是从父项视图产生的正投影视图。

在建立基本视图时，如设置建立完成一个基本视图后，此时继续拖动鼠标，可添加基本视图的其他投影视图。若已退出添加基本视图操作，可在“图纸”工具栏中单击“投影视图”按钮，打开“投影视图”对话框，如图 9-12 所示。

利用该对话框，可以对投影视图的放置位置、放置方法以及反转视图方向等进行设置。该对话框中的选项和其操作步骤与建立基本视图相类似，这里不再叙述。

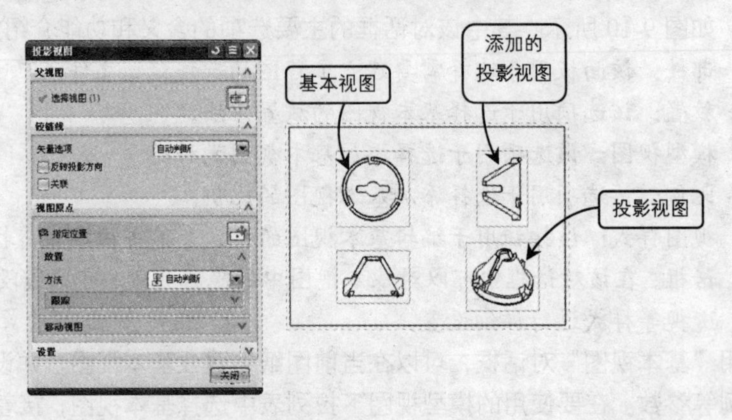

图 9-12　“投影视图”对话框

9.2.3 添加简单剖视图

当零件的内部结构较为复杂时，视图中就会出现较多的虚线，致使图形表达不够清晰，给看图、作图以及标注尺寸带来了困难。此时，就可以利用 UG NX 中提供的剖切视图的工具创建工程图的剖视图，以便更清晰、更准确地表达零件内部的结构特征。其中简单剖视图包括全剖视图和半剖视图。

1. 全剖视图

全剖视图是以一个假想平面为剖切面，对视图进行整体的剖切操作。当零件的内形比较复杂、外形比较简单或外形已在其他视图上表达清楚时，可以利用全剖视图工具对零件进行剖切。要创建全剖切视图，在工具栏中单击“插入”→“视图”→“截面”→“简单/阶梯”命令，打开“剖视图”对话框。此时，若单击要剖切的工程图，打开“剖视图（二）对话框，如图 9-13 所示。

在该对话框中单击“截面线型”按钮，在打开的“截面线型”对话框中可以设置剖切线箭头的大小、样式、颜色、线型、线宽以及剖切符号名称等参数。设置完上述参数后，选取要剖切的基本视图，然后拖动鼠标在绘图区放置适当位置即可完成，效果如图 9-14 所示。

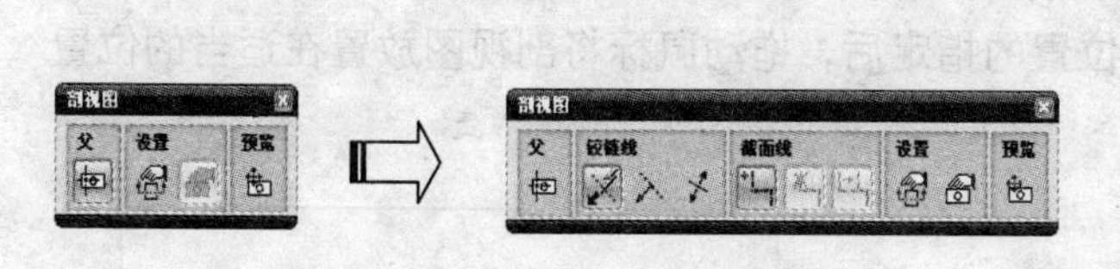

图 9-13 “剖视图”对话框

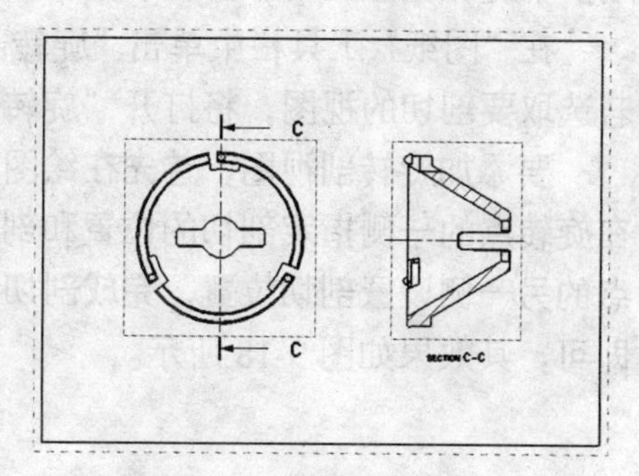

图 9-14 创建全剖视图

2. 半剖视图

半剖视图是指当零件具有对称平面时，向垂直于对称平面的投影面上投影所得到的图形。由于半剖视图既充分地表达了机件的内部形状，又保留了机件的外部形状，所以常采用它来表达内外部形状都比较复杂的对称机件。当机件的形状接近于对称，且不对称的部分已另有图形表达清楚时，也可以利用半剖视图来表达。

在“图纸”工具栏中单击“半剖视图”按钮，打开“半剖视图”对话框。此时，若单击要剖切的工程图，打开“半剖视图”对话框，如图 9-15 所示。

要创建半剖视图，首先在绘图区域选取要进行剖切的父视图，然后用矢量功能指定铰链线。接着指定半剖视图的剖切位置。最后拖动鼠标将其半剖视图放置到图纸中的理想位置即可，其效果如图 9-16 所示。

图 9-15 “半剖视图”对话框

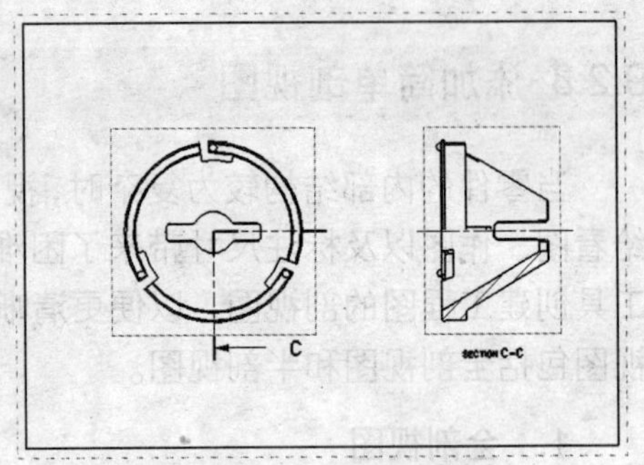

图 9-16 创建半剖视图

9.2.4 旋转剖视图

用两个成一定角度的剖切面（两平面的交线垂直于某一基本投影面）剖开机件，以表达具有回转特征机件的内部形状的视图，称为旋转剖视图。旋转剖视图可以包含 1~2 个支架，每个支架可由若干个剖切段、弯折段等组成。它们相交于一个旋转中心点，剖切线都围绕同一个旋转中心旋转，而且所有的剖切面将展开在一个公共平面上。该功能常用于生成多个旋转截面上的零件剖切结构。

在“图纸”工具栏中单击“旋转剖视图”按钮，打开“旋转剖视图”对话框。此时，若选取要剖切的视图，将打开“旋转剖视图”对话框，如图 9-17 所示。

要添加旋转剖视图，首先在绘图区中选择要剖切的视图后，在视图中选择旋转点，并在旋转点的一侧指定剖切的位置和剖切线的位置。再用矢量功能指定铰链线，然后在旋转点的另一侧设置剖切位置，完成剖切位置的指定后，拖动鼠标将剖视图放置在适当的位置即可，其效果如图 9-18 所示。

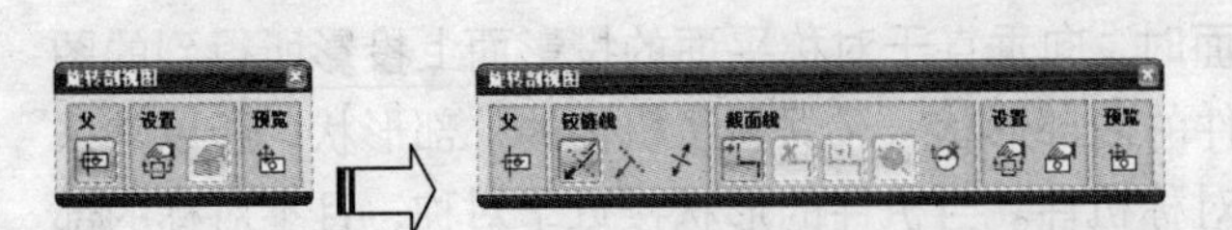

图 9-17 “旋转剖视图”对话框

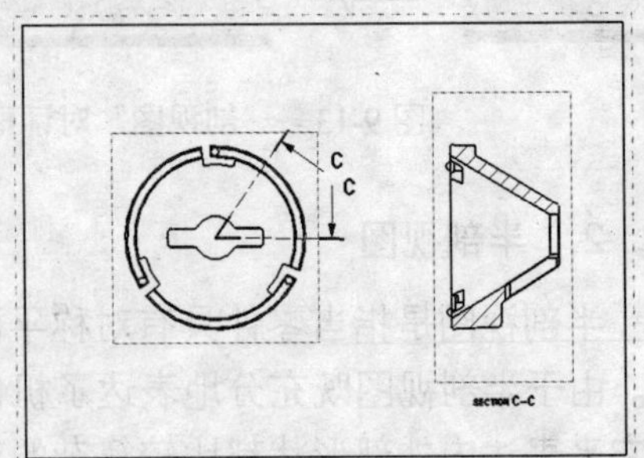

图 9-18 创建旋转剖视图

9.2.5 展开剖视图

使用具有不同角度的多个剖切面（所有平面的交线垂直于某一基准平面）对视图进行剖切操作，所得的视图即为展开剖视图。该剖切方法使用于多孔的板类零件，或内部结构复杂的且不对称类零件的剖切操作。在 UG NX 中包含两种展开剖视图工具。

1. 展开的点到点剖视图

展开的点到点剖视图是使用任何父视图中连接一系列指定点的剖切线来创建一个展开的剖视图。利用该方式可以创建有对应剖切线的展开剖视图，该剖切线包括多个无折弯段的剖切段。在菜单栏中选择“插入”→“视图”→“截面”→“展开的点到点剖视图”命令，打开“展开的点到点剖视图”对话框。此时若选取要展开的视图，将打开“展开的点到点剖视图”对话框。

要利用该方式创建展开剖视图，首先选取要展开的视图，接着指定铰链线的位置，并在视图中选择通过的多个关联点。然后在“展开的点到点剖视图”对话框中单击“放置视图”按钮，并在绘图区域适当的位置放置视图即可，创建方法如图 9-19 所示。

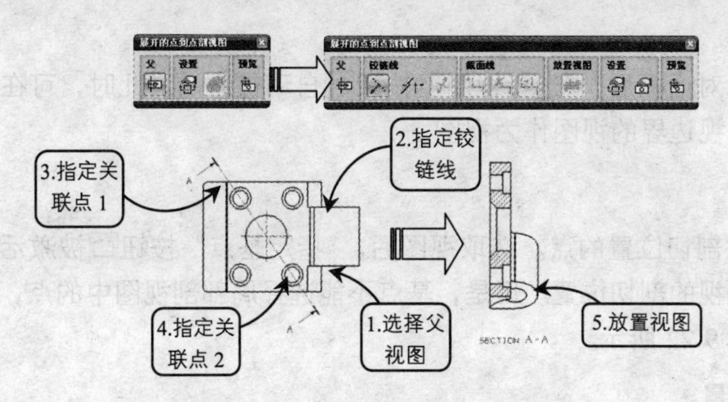

图 9-19　展开点到点剖视图

2. 展开的点和角度剖视图

展开的点和角度剖视图是通过指定剖切线分段的位置和角度来创建剖视图的。这里剖切线是在父视图中创建的。在菜单栏中选择“插入”→“视图”→“截面”→“展开的点和角度剖视图”命令，打开“展开剖视图-线段和角度”对话框。要使用该方式创建展开剖视图，首先选取父视图选项，然后单击“定义铰链线”按钮，并指定铰链线及关联点，最后在适当位置放置视图即可，创建方法如图 9-20 所示。

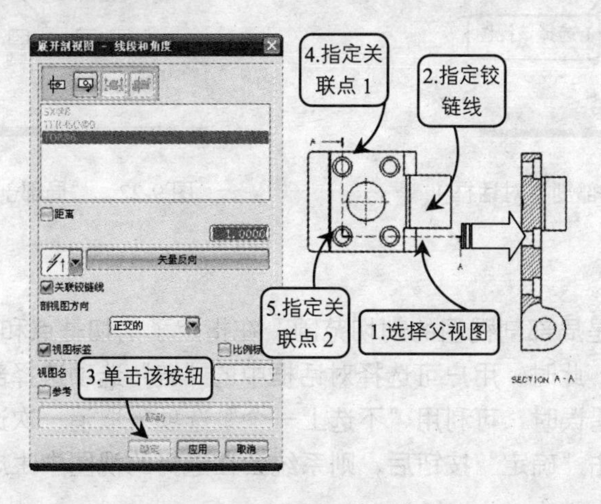

图 9-20　展开点和角度剖视图

9.2.6 局部剖视图

局部剖视图是用剖切平面局部地剖开机件所得的视图。局部剖视图是一种灵活的表达方法，用剖视图的部分表达机件的内部结构，不剖的部分表达机件的外部形状。对一个视图采用局部剖视图表达时，剖切的次数不宜过多，否则会使图形过于破碎，影响图形的整体性和清晰性。局部剖视图常用于轴、连杆、手柄等实心零件上有小孔、槽、凹坑等局部结构需要表达其类型的零件。

在“图纸”工具栏中单击“局部剖视图”按钮，打开“局部剖”对话框，如图 9-21 所示。该对话框中各个按钮及主要选项的含义如下：

1. 选择视图

打开“局部剖”对话框后，“选择视图”按钮自动被激活。此时，可在绘图工作区中选取已建立局部剖视边界的视图作为视图。

2. 指定基点

基点是用于指定剖切位置的点。选取视图后，“指定基点”按钮被激活。此时可选取一点来指定局部剖视的剖切位置。但是，基点不能选择局部剖视图中的点，而要选择其他视图中的点，如图 9-22 所示。

3. 指出拉伸矢量

指定了基点位置后，此时“指出拉伸矢量”按钮被激活，对话框的视图列表框会变成如图 9-22 所示的矢量选项形式。这时绘图工作区中会显示默认的投影方向，可以接受方向，也可用矢量功能选项指定其他方向作为投影方向，如果要求的方向与默认方向相反，则可选择“矢量方向”选项使之反向。

图 9-21　“局部剖”对话框 1

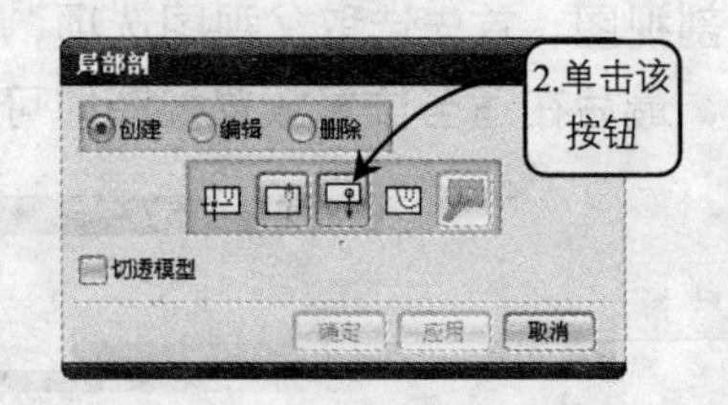

图 9-22　“局部剖”对话框 2

4. 选择曲线

这里的曲线指的是局部剖视图的剖切范围。在指定了剖切基点和拉伸矢量后，“选择曲线”按钮被激活。此时，用户可选择对话框中的“链”选项选择剖切面，也可直接在图形中选取。当选取错误时，可利用“不选上一个”选项来取消一次选择。如果选取的剖切边界符合要求，单击“确定”按钮后，则系统会在选择的视图中生成局部剖视图，效果如图 9-23 所示。

5．修改边界曲线

选取局部剖视边界后，“修改边界曲线”按钮被激活，选择其相关选项（包括“捕捉构造线”复选框和“切透模型”功能选项）来修改边界和移动边界位置。完成边界编辑后，则系统会生成新的局部视图。

9.2.7 添加放大图

当机件上某些细小结构在视图中表达不够清楚或者不便标注尺寸时，可将该部分结构用大于原图的比例画出，得到的图形称为局部放大图。局部放大图的边界可以定义为圆形，也可以定义为矩形。主要用于机件上细小工艺结构的表达，如退刀槽、越程槽等。

在“图纸”工具栏中单击“局部放大图”按钮，打开“局部放大图”对话框，如图 9-24 所示。

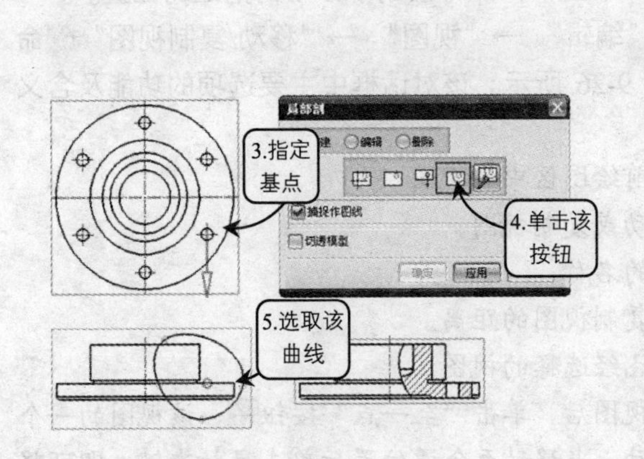

图 9-23 局部剖视图效果

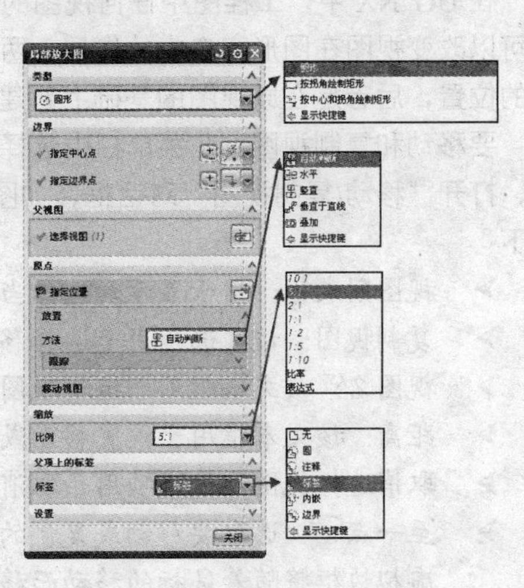

图 9-24 “局部放大图”对话框

要创建局部放大图，首先在“局部放大图”对话框中定义放大视图边界的类型，然后在视图中指定要放大处的中心点，接着指定放大视图的边界点。最后设置放大比例并在绘图区域中适当的位置放置视图即可，效果如图 9-25 所示。

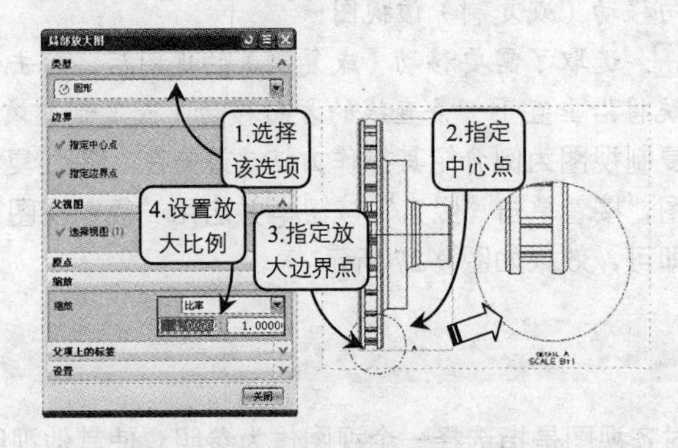

图 9-25　局部放大图

9.3 编辑工程图

在向工程图添加视图的过程中，如果发现原来设置的工程图参数不合要求（如图幅、比例不适当），可以对已有的工程图有关参数进行修改。可按前面介绍的建立工程图的方法，在对话框中修改已有工程图的名称、尺寸、比例和单位等参数。完成修改后，系统会以更改后的参数来显示工程图。其中投影角度参数只能在没有产生投影视图的情况下被修改。

9.3.1 移动/复制视图

在 UG NX 中，工程图中任何视图的位置都是可以改变的，其中移动和复制视图操作都可以改变视图在图形窗口中的位置。两者的不同之处是：前者是将原视图直接移动到指定的位置，后者是在原视图的基础上新建一个副本，并将该副本移动到指定的位置。

要移动和复制视图，在菜单栏中选择"编辑" →"视图" →"移动/复制视图"命令，打开"移动/复制视图"对话框，如图 9-26 所示。该对话框中主要选项的功能及含义如下：

- 视图列表框：用于显示和选择当前绘图区中的视图。
- 复制视图：该复选框用于选择移动或复制视图。
- 视图名：该文本框用于编辑视图的名称。
- 距离：该文本框用于设置移动或复制视图的距离。
- 取消选择视图：该选项用于取消已经选择的视图。
- 至一点：选取要移动或复制的视图后，单击"至一点"按钮，该视图的一个虚拟边框将随着鼠标的移动而移动，当移动至合适位置后单击鼠标左键，即可将视图移动或复制到该位置。
- 水平：选取了需要移动（或复制）的视图后，单击"水平"按钮，此时系统将沿水平方向移动（或复制）该视图。
- 垂直：选取了需要移动（或复制）的视图后，单击"垂直"按钮，此时系统将沿竖直方向移动（或复制）该视图。
- 垂直于直线：选取了需要移动（或复制）的视图后，单击"垂直于直线"按钮，此时系统将沿垂直于一条直线的方向移动（或复制）该视图。

下面以竖直方式复制视图为例介绍其操作方法。首先在"移动/复制视图"对话框中的视图列表框中选取视图，接着单击"竖直"按钮并启用"复制视图"复选框，最后将视图放置在适当的位置即可，效果如图 9-27 所示。

9.3.2 对齐视图

在 UG NX 中，对齐视图是指选择一个视图作为参照，使其他视图以参照视图进行水平或竖直方向对齐。在菜单栏中选择“编辑” →“视图” →“对齐视图”命令，打开“对齐视图”对话框，如图 9-28 所示。该对话框中包含了视图的对齐方式和对齐基准选项，各选项的功能及含义如下：

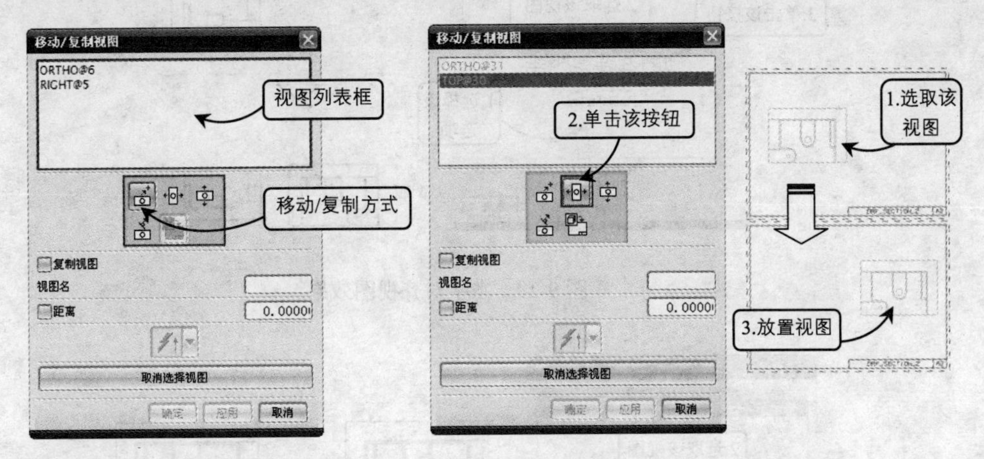

图 9-26 “移动/复制视图”对话框　　　　图 9-27 竖直方式复制视图

1. 对齐方式

该选项组用于选择视图的对齐方式，系统提供了 5 种视图的对齐方式，各种方式的含义及功能如下：

- 叠加：选取要对齐的视图，单击“叠加”按钮，系统将以所选视图中的第一视图的基准点为基点，对所有视图做重合对齐，效果如图 9-28 所示。

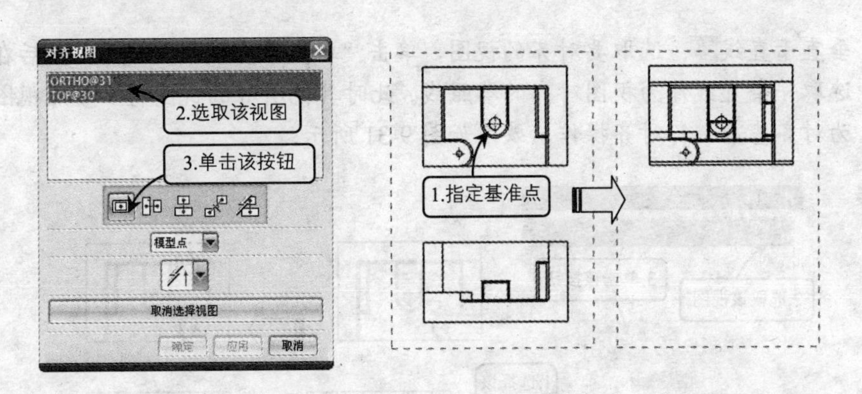

图 9-28 叠加对齐视图效果

- 水平：选取要对齐的视图后，单击“水平”按钮，系统将以所选视图的第一视图的基准点为基点，对所有的视图做水平对齐，效果如图 9-29 所示。
- 竖直：选取要对齐的视图后，单击“竖直”按钮，系统将以所选视图的第一个视图的基准点为基点，对所有的视图做竖直对齐，效果如图 9-30 所示。

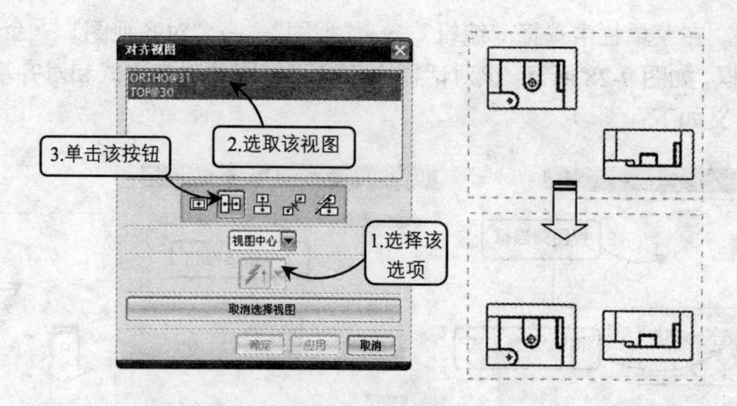

图 9-29　水平对齐视图效果

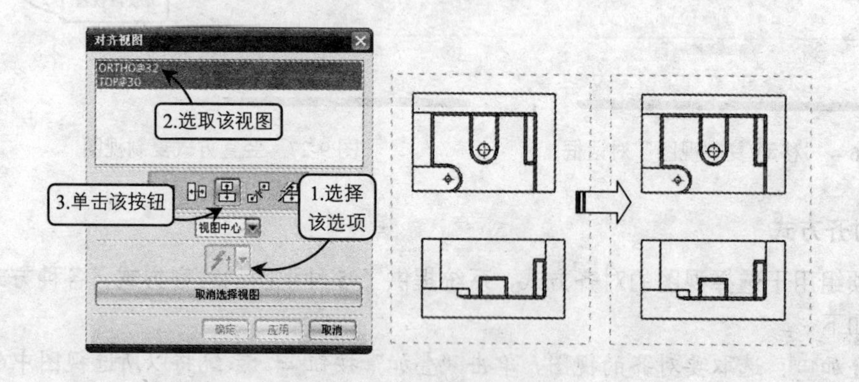

图 9-30　竖直对齐视图效果

➢ 垂直于直线：选取要对齐的视图，单击“垂直于直线”按钮，然后在视图中选取一条直线作为视图对齐的参照线。此时其他所有的视图将以参照视图的垂线为对齐基准进行对齐操作，效果如图 9-31 所示。

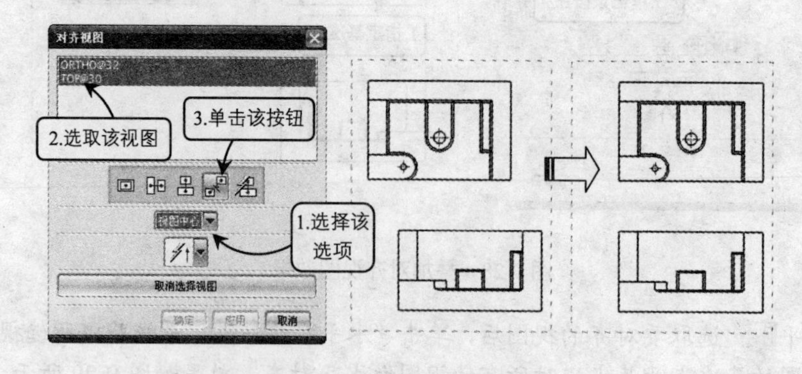

图 9-31　垂直于直线对齐效果

➢ 自动判断：单击该按钮，系统将根据选择的基准点不同，用自动判断的方式对齐视图，其操作步骤和效果如图 9-32 所示。

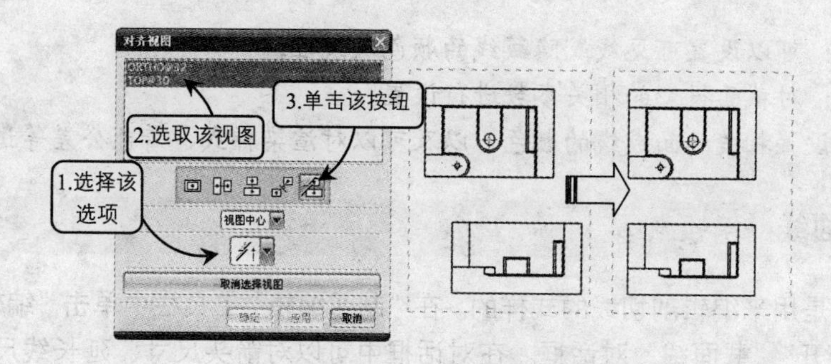

图 9-32　自动判断对齐视图效果

2. 对齐基准选项

对齐基准选项用于设置对齐时的基准点。基准点是视图对齐时的参考点，共包括以下 3 种对齐基准的方式：“模型点”选项用于选取模型中的一点作为基准点进行对齐；“视图中心”选项用于所选取的视图中心点作为基准点；“点到点”选项要求用户在各对齐视图中分别指定基准点，然后按照指定的点进行对齐。

9.3.3 编辑视图样式

编辑视图样式主要是针对线、面及视图中的基本属性进行编辑。选择“编辑”→“视图”→“样式”命令，弹出“选择工作视图”对话框，在对话框中选择一工作视图，单击“确定”。弹出“视图样式”对话框，对话框中包括：方向、透视、基本、继承 PMI 选项等，单击其中的任何一选项卡将自动切换至该选项卡的编辑界面，操作方法如图 9-33 所示。“视图样式”对话框各选项卡说明如下：

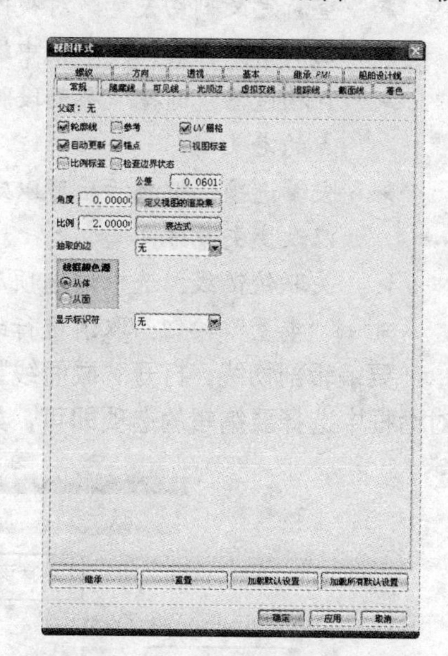

图 9-33　“视图样式”对话框

- 螺纹：可以选择螺纹的标准，以及设置螺纹的最小螺距。
- 方向：可以对视图的投影方向与平面进行设置。
- 透视：设置视图的透视度。
- 基本：对部件进行加载，用于创建工程图。
- 继承 PMI：可以对 PMI 类型进行设置。
- 常规：可以对模型投影时的状态，模型公差，角度，以及比例等进行设置。
- 隐藏线：设置隐藏线在视图中的线性，如线条的粗细、线特征的投影状态等。
- 可见线：对可见线的颜色及线性进行设置。
- 光顺线：设置视图中圆弧处的投影状态，以及投影线的颜色。
- 虚拟交线：对可能出现的交线进行颜色及线性的设置。

➢ 追踪线：可以设置可见线或隐藏线的颜色及线性。

➢ 截面线：对截面投影的相关参数进行设置。

➢ 着色：设置相关的面或线的颜色，以及可以对渲染样式，着色公差等进行选择。

9.3.4 编辑截面线

编辑截面线是用来编辑剖切线的式样的。在“制图编辑”工具栏中单击“编辑截面线”按钮，即可打开 “截面线”对话框。在对话框中可以对箭头尺寸、延长线尺寸和剖切线显示参数等进行设置，选择列表框中的剖视图名称（或直接单击工作窗口中的剖视图边框），“截面线”对话框将被激活，“截面线”对话框中的各项参数说明如下：

➢ 列表框：显示工作窗口中的剖视图名称

➢ 添加段：对剖切线进行适当的添加，使剖视图的表达更加完整，同时对话框中的点构造器将会被激活

➢ 删除段：对视图中多余的剖切线进行删除处理

➢ 移动段：通过移动定义参照点的位置来移动端点附近的曲线

➢ 移动旋转点：对剖切线的定义点进行调整

➢ 重新定义铰链线：对话框中的矢量选项将会被激活，然后可以对剖切线的矢量方向进行定义

➢ 重新定义剖切矢量：对视图的剖切矢量进行重新定义

➢ 切削角：在右侧文本框中输入数值，可以对视图的切削角进行定义

➢ 点构造器：选择“添加段”选项时，将被激活，然后可以对需添加的剖切线进行点的定义

➢ 矢量选项：被激活后可以定义剖切线的矢量方向，以及单击“矢量反向”按钮可以改变矢量方向

➢ 关联铰链线：选中该选项后，铰链线之间将存在关联性

➢ “重置”按钮：取消进行的相关操作，返回剖切线定义前的状态

要编辑剖切线，打开“截面线”对话框后，在工作区中选择要编辑的剖切线，然后在对话框中选择要编辑的选项即可，如图 9-34 所示。

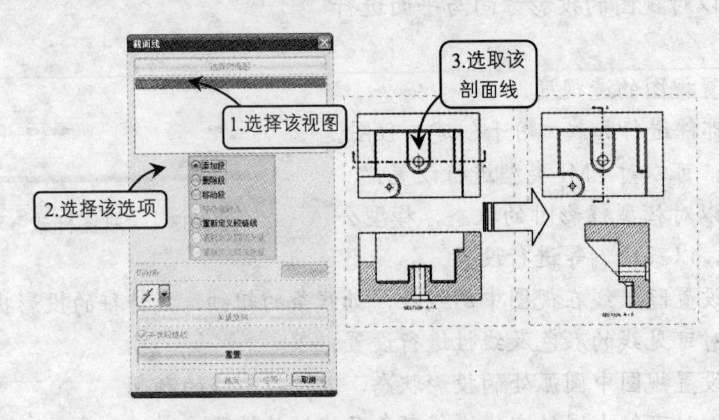

图 9-34 编辑截面线

9.3.5 视图相关编辑

视图相关编辑是对视图中图形对象的显示进行编辑，同时不影响其他视图中同一对象的显示。与上述介绍的有关视图操作相类似。不同之处是：有关视图操作是对工程图的宏观操作，而视图相关编辑是对工程图做更为详细的编辑。

在“制图编辑”工具栏中单击“视图相关编辑”按钮，打开“视图相关编辑”对话框。该对话框中主要选项和按钮的含义如下：

1. 添加编辑

该选项组用于选择要进行哪种类型的视图编辑操作，系统提供了 5 种视图编辑操作的方式。

❑ 擦除对象

该按钮用于擦除视图中选择的对象。选择视图对象时该按钮才会被激活。可在视图中选择要擦除的对象，完成对象选择后，系统会擦除所选对象。擦除对象不同于删除操作，擦除操作仅仅是将所选取的对象隐藏起来不进行显示，效果如图 9-35 所示。

注 意：利用该按钮进行擦除视图对象时，无法擦除有尺寸标注和与尺寸标注相关的视图对象。

❑ 编辑完全对象

该按钮用于编辑视图或工程图中所选整个对象的显示方式，编辑的内容包括颜色、线型和线宽。单击该按钮，可在“线框编辑”面板中设置颜色、线型和线宽等参数，设置完成后，单击“应用”按钮。然后在视图中选取需要编辑的对象，最后单击“确定”按钮即可完成对图形对象的编辑，效果如图 9-36 所示。

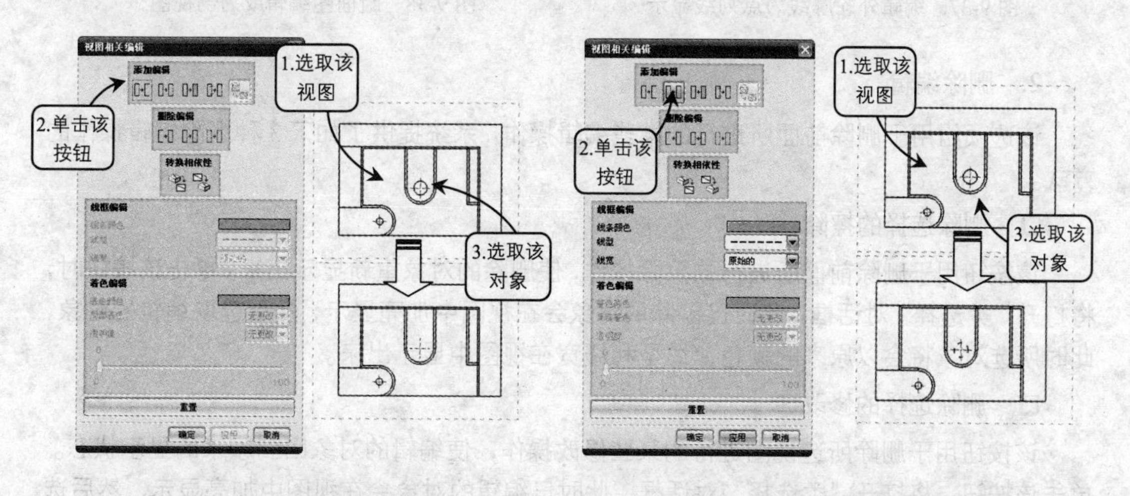

图 9-35　擦除孔特征效果　　图 9-36　将外轮廓线显示为点线

❑ 编辑着色对象

该按钮用于编辑视图中某一部分的显示方式。单击该按钮后，可在视图中选取需要编辑的对象，然后在“着色编辑”选项组中设置颜色、局部着色和透明度，设置完成后单击“应用”按钮即可。

- 编辑对象段

该按钮用于编辑视图中所选对象的某个片断的显示方式。单击该按钮后，可先在“线框编辑”面板中设置对象的颜色、线型和线宽选项，设置完成后根据系统提示单击“确定”按钮即可，效果如图 9-37 所示。

- 编辑剖视图的背景

该按钮用于编辑剖视图的背景。单击该按钮，并选取要编辑的剖视图，然后在打开的“类选择”对话框中单击“确定”按钮，即可完成剖视图的背景的编辑，效果如图 9-38 所示。

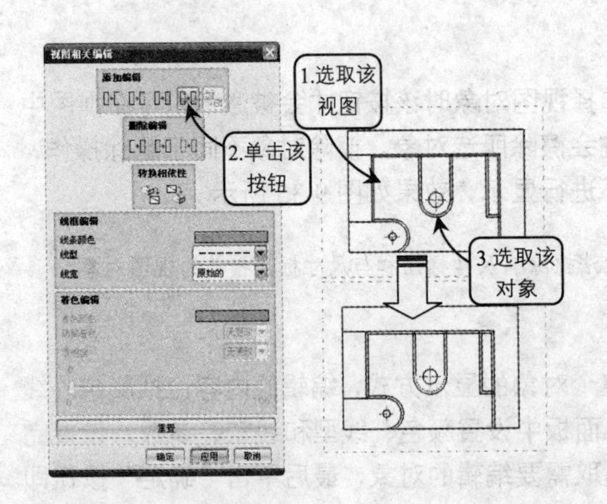

图 9-37 编辑外轮廓线为点划线显示

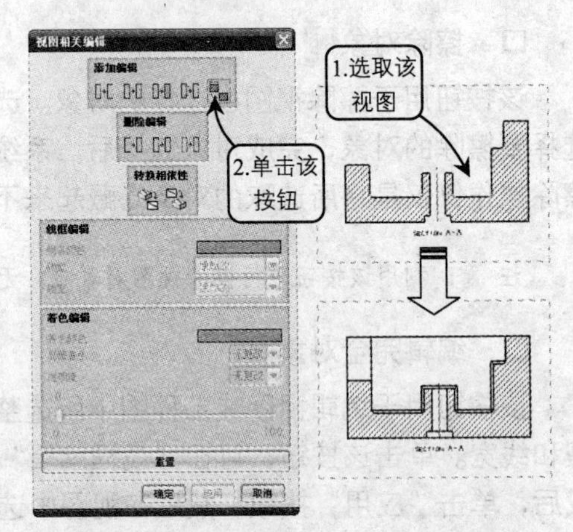

图 9-38 断面图编辑成为剖视图

2. 删除编辑

该选项组用于删除前面所进行的某些编辑操作，系统提供了如下 3 种删除编辑操作的方式。

- 删除选择的擦除

该按钮用于删除前面所进行的擦除操作，使删除的对象重新显示出来。单击该按钮时，将打开“类选择”对话框，此时已擦除的对象会在视图中加亮显示，然后选取编辑的对象，此时所选对象将会以原来的颜色、线型和线宽在视图中显示出来。

- 删除选择的修改

该按钮用于删除所选视图进行的某些修改操作，使编辑的对象回到原来的显示状态。单击该按钮，将打开“类选择”对话框，此时已编辑的对象会在视图中加亮显示，然后选取编辑的对象，此时所选对象将会以原来的颜色、线型和线宽在视图中显示出来。

- 删除所有修改

该按钮用于删除所选视图先前进行的所有编辑。所有编辑过的对象全部回到原来的显示状态。单击该按钮，打开“删除所有修改”对话框。然后确定是否要删除所有的编辑操作即可。

3. 转换相关性

该选项组用于设置对象在视图与模型之间进行转换。

❑ 模型转换到视图

该按钮用于转换模型中存在的单独对象到视图中。单击该按钮，然后根据打开的“类选择”对话框选取要转换的对象，此时所选对象会转换到视图中。

❑ 视图转换到模型

该按钮用于转换视图中存在的单独对象到模型中。单击该按钮，然后根据打开的“类选择”对话框选取要转换的对象，则所选对象会转换到模型中。

9.3.6 视图的显示和更新

在创建工程图的过程中，当需要工程图和实体模型之间切换，或者需要去掉不必要的显示部分时，可以应用视图的显示和更新操作。所有的视图被更新后将不会有高亮的视图边界。反之，未更新的视图会有高亮的视图边界。需要注意的是：手工定义的边界只能用手工方式更新。

1. 视图的显示

在“图纸”工具栏中单击“显示图纸页”按钮，系统将自动在建模环境和工程图环境之间进行切换，以方便实体模型和工程图之间的对比观察等操作。

2. 视图的更新

在“图纸”工具栏中单击“更新视图”按钮，将打开“更新视图”对话框，如图 9-39 所示。该对话框中各选项的含义及功能如下：

❑ 选择视图

单击该按钮，可以在图纸中选取要更新的视图。选择视图的方式有多种，可在视图列表框中选择，也可在绘图区中用鼠标直接选取视图。

❑ 显示图纸中的所有视图

该复选框用于控制视图列表框中所列出的视图种类。启用该复选框时，列表框中将列出所有的视图。若禁用该复选框，将不显示过时视图，需要手动选择需要更新的过时视图。

❑ 选择所有过时视图

该按钮用于选择工程图中所有过时的视图。

❑ 选择所有过时自动更新视图

该按钮用于自动选择工程图中所有过时的视图。

提 示：过时视图是指由于实体模型的改变或更新而需要更新的视图。如果不进行更新，将不能反映实体模型的最新状态。

9.3.7 定义视图边界

定义视图边界是将视图以所定义的矩形线框或封闭曲线为界限进行显示的操作。在创建工程图的过程中，经常会遇到定义视图边界的情况，例如在创建局部剖视图的局部剖边界曲线时，需要将视图边界进行放大操作等。在“图示”工具栏中单击“视图边界”按钮，将打开“视图边界”对话框，如图 9-40 所示。该对话框中主要选项的含义及操作方法如下：

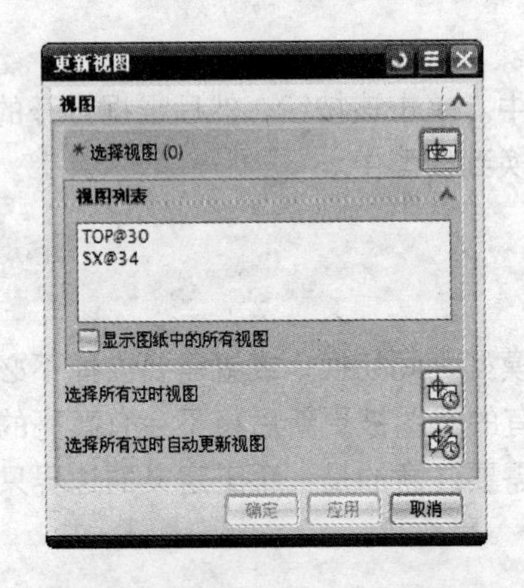

图 9-39 “更新视图”对话框

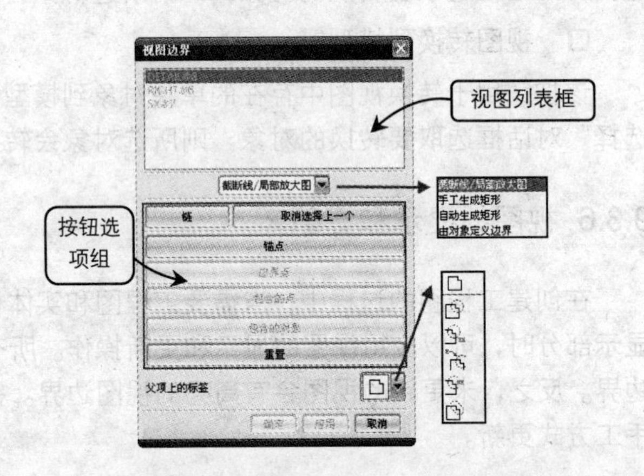

图 9-40 “视图边界”对话框

1. 视图列表框

该列表框用于设置要定义边界的视图。在进行定义视图边界操作之前，用户先要选择所需的视图。选择视图的方法有两种：一种是在视图列表框中选择视图，另一种是直接在工作区中选择视图。当视图选择错误时，还可以利用“重置”选项重新选择视图。

2. 视图边界类型

利用该选项可设置视图边界的类型，视图边界的类型共有以下 4 种：

❑ 断截线/局部放大图

该选项适用于用断开线或局部视图边界线来设置任意形状的视图边界。该选项仅仅显示出被定义的边界曲线围绕的视图部分。选择该选项后，系统提示选择边界线，可用鼠标在视图中选取已定义的断开线或局部视图边界线。

❑ 手工生成矩形

该选项用于在定义矩形边界时，在选择的视图中按住鼠标左键并拖动鼠标可生成矩形边界，该边界也可随模型更改而自动调整视图的边界，如图 9-41 所示。

❑ 自动生成矩形

选择该选项，系统将自动定义一个矩形边界，该边界可随模型的更改而自动调整视图的矩形边界，如图 9-42 所示。

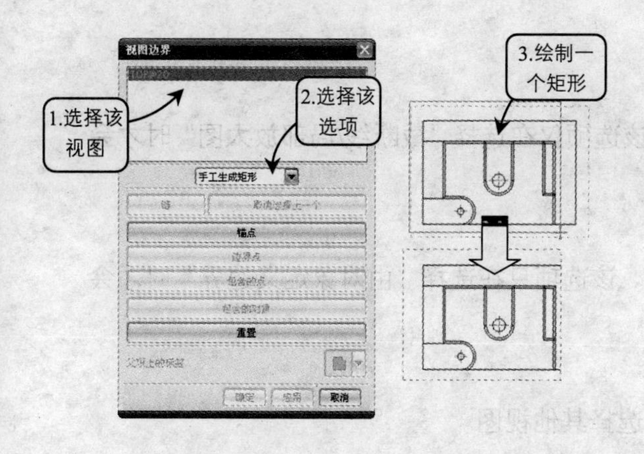

图 9-41　手工生成矩形效果

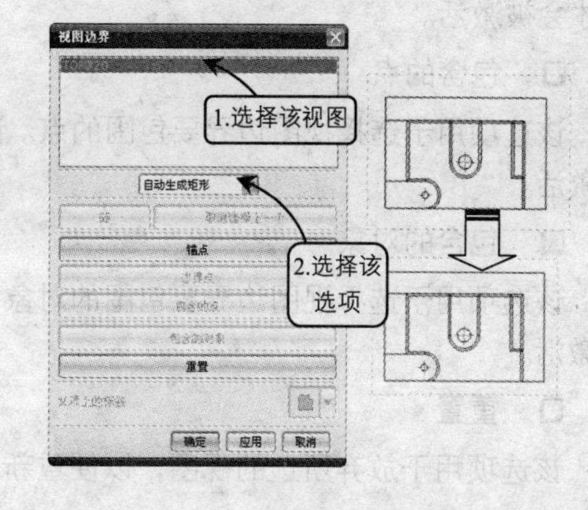

图 9-42　自动生成矩形效果

❑　由对象定义边界

该选项是通过选择要包围的对象来定义视图的范围，可在视图中调整视图边界来包围所选择的对象。选择该选项后，系统提示选择要包围的对象，可利用“包含的点”或“包含的对象”选项在视图中选择要包围的点或线，如图 9-43 所示。

3．按钮选项组

在对视图边界进行定义时，利用按钮区中的相关按钮可以指定对象的类型，定义视图边界的包含的对象等。

❑　链

该选项用于选择链接曲线。选择该选项，系统可按照时针方向选取曲线的开始端和结束段。此时系统会自动完成整条链接曲线的选取。该选项仅在选择了“截断线\局部放大图”时才被激活。

图 9-43　由对象定义边界效果

❑　取消选择上一个

该选项用于取消前一次所选择的曲线。该选项仅在选择了“截断线/局部放大图”时才被激活。

❑　锚点

锚点是将视图边界固定在视图中指定对象的相关联的点上，使边界随指定点的位置变化而变化。若没有指定锚点，模型修改时，视图边界中的部分图形对象可能发生位置变化，使视图边界中所显示的内容不是希望的内容。反之，若指定与视图对象关联的固定点，当模型修改时，即使产生了位置变化，视图边界会跟着指定点进行移动。

❑　边界点

该选项用于指定点的方式定义视图的边界范围。该选项仅在选择“截断线/局部放大图”

时才会被激活。

❑ 包含的点

该选项用于选择视图边界要包围的点。该选项仅在选择“截断线/局部放大图”时才会被激活。

❑ 包含的对象

该选项用于选择视图边界要包围的对象。该选项只在选择“由对象定义边界”时才会被激活。

❑ 重置

该选项用于放弃所选的视图，以便重新选择其他视图。

4．父项上的标签

该列表框用于指定局部放大视图的父视图是否显示环形边界。如果选择该选项，则在其父视图中将显示环形边界，否则将不显示环形边界。该选项仅在选择“截断线/局部放大视图”时才会激活，共包含以下 6 种显示方式。

❑ 无

选择该列表项后，在局部放大图的父视图中将不显示放大部位的边界，效果如图 9-44 所示。

❑ 圆

选择该列表项后，父视图中的放大部位无论是什么形状的边界，都将以圆形边界来显示，效果如图 9-45 所示。

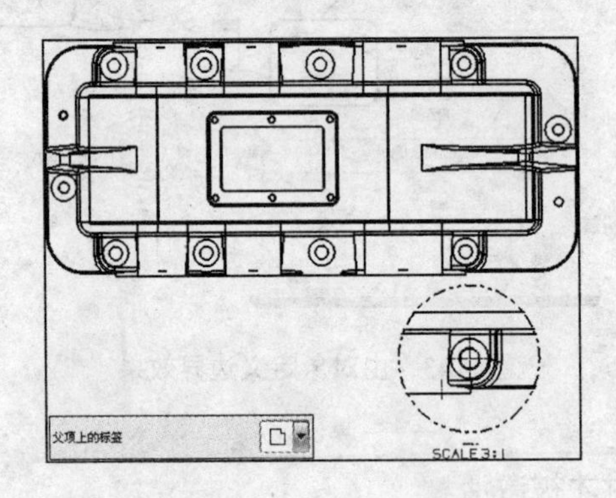

图 9-44 无父项上的标签效果

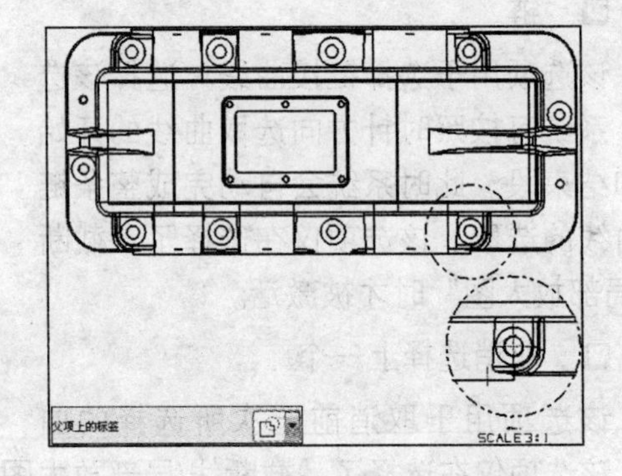

图 9-45 圆形父项上的标签效果

❑ 注释

选择该列表项后，在局部放大图的父视图中将同时显示放大部位的边界和标签，效果如图 9-46 所示。

❑ 标签

选择该列表项后，在父视图中将显示放大部位的边界与标签，并利用箭头从标签指向放大部位的边界，效果如图 9-47 所示。

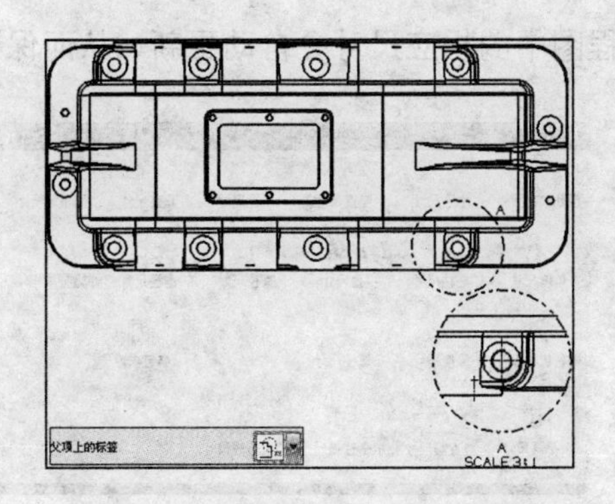

图 9-46　显示边界和注释的标签效果

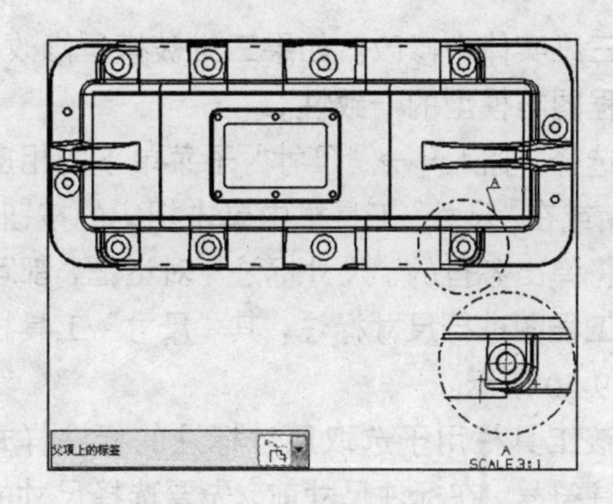

图 9-47　箭头指向标签效果

❑　内嵌

选择该列表项后，在父视图中放大视图部位的边界与标签，并将标识嵌入到放大边界曲线中，效果如图 9-48 所示。

❑　边界

选择该列表项后，在父视图中只能够显示放大部位的原有边界，而不显示放大部位的标签，效果如图 9-49 所示。

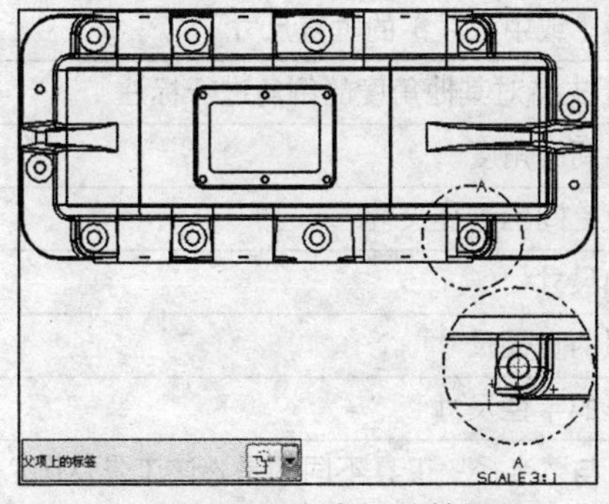

图 9-48　内嵌标签效果

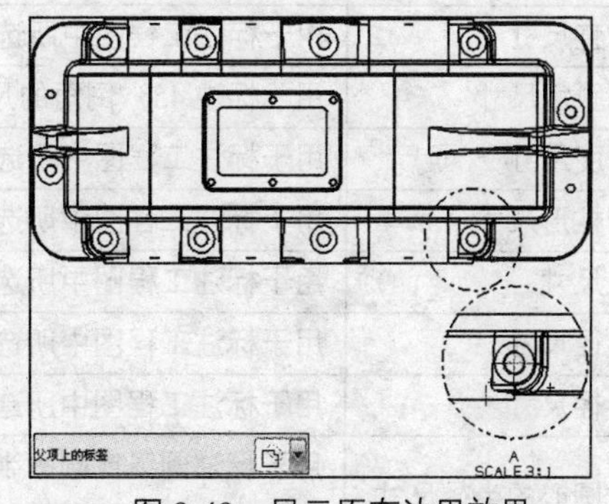

图 9-49　显示原有边界效果

9.4 标注工程图

工程图的标注是反映零件尺寸和公差信息的最重要的方式，在本小节中将介绍如何在工程图中使用标注功能。利用标注功能，用户可以向工程图中添加尺寸、形位公差、制图符号和文本注释等内容。

9.4.1 尺寸标注

尺寸标注用于标识对象的尺寸大小。由于 UG 工程图模块和三维实体造型模块是完全关联的，因此，在工程图中进行标注尺寸就是直接引用三维模型真实的尺寸，具有实际的含义，因此无法像二维软件中的尺寸可以进行改动，如果要改动零件中的某个尺寸参数需要在三维实体中修改。如果三维被模型修改，工程图中的相应尺寸会自动更新，从而保证了工程图与模型的一致性。

选择“插入”→“尺寸”子菜单下的相应选项，或在“尺寸”工具栏中单击相应的按钮，系统将弹出各自的“尺寸标注”对话框，都可以对工程图进行尺寸标注，其“尺寸”工具栏如图 9-50 所示。

图 9-50 “尺寸”工具栏

该工具栏用于选取尺寸标注的标注样式和标注符号。在标注尺寸前，先要选择尺寸的类型。各尺寸类型标注方式的用法见表 9-1。

表 9-1 尺寸标注含义和使用方法

按钮	含义和使用方法
自动判断	由系统自动推断出选用哪种尺寸标注类型进行尺寸标注
水平尺寸	用于标注工程图中所选对象间的水平尺寸
竖直尺寸	用于标注工程图中所选对象间的竖直尺寸
平行尺寸	用于标注工程图中所选对象间的平行尺寸
垂直尺寸	用于标注工程图中所选点到直线（或中心线）的垂直尺寸
倒斜角尺寸	用于标注 45° 倒角的尺寸，暂不支持对其他角度的倒角进行标注
角度尺寸	用于标注工程图中所选两直线之间的角度
圆柱形尺寸	用于标注工程图中所选圆柱对象之间的直径尺寸
孔尺寸	用于标注工程图中所选孔特征的尺寸
直径尺寸	用于标注工程图中所选圆或圆弧的直径尺寸
半径尺寸	用于标注工程图中所选圆或圆弧的半径尺寸
过圆心的半径尺寸	用于标注圆弧或圆的半径尺寸，与“半径”工具不同的是，该工具从圆心到圆弧自动添加一条延长线
带折叠线半径尺寸	用于建立大半径圆弧的尺寸标注
厚度尺寸	用于标注两要素之间的厚度
弧长尺寸	用于创建一个圆弧长尺寸来测量圆弧周长
周长尺寸	用于创建周长约束以控制选定直线和圆弧的集体长度
水平链尺寸	用于将图形中的尺寸依次标注成水平链状形式。其中每个尺寸与其相邻尺寸共享端点
竖直链尺寸	用于将图形中的多个尺寸标注成竖直链状形式，其中每个尺寸与其相邻尺寸共享端点
水平基准线尺寸	用于将图形中的多个尺寸标注为水平坐标形式，其中每个尺寸共享一条公共基线
竖直基线尺寸	用于将图形中的多个尺寸标注为竖直坐标形式，其中每个尺寸共享一条公共基线

标注尺寸时，根据所要标注的尺寸类型，先在“尺寸”工具栏中选择对应的图标，接着用点和线位置选项设置选择对象的类型，再选择尺寸放置方式和箭头、延长的显示类型，如果需要附加文本，则还要设置附加文本的放置方式和输入文本内容，如果需要标注公差，则要选择公差类型和输入上下偏差。完成这些设置以后，将鼠标移到视图中，选择要标注的对象，并拖动标注尺寸到理想的位置，则系统即在指定位置创建一个尺寸的标注。

9.4.2 标注/编辑文本

标注/编辑文本用于工程图中零件基本尺寸的表达，各种技术要求的有关说明，以及用于表达特殊结构尺寸，定位部分的制图符号和形位公差等。

1. 标注文本

标注文本主要是对图纸上的相关内容做进一步说明，如零件的加工技术要求、标题栏中的有关文本注释以及技术要求等。在“注释”工具栏中单击“注释”按钮A，打开“注释”对话框，如图9-51所示。

在标注文本注释时，要根据标注内容，首先对文本注释的参数选项进行设置，如文本的字形、颜色、字体的大小，粗体或斜体的方式、文本角度、文本行距和是否垂直放置文本。然后在文本输入区输入文本的内容。此时，若输入的内容不符合要求，可再在编辑文本区对输入的内容进行修改。输入文本注释后，在注释编辑器对话框下部选择一种定位文本的方式，按该定位方法，将文本定位到视图中即可。

2. 编辑文本

编辑文本是对已经存在的文本进行编辑和修改，通过编辑文本使文本符合注释的要求。其上述介绍的“注释”对话框中的“文本编辑”区只能对已存在的文本做简单的文本编辑。

当需要对文本做更为详细的编辑时，可在“制图编辑”工具栏中单击“编辑文本”按钮A，打开“文本”对话框，如图9-52所示。此时，若单击该对话框中的“编辑文本”按钮A，将打开如图9-53所示的对话框。

“文本编辑器”对话框的“文本编辑”选项组中的各工具，用于文本类型的选择、文本高度的编辑等操作。“编辑文本框”是一个标准的多行文本输入区，使用标准的系统位图字体，用于输入文本和系统规定的控制字符。“文本符号选项卡”中包含了5种类型的选项卡，用于编辑文本符号。

9.4.3 标注表面粗糙度

在首次使用标注表面粗糙度符号时，要检查工程图模块中的“插入”→“符号”的子菜单中是否存在“表面粗糙符号”选项。如没有该选项，需要在UG安装目录的UGII目录中找到环境变量设置文件 ugii_env_ug.dat,用记事本将其打开，将环境变量 UGII_SURFACE_FINISH 的默认设置为ON状态。保存环境变量后，重新进入UG系统，才能进行表面粗糙度的标注操作，如图9-54所示。

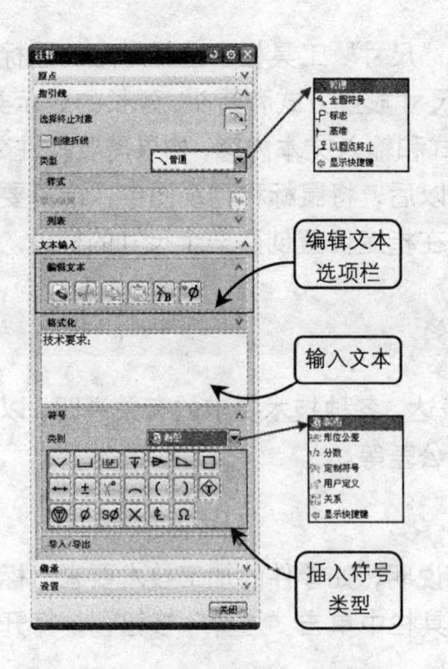

图 9-51 “注释”对话框

图 9-52 “文本”对话框

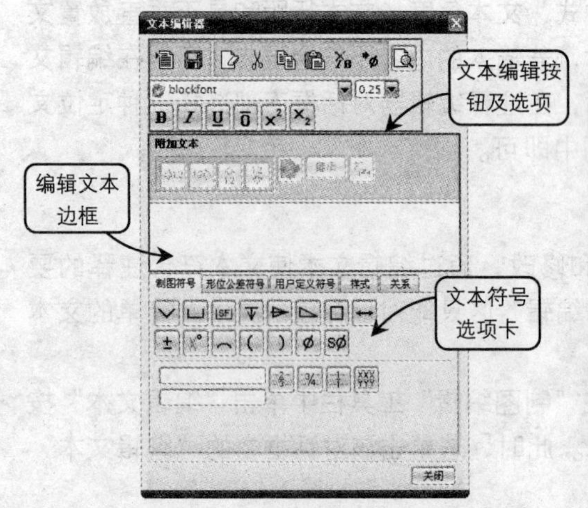

图 9-53 “文本编辑器”对话框

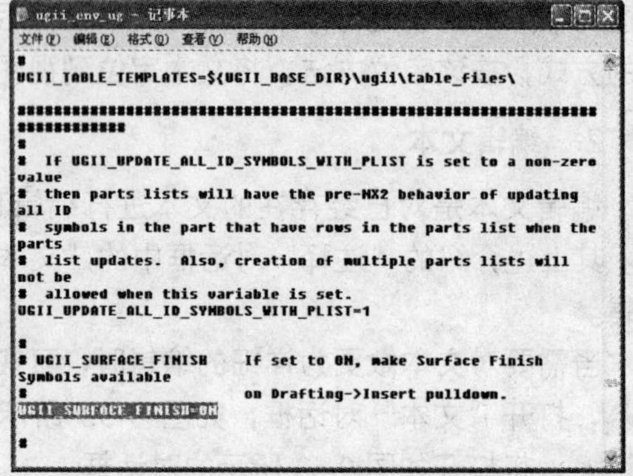

图 9-54 修改环境变量

标注形位公差时，如选择“插入”→“注释”→“表面粗糙度符号”命令时，将会打开如图 9-55 所示的“表面粗糙度符号”对话框，该对话框用于在视图中对所选对象进行表面粗糙度的标注。

在进行表面粗糙度标注时，首先在对话框中的“符号类型”选项组中选择表面粗糙度符号类型，然后依次设置该表面粗糙度相关参数。如因设计需要，还可以在“圆括号”下拉列表中选择括号类型。指定各参数后，然后在该对话框的下部指定表面粗糙度符号的方向，并选择与表面粗糙度符号关联的对象类型，最后在绘图区中选择指定类型的对象，确定标注表面粗糙度符号的位置，即可完成表面粗糙度符号的标注。

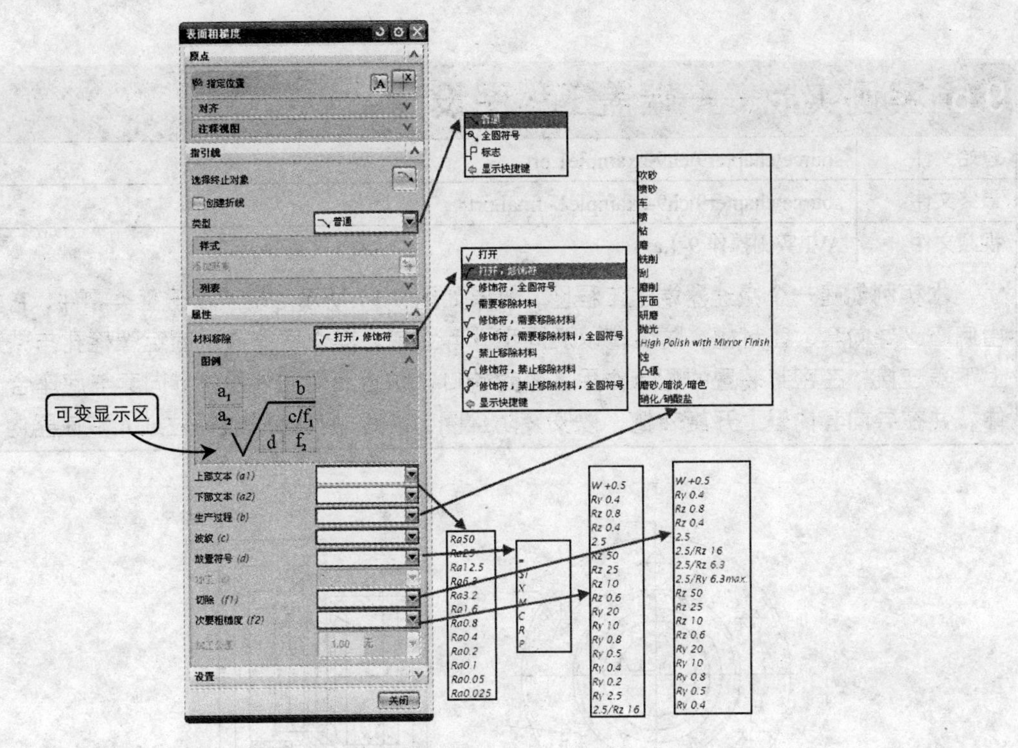

图 9-55 “表面粗糙度符号”对话框

9.4.4 标注形位公差

形位公差是将几何、尺寸和公差符号组合在一起形成的组合符号，它用于表示标注对象与参考基准之间的位置和形状关系。形位公差一般在创建单个零件或装配体等实体的工程图时，一般都需要对基准、加工表面进行有关基准或形位公差的标注。

在“文本编辑器”对话框中选择“形位公差符号”选项卡，如图 9-56 所示。当要在视图中标注形位公差时，首先要在“形位公差符号”选项卡中选择公差框架格式。然后选择形位公差符号，并输入公差值和选择公差的标准。如果标注的是位置公差，还应选择隔离线和基准符号。设置后的公差框会在预览窗口中显示出来，若不符合要求，可在编辑窗口中进行修改。

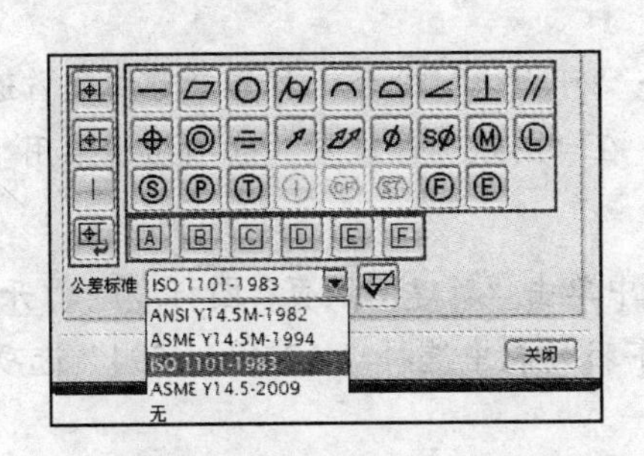

图 9-56 “形位公差符号”选项卡

9.5 案例实战——端盖工程图设计

原始文件：	source\chapter9\ch9-example1.prt
最终文件：	source\chapter9\ch9-example1- final.prt
视频文件：	AVI\实例操作 9-1.avi

本实例创建一个减速器端盖工程图，效果如图 9-57 所示。端盖属于盘类零件，它主要由底座、导向套、密封槽、防尘槽以及固定孔等组成，其中底座通过固定螺栓孔与减速器上下盖连接，在密封装置的配合作用下密封端口，防止润滑油外泄；导向套与底座合为一体，并在导向套内壁上开旋转槽，以安装防尘圈，防止外部杂质或颗粒进入减速器内部。

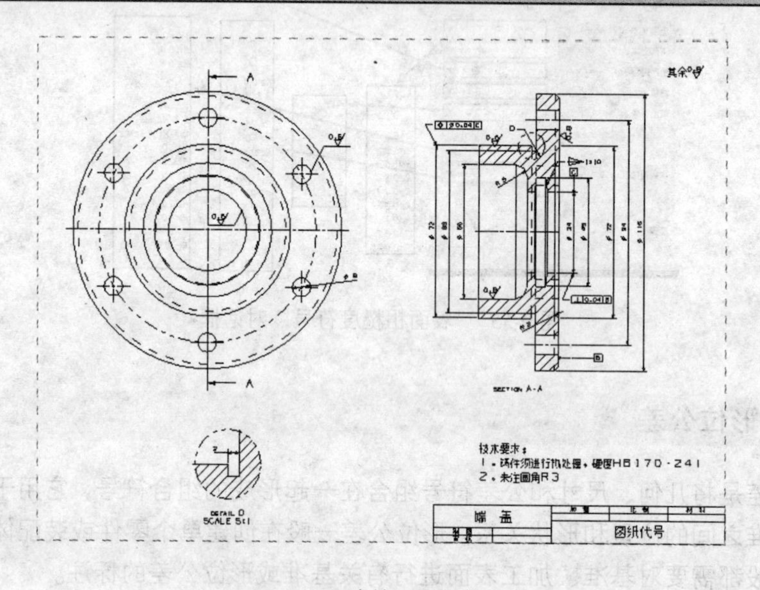

图 9-57 端盖工程图效果

9.5.1 新建图纸页

01 打开配套光盘中的 source\chapter9\ch9-example1.prt 文件，选择“开始”→“制图”命令，进入制图模块。

02 选择“首选项”→“可视化”命令，打开“可视化首选项”对话框，在对话框中选择“颜色设置”选项卡，在“图纸部件设置”选项组中启用“单色显示”复选框，如图 9-58 所示。

03 在“图纸”工具栏中单击“新建图纸页”图标，打开“图纸页”对话框，在“大小”选项组中的“大小”下拉列表中选择“A2-420×594”选项，其余保持默认设置，如图 9-59 所示。

04 选择“首选项”→“制图”选项，打开“制图首选项”对话框，在对话框中选择

“视图”选项卡，在“边界”选项组中禁用“显示边界”复选框，如图9-60所示。

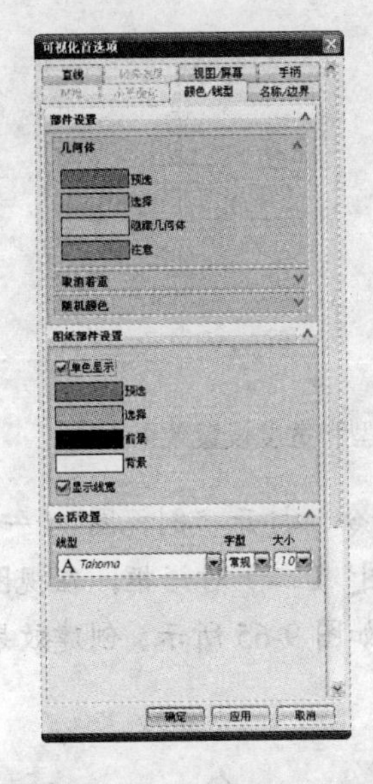

图9-58 可视化首选项对话框

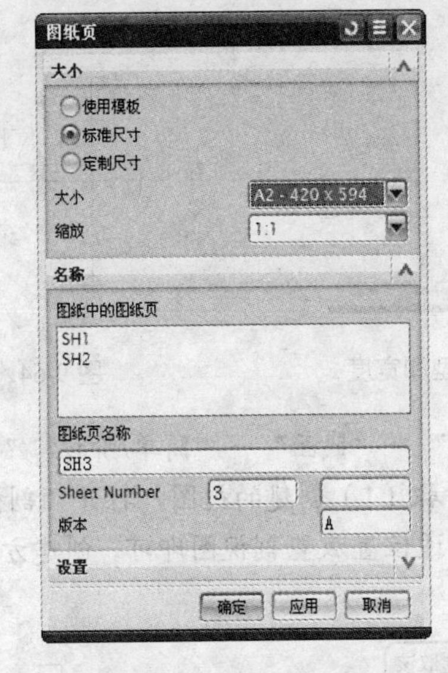

图9-59 “图纸页”对话框

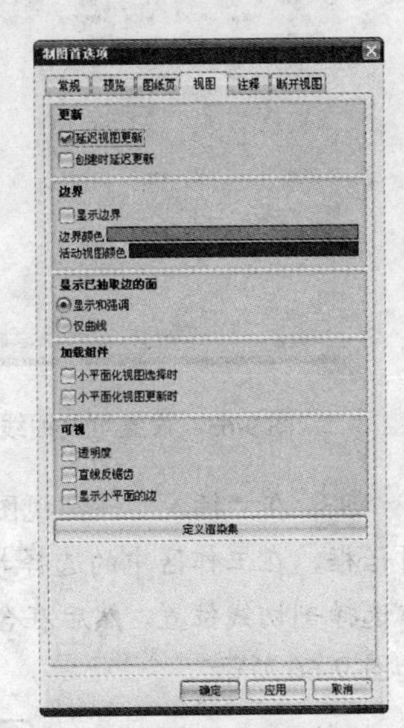

图9-60 制图首选项对话框

9.5.2 添加视图

01 在“图纸”工具栏中单击“基本视图”图标，打开“基本视图”对话框，在“模型视图”选项组中的“要使用的模型视图”下拉列表中选择“右视图”选项，设置比例为2∶1，在工作区中合适位置放置基本视图，如图9-61所示。

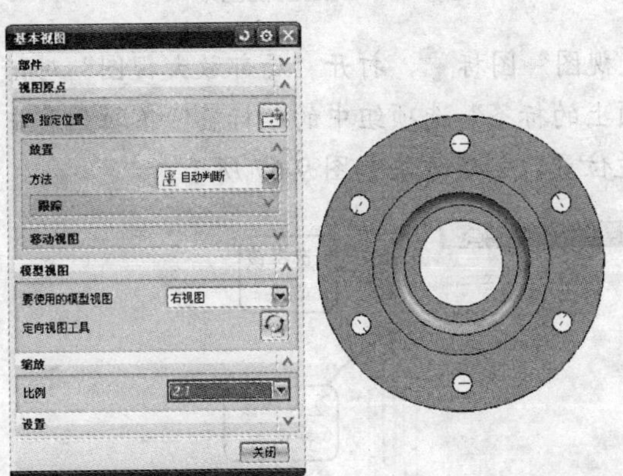

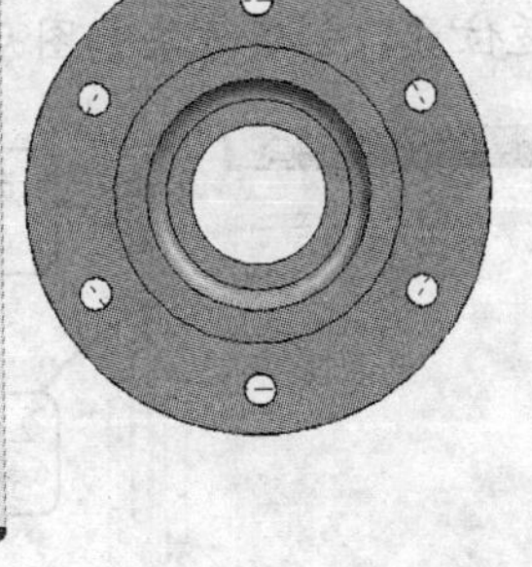

图9-61 添加基本视图

图9-62 设置隐藏线线型和宽度

02 双击该视图，打开“视图样式”对话框，在该对话框中选择“隐藏线”选项卡，设置隐藏线的线型和宽度，如图9-62所示；然后选择“可见线”选项卡，设置可见线的线型和宽度，如图9-63所示。设置后效果如图9-64所示。

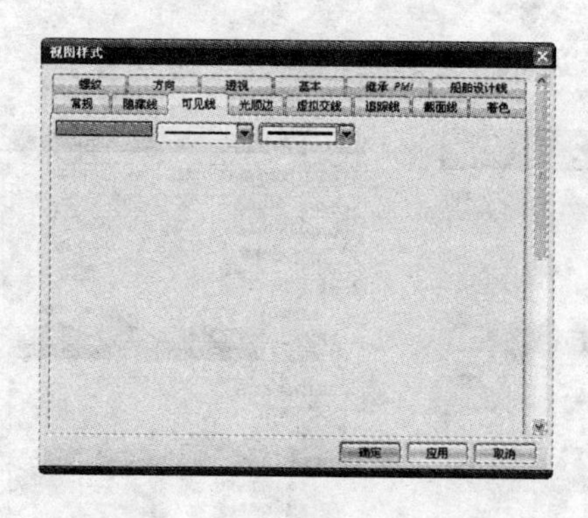

图 9-63　设置可见线线型和宽度

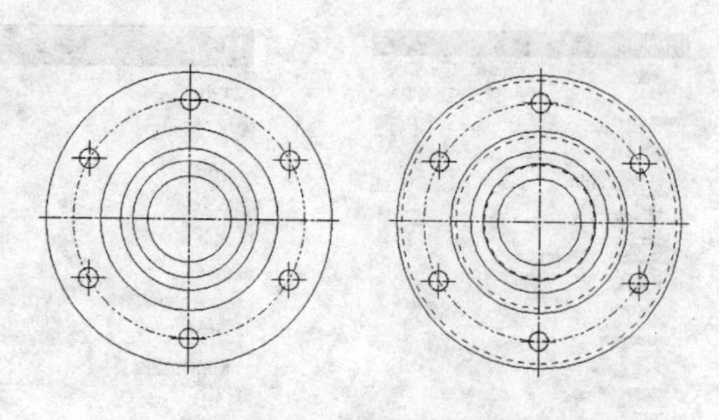

图 9-64　线型和宽度设置效果

03 在“插入”→“视图”→“截面”→“简单/阶梯”命令，打开“剖视图”（一）对话框，在工作区中的选择步骤（1）创建的视图，打开“剖视图”（二）对话框，在视图中选择剖切线位置，然后在合适位置放置剖视图即可，创建方法如图 9-65 所示。创建效果如图 9-66 所示。

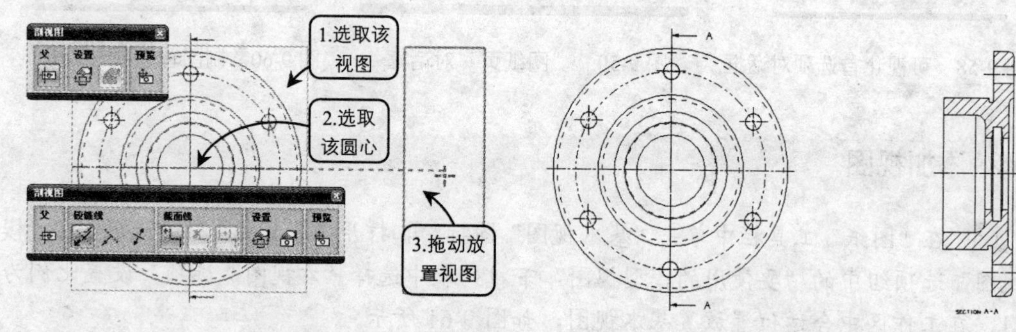

图 9-65　创建剖视图　　　图 9-66　创建剖视图效果

04 在“图纸”工具栏中单击“局部放大视图”图标，打开“局部放大视图”对话框，在工作区中指定中心点和边界，在“父项上的标签”选项组中的“标签”下拉列表中选择“标签”选项，放置局部放大视图到合适位置，创建方法如图 9-67 所示。

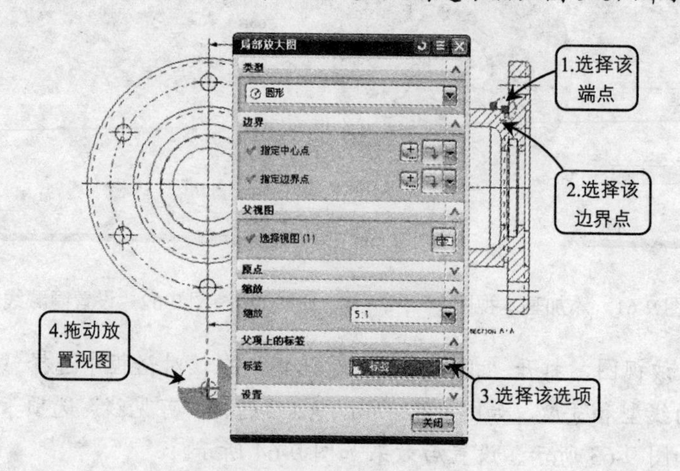

图 9-67　创建局部放大视图

9.5.3 标注线性尺寸

01 选择“插入”→“尺寸”→“竖直”命令，打开“竖直”对话框，在工作区中选择两固定螺栓孔中心线，单击对话框中“文本”图标，打开“文本编辑器”对话框，在对话框中单击图标Ø，单击“确定”按钮，然后放置尺寸线到合适位置即可，如图9-68所示。

02 按照同样的方法，标注其他各圆面的尺寸，效果如图9-69所示。

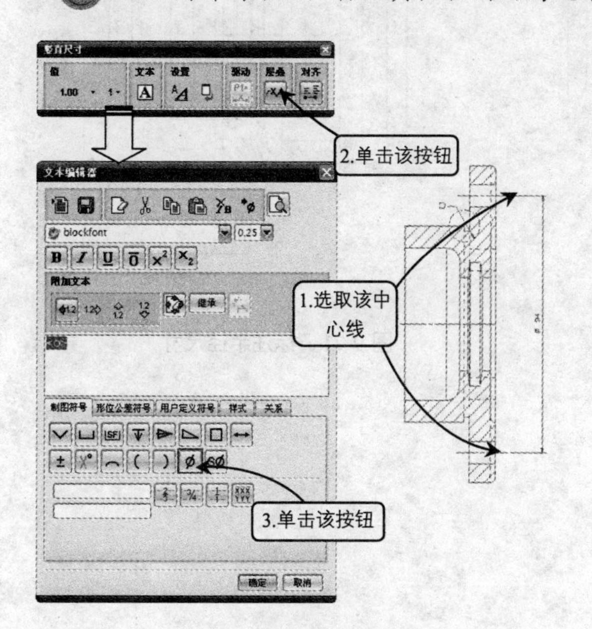

图9-68　标注竖直尺寸

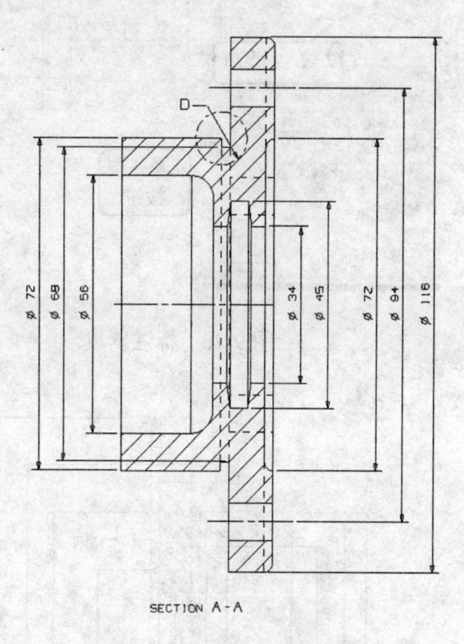

图9-69　标注竖直尺寸效果

03 选择“插入”→“注释”命令，打开“注释”对话框，先单击对话框中图标，然后单击图标，在“文本输入”文本框中输入1∶10，在工作区中选择密封槽的斜面线，最后放置斜度尺寸线到合适位置即可，如图9-70所示。

9.5.4 标注圆和圆弧尺寸

01 选择“插入”→“尺寸”→“半径尺寸”命令，打开“半径尺寸”对话框，在工作区中选择导向套和底座的圆角，放置半径尺寸线到合适位置即可，如图9-71所示。创建半径尺寸效果如图9-72所示。

02 选择“插入”→“尺寸”→“直径尺寸”命令，打开“直径尺寸”对话框，在工作区中选择固定螺栓孔，放置直径尺寸线到合适位置即可，如图9-73所示。

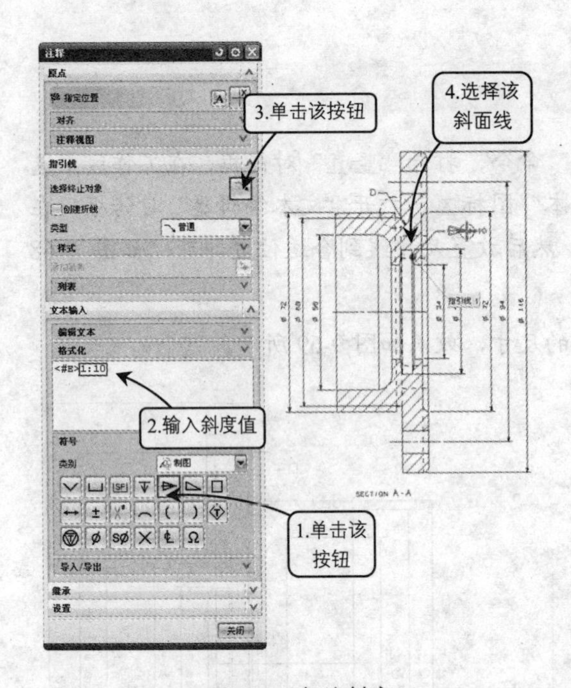

图 9-70　标注斜度

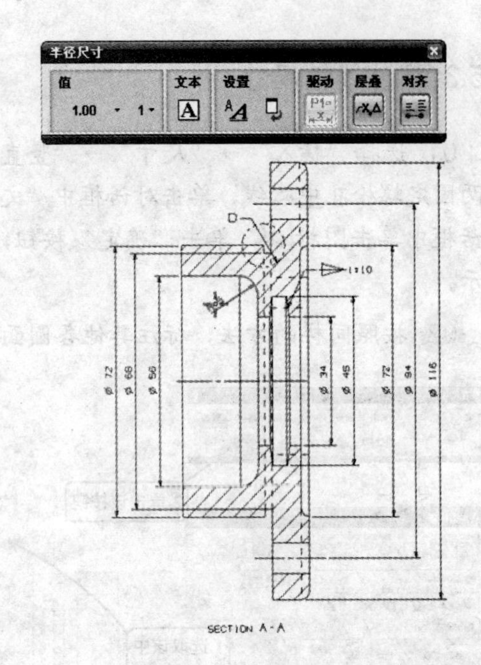

图 9-71　标注半径尺寸

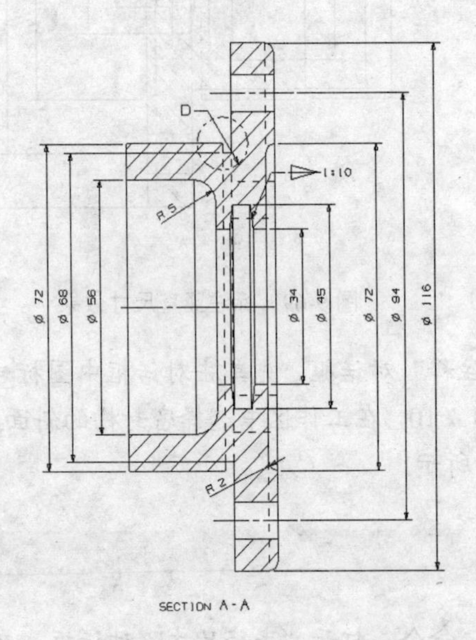

图 9-72　标注半径尺寸效果

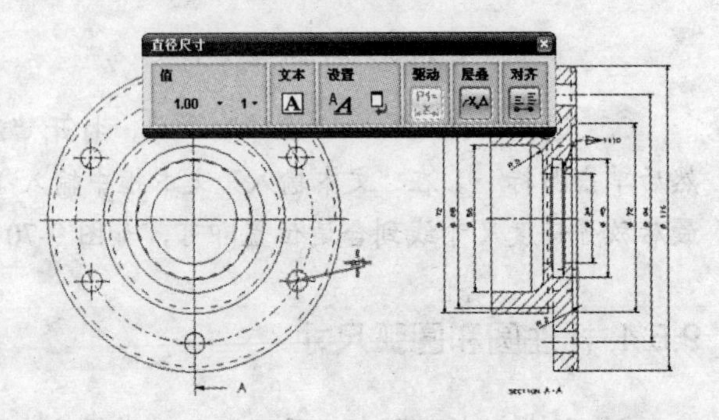

图 9-73　标注直径尺寸

9.5.5 标注形位公差

01 选择“插入”→“注释”→“基准特征符号”命令，打开“基准特征符号”对话框，在“基准标识符”选项组中的“字母”文本框中输入B，单击“指引线”选项组中的图标，选择工作区中底座端面，最后放置基准特征符号到合适位置即可，如图 9-74 所示。按照同样的方法创建基准特征符号 C。

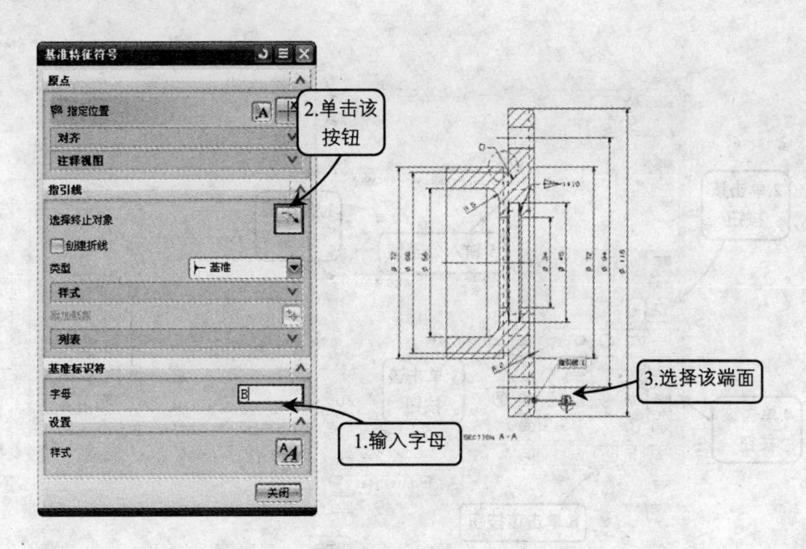

图 9-74　插入基准特征符号

02 选择“插入”→“注释”命令，打开“注释”对话框，在“符号”选项组的“类别”下拉列表中选择“形位公差”选项，依次单击对话框中的图标、、，在“文本输入”文本框中输入 0.04，按照如图 9-75 所示的方法标注垂直度形位公差。

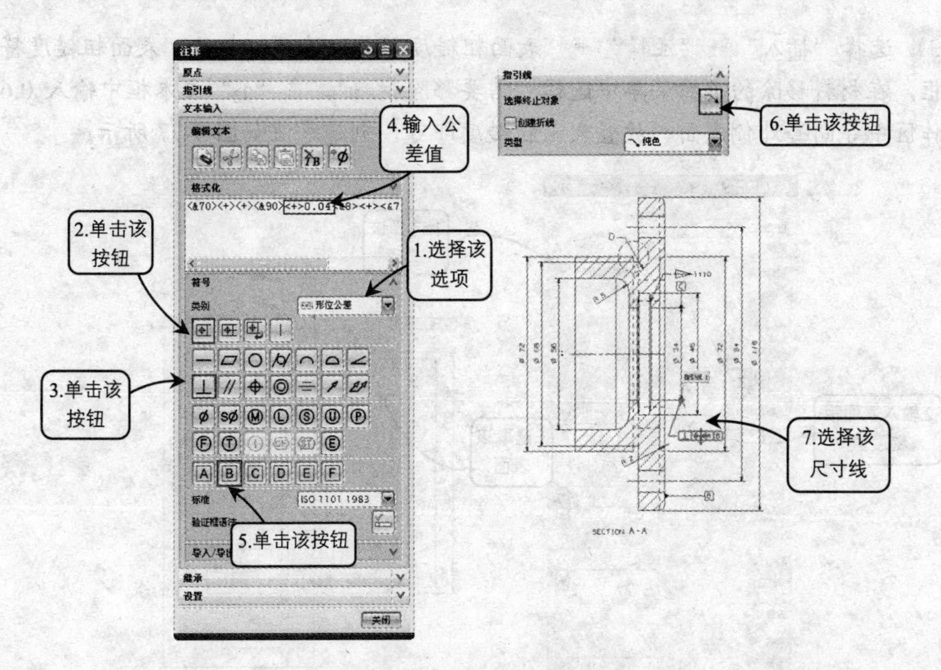

图 9-75　标注垂直度形位公差

03 单击“制图编辑”工具栏中的“注释”图标，打开“注释”对话框，在“符号”选项组的“类别”下拉列表中选择“形位公差”选项，依次单击对话框中的图标、、

ø、C，在“文本输入”文本框中输入 0.04，按照如图 9-76 所示的方法标注同轴度形位公差。

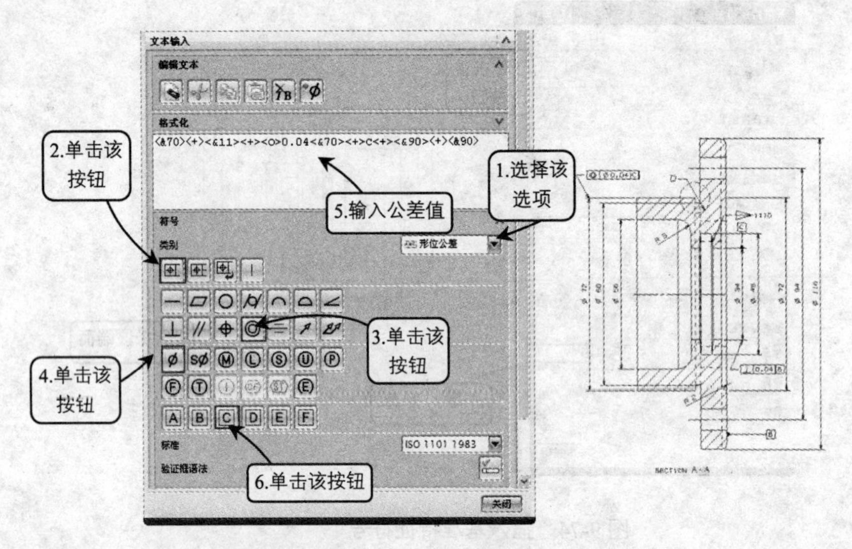

图 9-76　标注同轴度形位公差

9.5.6 标注表面粗糙度

01 选择“插入”→“注释”→“表面粗糙度符号”选项，打开“表面粗糙度符号”对话框，在材料移除的下拉菜单中选择“需要移除材料”，在“a_2”文本框中输入 0.6，选择工作区中导向套外侧表面，放置表面粗糙度即可，创建方法如图 9-77 所示。

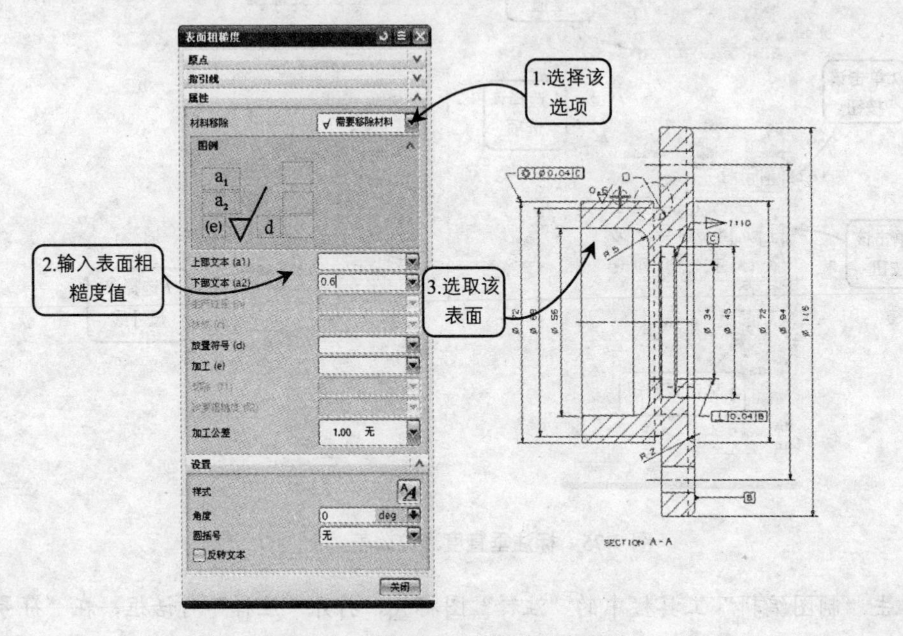

图 9-77　标注表面粗糙度

02 按照同样的方法设置“表面粗糙度符号”对话框各参数，选择合适的放置类型和指引线类型创建其他的表面粗糙度，效果如图 9-78 所示。

9.5.7 插入并编辑表格

01 选择“插入”→“表格”命令，工作区中的光标即会显示为矩形框，选择工作区最右下角放置表格即可，创建方法如图 9-79 所示。

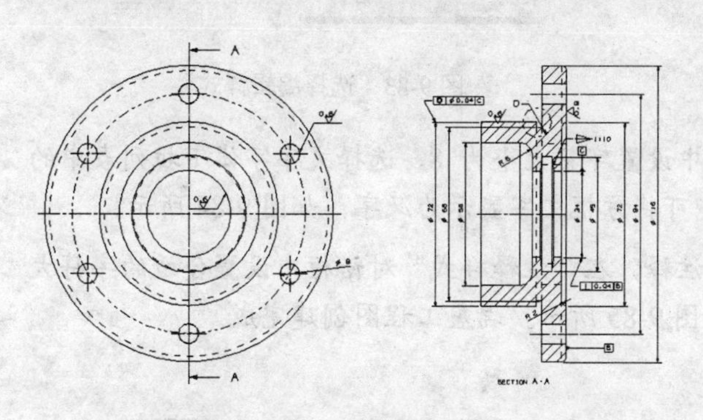

图 9-78 标注表面粗糙度效果

图 9-79 插入表格

02 选中表格的第一个单元格，按住鼠标左键拖动到第二行第二列所在的单元格，选中的表格为桔红色高亮显示，单击鼠标右键，选择“合并单元格”选项，创建方法如图 9-80 所示。然后在创建另一合并单元格，效果如图 9-81 所示。

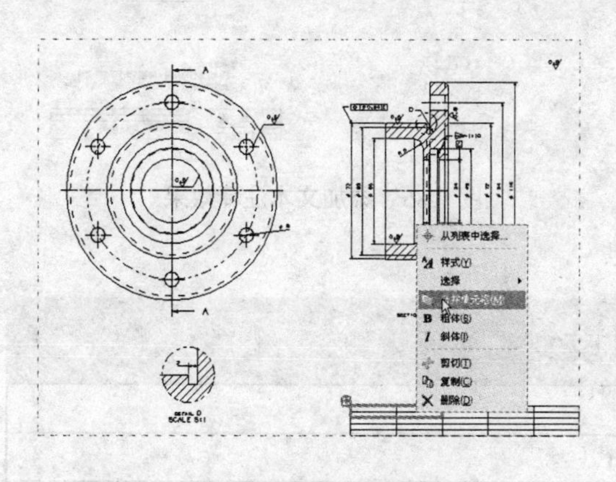

图 9-80 合并单元格

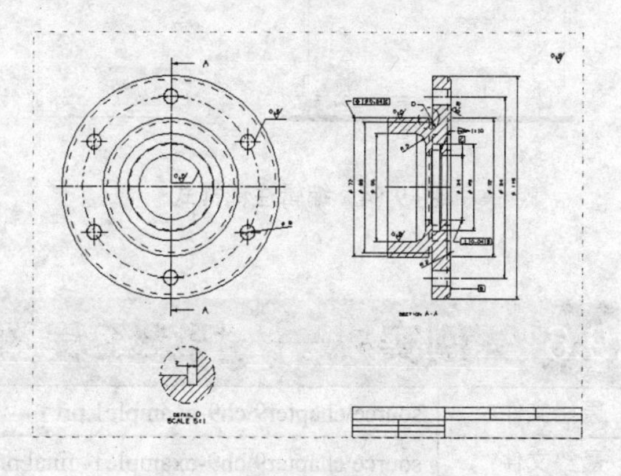

图 9-81 合并单元格效果

9.5.8 添加文本注释

01 选择“插入”→“注释”命令，打开“注释”对话框，在“文本输入”文本框中输入如图 9-82 所示的注释文字，添加工程图相关的技术要求。

02 单击“制图编辑”工具栏中的“编辑样式”图标，打开“类选择”对话框，选择步骤（1）添加的文本，单击“确定”按钮，如图 9-83 所示。

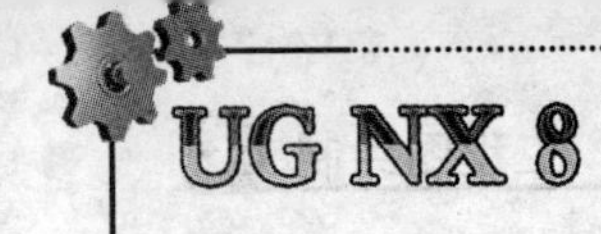

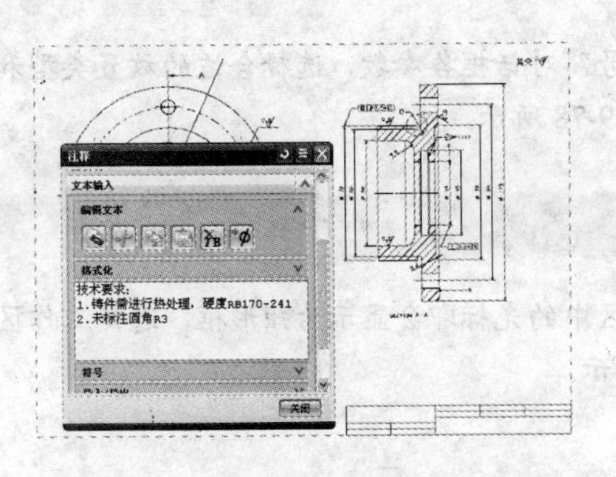

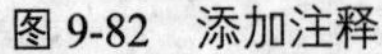

图 9-82　添加注释

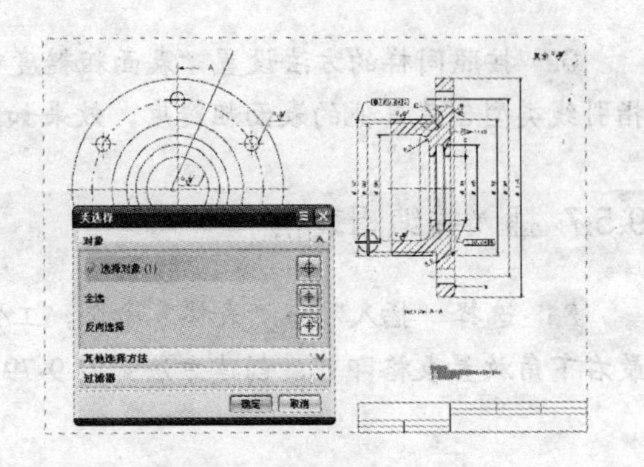

图 9-83　选择编辑样式

03 在弹出的“注释样式”对话框中设置字符大小为 8，选择文字字体下拉列表中的“chinesef”选项，单击“确定”按钮即可将方框文字显示为汉字，如图 9-84 所示。

04 重复上述步骤，添加其他文本注释，在“注释样式”对话框中设置合适的字符大小，选中注释移动到合适位置，效果如图 9-85 所示。端盖工程图创建完成。

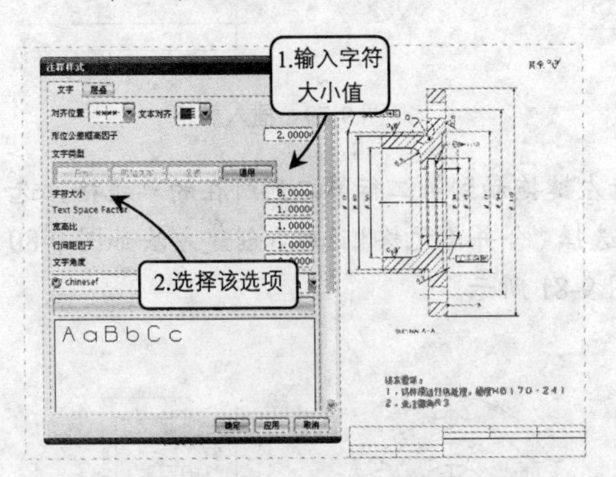

图 9-84　编辑注释样式

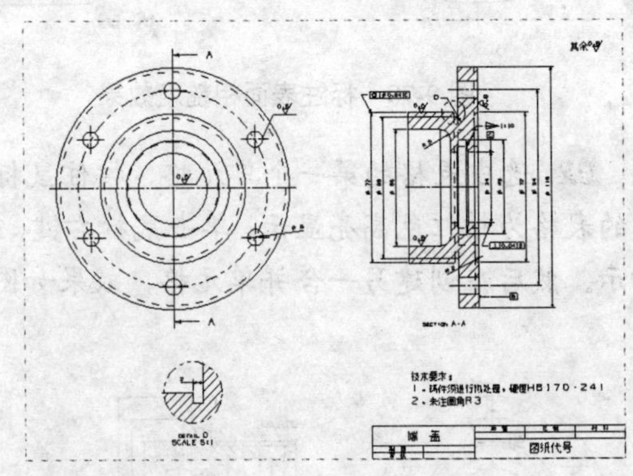

图 9-85　添加文本注释效果

9.6 案例实战——托架工程图设计

原始文件:	source\chapter9\ch9-example1.prt
最终文件:	source\chapter9\ch9-example1- final.prt
视频文件:	AVI\实例操作 9-2.avi

本实例创建一个托架工程图，效果如图 9-86 所示。托架主要用于支承传动轴及其他零件，一般包括支架、拔叉、连杆及杠杆等，与轴套和盘盖零件相比，托架零件的形状没有一定的规则，且结构一般比较复杂，常带有安装板、支承孔、肋板及加紧用螺孔等。托架零件的主体部分可分为工作、固定及连接 3 大部分。选择主视图时，一般首先考虑工作位置或反映主要形状特征的投影方向。常常需要两个或两个以上的基本视图表达零件的主要形状，且要利用局部视图及剖视图等表达零件的局部详细结构。

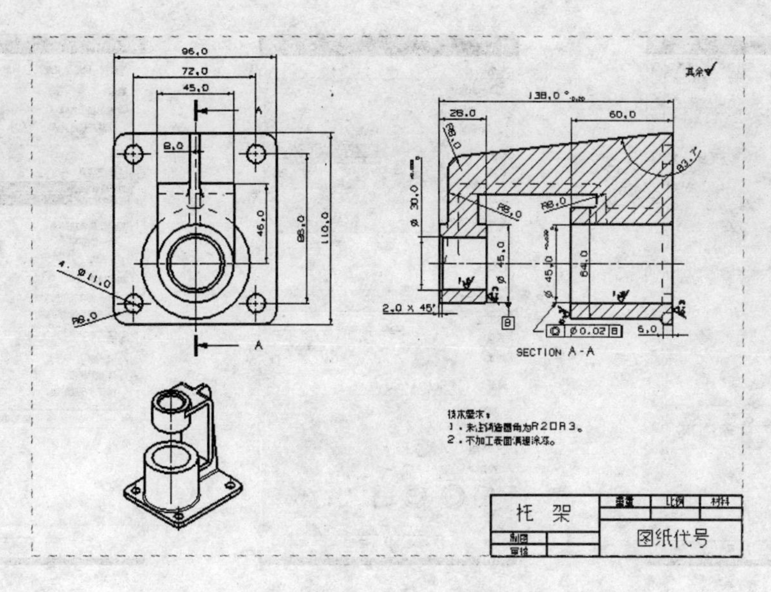

图 9-86 托架工程图效果

9.6.1 新建图纸页

01 打开配套光盘中的 source\chapter9\ch9-example2.prt 文件，选择“开始”→“制图”命令，进入制图模块。

02 选择“首选项”→“可视化”命令，打开“可视化首选项”对话框，在对话框中选择“颜色设置”选项卡，在“图纸部件设置”选项组中启用“单色显示”复选框，如图 9-87 所示。

03 在“图纸”工具栏中单击“新建图纸页”图标，打开“图纸页”对话框，在“大小”选项组中的“大小”下拉列表中选择“A3-297×420”选项，其余保持默认设置，如图 9-88 所示。

04 选择“首选项”→“制图”选项，打开“制图首选项”对话框，在对话框中选择“视图”选项卡，在“边界”选项组中禁用“显示边界”复选框，如图 9-89 所示。

9.6.2 添加视图

01 在“图纸”工具栏中单击“基本视图”图标，打开“基本视图”对话框，在“模型视图”选项组中的“要使用的模型视图”下拉列表中选择“俯视图”选项，设置比例为 1∶1，在工作区中合适位置放置俯视图，如图 9-90 所示。

02 在“插入”→“视图”→“截面”→“简单/阶梯”，，打开“剖视图”（一）对话框，在工作区中的选择步骤（1）创建的视图，打开“剖视图”（二）对话框，在视图中选择剖切线位置，然后在合适位置放置剖视图即可，创建方法如图 9-91 所示。

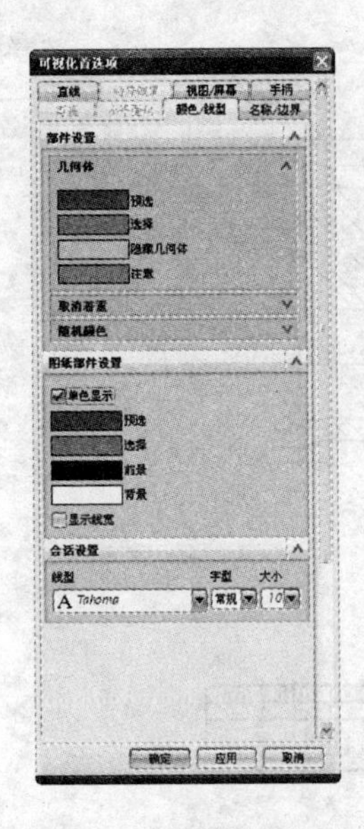

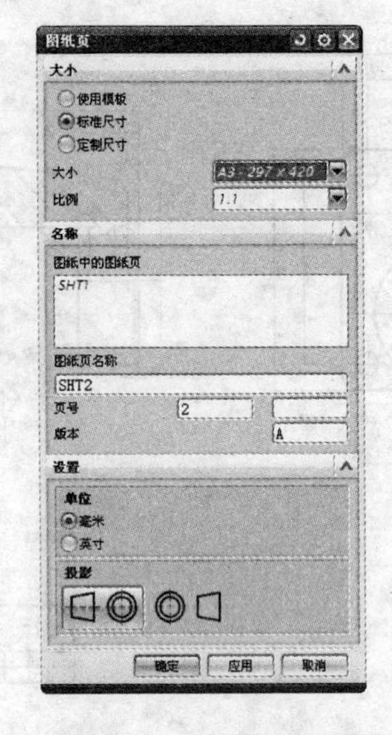

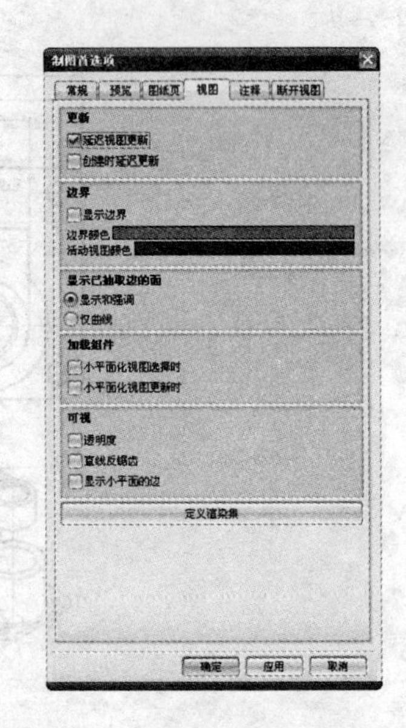

图 9-87 “可视化首选项”对话框　　图 9-88 “图纸页”对话框　　图 9-89 “制图首选项”对话框

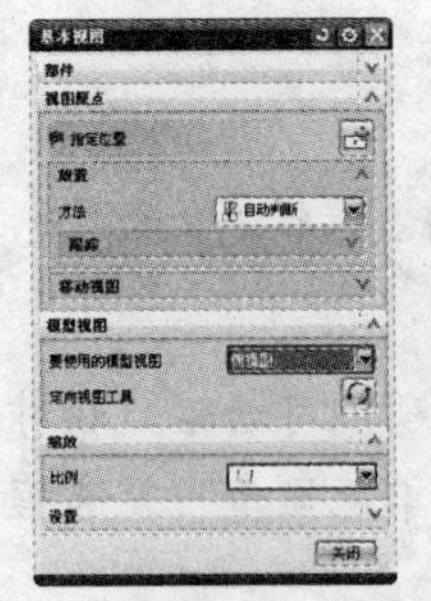

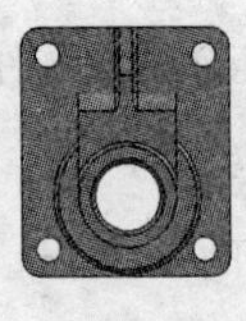

图 9-90 创建俯视图

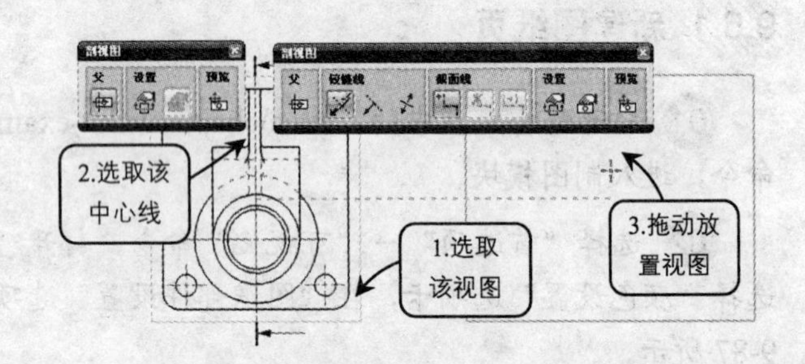

图 9-91 创建剖视图

03 在“图纸”工具栏中单击“基本视图”图标，打开“基本视图”对话框，在“模型视图”选项组中的“要使用的模型视图”下拉列表中选择“正二测视图”选项，设置比例为 1∶2，在工作区中合适位置放置正二测视图，如图 9-92 所示。

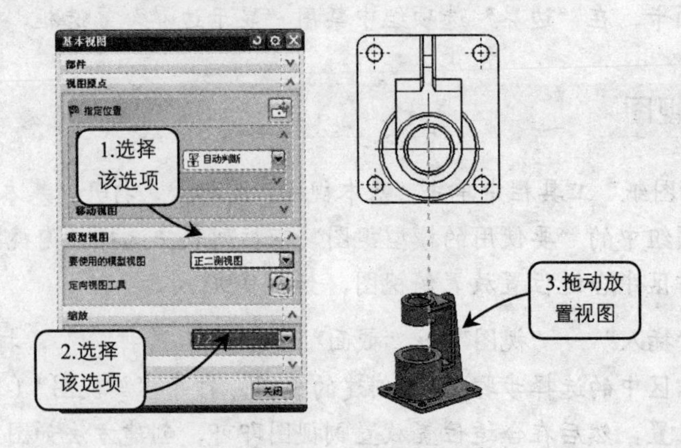

图 9-92 创建正二测视图

9.6.3 标注线性尺寸

01 选择“插入”→“尺寸”→“水平”命令，打开“水平”对话框，在工作区中选择托架的上下端面，单击对话框中“文本”图标，打开“文本编辑器”对话框，在对话框中依次单击图标和，在“附加文本”文本框中输入 0，然后单击图标，在“附加文本”文本框中输入-0.20，单击“确定”按钮，然后放置尺寸线到合适位置即可，如图 9-93 所示。

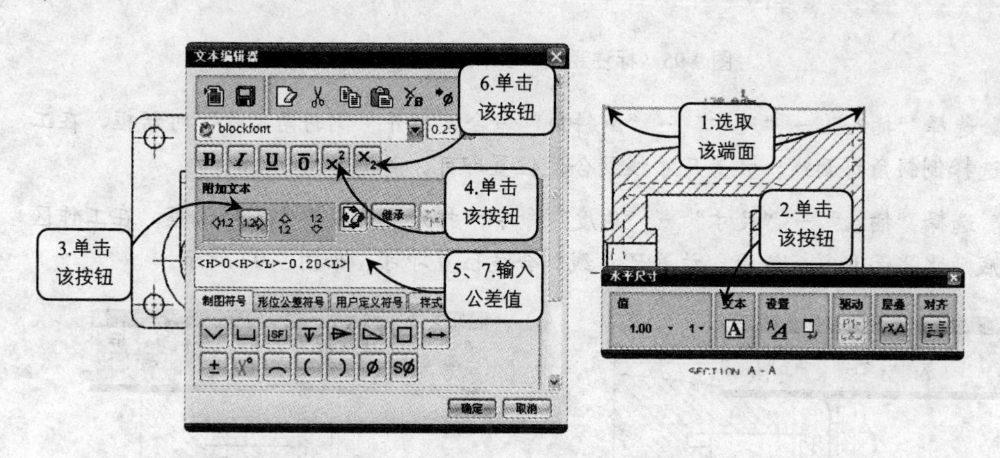

图 9-93　标注水平尺寸

02 选择“插入”→“尺寸”→“竖直”命令，打开“竖直”对话框，在工作区中选择底座套筒外表面，单击对话框中“文本”图标，打开“文本编辑器”对话框，在对话框中单击图标，单击“确定”按钮，然后放置尺寸线到合适位置即可，如图 9-94 所示。

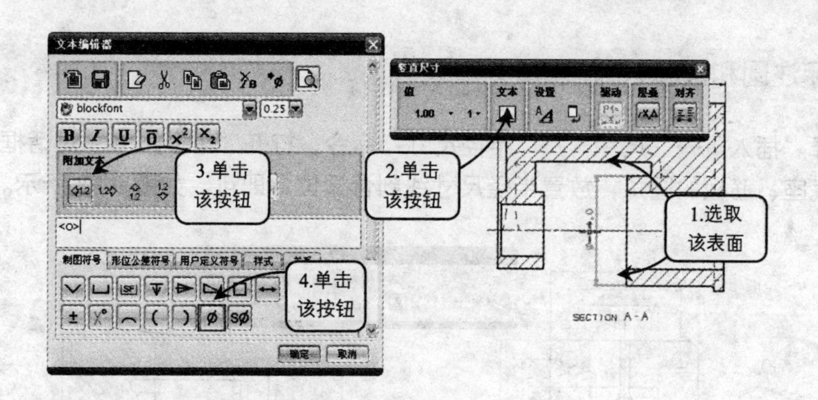

图 9-94　标注竖直尺寸

03 按照同样的方法，标注其他的水平和竖直尺寸，效果如图 9-95 所示。

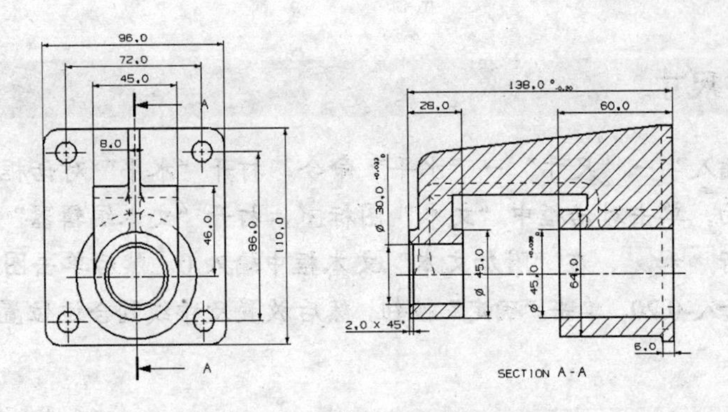

图 9-95　标注竖直和水平尺寸效果

04 选择“插入”→“尺寸”→“倒斜角”命令，打开“倒斜角尺寸”对话框，在工作区中选择倒斜角斜面线，放置尺寸线到合适位置即可，如图 9-96 所示。

05 选择“插入”→“尺寸”→“角度”命令，打开“角度尺寸”对话框，在工作区中选择底座水平面和筋板斜面，放置尺寸线到合适位置即可，如图 9-97 所示。

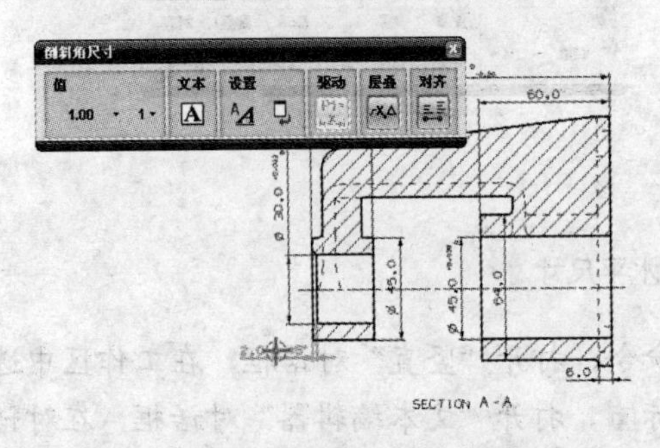

图 9-96　标注倒斜角尺寸

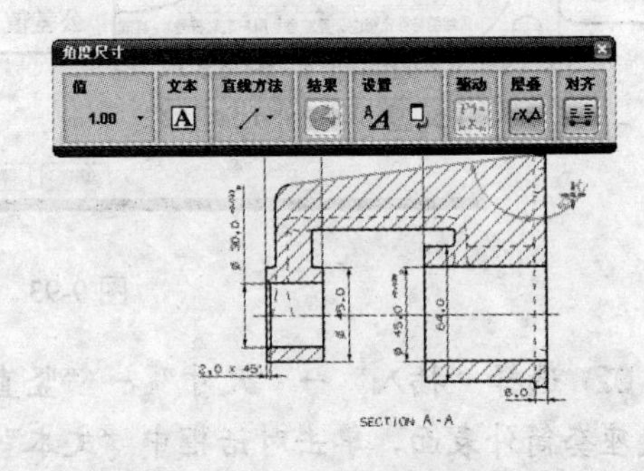

图 9-97　标注角度尺寸

9.6.4 标注圆和圆弧尺寸

选择“插入”→“尺寸”→“半径尺寸”命令，打开“半径尺寸”对话框，在工作区中选择底座、筋板的圆角，放置半径尺寸线到合适位置即可，如图 9-98 所示。

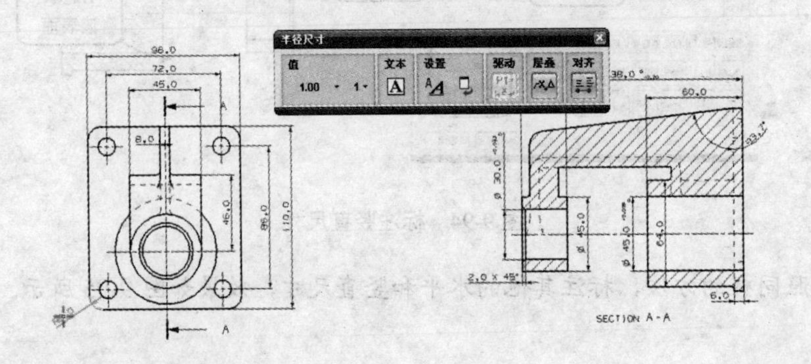

图 9-98　标注半径尺寸

选择“插入”→“尺寸”→“直径尺寸”命令，打开“直径尺寸”对话框，在工作区中选择固定螺栓孔，放置直径尺寸线到合适位置即可，如图 9-99 所示。

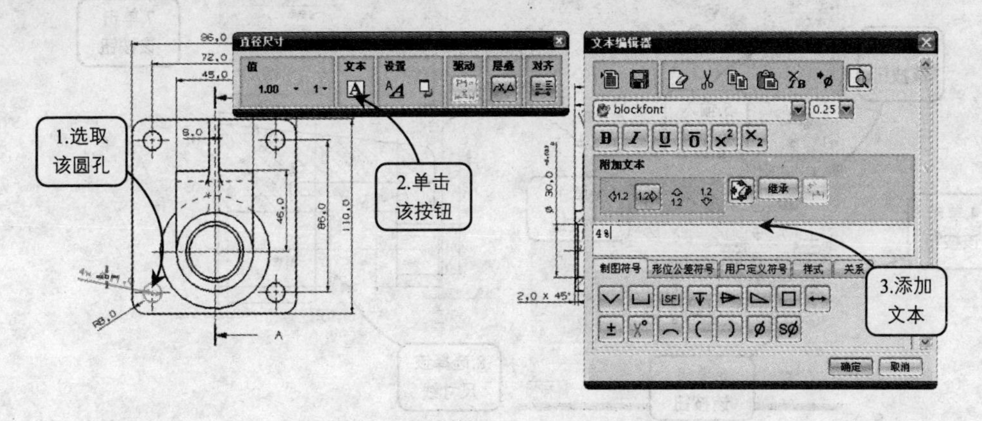

图 9-99　标注直径尺寸

9.6.5 标注形位公差

01 选择“插入”→“注释”→“基准特征符号”命令，打开“基准特征符号”对话框，在“基准标识符”选项组中的“字母”文本框中输入 B，单击“指引线”选项组中的图标，选择工作区中上端套筒尺寸线，最后放置基准特征符号到合适位置即可，如图 9-100 所示。

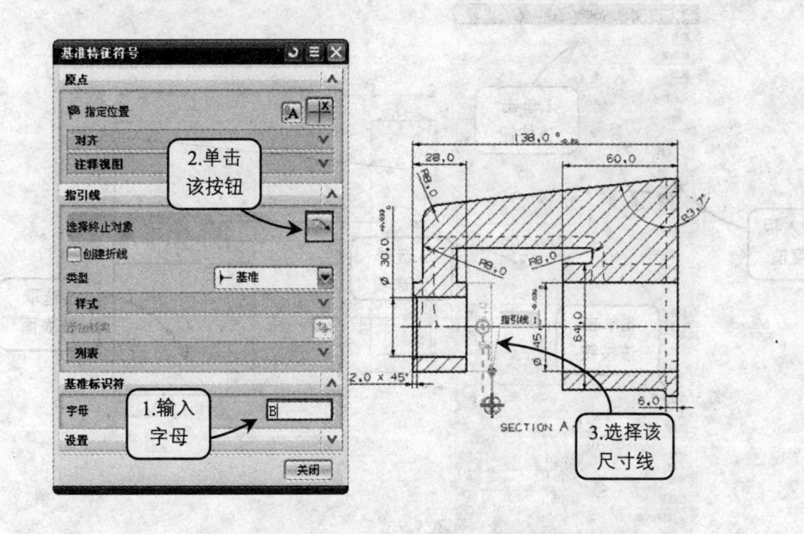

图 9-100　标注基准特征符号

02 单击“制图编辑”工具栏中的“注释”图标，打开“注释”对话框，在“符号”选项组的“类别”下拉列表中选择“形位公差”选项，依次单击对话框中的图标、、、，在“文本输入”文本框中输入 0.02，按照如图 9-101 所示的方法标注同轴度形位公差。

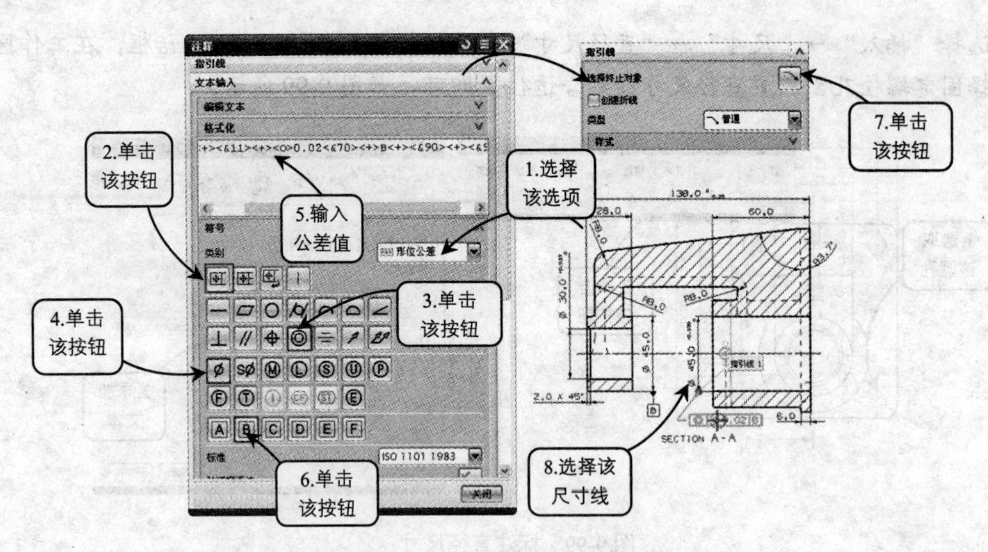

图 9-101 标注同轴度形位公差

9.6.6 标注表面粗糙度

01 选择“插入”→“注释”→“表面粗糙度符号”命令，打开“表面粗糙度符号”对话框，在材料移除的下拉菜单中选择“需要移除材料”，在“a_2”文本框中输入 6.3 选择工作区中套筒端面，放置表面粗糙度即可，创建方法如图 9-102 所示。

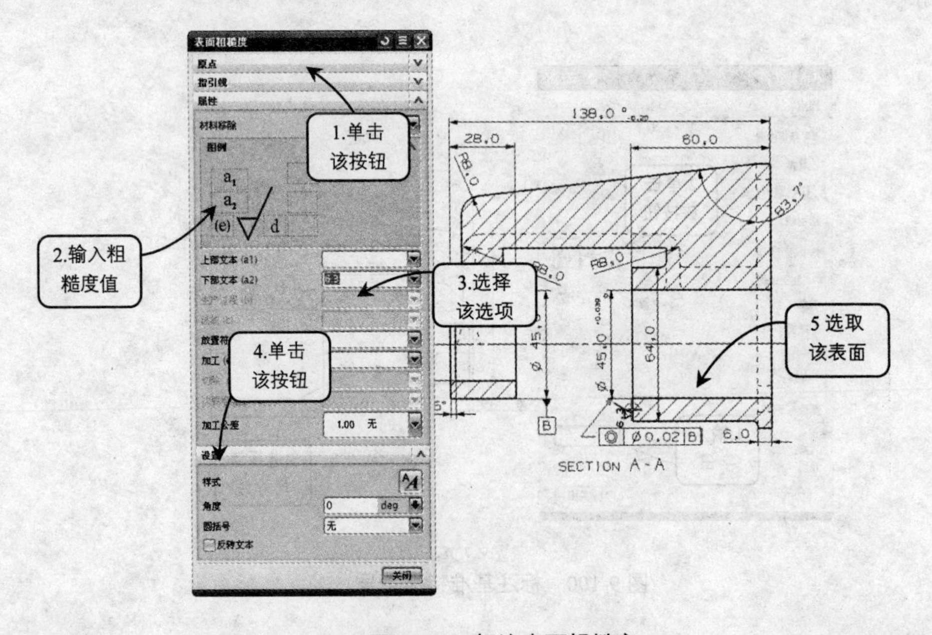

图 9-102 标注表面粗糙度

02 按照同样的方法设置“表面粗糙度符号”对话框各参数，选择合适的放置类型和指引线类型创建其他的表面粗糙度，效果如图 9-103 所示。

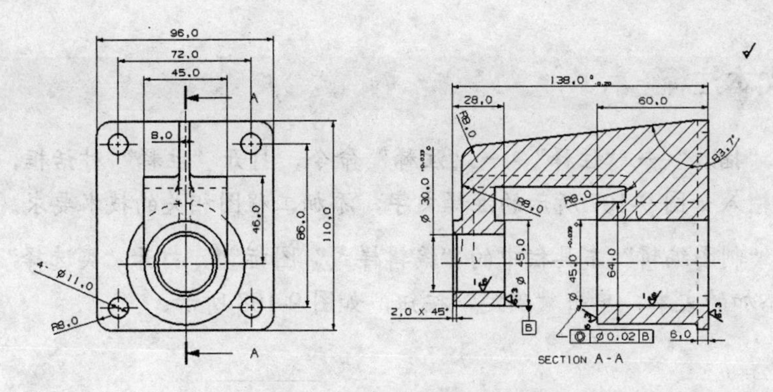

图 9-103 标注表面粗糙度效果

9.6.7 插入并编辑表格

01 选择“插入”→“表格”命令，工作区中的光标即会显示为矩形框，选择工作区最右下角放置表格即可，创建方法如图 9-104 所示。

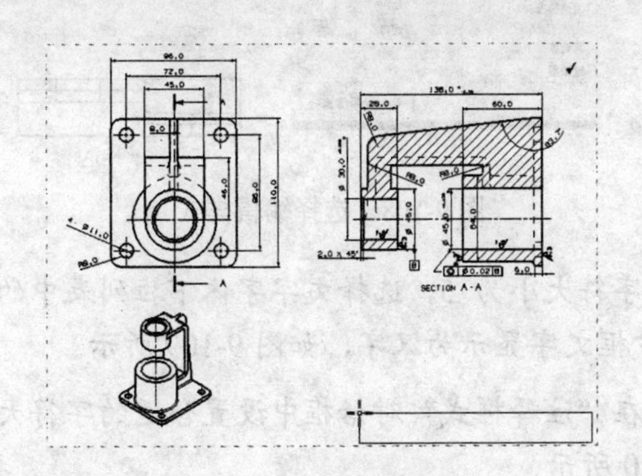

图 9-104 插入表格

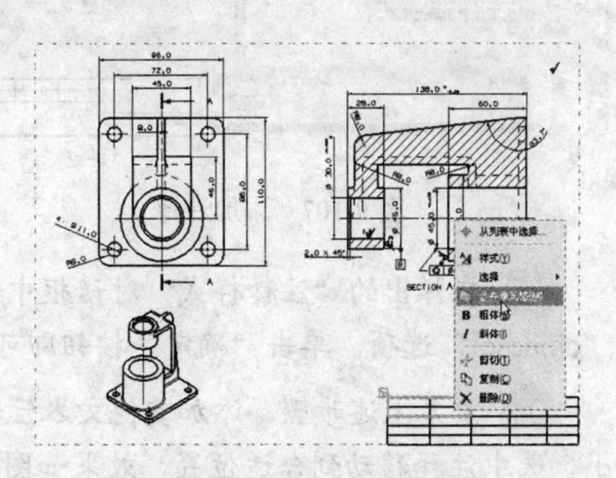

图 9-105 合并单元格

02 选中表格的第一个单元格，按住鼠标左键拖动到第二行第二列所在的单元格，选中的表格为桔红色高亮显示，单击鼠标右键，选择“合并单元格”选项，创建方法如图 9-105 所示。然后在创建另一合并单元格，效果如图 9-106 所示。

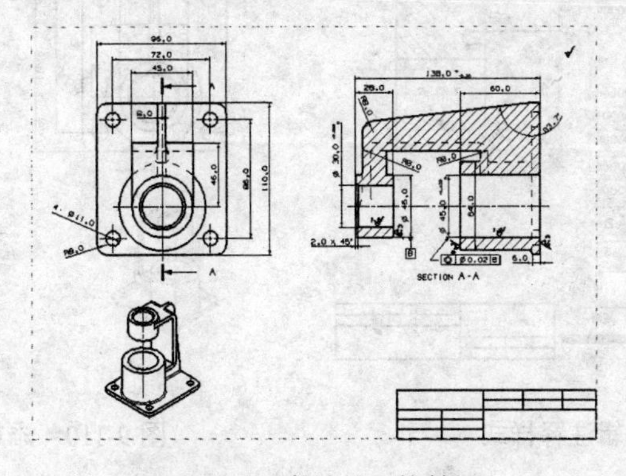

图 9-106 合并单元格效果

9.6.8 添加文本注释

01 选择"插入"→"注释" →"注释"命令，打开"注释"对话框，在"文本输入"文本框中输入如图 9-107 所示的注释文字，添加工程图相关的技术要求。

02 单击"制图编辑"工具栏中的"编辑样式"图标，打开"类选择"对话框，选择步骤（1）添加的文本，单击"确定"按钮，如图 9-108 所示。

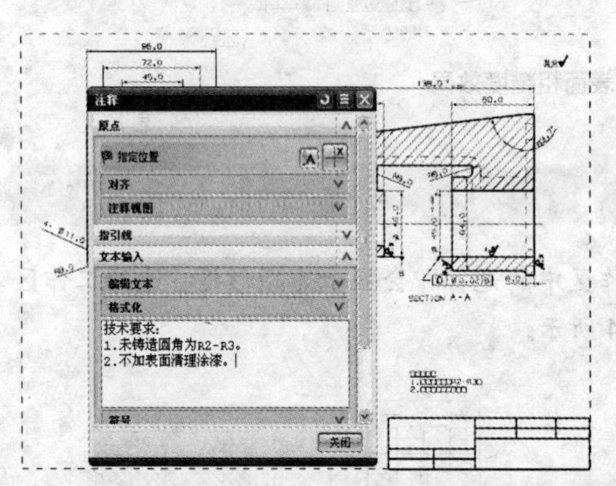

图 9-107 添加注释

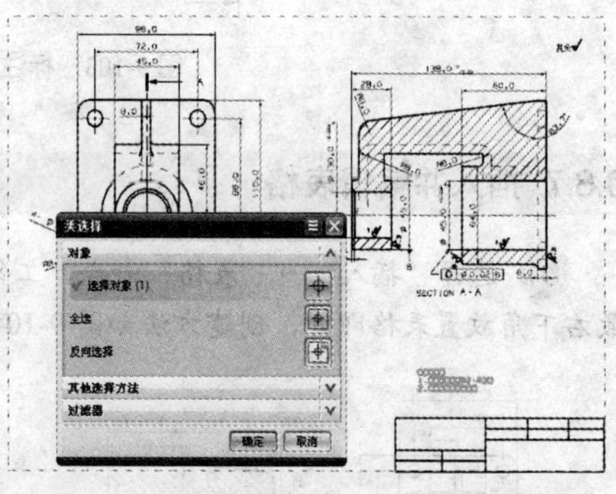

图 9-108 选择编辑样式

03 在弹出的"注释样式"对话框中设置字符大小为 5，选择文字字体下拉列表中的"chinesef"选项，单击"确定"按钮即可将方框文字显示为汉字，如图 9-109 所示。

04 重复上述步骤，添加其他文本注释，在"注释样式"对话框中设置合适的字符大小，选中注释移动到合适位置，效果如图 9-110 所示。

05 托架工程图绘制完成。

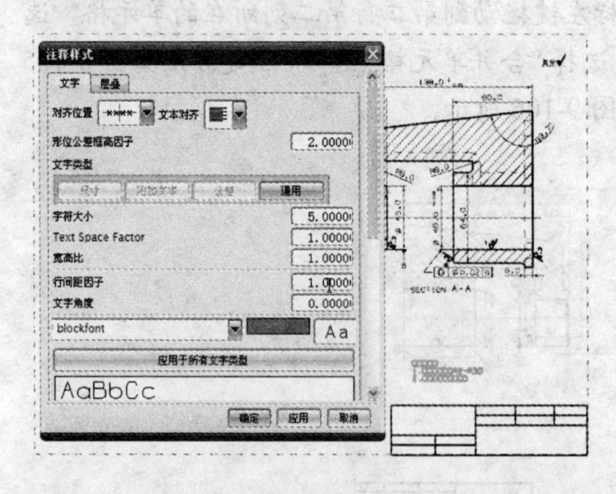

图 9-109 编辑注释样式

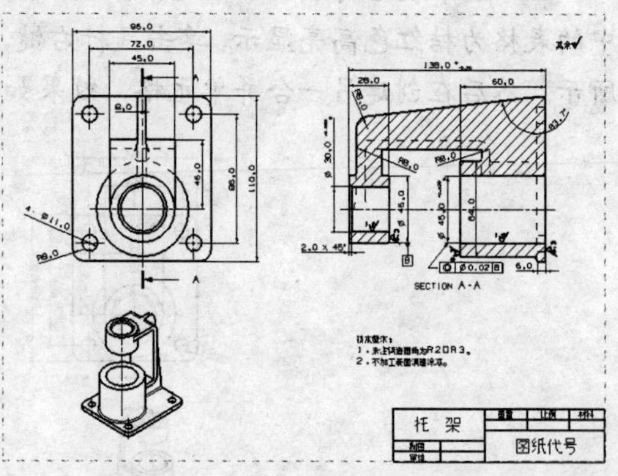

图 9-110 添加文本注释效果

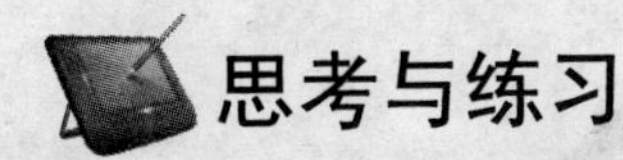

思考与练习

1. 如何新建和打开图纸页?
2. 如何插入基本视图和投影视图?
3. 如何在建模模块和工程制图模块之间切换?
4. 如何创建局部剖视图?
5. UG NX 工程图中包括哪几种剖视图，其各自的创建过程是什么?
6. 创建工程图。在随书光碟中打开名为 ch9-example7-1 的模型文件如图 9-111 所示。在创建其工程图时，可以先添加右视图为基本视图，然后添加其全剖主视图，最后标注尺寸及有关文本注释，即可完成工程图的创建。

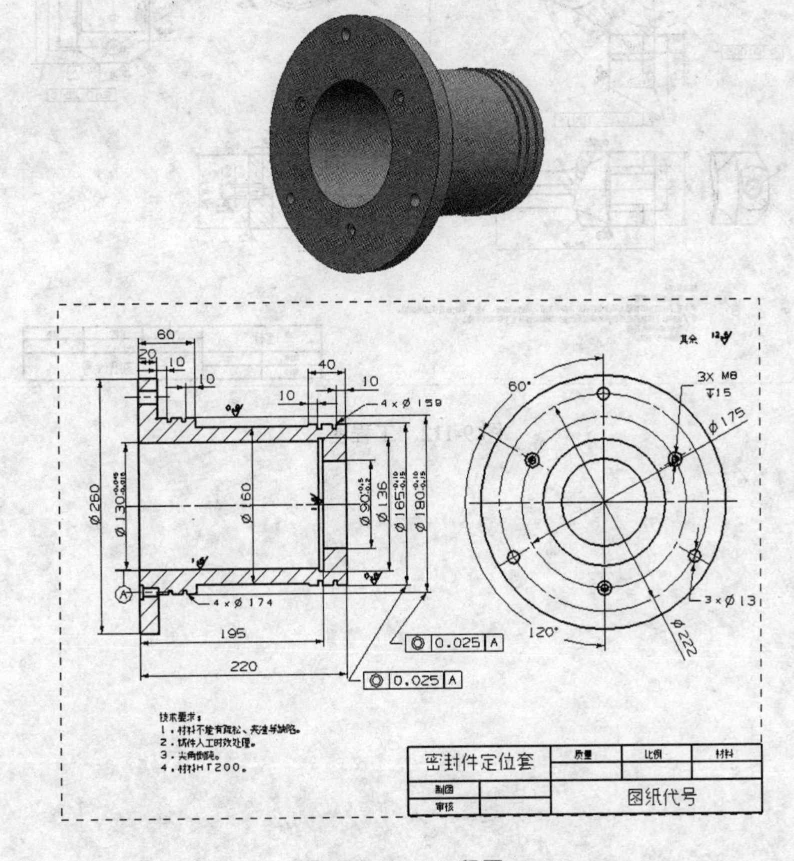

图 9-111　工程图

7. 创建工程图。在随书光盘中打开名为 ch9-example7-2 的模型文件，如图 9-112 所示。创建其工程图时，可以先添加主视图、右视图，然后在主视图上创建局部剖视图，最后标注尺寸和有关的文本说明，即可完成工程图的创建。

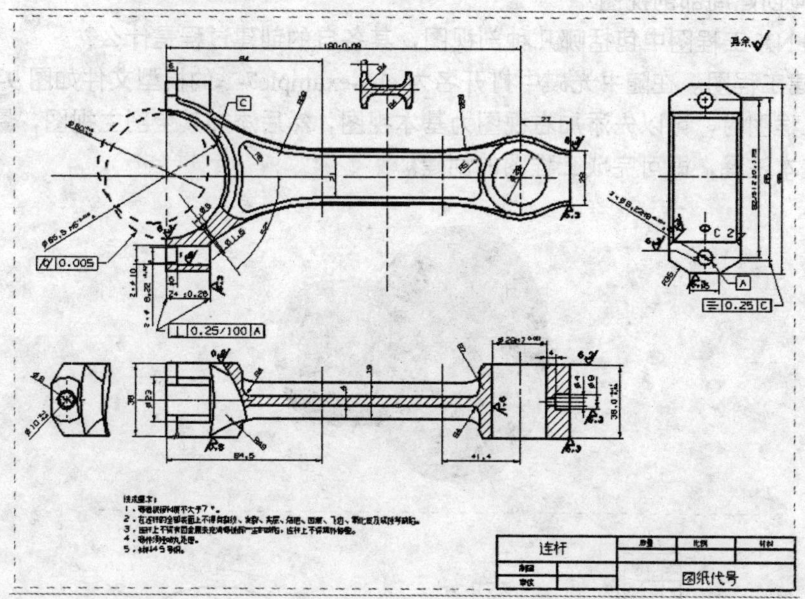

图 9-112　工程图

第 10 章 装配设计

本章导读：

表达机器或部件的工作原理及零件、部件间的装配关系，是机械设计和生产中的重要技术文件之一，并且在产品制造中装配图是指定装配工艺流程、进行装配和检验的技术依据。可在 UG NX 8 装配模块中模拟真实的装配操作，并可创建装配工程图，通过装配图来了解机器的工作原理和构造。

UG NX 装配建模模块提供自顶而下和自底向上的产品开发方法，所生成的装配模型中零件数据是对零件的链接映像，可对装配模型进行间隙分析、质量管理等操作，保证装配模型和零件设计完全关联。并改进了软件操作性能，减少了对存储空间的需求。此外为查看装配体中各部件之间的装配关系，可建立爆炸视图，并可将其引入到装配工程图中；同时，在装配工程图中可自动产生装配明细表，并能对轴测图进行局部剖切。

本章主要介绍使用 UG NX 8 进行装配设计的基本方法，包括自底向上和自顶向下的装配方法，以及创建爆炸视图和执行组件阵列等操作方法。

学习目标：

- 了解装配的基本概念和专业术语
- 熟悉产品装配的操作界面
- 掌握自底向上和自顶向下的装配方法
- 掌握编辑爆炸视图的方法
- 掌握组件阵列和镜像的方法
- 了解 NX 关系浏览器定义方法

10.1 机械装配基础

装配就是把加工好的零件按一定的顺序和技术连接到一起，成为一部完整的机械产品，并且可靠地实现产品设计的功能。装配是机械设计和生产中重要的环节，装配处于产品制造所必需的最后阶段，产品的质量（从产品设计、零件制造到产品装配）最终通过装配得到保证和检验。因此，装配是决定质量的关键环节。在装配中表达的装配图是制定装配工艺规程、进行装配和检验的技术依据。

10.1.1 机械装配的基本概念

机械装配是根据规定的技术条件和精度，将构成机器的零件结合成组件、部件或产品的工艺过程。任何产品都由若干个零件组成。为保证有效地组织装配，必须将产品分解为若干个能进行独立装配的装配单元。

❑ 零件

零件是组成产品的最小单元，它由整块金属（或其他材料）制成。机械装配中，一般将零件装成套件、组件和部件。然后再装配成产品，如图 10-1 所示为带轮零件。

❑ 套件

套件是在一个基准零件上装一个或若干个零件而构成的，它是最小的装配单元。套件中唯一的基准零件是为连接相关零件和确定各零件的相对位置。为套件而进行的装配称套装。套件的主体因工艺或材料问题分成一个套件，但在以后的装配中可作为一个零件，不再分开。图 10-2 所示为齿轮轴套件。

图 10-1　带轮零件

图 10-2　齿轮轴套件

❑ 部件

部件是在一个基准零件上装上若干组件、套件和零件而构成的。部件中唯一的基准零件用来连接各个组件、套件和零件，并决定他们之间的相对位置。为形成部件进行的装配称部装。部件在产品中能完成一定的完整功能。图 10-3 所示为减速器机构部件。

□　组件

组件是在一个基准零件上装若干套件及零件而构成的。组件中唯一的基准零件用于联络相关零件和套件，并确定它们的相对位置。为形成组件而进行的装配称组装。组件中可以没有套件，即由一个基准零件加若干个零件组成，它与套件的区别在于组件在以后的装配中可拆分，如图 10-4 所示为切割机动力机构组件。

图 10-3　减速器机构部件

图 10-4　切割机动力机构组件

□　装配体

在一个基准零件上装上若干部件、组件、套件和零件就成为整个产品。为形成产品的装配称总装，如图 10-5 所示为方程式赛车总装配体。再如卧式车床便是以床身作基准零件，装上主轴箱、进给箱、溜板箱等部件及其他组件、套件、零件构成。

图 10-5　方程式赛车总装配体

10.1.2 机械装配的内容

在装配过程中通常根据装配的成分组装、部装和总装，因此在执行装配之前，为保证装配的准确性和有效性，需要进行零部件清洗、尺寸和重量分选、平衡等准备工作。然后进行零件的装入、连接、部装、总装，并在装配过程中执行检验、调整、试验。最后还要进行试运转、油漆、包装等主要工作。

10.1.3 机械装配的地位

在整个产品设计和生产过程中，装配是最后一个环节，其装配工艺和装配质量直接影响机器质量（工作性能、使用效果、可靠性、寿命等）。因此在这个产品的最终检验环节中，需要详细检查发现设计错误和加工工艺中的错误，及时进行修改和调整。研究制定合理的装配工艺，采用有效的保证装配精度的装配方法，对进一步提高产品质量有着十分重要的意义。

10.2 UG NX 装配模块概述

装配模块是 UG NX 中集成的一个应用模块，它帮助部件装配的建构、在装配上下文中对各个部件的建模以及装配图纸的零件明细表的生成。UG NX 软件是模拟真实产品装配过程，因此属于虚拟装配方式。

10.2.1 UG NX 8 装配界面

UG NX8 装配界面适用于产品的模拟装配。"装配导航器"可以在一个单独的窗口中以图形的方式显示装配结构。"装配"工具栏中集成了装配过程中常用的命令，提供了方便的访问常用装配功能的途径，工具栏中的命令都可通过相应的菜单打开。

1. 进入装配模式

在 UG NX 8 中进行装配操作，首先要进入装配界面。在打开该软件之后，可通过新建装配文件或者打开装配文件，还可以在当前建模环境调出"装配"工具栏，同样可进入装配环境进行关联设计，装配环境如图 10-6 所示。

利用该界面的"装配"工具栏中的各个工具即可进行相关的装配操作，也可以通过"装配"下拉菜单中的相应选项来实现同样的操作。该工具栏最常用的按钮的功能和使用方法将在本章中详细讲解。

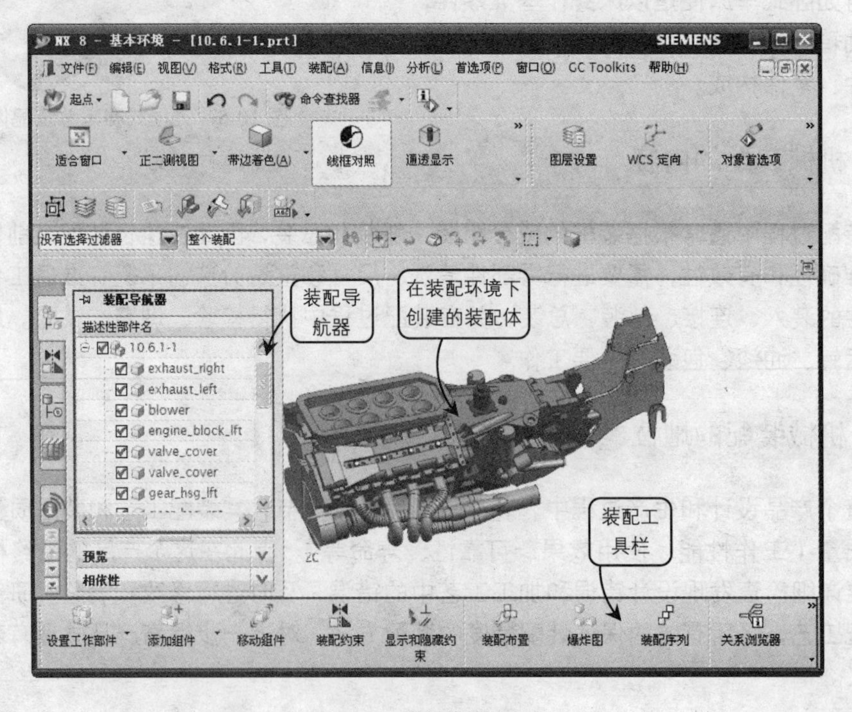

图 10-6　装配操作界面

2．装配导航器

装配导航器在一个分离窗口中显示各部件的装配结构，并提供一个方便、快捷的可操纵组件方法。在该导航器中，装配结构用图形来表示，类似于树结构，其中每个组件在该装配树上显示为一个节点。下面重点介绍装配导航器辅助进行装配设计的方法和技巧。

❑　装配导航器显示模式

在 UG NX 8 装配环境中，单击资源栏左侧的“装配导航器”按钮，打开装配导航器，如图 10-7 所示。

图 10-7　装配导航器

装配导航器有两种不同的显示模式，即浮动模式和固定模式。其中在浮动模式下，装配导航器以窗口形式显示，当鼠标离开导航器的区域时，导航器将自动收缩，并在该导航器左上方显示图标，单击按钮，按钮变为形状，装配导航器固定在绘图区域不再收缩。

❑　装配导航器图标

在装配导航器树状结构图中，装配中的子装配和组件都使用不同的图标来表示。同时，零组件处于不同的状态时对应的表示按钮也不同，各图标显示方式如表 10-1 所示。

表 10-1　由导航器使用的图标

图 标	显示情况
装配或子装配	当按钮为黄色时，表示该装配或子装配被完全加载；当按钮为灰色但是按钮的边缘仍然是实线时，表示该装配或者子装配被部分加载；当按钮为灰色但是按钮的边缘为虚线时，表示该装配或者子装配没有被加载
组件	当按钮为黄色时，表示该组件被完全加载；当按钮为灰色但是按钮的边缘仍然是实线时，表示该组件被部分加载；当按钮为灰色但是按钮的边缘是虚线时，表示该组件没有被加载
检查框	表示装配和组件的显示状态，按钮表示当前组件或装配处于显示状态，此时检查框显示红色；按钮表示当前组件或装配处于隐藏状态，此时检查框显示灰色；按钮表示当前组件或子装配处于关闭状态
扩展压缩框	该压缩框针对装配或子装配，展开每个组件节点/装配或压缩为一个节点

3．窗口右键操作

UG NX 8 装配导航器窗口上的右键操作可分为两种：一种是在相应的组件上右击，而另一种是在空白区域上右击。

❑　组件右键操作

在装配导航器中任意一个组件上右击，可对装配导航树的节点进行编辑，并能够执行折叠或展开相同的组件节点，以及将当前组件转换为工作组件等操作。具体的操作方法是：将鼠标定位在装配模型树的节点处右击，将弹出如图 10-8 所示的快捷菜单。

该菜单中的选项随组件和过滤模式的不同而不同，同时还与组件所处的状态有关，通过这些选项对所选的组件进行各种操作。例如选择组件名称右击并选择“设为工作部件”选项，则该组件将转换为工作部件，其他所有的组件将以灰显方式显示。

❑ 空白区域右键操作

在装配导航器的任意空白区域中右击，将弹出一个快捷菜单，如图 10-9 所示。该快捷菜单中的选项与“装配导航器”工具栏中的按钮是一一对应的。在该快捷菜单中选择指定选项，即可执行相应的操作。例如，选择“全部折叠”选项，可将展开的所有子节点都折叠在总节点下，选择“全部展开”选项将执行相反的操作。其他选项的对应的设置方法不再叙述。

图 10-8 组件右键快捷菜单

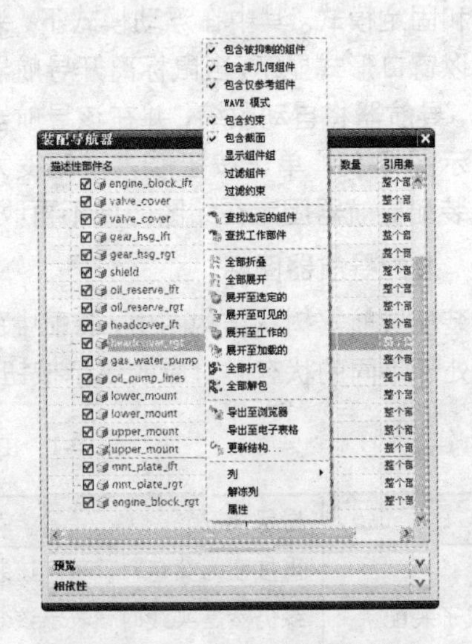

图 10-9 空白区域右键菜单

10.2.2 UG NX 装配概念

UG NX 装配就是在该软件装配环境下，将现有组件或新建组件设置定位约束，从而将各组件定位在当前环境中。这样操作的目的是检验各新建组件是否符合产品形状和尺寸等设计要求，而且便于查看产品内部各组件之间的位置关系和约束关系。UG NX 装配基本概念包括组件、组件特性、多个装载部件和保持关联性等。

1. 子装配

子装配是在高一级装配中被用作组件的装配，也拥有自己的组件。子装配是一个相对的概念，任何一个装配部件都可在更高级装配中用作子装配。

2. 装配部件

装配部件是由零件和子装配构成的部件，其中零件和部件不必严格区分。在 UG NX

中允许向任何一个 Part 文件中添加部件构成装配，因此任何一个 Part 文件都可以作为装配部件。需要注意的是：当存储一个装配时，各部件的实际几何数据并不是存储在相应的部件（即零件文件）中。

3．组件及组件成员

组件是装配部件文件指向下属部件的几何体及特征，它具有特定的位置和方位。一个组件可以是包含低一级组件的子装配。装配中的每个组件只包括一个指向该组件主模型几何体的指针，当一个组件的主模型几何体被修改时，则在作业中使用该主模型的所有其他组件会自动更新修改。在装配中，一个特定部件可以使用在多处，而每次使用都称之为组件，含有组件的实际几何体的文件就称为组件部件，如图 10-10 所示。

组件成员是组件部件中的几何对象，并在装配中显示。如果使用引用集，则组件成员可以是组件部件中的所有几何体的某个子集。组件成员也称为组件几何体。

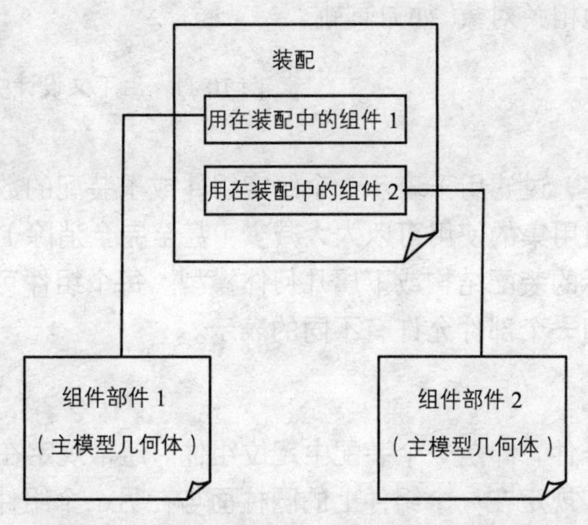

图 10-10　装配部件、组件及组件部件的关系

提 示： 组件的某些显示特性如半透明、部分着色等，可选择“编辑”→“对象显示”选项，然后选取单个或多个对象，通过“编辑对象显示”对话框直接选择组件进行修改。

4．显示部件和工作部件

显示部件是指当前在图形窗口里显示的部件。工作部件是指用户正在创建或编辑的部件，它可以是显示部件或包含在显示的装配部件里的任何组件部件。当显示单个部件时，工作部件也就是显示部件。

5．多个装载部件

任何时候都可以同时装载多个部件，这些部件可以是显示地被装载（如用装配导航器上的 Open 选项打开）也可以是隐藏式装载（如正在由另外的加载装配部件使用），装载的部件不一定属于同一个装配。

6．上下文设计

所谓上下文设计就是在装配设计中显示的装配文件，该装配文件包含各个零部件文件。在装配里进行任何操作都是针对工作装配文件的，如果修改工作装配体中的一个零部件，则该零部件将随之更新。图 10-11 所示为上下文设计中工作部件和显示部件。

在上下文设计中，也可以利用零部件之间的链接几何体，即用一个部件上的有关几何体作为创建另一个部件特征的基础。

7. 保持关联性

在装配内，任一级上的几何体的修改都会导致整个装配中所有其他级上相关数据的更新。对个别零部件的修改，则使用那个部件的所有装配图都会相应地更新，反之，在装配上下文中对某个组件的修改，也会更新相关的装配图以及组件部件的其他相关对象（如刀具轨迹）。

图 10-11　上下文设计中的工作部件和显示部件

8. 引用集

可以通过使用引用集，过滤用于表示一个给定组件或子装配的数据量，来简化大装配或复杂装配图形显示。引用集的使用可以大大减少（甚至完全消除）部分装配的部分图形显示，而无需修改其实际的装配结构或下属几何体模型。每个组件可以有不同的引用集，因此在一个单个装配中同一个部件允许有不同的表示。

9. 约束条件

约束条件又称配对条件，即是一个装配中定位组件。通常规定在装配中两个组件间约束关系完成配对。例如，规定在一个组件上的圆柱面与在另一个组件的圆柱面同轴。

可以使用不同的约束组合去完全固定一个组件在装配中的位置。系统认为其中一个组件在装配中的位置是被固定在一个恒定位置中，然后对另一组件计算一个满足规定约束的位置。两个组件之间的关系是相关的，如果移动固定组件的位置，当更新时，与它约束的组件也会移动。例如，如果约束一个螺栓到螺栓孔，若螺栓孔移动，则螺栓也随之移动。

10. 部件属性和组件属性

在 UG NX 中对组件执行装配操作后，可查看和修改有关的部件或组件信息，并可将该信息进行必要的编辑和修改。其中包括修改组件名、更新部件族成员、移除当前颜色、透明及部分渲染的设置等。

在装配导航器中选择部件或组件名称，右击选择“属性”选项，将打开对应的属性对话框，即可在各选项卡中查看或修改属性信息。例如右击部件名称选择该选项，将打开“显示的部件属性”对话框；右击组件名称选择该选项，将打开“组件属性”对话框，如图 10-12 所示。

11. 装配顺序

装配顺序可以由用户控制装配或拆装的次序，用户可以建立装配顺序模型并回放装配顺序信息，用户可以用一步装配或拆装一个组件，也可以建立运动步去仿真组件怎样移动的过程。一个装配可以有多个装配顺序。

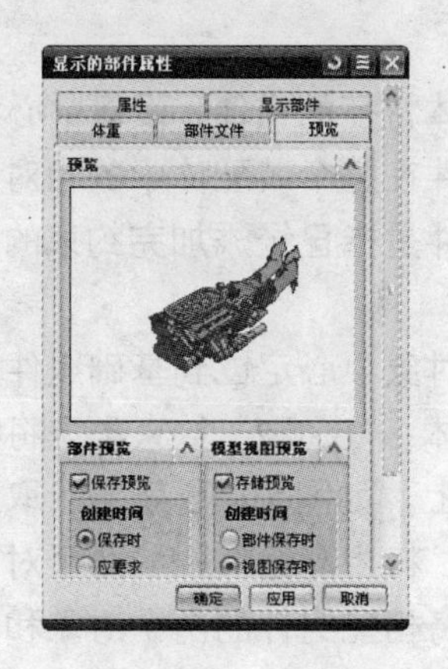

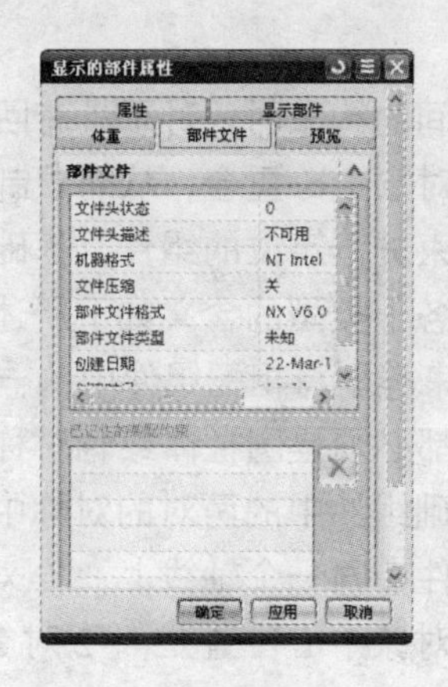

图 10-12　“显示的部件属性”对话框

10.3 UG NX 装配约束

“装配约束”是通过定义两个组件之间的约束条件来确定组件在装配体中的位置。在 UG NX 装配界面中打开一个模型，然后单击“添加组件”按钮，或者在菜单中选择“装配”→“组件”→“添加组件”选项，即可打开“添加组件”对话框，如图 10-13 所示。

在对话框中单击“打开”按钮，打开另一个模型作为第二对象。然后单击菜单栏中的“装配”→“组件位置”→“装配约束”弹出对话框，如图 10-14 所示。对话框“类型”下拉列表中包括 10 中约束类型，分别为角度、中心、胶合、拟合、接触对齐、同心、距离、固定、平行和垂直，下面分别对其进行介绍。

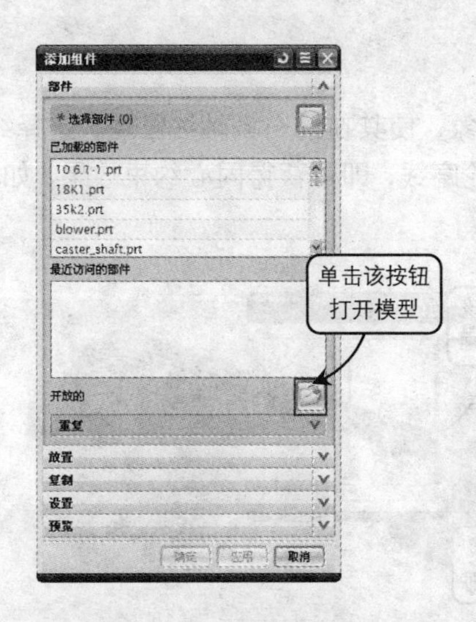

图 10-13　“添加组件”对话框

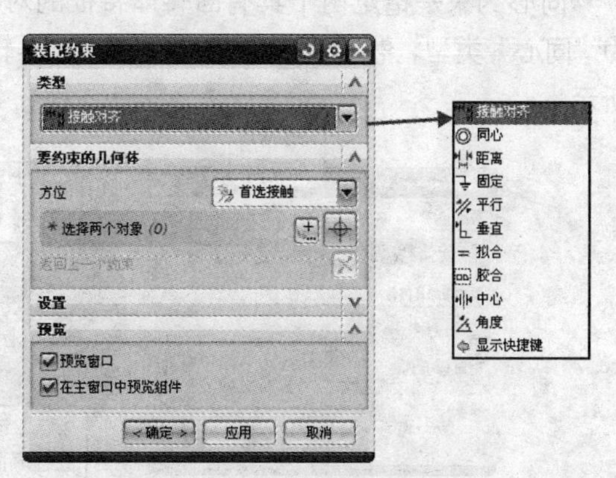

图 10-14　“装配约束”对话框

10.3.1 中心约束

在设置组件之间的约束时，对于具有回转体特征的组件，设置中心约束使被装配对象的中心与装配组件对象中心重合，从而限制组件在整个装配体中的相对位置。其中相配组件是指需要添加约束进行定位的组件，基础组件是指已经添加完约束的组件。该约束方式包括多个子类型，各子类型的含义如下所述。

“1 对 1”约束类型将相配组件中的一个对象中心定位到基础组件中的一个对象中心上，其中两个对象都必须是圆柱体或轴对称实体；“1 对 2”约束类型将相配组件中的一个对象中心定位到基础组件中的两对的对称中心上。如图 10-15 所示选取两组件的孔表面设置约束，使两个组件在同一个轴线上；“2 对 1”将相配组件中的两个对象的对称中心定位到基础组件的一个对象中心位置处；“2 对 2”将相配组件的两个对象和基础组件的两个对象对称中心布置。

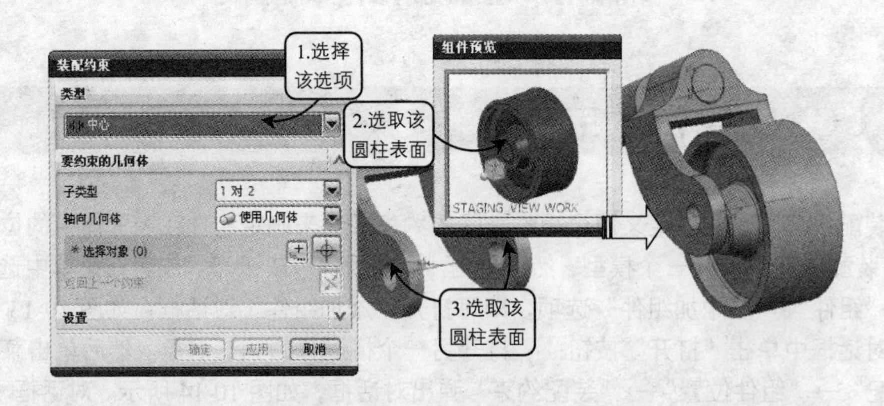

图 10-15　设置中心约束

10.3.2 同心约束

同心约束是指定两个具有回转体特征的对象，使其在同一条轴线位置。选择约束类型为“同心”类型，然后选取两对象回转体边界轮廓线，即可获得同心约束效果，如图 10-16 所示。

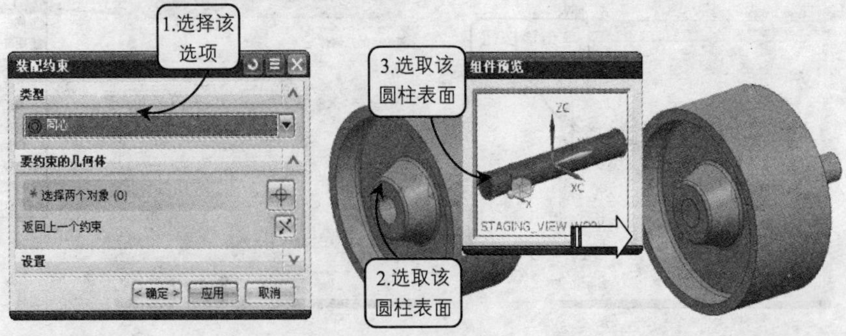

图 10-16　设置同心约束

10.3.3 接触对齐约束

在 UG NX 8 软件中，将对齐约束和接触约束合为一个约束类型，这两个约束方式都可指定关联类型，使两个同类对象对齐，以下将详细介绍该约束类型的 4 种约束方式的具体设置方法。

1. 首选接触和接触

选择“接触对齐”约束类型后，系统默认接触方式为“首选接触”方式，首选接触和接触属于相同的约束类型，即指定关联类型定位两个同类对象相一致。

其中指定两平面对象为参照时，共面且法线方向相反，如图 10-17 所示；对于锥体，系统首先检查其角度是否相等，如果相等，则对齐轴线；对于曲面，系统先检验两个面的内外直径是否相等，若相等则对齐两个面的轴线和位置；对于圆柱面，要求相配组件直径相等才能对齐轴线。对于边缘、线和圆柱表面，接触类似于对齐。

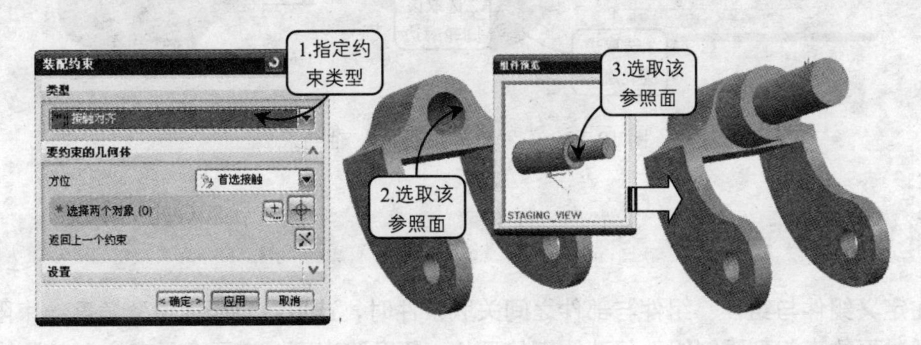

图 10-17 接触约束

2. 对齐约束

使用对齐约束可对齐相关对象。当对齐平面时，使两个表面共面并且法向方向相同；当对齐圆柱、圆锥和圆环面等直径相同的轴类实体时，将使轴线保持一致；当对齐边缘和线时，将使两者共线，如图 10-18 所示。

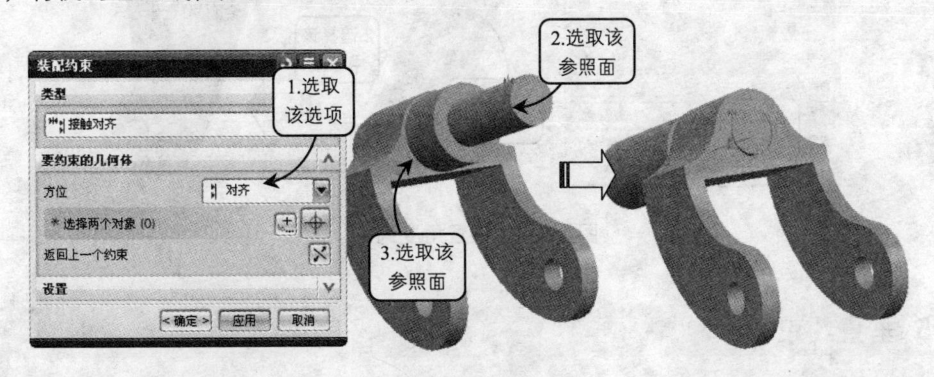

图 10-18 设置对齐约束

提 示：对齐与接触约束的不同之处在于：执行对齐约束时，对齐圆柱、圆锥和圆环面时，并不要求相关联对象的直径相同。

3. 自动判断中心/轴

自动判断中心/轴约束方式是指对于选取的两回转体对象，系统将根据选取的参照自动判断，从而获得接触对齐约束效果。选择约束方式为“自动判断中心/轴”方式后，依次选取两个组件对应参照，即可获得该约束效果，如图 10-19 所示。

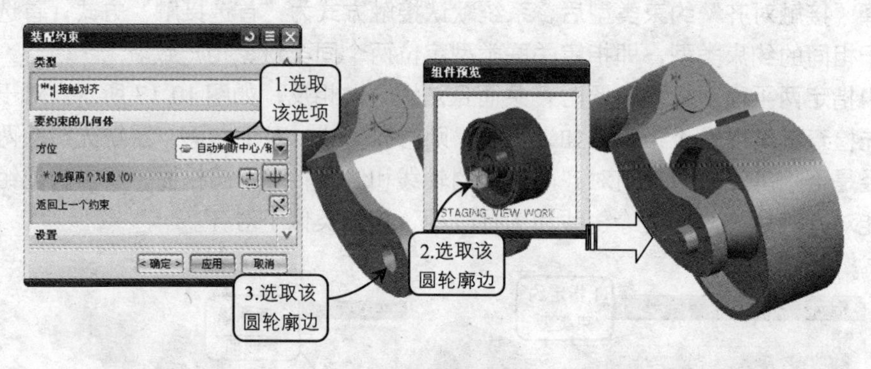

图 10-19 设置自动判断中心/轴约束

10.3.4 角度约束

在定义组件与组件、组件与部件之间关联条件时，选取两参照面设置角度约束限制，从而通过面约束起到限制组件移动约束的目的。角度约束可以在两个具有方向矢量的对象间产生，角度是两个方向矢量的夹角，逆时针方向为正。如图 10-20 所示选取表面和轴线设置角度为 120，从而确定组件在装配体中的相对位置。

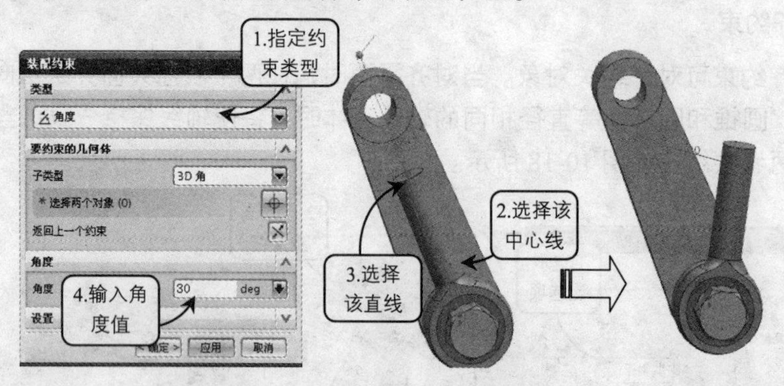

图 10-20 设置角度约束

10.3.5 垂直约束

设置垂直约束使两组件的对应参照在矢量方向垂直。垂直约束是角度约束的一种特殊形式，可单独设置也可以按照角度约束设置。如图 10-21 所示，选取两组件的对应轴线和边界线设置垂直约束。

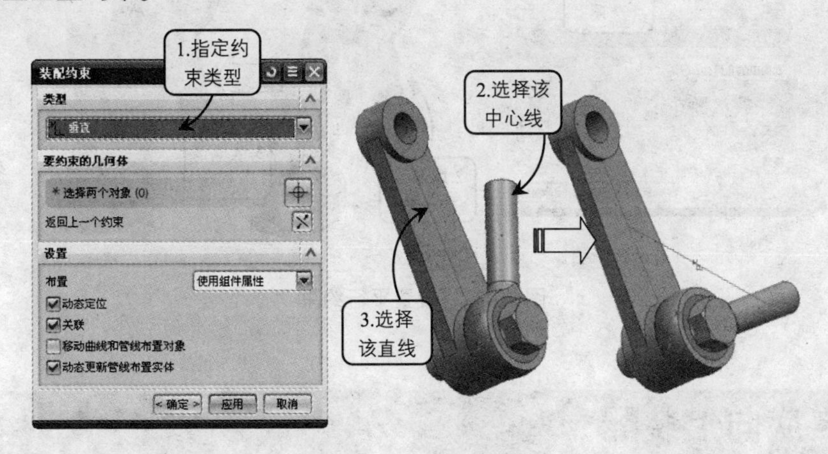

图 10-21 设置垂直约束

10.3.6 距离约束

该约束类型用于指定两个组件对应参照面之间的最小距离，距离可以是正值也可以是负值，正负号确定相配组件在基础组件的哪一侧，如图 10-22 所示。

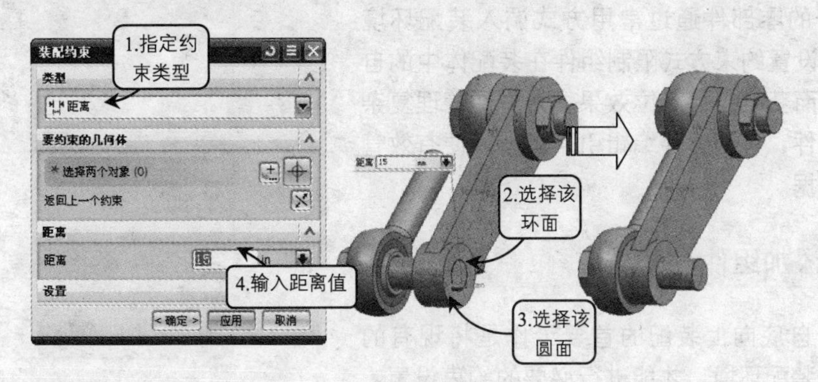

图 10-22 设置距离约束

10.3.7 平行约束

在设置组件和部件、组件和组件之间的约束方式时，为定义两个组件保持平行对立的关系，可选取两组件对应参照面，使其面与面平行；为更准确显示组件间的关系可定义面与面之间的距离参数，从而显示组件在装配体中的自由度。

设置平行约束使两组件的装配对象的方向矢量彼此平行。该约束方式与对齐约束相似，不同之处在于：平行装配操作使两平面的法矢量同向，但对齐约束对其操作不仅使两平面法矢量同向，并且能够使两平面位于同一个平面上，如图 10-23 所示。

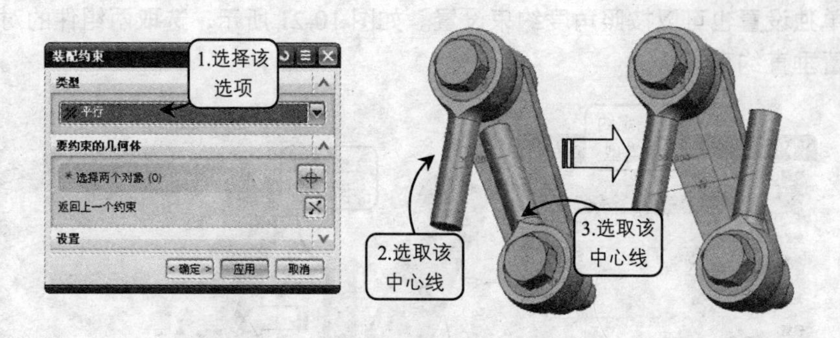

图 10-23　设置平行约束

10.4 自底向上装配

自底向上装配的设计方法是比较常用的装配方法，即先逐一设计好装配中所需的部件，再将部件添加到装配体中去，由底向上逐级进行装配。使用这个方法的前提条件件是完成所有组件的建模操作。使用这种装配方法执行逐级装配顺序清晰，便于准确定位各个组件在装配体的位置。

在实际的装配过程中，多数情况都是利用已经创建好的零部件通过常用方式调入装配环境中，然后设置约束方式限制组件在装配体中的自由度，从而获得组件定位效果。为方便管理复杂装配体组件，可创建并编辑引用集，以便有效管理组件数据。

10.4.1 添加组件

执行自底向上装配的首要工作是将现有的组件导入装配环境，才能进行必要的约束设置，从而完成组件定位效果。在 UG NX 中提供多种添加组件方式和放置组件的方式，并对于装配体所需相同组件可采用多重添加方式，避免繁琐的添加操作。

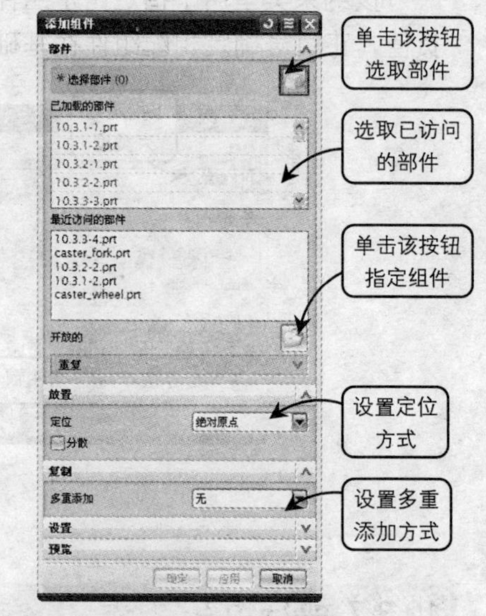

图 10-24　“添加组件”对话框

单击“装配”工具栏中的“添加组件”按钮，打开“添加组件”对话框，如图 10-24 所示。该对话框的“部件”面板中，可通过 4 种方式指定现有组件，第一种是单击“选择部件”按钮，直接在绘图区选取组件执行装配操作；第二种是选择“已加载的部件”列表框中的组件名称执行装配操作；第三种是选择“最近访问的部件”列表框的组件名称执行装配操作；第四种是单击“打开”按钮，然后在打开的“部件名”对话框中指定路径选择部件。

10.4.2 组件定位

在该对话框的“设置”面板中，可指定组件在装配中的定位方式。其设置方法是：单击“定位”列表框右方的小三角按钮，弹出的下拉列表框中包含以下 4 种定位操作。

- 绝对原点

使用绝对原点定位，是指执行定位的组件与装配环境坐标系位置保持一致，也就是说按照绝对原点定位的方式确定组件在装配中的位置。通常将执行装配的第一个组件设置为“绝对定位”方式，其目的是将该基础组件“固定”在装配体环境中，这里所讲的固定并非真正的固定，仅仅是一种定位方式。

- 选择原点

使用选择原点定位，系统将通过指定原点定位的方式确定组件在装配中的位置，这样该组件的坐标系原点将与选取的点重合。通常情况下添加第一个组件都是通过选择该选项确定组件在装配体中的位置，即选择该选项并单击“确定”按钮，然后在打开的“点”对话框中指定点位置，如图 10-25 所示。

- 通过约束

通过约束方式定位组件就是选取参照对象并设置约束方式，即通过组件参照约束来显示当前组件在整个装配中的自由度，从而获得组件定位效果。其中约束方法包括接触对齐、中心、平行和距离等，各种约束的定义方法已在上节中详细介绍。

- 移动

将组件加到装配中后相对于指定的基点移动，并且将其定位。选择该选项，将打开“点”对话框，此时指定移动基点，单击“确定”按钮确认操作。在打开的对话框中进行组件移动定位操作，其设置方法将在 10.7.3 中具体介绍。

10.4.3 引用集

在装配中，由于各部件含有草图、基准平面及其他辅助图形数据，如果要显示装配中各部件和子装配的所有数据，一方面容易混淆图形，另一方面由于引用零部件的所有数据，需要占用大量内存，因此不利于装配工作的进行。通过引用集可以减少这样的混淆，提高机器的运行速度。

1. 引用集的概念

引用集是用户在零部件中定义的部分几何对象，它代表相应的零部件参与装配。引用集可包含以下数据：零部件名称、原点、方向、几何体、坐标系、基准轴、基准平面和属性等。引用集一旦产生，就可以单独装配到部件中，并且一个零部件可以定义多个引用集。

2. 默认引用集

虽然 UG NX 对于不同的零件，默认的引用集也不尽相同，但对应的所有组件都包含两个默认的引用集。选择“格式”→“引用集”选项，打开“引用集”对话框，如图 10-26

所示。该对话框中默认包含以下两个引用集。

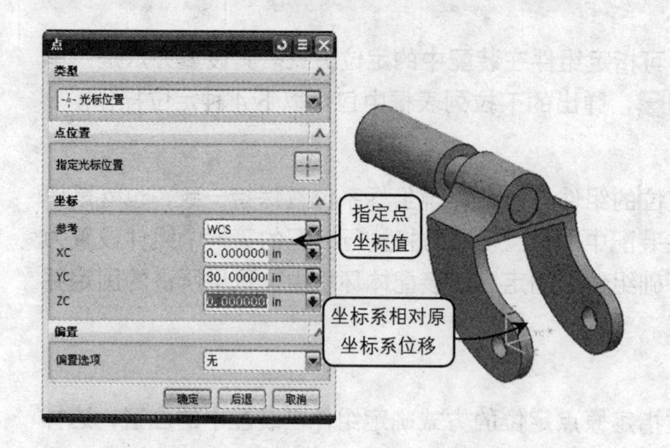

图 10-25 设置原点定位组件

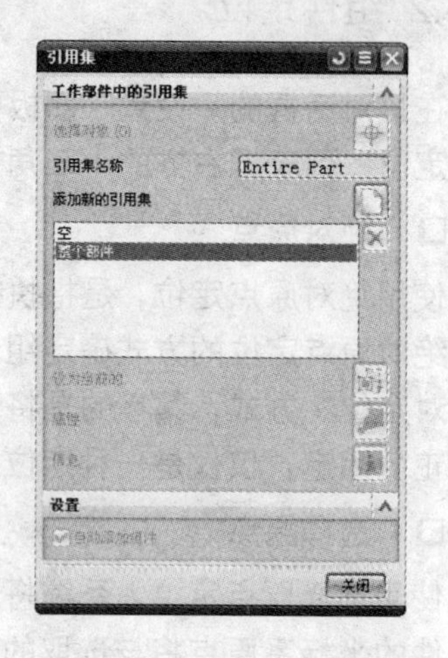

图 10-26 “引用集”对话框

❑ Entire Part（整个部件）

该默认引用集表示整个部件，即引用部件的全部几何数据。在添加部件到装配中时，如果不选择其他引用集，默认是使用该引用集。

❑ Empty（空的）

该默认引用集为空的引用集。空的引用集是不含任何几何对象的引用集，当部件以空的引用集形式添加到装配中时，在装配中看不到该部件。如果部件几何对象不需要在装配模型中显示，可使用空的引用集，以提高显示速度。

3. 创建引用集

要使用引用集管理装配数据，就必须首先创建引用集，并且指定引用集是部件或子装配，这是因为部件的引用集既可以在部件中建立，也可以在装配中建立。如果要在装配中为某部件建立引用集，应先使其成为工作部件，“引用集”对话框下的列表框下将增加一个引用集名称。单击“添加新的引用集”按钮，然后在“引用集”文本框中输入名称并按回车键，其中引用集的名称不能超过 30 个字符且不允许有空格。然后单击“选择对象”按钮，选择添加到引用集中的几何对象，在绘图区选取一个或多个几何对象，即可建立一个用所选对象表达部件的引用集，如图 10-27 所示。

4. 删除引用集

用于删除组件或子装配中已建立的引用集。单击按钮，在弹出的“引用集”对话框中选取需要删除的引用集后，单击该按钮即可将该引用集删除。

5. 设为当前

将引用集设置为当前的操作也可称为替换引用集，用于将高亮显示的引用集设置为当前的引用集。执行替换引用集的方法有多种，可在“引用集”对话框下的列表框中选择引用集名称，然后再单击“设为当前”按钮，即可将该引用集设置为当前。

6. 编辑属性

用于对引用集属性进行编辑操作。选中某一引用集并单击按钮，打开“引用集属性”对话框，如图 10-28 所示。在该对话框中输入属性的名称和属性值，单击“确定”按钮，即可执行属性编辑操作。

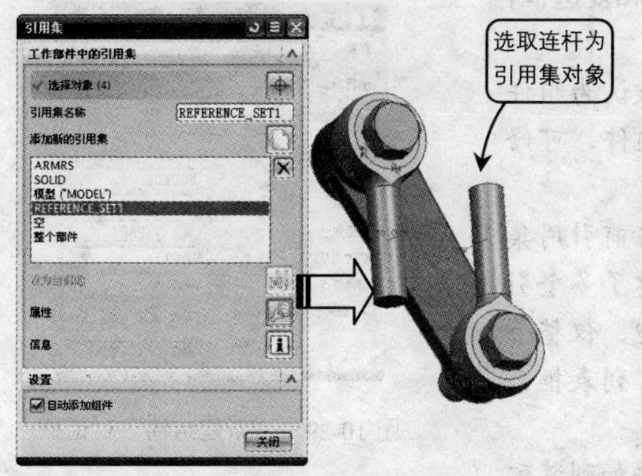

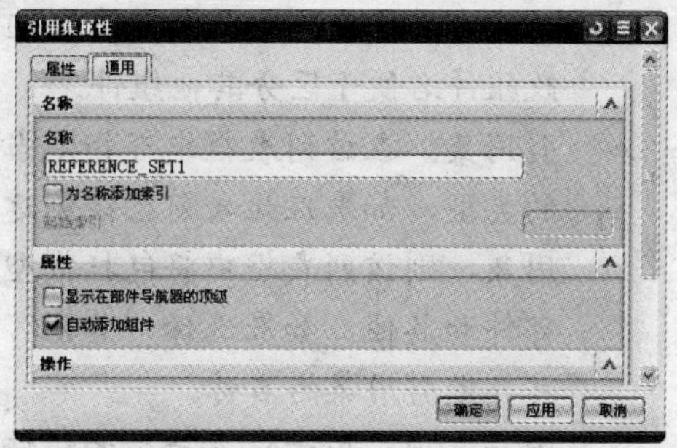

图 10-27　被选对象创建引用集　　　　图 10-28　“引用集 属性”对话框

10.5 自顶向下装配

自顶向下装配的方法是指在上下文设计中进行装配，即在装配过程中参照其他部件对当前工作部件进行设计。例如，在一个组件中定义孔时需要引用其他组件中的几何对象进行定位，当工作部件是未设计完成的组件而显示部件是装配部件时，自顶向下装配方法非常有用。

当装配建模在装配上下文中，可以利用链接关系建立从其他部件到工作部件的几何关联。利用这种关联，可引用其他部件中的几何对象到当前工作部件中，再用这些几何对象生成几何体。这样，一方面提高了设计效率，另一方面保证了部件之间的关联性，便于参数化设计。

10.5.1 装配方法一

该方法是先建立装配关系，但不建立任何几何模型，然后使其中的组件成为工作部件，并在其中设计几何模型，即在上下文中进行设计，边设计边装配，具体装配建模方法介绍如下。

1. 打开一个文件

执行该装配方法，首先打开的是一个含有组件或装配件的文件，或先在该文件中建立一个或多个组件。

2. 新建组件

单击“装配”工具栏的“新建组件”按钮，将打开“新建组件”对话框，如图 10-29 所示。此时如果单击“选择对象”按钮，可选取图形对象为新建组件。但由于该装配方法只创建一个空的组件文件，因此该处不需要选择几何对象。展开该对话框的“设置”面板，该面板中包含多个列表框以及文本框和复选框，其含义和设置方法如下：

图 10-29 “新建组件”对话框

➢ 组件名：用于指定组件名称，默认为组件的存盘文件名。如果新建多个组件，可修改组件名便于区分其他组件。

➢ 引用集：在该列表框中可指定当前引用集的类型，如果在此之前已经创建了多个引用集，则该列表框中将包括模型、仅整个部件和其他。如果选择“其他”列表框，可指定引用集的名称。

➢ 图层选项：用于设置产生的组件加到装配部件中的哪一层。选择“工作”项表示新组件加到装配组件的工作层；选择“原始的”项表示新组件保持原来的层位置；选择“按指定的”项表示将新组件加到装配组件的指定层。

➢ 组件原点：用于指定组件原点采用的坐标系。如果选择 WCS 选项，设置组件原点为工作坐标；如果选择“绝对”选项，将设置组件原点为绝对坐标。

➢ 删除原对象：启用该复选框，则在装配中删除所选的对象。

设置新组件的相关信息后，单击该对话框中的“确定”按钮，即可在装配中产生了一个含所选部件的新组件，并把几何模型加入到新建中。然后将该组件设置为工作部件，并在组件环境添加并定位已有部件，这样在修改该组件时，可任意修改组件中添加部件的数量和分布方式。

提 示：自底向上方法添加组件时可以在列表中选择在当前工作环境中现存的组件，但处于该环境中现存的三维实体不会在列表框中显示，不能被当作组件添加，它只是一个几何体，不含有其他的组件信息，若要使其他也加入到当前的装配中，就必须用该自顶向下的装配方法进行创建。

10.5.2 装配方法二

这种装配方法是指在装配件中建立几何模型，然后再建立组件，即建立装配关系，并将几何模型添加到组件中去。与上一种装配方法不同之处在于：该装配方法打开一个不包含任何部件和组件的新文件，并且使用链接器将对象链接到当前装配环境中，其设置方法如下所述。

1. 打开文件并新建组件

打开一个文件，该文件可以是一个不含任何几何体和组件的新文件，也可以是一个含

有几何体或装配部件的文件。然后按照上述创建新组件的方法创建一个新的组件。新组件产生后，由于其不含任何几何对象，因此装配图形没有什么变化。完成上述步骤以后，类选择器对话框重新出现，再次提示选择对象到新组件中，此时可选择取消对话框。

2. 建立并编辑新组件几何对象

新组件产生后，可在其中建立几何对象。首先必需改变工作部件到新组件中，然后执行建模操作，最常用的有以下两种建立对象的方法。

❑ 建立几何对象

如果不要求组件间的尺寸相互关联，则改变工作部件到新组件，直接在新组件中用建模的方法建立和编辑几何对象。指定组件后，单击“装配”工具栏中的“设为工作部件”按钮，即可将该组件转换为工作部件。然后新建组件或添加现有组件，并将其定位到指定位置。

❑ 约束几何对象

如果要求新组件与装配中其他组件有几何连接性，则应在组件间建立链接关系。UG WAVE 技术是一种基于装配建模的相关性参数化设计技术，允许在不同部件之间建立参数之间的相关关系，即所谓的“部件间关联”关系，实现部件之间的几何对象的相关复制。

在组件间建立链接关系的方法是：保持显示组件不变，按照上述设置组件的方法改变工作组件到新组件，然后单击“装配”工具栏中的“WAVE 几何链接器”按钮，打开如图 10-31 所示的对话框。该对话框用于链接其他组件中的点、线、面和体等到当前的工作组中。在“类型”列表框中包含链接几何对象的多个类型，选择不同的类型对应的面板各不相同，以下简要介绍这些类型的含义和操作方法。

图 10-30　“WAVE 几何链接器”对话框

➢ 复合曲线

用于建立链接曲线。选择该选项，从其他组件上选择线或边缘，单击“应用”按钮，则所选线或边缘链接到工作部件中。

➢ 点十

用于建立连接点。选择该选项，在其他组件上选取一点后，单击“应用”按钮，则所选点或由所选点连成的线链接到工作部件中。

➢ 基准

用于建立链接基准平面或基准轴。选择该选项，对话框中将显示基准的选择类型，按照一定的基准选取方式从其他组件上选择基准面或基准轴后，单击“应用”按钮，则所选择基准面或基准轴链接到工作部件中。

➢ 草图

该图标用于建立链接草图。选择该选项，对话框中将显示面的选取类型，此时按照一定的面选取方式从其他组件上选取一个获得多个实体表面后，单击“应用”按钮，则所选择草图链接到工作部件中。

➢ 面

用于建立链接面。选择该选项，选取一个或多个实体表面后，单击“应用”按钮，则所选表面链接到工作部件中，如图 10-31 所示。

为检验 WAVE 几何链接效果，可查看链接信息，并根据需要编辑链接信息。执行面链接操作后，单击“部件间链接浏览器”按钮，将打开如图 10-32 所示的对话框，在该对话框中可浏览、编辑、断开所有已链接信息。

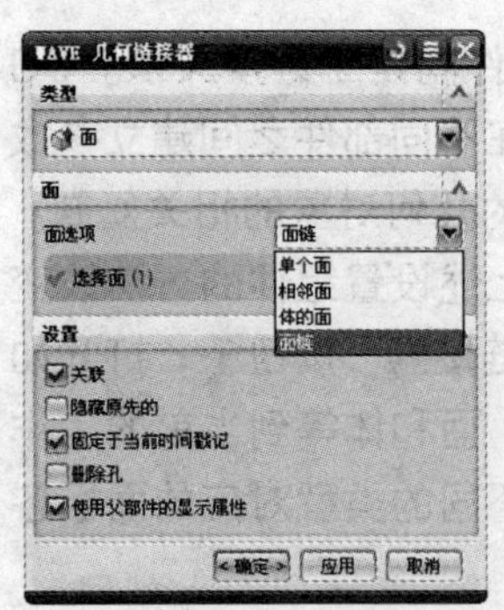

图 10-31　创建面链接方式

图 10-32　“部件间链接浏览器”对话框

➢ 面区域

用于建立链接区域。单击该按钮，并单击“选择种子面”按钮，从其他组件上选取种子面，然后单击“选择边界面”按钮，指定各边界面。最后单击“应用”按钮，则由指定边界包围的区域链接到工作部件中。

➢ 体

用于建立链接实体。单击该按钮，从其他组件上选取实体后，单击“应用”按钮，则所选实体链接到工作部件中。

➢ 镜像体

用于建立链接镜像实体。单击该按钮，并单击“选择体”按钮，从其他组件上选取实体，单击“选择镜像平面”按钮，指定镜像平面，单击“应用”按钮，则所选实体以所选平面镜像到工作部件，如图 10-33 所示。

➢ 管线布置对象

用于对布线对象建立链接。单击该按钮，单击“选择管线布置对象”按钮，从其他组件上选取布线对象，单击“应用”按钮确认操作。

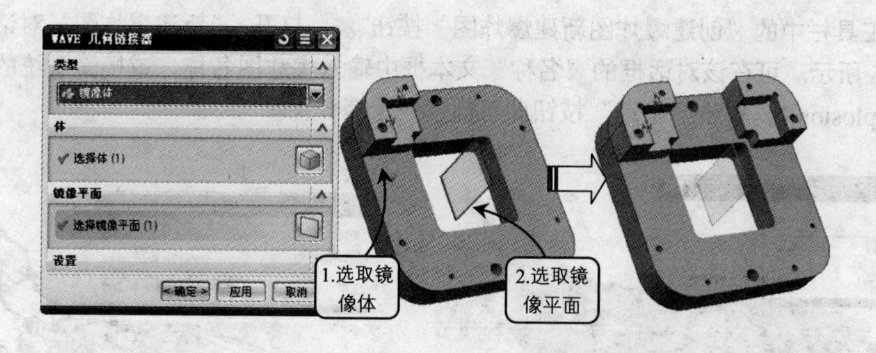

图 10-33　创建镜像体

10.6 爆炸视图

在打开一个现有装配体时，或者在执行当前组件的装配操作后，为查看装配体下属所有组件，以及各组件在子装配体以及总装配中的装配关系，可使用爆炸视图功能查看装配关系。

10.6.1 创建爆炸视图

爆炸图是在装配模型中按照装配关系偏离原来的位置的拆分图形，可以方便用户查看装配中的零件及其相互之间的装配关系。爆炸图在本质上也是一个视图，与其他用户定义的视图一样，一旦定义和命名就可以被添加到其他图形中。爆炸图与显示部件关联，并存储在显示部件中。用户可以在任何视图中显示爆炸图形，并对该图形进行任何 UG 的操作，该操作也将同时影响到非爆炸图中的组件。

在 UG NX 8 装配环境中，当完成组件装配操作后，可建立爆炸视图来表达装配部件内部各组件间的相互关系，以便清楚地观察各个组件的装配关系和约束关系。单击“装配”工具栏中的“爆炸图”按钮，弹出“爆炸图”工具栏，如图 10-34 所示。通过该工具栏中的按钮操作来创建和编辑爆炸视图，以及执行爆炸视图的其他设置。本节将详细介绍手动和自动创建爆炸视图的方法和技巧。

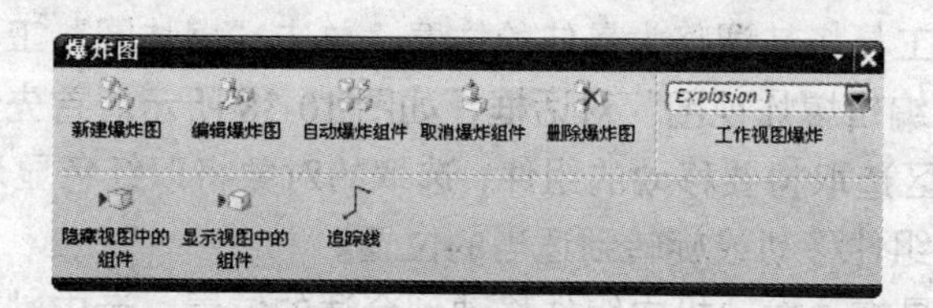

图 10-34　“爆炸图”工具栏

1. 新建爆炸图

要查看装配实体爆炸效果，需要首先新建爆炸图。通常创建该视图的方法是：单击“爆炸图”工具栏中的“创建爆炸图新建爆炸图”按钮，打开 “新建爆炸图”对话框，如图 10-35 所示。可在该对话框的“名称”文本框中输入爆炸图名称，或接受系统的默认名称为 Explosion 1，单击“确定”按钮即可创建一个爆炸图。

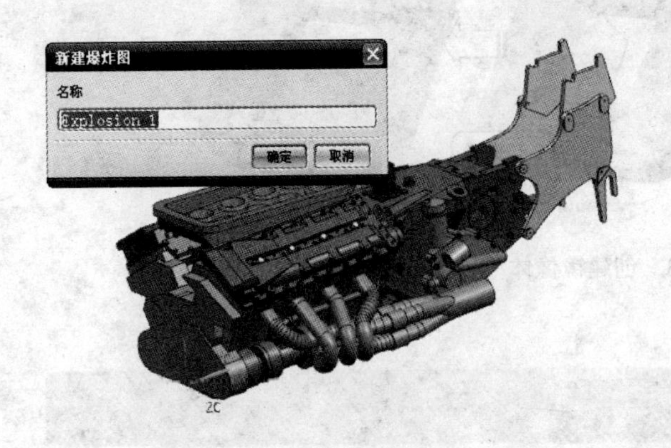

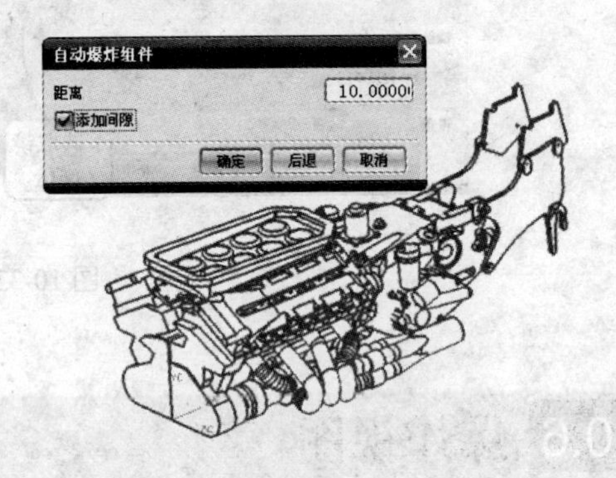

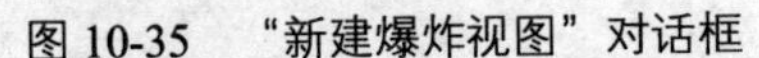
图 10-35 “新建爆炸视图”对话框

图 10-36 “自动爆炸组件”对话框

提 示： 如果视图已有一个爆炸视图，可以使用现有分解作为起始位置创建新的分解，这对于定义一系列爆炸图来显示一个被移动的不同组件是很有用的。

2. 自动爆炸组件

通过新建一个爆炸视图即可执行组件的爆炸操作，UG NX 装配中的组件爆炸的方式为自动爆炸，该爆炸方式是基于组件之间保持关联条件，沿表面的正交方向自动爆炸组件。

要执行该方式的爆炸操作，可单击“爆炸图”工具栏中的“自动爆炸视图”按钮，打开“类选择”对话框，并在绘图区选中要进行爆炸的组件，单击“确定”按钮，打开“自动爆炸组件”对话框，如图 10-36 所示。

在该对话框的“距离”文本框中输入组件间执行爆炸操作的间隙，启用“添加间隙”复选框，则指定的距离为组件相对于关联组件移动的相对距离，如图 10-37 所示；禁用该复选框，则指定的距离为绝对距离，即组件从当前位置移动指定的距离值。

3. 手动创建爆炸视图

在执行自动爆炸操作之后，各个零部件的相对位置并非按照正确的规律分布，还需要使用“编辑爆炸图”工具将其调整为最佳的位置。单击“爆炸图”工具栏中的“编辑爆炸图”按钮，打开“编辑爆炸视图”对话框，如图 10-38 所示。首先选中“取消对象”单选按钮，直接在绘图区选取将要移动的组件，选取的对象将以红色显示，选中“移动对象”单选按钮，即可将该组件移动或旋转到适当的位置。

图 10-39 所示的是拖动发动机中组件移动到合适的位置。选中“只移动手柄”单选按钮，用于移动由标注 X 轴、Y 轴、Z 轴方向的箭头所组成的手柄，以便在组件繁多的爆炸视图中仍然移动组件。

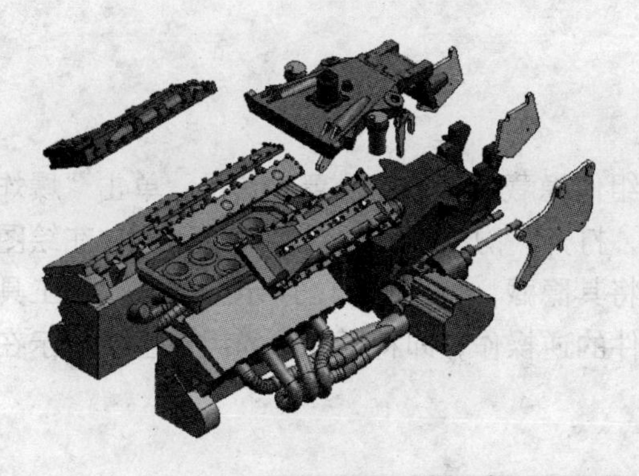

图 10-37　启用“添加间隙”复选框爆炸效果

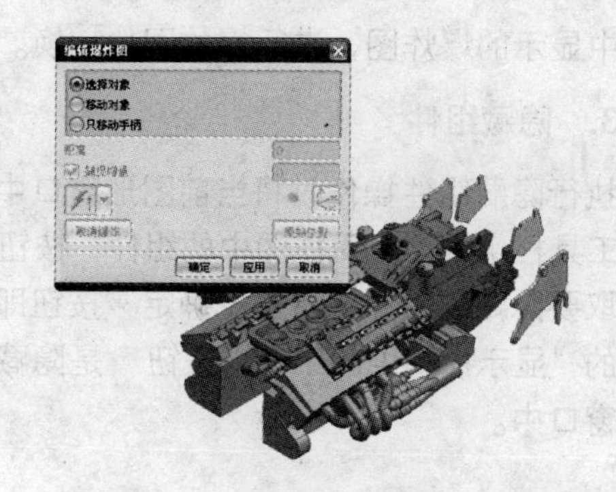

图 10-38　“编辑爆炸视图”对话框

10.6.2 编辑爆炸视图

在 UG NX 8 装配环境中，执行手动和自动爆炸视图操作，即可获得理想的爆炸视图效果。为满足各方面的编辑操作，还可以对爆炸视图进行位置编辑、复制、删除和切换等操作。

1. 删除爆炸图

当不必显示装配体的爆炸效果时，可执行删除爆炸图操作将其删除。单击“爆炸图”工具栏中的“删除爆炸图”按钮×，打开“爆炸图”对话框，如图 10-40 所示。该对话框中列出了所有爆炸图的名称，可在列表框中选择要删除的爆炸图，删除已建立的爆炸图。

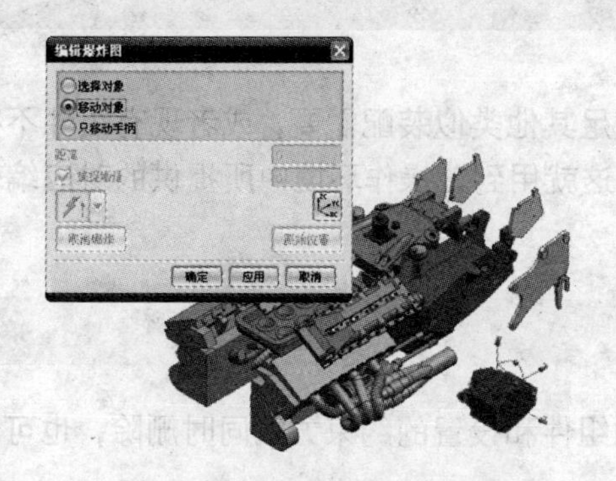

图 10-39　移动爆炸视图中组件

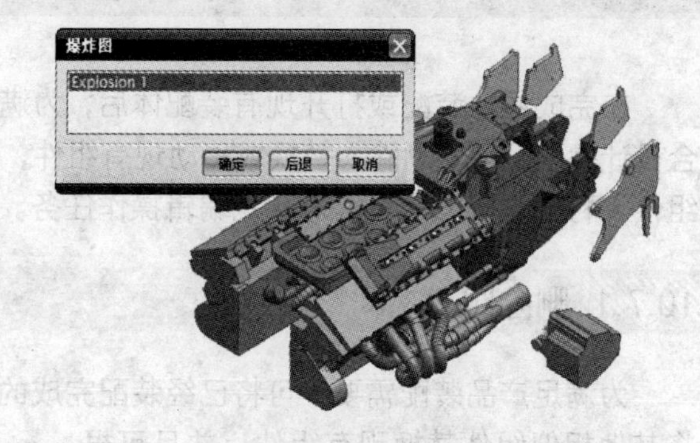

图 10-40　删除爆炸视图

注 意：在图形窗口中显示的爆炸图不能够直接将其删除。如果要删除它，先要将其复位，方可进行删除爆炸视图的操作。

2. 切换爆炸图

在 UG NX 装配过程中，可将多个爆炸图进行切换操作。具体的设置方法是：单击“爆炸图”工具栏中的列表框按钮，打开如图 10-41 所示的下拉列表框。在该列表框中列出了所创建的和正在编辑的爆炸图名称，可以根据设计需要，在该下拉菜单中选择要在图形窗口中显示的爆炸图，进行爆炸图的切换。

3. 隐藏组件

执行隐藏组件操作时将当前图形窗口中的组件隐藏。具体的设置方法是：单击“爆炸图”工具栏中的“隐藏视图中的组件”按钮，打开“隐藏视图中组件”对话框，在绘图区选取要隐藏的组件，单击“确定”按钮即可将其隐藏，如图 10-42 所示。此外，该工具栏中的“显示视图中的组件”按钮是隐藏组件的逆操作，即将已隐藏的组件重新显示在图形窗口中。

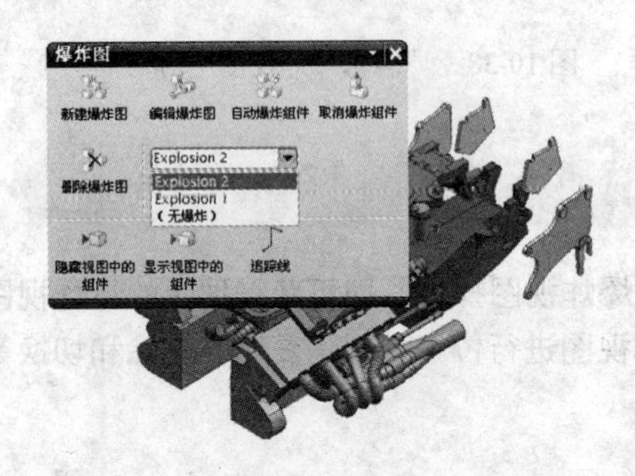

图 10-41 切换爆炸视图

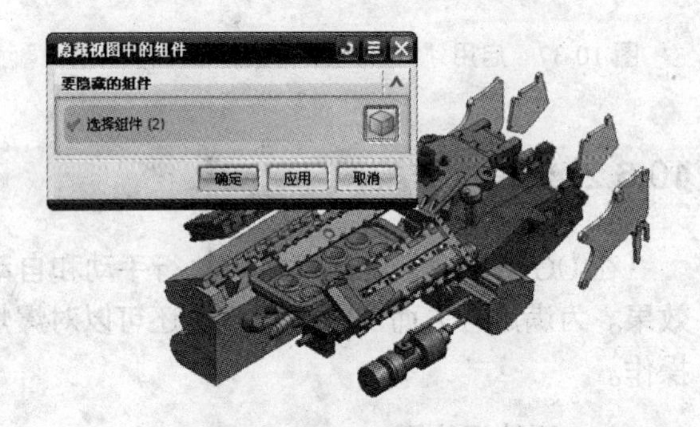

图 10-42 隐藏组件

10.7 编辑组件

在完成组件装配或打开现有装配体后，为满足其他类似装配需要，或者现有组件不符合设计需要，需要删除、替换或移动现有组件，这就用到该操作环境中所提供的对应编辑组件，利用这些工具可快速实现编辑操作任务。

10.7.1 删除组件

为满足产品装配需要，可将已经装配完成的组件和设置的约束方式同时删除，也可以将其他相似组件替换现有组件，并且可根据需要仍然保持前续组件的约束关系。

在装配过程中，可将指定的组件删除掉。在绘图区中选取要删除的对象，单击右键，选择“删除”选项，即可将指定组件删除；对于在此之前已经进行约束设置的组件，执行该操作，将打开“移除组件”对话框，如图 10-43 所示。单击该对话框中的“删除”按钮，即可将约束删除，然后单击“确定”按钮确认操作。

图 10-43 “移除组件”对话框

10.7.2 替换组件

在装配过程中，可选取指定的组件将其替换为新的组件。要执行替换组件操作，可选取要替换的组件，然后右击选择“替换组件”选项，打开“替换组件”对话框。

在该对话框中单击“替换组件”面板下的“选择部件”按钮，在绘图区中选取替换组件；或单击“打开”按钮，指定路径打开该组件；或者在“已加载”和“未加载”列表框中选择组件名称。指定替换组件后，展开“设置”面板，该面板中包含两个复选框，各复选框的含义及设置如下：

1. 维持关系

启用该复选框可在替换组件时保持装配关系。它是先在装配中移去组件，并在原来位置加入一个新组件。系统将保留原来组件的装配条件，并沿用到替换的组件上，使替换的组件与其他组件构成关联关系。

打开光盘中\source\chapter10\10.7.2-1.prt 文件，在模型中选中要替换的组件，然后在替换组件选项栏中单击“浏览”按钮，浏览光盘中\source\chapter10\10.7.2-2.prt 文件，最后单击“确定”按钮确认操作，创建方法如图 10-44 所示。

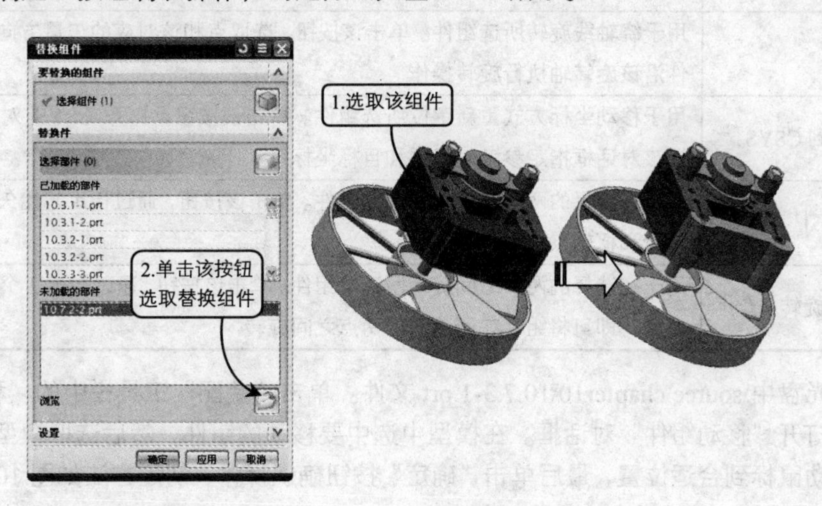

图 10-44　替换组件

2. 替换装配中的所有事例

启用“替换装配中的所有事例”复选框，则当前装配体中所有重复使用的装配组件都将被替换。

10.7.3 移动组件

在装配过程中或已经执行装配后，如果使用约束条件的方法不能满足设计者的实际装配需要，还可以手动编辑的方式将该组件移动到指定位置处。

要移动组件，可首先选取待移动的组件，右击选择“移动”选项，或选取移动对象单击“移动组件”按钮，都将打开“移动组件”对话框。该对话框上部是组件重新定位方法图标，中部列出距离或角度变化大小的设置，下部是重定位的其他选项。各按钮的含义以及使用方法如表 10-2 所示。

表 10-2 “移动组件”对话框各按钮的含义及使用方法

按钮	含义和使用方法
动态	使用动态坐标系移动组件，选择该移动类型后选取待移动的对象，然后单击按钮，将激活坐标系，可通过移动或旋转坐标系从而动态移动组件
通过约束	使用通过约束移动组件，对话框将增加“约束”面板，可按照上述创建约束方式的方法移动组件
点到点	用于将所选的组件从一个点移动到另一个点。单击该按钮，选取起始点和终止点，将指定组件移动到终止点位置
增量 XYZ	用于平移所选组件。单击该按钮，在打开的“变换”对话框中设置 X、Y、Z 坐标轴方向移动距离。如果输入值为正，则沿坐标轴正向移动，反之负向移动
距离	通过定义矢量方向和距离参数达到移动组件的效果，旋转该移动方式后选取待移动的对象，并选取矢量参照和输入移动距离即可获得移动效果
角度	用于绕轴线旋转所选组件。单击该按钮，选取点和该对应的矢量方向，使该组件沿该旋转轴执行旋转操作
从 CSYS 到 CSYS	用于移动坐标方式重新定位所选组件。单击该按钮，打开 CSYS 对话框，通过该对话框指定参考坐标系和目标坐标系
轴到矢量	用于在选择的两轴间旋转所选的组件。单击该按钮，通过指定起始矢量、终止矢量和枢轴点，来移动组件
根据三点旋转	用于在选择的两点之间旋转所选的组件。单击该按钮，通过指定 3 个参考点的位置，即可将组件在所选择的两点之间旋转

打开光盘中\source\chapter10\10.7.3-1.prt 文件。单击“装配”工具栏中的“移动组件”按钮，打开“移动组件”对话框。在模型中选中要移动的组件，然后选取模型中高亮的坐标系拖动鼠标到合适位置，最后单击“确定”按钮确认操作，创建方法如图 10-45 所示。

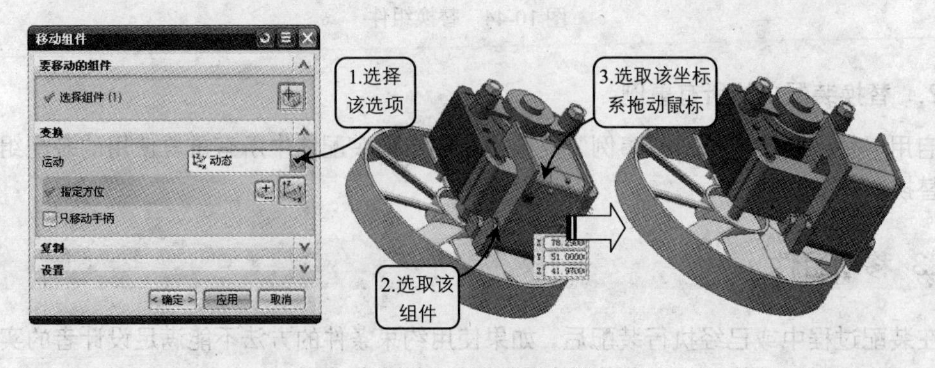

图 10-45 动态移动组件

10.8 组件阵列

在装配过程中，除了重复添加相同组件提高装配效率以外，对于按照圆周或线性分布的组件，可使用“组件阵列”工具一次获得多个特征，并且阵列的组件将按照原组件的约束关系进行定位，可极大地提高产品装配的准确性和设计效率。

10.8.1 从实例特征创建阵列

设置从实例特征创建一个阵列，即按照实例的阵列特征类型创建相同的特征，UG NX能判断实例特征的阵列类型，从而自动创建阵列。

单击“装配”工具栏中的“创建组件阵列”按钮，打开“类选择”对话框，选取要执行阵列的对象，单击“确定”按钮，即可打开“创建组件阵列”对话框，如图 10-46 所示。在该对话框中可创建 3 种线性阵列方式。

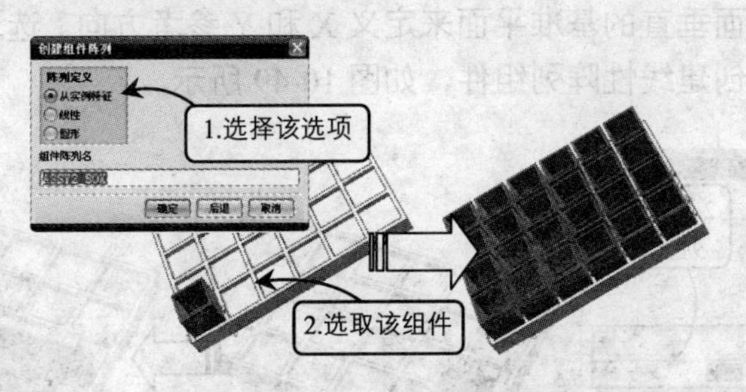

图 10-46　从实例特征创建阵列

10.8.2 创建线性阵列

设置线性阵列用于创建一个二维组件阵列，即指定参照设置行数和列数创建阵列组件特征，也可以创建正交或非正交的组件阵列。

单击“装配”工具栏中的“创建组件阵列”按钮，打开“类选择”对话框，选取要执行阵列的对象，单击“确定”按钮，即可打开“创建组件阵列”对话框，如图 10-47 所示。在该对话框中可创建以下 4 种线性阵列方式。

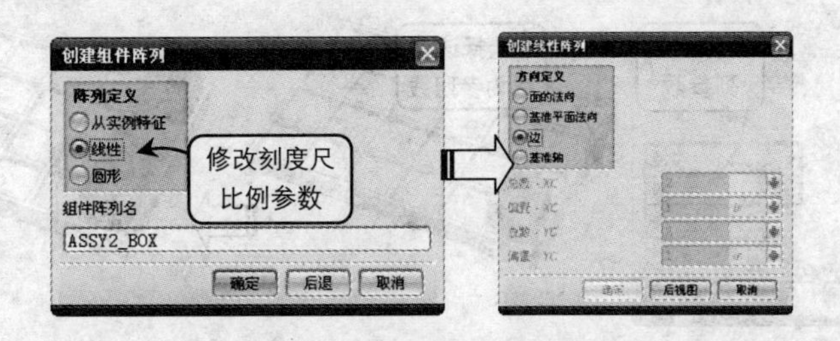

图 10-47　“创建组件阵列”对话框

1．面的法向

使用所需放置面垂直的面来定义 X 和 Y 参考方向，如图 10-48 所示，选取两个法向面设置线性阵列。

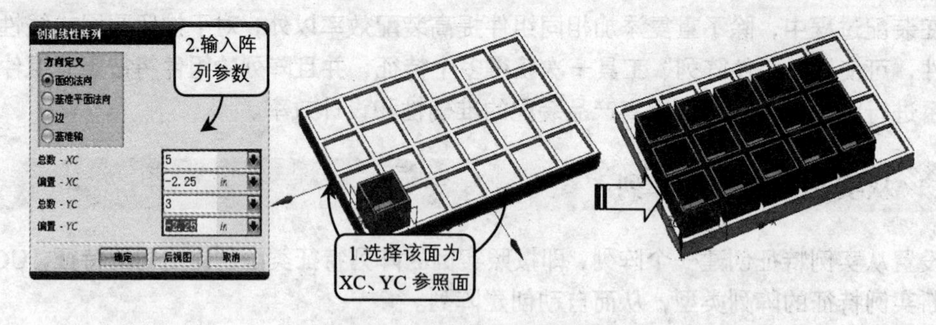

图 10-48　选取法向面设置阵列

2．基准平面法向

使用与所需放置面垂直的基准平面来定义 X 和 Y 参考方向。选取两个方向的基准面，并设置偏置参数即可创建线性阵列组件，如图 10-49 所示。

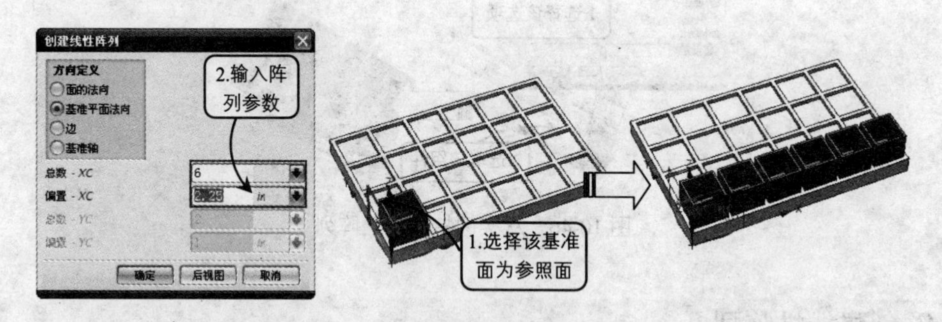

图 10-49　选取基准面设置阵列

3．边

使用与所需放置面共面的边来定义 X 和 Y 参考方向。如图 10-50 所示，选取一条边缘线创建线性阵列组件。

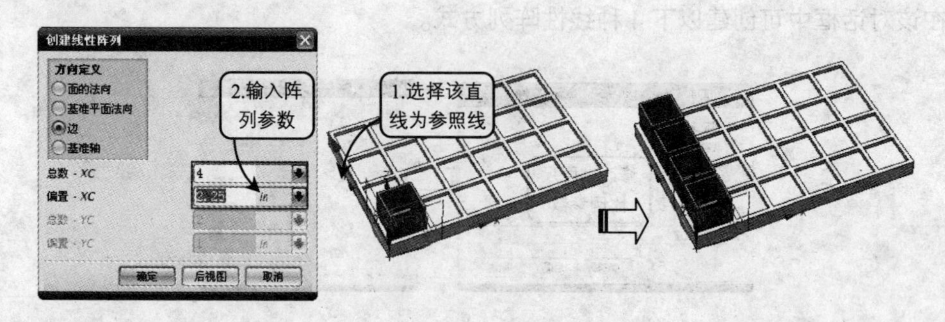

图 10-50　选取边缘线设置阵列

4. 基准轴

使用与所需放置面共面的基准轴来定义 X 和 Y 参考方向。选取两个方向的基准轴线即可创建线性组件，如图 10-51 所示。

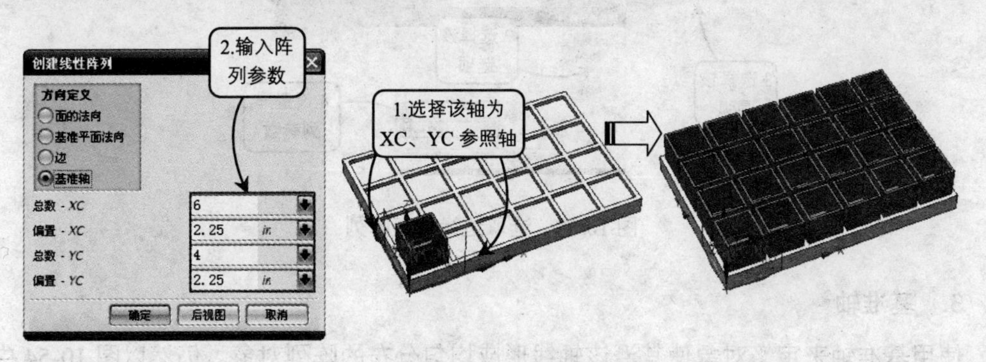

图 10-51 选取基准轴设置阵列

10.8.3 创建圆周阵列

设置圆周阵列同样用于创建一个二维组件阵列，也可以创建正交或非正交的主组件阵列，与线性阵列不同之处在于：圆周阵列是将对象沿轴线执行圆周均匀阵列操作。选中“创建组件阵列”对话框中的“圆的”单选按钮，并单击“确定”按钮，打开“创建圆形阵列”对话框，可创建以下 3 种圆形阵列特征。

1. 圆柱面

使用与所需放置面垂直的圆柱面来定义沿该面均匀分布的对象。如图 10-52 所示，选取圆柱表面并设置阵列总数和角度值，即可执行圆形阵列操作。

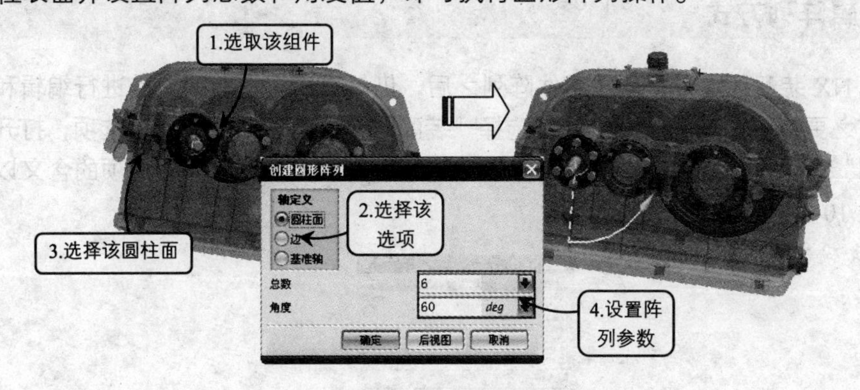

图 10-52 选取圆柱面设置阵列

2. 边

使用与所需放置面上的边线或与之平行的边线来定义沿该面均匀分布的对象。如图 10-53 所示，选取边缘并设置阵列总数和角度值，即可执行阵列操作。

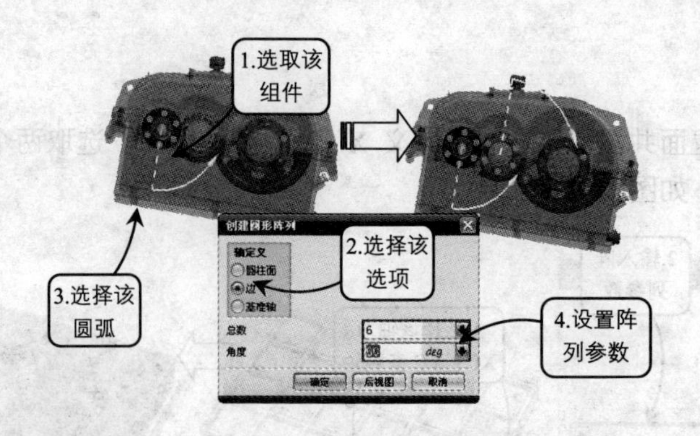

图 10-53　选取边缘设置阵列

3. 基准轴

使用基准轴来定义对象使其沿该轴线形成均匀分布的阵列对象。仍然以图 10-54 中沉头螺钉为例，指定圆轮廓面中心轴线为阵列参照轴，分别输入阵列总数 6 和角度 60，即可获得同样的阵列效果。

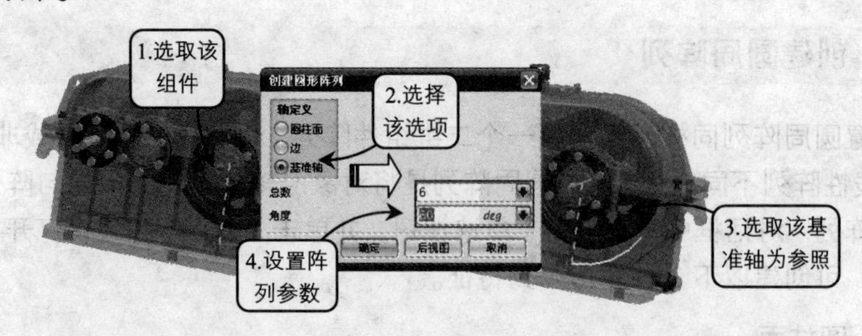

图 10-54　选取基准轴设置阵列

10.8.4 编辑阵列方式

在 UG NX 装配环境中，创建组件阵列之后，仍然可以根据需要对其进行编辑和删除等操作，使之更有效地辅助装配设计。选择“装配”→“编辑组件阵列”选项，打开“编辑组件阵列”对话框，如图 10-55 所示。该对话框中包含多个选项，各选项的含义以及设置方法如表 10-3 所示。

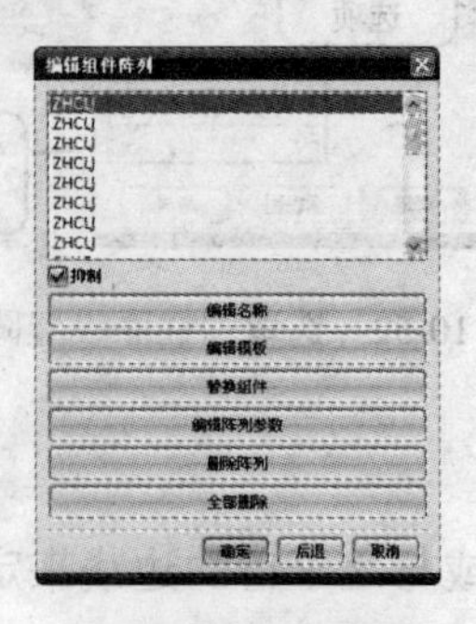

图 10-55　“编辑组件阵列”对话框

表 10-3 “编辑组件阵列”对话框中各选项的含义

选项	含义及设置方法
抑制	抑制任何对选定组件阵列所做的更改，禁用该复选框后，阵列将更新
编辑名称	重命名组件阵列。选择该选项，打开“输入名称”对话框，输入新名称即可
编辑模板	重新指定组件模板。选择该选项，打开“选择组件”对话框，可指定新的组件模板进行重新编辑
替换组件	指定一个组件替换为新的组件。选择该选项，打开“替换组件单元”对话框，从列表框选择要替换的组件，并指定新的组件，打开“替换组件”对话框
编辑阵列参数	更改选定组件阵列的创建参数。选择该选项，打开对应阵列的编辑对话框，重新修改参数，即可获取不同的阵列效果
删除阵列	删除选定组件阵列和阵列的组件，但原始模板组件无法删除。选择该选项后，将无法再进行编辑组件阵列操作
全部删除	删除所有的阵列和组件。选择该选项，打开“删除阵列和组件”提示框，单击“是”按钮，即可将所有阵列对象全部删除

例如在对话框中选取定位机构装配体中的螺栓圆形阵列特征，然后选择“编辑阵列参数”选项，将打开“编辑圆形阵列”对话框。此时修改阵列参数，即可获得编辑后的阵列实体效果，如图 10-56 所示。

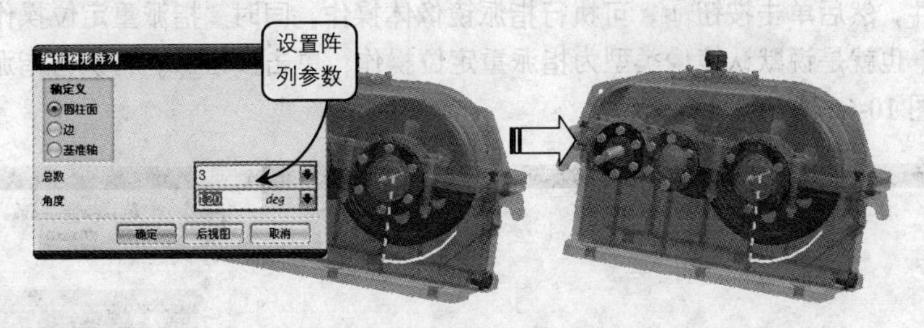

图 10-56 编辑圆形阵列

10.9 组件镜像

在装配过程中，对于沿一个基准面对称分布的组件，可使用“镜像组件”工具一次获得多个特征，并且镜像的组件将按照原组件的约束关系进行定位。因此特别适合像汽车底盘等这样对称的组件装配，仅仅需要完成一边的装配即可。

10.9.1 创建组件镜像

单击“装配”工具栏中的“镜像装配”按钮，打开“镜像装配向导”对话框，如图 10-57 所示。在该对话框中单击“下一步”按钮，然后在打开对话框后选取待镜像的组件，其中组件可以是单个或多个，如图 10-58 所示。接着单击“下一步”按钮，并在打开对话框后选取基准面为镜像平面，如果没有，可单击“创建基准面”按钮，然后在打开的对话框中创建一个基准面为镜像平面，如图 10-59 所示。

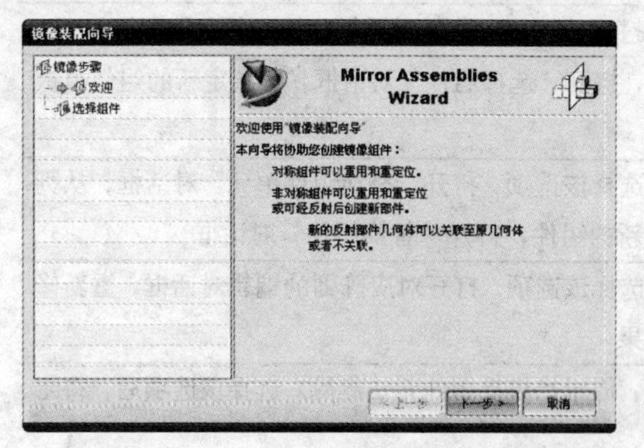

图 10-57 “镜像装配向导”对话框

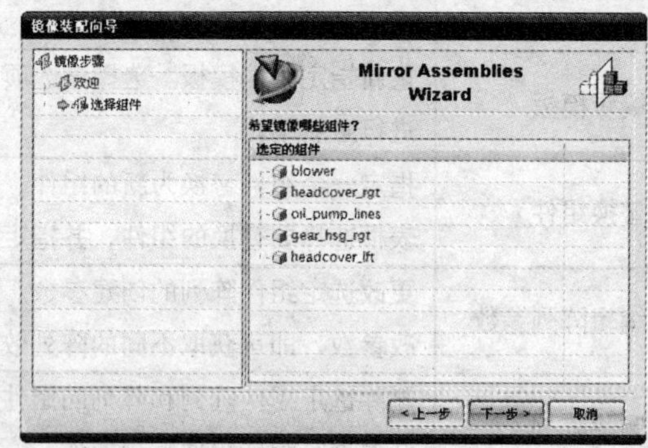

图 10-58 选择镜像组件

10.9.2 指定镜像平面和类型

完成上述步骤后单击“下一步”按钮，即可在打开的新对话框中设置镜像类型，可选取镜像组件，然后单击按钮，可执行指派镜像体操作，同时“指派重定位操作”按钮将被激活，也就是说默认镜像类型为指派重定位操作；单击按钮，将执行指派删除组件操作，如图 10-60 所示。

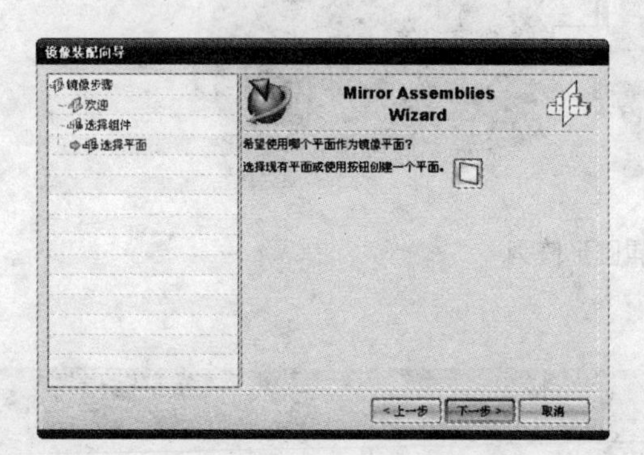

图 10-59 选择镜像平面

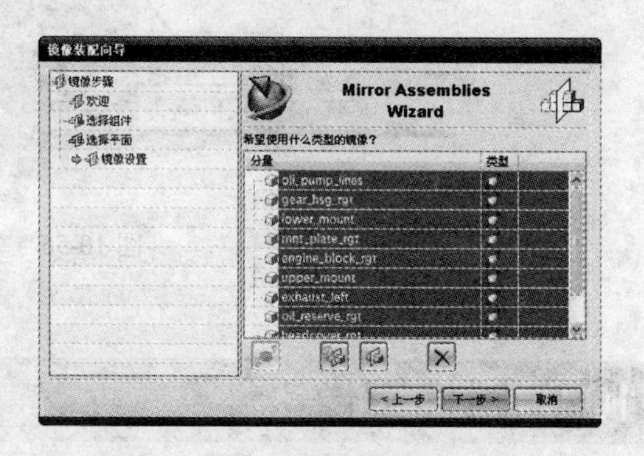

图 10-60 指定镜像类型

10.9.3 设置镜像定位方式

设置镜像类型后，单击“下一步”按钮，将打开新的对话框，如图 10-61 所示。在该对话框中可指定各个组件的多个定位方式。其中选择“定位”列表框中各列表项，系统将执行对应的定位操作，也可以多次点击，查看定位效果。最后单击“完成”按钮即可获得镜像组件效果。创建效果如图 10-62 所示。

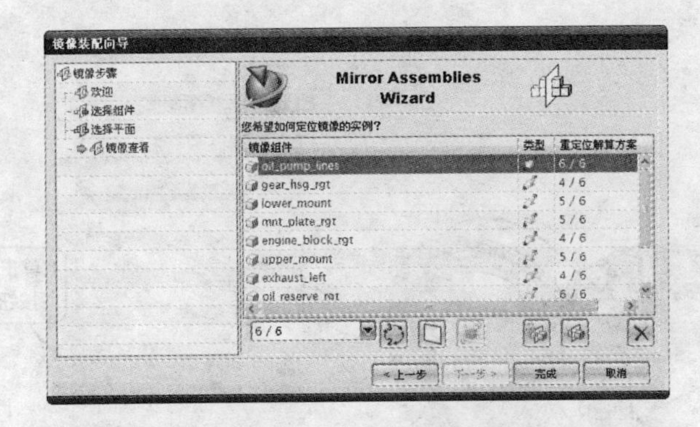

图 10-61　指定镜像定位方式

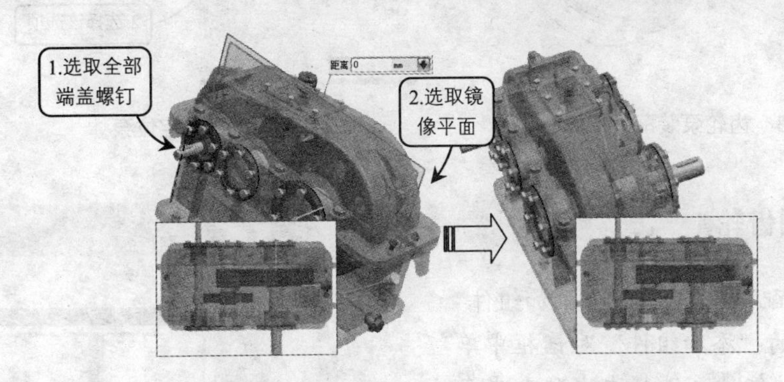

图 10-62　创建组件镜像效果

10.10 案例实战——齿轮泵的装配

原始文件:	source\chapter10\ch10-example1
最终文件:	source\chapter10\ch10-example1\Gear Pump Modeling.prt
视频文件:	AVI\实例操作 10-1.avi

本实例创建齿轮泵组件实体模型，效果如图 10-63 所示。齿轮泵是机械设备中最常见的装配实体，其工作原理是：通过调整泵缸与啮合齿轮间所形成的工作容积，从而达到输送液体或增压作用。齿轮泵最基本形式就是两个尺寸相同的齿轮在一个紧密配合的壳体内相互啮合旋转，这样来自挤出机的物料经吸入口进入两个齿轮中间，并充满这一空间，随着齿轮壳体的旋转运动，最后从两齿啮合处排出。

10.10.1 定位泵体零件

01 新建一个名为 Gear Pump Modeling 的装配文件，进入装配界面，系统自动弹出“添加组件”对话框，。

02 在弹出的“添加组件”对话框中单击“打开文件”按钮，选择本书配套光盘中的 Gear Pump Modeling-1.prt 文件，指定定位方式为绝对原点，即可获得如图 10-64 所示的定位效果。

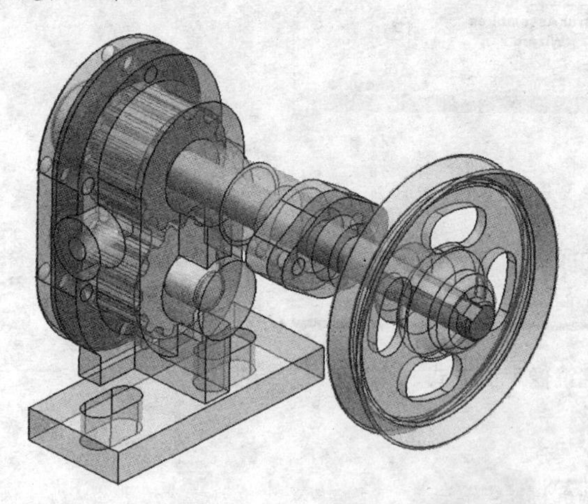

图 10-63　齿轮泵装配效果

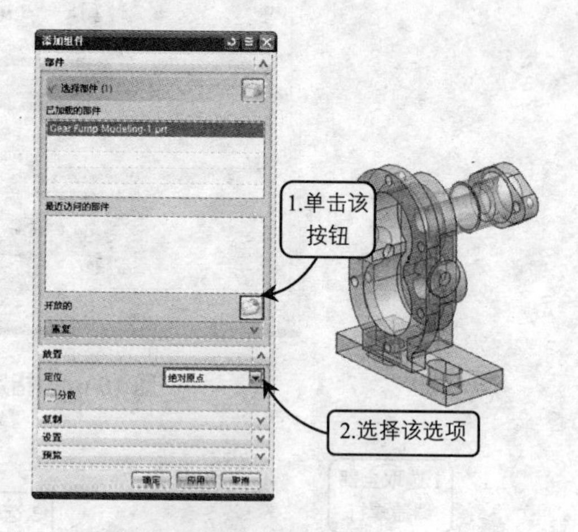

图 10-64　定位泵体

10.10.2 添加轴齿轮 1

01 单击“装配”工具栏中的“添加组件”按钮，在弹出的“添加组件”对话框中单击“打开文件”按钮，选择本书配套光盘中的 Gear Pump Modeling-2.prt 文件，指定定位方式为“通过约束”，单击“确定”按钮，如图 10-65 所示。

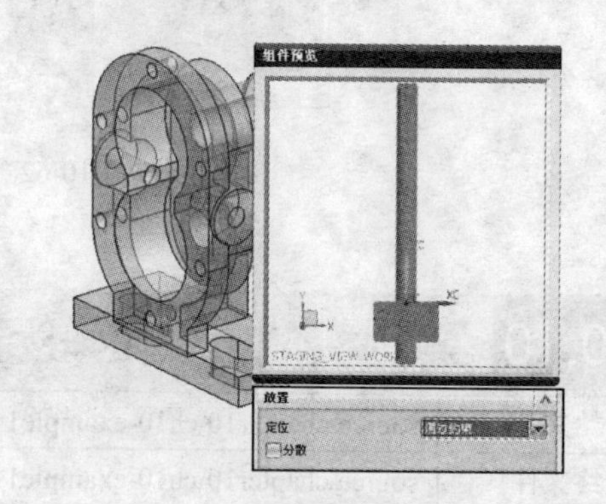

图 10-65　通过约束定位齿轮

02 在弹出的“装配约束”对话框“类型”下拉列表中选择“接触对齐”选项，默认“要约束的几何体”选项组中的“首选接触”选项，在工作区中选取泵体内表面，然后在“组件预览”对话框中选取对应齿轮侧面，单击“应用”按钮即可定位两组件面对面贴合，如图 10-66 所示。

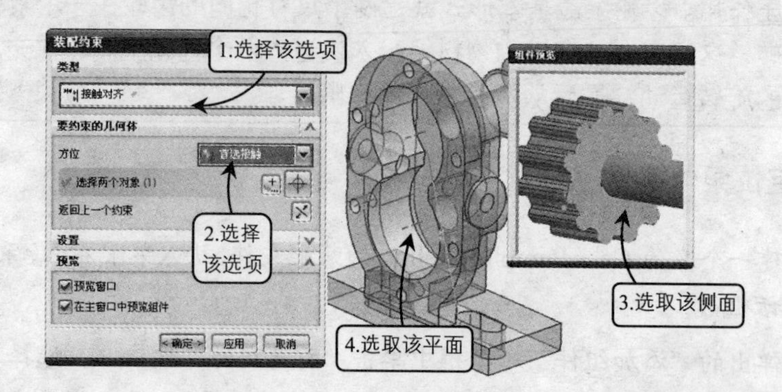

图 10-66　首选接触约束轴齿轮 1

03 在“装配约束”对话框的方位下拉列表中选择“自动判断中心”选项，选择“组件预览”对话框中的轴齿轮中心轴，然后在工作区中选取对应的中心孔轴线，单击“应用”按钮即可定位两组件的中心约束，如图 10-67 所示。

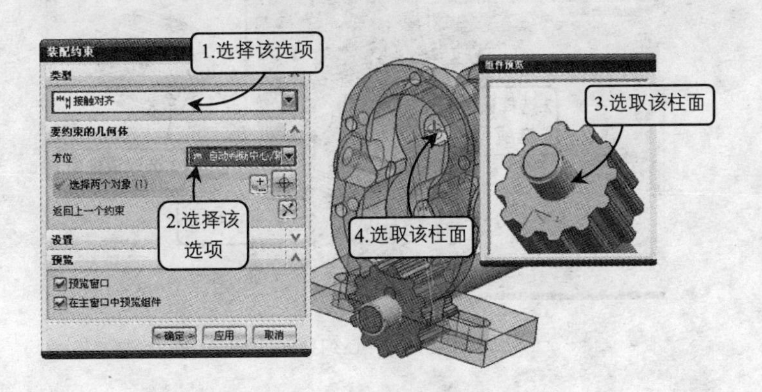

图 10-67 中心约束轴齿轮 1

10.10.3 添加轴齿轮 2

01 单击“装配”工具栏中的“添加组件”按钮，在弹出的“添加组件”对话框中单击“打开文件”按钮，选择本书配套光盘中的 Gear Pump Modeling-3.prt 文件，单击“确定”按钮。

02 在弹出的“装配约束”对话框“类型”下拉列表中选择“接触对齐”选项，默认“要约束的几何体”选项组中的“首选接触”选项，在工作区中选取泵体内表面，然后在“组件预览”对话框中选取对应齿轮侧面，单击“应用”按钮即可定位两组件面对面贴合，如图 10-68 所示。

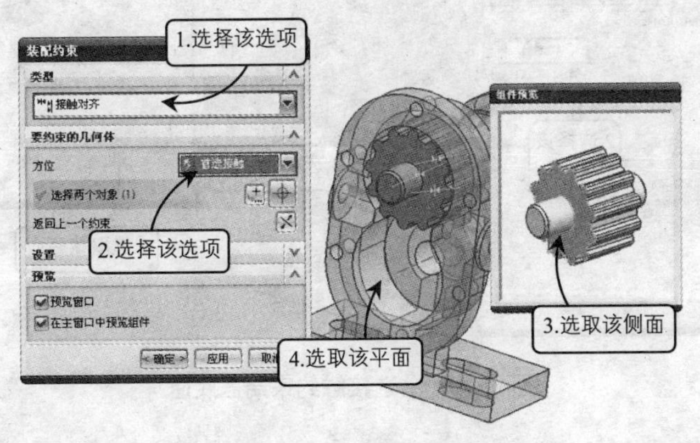

图 10-68 首选接触约束轴齿轮 2

03 在“装配约束”对话框的方位下拉列表中选择“自动判断中心”选项，选择“组件预览”对话框中的轴齿轮中心轴，然后在工作区中选取对应的中心孔轴线，单击“应用”

按钮即可定位两组件的中心约束，如图 10-69 所示。

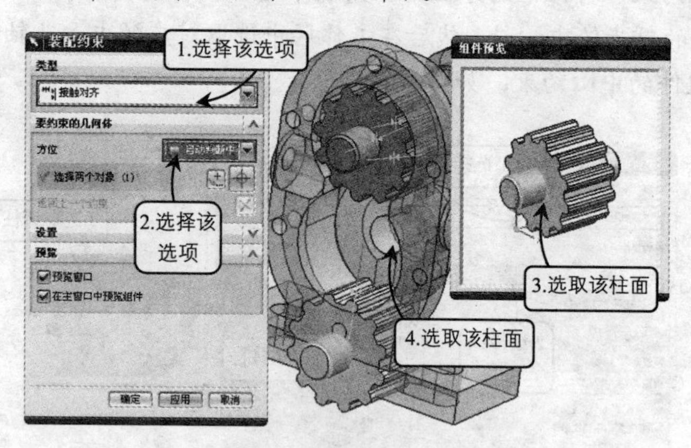

图 10-69　中心约束轴齿轮 2

10.10.4 添加端盖

01 单击“装配”工具栏中的“添加组件”按钮，在弹出的“添加组件”对话框中单击“打开文件”按钮，选择本书配套光盘中的 Gear Pump Modeling-4.prt 文件，单击“确定”按钮。

02 在弹出的“装配约束”对话框“类型”下拉列表中选择“接触对齐”选项，默认“要约束的几何体”选项组中的“首选接触”选项，在“组件预览”对话框中选取端盖底面，然后在工作区中选取对应的贴合面，单击“应用”按钮即可定位两组件面对面贴合，如图 10-70 所示。

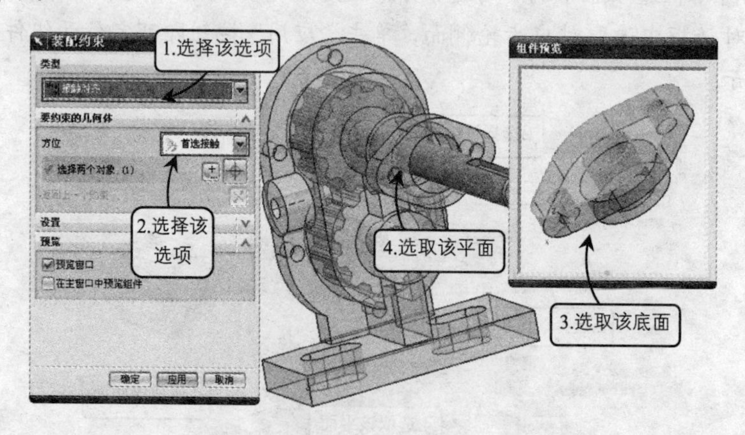

图 10-70　首选接触约束端盖底面

03 在“装配约束”对话框的方位下拉列表中选择“自动判断中心”选项，选择“组件预览”对话框中端盖圆孔 1，然后在工作区中选取对应的圆孔轴线，单击“应用”按钮即可定位两组件的中心约束，如图 10-71 所示。按同样的方法中心约束另一圆孔，如图 10-72 所示。

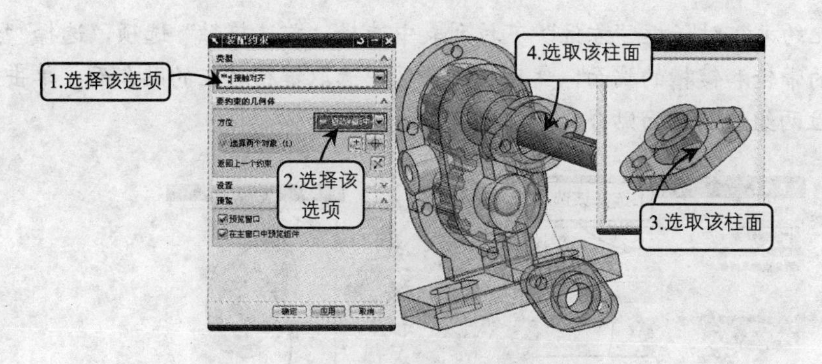

图 10-71 中心约束端盖圆孔 1

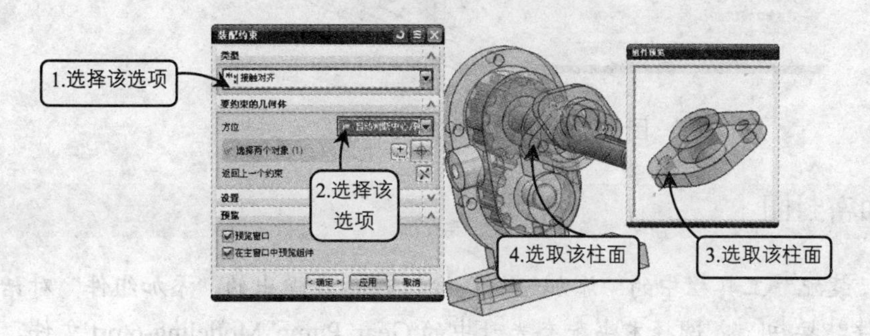

图 10-72 中心约束端盖圆孔 2

10.10.5 添加带轮

01 单击“装配”工具栏中的“添加组件”按钮，在弹出的“添加组件”对话框中单击“打开文件”按钮，选择本书配套光盘中的 Gear Pump Modeling-5.prt 文件，单击“确定”按钮。

02 在弹出的“装配约束”对话框“类型”下拉列表中选择“接触对齐”选项，在“方位”下拉列表中选择“自动判断中心”选项，选择“组件预览”对话框中的带轮的中心轴，然后在工作区中选取对应轴齿轮的轴线，单击“应用”按钮即可定位两组件的中心约束，如图 10-73 所示。

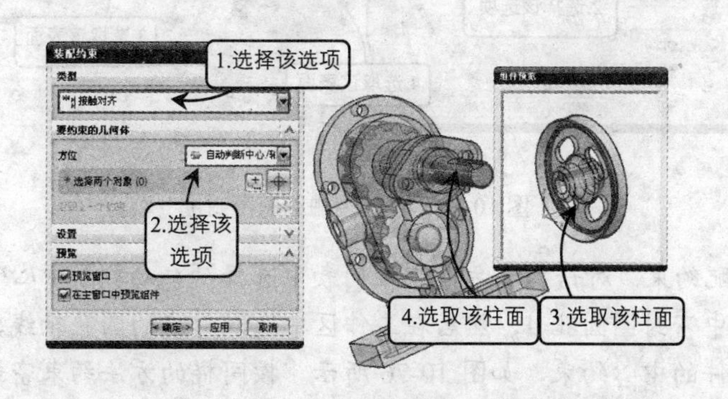

图 10-73 中心约束带轮中心孔

03 在“装配约束”对话框“方位”下拉列表中选择“首选接触”选项，选择“组件预览”对话框中的带轮和键槽的端面，然后在工作区中选取键槽对应的贴合面，单击“应用”按钮即可定位两组件面对面贴合，如图 10-74 所示。

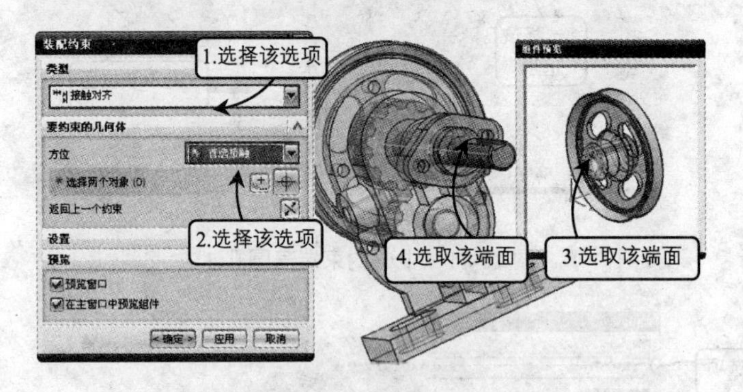

图 10-74　首选接触约束带轮

10.10.6 添加密封圈

01 单击“装配”工具栏中的“添加组件”按钮，在弹出的“添加组件”对话框中单击“打开文件”按钮，选择本书配套光盘中的 Gear Pump Modeling-6.prt 文件，单击“确定”按钮。

02 在弹出的“装配约束”对话框“类型”下拉列表中选择“接触对齐”选项，默认“要约束的几何体”选项组中的选项，在“组件预览”对话框中选取密封圈表面，然后在工作区中选取对应的贴合面，单击“应用”按钮即可定位两组件面对面贴合，如图 10-75 所示。

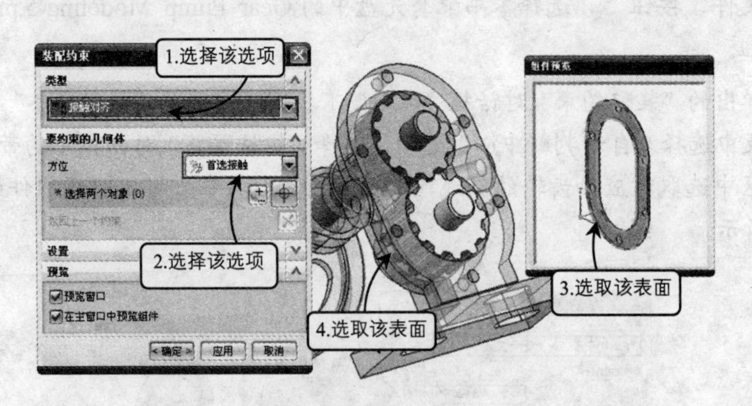

图 10-75　首选接触约束密封圈

03 在“装配约束”对话框的方位下拉列表中选择“自动判断中心”选项，选择“组件预览”对话框中密封圈圆孔 1，然后在工作区中选取对应的圆孔轴线，单击“应用”按钮即可定位两组件的中心约束，如图 10-76 所示。按同样的方法约束密封圈上的其中另一圆孔，如图 10-77 所示。

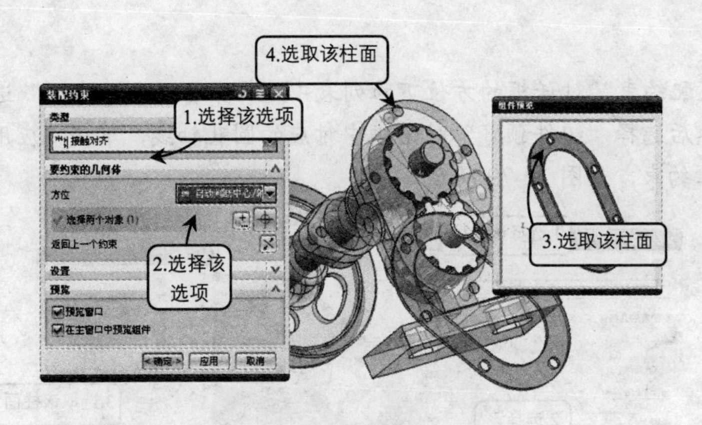

图 10-76　中心约束密封圈圆孔 1

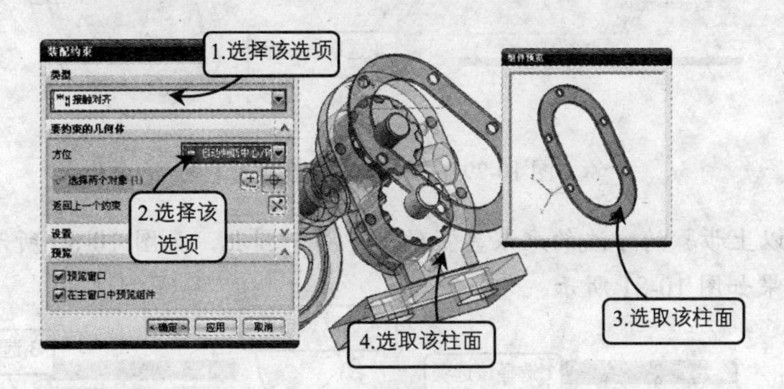

图 10-77　中心约束密封圈圆孔 2

10.10.7 添加泵盖

01 单击“装配”工具栏中的“添加组件”按钮，在弹出的“添加组件”对话框中单击“打开文件”按钮，选择本书配套光盘中的 Gear Pump Modeling-7.prt 文件，单击“确定”按钮。

02 在弹出的“装配约束”对话框“类型”下拉列表中选择“接触对齐”选项，默认“要约束的几何体”选项组中的选项，在工作区中选取密封圈表面，然后“组件预览”对话框中选取对应贴合面，单击“应用”按钮即可定位两组件面对面贴合，如图 10-78 所示。

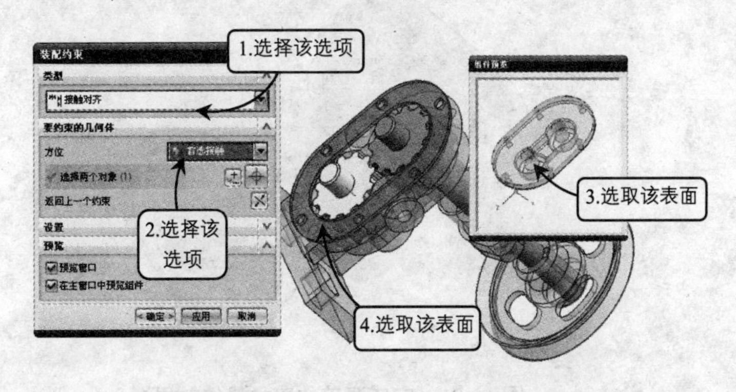

图 10-78　首选接触约束密封圈

03 在“装配约束”对话框的方位下拉列表中选择“自动判断中心”选项，选择密封圈圆孔轴线，然后选择“组件预览”对话框中对应的圆孔轴线，单击“应用”按钮即可定位两组件的中心约束，如图 10-79 所示。

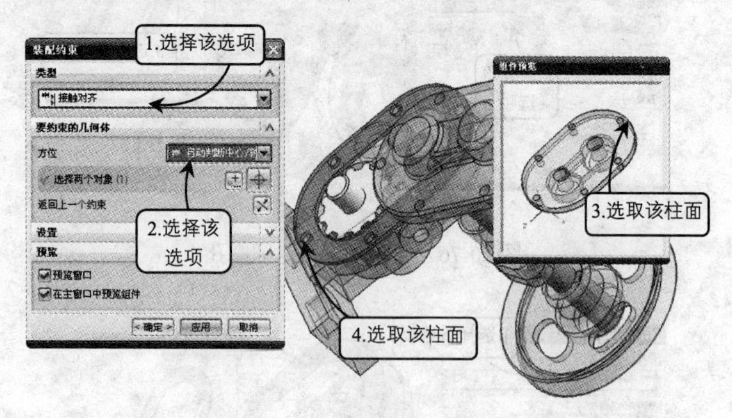

图 10-79　中心约束泵盖圆孔 1

04 重复以上步骤的方法约束泵盖上的其中另一圆孔，如图 10-80 所示。最终完成齿轮泵装配，效果如图 10-81 所示。

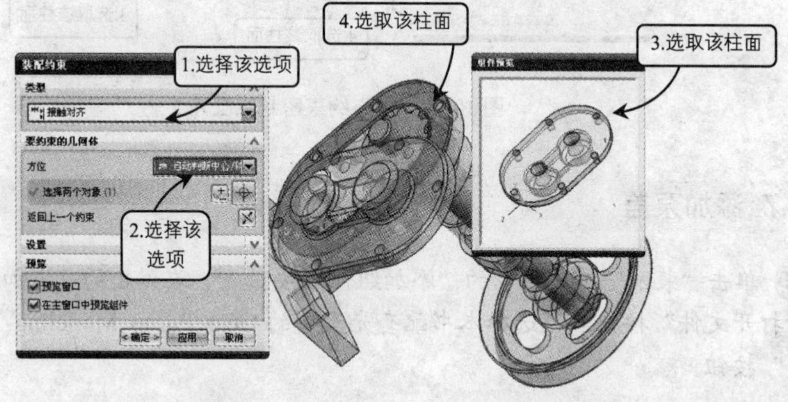

图 10-80　中心约束泵盖圆孔 2

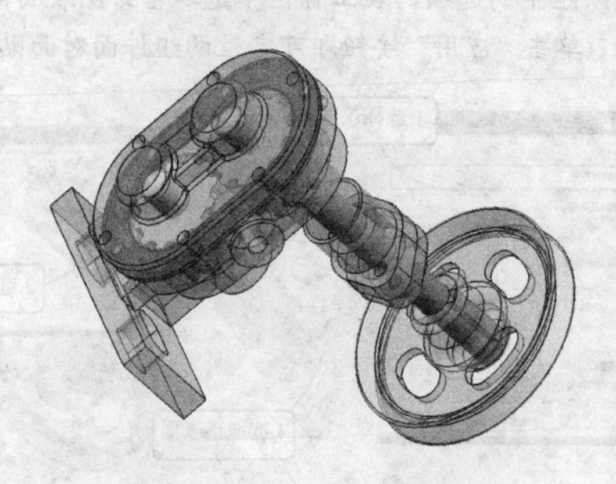

图 10-81　完成泵盖约束的最终效果

10.11 案例实战——铁路专用车辆模型的装配

原始文件:	source\chapter10\ch10-example2
最终文件:	source\chapter10\ch10-example2\Railroad Vehicle.prt
视频文件:	AVI\实例操作 10-2.avi

本实例是一个铁路专用车辆的结构模型，模型由支撑架、支撑板、连杆和车轮组成，如图 10-82 所示。创建该装配模型，主要用到中心、接触对齐、角度、平行等约束方式。支撑板固定在支撑架上的位置时，除了设置中心约束外，还要设置接触、角度约束，约束支撑板相对支撑架的角度。车轮和轴固定在支撑板上同样通过中心和距离约束。两连杆的装配约束比较复杂，首先可以通过中心约束和距离约束将它们分别固定在支撑板上，然后重复利用自动判断中心约束将两连杆接触对齐。最后通过中心约束和距离约束车轮。

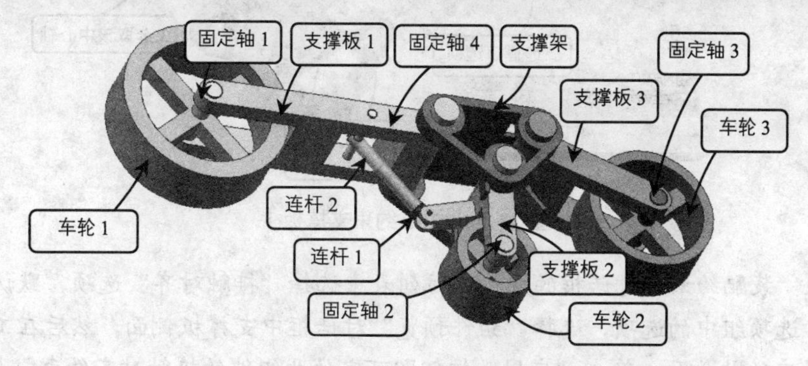

图 10-82 铁路专用车辆模型结构

10.11.1 固定支撑架

01 新建一个名为 Railroad Vehicle 的装配文件，进入装配界面，系统自动弹出“添加组件”对话框。

02 在弹出的“添加组件”对话框中单击“打开文件”按钮，选择本书配套光盘中的 B1.prt 文件，指定定位方式为“绝对原点”，即可获得如图 10-83 所示的定位效果。

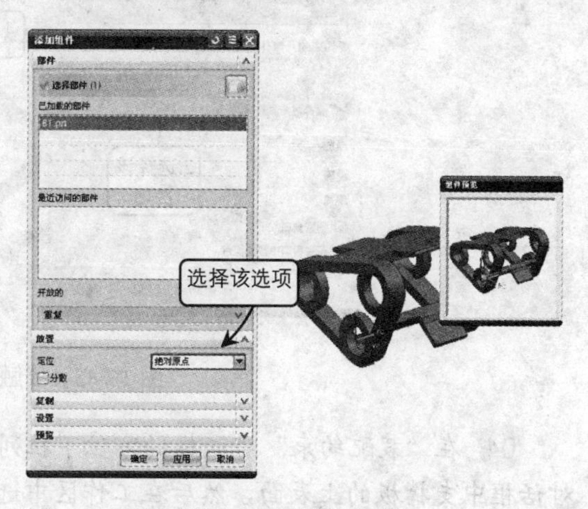

图 10-83 固定支撑架

10.11.2 添加支撑板 1

01 单击“装配”工具栏中的“添加组件”按钮，在弹出的“添加组件”对话框中单击“打开文件”按钮，选择本书配套光盘中的B2.prt文件，指定定位方式为“通过约束”，单击“确定”按钮。

02 在弹出的“装配约束”对话框“类型”下拉列表中选择“中心”选项，选择“要约束的几何体”选项组“子类型”下拉列表中的“1对2”选项，在“组件预览”对话框中选取轴的中心线，然后在工作区中选取对应的两个轴孔中心线，单击“应用”按钮即可定位两组件中心约束，如图10-84所示。

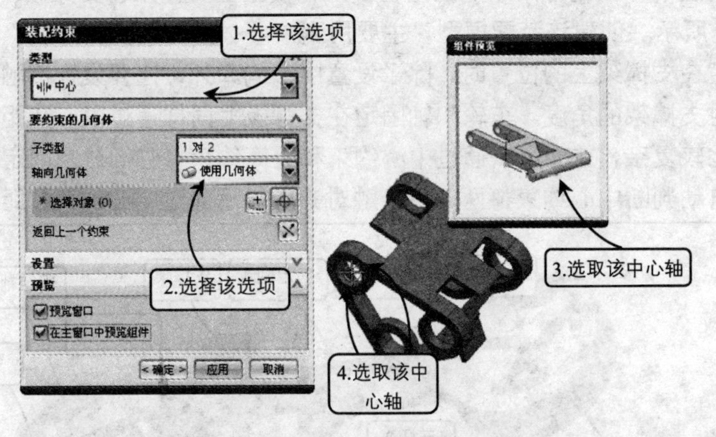

图10-84 中心约束支撑板1

03 在“装配约束”对话框的方位下拉列表中选择“接触对齐”选项，默认“要约束的几何体”选项组中的选项，选择“组件预览”对话框中支撑板侧面，然后在工作区中选取支撑架对应的贴合面，单击“应用”按钮即可定位两组件的接触对齐约束，如图10-85所示。

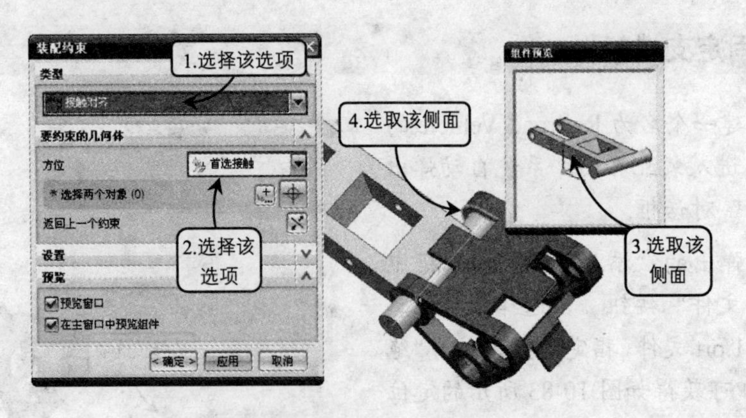

图10-85 接触对齐支撑板1

04 在“装配约束”对话框的方位下拉列表中选择“平行”选项，选择“组件预览”对话框中支撑板的上表面，然后在工作区中选取支撑架的上表面，单击“确定”按钮即可定位两组件的平行约束，如图10-86所示。

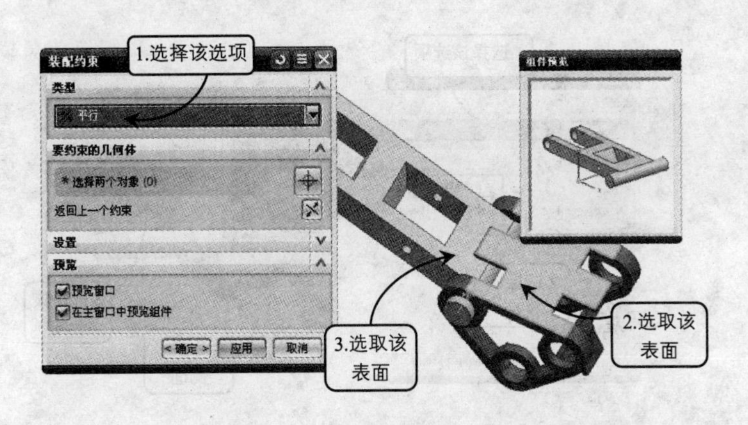

图 10-86 平行约束支撑板 1

10.11.3 添加支撑板 2

01 单击“装配”工具栏中的“添加组件”按钮，在弹出的“添加组件”对话框中单击“打开文件”按钮，选择本书配套光盘中的 B3.prt 文件，指定定位方式为“通过约束”，单击“确定”按钮。

02 在弹出的“装配约束”对话框“类型”下拉列表中选择“中心”选项，选择“要约束的几何体”选项组“子类型”下拉列表中的“1 对 2”选项，在“组件预览”对话框中选取轴的中心线，然后在工作区中选取对应的两个轴孔中心线，单击“应用”按钮即可定位两组件中心约束，如图 10-87 所示。

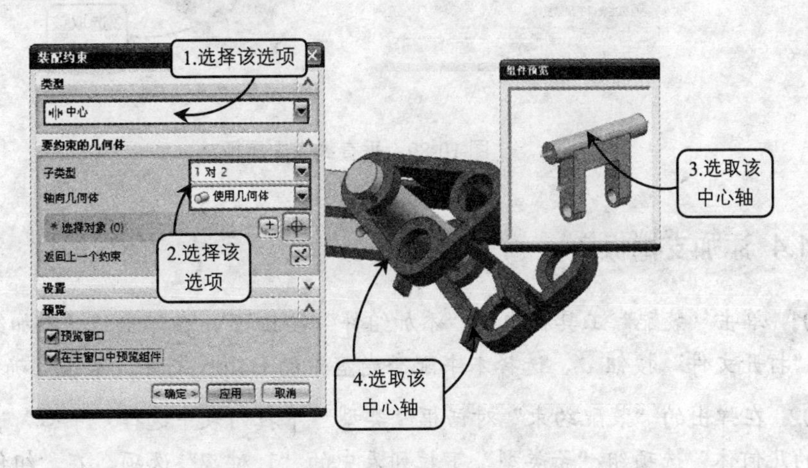

图 10-87 中心约束支撑板 2

03 在“装配约束”对话框的方位下拉列表中选择“接触对齐”选项，默认“要约束的几何体”选项组中的选项，选择“组件预览”对话框中支撑板侧面，然后在工作区中选取支撑架对应的贴合面，单击“应用”按钮即可定位两组件的接触对齐约束，如图 10-88 所示。

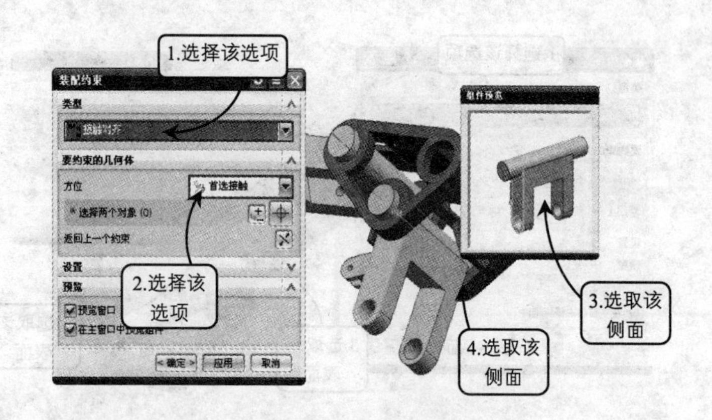

图 10-88　接触对齐支撑板 2

04 在“装配约束”对话框的方位下拉列表中选择“垂直”选项，选择“组件预览”对话框中支撑板的上表面，然后在工作区中选取支撑架的上表面，单击“确定”按钮即可定位两组件的垂直约束，如图 10-89 所示。

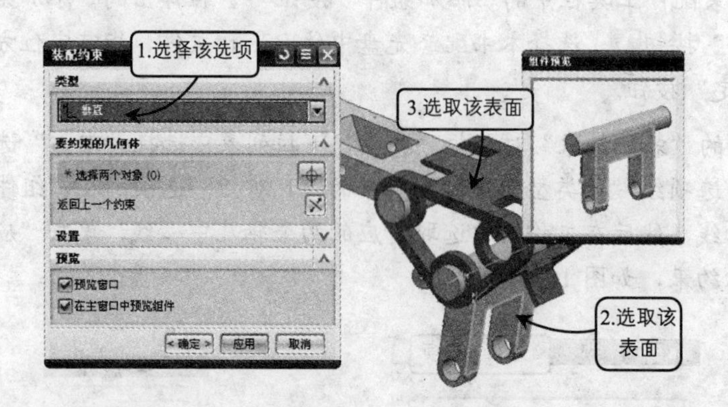

图 10-89　垂直约束支撑板 2

10.11.4 添加支撑板 3

01 单击“装配”工具栏中的“添加组件”按钮，在弹出的“添加组件”对话框中单击“打开文件”按钮，选择本书配套光盘中的 B4.prt 文件，单击“确定”按钮。

02 在弹出的“装配约束”对话框“类型”下拉列表中选择“中心”选项，选择“要约束的几何体”选项组“子类型”下拉列表中的“1 对 2”选项，在“组件预览”对话框中选取轴的中心线，然后在工作区中选取对应的两个轴孔中心线，单击“应用”按钮即可定位两组件中心约束，如图 10-90 所示。

03 在“装配约束”对话框的方位下拉列表中选择“接触对齐”选项，默认“要约束的几何体”选项组中的“首选接触”选项，选择“组件预览”对话框中支撑板侧面，然后在工作区中选取支撑架对应的贴合面，单击“应用”按钮即可定位两组件的接触对齐约束，如图 10-91 所示。

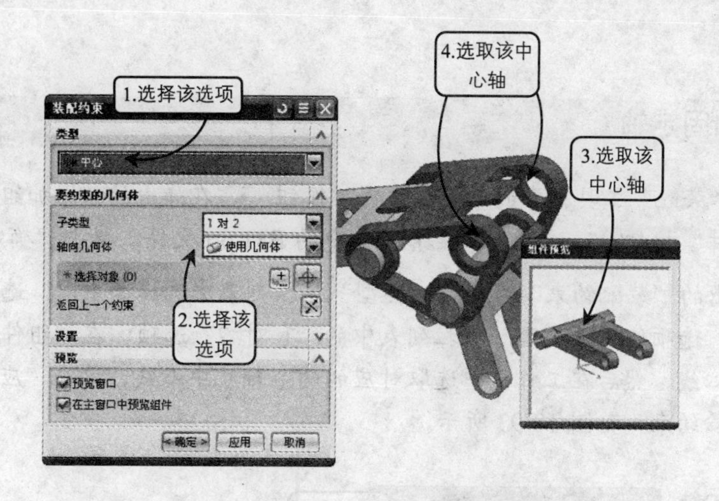

图 10-90 中心约束支撑板 3

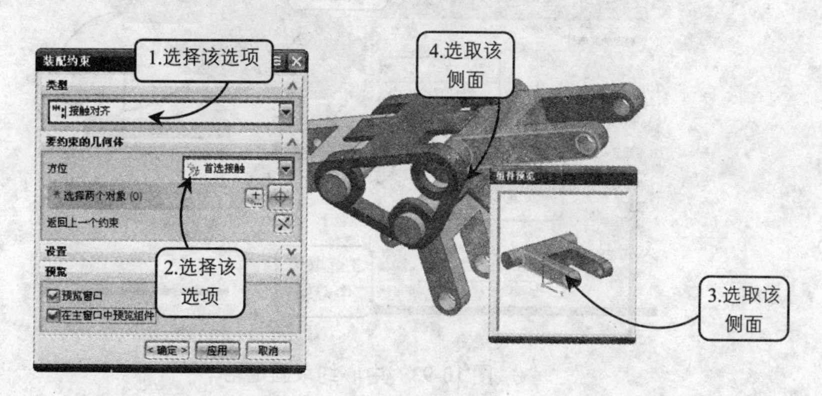

图 10-91 接触对齐支撑板 3

04 在“装配约束”对话框的方位下拉列表中选择“角度”选项，选择“组件预览”对话框中支撑板的上表面，然后在工作区中选取支撑架的上表面，在“角度”文本框中输入 160，最后单击“确定”按钮，即可定位两组件的角度约束，如图 10-92 所示。

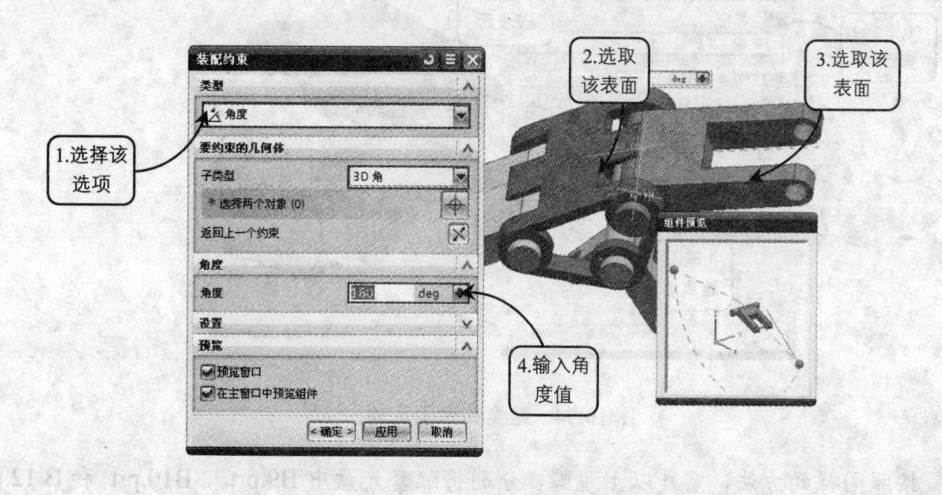

图 10-92 角度约束支撑板 3

10.11.5 添加固定轴

01 单击“装配”工具栏中的“添加组件”按钮，在弹出的“添加组件”对话框中单击“打开文件”按钮，选择本书配套光盘中的B11.prt文件，单击“确定”按钮。

02 在弹出的“装配约束”对话框“类型”下拉列表中选择“中心”选项，选择“要约束的几何体”选项组“子类型”下拉列表中的“1 对 2”选项，在“组件预览”对话框中选取轴的中心线，然后在工作区中选取对应的两个轴孔中心线，单击“应用”按钮即可定位两组件中心约束，如图10-93所示。

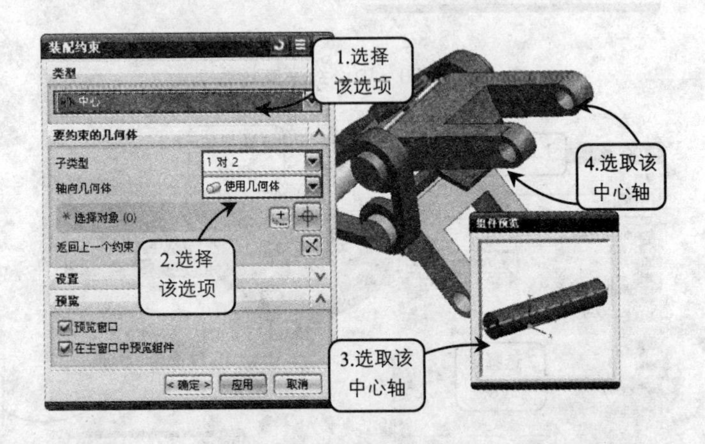

图10-93　中心约束固定轴

03 在“装配约束”对话框的方位下拉列表中选择“距离”选项，选择“组件预览”对话框中轴的端面，然后在工作区中选取支撑架的侧面，在“距离”文本框中输入-0.2，最后单击“确定”按钮，即可定位两组件的距离约束，如图10-94所示。

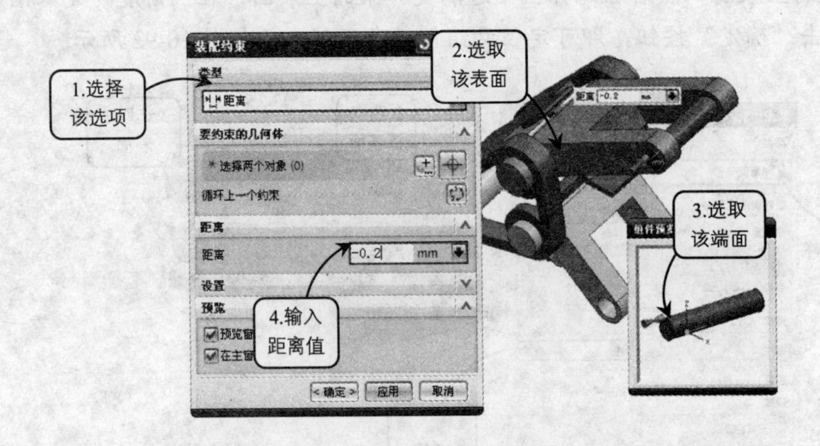

图10-94　距离约束固定轴

04 按照同样的方法，重复以上步骤，分别将配套光盘中B9.prt 、B10.prt 和B 12.prt

组件约束在工作区的模型中，效果如图 10-95 所示。

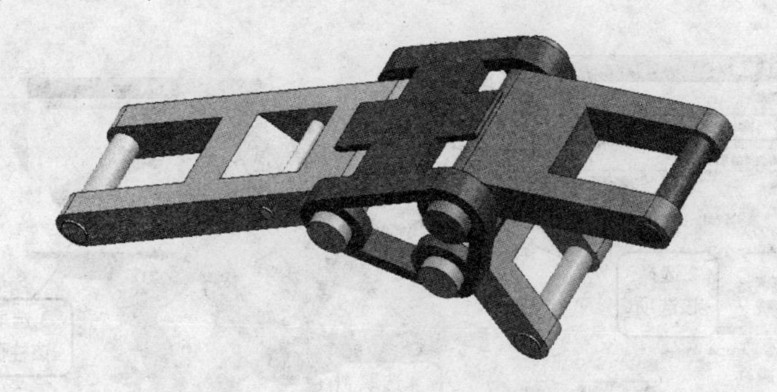

图 10-95 约束固定轴效果

10.11.6 添加连杆

01 单击“装配”工具栏中的“添加组件”按钮，在弹出的“添加组件”对话框中单击“打开文件”按钮，选择本书配套光盘中的 B6.prt 文件，单击“确定”按钮。

02 在弹出的“装配约束”对话框“类型”下拉列表中选择“接触对齐”选项，选择“要约束的几何体”选项组“方位”下拉列表中的“自动判断中心”选项，在“组件预览”对话框中选取小轴表面，然后在工作区中选取对应的轴孔表面，单击“应用”按钮即可定位两组件接触对齐约束，如图 10-96 所示。

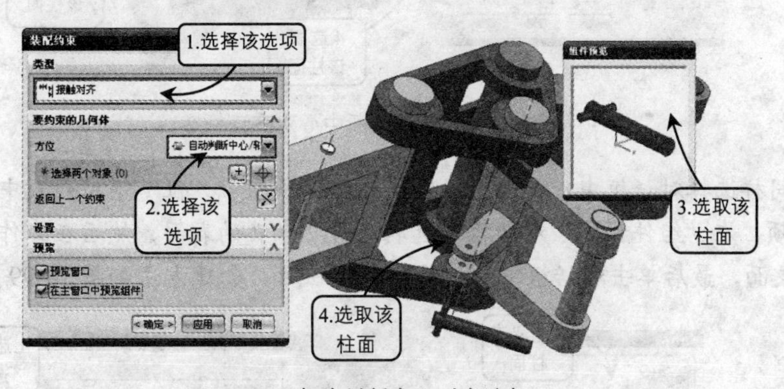

图 10-96 自动判断中心对齐连杆 1

03 选择对话框中“要约束的几何体”选项组“方位”下拉列表中的“首选接触”选项，在“组件预览”对话框中选取大轴表面，然后在工作区中选取对应的贴合表面，单击“确定”按钮即可定位两组件接触对齐约束，如图 10-97 所示。

04 单击“装配”工具栏中的“添加组件”按钮，在弹出的“添加组件”对话框中单击“打开文件”按钮，选择本书配套光盘中的 B5.prt 文件，单击“确定”按钮。

05 在弹出的“装配约束”对话框“类型”下拉列表中选择“接触对齐”选项，选择“要约束的几何体”选项组“方位”下拉列表中的“自动判断中心”选项，在“组件预览”对话框中选取轴孔的表面，然后在工作区中选取对应轴表面，单击“应用”按钮即可定位两组件接触对齐约束，如图 10-98 所示。

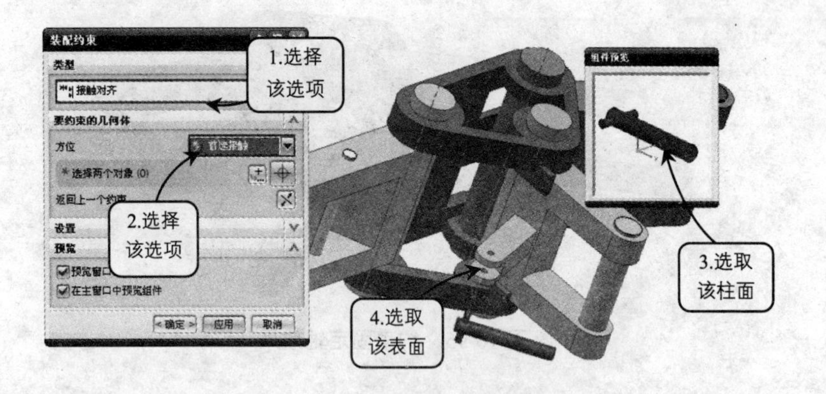

图 10-97　首选接触对齐连杆 1

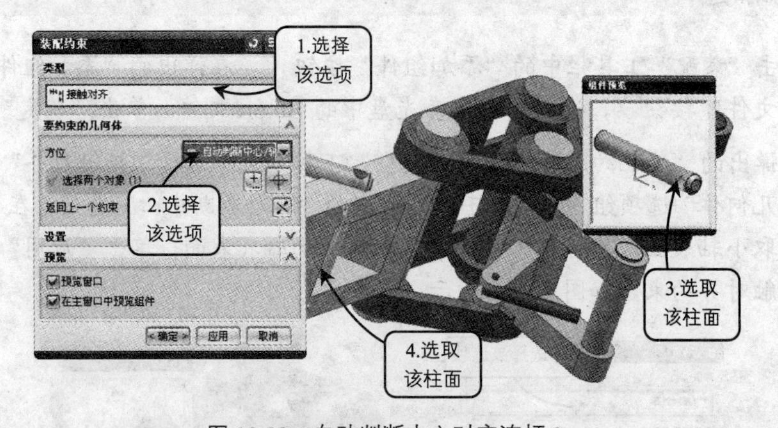

图 10-98　自动判断中心对齐连杆 2

06 同样选择对话框中“要约束的几何体”选项组“方位”下拉列表中的“自动判断中心”选项，在“组件预览”对话框中选取连杆 2 轴孔的表面，然后在工作区中选取连杆 1 对应轴表面，最后单击对话框中的“反向”按钮，创建方法如图 10-99 所示。

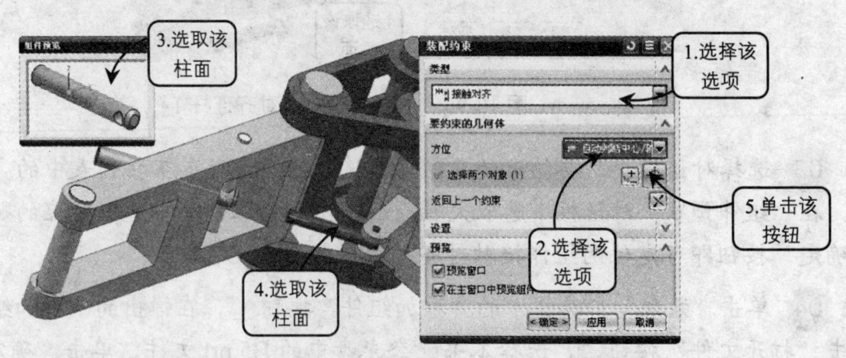

图 10-99　首选接触对齐连杆 2

07 删除步骤（6）中创建的约束，单击“装配”工具栏中“装配约束”图标，打开“装配约束”对话框，在“方位”下拉列表中选择“自动判断中心”选项，然后在工作区中选取连杆 1 和连杆 2 的圆柱表面，单击对话框中的“反向”按钮，使两连杆重合装配对齐，创建方法如图 10-100 所示。

图 10-100 自动判断中心对齐连杆

10.11.7 添加车轮

01 单击“装配”工具栏中的“添加组件”按钮，在弹出的“添加组件”对话框中单击“打开文件”按钮，选择本书配套光盘中的 W3.prt 文件，单击“确定”按钮。

02 在弹出的“装配约束”对话框“类型”下拉列表中选择“接触对齐”选项，选择“要约束的几何体”选项组“方位”下拉列表中的“自动判断中心”选项，在“组件预览”对话框中选取车轮中心孔的表面，然后在工作区中选取对应轴的表面，单击“应用”按钮即可定位两组件接触对齐，如图 10-101 所示。

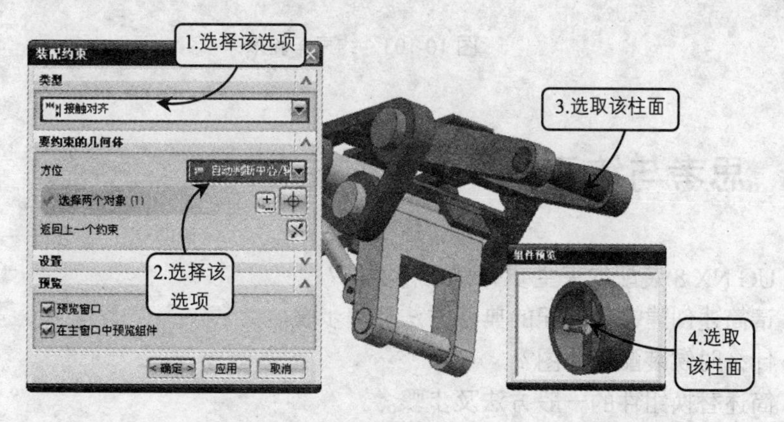

图 10-101 自动判断中心对齐车轮

03 选择对话框中“要约束的几何体”选项组“方位”下拉列表中的“首选接触”选项，在“组件预览”对话框中选取车轮侧面，然后在工作区中选取对应的贴合表面，单击“确定”按钮即可定位两组件接触对齐约束，如图 10-102 所示。

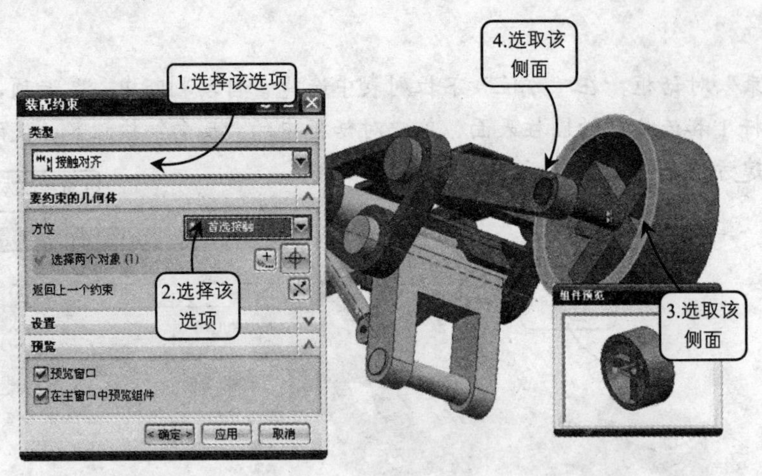

图 10-102　首选接触对齐车轮

04 按照同样的方法，重复以上步骤，分别将配套光盘中 W1.prt 和 W2.prt 组件约束在工作区的模型中，效果如图 10-103 所示。

图 10-103　约束车轮效果

思考与练习

1. UG NX 8 装配约束主要有哪几种类型？
2. 请简述创建镜像装配的典型方法及其步骤。
3. 什么时候装配爆炸图？
4. 简述替换组件的一般方法及步骤。
5. 简述 UG NX 8 装配过程中的装配类型及其使用方法。
6. 定位支架装配，打开随书配套光盘中的 ch10-example3 文件夹各零件，进行装配，装配完成效果如图 10-104 所示。
7. 灰尘清理器装配，打开随书配套光盘中的 ch10-example4 文件夹各零件，进行装配，装配完成效果如图 10-105 所示。

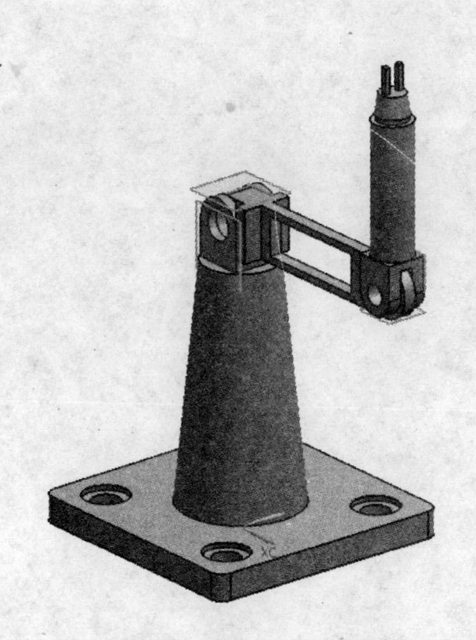

图 10-104　定位支架装配图

图 10-105　灰尘清理器装配图